"十二五"普通高等教育本科国家级规划教材
"十三五"江苏省高等学校重点教材（2016-1-165）
普通高等教育农业农村部"十四五"规划教材（NY-1-0064）
中国农业教育在线数字课程配套教材
中国农业出版社动物医学类专业教材经典系列

动物生物化学 第六版

Dongwu Shengwuhuaxue

马海田　主编

中国农业出版社
北　京

图书在版编目（CIP）数据

动物生物化学 / 马海田主编．—6 版．—北京：中国农业出版社，2023.1（2024.8 重印）
“十二五”普通高等教育本科国家级规划教材 “十三五”江苏省高等学校重点教材
ISBN 978-7-109-30596-0

Ⅰ.①动… Ⅱ.①马… Ⅲ.①动物学—生物化学—高等学校—教材 Ⅳ.①Q5

中国国家版本馆 CIP 数据核字（2023）第 060438 号

中国农业出版社出版
地址：北京市朝阳区麦子店街 18 号楼
邮编：100125
责任编辑：王晓荣　　文字编辑：王晓荣
版式设计：王　晨　　责任校对：周丽芳
印刷：中农印务有限公司
版次：1979 年 8 月第 1 版　　2023 年 1 月第 6 版
印次：2024 年 8 月北京第 6 版第 3 次印刷
发行：新华书店北京发行所
开本：889mm×1194mm　1/16
印张：26.25
字数：740 千字
定价：68.50 元

第六版编审人员

名誉主编　**邹思湘**（南京农业大学）

主　　编　**马海田**（南京农业大学）

参　　编　（按姓氏笔画排序）

习欠云（华南农业大学）

王吉贵（中国农业大学）

王春梅（东北农业大学）

朱素娟（扬州大学）

李卫真（云南农业大学）

李桂兰（山西农业大学）

杨国宇（河南农业大学）

张源淑（南京农业大学）

苗晋锋（南京农业大学）

郑玉才（西南民族大学）

黄建珍（江西农业大学）

主　　审　**张永亮**（华南农业大学）

张　映（山西农业大学）

第一版编审人员

主　编　齐顺章（北京农业大学）

参　编　张曼夫（北京农业大学）

　　　　牛文彪（北京农业大学）

　　　　陈志毅（华南农学院）

　　　　王　辉（华中农学院）

　　　　杨世钺（山东农学院）

　　　　张焕荣（湖南农学院）

审　订　王悦先（浙江农业大学）

　　　　陆曼姝（贵州农学院）

　　　　刘昌沛（江苏农学院）

　　　　魏元忠（甘肃农业大学）

　　　　罗治和（甘肃农业大学）

　　　　高　佳（沈阳农学院）

　　　　郭志钧（西北农学院）

　　　　翟全志（东北农学院）

　　　　冯明镜（四川农学院）

　　　　张喜南（河北农业大学）

　　　　皮蔚霞（内蒙古农牧学院）

　　　　喻梅辉（新疆八一农学院）

第二版编审人员

主　　编　**齐顺章**（北京农业大学）

参　　编　**张曼夫**（北京农业大学）

牛文彪（北京农业大学）

王悦先（浙江农业大学）

王　辉（华中农业大学）

杨世钱（山东农业大学）

张焕荣（湖南农学院）

张喜南（河北农业大学）

第三版编审人员

名誉主编　**齐顺章**（中国农业大学）

主　　编　**周顺伍**（中国农业大学）

参　　编　**邹思湘**（南京农业大学）

　　　　　姜涌明（扬州大学）

主　　审　**喻梅辉**（新疆农业大学）

参　　审　**李庆章**（东北农业大学）

第四版编审人员

主　　编　**邹思湘**（南京农业大学）

副 主 编　**李庆章**（东北农业大学）

编 写 者　（按姓氏笔画排列）

朱素娟（扬州大学）

刘芃芃（中国农业大学）

刘维全（中国农业大学）

杨国宇（河南农业大学）

李庆章（东北农业大学）

邹思湘（南京农业大学）

沈秋姑（江西农业大学）

张　映（山西农业大学）

张源淑（南京农业大学）

郑玉才（西南民族大学）

高士争（云南农业大学）

赛音朝克图（内蒙古农业大学）

审 稿 人　**汪玉松**（吉林大学）

周顺伍（中国农业大学）

姜涌明（扬州大学）

第五版编审人员

主　　编　**邹思湘**（南京农业大学）

副 主 编　**李庆章**（东北农业大学）

参　　编　（按姓氏笔画排序）

朱素娟（扬州大学）

刘芃芃（中国农业大学）

刘维全（中国农业大学）

杨国宇（河南农业大学）

张　映（山西农业大学）

张永亮（华南农业大学）

张源淑（南京农业大学）

郑玉才（西南民族大学）

高士争（云南农业大学）

图表制作　**黄国庆**（南京农业大学）

审　　稿　**汪玉松**（吉林大学）

周顺伍（中国农业大学）

秦浚川（南京大学）

童明庆（南京医科大学）

《动物生物化学》

第六版前言

党的二十大报告提出“深入实施科教兴国战略、人才强国战略、创新驱动发展战略，开辟发展新领域新赛道，不断塑造发展新动能新优势”。教材是人才培养的重要支撑、引领创新发展的重要基础，必须紧密对接国家发展重大战略需求，更好服务于高水平科技自立自强、拔尖创新人才培养。因此建设高质量教材体系，是建设高质量教育体系的重要基础和保障。《动物生物化学》是高等农林院校动物类专业本科学生使用的专业基础课教材，在我国实行新农科人才培养模式、卓越农林人才培养计划时代背景下，对《动物生物化学》教材和课程改革提出了新的要求。

《动物生物化学》第五版自 2012 年出版以来，至今已经累计印刷 14 次，印数 10.1 万余册，本教材在我国绝大部分农业院校兽医、畜牧等专业教学中被广泛应用，是影响最大的专业基础课教材之一，一直受到广大师生的好评和欢迎，同时也为动物学科类研究生入学和国家执业兽医资格考试提供了有益的帮助。本教材先后获批“十二五”普通高等教育本科国家级规划教材、普通高等教育农业农村部“十二五”及“十三五”规划教材等。

转眼十年了，我们在使用过程中发现本教材不仅仍有一些需要改进和完善的地方，且学科的快速发展也要求尽早对教材内容进行更新和增补；同时，我国实行的“新农科”人才培养模式也对动物生物化学的教材和课程改革提出了新的要求，修订再版已经刻不容缓。为此，在中国农业出版社的支持下，由南京农业大学邹思湘教授担任名誉主编、马海田教授担任主编，由来自十所院校的具有丰富教学经验的优秀中年教师组成了《动物生物化学》第六版教材编写组，共同讨论商定进行修订再版。编写人员一致同意，修订教材仍保持“生命有机体的化学、动物机体的中间代谢、遗传分子核酸的功能和动物组织机能的生物化学四部分 21 章”的基本框架不变，对原书各章末尾的“本章小结”内容进行精简，并以“本章知识要点”置于各章的开头，以使读者能够快速了解本章讲述的核心知识。在各章后面增加与兽医和动物生产实践相关的案例，突出生物化学理论与兽医和动物生产实践的密切关系，提升学生的学习兴趣，拓展学生的知识面。同时，以二维码的形式呈现本章的习题和参考答案，方便学生随时随地对所学知识进行复习回顾。本版教材以适当的方式简要介绍了近一二十年来生物化学学科发展取得的重要成果和进展。教材中涉及增补或修订的内容主要有：低聚糖和糖 RNA、酶的命名和分类、糖无氧分解及糖有氧分解的生理意义、氧化磷酸化偶联机制、脂噬对脂肪代谢的调节、反转录过程及机制、功能性小 RNA、无机盐代谢与相关疾病的关系及临床治疗、脂肪组织生化等，为避免与动物营养学课程的重复，删除了蛋白质的营养作用。其他的增删、补遗和纠错以及图、表的修改在此不一一列举了。

本教材区别于国内同类教材的一个显著特色是将生物化学的基本理论与兽医和动物生产实践密切结合，体现在基本理论通过生动的案例解释和验证，以及对动物组织和器官机能的生物化学进行系统概述。同时配套了视频、图片、动画等教学资源，方便学生进一步提升。这不仅为学生的后续专业课学习奠定坚实的基础，而且也更加顺应社会和经济建设对培养“复合应用型卓越兽医人才”的需求，因此，编者热切希望使用本教材的师生对此予以足够的重视，并能在规定的学时内，充分地、因地制宜地利用好现成的教学资源，以获得更好的教学效果。

我们在第六版教材编写过程中特别强调精品意识，全书采用双色印刷，注重知识的科学性和文字的可读性，在图文和编排上力求更加生动、新颖。教材编写的具体分工：马海田，前言、第 1 章、第 2 章、第 12 章；郑玉才，第 3 章；黄建珍，第 4 章、第 14 章；朱素娟，第 5 章；苗晋锋，第 6 章、第 16 章；杨国宇，第 7 章；李卫真，第 8 章；李桂兰，第 9 章、第 18 章；习欠云，第 10 章、第 19 章；张源淑，第 11 章、第 20 章；王吉贵，第 13 章、第 17 章；王春梅，第 15 章、第 21 章。本书承蒙华南农业大学张永亮教授、山西农业大学张映教授对全书各章节内容精心审阅，并对本版教材的修订提出了极为宝贵的建议和意见。第五版副主编东北农业大学李庆章教授和部分编者因各种原因没有再参与新版编写，但都给予了我们大力支持并推荐优秀骨干教师参与编写，我们在此一并表示衷心感谢。

一部教材出版四十余年，始终深得广大师生的厚爱，几经再版历久弥新实属少见，今天我们依然能在字里行间看到前辈们辛勤耕耘留下的汗水和足迹。近年里，本教材第一、二版主编中国农业大学齐顺章教授，第四、五版主审吉林大学汪玉松教授，第四、五版编者云南农业大学高士争教授，第四版编者江西农业大学沈秋姑教授相继离开了我们，在新版教材即将面世之际，我们分外地怀念和感激他们，在深感悲痛之余，将永远铭记他们为本教材的建设和出版

所做的杰出贡献。

本教材修订期间，正值新冠疫情肆虐，为了再版编写的顺利进行，全体参编老师一直通过互联网保持着密切联系和沟通。但因编者水平有限，教材中难免还有许多不足和缺点，热忱欢迎广大师生在使用过程中提出宝贵意见，以便日后修订。

编　者

2022年11月

第一版前言

《动物生物化学》

《动物生物化学》是供高等农业院校畜牧、兽医专业用的基础教材，亦可供有关畜牧兽医工作者参考。

本教材的重点是阐述家畜、家禽的基本代谢规律，并简要介绍现代生物化学发展中的一些重要新成就，根据基础课要注意系统性，要服从专业培养目标的要求，本教材在系统阐述家畜、家禽基本代谢规律的同时，也写入了一些与畜牧、兽医专业有关的异常代谢障碍等内容。书中供教学参考的内容用小字编排。按照专业教材会议关于课程之间的衔接与分工的意见：①叙述生化部分（糖、脂肪类、蛋白质和核酸的化学）由有机化学讲授；②激素、营养物质的消化吸收及血液呼吸化学与凝固机理由家畜生理学讲授。为减少重复，本教材未将这些内容编入。有关生化名词均采用《英汉生物化学词汇》（科学出版社1977年版）所推荐的中文译名。

本教材是由北京农业大学、山东农学院、华中农学院、华南农学院、湖南农学院组成编写小组集体编写的，并由北京农业大学负责主编。初稿完成后，邀请了部分农业院校的动物生物化学教师进行了审订。

由于水平所限，加之时间紧迫，教材的缺点与错误一定不少。我们渴望读者提出批评意见，以便再版时修改。

《动物生物化学》编写组

1979年2月于北京

第二版前言

《动物生物化学》第一版出版后，受到了广大读者，尤其是各高等农业院校师生的支持和鼓励，我们深致谢意。同时广大师生在使用本教材中也发现了一些缺点和不足之处。而且近几年来在生物化学的领域中又有了不少新进展。为了使本教材更符合教学的需要，我们于 1982 年秋召开了教学大纲审订会。与会者共同制订了新的教学大纲。我们据此修订教材，编写了第二版。

和第一版相比，第二版的重要改变如下：①增加了蛋白质的化学和核酸的化学两章。原因是蛋白质和核酸是生命的物质基础，它们的结构和功能也是当前生物化学研究中发展最快的。而有机化学中所讲的内容常不能完全满足生化教学的需要。②增加了激素一章。这一方面是为了生物化学的完整性，同时也由于生理学所讲的内容其侧重面与生物化学有所不同，而近年来在激素的生物化学方面又进展的非常迅速。③把绪论中细胞的生物化学形态学部分分出来另编了一章。④把原来核酸的代谢及其生物学功能一章中有关蛋白质生物合成调控的内容放在新陈代谢的调节一章中，结合酶含量的调控来讲授。⑤取消了糖、脂肪和蛋白质代谢之间的关系及其紊乱一章，其内容分散在有关章节中讲授。取消了能量代谢与物质平衡一章。因其中的内容大部分与饲养学重复；小部分需要在生化中讲授的放在了有关章节中。这些改变都是为了把内容安排得更为合理一些。此外，还根据新进展做了一些修改和补充。

参加新大纲的审订人员：齐顺章、王悦先、陆曼姝、刘昌沛、郑世昌、皮蔚霞、翟全志、王辉、杨世钺、牛文彪、张曼夫、鲁安太、朱哲保、张焕荣、陈志毅。

在修订之后，第二版的字数比第一版稍有增加。由于学时所限，恐怕难以在课堂上全部讲授。考虑到本教材兼有参考书的性质，而且各校的情况也不尽相同，因而多编了一些内容，供大家在讲授中选择和参考。

由于编者水平所限，第二版仍然会有许多缺点和不足之处，还望读者提出宝贵意见。

编　者

1983 年 12 月于北京

《动物生物化学》

第三版前言

《动物生物化学》第一版、第二版均在中国农业大学齐顺章教授的主持下，由各兄弟农业院校多位同行共同编写而成的。本书出版以来，由于内容精炼、重点突出、概念清楚、可读性强，深受学生及广大读者的欢迎，多次印刷沿用至今，曾获得农业部优秀教材奖，列为国家重点教材。

但《动物生物化学》第二版，自第一次印刷（1986）至今已10余年，生物化学有了很大的发展，特别是以DNA重组技术为中心的分子生物学技术的建立和应用，生物化学中核酸的部分也扩展为分子生物学，并正向着结构生物学方向发展。原教材中核酸的内容已远远跟不上需要。此外，10余年的教学实践中，发现有些章节安排不当，有些章节的内容已趋落后，全书需要重修编写。

1997年11月农业部农教高〔1997〕91号文件关于下达1997年全国高等农业院校"九五"规划教材编写任务的通知中，《动物生物化学》被列为国家重点教材的重编项目，要求组织人员重编。原计划仍请齐顺章教授主编，但因齐顺章教授年事已高，已不能亲自参加编写，所以第三版由中国农业大学（原北京农业大学）周顺伍教授、南京农业大学邹思湘教授和扬州大学姜涌明教授组成编写组。并请新疆农业大学喻梅辉教授主审，东北农业大学李庆章教授参审。

和第二版相比，第三版修改如下：①核酸内容增加了。为了突出核酸的生物学功能，将核酸的化学结构与生物学功能分开，单列一章，其内容在讲清基本原理的同时尽可能介绍新的进展资料，并增加了基因表达调控及分子生物学技术。②原"细胞的生物化学形态学"一章改为"生物膜的结构与功能"。目的是将生物化学中研究的热点之一的生物膜做重点介绍。原"蛋白质代谢"与核酸中核苷酸的代谢合并，改称为"含氮小分子的代谢"。因为两者有密切关系，以利学生理解。③"维生素和辅酶"一章中的部分内容合并在酶学，重点突出维生素的辅酶功能。“新陈代谢的调节”一章的内容分散在有关章节及基因表达调控中去讲，不再单列一章。④“激素”一章的内容已在生理学中介绍，本书不再列入。⑤“水和无机盐的代谢”是动物整体代谢的重要组成部分，仍然保留。“血液化学”“组织和器官生物化学”及“乳和蛋的生物化学”等章，反映了“动物生物化学”的特点，仍然保留，但内容做了修改。这次重新编写后全书由原来的 19 章减少为 14 章，尽管蛋白质化学、酶学、糖类代谢、生物氧化和脂类代谢等章在重新编写时增加了内容，但第三版的总字数仍比原来减少，适应了教学改革的需要。

本书第一、二版均是由兄弟农业院校多位同行共同编写。根据这次重编要求参编人员控制在 1～3 人的规定，不可能请更多的同行参加。为了能集思广益，听取各方面意见，重编好本书，在编写组成立后，曾及时给各兄弟农业院校同行发出了《动物生物化学》重编征求意见书。其间收到了多位同行的来信，对编好本书提出了宝贵意见，同时给予热情支持和鼓励。编写过程中许多同行给予了积极的支持与帮助，齐顺章教授始终给予关心和指导，在此表示衷心的感谢！

由于编者水平有限，重编时间又很紧，书中定会有许多缺点和不足，望读者提出宝贵意见。

编　者

1999 年 5 月 1 日于北京

《动物生物化学》

第四版前言

■■■

《动物生物化学》自1979年出版以来，于1983年和1999年经过两次修订，至今已有20多年了。它是我国高等农业院校畜牧、兽医等专业使用最广、影响最大的专业基础课教材之一。我国自己培养的中青年畜牧和兽医科技工作者在他们的学业生涯和工作实践中都从这本教材中受益匪浅。

《动物生物化学》第四版是前三版的继承和延续，在结构和内容上有所补充和改进，同时又力求保持原书的特色。一本专业基础课教材最主要的是系统性和完整性。为有助于学生在学习动物生物化学时能把握一条清晰的思路，我们对原书的结构做了部分调整。全书共分20章，分成4大部分。第一部分是生命有机体的化学，共6章。这一部分以生物大分子的结构和功能为重点，新增了生命的化学特征一章，目的是通过它交给学生一把认识生命化学的入门钥匙。此外，补充了糖类一章，以适应近年来糖生物化学的快速发展。第二部分是动物机体的中间代谢，包含六章，主要讲述物质代谢和能量代谢。为了凸显催化大分子与中间代谢特殊密切的联系，我们把生物催化剂——酶的有关内容作为第二部分领头的一章，然后再引入到代谢。同时将物质代谢的联系和调节置于这一部分的最后，以对代谢之间的联系和调节从整体到细胞进行较全面的叙述。遗传分子核酸的功能单独作为第三部分，共5章，包括遗传信息的复制、转录和蛋白质的翻译以及基因表达的调节。由于许多院校设置有分子生物学基础课程，因此对核酸技术在本书中仅做适当的介绍。第四部分共4章，包含了动物主要组织机能的生物化学知识。这一部分尽管在大多数院校是选讲或学生自学的部分，但一直是本书的特色之处，我们略做删减和改编后给予保留。

我们在编写这本教材的过程中，十分重视知识的科学性和文字的可读性。教材内容的选择以指导学生掌握生物化学的基本知识为目的，注意理论联系实际，提高学生的学习兴趣，启发学生的创新思维，每章最后都有简要的小结

(并附有思考题)，以便学生掌握知识要点和指导自学。同时在书中恰当地反映学科发展的前沿和新的成果，图文和编排力求生动、新颖，书后还附有常用名词英汉对照。由于各院校对动物生化课程的学时安排不同，使用本教材时应根据各自的实际情况有重点、有选择地讲授。

本书的编写分工为：邹思湘，前言、第1章、第2章、第6章、第12章、第21章；郑玉才，第3章；刘芃芃，第4章、第13章；朱素娟，第5章；杨国宇，第7章；李庆章，第8章；赛音朝克图，第9章、第19章；沈秋姑，第10章、第20章；张源淑，第11章；刘维全，第14章、第15章；高士争，第16章、第17章；张映，第18章。

本书承吉林大学汪玉松教授、中国农业大学周顺伍教授以及扬州大学姜涌明教授对全书各个部分分别精心审阅和修改，所提意见十分宝贵。本次修订得到了第一版和第二版主编中国农业大学齐顺章教授的热情鼓励和关心。南京农业大学动物医学院教师马海田对全书进行了认真校读，黄国庆对化学式和图表精心修改、制作，付出了辛勤劳动。本书的编写还特别得到了中国农业出版社、南京农业大学和山西农业大学的大力帮助和支持，在此一并表示衷心的感谢。

虽然参加本次修订的编写者是全国10所院校具有丰富教学经验的教师，但书中定存在不足，敬请同行和师生们在使用过程中提出宝贵意见，以便日后修订。

编　者

2005年6月于南京

《动物生物化学》第五版前言

■■■

7 年前，当本书的第四版完稿时，我们有点忐忑不安，担心当时的承诺不能兑现。一部教材是否适用，是否受欢迎，要靠实践来证明，由使用教材的广大师生来评价。欣慰的是，后来反馈的信息使我们深受鼓舞。本教材第四版迄今已经印刷 11 次，印数达 7 万余册，成为全国高等农业院校动物类本科教学使用最广泛的教材之一，并且在全国硕士研究生入学统一考试农学门类联考和国家执业兽医资格考试中经受了检验，还被中华农业科教基金会评选为“2008 年全国农业院校优秀教材”。可以说，这部教材承载了广大师生太多的厚爱。

但是在使用几年后再来重新审视和检讨第四版教材时，我们认为仍然有许多需要改进、完善的地方，因此在“十二五”期间适时修订再版是必要的。为此，教材编写组在成都召开会议，一致商定了修订的原则：第四版“4 个部分，21 章”的基本结构框架保持不变，在全书篇幅不增加的前提下，对部分章节的内容进行必要的增删，并注意反映学科的进展；以“零容忍”的态度对待失误和疏漏，认真纠正弥补，使修订再版后的教材以崭新的面貌呈现在读者面前。此次修订的主要内容有：重新改写“蛋白质的理化性质与分离鉴定”，增加了蛋白质组学新技术介绍（第 3 章）；增加了“低聚糖”的概念和在畜牧兽医实践中的应用（第 5 章）；在膜蛋白与膜脂的相互作用中，介绍了“脂筏”的概念（第 6 章）；在氧化磷酸化中，介绍了 ATP 合成的“结合变构模型”（第 9 章）；注意反映了近年来关于脂肪酸功能和代谢的新进展（第 10 章）；在蛋白质的营养功能中，删去了与《动物营养学》教材有重复的内容（第 11 章）；在真核生物基因转录后调节中，介绍了小 RNA 的功能和研究进展（第 16 章）；重新改写了“第 17 章核酸技术”，侧重于核酸的化学性质和分离鉴定技术，弱化基因操作方面的内容，留待在分子生物学课程中讲授；在“第 19 章血液化学”中，突出红细胞代谢，增加了“2,3-二磷酸甘油酸支路”，删去了免疫球蛋白的相关内容，以避免与《兽医免疫学》教材的重复。此外，对每章的“小结”进行了全面修改，并删去了习题；全书专业术语和名词的汉语译名根据权威词典统一规范；其他大量的增删、补遗与纠错在此不一一列举。本教材的第四部分“动物组织机能的生物化学”是本书的特色之一。为顺应国家对人才培养的要求，编者建议，在使用本教材时，这部分的内容应尽可能安排在规定的学时内讲授或开设专题，不要再作为学生的课外选读。

全国9所高等农业院校具有丰富教学经验的教师参与了此次修订，具体分工为（基本以章节先后排列）：邹思湘，前言、第1章、第2章、第6章、第12章；郑玉才，第3章、第21章；刘芃芃，第4章、第13章；朱素娟，第5章；杨国宇，第7章；李庆章，第8章；张映，第9章、第18章；张永亮，第10章、第19章；张源淑，第11章、第20章；刘维全，第14章、第15章；高士争，第16章、第17章；黄国庆，图表制作，王宏宇同学设计了寓意生动的插页。

本次修订承蒙吉林大学汪玉松教授、中国农业大学周顺伍教授、南京大学秦浚川教授和南京医科大学童明庆教授等几位德高望重的学术前辈的精心审阅和指正。江西农业大学沈秋姑教授、内蒙古农业大学赛音朝克图教授因退休没有再参与教材的修订，但对修订工作提出了重要的建议和意见。本书的编写还特别得到了中国农业出版社和西南民族大学的帮助和支持，借此机会一并表达我们衷心的感谢。

本教材第四版的审稿人，扬州大学姜涌明教授的不幸辞世令我们深感悲痛，他为本书出版所做出的贡献我们永远难忘。

由于编者的水平所限，本版教材一定还有不足和缺点，热忱欢迎广大师生批评指正。

编　者

2012年10月

《动物生物化学》

目 录

第1章

绪论

生命是由什么物质组成的？这些物质如何相互作用形成了细胞、多细胞的组织和生命有机体？生命有机体如何从周围环境获取所需的营养？营养物质在生命有机体内发生了什么变化？是什么机制在操纵和控制着生命有机体的生老病死？指导机体生长、发育和繁殖所需要的信息如何储存，通过何种方式传递？千百年来，这些疑问一直困扰着人类，而人类也从来没有停止过探求其答案的努力。

生物化学（biochemistry）就是从分子水平上阐明生命有机体化学本质的一门学科。掀开生命现象神秘的面纱、揭示生命活动的化学规律、服务于人类的生产实践活动是生物化学家们的神圣使命。根据研究对象的不同，生物化学可分为动物生物化学（animal biochemistry）、植物生物化学和微生物生物化学，如果以一般生物为研究对象，则称为普通生物化学或者直接称为生物化学。根据不同的研究对象和目的，生物化学还有更多的分支，如比较生物化学、医学生物化学、农业生物化学、工业生物化学、营养生物化学、进化生物化学和环境生物化学等。

1.1 生物化学的研究内容

概括地说，生物化学的研究内容包含三个基本方面，且这三个方面之间存在着密切的联系。

第一方面是关于生命有机体的化学组成、生物分子（特别是生物大分子）的结构、功能及相互关系。构成生命的元素有30多种，以氢、氧、碳和氮为主形成了成千上万的生物小分子。其中，氨基酸、核苷酸和葡萄糖最为重要，以它们作为基本原料分别构建出了蛋白质、核酸和多糖这样的生物大分子。生物大分子巨大的分子质量、复杂的空间结构使它们具备了执行各种各样生物学功能的本领。细胞的组织结构、生物催化、物质运输、信号传递、代谢调节以及遗传信息的储存、传递与表达等都是通过生物大分子及其相互作用来实现的，因此生物大分子的结构与功能的研究永远是生物化学的核心课题。

第二方面是细胞中的物质代谢与能量代谢，或称中间代谢（intermediary metabolism），也就是细胞中进行的化学过程。它们是由许多代谢途径（metabolic pathway）构成的网络。代谢途径指的是由酶催化的一系列定向的化学反应。合成代谢将小分子的前体（precursor）经过特定的代谢途径构建为较大的分子，且消耗能量；而分解代谢将较大的分子经过特定的代谢途径分解成小的分子，并释放能量。在这个过程中，三磷酸腺苷（adenosine triphosphate，ATP）是能量转换和传递的中间体。合成代谢与分解代谢之间既互相联系，又彼此独立。细胞中几乎所有的反应都是由酶催化的，弄清楚细胞中酶活性和酶含量的调节机制也就把握了细胞代谢的规律。

第三方面是组织和器官机能的生物化学。生命有机体是一个统一协调的整体。对动物而言，为了适应环境和繁衍后代，动物的组织器官不仅在生理机能上分工严密，而且进化出了抵御疾病、应激和营养失衡等有害因素的生物化学机制，以维持物质代谢的平衡和生理机能的协调。不论何种组织器官，是肝还是肌肉，是大脑还是心，其形态结构、代谢方式都是以其化学组成和分子结构为基础的。在分子水平、细胞和组织水平以及整体水平上，全面、系统地认识动物组织器官的生理机能以及它们之间的联系、动物与环境互作的机制也是生物化学的研究目的之一。

1.2 生物化学的发展历史与现状

1.2.1 历史回顾

我们的祖先因为生存与生活的需要，几千年前就在生产、饮食、医药等实践中积累了许多与生物化学有关的经验和知识。早在公元前21世纪，我国人民已经能借助于“曲”（酒母，又称酶或媒通）酿酒，相传有夏人仪狄酿酒。不但如此，还能将酒发酵制醋，《论语》上微生高向邻居借醋以济人的故事就是说明。从《周礼》的记载推测，公元前12世纪，我们的祖先已能做酱，他们把豆、谷发酵，捣烂后加盐而制成酱。周秦时期的《黄帝内经·素问》对食物的营养功能做过精辟的论述，书中记载有“五谷为养、五果为助、五畜为益、五菜为充”，将食物分为四大类，并以“养”“助”“益”“充”表明其在营养上的价值，即使今天看来仍然不失为优化配置、平衡膳食的基本原则。在医药方面，对由于膳食不平衡引起的代谢障碍性疾病，我国古代医学有许多独到的治疗方法。例如，现在所说的地方性甲状腺肿，古称瘿病，是饮食中缺碘所致，在公元4世纪，葛洪所著《肘后百一方》中就记载用海藻酒治疗的方法，因为海藻中含碘丰富。对缺乏维生素 B_1 引起的脚气病，缺乏维生素A引起的夜盲症，孙思邈（581—682年）都有深入的研究。当时人们对维生素还一无所知，但他指出可用车前子、杏仁、大豆等（富含维生素 B_1）来治疗脚气病和用猪肝（富含维生素A）来治疗夜盲症。我国最早研究药物的人据传是神农，《越绝书》上有神农尝百草之说。从10世纪起，我国人民就开始用动物脏器和腺体治病，如紫河车（胎盘）用作强壮剂，蟾酥（蟾蜍的耳后腺和皮肤腺分泌物）用于消炎，还掌握了用皂角汁从尿中沉淀固醇物质（称为秋石）的技术；在11世纪初，沈括所著《沈存中良方》中也有记载。综上所述，我国古代劳动人民对生物化学的发展做出了重要的贡献。尤其要提到的是，我国科学家在人工合成牛胰岛素、猪胰岛素结构测定以及酵母丙氨酸tRNA人工合成等诸多领域取得的研究成果都达到了国际领先水平。

生物化学真正成为一门独立的学科始于19世纪。首先要纪念的是F. Wohler的开创性工作，1828年，他在实验室里用无机物氰酸铵成功地合成出了脲（urea），即尿素。而当时人们普遍相信，生命物质和非生命物质之间有质的差别，它们并不同样遵循已知的物理和化学的规律。脲是只能由生命机体合成的有机物。难怪他难以掩饰内心的兴奋马上写信告诉他的朋友说：“我要告诉你，不用一只肾，也不要人或犬，我能制造出脲！”这个震惊科学界的声明冲破了人为设置在生命与非生命之间的屏障。但是在此之后，一种称为“生机论（vitalism）”的理论仍然争辩说，有机物质的合成只能在活的细胞中进行，脲的合成只是例外而已。按照这种理论，生物机体中发生的一切是借助于神奇的“生命力”推动的，不同于通常的物理和化学过程。1897年，德国科学家E. Buchner兄弟的重大发现给了生机论者的教条沉重一击，他们利用破碎了的（死了的）酵母细胞的抽提液实现了把糖转变为乙醇的发酵过程。这个成就开启了一扇大门，也就是人们并非一定要在生物体内（*in vivo*），也可以在试管里，也称为体外（*in vitro*），来研究细胞内发生的化学过程。在以后的几十年里，许许多多细胞内的化学反应、

代谢通路在体外得到了重复或再现，数百个酶促反应的反应物和产物得到了鉴定。即便如此，生机论者还固守着他们的最后一块阵地，因为当时对几乎所有生物化学反应都需要的催化剂——酶的化学性质还没有得到阐明。他们坚持认为，酶的结构是如此复杂，以至于不能用通常的化学术语描述它。1926年，J. Sumner从刀豆中分离到了能催化脲分解的脲酶，并证明它是蛋白质。脲酶同其他常见的有机化合物一样可以结晶。酶蛋白分子虽然巨大，但是它的结构和性质可以用化学的方法分析和测定。这一重大发现宣告了生机论的彻底破产。

科学发展的道路是不平坦的，人们对事物的认识在正确与错误、真理与谬误的斗争中前进，生物化学的发展也不例外。但是，任何科学的发展又不是单枪匹马的，多学科的互相交叉与渗透推动和加速了科学进步的步伐。与生物化学的发展相平行，细胞生物学家一直在努力将细胞的结构研究地更精细、更清楚。从17世纪R. Hooke首次观察到细胞开始，不断完善的显微技术使人们认识到细胞不仅复杂，而且有区室的结构（如在真核细胞中）。1875年，W. Flemming发现了染色体，1902年染色体被确定为遗传单元。1930—1950年间，电子显微镜的发明及其技术的改进把对细胞形态的研究提高到一个全新的水平，人们已认识到一些重要的生物化学过程与一些亚细胞器关系密切，如细胞呼吸和糖、脂等营养物质的氧化分解发生在线粒体。虽然在20世纪的前50年，人们对构成生命有机体组成成分的化学性质和结构已有了较为广泛的认识，对不同代谢途径的许多反应进行了鉴定和细胞的定位，但是生物化学仍然不能算是一门完整的科学。因为，一个生命有机体的独特是由它的所有化学过程的整合所决定的。然而，机体调控这些化学反应的信息如何储存，它们在细胞分裂时如何传递，当细胞分化时又如何处理和加工这些信息都还不清楚。

19世纪中叶，G. Mendel首先提出了遗传单位——基因（gene）的概念，1900年细胞生物学家认识到在由蛋白质和核酸组成的染色体中一定能找到基因。在此后的几十年里，虽然遗传学在遗传和发育方面获得了许多新的知识，但是在20世纪中叶以前还没有人真正得到过一个基因或者知道它的化学组成是什么。实际上，F. Miescher早在1869年就已经分离到了核酸，可就是不知道它的化学结构，以为它只是一种简单的物质或者仅仅是细胞的结构成分。大多数的生物化学家相信，只有结构复杂的蛋白质才会是遗传信息的载体，后来证明这个观点完全错了。1928年，F. Griffith发现已经灭活的有害细菌中有某种“转化因子”可以使无害细菌成为致病菌。十几年之后，O. Avery和他的同事们证明了所谓的“转化因子”是脱氧核糖核酸（DNA），正是DNA改变了细菌的遗传性状，它是遗传信息的载体。1953年J. Watson和F. Crick（图1.1）首先描绘出了DNA的双螺旋结构模型；这是一个在生命科学发展历史上具有里程碑意义的重大事件，它揭示出遗传信息就编码在核酸的分子结构之中，而且可以忠实地代代相传。

图1.1　J. Watson和F. Crick在探讨DNA的结构模型

20世纪50年代，作为生物化学、遗传学、细胞生物学和微生物学等多学科相互渗透和融合的结果，一门新兴学科——分子生物学（molecular biology）应运而生，并从其诞生之时起就显示出强大的生命力。生物化学与分子生物学都以从分子水平上认识生命、诠释生命为目标。广义地说，两者没有截然的区别，只是前者注重生命有机体的化学过程，后者更强调生物大分子的结构与功能，尤其是在核酸方面。

还需指出的是，纵观生物化学的发展历史，它的每一个进步无不与其他学科，如物理学、化学等的发展密切相关，先进的仪器、技术和研究手段，如电子显微镜（electronic microscopy）、超离心（ultra centrifugation）、层析（chromatography）、同位素示踪（isotope tracing）、X线衍射（X ray reflection）、质谱（mass chromatography）以及核磁共振（nuclear magnetic resonance）等为生物化学的发展提供了强有力的工具。

1.2.2 现状和前景

自诞生以来，分子生物学的迅速发展从根本上改变了生命科学的面貌，也极大地丰富和扩展了生物化学的内涵。一方面，经典的生物化学原理不断得到验证；另一方面，人们对生命有机体中化学过程的认识不断更新和深化，现代生物化学已经从各个方面融入了生命科学发展的主流当中。

1.2.2.1 生物大分子的结构、功能与相互作用

生物大分子借助分子内部和分子之间的非共价相互作用形成特定的空间构象，其复杂的结构是功能的基础。蛋白质分子精细的表面特征、多肽链中的模体（motif）和结构域（domain），由于其在执行生物学功能中的独特作用越来越受到人们的重视。更加先进的实验手段，如X线晶体衍射技术、核磁共振、电镜三维重建等的应用，可以对生物大分子，如膜蛋白、核糖体以至病毒的三维构象和构象运动进行描述。1978年，R. Laskey发现核小体的组装需要一种蛋白质核浆素（nucleoplasmin）的参与，但它并不出现在核小体的最终装配复合体中，表明蛋白质空间构象的正确折叠并不一定能自动实现，在一定条件下还需要有外部因子的协助，从而导致了“分子伴侣”（molecular chaperone）的发现。同时，蛋白质和酶的磷酸化、糖基化、酰基化等化学修饰作用的阐明使细胞内快速、高效传递代谢信息和调节基因表达中的细胞分子生物学机制得到了更加深入的揭示。此外，发现蛋白质与遗传分子核酸之间存在微妙和默契的结合机制，蛋白质模体结构与核酸序列结合的特异性使蛋白质可以实现对基因开关时序的控制。另一个重要事件是，1982年T. Cech在原生动物四膜虫中发现了具有催化作用的RNA，称之为核酶（ribozyme）。尽管有催化作用的RNA在真核生物中很少见，但RNA集编码遗传信息和催化功能于一身，其意义是十分重大的，使我们看到了生命进化早期的RNA世界。关于RNA的故事还远不止于此，科学家不断发现各种形式的小RNA分子，如反义RNA（antisense RNA）、干扰RNA（interfering RNA）、微小RNA（micro RNA）等，在调节基因表达过程中也发挥重要作用。

自20世纪90年代以来，生物大分子研究的迅速发展引起了“信息爆炸”。曾经需要几年才能弄清楚一个蛋白质的结构，到了20世纪90年代中期已达到平均每天3.5个，这些成就使生物学迎来了结构生物学（structure biology）的时代。相关的数据量迅速增长，于是有了分子生物学与计算机科学的交叉学科——生物信息学（bioinformatics）的诞生，其任务是存储和注释生物信息。目前，已经建立了一批核酸序列数据库、蛋白质序列数据库和结构数据库，可以方便地用于生物信息的识别、存储、分析、模拟和传输，已经成为分子生物学与生物技术研究中不可缺少的辅助工具。

1.2.2.2 基因组学、蛋白质组学和代谢组学

从20世纪90年代初开始的“人类基因组计划”（human genome project，HGP）历经10个年头，在包括我国在内的六国科学家的共同努力下，在进入21世纪后不久宣布完成，得到了由30亿对碱基组成的人类染色体全部基因的DNA序列。这是对人类基因组面貌的首次揭

示，表明科学家们可以开始“解读”人类生命“天书”所蕴涵的内容。一般认为，所有的疾病都间接或直接地与基因有关，人类基因组的解读可为疾病的诊断、防治和新药的研发提供有力的武器。可以这样说，从此以后，人类真正找到了认识自我、追求健康、战胜疾病的正确道路。在人类基因组计划的推动下，科学家已绘制出数千种生物的基因组图谱。我国科学家在过去的几十年里，已经完成了首个中国人基因组（定名“炎黄”1号）的序列分析，绘制了水稻和梨基因组的精细图谱，在全球首次绘就家蚕超级泛基因组图谱进而率先创建“数字家蚕”基因库，并与国际合作开展家猪基因组和鸡基因组的解析相关工作。可以预见，在未来的几十年里，还将有更多的生命密码被解读。

人类基因组计划改变了医学生物学研究的面貌。在弄清楚了大多数基因之后，全面认识基因产物及其在生命活动中的作用的后基因组时代已经到来。在这种形势下，涌现出了一系列“组学（-omics）”，包括基因组学（genomics）、转录组学（transcriptomics）、蛋白质组学（proteomics）、代谢组学（metabolomics）和脂质组学（lipidomics）等，它们作为新时代生命科学新的研究领域正在蓬勃发展。基因组学是对生物体所有基因进行集体表征、定量研究及不同基因组比较研究，并探究它们之间的相互关系及对生物有机体的影响。转录组学主要关注细胞中基因的转录情况及转录调控规律，通过分析某一特殊功能状态下的细胞全套 mRNA 转录谱，可作为研究细胞表型和功能的一个重要手段。蛋白质组学是将一系列精细的技术，主要有2D-凝胶电泳技术、计算机图像分析技术、质谱技术、氨基酸测序技术和生物信息学结合起来，高通量、综合性研究细胞、组织或生物体蛋白质组成及其变化规律。从 1994 年澳大利亚科学家 M. Wilkins 提出蛋白质组学的概念以来，利用蛋白质组学技术已经和正在建立人类和动物器官、组织和细胞的某些生理、病理体系的蛋白质表达谱，发掘与疾病发生、发展相关的蛋白质及其群集的表达规律，建立相应的蛋白组生物信息数据库，其将为重大病症的发生提供新的预警和诊断标志，并为新药的开发提供新的思路。代谢组学是继基因组学和蛋白组学之后发展起来的一门学科，其主要研究一个细胞、组织或器官中有机酸、氨基酸、脂类、核酸等小分子代谢组分集合。生物机体中，疾病可引起机体病理生理过程变化，最终导致代谢产物发生改变，通过核磁共振波谱、质谱和色谱等分析技术对某些代谢产物进行鉴定，并与正常机体的代谢产物比较，寻找疾病的生物标记物，将会提供一种较好的疾病诊断方法。简而言之，基因组学可暗示可能发生什么，转录组学可明确正在发生什么，蛋白质组学可揭示已经发生了什么，而代谢组学可证实什么确实发生了。

1.2.2.3 基因表达的调节

基因表达（gene expression）指的是从 DNA（经过转录和翻译）到蛋白质的过程。1960 年，F. Jacob 和 J. Monod 发现细菌利用乳糖时，相关酶的基因表达时序受到严格的控制，于是提出了原核生物基因调节的操纵子模型，开辟了对基因表达调节研究的新领域。这个模型指出，原核生物中多基因共同转录成多顺反子的 mRNA，这一过程受到包括启动子、操纵基因和调节基因等的控制，其控制机制不外乎阴性调节和阳性调节两种方式。对任何一种方式而言，都需要小分子的效应物和调节蛋白的参与，阴性调节需要阻遏蛋白，而阳性调节需要激活蛋白。在此后的 10 年里，这个学说得到了进一步的修正和补充而日趋完善。

由于真核基因 DNA 与蛋白质结合，并被高度紧密地压缩在染色体中，在大多数情况下真核基因的表达受到阻抑，因此真核基因表达的调控要比原核生物复杂得多。研究显示，真核基因的有效活化涉及染色体基本单位核小体的重构、结合于 DNA 上的组蛋白的乙酰化、DNA 的甲基化等化学修饰和 DNA 超螺旋的拓扑异构化；真核基因表达的调节系统由调节序列和调节蛋白两部分组成。调节序列在 DNA 上散在地分布，甚至远离转录起始位置，但是细胞中众多的基因调节蛋白以它们特殊的模体结构与基因调节序列相结合，从而影响调节序列 DNA 的构象，引发调节序列之间远距离发生相互作用，对其转录活性进行调节，使其增强或削弱。转录是基因表达调节的中心环节，但是基因表达的调节也在转录后的加工、翻译和翻译后多肽链的化学修饰等各个层次上进行。对基因表达的调节，目前还了解甚少，且这一领域的研究将最终揭开生命的进化、胚胎的分化以及个体的生长、发育、繁殖、衰老、疾病和死亡之谜。

1.2.2.4 细胞信号传导

现代生命科学的一个基本观点是，如同物质和能量，信息也是生命的基本要素。人们对信息传递机制的认识起源于激素（hormone）。1957 年，E. Sutherland 在研究胰高血糖素和肾上腺素对肝糖原的分解效应时发现了环腺苷酸（cAMP），提出了第二信使学说（second messenger hypothesis），这是信息传递生物化学研究的突破性进展。此后，又发现了环鸟苷酸（cGMP）、三磷酸肌醇（IP_3）、二酰甘油（DG）、Ca^{2+}、神经酰胺和花生四烯酸等第二信使，它们是被信号分子（如激素）激活的受体通过刺激特定的效应酶在胞质内生成的信息物质。1977 年，J. Pfeifferfe 分离出了一种鸟嘌呤核苷酸结合蛋白，称为 G 蛋白，其在被激素激活的受体与胞内效应酶之间起偶联的作用。随后进一步揭示了多条细胞内的信号传递通路，如通过 G 蛋白受体介导的蛋白激酶 A（PKA）系统、蛋白激酶 C（PKC）系统和 Ca^{2+}/钙调蛋白（calmodulin，CaM）依赖的蛋白激酶系统，还有受体酪氨酸蛋白激酶（tyrosine protein kinase，TPK）系统。此外，已发现负责核内外信息传递的是一类可与靶基因特异序列相结合的核蛋白，发挥着转录调节因子的作用，它们参与基因调控、细胞繁殖与分化以及肿瘤的形成等过程。从分子生物学意义上讲，细胞信息传递过程是以一系列蛋白质和酶的构象以及功能改变为基础的级联反应，蛋白质、酶的磷酸化与去磷酸化等修饰在这过程中占有中心的地位。

20 世纪 80 年代，R. Furchgott 等发现乙酰胆碱引起动脉舒张依赖于血管内皮衍生的舒张因子，并证明其为一氧化氮（NO）。NO 既作为第一信使，又有第二信使的作用，是一种新型的、不典型的时空信使，在心血管、免疫和神经系统中发挥着重要的生理作用。

1.2.2.5 生物工程学及合成生物学

20 世纪 50—60 年代，人们对核酸化学、核酸酶学的认识不断加深；到了 70 年代，掌握了利用分子杂交、限制性内切酶和反转录酶等工具酶，按照自己的意愿改造遗传基因和操纵遗传过程的技术，即重组 DNA 技术（recombinant DNA technology），这个技术的规模化和工业化就是基因工程，也称遗传工程（genetic engineering）。以基因工程技术为核心，与现代发酵工程、细胞工程、胚胎工程、酶工程、蛋白质工程等集合而成的生物工程学（bioengineering），已经和正在展现出其推动生产力发展的巨大潜力。运用 DNA 重组技术，将一些外源蛋白质基因转入细菌、酵母和动植物细胞中，已经可以大量地生产如生长激素、干扰素、乙肝疫苗等药物和激素（图 1.2）。注射重组生长激素的猪不仅生长快，而且瘦肉多；将其应用于乳牛可使牛乳产量得到大幅度增加。1982 年，R. Palmiter 将大鼠生长激素的基因重组后注射入小鼠受精卵，再将其植入小鼠子宫，发育成的小鼠长得比原小鼠大两倍，证明转入的外源基因改变了生物的性状，从而创立了转基因动物技术。1991 年，有人运用转基因技术使绵羊的乳腺表达 α-抗胰蛋白酶成功，表明乳腺等动物器官可以作为大量表达特异蛋白的

图 1.2　基因工程车间

“生物反应器”（bioreactor）。1997 年，英国的 I. Wilmut 等利用羊的体细胞（乳腺细胞）克隆出了命名为“多莉”的绵羊，震惊了世界。在医学方面，由转基因技术而萌发的基因诊断、基因治疗的概念，正在变为现实。自 1990 年以来，已有数百位遗传缺陷性疾病患者接受治疗，并且看到了康复的希望。虽然目前对基因改造产品的商品化和转基因生物的安全性还有不同看法，但是已经没有人怀疑现代生物技术对人类未来的发展将产生的难以估量的影响。

合成生物学（synthetic biology）于 21 世纪初应运而生，是近年来发展最为迅速的前沿交叉学科之一。与以假说为导向的传统生命科学研究不同，合成生物学是以目标为导向，通过设定需要实现的生物化学代谢及信号转导等能力，再以工程化手段设计、改造及合成全新生命体。2010 年，由基因科学家 Craig Venter 带领的团队合成了第一个人工合成的细菌物种，名为“辛西娅”，并称它是第一种“以计算机为父母的自我复制的生物”。美国合成生物学家 D. Keasling 开创性设计构建了能够生产抗疟药物青蒿素的人工酵母细胞，变革了中药提取青蒿素的传统手段。2021 年，我国科学家采用一种类似“搭积木”的方式，通过耦合化学催化和生物催化模块体系，实现了光能→电能→化学能的能量转变方式，成功构建出一条从二氧化碳到淀粉合成只有 11 步反应的人工途径；这个只需要水、二氧化碳和电的“创造”，不依赖光合作用，被誉为“将是影响世界的重大颠覆性技术”。总之，合成生物学已开始逐步应用于与我们生活密切相关的环保、医疗、食品制造及畜牧养殖等领域，并对生命科学的进步产生重要影响。

1.3 生物化学与动物生产和健康的关系

生物化学是生物科学，包括医学、畜牧、兽医、水产等专业的基础学科之一。现代生物化学的理论和实验方法已经作为通用的“语言”与有力的“工具”被广泛用于生命科学的理论表述和应用研究之中。动物生物化学与动物生理学、动物营养学、动物遗传学、动物繁殖学、兽医药理学、兽医病理学、兽医微生物学、兽医免疫学、动物疾病诊断学等学科有着不可分割的联系，因此学习和掌握动物生物化学的知识对从事动物生产和动物的健康事业有着重要的意义。

实际上，生物化学从一开始就与生理学结合在一起，旨在分析机体的化学组成，从分子水平上对机体的各种生理机能（如营养物质的消化吸收、肌肉的收缩、组织氧化和激素的作用等）做出解释，以阐明动物和人体新陈代谢活动的规律。对动物饲养而言，深刻了解动物机体内物质代谢和能量代谢的状况、掌握营养物质相互转变和相互影响的规律，是提高饲料利用率，实现营养成分更加合理分配和高效转化，以及改善动物产品品质的基础。为了达到这个目的，必须研究动物消化道的酶系以及动物细胞对营养物质的利用方式。研制和开发高效饲料添加剂、生理调节剂也必须基于对动物机体代谢的科学调控来实现，才能使其安全性得到保证，以避免它们对动物本身和消费者产生不良影响。深入认识动物在生长、发育、妊娠、泌乳和产蛋等不同生理时期的代谢特点，可以避免因为饲料中营养配比不当而引起的如乳牛的酮病、鸡的产蛋疲劳综合征等营养代谢病，以及由于管理方式不当引起畜禽对温度和运输的应激而降低生产性能。在优良畜禽品种的培育工作和动物品种资源保护和利用中，常用蛋白质和酶的遗传多态性进行动物亲缘关系鉴定、遗传距离的分析，筛选与特殊性状相关的遗传标记，为培养优质高产抗病的畜禽品种和保护动物资源提供理论依据。目前，以先进的 DNA 指纹技术作为遗传标记的应用日益普遍，并已取得丰硕成果。

在动物健康和疾病的防治及诊断方面，生物化学和分子生物学的原理与技术越来越显示出其重要性。药理学与生物化学和分子生物学相结合，已从器官和组织水平上对药物作用的描述转向探讨药物分子在体内与酶、受体等生物大分子的相互关系、分析其内在的作用机理，从而使药物的作用机理、结构与药效的关系、药物的改造和新药设计都深入到了分子水平。生物化学和分子生物学的理论和研究技术对病理学的推动和影响同样巨大，肿瘤、自身免疫缺陷等一些疾病的发生、发展机制长期以来得不到解决，而新兴的分子遗传病理学、免疫病理学、自由基病理学最终为人们解疑释惑带来了希望。分子免疫学在医学（包括兽医学）领域中的发展速度最引人注目，其动力的源泉不能不归结为人们对抗原与抗体分子之间相互作用的深入了解。随着动物生产的发展和动物产品贸易量的日益增加，面对新病原的发现和外来病原的侵入，疫病的控制任务十分艰巨，常规疫苗的使用已得不到满足，而基因工程疫苗展示了光明的应用前景，但研制这类高效的疫苗首先要求对病原（如禽流感病毒、口蹄疫病毒等）的分子结构与功能有深入了解。此外，在动物疫病的诊疗中生物化学的实验技术被广泛应用于体液中酶和代谢物等的分析，快速、准确的分子生物学诊断技术已经广泛应用于兽医临床的研究和实践中。

生物化学及其技术在动物生产和动物健康的各个方面都显示出其巨大的潜力，已经成为每一个生物科学工作者必备的知识与技能，并要学会应用这些知识和技能为发展我国的动物生产和动物健康事业做出贡献。

二维码 1-1　第 1 章习题

二维码 1-2　第 1 章习题参考答案

Part I

第一部分

生命有机体的化学

Chemistry of Organisms

第2章

生命的化学特征

【本章知识要点】

☆ 构成生命物质的元素约有30种，主要有氢、氧、碳和氮，它们之间能形成稳定的共价键和多种形态结构的分子；其次是硫和磷，还有钾、钠、钙、氯、镁、铁、铜等元素，都是生命活动所必需的。

☆ 氨基酸、核苷酸和葡萄糖可作为单体分别合成蛋白质、核酸和多糖等生物大分子；细胞的膜结构则由磷脂分子非共价装配而成，这些生物大分子是生命活动的物质基础。

☆ 除了共价键以外，氢键、离子键、范德华力以及疏水力4种非共价相互作用力对生物大分子空间结构的形成和功能的发挥十分关键。

☆ 生物体的各种生理活动都需要能量的供给。动物将从环境摄取的能量物质（如葡萄糖）氧化分解，并将释放的部分能量转移到ATP分子中，而机体各种生理活动所需要的能量均来自ATP分子中高能磷酸键水解或转移时所释放的自由能。因此，ATP是生命有机体中的“通用能量货币”。

☆ 生命过程须臾离不开水。水分子的极性结构，以及其分子自身之间的亲和性、优良的溶剂性和化学反应性使其成为几乎所有生物化学过程的介质。

生物化学的基本目的就在于解释生命现象的化学本质。想要了解这一点，最直接的办法就是分离出生命有机体中的各种成分，然后研究它们的化学结构和生物活性。当我们开始研究生物分子和它们之间的相互作用时，自然会想到这样一些问题：在生命有机体中存在哪些分子？这些分子的结构如何？是什么力量将它们稳定地维持在一起？这些生物分子的化学反应性如何？推动这些化学过程的能量从哪里来？

为了回答上述问题，在这一章里将概要地介绍生命有机体基本的化学特征。无论是对动物、植物还是微生物，其基本化学特征都是相同的，例如生命有机体的元素组成和特点；基本的生物分子及其相互关系；生物分子中原子和基团之间键合的方式和作用力；生物化学反应的能量来源以及水在生命化学过程中所扮演的角色等。了解了这些基本知识，就等于打开了认识生命现象化学活动规律的大门。

2.1 生命中的元素

生命与非生命物质在化学组成上有很大的差异，但是生物化学的研究证明，组成生命物质的元素都是存在于非生命界的元素。现已查明，地壳表面天然存在的 90 多种元素中有 30 多种是生命所必需的。有的在生命有机体中含量丰富，有的则只是微量存在。大多数的这些元素有相对小的原子质量，其中大于硒（Se）的相对原子质量（34）的元素只有很少数。图 2.1 示意了元素周期表中各种元素在生命有机体中的丰度。

主要元素
重要元素
其他重要微量元素

1H 氢																	2He 氦
3Li 锂	4Be 铍											5B 硼	6C 碳	7N 氮	8O 氧	9F 氟	10Ne 氖
11Na 钠	12Mg 镁											13Al 铝	14Si 硅	15P 磷	16S 硫	17Cl 氯	18Ar 氩
19K 钾	20Ca 钙	21Sc 钪	22Ti 钛	23V 钒	24Cr 铬	25Mn 锰	26Fe 铁	27Co 钴	28Ni 镍	29Cu 铜	30Zn 锌	31Ga 镓	32Ge 锗	33As 砷	34Se 硒	35Br 溴	36Kr 氪
37Rb 铷	38Sr 锶	39Y 钇	40Zr 锆	41Nb 铌	42Mo 钼	43Tc 锝	44Ru 钌	45Rh 铑	46Pd 钯	47Ag 银	48Cd 镉	49In 铟	50Sn 锡	51Sb 锑	52Te 碲	53I 碘	54Xe 氙
55Cs 铯	56Ba 钡	镧系	72Hf 铪	T73a 钽	74W 钨	75Re 铼	76Os 锇	77Ir 铱	78Pt 铂	79Au 金	80Hg 汞	81Tl 铊	82Pb 铅	83Bi 铋	84Po 钋	85At 砹	86Rn 氡
87Fr 钫	88Ra 镭	锕系															

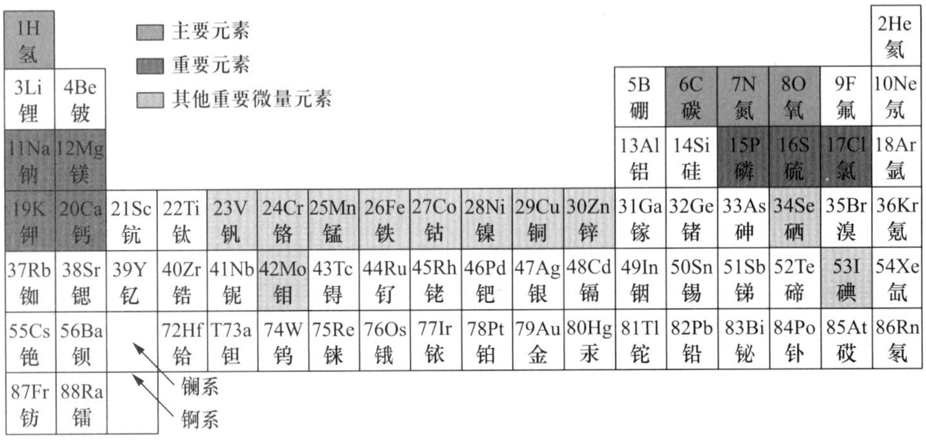

图 2.1 元素周期表中各种元素在生命有机体中的丰度

2.1.1 氢、氧、碳和氮

从原子总量所占的百分数来看，生命有机体中氢、氧、碳和氮的含量最为丰富，加起来超过了细胞物质总量的 99%，是构成糖类、脂类、蛋白质和核酸的主要元素。从元素周期表上看，它们都是比较轻的元素，而且在其原子的外层电子轨道上都有 1 个或 1 个以上的未成对电子，因此相互之间可以通过共享电子形成单键、双键以至三键等共价键（表 2.1），这个特点为生命有机体提供了很大的化学优势。例如，1 个碳原子能与 4 个氢原子共有 4 对电子，以 4 个 C—H 单键相连形成甲烷（CH_4）；每个碳原子又可以与 1 个、2 个或 2～3 个另外的碳原子形成几个单键，2 个碳原子之间还可以共有 2 对或 3 对电子形成共价的双键或三键（在生物界比较少见），这样不仅能形成线状的，还会形成分支的和环状的结构。此外，碳原子还可以与氧原子或氮原子形成单键或双键，构成形式多样的碳骨架（carbon skeleton），该化学基础决定

表 2.1 生物分子中的共价键与键能

类型	键能*/(kJ/mol)	类型	键能*/(kJ/mol)
单键		N—O	220
O—H	458	S—S	212
H—H	433	双键	
P—O	416	C═O	708
C—H	413	C═N	612
C—O	350	C═C	608
C—C	346	P═O	500
S—H	338	三键**	
C—N	297	C≡C	813
C—S	258		

注：* 指键断裂所需要的能量，**生物分子中很少见。

了生物的多样性。大多数的生物分子都可以看作碳氢化合物的衍生物。一般说来，轻的元素原子之间形成的化学键比较强。与碳原子通过共有电子对形成的4个C—C共价单键呈四面体排列，化学性质非常稳定，还可以自由转动，因此生物分子都有特定的形状。而且，与碳原子相连的氢原子被别的原子或基团取代后，又能派生出新的不同的生物分子。

2.1.2　硫和磷

除了氢、氧、碳和氮4种主要的元素以外，非金属元素硫和磷在生命有机体中的作用也举足轻重。它们能形成一些相对比较弱的化学键，因此含硫、磷的化合物在生物细胞的基团和能量转移反应中显得比较活跃。例如，巯基（—SH）可以携带和转移酰基；二硫键（—S—S—）在蛋白质分子中起到稳定肽键空间结构的作用。磷通常以与4个氧原子结合形成的磷酸盐形式存在，许多磷酸化合物，如三磷酸腺苷（ATP）常在转移磷酰基或发生水解时释放出很高的自由能，以供机体利用。此外，蛋白质关键位点的磷酸化修饰控制着其本身的生物学功能。

2.1.3　钾、钠、氯、钙与镁

这些元素的离子形态在维持生物组织和细胞一定的渗透压、离子平衡、细胞膜电位与极化中发挥着重要作用。钠与钾在组织中的分布不同，前者主要存在于细胞外液，而后者主要存在于细胞内液；Na^+和K^+分别是维持细胞外液渗透压及其容量和细胞内液渗透压及细胞容积的决定性因素。神经肌肉的正常兴奋性要依靠一定浓度的Na^+和K^+维持，糖原合成和蛋白质代谢需要K^+的参与。动物体内氯的总量与钠的总量大致相等，Cl^-的含量与Na^+有平行关系，功能上也密切相关。Cl^-对水的分布、渗透压及H^+平衡的维持等也有重要作用。此外，镁离子影响组织的兴奋性，而且还是细胞内许多酶必需的辅助因子，有300多种酶以Mg^{2+}作为其辅助因子。钙是动物骨骼的主要成分（以磷酸钙的形式）；Ca^{2+}广泛参与了神经和肌肉活动的调节，还与血液凝固、腺体分泌、细胞物质的转运有关，并参与介导细胞信号传导等复杂的生理活动。

2.1.4　其他微量元素

铁和铜在组织和细胞中含量很少，但非常重要。铁是血红蛋白、肌红蛋白和细胞色素以及其他呼吸酶类（细胞色素氧化酶、过氧化氢酶、过氧化物酶）的必需组成成分，其主要的功能是把氧转运到组织中（血红蛋白）和在细胞氧化过程中转运电子（细胞色素），这是因为铁原子的化学价可以在二价与三价之间通过电子的传递互变。同样，铜原子的化学价也可以在一价与二价之间互变。因此，在葡萄糖等能量物质氧化分解途径中，脱下的氢（$H^+ + e^-$）通过呼吸链（电子传递系统）传递给氧进而化合成水的过程中，细胞色素中的铁原子和铜原子起到了电子传递体的作用。此外，钼、锰、锌、钴、硒、碘等也都在细胞的生理活动中发挥不可或缺的作用。

2.2　生物体系中的非共价作用力

所有生物分子的结构和生命的化学过程既依赖共价键，也依赖可逆的非共价相互作用力，后者也称为非共价键或次级键。生物分子之间的非共价相互作用力，无论是在DNA的双螺旋结构中还是在蛋白质分子的空间结构中，无论是对酶与底物分子的结合还是膜结构中磷脂分子的装配，它们无处不在，并发挥了关键的作用。存在于生物分子中主要的非共价相互作用力包括四类：氢键、离子键、范德华力和疏水力（图 2.2），它们的几何形状、强度和特异性皆不同。单个的这类作用力（或键）看起来是微弱的，然而若众多的非共价作用力汇聚起来，其作用就不能小看了。

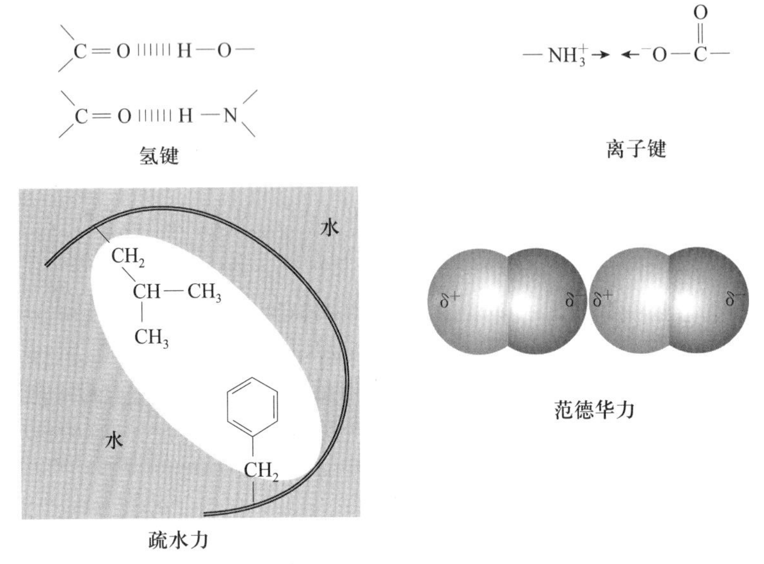

图 2.2　4 种非共价作用力示意图

2.2.1　氢键

氢键（hydrogen bond）可以存在于带电荷的和不带电荷的分子之间。在一个氢键中由两个其他的原子分享一个氢原子，其中与氢原子联系较为密切的原子称为氢供体，而另一个原子则被称为氢受体。氢受体带有部分负电荷，因此对氢原子有吸引。实际上可以把这个氢原子看作是一种酸向一种碱转移质子时的中间体。在生物分子中，氢供体常是氧原子或氮原子。氢键的键能在 4～13 kJ/mol，它比共价键弱得多（C—H 键能为 413 kJ/mol），但强于范德华力。氢键具有高度定向的性质，当氢供体原子、氢原子和氢受体原子在一条直线上时，这样的氢键最强。蛋白质分子中的 α 螺旋结构，正是由于多肽链上的亚氨基（ >NH ）的氢原子与羰基（ >C═O ）的氧原子之间形成了氢键而变得稳定。同样，DNA 分子中两股多核苷酸链上的碱基之间也是通过氢键配对，并互相缠绕而成双螺旋结构。

2.2.2　离子键

离子键（ionic bond）也称为盐键或盐桥，其是生物分子中带有相反电荷的基团之间通过静电引力的相互作用。离子键作用力的大小服从于库仑定律（coulomb's law）。带有相反电荷的基团之间产生最适静电引力的距离为 0.28 nm。在水中，离子键具有 5.9 kJ/mol 的能量。氨基（$—NH_3^+$）与羧基（$—COO^-$）之间通过静电引力的相互作用是决定蛋白质空间结构的要素之一。溶液中的离子水合作用也是依靠静电引力。带电的离子周围常常吸引一层极性的水分子而被水化，从而降低了离子之间的作用力，使水成为许多离子和极性分子的优良溶剂。

2.2.3　范德华力

范德华力（Van der Waals bond）也称为范德瓦尔斯力，是发生在距离为 0.3～0.4 nm 范

围内的两个原子之间的一种相互作用力。从本质上讲，范德华力也是静电引力所致。范德华力相互作用的基础是原子周围的电荷分布随时间起伏，在任何时刻电荷分布都不是完全对称的。一个原子周围电荷分布的不对称可以诱导其相邻的原子发生相应的变化，于是，当它们在一定的距离内相互接近的时候，通过偶极相互吸引。不过当两个原子过于靠近，小于所谓的范德华接触距离时，由于两个原子的外层电子云重叠则会导致非常强的排斥力占主导地位（图 2.3）。在氧原子与碳原子之间这个接触距离约为 0.34 nm。

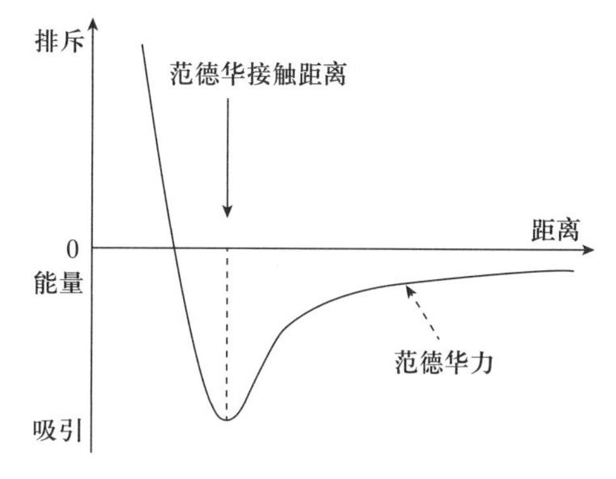

图 2.3　范德华力的作用

一对原子之间的范德华力的能量为 2～4 kJ/mol，比氢键和离子键要小得多，而且只要两个原子或基团之间的距离大于接触距离 0.1 nm，这种作用就很快消失。由此可见，范德华力的作用并不能由单独的原子对来表现。而当数量巨大的原子对同时相互聚集时（尤其表现在生物大分子之间存在互相匹配的形态），大量的原子处于范德华接触状态，其净效能可能是相当大的。换句话说，范德华力的效应也依赖于分子之间空间结构上的互补性。

2.2.4　疏水力

疏水力（hydrophobic bond）在蛋白质多肽链的空间折叠、生物膜的形成、生物大分子之间的相互作用以及酶对底物分子的催化过程中常常起着关键的作用。非极性分子不能参与生成氢键或离子键，且非极性分子与水分子的相互作用不如水分子之间的相互作用有利，与这些非极性分子接触的水分子在它们周围形成"笼子"，比在溶液中游离的水分子更有序。当非极性分子之间或分子的非极性基团之间在水相环境中互相吸引并聚集在一起时，原来处在非极性基团附近的水分子就会被排挤出去，结果使周围水分子的熵增加，其表现为非极性分子在水中表现出更强的相互缔合倾向，这种趋势称为疏水效应，相关的相互作用力称为疏水力。这种相互作用力可以促使蛋白质大分子在其接近表面的地方折叠形成一些特定的裂隙构造，形成无水的微环境，这对一些酶与底物分子结合或受体与配体分子的结合是必需的。有些生物分子，如磷脂有规则的排列形成细胞屏障（即生物膜结构），也是基于这个原因。疏水力的独特之处在于在 0～60 ℃的范围内，其大小随温度上升而增加。

2.3　生物大分子

由于生命活动极其复杂，要求参与其过程的许多分子也非常大（图 2.4）。典型的例子是 DNA，即便是小小的大肠杆菌，其 DNA 的相对分子质量也有 2.2×10^9。与 DNA 比较，蛋白质不算大，但是一个典型的蛋白质分子的相对分子质量也在 5×10^4 左右，有些蛋白质的相对分子质量甚至达到几十万、几百万。生物机体中这些巨大的分子称为生物大分子（biological macromolecules）。DNA 分子就是一条长链，遗传信息以线性的方式在这条长链上储存。由于一个多细胞有机体所包含的特有的遗传信息量非常大，这条链也就必然非常的长。把人类染色体 DNA 分子拉直，从头到尾足有 1 m 长，包含有 30 亿对碱基，构成了人类基因组（genome）的全部。

可以想象，化学家在实验室里一步一步地来合成如此大的分子绝非易事，其间一定会有许许多多的副反应发生，也会有各种各样的副产物在反应体系中累积，更何况在细胞中。实际上，细胞采用了一种模式化的高效程序来构建生物大分子，即将预先准备好的单体（mono-

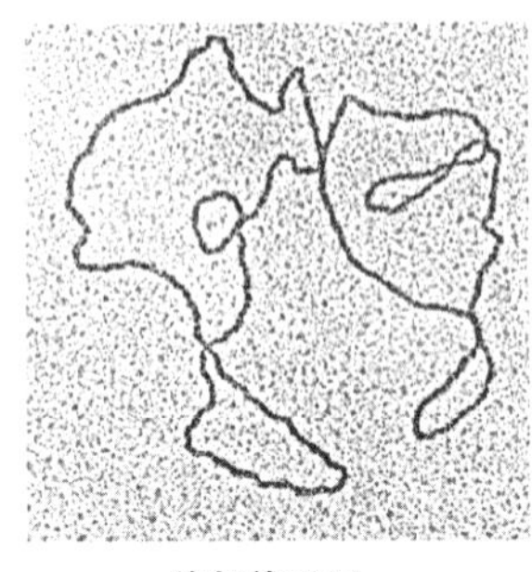
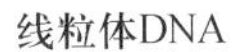
线粒体DNA

溶酶体晶体

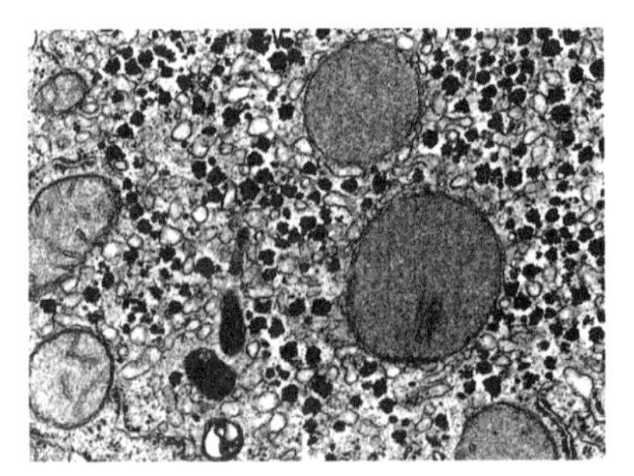
糖原颗粒（黑）电镜照片

图 2.4 生物大分子

mer）通过互相缩合、脱水形成线性的多聚体（polymer），即大分子。例如动物肝和肌肉中的糖原（也称动物淀粉）大分子就是把葡萄糖单体以同样的糖苷键连接形成的葡萄糖多聚体，由于在聚合过程中，每两个葡萄糖分子之间要缩合脱去一分子水，所以这个葡萄糖单体被称为葡萄糖残基（residue）。同样的道理，核酸（DNA 和 RNA）是以 4 种核苷酸为单体通过磷酸二酯键连接的多聚体，可称之为多聚核苷酸；而蛋白质则是以 20 种 L-氨基酸为单体通过肽键连接的多聚体，可称之为多肽（polypeptides）。巨大的分子又通过组成它们的单体之间的非共价相互作用，形成特定的空间结构，从而使它们具有了不同的生物学功能。

生物大分子占据了细胞组成和结构中很大的部分，是表现生命特征的基本物质。核酸是遗传信息储存、传递和表达的载体；蛋白质由于在结构上的多样性，因而广泛地参与了各种生命活动并在其中扮演着重要的角色。有的蛋白质作为组织细胞的结构成分，如毛发、皮肤中的角蛋白和结缔组织中的胶原蛋白；有的参与物质运输，如血红蛋白的载氧功能；有的参与机体免疫，如免疫细胞产生的免疫球蛋白（抗体）。此外，有的蛋白质可以远距离地传递代谢调节的信息，如肽类激素和接受信息的细胞受体；许多蛋白质是生物催化剂——酶，控制着细胞中各种化学反应的速度。

还要提到的是如磷脂这样的类脂分子。它们是富含碳元素和氢元素，在水环境中溶解性较差，但具有结构多样、兼具亲水和亲脂特性（简称“双亲性”）等特点的一族生物小分子。磷脂分子的“双亲性”特性可使其通过分子之间的非共价组装、互相结合并有序地排列而形成细胞和细胞器的脂双层膜结构，膜结构再与蛋白质相结合表现出多种生命现象。

细胞中还有各种各样的具有独特功能的有机小分子，相对分子质量在 100～1 000，大多以游离的状态存在于体液中，有的还形成代谢库（metabolic pool）。如同建造高楼大厦的建筑材料一样，核苷酸、氨基酸、葡萄糖是构建生物大分子的基本构件，分别作为合成核酸、蛋白质和多糖等生物大分子的前体（precursor），而脂肪酸、胆碱、甘油等则是合成类脂的原料。此外，其他的有机小分子也都可以由这些基本的原料通过化学转变而生成。

2.4 生物能量学

活细胞和生命有机体必须通过做功才能生存和繁殖。细胞中成分的不断合成需要做化学功，无机盐和有机分子在细胞中对抗浓度梯度的积累和定位依赖于渗透功，而肌肉的收缩、细菌的鞭毛运动则是机械功。生物能量学（bioenergetics）就是研究生命有机体传递和消耗能量的过程，并阐明能量的转换和交流的基本规律。从热力学的角度看，一个生命有机体是一个开放的系统，其与周围环境既有物质的交流，又有能量的交流。生命有机体通过两种战略从环境获取能量：一是从外界环境摄取“燃料”，再通过氧化分解的方式摄取能量；二是从太阳吸收光能。绝大多数动物都采用前者，而后者主要是绿色植物和一些藻类等的摄能方式。

2.4.1 自由能

19 世纪，德国科学家 M. Rubner 等用热量计测定了动物和人全部能量的释放、氧的消耗、二氧化碳的产生和氮的排出等数据，证明活的生命有机体与任何机械一样都服从能量守恒定律，而能量守恒定律是热力学第一定律。也就是说，生命有机体必须从物质代谢中获得能量来偿还其生命活动过程中所消耗的能量，即合成代谢所消耗的能量，且该能量主要从物质的分解代谢中获得，此外别无其他来源。

生物有机体也遵循热力学第二定律。众所周知，能量总是从能态较高的物体流向能态较低的物体。例如，热量总是自发地从较热的物体传递给较冷的物体；水总是从高处流向低处；溶液中的溶质总是从高浓度区域向低浓度区域扩散，且这些过程都是自发的。如果要使这些过程反过来进行，则需要外界做功才能实现，属于非自发的。实际上凡是自发的过程，都有能量的释放，而且其中一部分可以用来带动非自发的过程。自发过程中能用于做功的能量称为自由能（free energy）。自发进行的体系，不论是机械体系还是化学体系，在能量关系上都符合下面的等式：

体系可做功的能量（自由能）＝体系总能量－不被利用做功的能量

以 H 表示体系的总能量（焓），用 $S \cdot T$ 表示不能被利用做功的能量，S 为熵，T 为绝对温度，那么体系可做功的能量等于 $H-S \cdot T$，称为自由能，用 G 表示，即：

$$G = H-S \cdot T$$

自由能 G 是一个状态函数。在等温等压条件下，体系从一种状态转变为另一种状态时，自由能的改变为：

$$\Delta G = \Delta H - \Delta S \cdot T$$

在自发过程中，自由能的改变是从大到小，即自由能的改变为负值（ΔG），表示释放的自由能可以用来做功。而在非自发过程中，自由能的变化是从小到大，其变化是正值（ΔG），表示这种改变要从外界输入能量才能实现。

2.4.2 ATP

动物属于化能营养生物，即其机体所需能量来自食物中营养物质的氧化分解。例如，每摩尔葡萄糖在体内氧化分解生成二氧化碳和水的过程中，释放的总能量约为 2 817.7 kJ，其中直接以热散发的能量为 1 205.8 kJ，其自由能改变为 1 611.9 kJ，可以被机体利用来推动非自发过程，如生物合成、肌肉收缩、物质运输等。但是能量在生物体内不是一次性释放的，而是逐步释放的，释放出的能量也不是直接用于做功，而是首先转变为一种特殊的能量载体——三磷酸腺苷（adenine triphosphate，ATP）。ATP 是机体内直接用于做功的形式，其在生物体内的能量交换中起着核心的作用，这是因为在它的 3 个磷酸基团中含有 2 个高能磷酸酐键（结构见第 4 章）。ATP 的每个磷酸基在水解或者转移时有很大的自由能释放出来，大约为 30.57 kJ/mol。ATP 的释能过程如下。

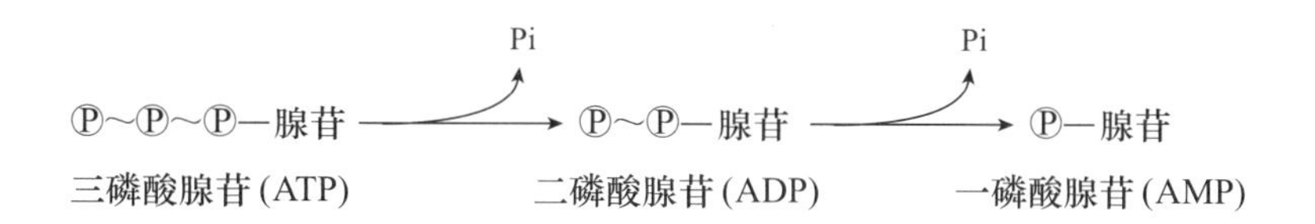

ATP 释放的自由能可以直接用于推动体内各种需要输入自由能的生理活动过程（图

2.5)。ATP 可由 ADP 加磷酸 Pi 合成，称为磷酸化（详见第 9 章）。

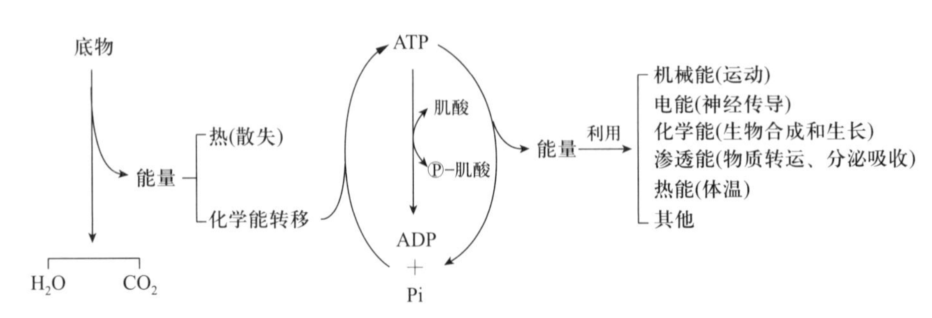

图 2.5　生命有机体内能量的转换与利用

ATP 在体内不断形成又不断消耗，ATP/ADP 循环是生物体系中能量交换的基本形式。ATP 是自由能的直接供体，而不是储存形式，它的作用犹如货币一样在体内使用和流通，因此人们将它形象地称为“通用能量货币”。在生物体中不仅使用 ATP，有些反应还需要其他的含有高能磷酸键的化合物（高能磷酸化合物），如三磷酸鸟苷（GTP）、三磷酸胞苷（CTP）、三磷酸尿苷（UTP）等。

2.4.3　生物体中的能量偶联反应

生命有机体中的化学反应过程既服从于一般化学规律，又有自己的特点。这个特点就是生命机体可以将代谢燃料分子或太阳能中获取的能量与细胞内的耗能反应偶联在一起。

在一个封闭系统中的化学反应可以自发进行直到达到平衡。当系统达到平衡了，产物生成的速率与产物转变成反应物的速率完全相等，产物和反应物的浓度没有了净值的变化。参与反应的每一种物质相对于它的化学键的种类和数量都有一定的位能。由于反应过程中没有温度和压力的改变，当系统从初始态转变到平衡态时，其能量的变化就是自由能的改变（ΔG），且自由能改变的大小取决于不同的化学反应和反应起始时偏离平衡态的远近。在自发进行的反应中，因产物比反应物的自由能小而发生自由能的释放，这个能量的一部分可用于做功，这样的反应是产能（exergonic）反应，释放的自由能（ΔG）用负值表示。而耗能（endergonic）反应不能自发进行，因为它要求有能量的投入，其需要的自由能变化是正值。

在生命有机体中一个放能的反应可以与一个耗能的反应偶联以推动原本不能进行的反应。下面以葡萄糖转变为它的磷酸酯——葡萄糖-6-磷酸为例予以说明。

反应（1）：

葡萄糖+磷酸⟶葡萄糖-6-磷酸（耗能，$\Delta G_1>0$，为 14 kJ/mol）

因此不能自发进行。

但是，反应（2）：

ATP⟶ADP + Pi（产能，$\Delta G_2<0$，为−31 kJ/mol）

有大量自由能释放，可以自发进行。

这两个化学反应有一个共同的中间产物——磷酸（Pi），它在反应（1）中被消耗，但在反应（2）中又产生。两个反应因此可以偶联成第三个反应。

反应（3）：

葡萄酸 + ATP⟶葡萄糖-6-磷酸 + ADP（产能，$\Delta G_3<0$，为−17 kJ/mol）

由于反应（2）所释放的能量大于反应（1）所消耗的能量，因此反应（3）是一个产能的反应。活细胞就是通过这种能量偶联反应生成葡萄糖-6-磷酸的。

将产能反应与耗能反应相偶联是生命系统能量交换的核心。如上述反应一样，营养物质在

体内氧化分解过程中存在着许多由ATP的分解释放能量进而推动耗能反应进行的情况。实际上，ATP是所有细胞化学能的载体，把耗能反应与产能反应偶联在一起。ATP分子末端磷酰基可被转移到各种受体分子上使其活化，以进入下一步的化学转化过程中去，剩下的ADP可以重新利用化学能磷酸化转变为ATP。

不过，并不是所有的产能反应都能很快地进行，一个热力学上可以自发进行的反应，在动力学上可能要经过数千年才能达到平衡。从反应物转变成产物的过程中会遇到能量上的障碍要克服，而生物催化剂的作用就是通过加快反应速度以推动细胞中的化学过程。细胞中数以千计的化学反应几乎都是由酶催化的。酶的高效性和专一性保证了反应的有序性，并且把许多不同的反应在功能上组织起来，一个反应的产物作为下一个反应的底物（即反应物），从而构成代谢途径及其网络，由此，生命有机体变成了一个巨大、复杂又精细的生物化学反应器。

2.4.4 细胞是一个高效率的能量转换器

需要指出的是，生物能的转换器不同于其他任何人造的热机，热机的操作原理是通过温度和压力的变化实现的。例如，蒸汽机把燃烧石油、煤炭产生的热能转变为蒸汽推动车轮运动的机械能。与此相反，各种生命有机体基本上都是在不涉及温度和压力的变化下进行能量的转换，显然，热的流动并不是生物利用的主要能量形式。

生命有机体更多的是通过电子流动来交换和传递能量。几乎所有的生物都直接或间接地从太阳的辐射能获取它们所需的能量。光合细胞吸收太阳能并利用它把电子从水传递给二氧化碳，形成含丰富能量的产物，如淀粉等，并把分子氧释放到大气中。而非光合细胞，包括动物机体则是通过氧化含有能量的光合作用的产物（如淀粉），然后把电子传递给氧形成水、二氧化碳和其他末端产物以获取能量，二氧化碳和水又进入环境中循环。实际上，细胞中所有能量转换都可以回归到电子从一个分子向另一个分子的流动。所有这些电子流动都是氧化还原的过程，一些物质被氧化了（失去电子），同时伴随着另一些物质被还原了（得到电子）。在这个过程中能量逐步释放出来，一部分以热能的形式散失（当然，对维持体温、小分子和离子的运动和扩散也有作用），还有一部分被“截获”并被转移到ATP分子的高能磷酸键中去，以供机体生理活动利用。生物能转换器的效率可高达40%左右。

2.5 水

水是动物体内含量最多的物质，其含量因动物的品种、性别、年龄以及生理状况的不同而有差异，一般占体重的60%～70%。动物体内的水以两种形式存在：自由水和结合水。自由水流动性大，可进出血液、组织、细胞；结合水是指亲水胶体体系中与蛋白质、多糖和磷脂等紧密结合的水，因而其流动性较低，溶解能力也降低。蛋白质、多糖以及磷脂等正是借助于亲水胶体的形式存在于体液中而不至于凝聚。结合水的含量相对稳定，而自由水的含量可因机体生理条件的改变而变化。

水之所以有如此重要的生物学意义，在于它特殊的理化性质。首先，水分子是极性的分子，其分子呈三角形，而不是直线的形态，因此水分子的电荷有不对称的分布。其中，氧的原子核把电子从氢原子那里拉向自己，从而使围绕氢原子核的区域带有净的正电荷，水分子因此具有了电极性的结构。第二，水分子之间有高度的亲和性。冰实际上就是水分子依靠氢键形成的网络构建的缔合体。类似的相互作用将液态水中的分子连接在一起（虽然有部分氢键是断裂的），因此水表现出一定的黏性。而这种性质又影响了水溶液中其他分子之间的相互作用。

水分子的极性和形成氢键的能力使水分子具有高度反应性。它既是极性分子的优良溶剂，又因为参与竞争其他分子之间的相互作用而削弱了极性分子之间的静电引力或者妨碍了氢键的形成。图 2.6 说明了水分子对羰基（>C=O）的氧原子与亚氨基（>NH）之间形成氢键的影响。一方面，水分子代替亚氨基作为氢供体；另一方面，水分子的氧原子又可以代替羰基氧作为氢受体。因此，只有排除了水分子才能在>C=O 和 >NH 之间形成氢键。

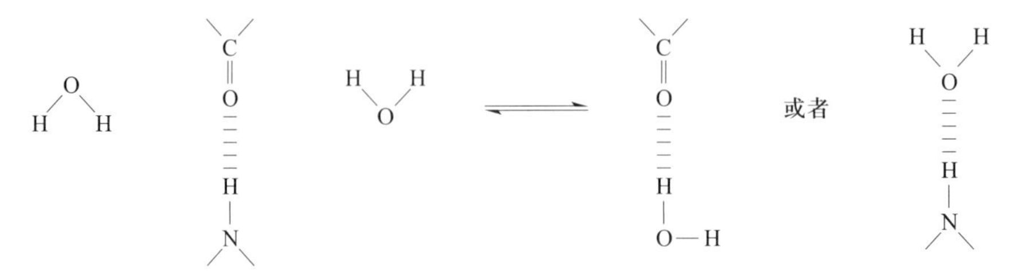

图 2.6　水分子竞争羰基氧与亚氨基氮之间的氢键

由于水的极性，使其可在离子周围形成定向的溶剂膜，因此介电常数特别高（80）。这个溶剂膜产生自身的电场，与离子的电场相反，结果削弱了离子之间的相互作用，促进其在溶液中扩散（图 2.7）。对地球上的生物来说，依赖水这种极性溶剂非常关键。如“燃料分子”葡萄糖、“建筑材料”氨基酸、“催化分子”酶以及“信息载体”激素等都能通过水自由地扩散（有的甚至以较高的浓度扩散），或者在水相中发生相互作用。

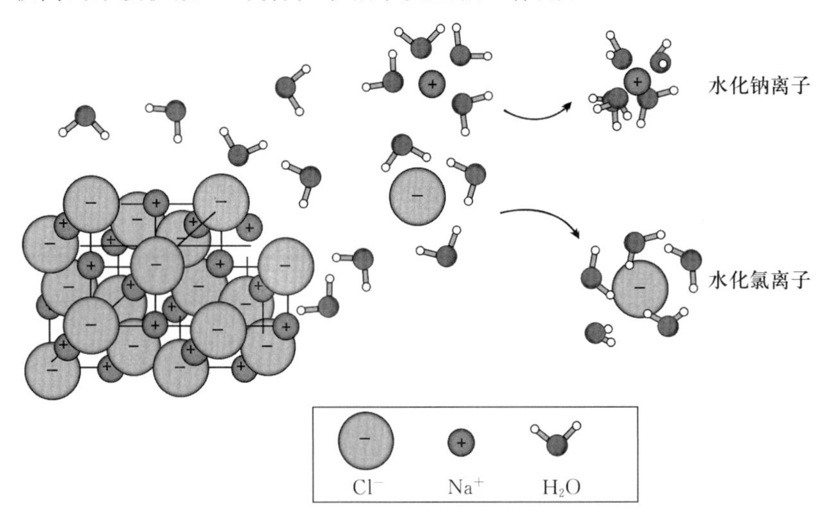

图 2.7　水与盐（NaCl）在溶液中的相互作用

（注意水分子的方向）

总之，水乃生命之源，没有水就没有生命。至今人们仍普遍相信，生命起源于海洋。正因为如此，人们在探索地球外生命的活动中，把发现水的踪迹作为生命存在的重要依据，因为生命须臾离不开水。

案　例

1. 食盐中毒　食盐中毒是因动物摄入过量的食盐或含盐饲料，常常还伴有饮水不足所引起的以消化紊乱和神经症状为特征的一种中毒性疾病。脑组织内盐含量增加引发

的渗透压校正可导致急性脑水肿，进一步引起颅内压升高导致脑灌注减少，脑组织缺氧而造成损伤。“钠泵”在加剧食盐中毒导致的脑水肿中发挥了重要的作用。一方面，细胞外钠离子浓度升高导致钠离子顺浓度梯度被动扩散至细胞内，为了维持细胞内的稳态，“钠泵”将细胞内潴留的钠离子向细胞外转运，加速ATP向AMP转化并消耗能量。另一方面，颅内压升高导致脑组织氧供应不足，葡萄糖无氧酵解是获得能量的主要方式，但由于“钠泵”产生的AMP过多，抑制葡萄糖无氧酵解过程，使脑细胞能量进一步缺乏。最终因缺乏能量，“钠泵”难以维持，细胞内钠离子向细胞外液和血液的运送几乎停滞，脑水肿更趋严重。

2. 牛羊青草搐搦 又名低镁血症性搐搦、牛羊缺镁痉挛症或牛羊青草蹒跚。是反刍动物采食幼嫩青草或谷苗后不久，突然发生的以低镁血症（常伴低钙血症）为特点，以强直性和阵发性肌肉痉挛、惊厥、呼吸困难和急性死亡为特征的疾病。正常情况下，兴奋性离子（钾离子、钠离子）和抑制性离子（镁离子和钙离子）保持平衡，当动物大量采食含镁量低（每100 g青草干物质含镁0.1～0.2 g）而含钾量高的青草，钾离子可促使镁的吸收量降低，从而产生低镁血症。产仔母（乳）牛在哺乳期，犊牛吸吮乳汁，能降低体内的镁、钙的含量，也会引起该病。产仔母（乳）牛一般在产后7 d发病。

二维码2-1 第2章习题

二维码2-2 第2章习题参考答案

《动物生物化学》

第3章

蛋白质

【本章知识要点】

☆ 蛋白质是生命的表现形式，其基本结构单位为20种L型的α-氨基酸，称为标准氨基酸；标准氨基酸通过肽键连接成为肽链，其序列构成了蛋白质的一级结构，由编码蛋白质的基因决定，且其是蛋白质空间结构和功能的基础。

☆ 肽键具有部分双键性质，并与相连的4个原子共同组成刚性的肽平面，制约蛋白质的空间结构，即构象。

☆ 蛋白质的构象可划分为二级结构、三级结构和四级结构等主要层次，其中二级结构反映主链骨架的走向，主要有α螺旋、β折叠和β转角；三级结构是分子中所有的原子和基团的空间排布，是发挥功能所必需的；四级结构是不同亚基在三维空间上的排布。

☆ 蛋白质构象与其功能关系密切。一些因素能破坏蛋白质的构象，尽管一级结构不变，但生物学活性丧失，称为蛋白质变性；小分子与某些寡聚蛋白质结合后可改变该蛋白质的生物学功能，称为蛋白质变构效应。

☆ 基于蛋白质的两性解离特性、胶体性质、电泳及层析行为差异等可以采用层析、离心、电泳等技术进行蛋白质的分离与鉴定。目前，蛋白质组学技术已经实现了对特定细胞、组织中的蛋白质进行大规模、高通量的检测和鉴定。

蛋白质（protein）是生物体内含量最丰富、最重要的生物大分子，占细胞干重的50%以上，参与生命活动的几乎每个过程。因此，生命活动是由蛋白质来体现的。机体缺乏某种蛋白质会引起疾病，如人和动物胰岛素分泌不足会引起糖尿病；蛋白质结构的异常也会导致疾病的发生，如血红蛋白突变可导致镰刀形红细胞贫血病。对蛋白质等生物大分子结构的研究已形成了一门独立的学科，即结构生物学，是当前生命科学的前沿学科之一。研究蛋白质结构及其与功能的关系，不仅有助于从分子水平上认识生命的本质，而且对疾病的诊断和治疗、新药的研发等具有实际指导意义。

本章将在介绍氨基酸、肽和蛋白质组成的基础上，重点阐述蛋白质的结构及其与功能的关系。

3.1 蛋白质在生命活动中的重要作用

19世纪30年代，荷兰化学家G. Mulder首先使用蛋白质一词。该词源于希腊语，意思是

"第一的"。事实证明，蛋白质确实是生物机体最重要的组成成分。

(1) **催化功能**：生物体内几乎所有的化学反应都需要生物催化剂——酶来催化。如动物消化道中的蛋白酶可以帮助消化食物中的蛋白质。绝大多数酶的化学本质是蛋白质。

(2) **储存和运输功能**：有些蛋白质能结合其他分子以便储存或运输这些分子。如红细胞中的血红蛋白（hemoglobin，Hb）能结合氧并运输到组织中；动物肌肉和心肌细胞中的肌红蛋白（myoglobin，Mb）能储存氧，组织中的铁蛋白能结合铁；而血液中的铁由转铁蛋白运输，游离脂肪酸由白蛋白运输。

(3) **调节作用**：有些蛋白质作为激素可调节特定组织或细胞的生长、发育或代谢。如生长激素（growth hormone）可促进肌肉生长；胰岛素能调节人和高等动物细胞内的葡萄糖代谢。

(4) **收缩和运动功能**：有些蛋白质与生物体的运动有关。如肌球蛋白和肌动蛋白是参与肌肉收缩的主要成分，微管蛋白参与细胞分裂。

(5) **防御功能**：有些蛋白质能够抵抗外界因素对机体的影响。如脊椎动物的免疫球蛋白能识别和结合细菌和病毒，发挥免疫保护作用；鸡蛋清、人乳、眼泪中的溶菌酶能破坏某些细菌细胞壁中的多糖；血液中的纤维蛋白原参与抗凝血；抗冻蛋白能防止寒冷地区的海鱼血液结冰；蛙皮中的抗菌肽及蛇、蜘蛛毒液中的肽类毒素也具有防御功能。

(6) **营养功能**：有些蛋白质可作为营养物，为动物的胚胎或新生后代的生长发育等提供营养，如卵白中的卵清蛋白、乳中的酪蛋白。

(7) **作为结构成分**：机体中不溶性的结构蛋白能赋予机体一定的形态和提供机械保护，如皮肤、软骨和肌腱中的胶原蛋白；羊毛、头发、羽毛、甲、蹄中的角蛋白；韧带中的弹性蛋白。

(8) **作为膜的组成成分**：蛋白质是生物膜的主要组成成分之一。细胞膜上的受体、载体、离子通道等蛋白质，直接参与细胞的识别、物质跨膜转运、信息传递等重要生理过程。

(9) **参与遗传活动**：遗传信息的传递、基因表达的调控等都需要蛋白质参与。

蛋白质的功能可能还不局限于上述介绍。由此可见，蛋白质在生命活动中发挥了极其重要的作用，是生命活动所依赖的物质基础。没有蛋白质，就没有生命。不同的蛋白质分布于不同的组织和细胞的不同部位，这是蛋白质的空间特性。同时，组织和细胞中蛋白质的种类和含量还随着生物个体的发育及生理病理状态而变化，这是蛋白质的时间特性。

3.2 蛋白质分类

自然界中蛋白质的种类估计可达 10^{10}～10^{12} 数量级。人体的基因约有 3 万个，估计其可表达的蛋白质约有 30 万种。蛋白质可根据其形状、组成和功能等进行分类。

根据物理特性和功能的不同，可以将大多数蛋白质分成球状蛋白（globular protein）和纤维状蛋白（fibrous protein）两大类。球状蛋白分子接近球形或椭球形，溶解度较好，包括酶和大多数蛋白质，具有广泛的功能；纤维状蛋白分子类似纤维状或细棒状，包括皮肤和结缔组织中的主要蛋白质以及毛发、丝等动物纤维，有很好的物理稳定性，为细胞和机体提供机械支持和保护。纤维状蛋白多不溶于水，如α角蛋白（毛发、指甲的主要成分）、胶原蛋白（肌腱、皮肤、骨、牙齿的主要蛋白成分），但血液中的纤维蛋白原是可溶性的。

根据化学组成的不同，又可以将蛋白质分为简单蛋白质（simple protein）和结合蛋白质（complex protein）两大类。

3.2.1 简单蛋白质

简单蛋白质经过水解之后，只产生各种氨基酸。根据溶解度等的不同，可将简单蛋白质分为清蛋白、球蛋白、谷蛋白、醇溶蛋白、组蛋白、精蛋白以及硬蛋白7类（表3.1）。

表3.1 简单蛋白质的分类

分类	溶解度		举例
	可溶	不溶或沉淀	
清蛋白	水、稀盐、稀酸、稀碱	饱和硫酸铵	血清白蛋白、卵清蛋白、乳清蛋白
球蛋白	稀盐、稀酸、稀碱	水、50%饱和硫酸铵	免疫球蛋白
谷蛋白	稀酸、稀碱	水、稀盐	麦谷蛋白
醇溶蛋白	70%～90%乙醇	水	小麦醇溶谷蛋白
组蛋白	水、稀酸	氨水	染色体中的组蛋白
精蛋白	水、稀酸	氨水	鱼精蛋白
硬蛋白	—	水、稀盐、稀酸、稀碱	角蛋白、胶原蛋白

3.2.2 结合蛋白质

结合蛋白质由蛋白质和非蛋白质两部分组成，水解时除了产生氨基酸外，还产生其他非蛋白组分，后者通常称为辅基（prosthetic group）。根据辅基种类的不同，可以将结合蛋白质分为核蛋白（nucleoprotein）、糖蛋白（glycoprotein）、脂蛋白（lipoprotein）、磷蛋白（phosphoprotein）、黄素蛋白（flavoprotein）、色蛋白（chromoprotein）以及金属蛋白（metalloprotein）等（表3.2）。

表3.2 结合蛋白质的分类

分类	辅基	举例
核蛋白	DNA或RNA	脱氧核糖核蛋白
糖蛋白	糖类	免疫球蛋白G
脂蛋白	脂类	血浆脂蛋白
磷蛋白	磷酸基团	酪蛋白
黄素蛋白	黄素腺嘌呤二核苷酸	琥珀酸脱氢酶
色蛋白	铁卟啉	血红蛋白、细胞色素c
金属蛋白	Fe、Cu、Zn等	铁蛋白、细胞色素氧化酶、乙醇脱氢酶

3.3 蛋白质的化学组成

3.3.1 蛋白质的元素组成

所有蛋白质均含有碳、氢、氧、氮4种主要元素，大多数蛋白质还含少量硫元素，某些蛋白质还含有微量的磷、钙、铁、铜、锌、镁、锰、碘、钼等元素。

蛋白质是生物机体中主要的含氮化合物。各种蛋白质中氮的含量比较恒定，约为16%。因此，可通过测定氮的含量来计算生物样品中蛋白质的含量（换算系数为6.25）。凯氏（Kjeldahl）定氮法是对蛋白质进行定量分析的经典方法之一。

3.3.2 蛋白质的基本结构单位——氨基酸

将蛋白质用酸、碱或蛋白酶水解，可以产生20种氨基酸。氨基酸是蛋白质的基本结构单

位，所有生物机体都以同样的20种氨基酸作为蛋白质的结构单位，这些氨基酸被称为标准氨基酸（standard amino acid）。由于这些氨基酸都有各自的遗传密码，故又称之为编码氨基酸（coding amino acid）。蛋白质这一组成特征的形成在进化上至少经历了20亿年。尽管蛋白质中的氨基酸只有20种，但是由于氨基酸数量、排列顺序的变化，所形成的蛋白质种类极其庞大。

此外，在原核和真核生物的少数蛋白质中还发现了第21种氨基酸——硒代半胱氨酸（即半胱氨酸中的硫被硒取代），在微生物中发现了第22种氨基酸——吡咯赖氨酸。这两种氨基酸也是编码氨基酸，但在大多数蛋白质中鲜见。

3.3.2.1 氨基酸的基本结构

蛋白质中20种氨基酸在结构上有一些共性，除脯氨酸以外，其余氨基酸的化学结构可用图3.1结构通式表示。

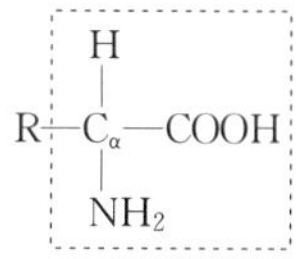

H
|
R—C_α—COOH
|
NH_2

图3.1 氨基酸的结构通式

由图3.1可以看出，氨基酸结构的中心是α碳原子（用C_α表示），氨基共价连接在该原子上，故称为α-氨基酸（脯氨酸为α-亚氨基酸，属于环状氨基酸）。α碳原子上还有一个羧基、一个氢原子和一个R基团（也称为R侧链）。不同氨基酸之间的区别在于R基团。

除甘氨酸（R基团为氢原子）外，其余19种氨基酸的α碳原子都是不对称（手性）碳原子。与甘油醛结构比较，这些氨基酸都有D型和L型两种构型（configuration），其旋光性相反，互为旋光异构体（图3.2）；不过，两种构型（D或L）与两种旋光性（左或右）并无对应关系。蛋白质中的氨基酸均为L型，原因尚不清楚。事实上，D型氨基酸在自然界中也是存在的，有些还有重要的功能，但不存在于蛋白质中，例如细菌细胞壁中含有D-谷氨酸，短杆菌肽（并非真正意义上的肽）中含有D-苯丙氨酸。

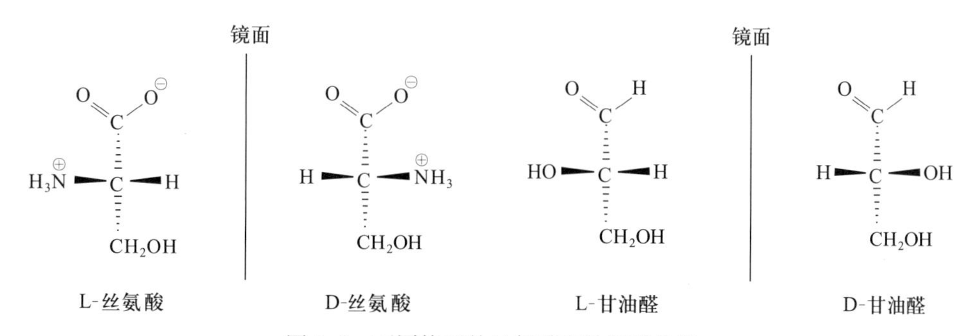

图3.2 不同构型的丝氨酸和甘油醛比较

3.3.2.2 氨基酸的分类

20种标准氨基酸的R基团在大小、形状、电荷、氢键形成能力和化学反应性等方面存在差异，使不同氨基酸表现出不同的理化特性，如有些是酸性的，有些是碱性的；有些侧链小，有些侧链大；有些带芳香族侧链，有些则带脂肪族侧链。氨基酸平均相对分子质量约为128。通常根据R基团的极性和电荷（中性pH条件下）的不同，将氨基酸分成4类（表3.3），这种分类方法有助于理解其在蛋白质结构中的作用。氨基酸通常用其英文名称前3个字母

（Trp、Asn、Gln 和 Ile 除外），或单个英文字母来表示，但后者并非都是其英文名称的首个字母。

表 3.3　常见氨基酸的名称、结构及分类

分类	氨基酸名称	三字母符号	单字母符号	中文简称	R 基团化学结构	等电点
非极性氨基酸	甘氨酸 （glycine）	Gly	G	甘	H—	5.97
	丙氨酸 （alanine）	Ala	A	丙	H_3C-	6.02
	缬氨酸 （valine）	Val	V	缬	$H_3C-CH(CH_3)-$	5.97
	亮氨酸 （leucine）	Leu	L	亮	$H_3C-CH(CH_3)-CH_2-$	5.98
	异亮氨酸 （isoleucine）	Ile	I	异亮	$H_3C-CH_2-CH(CH_3)-$	6.02
	苯丙氨酸 （phenylalanine）	Phe	F	苯丙	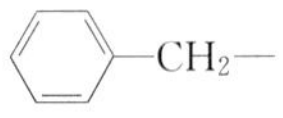 $C_6H_5-CH_2-$	5.48
	色氨酸 （tryptophan）	Trp	W	色	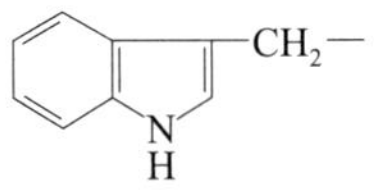 CH_2- N H	5.89
	蛋氨酸（甲硫氨酸） （methionine）	Met	M	蛋 （甲硫）	$H_3C-S-CH_2-CH_2-$	5.75
	脯氨酸 （proline）	Pro	P	脯	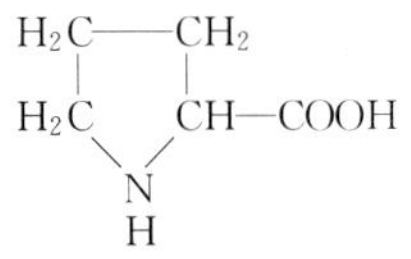 H_2C-CH_2 $H_2C\quad CH-COOH$ N H	6.30
不带电荷极性氨基酸	丝氨酸 （serine）	Ser	S	丝	$HO-CH_2-$	5.68
	苏氨酸 （threonine）	Thr	T	苏	$H_3C-CH(OH)-$	6.53
	半胱氨酸 （cysteine）	Cys	C	半胱	$HS-CH_2-$	5.02
	酪氨酸 （tyrosine）	Tyr	Y	酪	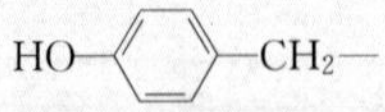 $HO-C_6H_4-CH_2-$	5.66
	天冬酰胺 （asparagines）	Asn	N	天冬酰	$H_2N-C(=O)-CH_2-$	5.41
	谷氨酰胺 （glutamine）	Gln	Q	谷氨酰	$H_2N-C(=O)-CH_2-CH_2-$	5.65

（续）

分类	氨基酸名称	三字母符号	单字母符号	中文简称	R基团化学结构	等电点
带正电荷极性氨基酸	组氨酸 (histidine)	His	H	组	咪唑环—CH_2—（N、N—H）	7.59
	赖氨酸 (lysine)	Lys	K	赖	$H_3\overset{+}{N}—CH_2—CH_2—CH_2—CH_2—$	9.74
	精氨酸 (arginine)	Arg	R	精	$H_2N—C(=\overset{+}{N}H_2)—NH—CH_2—CH_2—CH_2—$	10.76
带负电荷极性氨基酸	天冬氨酸 (aspartic acid)	Asp	D	天冬	$^-OOC—CH_2—$	2.97
	谷氨酸 (glutamic acid)	Glu	E	谷	$^-OOC—CH_2—CH_2—$	3.22

根据氨基酸R侧链的差异，还可把氨基酸按照以下方法分类。

（1）脂肪族侧链氨基酸：有Gly、Ala、Val、Leu、Ile和Pro。这些氨基酸都是疏水的，其中Val、Leu、Ile为高度疏水的。Gly是20种氨基酸中结构最简单的，该特点使其能存在于蛋白质立体结构十分拥挤的部位。Pro与其他标准氨基酸在结构上有很大不同，为α-亚氨基酸，具有环化的侧链，对蛋白质的立体结构有很大制约。

（2）芳香族侧链氨基酸：有Phe、Tyr和Trp。Phe具有一个高度疏水的苯环结构，连同Leu和Ile，是疏水性最强的氨基酸。Tyr在20种标准氨基酸中水溶性最弱。

（3）含硫侧链氨基酸：有Met和Cys。Met是疏水性较强的氨基酸。Cys的侧链—SH有些疏水性，但十分活泼，能与氧和氮形成弱的氢键。两个Cys的侧链—SH可以氧化形成二硫键（—S—S—，又称为二硫桥）。

（4）含醇羟基侧链氨基酸：包括Ser和Thr，具有不带电荷的极性侧链（β羟基），有亲水性，并易被酯化和糖基化。

（5）碱性侧链氨基酸：包括His、Lys、Arg。在pH=7时侧链带有正电荷，并具有亲水性。Arg是20种标准氨基酸中碱性最强的。

（6）酸性侧链氨基酸及其衍生物：Asp和Glu具有两个羧基，在pH=7时带负电荷，能使蛋白质带有负电荷。Asn和Gln侧链不带电荷，但极性强。Glu的钠盐——谷氨酸钠（monosodium glutamate，MSG）就是食用味精的主要成分。

3.3.2.3 氨基酸的修饰

蛋白质中的氨基酸在细胞内可以被广泛地化学修饰。例如，两个半胱氨酸可通过其巯基氧化形成二硫键（—S—S—），这是除肽键以外，蛋白质分子中一种常见共价键，可存在于多肽链内部或两条肽链之间。此外，蛋白质分子中还存在通过羟基化、磷酸化、羧基化、甲基化、酰基化和糖基化等形成的共价键（图3.3）。例如，胶原蛋白中存在4-羟脯氨酸和5-羟赖氨酸，甲状腺球蛋白中存在碘化的酪氨酸，有些参与凝血的蛋白质中存在γ-羧化谷氨酸。

值得一提的是，有些蛋白质中的丝氨酸、苏氨酸和酪氨酸残基中的羟基与无机磷酸可以形成磷酸酯键，且该过程可逆，其作用相当于调节蛋白质或酶生物活性的分子开关；丝氨酸、苏氨酸和天冬氨酸可以被糖基化修饰，形成糖蛋白；组蛋白中存在甲基化的精氨酸和乙酰化的赖氨酸，该修饰参与表观遗传调节。以上这些修饰的氨基酸均没有遗传密码，是在蛋白质合成后通过特异的酶催化而形成的。蛋白质中氨基酸的修饰受到调控，具有特异性，存在发育阶段和组织间等差异，并且某蛋白质中同一种氨基酸，有的被修饰，有的则不被修饰。

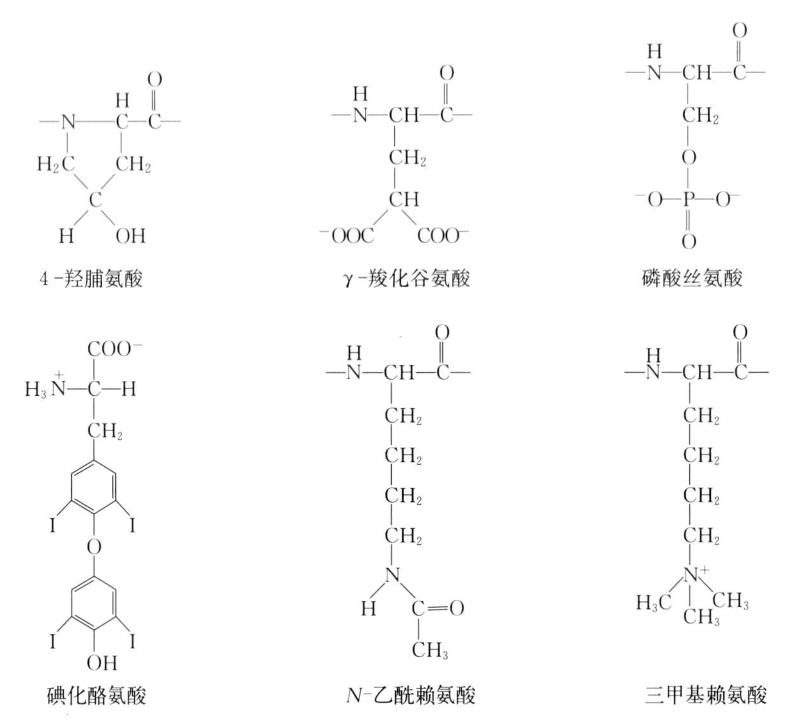

图 3.3　蛋白质中氨基酸残基的修饰

3.3.2.4　非蛋白质中的氨基酸

除蛋白质中的 20 种标准氨基酸外，机体中还有一些氨基酸以游离形式存在，并不作为蛋白质的结构单位。例如，L-鸟氨酸、L-瓜氨酸是合成精氨酸的前体，而 γ-氨基丁酸是一种神经递质（图 3.4）。

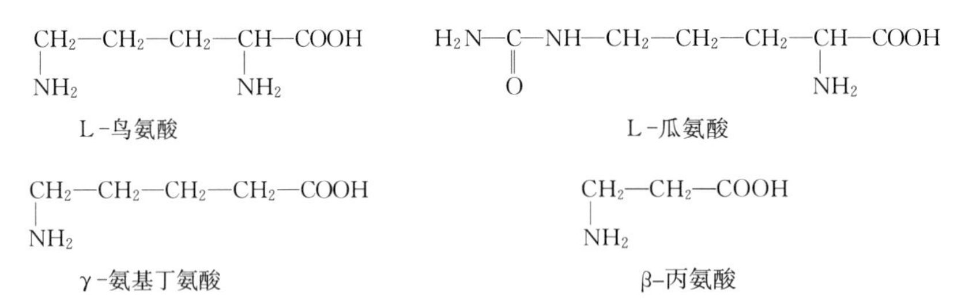

图 3.4　非蛋白质中的氨基酸

3.3.2.5　氨基酸的主要理化性质

（1）氨基酸的光吸收：在可见光区，各种氨基酸都没有光吸收；在紫外光区，含苯环的色氨酸、酪氨酸和苯丙氨酸均有光吸收，其最大吸收波长分别为 279 nm、278 nm 和 259 nm。许多蛋白质中色氨酸和酪氨酸的总量大体相近，故可通过测定蛋白质溶液在 280 nm 的紫外吸收值，方便、快速地估测其中蛋白质的含量。

(2) 氨基酸的解离：氨基酸分子既含有酸性的羧基（—COOH），又含有碱性的氨基（$-NH_2$）。前者能提供质子变成$-COO^-$，后者能接受质子变成$-NH_3^+$。因此，氨基酸是两性电解质(ampholyte)。

氨基酸的物理性质与α-羧基、α-氨基以及侧链可解离的基团有关。这些基团的解离可用解离常数 p*K*a 表示。p*K*a 表示某基团有一半发生解离时的 pH。每种氨基酸有 2 个或 2 个以上的 p*K*a 值，且在不同氨基酸中有差异。因此，在相同 pH 条件下，不同氨基酸带有不同数量的电荷。

不同 pH 使氨基酸带不同电荷，表现不同的电泳行为。例如，甘氨酸在 pH=5.97 的水溶液中主要是呈两性离子（图 3.5）。加酸使溶液的 pH=1 时，由于—COO^- 接受质子，使大部分甘氨酸变成带正电荷的阳离子，在电场中向阴极移动；加碱使溶液的 pH=11 时，由于—NH_3^+ 上的质子被 OH^- 中和，绝大多数甘氨酸变成带负电荷的阴离子，在电场中向阳极移动。

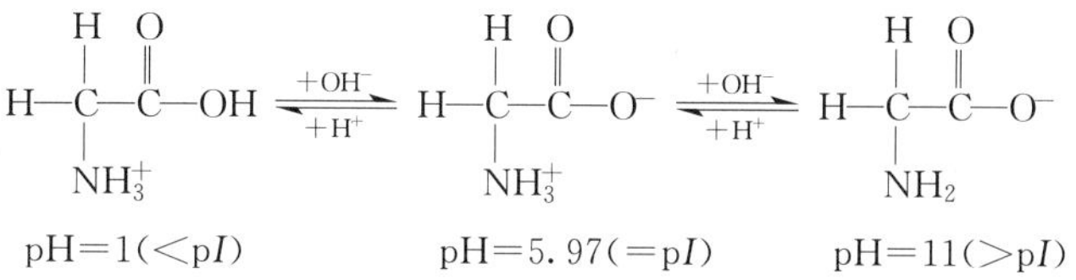

$$\underset{\text{pH}=1(<\text{p}I)}{\text{H—}\overset{\text{H}}{\underset{\text{NH}_3^+}{\text{C}}}\text{—}\overset{\text{O}}{\overset{\|}{\text{C}}}\text{—OH}} \underset{+\text{H}^+}{\overset{+\text{OH}^-}{\rightleftharpoons}} \underset{\text{pH}=5.97(=\text{p}I)}{\text{H—}\overset{\text{H}}{\underset{\text{NH}_3^+}{\text{C}}}\text{—}\overset{\text{O}}{\overset{\|}{\text{C}}}\text{—O}^-} \underset{+\text{H}^+}{\overset{+\text{OH}^-}{\rightleftharpoons}} \underset{\text{pH}=11(>\text{p}I)}{\text{H—}\overset{\text{H}}{\underset{\text{NH}_2}{\text{C}}}\text{—}\overset{\text{O}}{\overset{\|}{\text{C}}}\text{—O}^-}$$

图 3.5 甘氨酸在不同 pH 条件下的解离

溶液在某一特定 pH 时，某种氨基酸以两性离子形式存在，正、负电荷数相等，净电荷为零，在电场中既不向阳极移动，也不向阴极移动。这时，溶液的 pH 称为该氨基酸的等电点（p*I*）。不同氨基酸由于 R 基团的结构差异有不同的等电点，范围在 2.97～10.76。

（3）氨基酸的化学反应：氨基酸能与某些化学试剂发生反应。如与茚三酮反应生成蓝紫色物质，可用于氨基酸的定性和定量分析；α-氨基与 2,4-二硝基氟苯反应生成黄色化合物，可用于蛋白质末端氨基酸分析；半胱氨酸的巯基十分活泼，能与 Hg^{2+}、Ag^+ 等离子结合。

3.4 蛋白质的化学结构

3.4.1 蛋白质的氨基酸组成

蛋白质的氨基酸组成是指蛋白质中包含的氨基酸种类及其含量。分析氨基酸组成对认识蛋白质的结构和生理功能、营养价值等有重要意义。测定氨基酸组成首先需要将蛋白质完全水解成游离氨基酸，一般采用 6.0 mol/L 盐酸在 110 ℃水解 24 h 左右，然后将水解物通过层析分离、定量。分离和定量目前通常采用氨基酸自动分析仪或高效液相层析仪。

氨基酸组成一般用每 100 g 蛋白质（或样品）中每种氨基酸的含量（g）来表示，也可以用每个蛋白质分子中包含各种氨基酸残基数目来表示。不同蛋白质中各种氨基酸的比例往往不同，每种蛋白质也不一定含有全部 20 种标准氨基酸（表 3.4）。因此，不同蛋白质的营养价值有一定的差异。

表 3.4 几种蛋白质的氨基酸组成（每个蛋白质分子中的氨基酸残基数）

氨基酸	鸡卵白溶菌酶	人细胞色素 c	牛胰岛素
Ile	6	8	1
Val	6	3	5
Leu	8	6	6
Phe	3	3	3
Met	2	3	0

（续）

氨基酸	鸡卵白溶菌酶	人细胞色素 c	牛胰岛素
Ala	12	6	3
Gly	12	13	4
Cys	8	2	6
Trp	6	1	0
Tyr	3	5	4
Pro	2	4	1
Thr	7	7	1
Ser	10	2	3
Asn	13	5	3
Gln	3	2	3
Asp	8	3	0
Glu	2	8	4
His	1	3	2
Lys	6	18	1
Arg	11	2	1
残基总数	129	104	51

3.4.2 蛋白质分子中氨基酸的连接方式

蛋白质中各种氨基酸均以相同的化学键连接，即前一个氨基酸的 α-羧基与下一个氨基酸的 α-氨基缩合，失去一个水分子形成肽（peptide）（图 3.6）。该—CO—NH—化学键称为肽键（peptide bond），是蛋白质中最主要的共价键。蛋白质中另外一种常见的共价键是由两个半胱氨酸的巯基形成的二硫键。蛋白质中的氨基酸不再是完整的分子，称为氨基酸残基。由两个氨基酸残基缩合而成的肽称为二肽，含三个氨基酸残基的肽称为三肽，以此类推，含 20 个以上氨基酸残基的肽称为多肽（polypeptide）。多肽与蛋白质之间无明显界限，50 个以上氨基酸残基构成的肽一般称为蛋白质。自然界中大多数蛋白质包含 50～2 000 个氨基酸，相对分子质量在5 500～220 000。

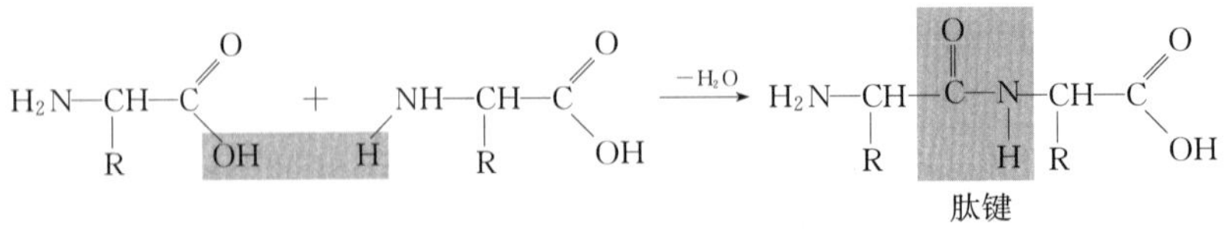

$$H_2N—CH(R)—C(=O)—OH + H—NH—CH(R)—C(=O)—OH \xrightarrow{-H_2O} H_2N—CH(R)—C(=O)—N(H)—CH(R)—C(=O)—OH$$

肽键

图 3.6 两个氨基酸形成二肽

通过肽键连接而成的链状结构称为多肽链（polypeptide chain），其骨架由—N—C_α—C—重复构成。除了末端修饰和环状肽链外，一条多肽链只有一个游离的 α—NH_2 和一个游离的 α—COOH（图 3.7）。在书写多肽结构时，总是把含有 α—NH_2 的氨基酸残基写在多肽链的左边，称为 N 末端（氨基端），把含有 α—COOH 的氨基酸残基写在多肽的右边，称为 C 末端（羧基端）。肽键中的基团不带电荷，因此蛋白质所带电荷主要是由氨基酸残基的侧链决定的，

且蛋白质的解离、溶解度等性质与其氨基酸组成有很大关系。

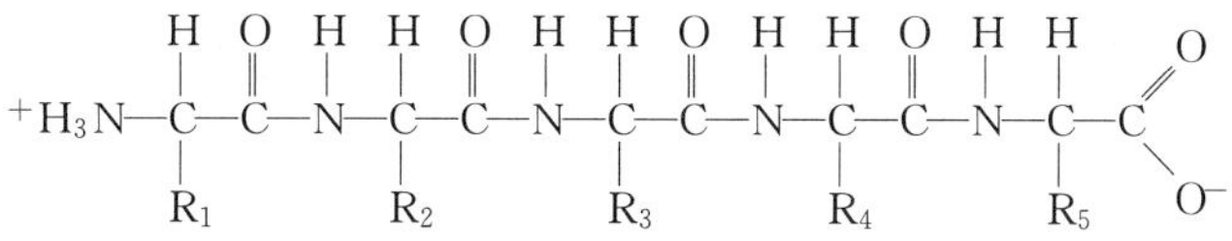

$$^{+}H_3N-\underset{R_1}{\overset{H}{C}}-\overset{O}{\overset{\|}{C}}-\overset{H}{N}-\underset{R_2}{\overset{H}{C}}-\overset{O}{\overset{\|}{C}}-\overset{H}{N}-\underset{R_3}{\overset{H}{C}}-\overset{O}{\overset{\|}{C}}-\overset{H}{N}-\underset{R_4}{\overset{H}{C}}-\overset{O}{\overset{\|}{C}}-\overset{H}{N}-\underset{R_5}{\overset{H}{C}}-C(=O)O^{-}$$

N末端　　　　　　　　　　　　　　　　C末端

图 3.7　多肽链的组成

一些小肽在体内也有重要的功能。如内啡肽（endorphins）可作为天然的止痛药物；甜味剂阿斯巴甜（aspartame）是 Asp－Phe 甲酯，广泛应用于食品和饮料中；动物体内的谷胱甘肽具有重要生理功能，对保证血红蛋白的功能和维持红细胞的正常结构是必需的。谷胱甘肽是由谷氨酸、半胱氨酸和甘氨酸构成的三肽，其中谷氨酸是以 γ－羧基而不是 α－羧基，与半胱氨酸形成 γ－肽键（图 3.8）。2 个谷胱甘肽分子能借助半胱氨酸上的巯基形成二硫键，生成氧化型谷胱甘肽。

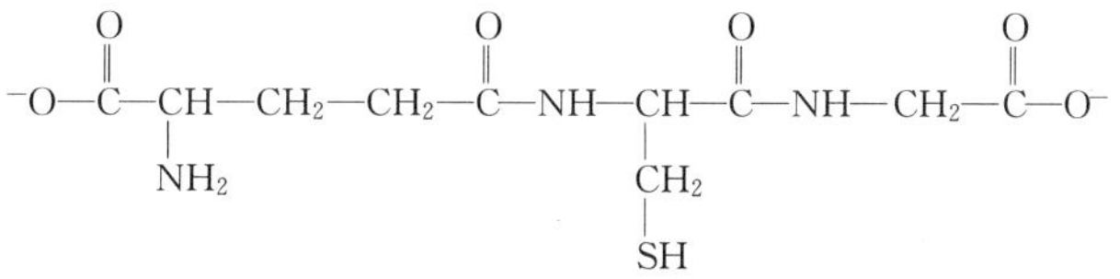

$$^{-}O-\overset{O}{\overset{\|}{C}}-\underset{NH_2}{CH}-CH_2-CH_2-\overset{O}{\overset{\|}{C}}-NH-\underset{\underset{SH}{CH_2}}{CH}-\overset{O}{\overset{\|}{C}}-NH-CH_2-\overset{O}{\overset{\|}{C}}-O^{-}$$

（γ－Glu）　　　　　（Cys）　　　　　（Gly）

图 3.8　谷胱甘肽的结构

3.4.3　蛋白质的一级结构

3.4.3.1　一级结构的概念

蛋白质的一级结构（primary structure）是指多肽链上各种氨基酸残基的组成及其排列顺序。一级结构是蛋白质的结构基础，也是各种蛋白质的区别所在，不同蛋白质具有不同的一级结构。蛋白质的一级结构是由遗传信息，即编码蛋白质的基因决定的，其数量庞大。例如，仅由 20 种氨基酸组成的三肽，理论上就有 8 000 种。

蛋白质一级结构从 N 末端开始，按照氨基酸残基排列顺序表示，其中的氨基酸可采用中文或英文缩写。例如，一种天然脑啡肽（五肽）可表示如下：

中文氨基酸残基命名法：酪氨酸甘氨酸甘氨酸苯丙氨酸甲硫氨酸。

中文单个字表示法：酪—甘—甘—苯丙—甲硫。

三字母符号表示法：Tyr—Gly—Gly—Phe—Met。

单字母符号表示法：YGGFM。

为简化起见，常用三字母符号或单字母符号表示各种氨基酸残基。在蛋白质数据库中用单字母符号表示，常用“—”表示肽键，可用阿拉伯数字表示各个氨基酸残基在一级结构中的位置。例如，脑啡肽中 Phe4 表示其第 4 个氨基酸是 Phe。

3.4.3.2　一级结构的测定

一级结构测定（常称为测序）是研究蛋白质高级结构、酶活性部位结构、分子疾病的机理以及生物分子进化和分子分类学等的重要手段。

蛋白质测序十分复杂，经典的方式是采用 N 末端测序法，即每次从蛋白质 N 末端水解去掉一个经标记的氨基酸并采用层析法鉴定，逐个进行，也称为 Edman 降解法。这种测序方法一次仅可完成 50 个左右氨基酸的序列分析，因此大的蛋白质分子需要裂解成短的肽段，再分别测序和拼接。一级结构测定要求蛋白质样品的纯度达到 97%以上，同时还需要事先测出蛋白质的分子质量，以便根据其分子大小确定测序策略。

蛋白质一级结构测定一般包括下列步骤。

(1) 测定蛋白质 N 末端和 C 末端的氨基酸，以确定蛋白质中多肽链的数目。

(2) 测定二硫键，以确定蛋白质分子中二硫键的有无及数目。如果存在二硫键，则须将其拆开，并对分开的多肽链进行分离纯化。

(3) 用裂解位点不同的两种裂解方法（如胰蛋白酶裂解法和溴化氰裂解法），将长的多肽链分别裂解成两套较短的肽段。

(4) 分别对上述两套肽段中的各个肽段进行分离纯化。

(5) 基于 Edman 降解法，用蛋白质序列仪测定各个肽段的氨基酸序列。

(6) 应用肽段序列重叠法确定各肽段在多肽链中的排列次序，从而确定多肽链中氨基酸序列。

(7) 如果有二硫键，需要确定其在多肽链中的位置。

F. Sanger 等最早对牛胰岛素（insulin）的一级结构进行了分析，成功地揭示了牛胰岛素的全部化学结构（图 3.9）。牛胰岛素分子包括 51 个氨基酸，由 A、B 两条肽链组成，A 链有 21 个氨基酸，B 链有 30 个氨基酸，两条链借助两个二硫键连接。另外，A 链中第 6 位和第 11 位的两个半胱氨酸也通过二硫键相连。牛胰岛素是第一个被测序的蛋白质，具有里程碑意义，这项工作第一次证明了蛋白质是由特定的氨基酸排列而成的。我国科学家在 1965 年成功地人工合成了具有生物活性的结晶牛胰岛素，在这一领域里跻身于世界先进行列。

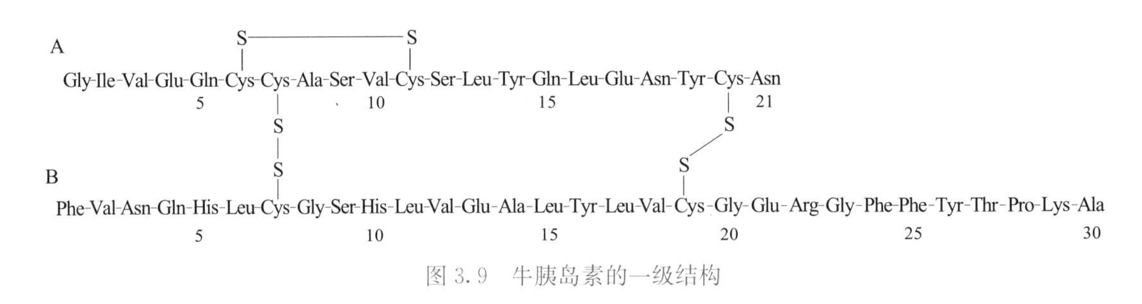

图 3.9　牛胰岛素的一级结构

以上仅是蛋白质测序的方法之一。基于质谱的技术可很快完成含 20～30 个氨基酸的多肽序列测定。目前已有大量蛋白质的一级结构被测序并保存在蛋白质数据库（protein data bank）（http：//www.rcsb.org/pdb/）中，可以通过软件对蛋白质序列进行比对，提供有关蛋白质分子组成、结构特点和序列进化等信息。另外，由于 DNA 测序技术的快速发展，人们越来越多地利用基因序列推测其编码的蛋白质序列，但该法不能确定二硫键的位置以及氨基酸的修饰情况。

3.5　蛋白质的高级结构

蛋白质在体内发挥各种功能时不是以简单的线性肽链形式，而是折叠成特定的立体结构，即构象（conformation）。蛋白质的构象是指分子中所有原子和基团在空间的排布，又称空间结构或三维结构，是单键的旋转造成的。因此，与构型不同，构象的改变无需破坏共价键。由于每个氨基酸中均有可旋转的单键，因此蛋白质的构象似乎是个天文数字。然而事实上，氨基酸残基在蛋白质构象中受到非常多的限制，在生理条件下通常表现为数目极少的、能量最低的稳定形态，称为天然构象，是蛋白质发挥功能所必需的。

3.5.1 蛋白质结构的层次

蛋白质是结构极其复杂的生物大分子，有的蛋白质分子只包含一条多肽链，有的则包含数条多肽链。为研究方便，可将蛋白质的结构划分为一级结构和空间结构，后者又可分为二级结构、超二级结构、结构域、三级结构和四级结构。

一级结构指多肽链中的氨基酸组成及其排列顺序，二级结构指多肽链主链骨架的局部空间结构，超二级结构指二级结构的组合，结构域指多肽链上致密的、相对独立的球状区域，三级结构指多肽链上所有原子和基团的空间排布，四级结构则由几条肽链通过非共价键相连。蛋白质的主要结构层次见图3.10。

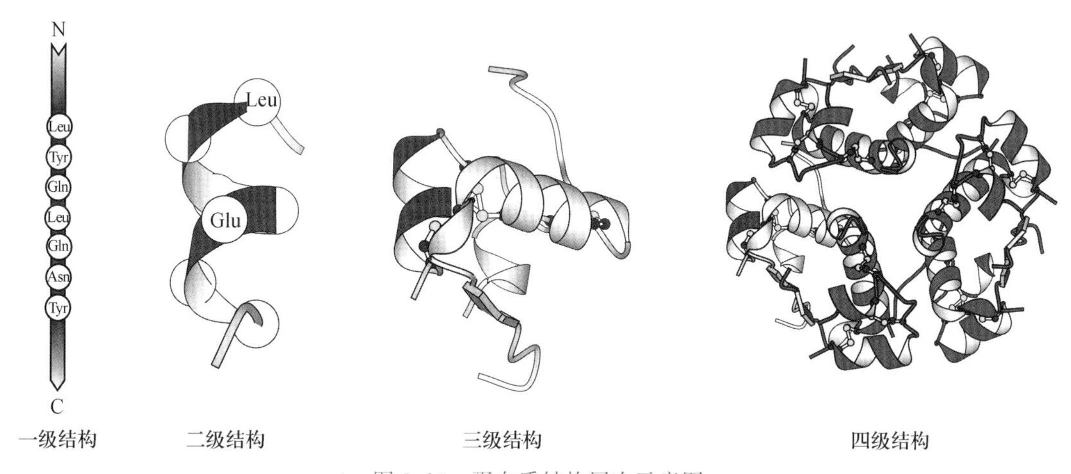

图3.10 蛋白质结构层次示意图

3.5.2 肽单位和二面角

3.5.2.1 肽单位的结构特征

蛋白质中肽键的C、N及其相连的4个原子共同组成肽单位（peptide unit），其中的O和H可分别作为质子受体和供体而参与氢键的形成。这几个原子形成一个刚性平面，称肽平面或酰胺平面，对蛋白质的空间结构有很大制约，其结构参数见图3.11。其中，N—C肽键的键长介于典型的C—N单键和双键之间，具有部分双键性质，不能自由旋转。肽平面的结构特征在不同蛋白质中十分接近。肽键是比较稳定的化学键，但能被动物消化道中的蛋白酶水解，使食物蛋白变成小肽和氨基酸被吸收。

肽平面具有顺式（*cis*）和反式（*trans*）两种构型，反式构型中相邻的两个C_α在肽键的两侧（图3.11），顺式构型中位于同一侧。由于立体结构的制约，蛋白质中几乎所有的肽平面都为反式构型，仅有少数是顺式构型，并且一般包含脯氨酸。脯氨酸在顺式构型中比在反式构型中的空间位阻稍大，约6%的脯氨酸存在于顺式构型中。

3.5.2.2 二面角

多肽链中的肽平面具有刚性，C_α原子位于相邻两个肽平面的连接处，其中C_α—N和C_α—C均为单键，可自由旋转。因此，多肽链主链骨架的构象取决于C_α—N和C_α—C键的旋转，而这种旋转本身又受相邻氨基酸残基、主链和侧链原子的制约。C_α—N的旋转角度称Φ（Phi），C_α—C的旋转角度称Ψ（Psi）（图3.12）。由于Φ和Ψ这两个转角决定了相邻两个肽平面在空

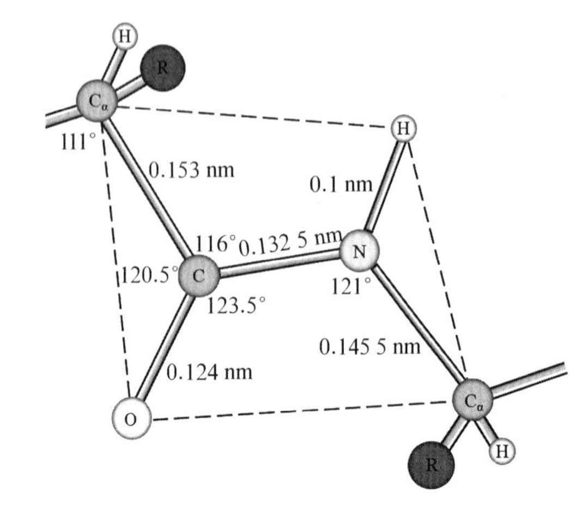

图 3.11　肽平面的结构

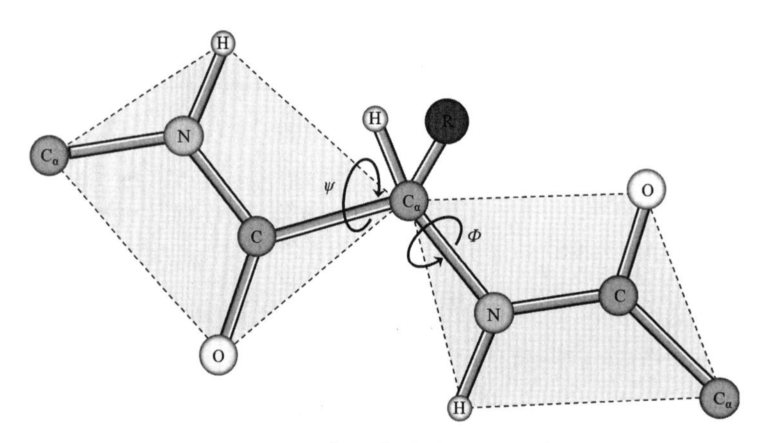

图 3.12　相邻两个肽平面及二面角

间上的相对位置，因此习惯上将这两个转角称为二面角（dihedral angle）。二面角可在±180°范围内变动。当 C_α—N 两侧的 N—C 和 C_α—C 呈顺式时，规定 $\Phi=0°$，从 C_α 向 N 看，沿顺时针方向旋转 C_α—N 键所形成的 Φ 角度规定为正值，反时针旋转为负值。Ψ 角的正、负值规定与 Φ 角类似。由于空间位阻效应，Φ 和 Ψ 的组合十分有限，这使蛋白质的构象受到很大制约，只能形成一种或少数几种构象。

多肽链中所有的肽单位大多数具有相同的结构，每个 α 碳原子和与其相连的 4 个原子都呈现正四面体构型。因此，多肽链的主链骨架构象是由一系列 α 碳原子的成对二面角决定的。二面角改变，则多肽链主链骨架构象发生变化。

3.5.3　维持蛋白质分子构象的非共价键

蛋白质分子构象主要靠数量众多的非共价键维持，如氢键、离子键、范德华力、疏水作用力等。在有些蛋白质中，二硫键、配位键也参与维持构象。

氢键对维持蛋白质分子主链骨架的构象起主要作用；离子键又称盐键，是指正负离子之间的静电吸引，主要分布在蛋白质分子的表面。氢键和离子键在稳定蛋白质特定结构方面起重要作用。范德华力的实质是一种静电引力。疏水作用力是由于氨基酸疏水侧链被极性的水分子排斥，而被迫彼此接近产生的范德华力，可能是蛋白质疏水性内核形成的主要驱动力，在稳定大多数水溶性球蛋白的构象上发挥重要作用。

3.5.4 二级结构

二级结构（secondary structure）是指由多肽链主链的肽键内部或相邻主链的肽键之间，借助氢键形成的有规则的、周期性的构象，如α螺旋、β折叠和β转角等。二级结构不包括肽链氨基酸R基团的构象。另外，一些肽段可能形成不规则的构象，如无规卷曲，也归并于蛋白质的二级结构中。

3.5.4.1 α螺旋

L. Pauling和R. Corey根据氨基酸和小肽的X线晶体衍射图谱，于1951提出了α螺旋（α-helix）结构。不久，M. Perutz利用X线衍射技术证实了在α角蛋白（α-keratin）中存在右手α螺旋（图3.13）。α角蛋白包含300多个氨基酸，是毛发、皮肤、指甲的主要成分。

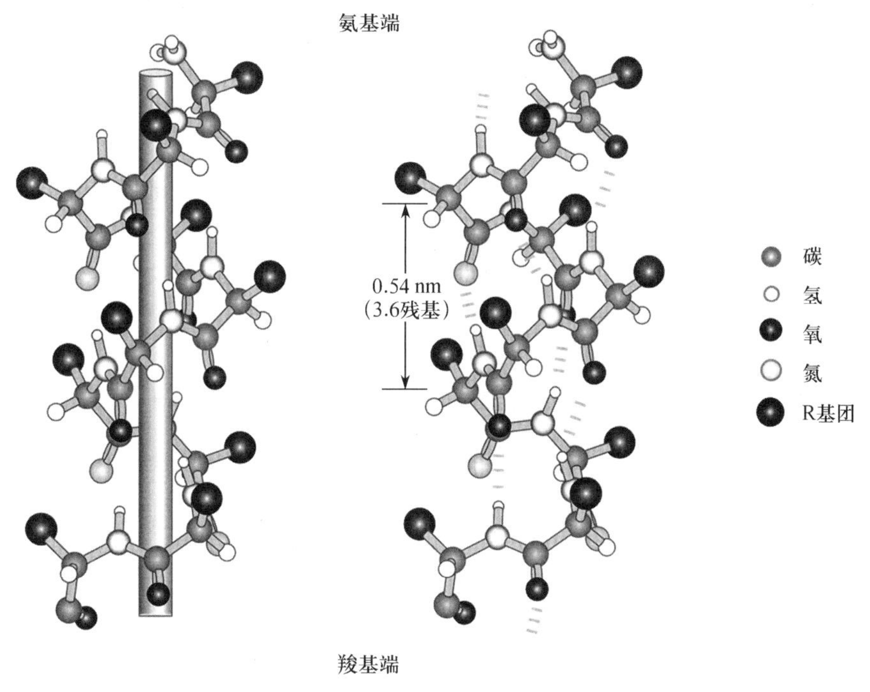

图3.13 右手α螺旋

典型的α螺旋具有下列特征。

(1) **右手螺旋骨架**：多肽链主链骨架围绕假想的中心轴呈螺旋式上升，形成棒状的螺旋结构，各原子在螺旋中排列紧密。每圈包含3.6个氨基酸残基（1个羰基、3个N—$C_α$—C单位、1个N），螺距为0.54 nm。因此，每个氨基酸残基围绕螺旋中心轴旋转100°，上升0.15 nm。由于蛋白质中氨基酸为L型，左手螺旋中羰基氧原子与侧链的立体位阻效应会使螺旋不稳定。因此，蛋白质中的α螺旋几乎全部是右手螺旋。有些氨基酸残基（通常为Gly）虽然可形成左手螺旋，但长度不超过4个氨基酸。

(2) **氢键**：相邻的螺旋之间形成氢键，氢键的方向与α螺旋轴的方向几乎平行。α螺旋中每个羰基氧原子（n）与朝向羰基C末端的第4个氨基酸残基的α-氨基的氮原子（$n+4$）形成氢键。由氢键封闭的环共包含13个原子，故典型的α螺旋又称3.6_{13}螺旋。每个肽键均参与氢键形成。尽管氢键的键能不大，但大量氢键的累加效应使α螺旋成为最稳定的二级结构。因此，氢键是稳定α螺旋的主要化学键。

(3) **侧链**：氨基酸的所有R基团均朝向α螺旋的外侧，以减少空间位阻效应，但α螺旋的稳定性仍受 R 基团大小、形状等的影响。因此，不同氨基酸存在于 α 螺旋中的倾向性不同。如 Ala 易存在于 α 螺旋中，Pro 和 Gly 则不利于 α 螺旋形成。因此，α 螺旋的稳定性与其氨基酸组成和序列有关。

α 螺旋是蛋白质中常见的二级结构，每段 α 螺旋通常由十几个氨基酸构成，在球状蛋白中也普遍存在。如在溶菌酶中 α 螺旋占 40%，在肌球蛋白中占大部分。有趣的是，某些 α 螺旋属于两亲螺旋，即在与螺旋轴平行的一侧亲水性氨基酸残基较集中，而另一侧疏水性残基较多。如两极地区的鱼生活在温度极低的水中，低温足以导致大多数鱼血液冻结。然而事实并非如此，因为这些鱼血液中含有抗冻蛋白（antifreeze protein），能显著降低水的冰点。抗冻蛋白分子中包含 α 螺旋，螺旋的一侧含有许多丙氨酸残基，大多是疏水的；另一侧有几个亲水的氨基酸侧链，能与冰晶表面借助氢键结合，从而限制冰晶生长。因此，在低温下这种鱼血液中的冰晶很少，不足以造成损伤。

3.5.4.2 β 折叠

β 折叠（β-sheet）是 L. Pauling 和 R. Corey 提出的另一种二级结构，也是蛋白质中常见的一种主链构象，是指蛋白质分子中两条平行或反平行的肽链的主链中伸展的、周期性折叠的构象，很像 α 螺旋适当伸展形成的锯齿状肽链结构。

β 折叠与 α 螺旋相比有明显区别，其主链几乎完全伸展，相邻两个氨基酸残基的垂直距离为 0.32～0.34 nm（α 螺旋中为 0.15 nm）。相邻两条肽链或同一条肽链内的肽段平行排列，借助肽键中的羰基 O 原子与亚氨基 H 原子形成氢键。氢键与伸展的肽链接近垂直，每条肽链称为一个 β 折叠股（β-strand）。由于几乎所有肽键均参与形成氢键，因此 β 折叠构象相当稳定。

β 折叠分为平行 β 折叠和反平行 β 折叠两种（图 3.14）。前者两条 β 折叠股走向相同，而后者走向相反，且折叠度略小，氢键也有差别。两条借助氢键连接的 β 折叠股形成一个片层，氨基酸的 R 基团交替出现在片层的两侧。

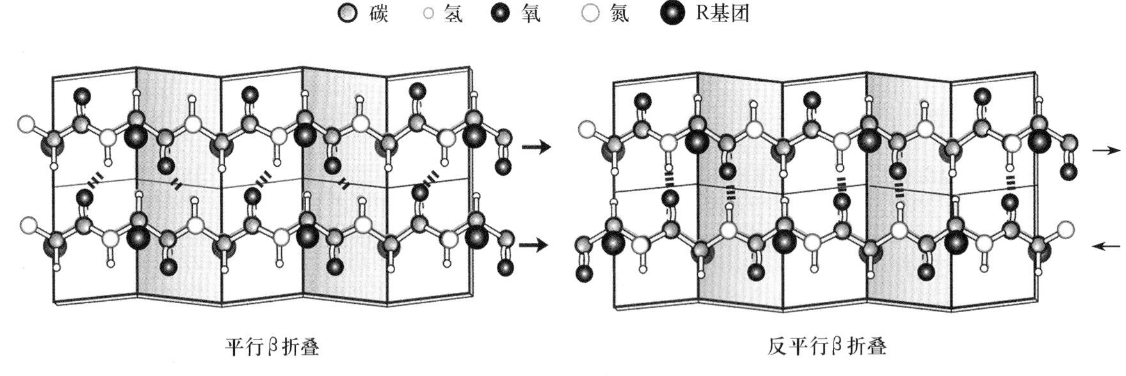

图 3.14　β 折叠

β 折叠广泛存在于蛋白质中。如在鸟类和两栖类的羽毛或鳞片的 β 角蛋白中，β 折叠含量最丰富。蚕丝和蛛丝的丝心蛋白（fibroin）也是 β 角蛋白，富含 Gly 和 Ala，其结构中有十分优美的长的反平行 β 折叠，结实但不易伸展，因为肽链已伸长至接近最大极限。丝心蛋白柔韧性非常好，易于弯曲，可为蚕茧或蜘蛛网提供强度大、柔韧性好的纤维，这也诠释了蛋白质结构与功能的密切关系。

某些情况下 α 螺旋与 β 折叠间发生的结构转换会导致疾病发生，这类疾病可称为分子构象病。

3.5.4.3 β 转角

在球蛋白的主链骨架中，经常出现 180°的回转，此处结构常见的是 β 转角（β-turn），因

常常连接两条反平行β折叠而得名，且氨基酸组成中常存在 Gly 和 Pro。β转角也是蛋白质中常见的一种二级结构，广泛存在于球状蛋白中，且多位于分子的表面。β转角由4个氨基酸残基组成，第1个残基的羰基氧原子与第4个残基的亚氨基氢原子形成氢键（图3.15）。

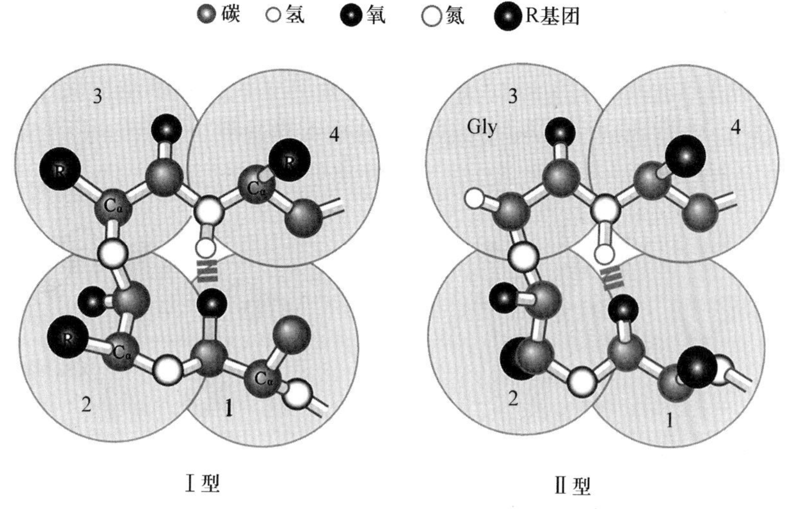

图3.15 两种主要类型的β转角

β转角一般分为Ⅰ型和Ⅱ型两种形式，其差别在于前者第3个氨基酸残基的羰基氧原子与相邻两个氨基酸残基的R基团呈反式，而在Ⅱ型中位于同一侧。

3.5.4.4 无规卷曲

球状蛋白分子中除了上述有规则的二级结构外，主链上还常常存在大量没有规律的卷曲，其二面角（Φ、Ψ）都不规则，称无规卷曲（random coil）。这些区域也是蛋白质中稳定的、有序的二级结构，赋予了蛋白质丰富多彩的构象。

3.5.5 超二级结构

在蛋白质中经常存在由若干相邻二级结构单元按一定规律组合在一起，形成有规则的二级结构的集合体，称为超二级结构（super secondary structure）。超二级结构又称为模体（motif）或基序，可能有特殊的功能或仅充当更高结构层次的元件，是蛋白质结构分类的基础。有时，一个大的模体可能就是整个蛋白质的结构，如α角蛋白中的超螺旋。

常见的有α螺旋与β折叠的组合形式（图3.16）：折叠-螺旋-折叠（βαβ），含两条平行的β折叠，由两个环连接α螺旋，α螺旋的走向常与这两条β折叠平行；发夹，包含两条相邻的反平行β折叠，由一个发夹环（hairpin loop）连接；希腊钥匙（Greek key）是一种常见的超二级结构，因与古希腊陶器上的一个图案类似而得名，由肽链连接4个或更多的反平行β折叠。

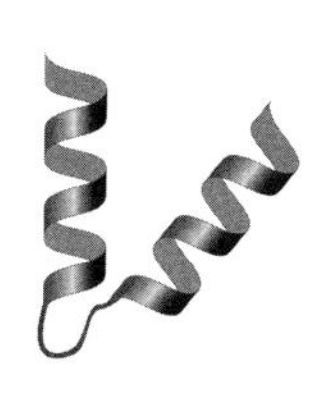

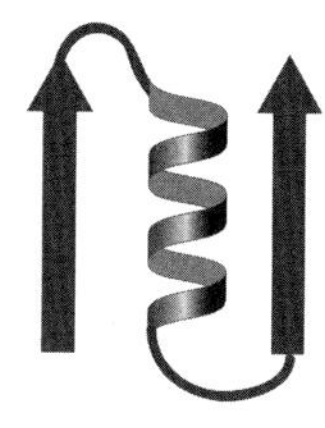

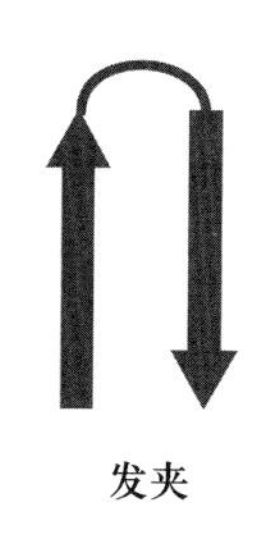

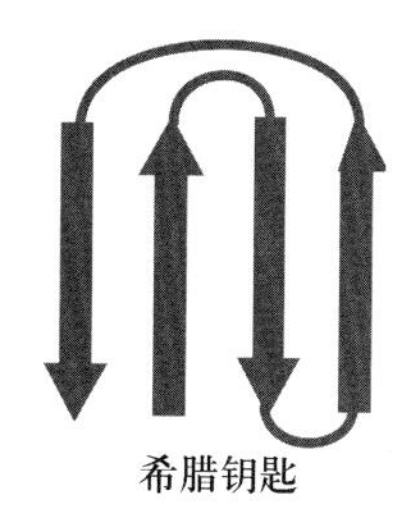

图3.16 几种超二级结构形式

3.5.6 结构域

含几百个氨基酸的多肽链常折叠成两个及以上紧密的、相对独立的区域，称为结构域（structural domain），是具有一定功能的结构单位（图 3.17），也被认为是蛋白质的折叠单位。结构域平均约含 100 个氨基酸残基。较大的球状蛋白分子包含多个结构域，例如免疫球蛋白（抗体）分子包含 12 个结构域；较小的球状蛋白分子本身就是一个结构域，如肌红蛋白。

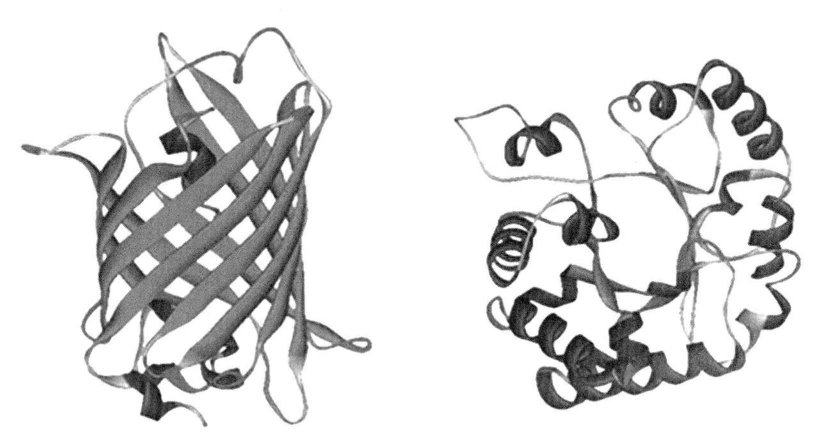

图 3.17　含 α 螺旋、β 折叠的结构域

结构域之间常形成裂隙，可作为与其他分子结合的部位。结构域之间可以广泛作用，通常难以区分；也可以由肽链松散地连接，使结构域能在较大范围内相对运动，这是蛋白质构象运动性的重要基础。结构域的连接部位容易受蛋白酶的水解而断开。

3.5.7 三级结构

三级结构（tertiary structure）是指多肽链中所有原子和基团的空间排布。在二级结构的基础上，多肽链通过卷曲、回转折叠使一级结构相距很远的氨基酸残基彼此靠近，进而导致其侧链相互作用，形成紧密的球状构象。三级结构的稳定主要靠非共价键，其中氨基酸侧链的疏水作用力发挥着重要作用，此外还有离子键、二硫键等。

三级结构是描述球蛋白构象的基本模型。球蛋白共同的构象特征是有表面和内部之分，通常为紧密的结构，疏水性氨基酸多分布于分子内部，亲水性氨基酸多分布于分子表面。球蛋白分子表面往往还有内陷的、通常为疏水性的裂隙。球蛋白表面以及裂隙中各种氨基酸残基侧链能借助氢键、离子键、范德华力等与各种生物分子发生互作。

蛋白质多肽链可能折叠成多种三级结构。肌红蛋白是一种氧结合蛋白，其结合的氧分子可以在肌肉中扩散。海洋哺乳类动物，如鲸、海豹之所以能长时间潜水，与其肌肉组织中肌红蛋白含量达 8%，能储存大量氧气有关。图 3.18 为肌红蛋白分子的三级结构示意图。肌红蛋白分子由一条 153 个氨基酸残基的多肽链和一个血红素组成。分子呈紧密的扁球形，大小为 4.5 nm×3.5 nm×2.5 nm。肽链骨架由长短不等的 8 个右手 α 螺旋（A 至 H）不对称地盘曲而成，分子中 75%～80% 的氨基酸残基都位于 α 螺旋结构中。α 螺旋之间的拐弯处（AB、CD、EF、FG、GH）是无规卷曲。分子内部几乎全部为疏水性 R 基团，分子外表面则存在疏水性和亲水性氨基酸残基，绝大多数亲水性 R 基团在分子的外表面，使肌红蛋白可溶于水中。

肌红蛋白分子表面有一个深陷的裂隙，由 C、E、F、G 共 4 个螺旋段包围构成。裂隙周围为疏水的 R 基团，含 Fe^{2+} 的血红素分子位于其中。Fe^{2+} 通过两个配位键分别与远体组氨酸

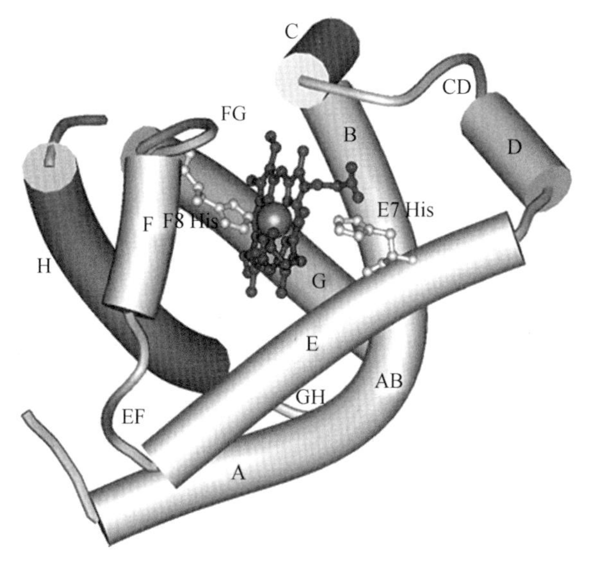

图 3.18 肌红蛋白分子三级结构

(E7 His) 和近体组氨酸 (F8 His) 结合。与 Fe^{2+} 结合的 1 个氧分子位于 E7 His 和血红素之间。疏水性裂隙对肌红蛋白与氧的可逆性结合至关重要。脱离了肌红蛋白，游离的血红素在水溶液中不能可逆性结合氧分子，因为 Fe^{2+} 会立刻被氧化成 Fe^{3+}，失去氧合的能力。

3.5.8 四级结构

四级结构 (quaternary structure) 是指蛋白质分子中亚基的种类、数目、空间排布及其相互作用，不涉及亚基本身的结构。较大的球蛋白分子往往由 2 条或多条肽链组成，这些多肽链本身都具有特定的三级结构，称为亚基 (subunit)，亚基一般只包含一条多肽链。在蛋白质的四级结构中，亚基之间以非共价键相连，涉及的非共价作用力主要是疏水作用力，另外还有离子键、氢键、范德华力等。亚基间的相互作用力与稳定三级结构的化学键相比通常较弱，很容易将亚基分开。由少数亚基聚合而成的蛋白质称为寡聚蛋白 (oligomeric protein)，蛋白中的不同亚基可以用 α、β、γ、δ、ε 命名区分，亚基数目一般不多，且常为偶数，但有些大的蛋白质的亚基数目可达到十几至几十个，相对分子质量达到几十万至几百万。

图 3.19 是一个典型的具有四级结构的寡聚蛋白——血红蛋白的结构。血红蛋白是由两个

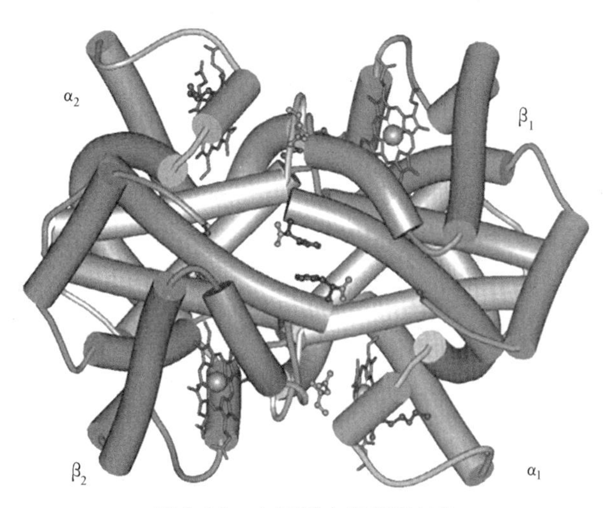

图 3.19 血红蛋白的四级结构

相同的α亚基和两个相同的β亚基聚合而成的四聚体（$\alpha_2\beta_2$），每个亚基与肌红蛋白的结构非常相似，各结合一个血红素，它的主要功能是在血液中运输氧。

3.6 蛋白质结构与功能的关系

蛋白质的功能不仅与其一级结构有关，而且还与其空间结构有直接联系。蛋白质构象既相对稳定又有一定的灵活性，表现在整个蛋白质分子或主要部分相对有刚性，这是它发挥功能的基础；而有些表面区域，尤其是肽链的末端或突环部分则比较灵活，加上氨基酸残基侧链的振动和摆动、结构域的运动，这些特性均有助于蛋白质与其他小分子结合而发挥功能。研究蛋白质结构与功能的关系，对阐明生命的起源、生命现象的本质、分子病的机理以及进行分子设计等都具有十分重要的意义。

研究表明，体内的一些小肽也包含一定的立体结构（如α螺旋、β转角等二级结构），并影响其生物学活性。但小肽的立体结构通常不如蛋白质稳定，表现出较大的柔性，更适合与其他分子结合而发挥调节作用。

3.6.1 蛋白质一级结构与功能的关系

3.6.1.1 一级结构相似的蛋白质的结构与功能的关系

生物体内有些蛋白质在进化上来源于共同的祖先基因，因而其氨基酸序列的同源性较高，并往往具有类似的空间结构，这些蛋白质可以被划分在一个家族（family）。一级结构相似的蛋白质在功能上有相似之处，但也存在不同程度的差异。

催产素和加压素是人和动物脑垂体分泌的肽类激素，二者的一级结构十分相似，都是含一个二硫键的9肽（图3.20）。因此，加压素有微弱的催产素生理活性，反之亦然。但由于二者在第3位和第8位的残基不同，因此，它们的主要生理活性又有显著差异：催产素能促进子宫和乳腺平滑肌收缩，促进分娩和排乳；加压素有升高血压和抗利尿的作用。

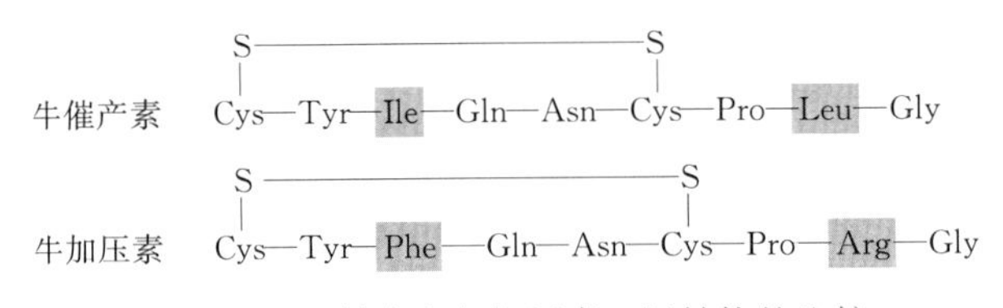

图3.20 牛催产素与加压素一级结构的比较

3.6.1.2 同功能蛋白质结构的种属差异和保守性

比较不同生物的同功能蛋白质的一级结构，可以帮助了解哪些氨基酸对蛋白质的生物学活性是重要的，哪些是不重要的。同时，还可为研究生物进化的规律提供证据。

（1）不同生物来源胰岛素的一级结构比较：比较各种哺乳类、鸟类和鱼类等动物胰岛素的一级结构，发现组成胰岛素分子的51个氨基酸残基中，只有24个始终保持不变，为不同动物所共有。这些始终不变的氨基酸残基称为守恒残基（conserved residue）。如6个Cys是守恒残基，提示不同来源的胰岛素分子中A、B链之间有共同的连接方式，形成的3对二硫键对维持高级结构起着重要作用；其他绝大多数守恒残基是带有疏水侧链的氨基酸。结构分析证明，这些非极性的氨基酸对维持胰岛素的构象起着稳定作用。因而推测，不同动物来源的胰岛素的空间结构可能大致相同。一般认为，蛋白类激素的活性中心以及维持活性中心构象的氨基酸残基不能改变，否则激素将失去生物活性。

胰岛素A链的第8、9、10位和B链第30位氨基酸残基存在种属差异，说明这些氨基酸对胰岛素的生物活性并不起决定作用。一般认为，这些可替换的氨基酸不处于分子构象的关键部位，或者对维持关键部位的构象不重要，而只与免疫活性有关。治疗人糖尿病的胰岛素以往是从猪胰腺中提取的。由于猪与人的胰岛素相比，只有B链第30位1个氨基酸不同（人的是Thr，猪的是Ala），因此用猪胰岛素治疗人糖尿病，疗效较好，也不易诱导抗体的产生。

（2）细胞色素c的一级结构与分子进化：细胞色素c（cytochrome c）是线粒体呼吸链的组成成分之一，广泛存在于所有需氧生物中，是含一个血红素辅基的单链蛋白质。脊椎动物的细胞色素c一般由104个氨基酸残基组成，血红素是其传递电子的活性中心。

细胞色素c是广泛存在的最古老蛋白质之一，其进化始于动植物分化之前。对80多种不同真核生物细胞色素c的一级结构比较发现，在超过15亿年的进化中，有26个氨基酸始终不变，如Cys14、Cys17、His18和Met80等。立体结构研究表明，上述几个守恒残基位于细胞色素c发挥电子传递功能的关键部位，因此不能改变。至于其他可变的氨基酸残基，在不同物种间改变程度不一样，这属于种属差异，对该蛋白质的功能不起决定性作用。

同功能蛋白质在种属之间的氨基酸差异大小，通常与这些种属在进化上的差距大体平行。比较不同生物细胞色素c的一级结构，发现凡与人类亲缘关系越远的生物，其氨基酸序列与人的差异越大（表3.5）。生物进化表现出的形态等差异，源于蛋白质的进化。基于细胞色素c或其他蛋白质的序列，可以绘制相关物种的系统进化树，为生物进化提供分子水平的依据。

表3.5 细胞色素c的种属差异（以人为标准）

物种	残基差异数	物种	残基差异数
黑猩猩	0	鸡、火鸡	13
恒河猴	1	响尾蛇	14
兔	9	乌龟	15
袋鼠	10	金枪鱼	20
鲸	10	犬鱼	23
牛、羊、猪	10	蛾	31
犬	11	小麦	35
驴	11	面包酵母	45
马	12	红色面包霉	48

3.6.1.3 一级结构变异与分子病

基因突变导致蛋白质一级结构的改变。如果这种突变导致蛋白质生物功能下降或丧失，就会发生疾病，称为分子病（molecular disease）。例如，人的镰刀形红细胞贫血病，就是由于血红蛋白一级结构的变异而产生的一种分子病。病人的异常血红蛋白与正常人的血红蛋白相比，仅仅是β亚基（也称β链）第6位氨基酸残基不同，正常人为Glu，而病人为Val。因为Glu的R侧链是带负电荷的亲水基团，而Val的R侧链是不带电荷的疏水基团，所以当Glu被Val取代后，血红蛋白分子表面的电荷发生了改变，导致血红蛋白的等电点改变、溶解度降低，产生细长的聚合体，从而使扁圆形的红细胞变成镰刀形，运输氧的功能下降，细胞脆弱而溶血，严重的可以致死。

由以上几个例子可以看出，蛋白质的一级结构与功能有密切联系，并在一定程度上反映了物种的亲缘关系。一级结构相似的蛋白质往往具有相同或相似的功能。氨基酸替换所导致的蛋白质功能改变的程度取决于替换氨基酸的数量、种类及其在空间结构和功能中的地位。高比例的非关键性氨基酸替换可能不会引起蛋白质功能的明显变化，而像血红蛋白中少数关键性氨基酸的替换则可造成严重的后果。当然，氨基酸替换也可能促进蛋白质分子进化。

3.6.2 蛋白质空间结构与功能的关系

3.6.2.1 蛋白质的变性和复性

（1）蛋白质的变性和变性因素：在某些理化因素作用下，蛋白质的一级结构保持不变，但空间结构发生了改变，由天然状态（折叠态）变成了变性状态（伸展态），从而引起生物功能的丧失以及物理、化学性质的改变，这种现象被称为变性（denaturation）。

引起天然蛋白质变性的因素很多：物理因素包括高温（60～100 ℃）、紫外线、X线、超声波、高压、表面张力以及剧烈的振荡、研磨、搅拌等；化学因素（又称变性剂）包括酸、碱、有机溶剂（如乙醇、丙酮等）、尿素、盐酸胍、重金属盐、三氯醋酸、苦味酸、磷钨酸以及去污剂等。不同的蛋白质对上述各种变性因素的敏感程度不同。对含有二硫键的蛋白质，使其变性除了需要破坏疏水作用力、氢键等非共价键作用力外，还需要氧化破坏二硫键，因此含有巯基的试剂如β-巯基乙醇、二硫苏糖醇（dithiothreitol，DTT）可以使二硫键还原打开，促进其变性。

（2）变性表现及变性机理：蛋白质变性后表现：①生物活性丧失，如酶丧失催化活性，激素丧失生理调节作用，抗体失去与抗原专一结合的能力；②物理性质发生改变，如溶解度明显降低，易结絮、凝固沉淀，失去结晶能力，电泳迁移率改变，黏度增加，紫外光谱和荧光光谱发生改变等；③化学性质发生改变，如容易被蛋白酶水解。

天然蛋白质分子的构象主要是通过各种非共价相互作用维持。变性因素破坏了蛋白质分子构象中的非共价相互作用，使其从原来紧密有序的折叠构象（天然态）变成了松散无序的伸展构象（变性态）。研究表明，有些蛋白质变性后还保留着部分二级结构。变性的蛋白质溶解度降低，是由于多肽链从折叠构象变成了伸展构象，使原来埋藏在分子内部的疏水基团暴露于分子表面，从而使蛋白质分子表面不能与水分子结合而失去水化膜，致使分子间相互碰撞增加而聚集沉淀。

（3）复性：有些较小的蛋白质，变性后在适当条件下可以恢复折叠状态，并恢复全部的生物活性，这种现象称为复性（renaturation）。但热变性后的蛋白通常很难复性。

一个早期研究蛋白质变性和复性的实验是 C. Anfinsen 等利用核糖核酸酶 A 完成的（图 3.21）。该酶是由 124 个氨基酸组成的单链，含 4 个二硫键。在β-巯基乙醇存在的情况下，用 8 mol/L 的尿素处理可彻底破坏该酶的三级结构和活性，变性后的肽链中有 8 个巯基。如果使其重新折叠，有 105 种不同的二硫键组合，换句话说，复性后的酶分子中每 105 个分子才有 1 个是有活性的天然构象（即约 1%活性）。然而，当同时除去尿素和还原剂后，在生理 pH 条

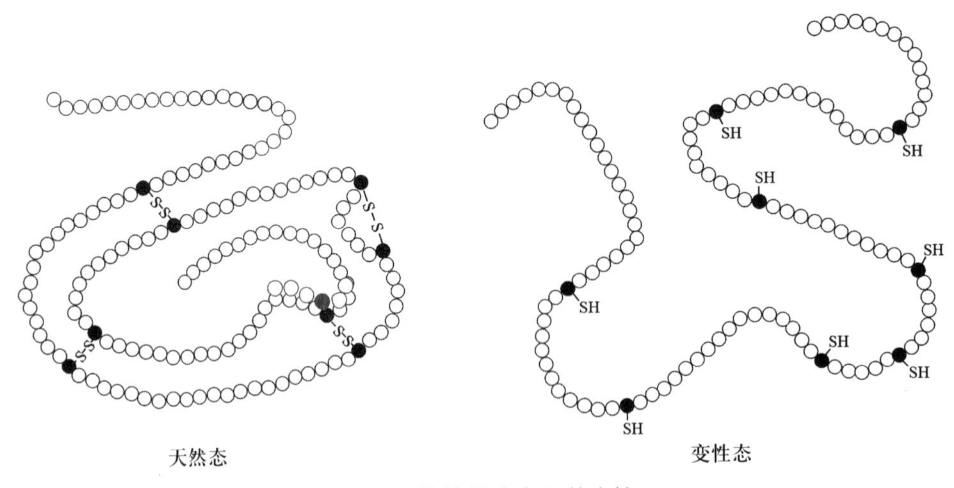

图 3.21 核糖核酸酶 A 的变性

件下，该酶分子可完全氧化，恢复其天然构象和全部的酶活性。该实验表明蛋白质的一级结构对其构象的形成是非常重要的。

(4) 变性的利用和预防：蛋白质变性有许多实际应用。如在医疗上利用高温和高压消毒手术器械、用紫外线照射手术室、用70%乙醇消毒手术部位的皮肤。这些处理都可使细菌、病毒的蛋白质发生变性，从而失去致病作用。另外，在蛋白质分离纯化过程中，为了防止蛋白质变性，必须保持低温，防止强酸、强碱、重金属盐、剧烈震荡等变性因素的影响。

3.6.2.2 蛋白质的变构作用与血红蛋白运输氧的功能

(1) 变构作用：变构作用（allosteric effect）也称为变构效应，常存在于寡聚蛋白分子中。蛋白质中一个亚基与其他小分子结合导致自身发生构象变化，该变化在蛋白质分子内部传递继而引起其他的构象改变，最终引起该蛋白质的生物学功能增强或削弱。所结合的小分子称为变构剂（allosteric effector）或别构剂。变构效应是机体调节蛋白质或酶的生物活性的一种重要而又灵敏的方式。具有变构效应的寡聚蛋白称为变构蛋白。变构蛋白除了具有发挥功能的活性部位外，还有用于调节活性的变构剂结合部位。变构激活剂可使变构蛋白迅速从非活性状态或低活性状态转变为活性状态或高活性状态，而变构抑制剂的作用则相反。

蛋白质的变构不同于变性。变性是蛋白质有序构象的普遍破坏、功能或生物活性丧失（失活）的过程，而变构是蛋白质从一种构象转变为另一种构象、从一种功能状态转变为另一种功能状态的有序转变。

(2) 血红蛋白的变构作用：血红蛋白分子是一个四聚体（$\alpha_2\beta_2$），可看作是αβ的二聚体。其中α亚基含141个氨基酸，β亚基含146个氨基酸，每个亚基都包括一条肽链和一个血红素。人血红蛋白的α亚基、β亚基以及肌红蛋白的一级结构有很大差别，但它们的三级结构却十分相似（图3.22）。血红素位于每个亚基的空穴中，血红素中央的Fe^{2+}是氧结合部位，能结合一个氧分子，因此每个血红蛋白分子能与4个氧分子可逆结合。

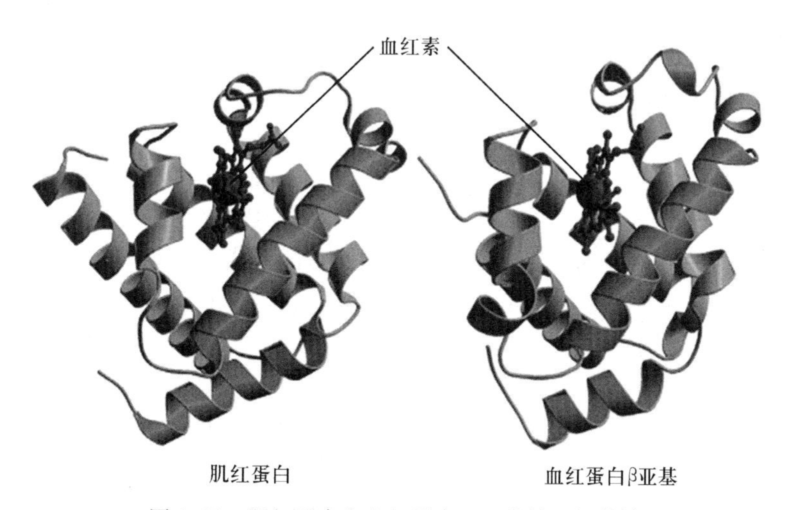

图3.22 肌红蛋白和血红蛋白β亚基的三级结构

血红蛋白、肌红蛋白与氧结合时表现出不同的结合模式。血红蛋白的氧结合曲线是S形曲线，而后者是双曲线（图3.23）。S形曲线说明在血红蛋白分子与氧结合的过程中，其亚基之间存在相互作用。血红蛋白四聚体在开始与氧结合时，其氧亲和力很低。一旦其中一个亚基与氧结合，该亚基的三级结构发生变化，并逐步引起其余亚基三级结构的改变，从而提高其余亚基与氧的亲和力。同样，当一个氧与血红蛋白亚基分离后，能降低其余亚基与氧的亲和力，更有助于氧的释放。经实验测定，第4个亚基与氧的亲和力比第1个亚基大200～300倍。血红

蛋白 α 亚基的氧结合部位没有空间位阻，与氧的亲和力较大，能首先与氧结合，并导致三级结构变化，使相邻的 β 亚基也发生三级结构变化，消除了 β 亚基氧结合部位的空间位阻，此时 β 亚基才能与氧结合。肌红蛋白不存在亚基之间的相互作用，因此它与氧的亲和力大，能在氧分压低的情况下迅速与氧结合成接近饱和状态，结合表现为单一的平衡常数而呈现双曲线。

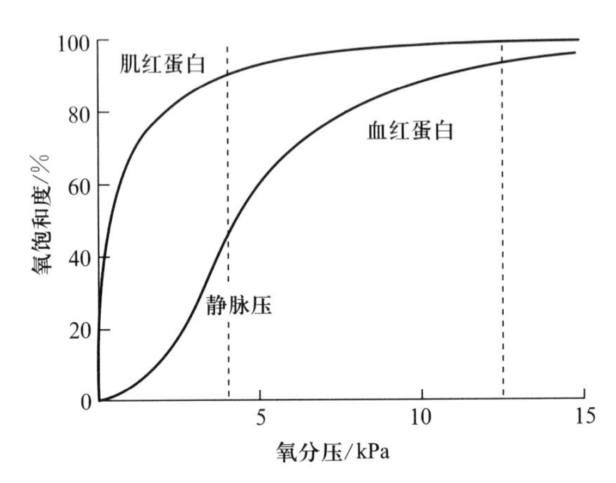

图 3.23　血红蛋白和肌红蛋白的氧结合曲线

(3) 血红蛋白变构的分子机制：X 线晶体结构分析表明，去氧血红蛋白与氧合血红蛋白的分子构象是不同的。前者是紧密型构象（T），与氧的亲和力小；后者是松弛型构象（R），与氧的亲和力大。两种构象可以相互转变。在去氧血红蛋白分子构象中，4 个亚基之间是通过许多盐键相连接，这些盐键使其三、四级结构受到了较大的约束，成为紧密型构象，从而使其氧亲和力小于单个 α 亚基或 β 亚基。去氧血红蛋白与氧结合后，变成氧合血红蛋白，其构象发生了较大变化。在氧合血红蛋白分子中，维持和约束四级结构的盐键全部断裂，每个亚基的三级结构也发生了变化，整个分子的构象由紧密型变成了松弛型，并提高了氧亲和力，这是一种正的协同结合。

(4) 血红蛋白变构的生理意义：氧对生命活动至关重要。小的动物能借助气体扩散直接从环境中摄取氧，而大的动物则通过循环系统从肺或鳃获取氧，再运输到组织中。由于氧分子在水中的溶解度很低，因此哺乳类、鸟类借助红细胞中的血红蛋白运输氧。人每个红细胞中大约有 3×10^{8} 个血红蛋白分子。由血红蛋白与氧结合的 S 形曲线可以看出，在氧分压高的组织（如肺），血红蛋白与氧的结合接近饱和；在氧分压低的组织（如肌肉），氧合血红蛋白与肌红蛋白相比能释放更多的氧，以满足肌肉运动和代谢对氧的需求。可见，血红蛋白比肌红蛋白更适合运输氧。由于肌红蛋白与氧的亲和力总是高于血红蛋白，它可接受氧合血红蛋白中的氧储存在肌肉组织中供机体利用。

此外，血红蛋白还可通过其亚基的 N 末端结合组织中产生的二氧化碳，并在肺部通过气体交换将其排出体外。红细胞中丰富的 2,3-二磷酸甘油酸可以结合到位于血红蛋白 4 个亚基之间的“孔穴”中，从而调节血红蛋白与氧的结合、释放。但是，血红蛋白与一氧化碳有很高的亲和力，结合后就无法运输氧而导致人或动物中毒。

3.7　蛋白质的理化性质、纯化和鉴定

蛋白质是由各种氨基酸组成，其理化性质有些与氨基酸相似，如两性解离、侧链基团反应、具有等电点等。但有些则不相同，如蛋白质分子质量较大，其溶液有胶体性质，还有变性、沉淀等现象。各种蛋白质的理化性质有共性，也有特点。如大多数蛋白质为白色，而血红蛋白、细胞色素 c 等则呈红色；有些肽有苦味，还有些有甜味。不同蛋白质的稳定性也有差

别。一些天然蛋白质分子中富含二硫键，并影响其机械特性。如坚硬的乌龟壳与其α角蛋白中大量的二硫键有关。

3.7.1 蛋白质的理化性质

3.7.1.1 蛋白质的两性解离和等电点

蛋白质分子中有许多可解离的基团，除了肽链末端的α-氨基和α-羧基外，还有各种氨基酸的侧链基团，如Asp和Glu侧链的羧基、Lys的ε-氨基、Arg的胍基、His的咪唑基、Cys的巯基和Tyr的酚基。因此，蛋白质和氨基酸都是两性电解质。

蛋白质的解离取决于溶液的pH。在酸性溶液中，各种碱性基团与质子结合，使蛋白质分子带正电荷，在电场中向阴极移动；在碱性溶液中，各种酸性基团释放质子，使蛋白质带负电荷，在电场中向阳极移动。当溶液在某个pH时，蛋白质分子所带正、负电荷数恰好相等，净电荷为零，在电场中不移动，此时溶液的pH就是该蛋白质的等电点。等电点大小由蛋白质分子中可解离基团的种类和数量决定。

不同蛋白质的等电点有差异，如胃蛋白酶为1.0～2.5，胰蛋白酶为8.0，血红蛋白为6.7。体内大多数蛋白质的等电点接近6，在生理条件下（pH约为7.4）带负电荷。蛋白质分子在其等电点时不带电荷，因此容易碰撞而聚集沉淀，可以利用这种等电点沉淀法初步分离不同的蛋白质。

3.7.1.2 蛋白质的胶体性质

蛋白质是生物大分子，相对分子质量一般在$6\times(10^3\sim10^6)$，大小在胶体溶液的颗粒直径范围之内。球蛋白分子的绝大多数亲水基团分布在其表面，能结合水分子并形成一层水化层（水膜），使蛋白质分子能均匀地分散在水溶液中，形成亲水性胶体溶液。这种溶液稳定的原因有两个：一是蛋白质分子表面水膜的分隔作用；二是蛋白质分子带有的同性电荷的相互排斥，使蛋白质分子不能聚集成较大的颗粒。破坏蛋白质表面的水膜或中和其电荷，均能破坏胶体溶液的稳定性，导致蛋白质沉淀。

3.7.1.3 蛋白质的沉淀

(1) **盐溶与盐析**：在蛋白质水溶液中加入少量的中性盐，如硫酸铵、硫酸钠、氯化钠等，会增加溶液的介电常数，增强蛋白质分子与水分子的作用，从而使蛋白质在水溶液中的溶解度增大，这种现象称为盐溶（salting in）。但在高浓度的中性盐溶液中，无机盐离子从蛋白质分子的水膜中夺取水分子，破坏水膜，使蛋白质分子相互聚集而发生沉淀，这种现象称为盐析（salting out）。由于不同蛋白质分子的水膜厚度等不同，盐析所需要的盐浓度有不同程度差异。因此，可以通过逐步加大盐浓度，使不同蛋白质从溶液中分阶段沉淀，这种方法称为分级盐析法，可用于蛋白质的粗分离。盐析沉淀的蛋白质仍有生物活性，利用透析或分子排阻的方法去除盐后，蛋白质仍可溶解于水中。

(2) **有机溶剂沉淀**：一定浓度的乙醇、丙酮等有机溶剂能够脱去蛋白质分子表面的水膜，同时降低溶液的介电常数，使蛋白质从溶液中沉淀。不同蛋白质沉淀所需要的有机溶剂浓度也是不同的。因此，该法也可用于蛋白质的粗分离。

(3) **重金属盐沉淀**：在碱性溶液中，蛋白质分子中的负离子基团（如$—COO^-$）可以与重金属盐（如醋酸铅、氯化汞、硫酸铜等）的正离子结合形成难溶的蛋白质重金属盐，从溶液中沉淀下来。临床上可利用这种特性抢救重金属盐中毒的病人或动物。

(4) **生物碱试剂沉淀**：生物碱试剂（如苦味酸、单宁酸、三氯醋酸、钨酸等）在pH小于蛋白质等电点时，其酸根负离子能与蛋白质分子上的正离子结合，成为溶解度很小的蛋白盐，从溶液中沉淀下来。临床化验时，可用生物碱试剂除去血浆中的蛋白质以减少干扰。

3.7.1.4 蛋白质的呈色反应

蛋白质中游离的氨基和羧基、肽键以及某些氨基酸的侧链基团，如 Tyr 的酚基、Phe 和 Tyr 的苯环、Trp 的吲哚基、Arg 的胍基等，能与某些化学试剂反应生成有色物质，可用于蛋白质的定性或定量分析。如肽键与双缩脲试剂反应生成紫红色物质；游离的 α-氨基与茚三酮反应生成蓝紫色物质。

蛋白质与酚试剂反应生成蓝色物质，可用于蛋白质定量，称福林-酚法或 Lowry 法，是蛋白质定量分析的经典方法。蛋白质还能与染料考马斯亮蓝 G250 在酸性条件下结合生成蓝色物质，在 595 nm 处有最大光吸收，也是测定蛋白质溶液浓度常用的方法，常称为 Bradford 法。另外，蛋白质还可与氨基黑、考马斯亮蓝 R250、丽春红 S 等多种染料结合而被染色。

3.7.1.5 蛋白质的紫外吸收

蛋白质不能吸收可见光，但能吸收一定波长范围内的紫外光。大多数蛋白质的溶液在波长 280 nm 附近有一个吸收峰，这主要源于蛋白质中芳香族氨基酸的紫外吸收。因此，可以利用紫外吸收法，根据溶液在 280 nm 的吸收值测定蛋白质浓度。

3.7.2 蛋白质的纯化和鉴定

蛋白质的分离纯化是蛋白质研究的基础，分离的原理主要根据蛋白质溶解度、电荷、大小、疏水性等不同而分离。采用的主要技术有电泳、层析（色谱）、离心等。盐析和等电点沉淀法以及透析等技术也常用于蛋白质的分离过程。蛋白质的鉴定技术则包括测序、免疫化学和质谱等。

3.7.2.1 电泳

在直流电场中，带正电荷的蛋白质分子向阴极移动，带负电荷的蛋白质分子向阳极移动，这种现象称为电泳（electrophoresis）。电泳的速度用迁移率表示，其与蛋白质的分子大小、形状和净电荷数量等有关，主要取决于蛋白质的电荷与质量比值：净电荷数量越大，迁移率越大；分子质量越大，迁移率越小。因此，可以利用电泳将多种蛋白质的混合物分离。电泳是微量蛋白质分离、分析的有效方法，常用的电泳介质是聚丙烯酰胺凝胶，相关电泳方法包括聚丙烯酰胺凝胶电泳（polyacrylamide gel electrophoresis，PAGE）、SDS-聚丙烯酰胺凝胶电泳（SDS-PAGE）、等电聚焦电泳（isoelectric focusing，IEF）等。

PAGE 作为一种非变性电泳，是蛋白质分析的主要电泳方法之一，蛋白质的迁移率主要取决于其电荷与质量的比值，电泳后蛋白质仍有活性。SDS-PAGE 是另一种常用的电泳方法，样品和凝胶中含有阴离子去污剂——十二烷基硫酸钠（SDS），它与蛋白质分子以一定比例结合成复合物，使蛋白质分子变性并带大量的负电荷，消除了不同蛋白质间的电荷差异。因此，SDS-蛋白质复合物的电泳迁移率只决定于蛋白质的质量（图 3.24A），该法可用于蛋白质分子质量的测定，误差 5%～10%。用 SDS-PAGE 分离蛋白质时，常用溴酚蓝作指示剂（电泳时迁移速度较快）。蛋白质在凝胶中的移动距离与指示剂移动距离的比值称为相对迁移率。相对迁移率与蛋白质分子质量的对数呈线性关系。用几种标准蛋白质分子质量的对数与对应的相对迁移率作图，得到标准曲线，再根据待测蛋白质相对迁移率，可计算其分子质量（图 3.24B）。

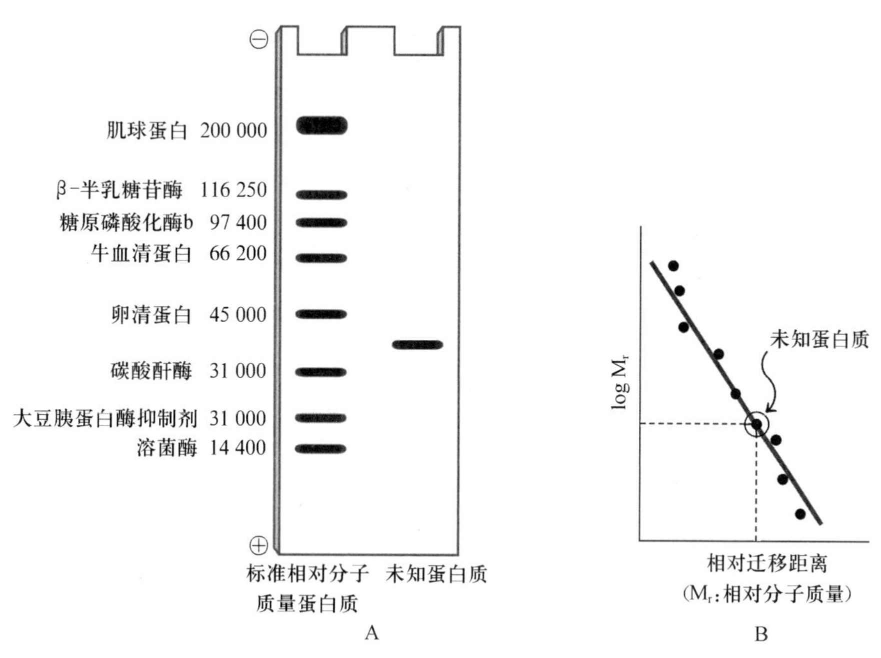

图 3.24 蛋白质 SDS-PAGE 图谱

3.7.2.2 层析

层析是蛋白质分离的主要方法，是将作为固定相的介质装入玻璃等材料制成的柱中，用流动相（常用缓冲液）洗脱将蛋白质分离。根据层析介质和分离原理的不同可将层析分成凝胶过滤层析、离子交换层析、亲和层析和吸附层析等。

凝胶过滤层析又称分子筛层析、排阻层析。在层析柱中装入具有多孔结构的葡聚糖凝胶颗粒，这种凝胶颗粒的网孔只允许较小的分子进入，而大于网孔的分子则被排阻。当用洗脱液洗脱时，分子质量大的分子无法进入网孔而先被洗脱下来，分子质量小的分子后被洗脱下来（图 3.25）。

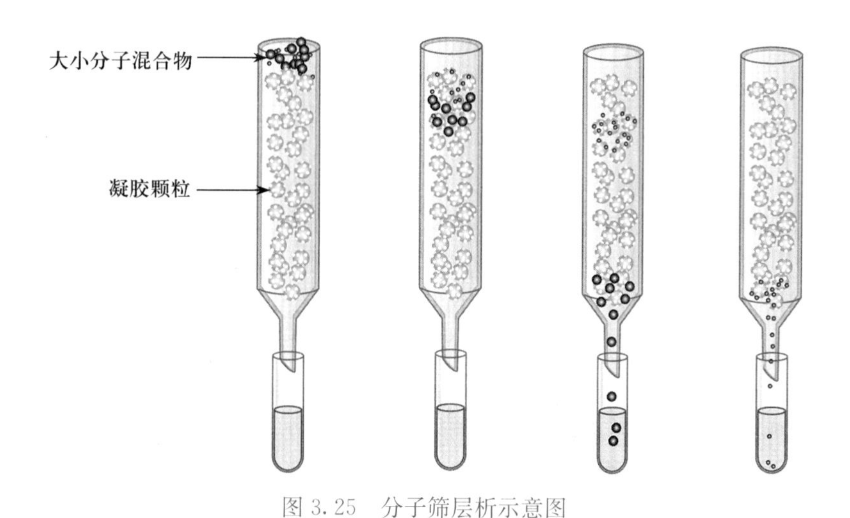

图 3.25 分子筛层析示意图

分子筛层析除了用于蛋白质的分离外，也可用于测定蛋白质分子质量。将几种已知分子质量的标准蛋白质混合物溶液上柱洗脱，记录各种蛋白质的洗脱体积，然后以分子质量的对数为纵坐标，以洗脱体积为横坐标，做标准曲线。待测蛋白质在上述相同的层析条件下分离，记录其洗脱体积，然后根据标准曲线可计算其分子质量（图 3.26）。

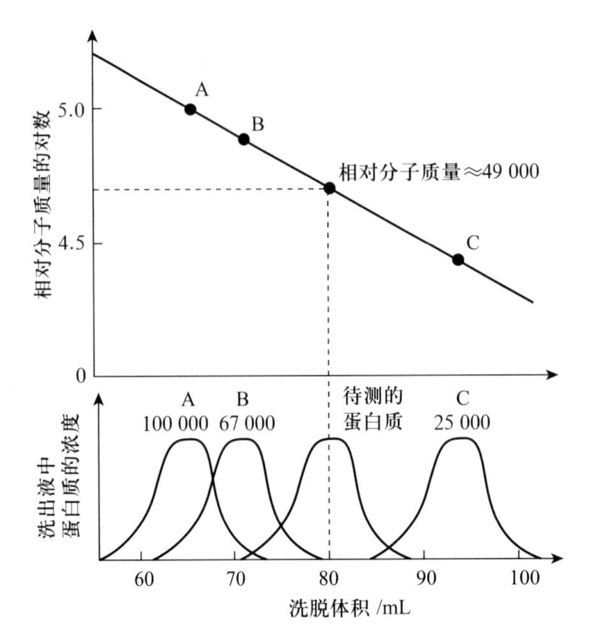

图 3.26　蛋白质洗脱体积与相对分子质量的关系

3.7.2.3　离心

离心是蛋白质分离的基本手段之一。低速离心可分离蛋白质沉淀与清液，而超速离心的强大离心力场可沉降胶体溶液中的蛋白质，将大小不同的蛋白质分离。另外，还可利用分析型超速离心机测定蛋白质分子质量。一种蛋白质分子在单位离心力场里的沉降速度为恒定值，被称为沉降系数，常用 S（svedberg）表示。许多蛋白质的 S 值都在（1～200）$\times10^{-13}$ s，因此，采用 1×10^{-13} s 作为沉降系数的一个单位，用 S 表示。如某蛋白质的沉降系数为 30×10^{-13} s，可用 30S 表示。用超速离心法测得蛋白质的沉降系数后，可根据公式计算其分子质量。一般来说，S 值越大，分子质量越大，但分子形状对 S 值的大小也有影响。

3.7.2.4　蛋白质的鉴定

由于生物体内蛋白质种类繁多，因此仅根据蛋白质的分子质量、等电点等信息无法实现对蛋白质的鉴定。目前蛋白质鉴定的方法有多种，一种是将蛋白质纯化后测定全部或 N 端部分序列，将序列与数据库中的蛋白质序列比对，可以准确地确定其种类，但该方法较繁琐且成本高。另一种常用的方法是将蛋白质用 SDS - PAGE 分离后，通过电转移的方法印迹到膜（如硝酸纤维素膜）上，再用特异的抗体探针检测膜上的蛋白质，根据抗原-抗体的特异性结合确认蛋白质的种类，这种方法称为蛋白印迹（western blotting）或免疫印迹。对酶类的鉴定，还需要测定其催化活性。

肽质量指纹图谱分析是当前鉴定蛋白质的常用方法，其原理是每种蛋白质经胰蛋白酶等裂解后，产生的各种肽段的分子质量可以采用质谱技术准确测定，然后与数据库中所有蛋白质的理论指纹图谱数据进行匹配，就可确定该蛋白质的身份。对有些难以用该方法鉴定的蛋白质，还可采用串联质谱解析其部分肽段的序列，达到鉴定的目的。

新兴的蛋白质组学技术广泛用于对组织、细胞中的全部蛋白质进行大规模、高通量的检测和鉴定，经典的方法是用双向电泳（two dimensional electrophoresis）对某一组织或细胞中数以千计的蛋白质同时进行高分辨的分离，然后对凝胶上的蛋白质点分别进行酶解，再用质谱技术，例如基质辅助激光解吸电离飞行时间质谱（matrix assisted laser desorption ionization time of

flight mass spectrometry，MALDI－TOF－MASS）进行肽质量指纹图谱分析，将获得的图谱与蛋白质数据库进行比对，以确定所鉴定的蛋白质身份，或者给出新发现的蛋白质。

案 例

1. 分子分类学 传统的动物分类是基于组织形态、生理、生态、胚胎发育等特征。由于生物进化源于蛋白质的进化，因此，根据蛋白质（常用的如细胞色素 c、细胞色素 b 等）的序列，可以构建动物系统进化树。有些蛋白质的进化速度与该物种的进化速度大体相近，适合用于分子分类，故可先获得该蛋白的基因序列，再推导出编码的蛋白质序列，进而基于蛋白质序列构建系统进化树，以此了解畜禽品种之间的亲缘关系、进化等，确定分类地位。

2. 分子构象病 哺乳动物中蛋白质的错误折叠可能会引起脑退化性疾病。一个著名的例子是 S. Prusiner 发现引起牛海绵状脑病（BSE，俗称疯牛病）的病原是朊蛋白（prion protein，PrP）。而朊蛋白是所有哺乳动物脑组织中的正常组分，相对分子质量为 28 000，其功能尚不完全清楚。在正常细胞中的朊蛋白是 PrP^{c}，无致病性，而病牛中的朊蛋白是 PrP^{Sc}，有致病性。两者的氨基酸序列相同，只是二级结构有差异。在 PrP^{c} 分子中约 43％为 α 螺旋，3％为 β 折叠；而在 PrP^{Sc} 中，34％为 α 螺旋，43％为 β 折叠。不仅如此，致病的 PrP^{Sc} 可诱导 PrP^{c} 转变成 PrP^{Sc}，但是对其病理机制和传染方式还不完全清楚，仍待深入研究。

3. 亚硝酸盐中毒 动物摄入过量含有亚硝酸盐的植物或饮水，引起的以皮肤、黏膜发绀和呼吸困难为特征的一种中毒病。吸收进入血液的亚硝酸盐能使红细胞中正常的氧合血红蛋白（二价铁血红蛋白）迅速地氧化成高铁血红蛋白（三价铁血红蛋白），从而丧失了血红蛋白的携氧功能。当 30％的血红蛋白被氧化成高铁血红蛋白时，即呈现临床症状。亚硝酸盐可使动物末梢血管扩张，引起血压下降，外周循环衰竭。此外，亚硝酸盐与消化道或血液中某些胺形成亚硝胺或亚硝酸胺，具有致癌性。

二维码 3－1 第 3 章习题

二维码 3－2 第 3 章习题参考答案

第 4 章

核　酸

【本章知识要点】

☆ 核酸可分为 DNA 和 RNA 两大类，其基本结构单位为核苷酸，核苷酸之间以 3′,5′-磷酸二酯键相连。

☆ DNA 分子中的核苷酸由脱氧核糖和 A、T、G、C 4 种碱基及磷酸组成，RNA 分子中的核苷酸由核糖和 A、U、G、C 4 种碱基及磷酸组成。

☆ 核酸的一级结构是指核苷酸的种类、数量及排列顺序。

☆ DNA 的二级结构为右手双螺旋结构，其要点：形成螺旋的两股多聚脱氧核苷酸链走向相反，磷酸和脱氧核糖位于螺旋的外侧，碱基位于螺旋的内侧；碱基平面与螺旋中心轴垂直，糖环平面与轴平行；两链之间的碱基按互补配对原则以氢键配对，即 A=T、G≡C，而碱基互补配对是 DNA 复制、转录以至蛋白质翻译的分子基础。

☆ DNA 三级结构是 DNA 双螺旋通过旋转、缠绕和过缠绕所形成的特定构象，即 DNA 超螺旋，有正超螺旋和负超螺旋，在自然界中大多以对复制和转录更加有利的负超螺旋形式存在。

☆ RNA 比 DNA 小得多，RNA 主要有信使 RNA（mRNA）、核糖体 RNA（rRNA）和转运 RNA（tRNA）。RNA 分子也可以通过自身折叠按碱基配对形成局部的螺旋结构，即二级结构。

☆ 核酸最重要的理化性质是变性和复性。DNA 在热变性过程中，其 A_{260} 的增加与解链的程度成正比，且解链温度与碱基组成和溶液的盐浓度有关。

☆ 不同来源的核酸之间可以通过同源或部分同源的碱基之间互补配对形成杂合体，基于此形成了一系列可用于对核苷酸片段进行分析的核酸分子杂交技术。

核酸是生命有机体中一种重要的生物大分子，从高等动植物到简单的细菌、病毒都含有核酸。核酸是在 1868—1869 年间由瑞典科学家 F. Miescher 从附着在外科绷带上的脓细胞细胞核中分离出的一种含磷量很高的酸性物质，称之为“核素”（nuclein）。1889 年 R. Altmann 在纯化“核素”的过程中得到一种不含蛋白质的酸性物质，他将这种物质称为核酸（nucleic acid）。

核酸分为脱氧核糖核酸（deoxyribonucleic acid，DNA）和核糖核酸（ribonucleic acid，RNA）两大类。所有的原核细胞和真核细胞都同时含有这两类核酸。在真核细胞中，DNA 主要存在于细胞核内的染色体中，只有少量的 DNA 存在于核外的线粒体中；RNA 主要存在于细胞质中，微粒体含量最多，线粒体含少量，同时在细胞核的核仁中也含有少量的 RNA。对

病毒来说，只含DNA或RNA中的一种，因而可分为DNA病毒和RNA病毒。

核酸是遗传信息的载体，在生物的生长、发育、繁殖、遗传和变异等生命活动过程中具有极其重要的作用。已经证明，DNA是主要的遗传物质，生物的遗传信息储存于DNA特定的核苷酸序列（即基因）之中。生物体通过DNA的复制、转录和翻译把DNA上的遗传信息经RNA传递到蛋白质，使遗传信息通过蛋白质得以表达。由此可见，生物有机体拥有的种类繁多、功能各异的蛋白质，其结构归根到底是由DNA分子中所蕴藏的遗传信息所控制的，这就是核酸作为信息库而具有的重要生物学意义。

4.1 核酸的化学组成

核酸（DNA或RNA）是由几十个至几千万个单核苷酸（mononucleotide）聚合而成的大小不等的多核苷酸。核酸逐步水解可生成多种中间产物：首先生成的是低聚（或称寡聚）核苷酸，低聚核苷酸可进一步水解生成单核苷酸，单核苷酸进一步水解生成核苷（nucleoside）及磷酸，核苷水解后则生成核糖（核糖/脱氧核糖）和碱基（嘌呤和嘧啶）（图4.1）。由此可见，单核苷酸由碱基、核糖和磷酸组成。

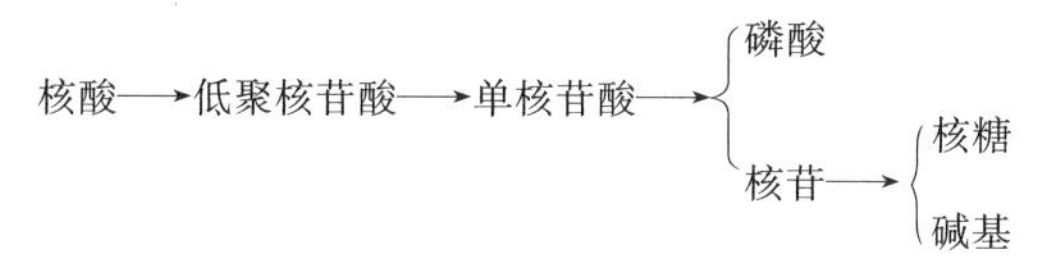

图4.1 核酸的水解

4.1.1 碱基

核酸中的碱基主要有嘧啶碱基（pyrimidine base）和嘌呤碱基（purine base）两类。

4.1.1.1 嘧啶

嘧啶是含有两个相间氮原子的六元杂环化合物。核酸中主要的嘧啶衍生物有尿嘧啶（uracil，U）、胸腺嘧啶（thymine，T）和胞嘧啶（cytosine，C）3种，它们都是在嘧啶的第2位碳原子上由酮基取代氢。此外，尿嘧啶在第4位碳原子上是一个酮基；胞嘧啶在第4位碳原子上是一个氨基；胸腺嘧啶基本与尿嘧啶相似，只是在第5位碳原子上连了一个甲基（图4.2）。

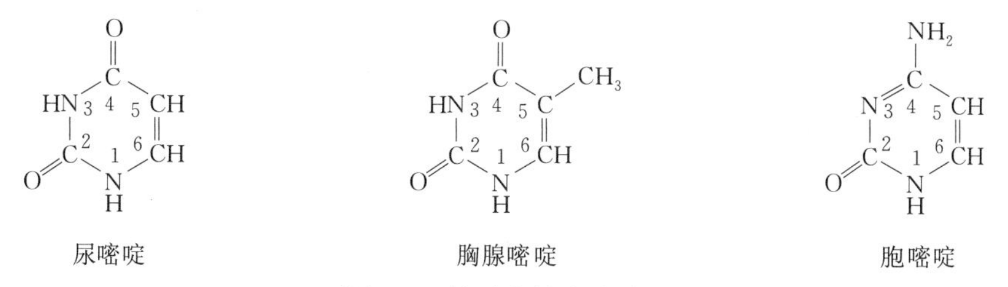

图4.2 核酸中的嘧啶碱基

4.1.1.2 嘌呤

嘌呤由嘧啶环与咪唑环合并而成。核酸中的嘌呤衍生物主要有腺嘌呤（adenine，A）和鸟嘌呤（guanine，G）2种。腺嘌呤没有羟基或酮基，所以不存在酮式和烯醇式互变异构现象，在它的第6位碳原子上有一个氨基；鸟嘌呤在第6位碳原子上有一个酮基，而在第2位上有一个氨基（图4.3）。

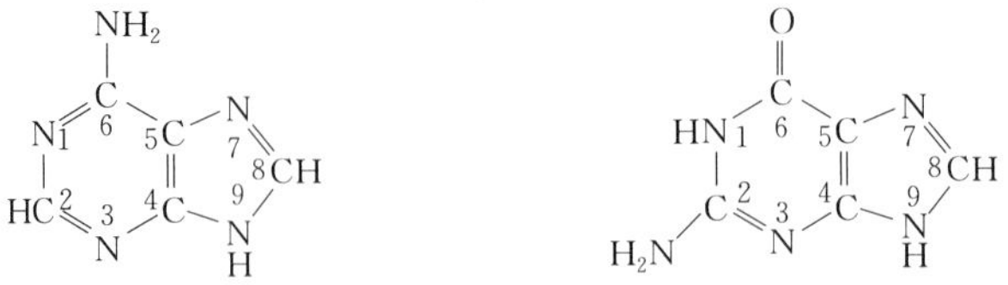

腺嘌呤　　鸟嘌呤

图 4.3　核酸中的嘌呤碱基

含有酮基的嘧啶碱基或嘌呤碱基，在溶液中可以发生酮式和烯醇式互变的异构现象，但在生物细胞内一般以酮式为主（图 4.4）。

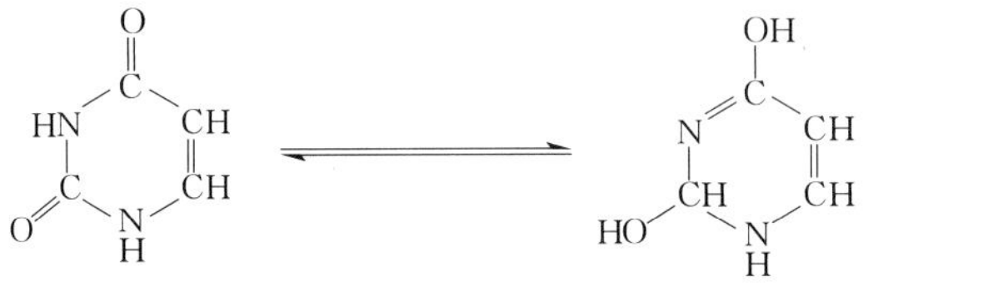

酮式（2,4-二氧嘧啶）　　烯醇式（2,4-二羟基嘧啶）

图 4.4　嘧啶或嘌呤碱基的酮式与烯醇式互变异构体

4.1.1.3　稀有碱基

核酸中还有一些含量甚少的碱基，称之为稀有碱基或修饰碱基。如次黄嘌呤、甲基鸟嘌呤、甲基腺嘌呤、甲基胞嘧啶、假尿嘧啶、二氢尿嘧啶等（图 4.5）。在 RNA，尤其是 tRNA 中常见，可能与其转运氨基酸的功能有关。已有研究证实，DNA 中胞嘧啶的甲基化能关闭某些基因的活性，去甲基化则可诱导基因的重新活化和表达。

次黄嘌呤　　1-甲基鸟嘌呤　　N^6, N^6-二甲基腺嘌呤

5-甲基胞嘧啶　　二氢尿嘧啶　　假尿嘧啶

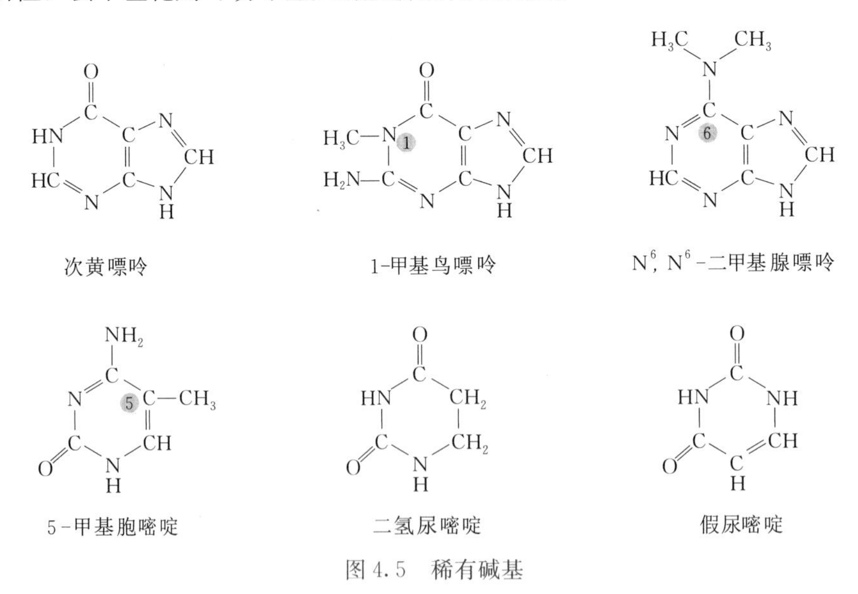

图 4.5　稀有碱基

4.1.2　核糖

核酸中所含的糖是核糖（D-ribose）和 2′-脱氧-D-核糖（2′-deoxy-D-ribose），均属于戊糖。戊糖都以 D-呋喃糖的环状形式存在，由于其环状结构中的 1′碳原子是不对称碳原子，所以有 α 及 β 两种构型。核酸中所含的戊糖均为 β 型。核糖中的 2′-羟基脱氧后形成 2′-脱

氧-D-核糖（2′-deoxy-D-ribose）。核糖上的碳原子序号上都加“′”，以便区别于碱基上的碳原子序号（图4.6）。

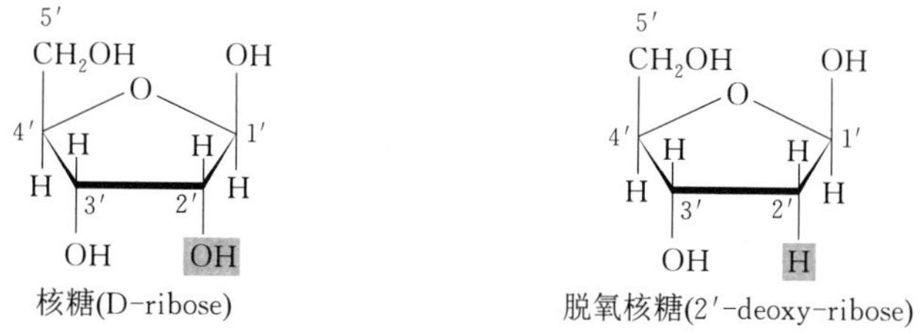

核糖(D-ribose)　　脱氧核糖(2′-deoxy-ribose)

图4.6 核糖与脱氧核糖

有些RNA中还含有少量的β-D-2-*O*-甲基核糖，是由核糖的2′-羟基上的氢被甲基取代而成的。

4.1.3 核苷

核苷是由一个戊糖（核糖或脱氧核糖）和一个碱基（嘌呤或嘧啶）缩合而成。图4.7所示是存在于核酸中的主要核苷。

RNA中的核苷称为核糖核苷（或核苷），共有4种，它们分别由腺嘌呤、鸟嘌呤、胞嘧啶和尿嘧啶与核糖构成腺嘌呤核苷、鸟嘌呤核苷、胞嘧啶核苷和尿嘧啶核苷，可简称为腺苷、鸟苷、胞苷和尿苷，并分别以符号A、G、C和U表示。

DNA中的核糖因其C2′-羟基已被还原而脱去了氧，因此由它与碱基缩合形成的核苷称为脱氧核糖核苷，也有4种，分别是腺嘌呤脱氧核苷、鸟嘌呤脱氧核苷、胞嘧啶脱氧核苷和胸腺嘧啶脱氧核苷，可简称为脱氧腺苷、脱氧鸟苷、脱氧胞苷和脱氧胸苷等，分别以符号dA、dG、dC和dT表示，其中“d”表示脱氧。

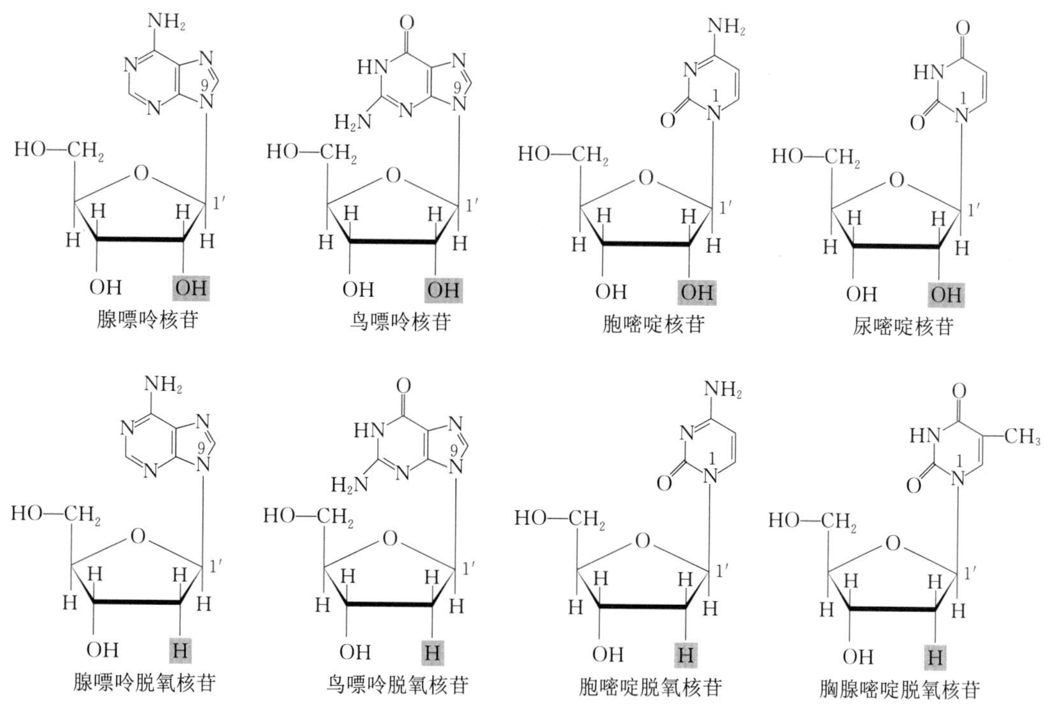

图4.7 核苷（上）与脱氧核苷（下）

除正常核苷外，从RNA的水解产物中还可以得到少量的稀有核苷（稀有碱基与戊糖通过糖苷键结合生成的核苷）。如假尿嘧啶核苷（ψ），ψ 较多见于转移RNA，即tRNA中。此外，RNA中还有一些稀有核苷，如2′-O-甲基核苷及甲基化腺苷等。

DNA和RNA分子的核苷酸组成不同（表4.1）。

表4.1 DNA和RNA分子核苷酸组成的区别

成分	DNA	RNA
嘌呤碱	腺嘌呤、鸟嘌呤	腺嘌呤、鸟嘌呤
嘧啶碱	胞嘧啶、胸腺嘧啶	胞嘧啶、尿嘧啶
戊糖	D-2′-脱氧核糖	D-核糖
酸	磷酸	磷酸

4.1.4 核苷酸

核苷酸是由核苷中戊糖的5′-羟基与磷酸缩合而成的磷酸酯，是构成核酸的基本结构单位。根据核苷酸中戊糖的不同将核苷酸分成两大类，即核糖核苷酸和脱氧核糖核苷酸，前者是构成RNA的基本结构单位，后者是构成DNA的基本结构单位。

4.1.4.1 核苷酸的种类

天然核酸中，DNA主要是由以下4种脱氧核糖核苷酸组成，分别为腺嘌呤脱氧核苷酸（dAMP）、胸腺嘧啶脱氧核苷酸（dTMP）、鸟嘌呤脱氧核苷酸（dGMP）和胞嘧啶脱氧核苷酸（dCMP），简称为脱氧腺苷酸、脱氧胸苷酸、脱氧鸟苷酸和脱氧胞苷酸。RNA同样由4种核糖核苷酸组成，分别为腺嘌呤核苷酸（AMP）、尿嘧啶核苷酸（UMP）、鸟嘌呤核苷酸（GMP）和胞嘧啶核苷酸（CMP），简称为腺苷酸、尿苷酸、鸟苷酸和胞苷酸。

由于核糖核苷酸的戊糖环上有3个游离羟基（2′、3′、5′），故理论上可以形成三种核糖核苷酸，如腺苷酸可以有5′-腺苷酸、3′-腺苷酸和2′-腺苷酸。而脱氧核糖核苷酸的戊糖环上只有2个游离羟基（3′、5′），故理论上只能生成2种脱氧核糖核苷酸，即5′-脱氧核糖核苷酸及3′-脱氧核糖核苷酸。但天然核苷酸中只发现5′连接磷酸的核苷酸，称为5′-核苷酸（图4.8）。

含有一个磷酸基的核苷酸称为核苷一磷酸（nucleoside monophosphate，NMP），即单核苷酸（mononucleotide）。但5′-核苷酸的磷酸基可进一步磷酸化形成相应的核苷二磷酸（nucleoside diphosphate，NDP）和核苷三磷酸（nucleoside triphosphate，NTP）。例如5′-腺苷酸，又称腺苷一磷酸（AMP），进一步磷酸化生成腺苷二磷酸（ADP）和腺苷三磷酸（ATP）。ADP和ATP都是高能磷酸化合物，ATP分子上的磷酸残基由里及外用α、β、γ来编号，其结构式如图4.9所示。4种核苷三磷酸化合物（ATP、CTP、GTP、UTP）实际是体内RNA合成的直接原料，而4种脱氧核苷三磷酸化合物（dATP、dCTP、dGTP、dTTP）则是体内DNA合成的直接原料。

4.1.4.2 核苷酸的生物学功能

核苷酸除了作为核酸的基本结构单位外，其作为机体很多重要的活性物质组成成分而发挥着重要作用。

（1）参与能量代谢：ATP分子中的焦磷酸键在水解时可释放很大的自由能，称之为高能磷酸键，用“～P”表示。因此，ATP是生物体主要的直接供能物质，在能量转移与利用中起

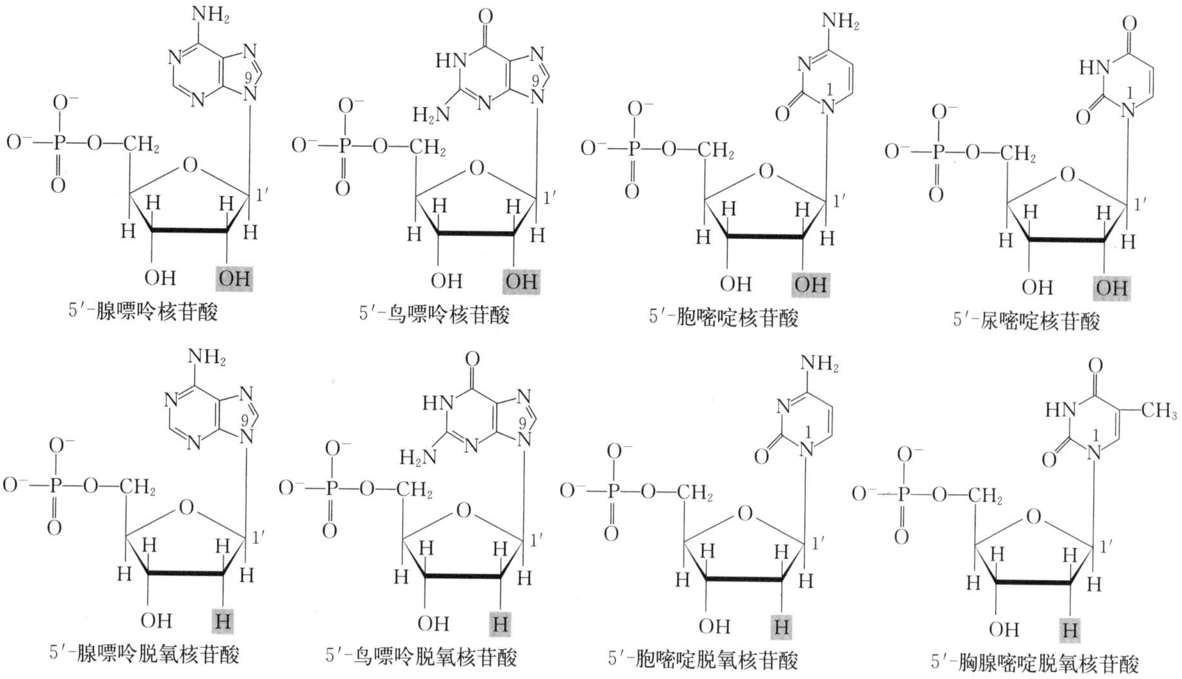

图 4.8　核糖核苷酸（上）与脱氧核糖核苷酸（下）

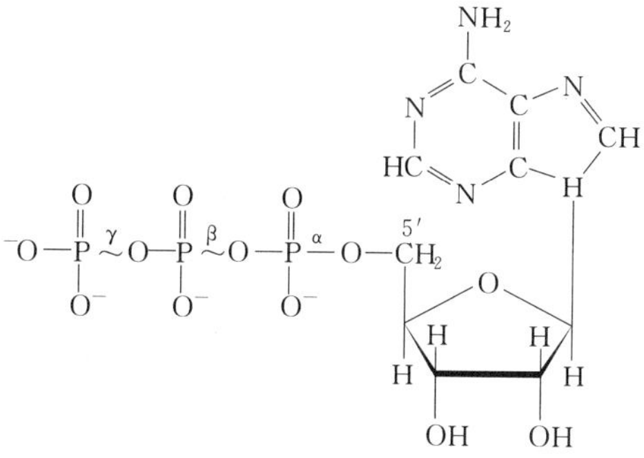

图 4.9　腺嘌呤核苷三磷酸（ATP）

着极其重要的作用。同样，其他的核苷酸也可生成相应的核苷二磷酸和核苷三磷酸而储存能量，如 GDP、GTP 等。

（2）作为许多酶的辅因子成分：体内一些参与代谢的辅基和辅酶与核苷酸密切相关。例如，辅酶Ⅰ（NAD^+）、辅酶Ⅱ（$NADP^+$）、辅酶 A（CoA）、黄素腺嘌呤二核苷酸（FAD）等的组成中都含有腺苷酸。

（3）参与细胞信息传递：在生物细胞中普遍存在一类环状核苷酸作为胞内的第二信使，如 3′,5′-环状腺苷酸（cAMP）、3′，5′-环状鸟苷酸（cGMP）等。目前已知，许多激素要通过 cAMP、cGMP 发挥作用，其中以 cAMP 研究的最多，其结构式如图 4.10 所示。此外，某些细菌中还存在鸟苷四磷酸（ppGpp）和鸟苷五磷酸（pppGpp），它们参与 rRNA 合成的调控。

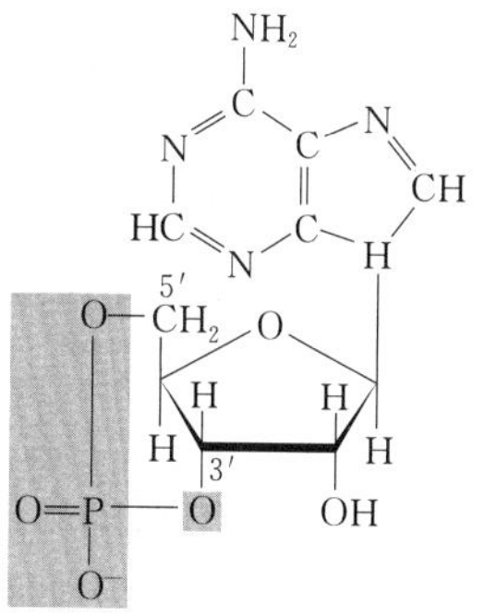

此外，核苷酸在日常生活中也有许多重要的用途，如在食品行业中作为鲜味剂，即呈味核苷酸，其与味精（主要成分为谷氨酸钠）混合时会产生正协同效应。

图 4.10　环 AMP（cAMP）

4.2 核酸的结构

4.2.1 DNA 分子的结构

4.2.1.1 DNA 分子的大小

DNA 分子的大小除了用相对分子质量表示外，还常用碱基对（base pair，bp）和长度来表示（表 4.2）。天然存在的 DNA 分子最显著的特点是很长。例如，大肠杆菌基因组 DNA 是由 400 万个碱基对组成的双螺旋 DNA 单分子，相对分子质量为 2.6×10^9，长度为 1.4×10^6 nm，而直径为 2 nm；黑腹果蝇最大染色体由 6.2×10^7 bp 组成，长 2.1 cm；多瘤病毒的 DNA 含 5 100 bp，长约 1.7 μm。而最长的蛋白质之一胶原蛋白，长度只有 3 000 nm，所以将 DNA 称为生物大分子。DNA 有的是双股线形 DNA（double strand DNA，dsDNA），有些为双股环状 DNA，也有少量呈单股线形 DNA（single strand DNA，ssDNA）或单股环状 DNA。

表 4.2　不同生物 DNA 分子的大小

生　物	千碱基对/kb	长度/μm
病毒		
多瘤病毒或 SV40	5.1	1.7
λ噬菌体	48.6	17
牛痘病毒	190	65
支原体	760	260
细菌		
大肠杆菌	4 639	1 360
真核生物		
酵母	12 000	4 600
果蝇	180 000	56 600
人类	3 200 000	990 000
南美肺鱼	102 000 000	34 700 000

4.2.1.2 DNA 的碱基组成

DNA 分子中的碱基由腺嘌呤（A）、鸟嘌呤（G）、胞嘧啶（C）和胸腺嘧啶（T）组成。但在某些个别来源的 DNA 分子中可能含有少量的稀有碱基，如 5-甲基胞嘧啶（m^5C）和 5-羟甲基胞嘧啶（hm^5C）等。

E. Chargaff 等人分析了多种生物 DNA 的碱基组成后发现，双链 DNA 分子的碱基组成具有以下特点。

(1) **有种属特异性**：来自不同种生物的 DNA 碱基组成不同，而且亲缘关系越接近的生物，其碱基组成也越接近。

(2) **没有器官和组织的特异性**：在同一生物体内的各种不同组织和器官的 DNA 碱基组成基本相似。

(3) **DNA 的碱基当量定律**：在同一种 DNA 中，腺嘌呤与胸腺嘧啶的物质的量大致相等，即 A/T 大约等于 1；鸟嘌呤与胞嘧啶（包括 5-甲基胞嘧啶）的物质的量大致相等，即 G/(C+mC) 也大约等于 1。因此，嘌呤碱基的物质的总量约等于嘧啶碱基的物质的总量，即（A+G）/

(T+C+mC) 约等于 1。这个碱基摩尔比例规律称为 DNA 的碱基当量定律（表 4.3）。

(4) 正常生理条件下，年龄、营养状况、环境的改变不影响 DNA 的碱基组成。

在绝大多数生物中，DNA 的碱基组成符合碱基当量定律，这也是 Watson 和 Crick 提出 DNA 双螺旋结构的依据之一。但也有例外，如噬菌体 ϕX174 的 DNA 是单链的，其 A 和 T 以及 G 和 C 并不相等。

表 4.3 不同来源 DNA 的碱基含量（%）与物质的量比

DNA 来源	A	G	C	T	mC	(A+T)/(G+C+mC) 不对称比	A/T	G /(C+mC)	(A+G) /(C+T+mC)
人胸腺	30.9	19.9	19.8	29.4	—	60.3/39.7	1.05	1.01	1.03
人肝	30.3	19.5	19.9	30.3	—	60.6/39.4	1.00	0.98	0.99
牛胸腺	28.2	21.5	21.2	29.4	1.3	57.6/44.0	0.96	0.96	0.96
牛精子	28.7	22.2	27.2	30.3	1.3	59.0/50.7	0.95	0.78	0.87
大鼠骨髓	28.6	21.4	20.4	28.4	1.1	57.0/42.9	1.01	1.00	1.00
鲱睾丸	27.9	19.5	21.5	28.2	2.8	56.1/43.8	0.99	0.80	0.90
海胆	32.8	17.7	17.3	32.1	1.1	64.9/36.1	1.02	0.96	1.00
麦胚	27.3	22.7	16.8	27.1	6.0	54.4/45.5	1.01	1.00	1.00
酵母	31.3	18.7	17.1	32.9	—	64.2/35.8	0.95	1.00	1.00
大肠杆菌	26.0	24.9	25.2	23.9	—	49.9/50.1	1.09	0.99	1.04
结核杆菌	15.1	34.9	35.4	14.6	—	29.7/70.3	1.03	0.99	1.00
ϕX174	24.3	24.5	18.2	32.3	—	56.6/42.7	0.75	1.35	0.97

4.2.1.3 DNA 的一级结构

DNA 的一级结构是指构成 DNA 的脱氧核糖核苷酸的种类、数量以及排列顺序。DNA 储存的遗传信息是由脱氧核糖核苷酸的精确排列顺序所决定。研究 DNA 分子的一级结构发现，它是由几千万个脱氧核糖核苷酸（dAMP、dGMP、dCMP、dTMP）线形连接而成的，没有分支。连接的方式是在脱氧核糖核苷酸之间形成 3′,5′-磷酸二酯键，即相邻 2 个脱氧核糖核苷酸之间的磷酸基，既与前一个核苷的脱氧核糖的 3′-羟基以酯键相连，又与后一个核苷的脱氧核糖的 5′-羟基以酯键相连，形成 2 个酯键，这样依次连接下去形成一个长的多聚脱氧核苷酸链（图 4.11），这种连接方式称为 3′,5′连接。在形成的多聚脱氧核苷酸链上，具有游离 5′-磷酸基的一端称为 5′末端，具有游离 3′-羟基的一端称为 3′末端。按规定，DNA 多聚脱氧核苷酸链的书写方式是按 5′→3′方向自左至右书写。

DNA 的一级结构虽然指的是各个脱氧核糖核苷酸的排列顺序，但为了在书面和口头表述时方便，常以碱基的排列顺序替代脱氧核糖核苷酸的排列顺序，甚至直接用 A、T、C、G 分别表示脱氧腺苷酸、脱氧胸苷酸、脱氧胞苷酸、脱氧鸟苷酸（对 RNA 来说，其一级结构也直接用 A、U、C、G 的顺序来表示）。

4.2.1.4 DNA 的二级结构

根据 R. Franklin 和 M. Wilkins 对 DNA 纤维结晶的 X 线分析以及 E. Chargaff 的碱基当量定律的提示，J. Watson 和 F. Crick 于 1953 年提出了 DNA 的双螺旋结构模型，阐明了 DNA 的二级结构（图 4.12）。

DNA 分子是一个右手双螺旋结构，其特征如下。

(1) 两股平行的多核苷酸链，以相反的方向（即一股由 5′→3′，另一股由 3′→5′）围绕着

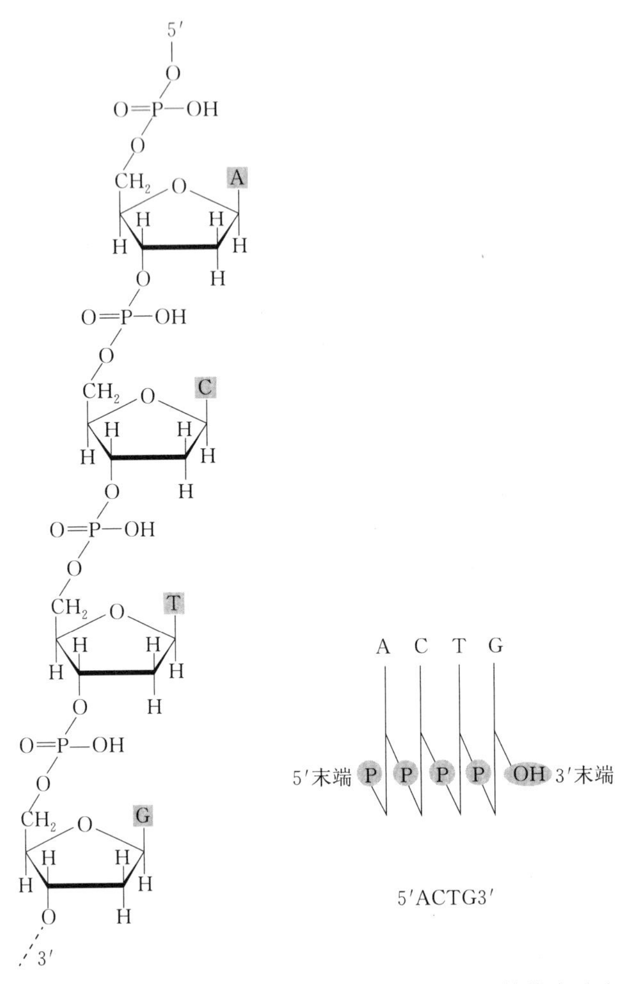

图4.11 DNA分子中核苷酸的连接方式和一级结构表示法

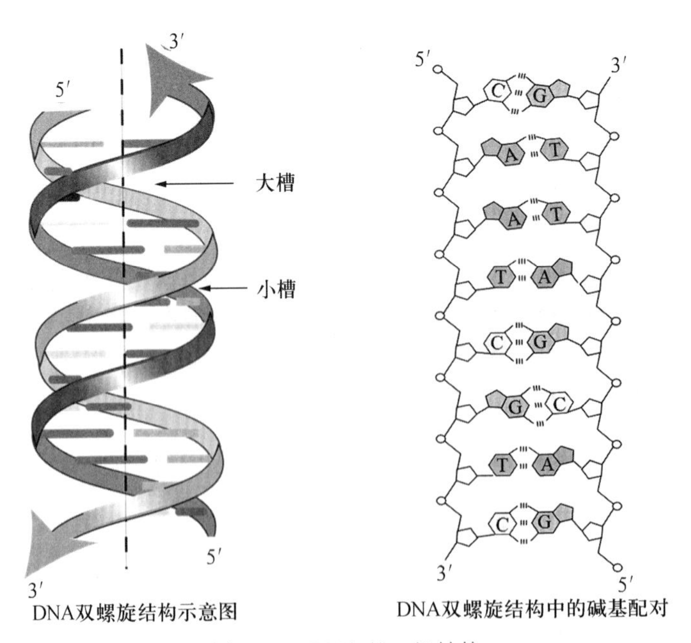

图4.12 DNA的二级结构

同一个（想象的）中心轴，以右手旋转方式构成一个双螺旋。

（2）疏水的嘌呤和嘧啶碱基平面层叠于螺旋的内侧，亲水的磷酸基和脱氧核糖以磷酸二酯键相连形成的骨架位于螺旋的外侧。

（3）内侧碱基呈平面状，每个平面上有两个碱基（每股链各一个）形成碱基对；碱基平面与中心轴相垂直，且脱氧核糖的平面与碱基平面几乎垂直。相邻碱基平面在螺旋轴之间的距离为 0.34 nm，约 10 对碱基（或核苷酸）绕中心轴旋转一圈，相邻核苷酸之间的夹角为 36°。

（4）双螺旋的直径约为 2.37 nm。沿螺旋的中心轴形成螺旋槽（groove），有交替出现的大槽（major groove）和小槽（minor groove）。DNA 双螺旋之间形成的是大槽，而两股 DNA 链之间形成的是小槽；大槽和小槽是 DNA 和蛋白质相互识别、结合的部位。

（5）两股链通过碱基对之间形成的氢键稳定地维系在一起。在双螺旋中，碱基总是腺嘌呤与胸腺嘧啶配对，用 A═T 表示；鸟嘌呤与胞嘧啶配对，用 G≡C 表示。

根据分子模型计算，两股链之间的空间距离为 1.085 nm，其刚好容纳一个嘌呤和一个嘧啶。如果是两个嘌呤，则所占空间太大，容纳不下；若是两个嘧啶，则距离太远，不能形成氢键。此外，嘌呤与嘧啶也不能任意配对。腺嘌呤不能与胞嘧啶配对，因为它们相遇时，不是两个氢相遇，就是没有氢，因此不能形成氢键；同样，鸟嘌呤也不能与胸腺嘧啶配对。从而确定只有腺嘌呤与胸腺嘧啶配对，其间形成 2 对氢键，即 A═T；鸟嘌呤与胞嘧啶配对形成 3 对氢键，即 G≡C，这种碱基配对称为碱基互补。因此，按照碱基互补的原则，当一股多聚脱氧核苷酸链的碱基顺序确定以后，即可推知另一股互补链的碱基顺序。碱基互补原则是 DNA 双螺旋结构最重要的特性，其重要的生物学意义还在于其是 DNA 的复制、转录以及反转录的分子基础。

J. Watson 和 F. Crick 所提出的模型称为 B－DNA，这个模型里的螺旋每圈约含 10 对碱基，其碱基对平面垂直于螺旋轴。之后，R. Dickerson 及其同事用脱水结晶的 DNA 十二聚体所做的 X 线分析，得出一种 A－DNA。这种 DNA 结构中螺旋每圈约含 11 对碱基，也呈右手双螺旋，只是碱基对平面与螺旋轴的垂直线有 20°偏离。B－DNA 脱水即成 A－DNA。第三种类型的 DNA 螺旋是 A. Rich 及其同事在研究 d（CG）n 的结构时发现的，这种螺旋是左手双螺旋，每圈约含 12 对碱基，主链中的各磷酸基呈锯齿状排列，因此称为 Z－DNA（Z 为 zigzag）。呈锯齿形的原因是其重复单位是二核苷酸，而不是单核苷酸，且 Z－DNA 只有一个深的螺旋槽。3 种 DNA 构象及其主要参数的比较见表 4.4。

表 4.4 B 型、A 型和 Z 型 DNA 的比较

参数	B－DNA	A－DNA	Z－DNA
螺旋方向	右手	右手	左手
螺旋直径/nm	2.37	2.55	1.84
每圈螺旋的碱基数/对	10.4	11	12
每对碱基的上升距离/nm	0.34	0.23	0.38
螺距/nm	3.54	2.53	4.56
大槽形态	宽而深	窄而深	平坦
小槽形态	窄而浅	宽而浅	窄而深

Z－DNA 的生物学意义至今尚未明确，有待进一步研究。细菌和真核生物基因组中的大部分 DNA 都是经典的 B－DNA。A 型和 Z 型的出现，说明 DNA 的结构是可变的、动态的。这些 DNA 不同的双螺旋构象被称为 DNA 二级结构的多态性。B－DNA 双螺旋结构成功地说明了遗传信息是如何储存和如何复制的，由此而展开的深入研究深刻地影响了生物学的发展进程。J. Watson 和 F. Crick 提出的 DNA 双螺旋结构是 20 世纪生命科学最辉煌的成就之一。

除了双螺旋外，1957 年后还发现在 DNA 双螺旋结构基础上形成的三螺旋结构。许多基因的调控区、染色质的重组部位存在三螺旋结构，因此三螺旋 DNA 的研究对认识基因的结构、复制、转录、调控和重组的机制有着重要意义。

4.2.1.5 DNA 的三级结构

DNA 的三级结构是指 DNA 分子双螺旋通过旋转、缠绕和过缠绕所形成的特定构象，其主要形式是 DNA 超螺旋（DNA super coil）。DNA 超螺旋起初是在原核生物和病毒中发现的。有些病毒，如 λ 噬菌体的 DNA 分子可在线状与环状之间互变，在病毒内是线状，侵入宿主细胞后呈环状。环状 DNA 是 DNA 链的首尾相连或称为共价闭合。后来发现超螺旋是环状或线状 DNA 共有的特征，也是 DNA 三级结构的一种普遍形式（图 4.13）。

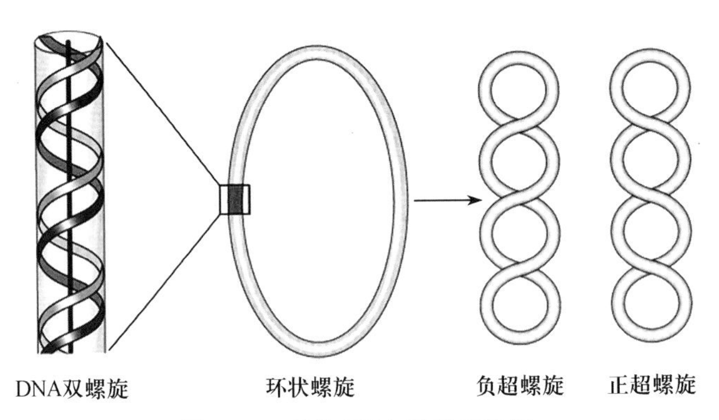

图 4.13　环状 DNA 及其超螺旋

DNA 超螺旋有两种拓扑学上相当的形式：一种相当于双螺旋相互盘绕，另一种双螺旋绕圆柱体旋转。超螺旋的这两种形式可以相互转变，对闭合环状 DNA 而言，这种拓扑学变化可以用数学式来表述：

$$L=T+W$$

其中，L 为拓扑连环数（linking number），指闭合环状 DNA 双螺旋的互绕数（interwinding number）；T 表示 DNA 某种构象双螺旋应有的周数或旋转数（twisting number），它只与 DNA 的碱基对数目和构象类型有关，通常的 B 型 DNA 的 T 值等于碱基对数除以 10；W 表示 DNA 的双螺旋在空间的缠绕数，称为缠绕数（writhing number）或超螺旋数。

为了说明超螺旋的形成，我们将图 4.14A 所示的一条 B 型线状双链 DNA（连环数为 25，即 $L=25$）两头连接起来形成松弛型的闭合环状 DNA（图 4.14B）。此时 $W=0$，即不存在超螺旋，分子处在松弛状态，即 $L=T=25$。如果在形成闭合环前，DNA 的一股链对另一股链旋转反向松开两圈螺旋，连环数 L 变为 23（图 4.14C）。当两端连接形成闭合环时，由于 DNA 双螺旋具有维持每周 10 个碱基对右手螺旋结构的倾向（张力），于是形成的闭合环会向环的左手方向扭曲 2 次呈麻花形（图 4.14D）。此时，L 仍为 23，为使 T 保持松开前的 25，W 就为 −2，即成为超盘绕 2 次的负超螺旋以释放张力。反之，增加螺旋的连锁数为 $L=27$，为使 T 保持旋紧前的 25，W 就为 +2，于是形成的闭合环会向环的右手方向扭曲 2 次，形成正超螺旋。可见，当 DNA 双链沿轴扭转的方向与通常双螺旋的方向相反时，造成双螺旋的欠旋而形成负超螺旋；而当 DNA 分子沿轴扭转的方向与通常双螺旋的方向相同时，造成双螺旋的过旋而形成正超螺旋。超螺旋是 DNA 三级结构的一种普遍形式，自然界存在的 DNA 超螺旋大多是由于最初缠绕不足形成的负超螺旋。负超螺旋状态有利于 DNA 两股链的解开，无论是 DNA 的复制、转录都需要 DNA 的双股链解开后才能进行，因此生物体可以通过 DNA 超螺旋结构的变换来控制其功能状态。

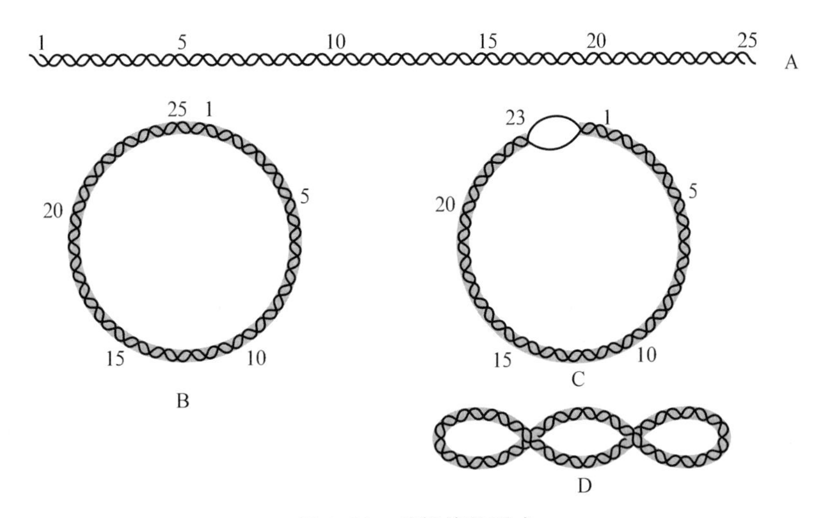

图 4.14 超螺旋的形成

A. 线状 DNA B. 松弛型环状 DNA C. 缠绕不足形成 DNA 负超螺旋 D. 扭曲 2 次呈麻花形

真核细胞的 DNA 主要以染色质的形式存在于细胞核中。已知染色质的基本构成单位为核小体，核小体的主要成分由 DNA 和组蛋白（histone，H）组成。构成核小体的组蛋白包括 H1（非核心组蛋白）、H2A、H2B、H3 和 H4 共 5 种，且由 H2A、H2B、H3 和 H4 各 2 分子形成了 8 聚体的核心组蛋白。双螺旋 DNA 缠绕在核心组蛋白八聚体表面，形成核小体的核心颗粒（核小体中的 DNA 为负超螺旋）。核小体之间由高度折叠的 DNA 链相连在一起，构成串珠状结构，这是染色体组装的一级结构。在串珠样结构中，平均每个核小体结合盘绕的 DNA 长度约 200 bp，长度变为原来的 1/7。串珠样结构再形成中空螺旋管状的 30 nm 的染色质纤维，这是染色体组装的二级结构，它为 DNA 提供了大约 100 倍的浓缩。然后在此基础上再进一步包装成更紧凑、更复杂又高度有序的染色质结构，最后形成染色体（图 4.15）。

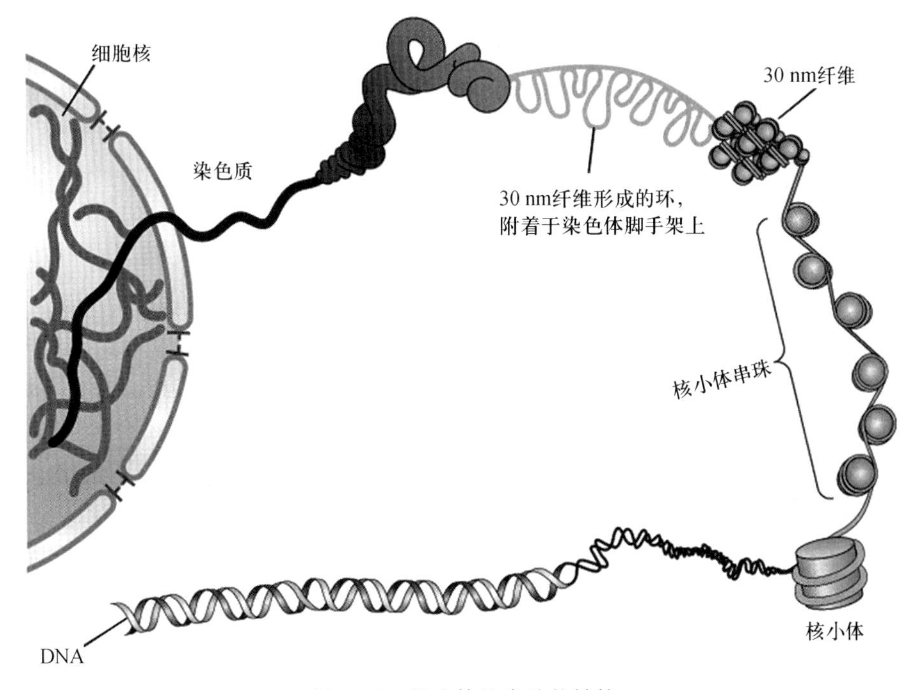

图 4.15 核小体的串珠状结构

4.2.2 RNA 分子的结构

4.2.2.1 RNA 的类型

RNA 存在于各种生物的细胞中，依不同的功能和性质可将其分为信使 RNA（messenger RNA，mRNA）、核糖体 RNA（ribosome RNA，rRNA）和转运 RNA（transfer RNA，tRNA）3 大类，它们都参与蛋白质的生物合成。

（1）mRNA：占细胞中 RNA 总量的 3%～5%，相对分子质量极不均一，一般在（0.5～2.0）$\times 10^6$。mRNA 是合成蛋白质的模板，传递 DNA 的遗传信息，决定着每一种蛋白质肽链中氨基酸的组成及排列顺序，所以细胞内 mRNA 的种类很多。mRNA 是 3 类 RNA 中最不稳定的，其代谢活跃、更新迅速，原核生物（如大肠杆菌）mRNA 的半衰期只有几分钟，真核细胞中的 mRNA 寿命较长，可达几小时以上。

（2）rRNA：是细胞中含量最多的一类 RNA，占细胞中 RNA 总量的 80%左右，是细胞中核糖体的组成部分。核糖体或称核蛋白体，是直径为 10～20 nm 的微小颗粒，为一种亚细胞结构。rRNA 约占核糖体的 60%，其余 40%为蛋白质。核糖体是蛋白质合成的场所。无论细菌还是真核细胞的核糖体都是由大小不等的两个亚基组成，如大肠杆菌核糖体由 50S 大亚基和 30S 小亚基组成，大亚基中含有 23S 和 5S 两种 rRNA，小亚基中含有 16S rRNA；真核生物核糖体由 60S 大亚基和 40S 小亚基组成，大亚基中含有 28S、5S 和 5.8S rRNA，小亚基中含有 18S rRNA。

（3）tRNA：约占 RNA 总量的 15%，通常以游离的状态存在于细胞质中。tRNA 由 74～95 个核苷酸组成，相对分子质量在 25 000 左右，在 3 类 RNA 中最小。tRNA 的功能主要是携带氨基酸，并将其转运到与核糖体结合的 mRNA 上用以合成蛋白质。细胞内 tRNA 种类很多，每一种氨基酸都有转运它的一种或几种 tRNA。

除了上述 3 类主要的 RNA 外，在真核细胞中也存在一些其他的 RNA，如细胞核小 RNA（small nuclear RNA，SnRNA）、细胞质小 RNA（small cytoplasmic RNA，ScRNA）、核仁小 RNA（small nucleolar RNA，SnoRNA）、核不均一 RNA（heterogeneous nuclear RNA，hnRNA）、线粒体 RNA（chromosomal RNA，chRNA）等。此外，细菌中还存在转运-信使 RNA（transfer - messenger RNA，tmRNA），是 tRNA 和 mRNA 类似物，其用途十分广泛，可用于回收停滞的核糖体，并有利于异常 mRNA 的降解。

4.2.2.2 RNA 的碱基组成

RNA 分子中所含的 4 种基本碱基是腺嘌呤（A）、鸟嘌呤（G）、胞嘧啶（C）和尿嘧啶（U），但不同来源的 RNA，其碱基组成变化颇大。

由表 4.5 可以看出，酵母 tRNA、兔肝 tRNA 和大肠杆菌 tRNA 的各种碱基含量都不同，而大肠杆菌本身的 tRNA、mRNA 和 rRNA 的各种碱基的含量也相差很大。此外，有些 RNA，特别是在 tRNA 中，除 4 种基本碱基外还有许多稀有碱基，其中以各种甲基化的碱基和假尿嘧啶（ψ）最为丰富，这些稀有碱基可能与 tRNA 的生物学功能有一定的关系。

表 4.5 不同来源的同一类 RNA 及同一来源的不同类型 RNA 中碱基物质的量百分比（%）

RNA 的来源及类型	A	G	C	U	ψ	甲基化碱基
酵母 tRNA	19.4	26.6	25.1	20.1	4.6	3.1
兔肝 tRNA	16.6	31.1	27.8	15.9	4.3	3.5

（续）

RNA的来源及类型	A	G	C	U	ψ	甲基化碱基
大肠杆菌 tRNA	18.3	30.3	30.3	15.9	2.4	2.2
大肠杆菌 rRNA	25.2	31.5	21.6	21.7	—	—
大肠杆菌 mRNA	25.1	27.1	24.1	23.7	—	—

4.2.2.3 RNA的一级结构

RNA的一级结构指线形单链多聚核苷酸中核糖核苷酸的组成和排列顺序。RNA的基本单位主要是AMP、GMP、CMP和UMP 4种核苷酸，可由几十个至几千个核苷酸彼此连接起来，核苷酸之间的连接方式和DNA一样，也是3′,5′-磷酸二酯键。尽管RNA的核糖2′位碳原子上有一个游离羟基，但并不形成2′,5′-磷酸二酯键。RNA的缩写式与DNA相同，通常从5′端向3′端方向书写。

4.2.2.4 RNA的二级结构

生物体内绝大多数天然RNA分子不像DNA那样呈双螺旋，而是呈线状的多聚核苷酸单链。然而某些RNA分子可以自身回折，使部分碱基彼此靠近，在其折叠的区域中A与U、G与C之间可以通过氢键连接形成互补碱基对，从而在回折部位构成所谓“发卡”结构，进而再扭曲形成局部性的双螺旋区。当然，这些双螺旋区可能并非完全互补，配对的碱基区可形成茎（stem）；而未能配对的碱基区可形成突环（loop），被排斥在双螺旋区之外。现已证实，RNA分子内一般都存在一些较短的、不完全的双螺旋区，它们所含的碱基对约占RNA中全部碱基的40%～70%。图4.16所示是原核生物的16S rRNA与5S rRNA的二级结构。由于RNA分子内存在一些较短的双螺旋区，因而也具有一些与DNA类似的特性。

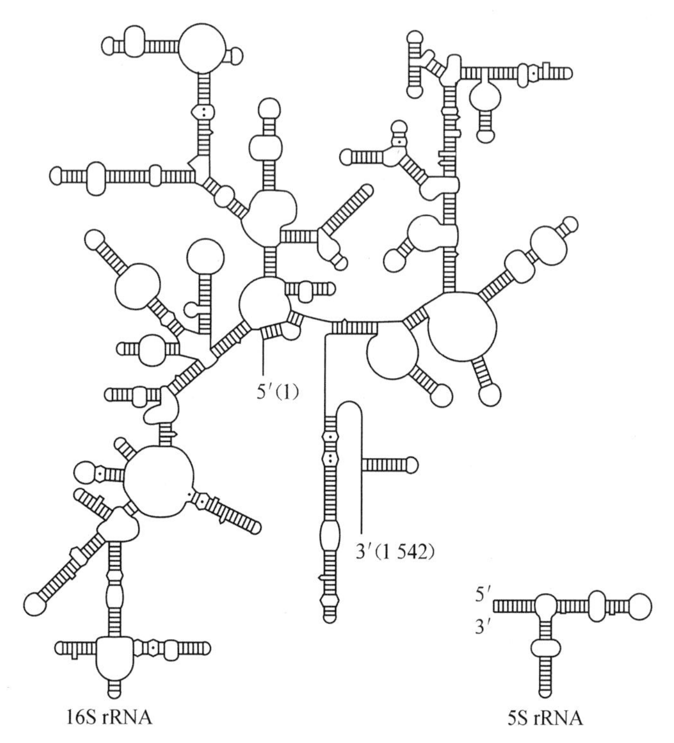

图4.16 16S rRNA和5S rRNA的二级结构

此外，有少数病毒，如呼肠孤病毒等的RNA分子，可全部形成完整的双螺旋结构，其二级结构类似于DNA的双螺旋结构。

绝大部分tRNA的二级结构是三叶草模型，结构很稳定，它由二氢尿嘧啶茎-环、反密码茎-环、假尿嘧啶茎-环、可变茎-环和氨基酸臂等5部分组成。20世纪70年代，H. Kim等人应用高分辨率X线衍射分析法测定了酵母苯丙氨酸tRNA（$tRNA^{Phe}$）的三维空间结构，阐明了tRNA的三级结构。酵母苯丙氨酸tRNA的三级结构呈倒写的L形。tRNA的空间结构与其生物学功能有密切的关系（详见第15章）。

4.3 DNA的部分理化性质

（1）**酸碱性和溶解性**：DNA微溶于水，呈酸性，加碱可促进其溶解，但不溶于有机溶剂，因此常用有机溶剂（如乙醇）来沉淀DNA。

（2）**黏性**：由于DNA分子很长，在溶液中呈现黏稠状，而且DNA分子越大，其黏稠度越高，故在溶液中加入乙醇后，可用玻璃棒将黏稠的DNA搅缠起来。相对RNA分子而言，DNA的相对分子质量更大、结构更复杂，因此DNA分子的黏度比RNA分子的黏度要大得多。此外，DNA分子由双链变成单链，其黏度就会变小。因此，黏度变化是判定DNA是否变性的指标之一。

（3）**刚性与酶解**：DNA的双螺旋结构实际上具有一定刚性，受剪切力的作用易断裂成片段。这也是难以获得完整大分子DNA的原因之一。同时，溶液状态的DNA易受脱氧核糖核酸酶的作用而降解，但脱去水分的DNA性质十分稳定。

（4）**紫外光吸收**：由于核酸组成中的嘌呤、嘧啶碱基都具有共轭双键，因此核酸在240～290 nm的紫外波段有强烈的吸收峰，最大吸收峰为260 nm。核酸的吸光度以A_{260}表示，A_{260}是核酸的重要性质之一。目前，紫外分光光度法是实验室常用的一种定量及定性测定核酸的简便方法。

（5）**变性**：核酸和蛋白质一样具有变性现象。核酸的变性是指碱基对之间的氢键断裂，双螺旋结构解开成为两股单链的DNA分子。变性DNA的二级结构改变了，但一级结构并没有被破坏。DNA双螺旋的两股链可用物理的或化学的方法分开，如加热使DNA溶液温度升高，加酸或加碱改变溶液的pH，加乙醇、丙酮或尿素等有机溶剂或试剂，都可引起DNA变性。当DNA加热变性时，先是局部双螺旋松开，然后整个双螺旋的两股链分开成为卷曲的单链，在单链内可形成局部的氢键结合区，其产物是无规则的线团。因此，核酸变性过程可看作一种规则的螺旋结构向无序的线团结构的转变。若仅仅是DNA分子某些部分的两股链分开，则变性是局部的；若当两股链完全分开时，则是完全变性。

变性后的DNA，其生物学活性丧失（如细菌DNA的转化活性明显下降），还会发生一系列理化性质的改变，包括紫外光吸收值升高、黏度下降、沉降系数增加和比旋下降等。

DNA分子变性之前，由于双螺旋分子中碱基互相堆积，加上氢键的吸引处于双螺旋的内部，且某些碱基被其他碱基遮蔽不能吸收光，使其紫外光吸收值低于等物质的量的碱基在溶液中的光吸收。当DNA双螺旋结构解开之后，由于氢键断开、碱基堆积破坏并暴露出来，于是核酸的紫外吸光值明显升高，可增加30%～40%或更高。这种现象称为增色效应（hyperchromic effect）。

DNA加热变性过程是在一个狭窄的温度范围内迅速发展的，它有点像晶体的熔融。通常将50%的DNA分子发生变性时的温度称为中点解链温度或熔点温度（melting temperature，T_m）。DNA的T_m值一般在70～85 ℃（图4.17）。影响T_m值的因素主要有以下方面。

第一，DNA的性质和组成。均一的DNA，T_m值范围较小；而非均一的DNA，T_m值在一个较宽的温度范围内，所以T_m值可作为衡量DNA样品均一性的指标。此外，由于GC碱基对之间含有3对氢键，AT碱基之间只有2对氢键，故G≡C碱基对比A＝T碱基对牢固。因此，GC碱基对含量比例越高的DNA分子越不易变性，其T_m值也越大（图4.18）。

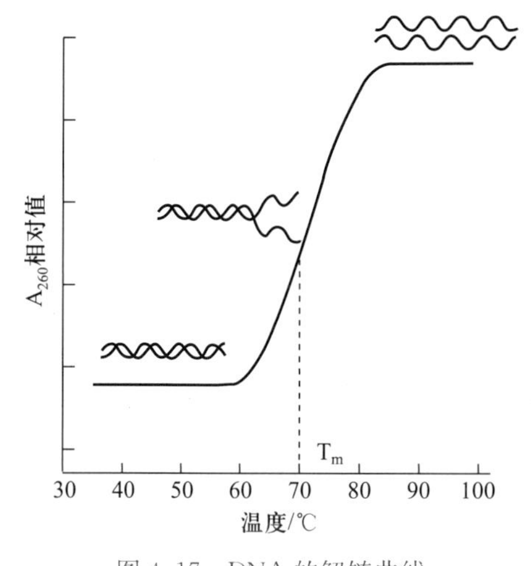

图4.17 DNA的解链曲线

图示T_m和不同程度解链时可能的分子构象

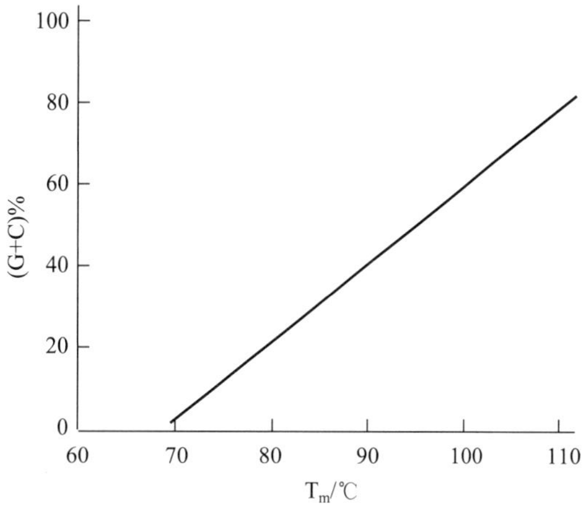

图4.18 DNA碱基组成对熔点（T_m）的影响

第二，溶液的性质。一般来说，离子强度低时，T_m值较低，转变的温度范围也较宽。反之，离子强度较高时，T_m值较高，转变的温度范围也较窄（图4.19）。所以，DNA的制品不应保存在稀的电解质溶液中，一般在1 mol/L盐溶液中保存较为稳定。

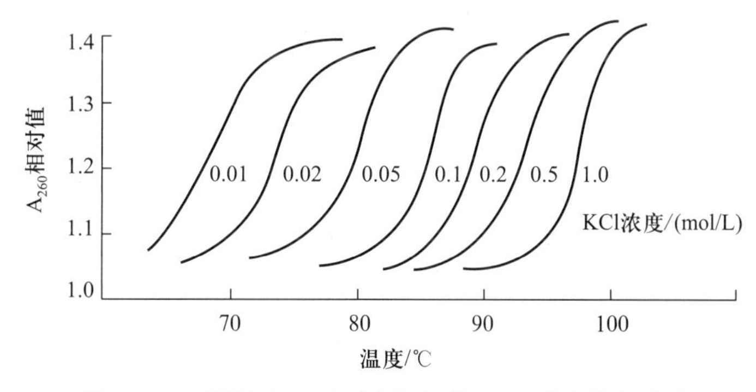

图4.19 不同浓度KCl对大肠杆菌DNA热变性的影响

（6）**复性**：DNA的变性是可逆过程。在适当的条件下，变性DNA分开的两股单链又重新恢复成双螺旋结构，这个过程称为复性。完全变性DNA的复性过程需分两步进行，首先是分开的两股单链相互碰撞，在互补顺序间先形成双链核心片段；然后以此核心片段为基础，迅速地找到配对的碱基，完成其复性过程。如当温度高于T_m约5℃时，DNA的两股链由于布朗运动而完全分开。如果将此热溶液迅速冷却，则两股链继续保持分开，称为淬火（quenching）。若将此溶液缓慢冷却到适当的温度，则两股链可发生特异性的重新组合而恢复双螺旋结构，称为退火（annealing）。DNA的复性一般只适用于均一的病毒和细菌的DNA，至于哺乳动物细胞中的非均一DNA，很难恢复到原来的结构状态，这是因为各片段之间只要有一定数量的碱基彼此互补，就可以重新组成双螺旋结构，碱基不互补的区域则形成突环。

DNA复性速度受很多因素的影响。一般情况下，顺序简单的DNA分子比复杂的分子复性快；DNA浓度越高，越易复性；此外，DNA片段的大小、溶液的离子强度等对复性速度都有影响。完全复性后的DNA的物理化学性质和生物活性都会得到恢复。

（7）**核酸的分子杂交**：DNA的变性和复性是以碱基互补为基础的，由此可以进行核酸的分子杂交（molecular hybridization），即不同来源的多聚核苷酸链，经变性分离和退火处理，当它们之间有互补的碱基序列时就有可能发生配对，形成DNA/DNA的杂合体，甚至可以在DNA和RNA之间形成DNA/RNA的杂合体。将一段已知核苷酸序列的DNA或RNA用放射性同位素或其他方法进行标记，就可获得分子生物学技术中常用的核酸探针。依据分子杂交的原理使探针与变性分离的单股核苷酸链一起退火，如果它们之间有互补的或部分互补的碱基序列，就会形成杂交分子，于是就可以找到或鉴定出特定的基因以及人们感兴趣的核苷酸片段。目前广泛应用的Southern印迹、Northern印迹以及基因芯片等技术，均是利用核酸分子杂交的性质建立起来的。

案　例

1. 镰刀型红细胞贫血症　镰刀型红细胞贫血症是血红蛋白基因突变所导致的疾病。患者的血红蛋白基因发生单核苷酸（单碱基）突变，即血红蛋白β链的第6个氨基酸的密码子由GAG突变为GUG，使得正常血红蛋白（HbA）第6位的谷氨酸（Glu）被缬氨酸（Val）所取代，从而形成了异常的血红蛋白S（HbS）。当氧分压下降时，HbS分子之间相互作用成为螺旋形多聚体而使红细胞变成镰刀样，镰刀样的红细胞难以通过窄小的毛细血管，并极易堵塞血管；同时镰变后的红细胞脆性大、易引起溶血，导致患者贫血，即发生镰刀型红细胞贫血症。

2. 核酸杂交在动物病毒病诊断中的应用　根据两条不同来源的单链DNA（或DNA-RNA）中互补碱基序列能专一配对的原理，利用放射性同位素或生物素对已知的某一DNA（或RNA）片段标记作为探针就可检测被检样品中的同源DNA，从而确定样品中是否有病原体的存在。如利用Southern印迹技术检测牛传染性鼻气管炎病毒：首先制备核酸探针，然后将被检的样品DNA经琼脂凝胶电泳分离，用NaOH处理使DNA变性，然后将其转移到硝酸纤维素膜，最后用生物素标记的DNA探针进行杂交，若探针遇到与之互补的DNA序列时，就杂交形成被标记的条带，由此判断对应DNA片段含有目的基因，从而检测病毒的存在。

3. DNA指纹图谱与遗传育种　生物个体间的差异本质上是DNA分子序列的差异，这种差异性如同一个人的指纹图形各不相同，故又将其称之为DNA指纹图谱。利用DNA指纹图谱可以从生物基因组中找到多态位点，明确生物个体或种群的遗传多样性。此外，通过利用DNA多态性研究方法，可以对不同品种间存在的相关性以及聚类数量进行遗传学分析，从而获得种群出现遗传变异的程度、生存稳定性等相关信息，同时也可以对不同品种间的遗传距离进行测定，确定不同品种间亲缘关系的远近。利用这种技术便可以在分析品系亲缘关系的过程中推测出生物进化的趋势，并可用于杂交组合的筛选和优势品种的预测。

二维码4-1　第4章习题

二维码4-2　第4章习题参考答案

第5章 糖类

【本章知识要点】

☆ 糖类指的是多羟基醛、多羟基酮及其衍生物，分为单糖、寡糖、多糖以及复合糖。

☆ 对动物而言，葡萄糖是最重要的单糖。单糖因其分子中的醛酮基和羟基而化学反应性活泼，能生成糖醛酸、磷酸酯、氨基糖、糖苷等多种具有重要生化功能的衍生物。

☆ 常见的二糖有蔗糖、乳糖、麦芽糖和纤维二糖；低聚糖由2～10个单糖单元聚合而成，因其多种特殊的生理活性而受到关注。

☆ 多糖分为同多糖和杂多糖，同多糖主要有淀粉、糖原、纤维素和壳聚糖等；而杂多糖是指含一种以上单糖或单糖衍生物形成的多糖，如肝素、透明质酸和硫酸软骨素等，广泛存在于动物的软骨、肌腱和皮肤的细胞间质中。

☆ 糖类还与蛋白质或脂类共价结合形成复合糖。

☆ 糖蛋白是由寡糖链与多肽链通过糖肽键结合而成的复合糖，其主要部分是蛋白质。蛋白聚糖由一条或多条糖胺聚糖与一个核心蛋白分子共价连接而成，其含有高度亲水的多价阴离子，在维持软骨等结缔组织的形态和功能方面起重要作用。

☆ 脂多糖是革兰氏阴性细菌细胞壁的特有组分，是由核心多糖、O-特异性多糖与脂质A通过糖苷键连接而成。糖脂是生物膜的重要组分，是由单糖或寡糖与脂类通过糖苷键连接而成的，主要有甘油糖脂和鞘糖脂。它们参与免疫反应，与细胞识别、神经冲动的传导有关。

糖类（carbohydrate）是多羟基的醛、酮，或多羟基醛、酮的缩合物及其衍生物，如葡萄糖、果糖、乳糖、淀粉、壳多糖等。糖类是自然界最重要的生物分子之一。动物不能由简单的CO_2自行合成糖类，必须从食物中摄取。动物利用氧将摄入的糖（主要是葡萄糖）经过一系列生物化学反应逐步分解为CO_2和H_2O，并释放出机体活动所需要的能量。

大多数糖类物质仅由C、H、O 3种元素组成，其实验式为$(CH_2O)_n$。其中，H与O原子数比例为2∶1，犹如H_2O中的H与O之比，因此曾将糖类称为碳水化合物（carbohydrates）。但是，有些糖类，如脱氧核糖（$C_5H_{12}O_4$），其分子中H与O之比并非2∶1；而另外一些非糖物质，如乙酸（$C_2H_4O_2$）和乳酸（$C_3H_6O_3$），其分子中H与O之比却是2∶1。因此，将糖类称为碳水化合物并不十分恰当。但是，该名称沿用已久。

糖类广泛地存在于生物界，按干重计，糖类物质占动物体的2%以下，占细菌的10%～30%，占植物的85%～90%。对动物机体，虽然含量甚少，但具有非常重要的生理作用。例如，D-葡萄糖是为动物机体提供生理活动所需能量的主要“燃料”分子；糖胺聚糖充当机体的结构成分，构成动物的软骨与肌腱；糖蛋白的糖链参与细胞的相互识别；糖在机体内还可以转变成其他重要的生物分子，如L-氨基酸和核苷酸等。

糖类种类很多，按其组成可分为单糖、寡糖、多糖、复合糖4大类。

5.1 单糖与寡糖

单糖（monosaccharide）是不能被水解的多羟基醛或多羟基酮。含醛基的单糖，称为醛糖（aldose）；含酮基的单糖，称为酮糖（ketose）。根据单糖分子中碳原子数的多少，将单糖分为丙糖（3碳糖）、丁糖（4碳糖）、戊糖（5碳糖）、己糖（6碳糖）、庚糖（7碳糖）等。寡糖（oligosaccharide）是由2～20个单糖通过糖苷键相连而形成的小分子聚合糖，又称为低聚糖。

5.1.1 重要的单糖

5.1.1.1 丙糖

含有3个碳原子的单糖称为丙糖（triose）。重要的丙糖有D-甘油醛和二羟基丙酮（图5.1）。

D-甘油醛：CHO—(H—C—OH)—CH_2OH

二羟基丙酮：CH_2OH—(C=O)—CH_2OH

图5.1 重要的丙糖

5.1.1.2 丁糖

含4个碳原子的单糖称为丁糖（tetrose）。常见的丁糖有D-赤藓糖和D-赤藓酮糖（图5.2）。

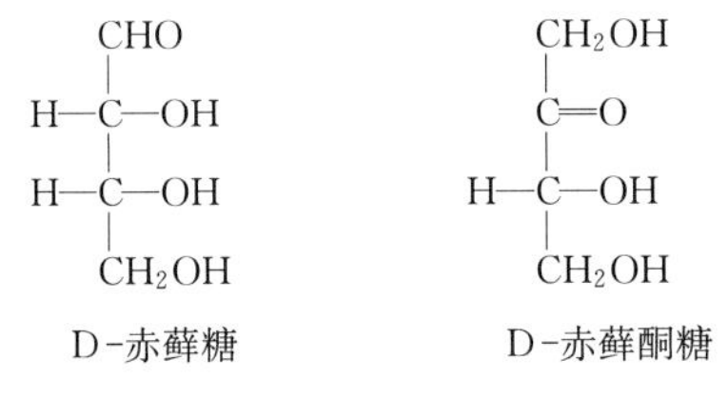

图5.2 重要的丁糖

5.1.1.3 戊糖

含有5个碳原子的单糖称为戊糖（pentose）。自然界中存在的主要戊醛糖有D-核糖和D-木糖，主要的戊酮糖有D-核酮糖和D-木酮糖等（图5.3）。

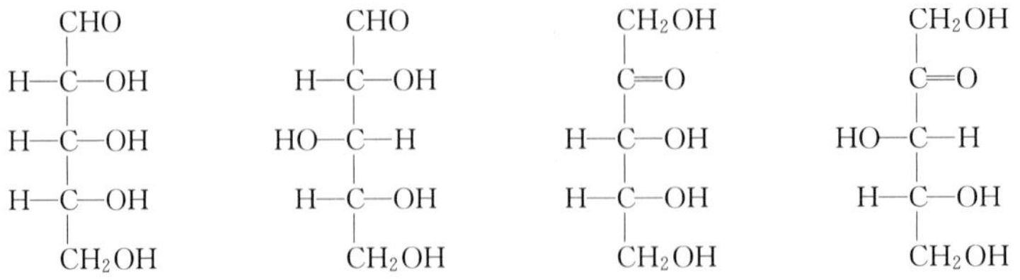

D-核糖：CHO—(H—C—OH)—(H—C—OH)—(H—C—OH)—CH_2OH

D-木糖：CHO—(H—C—OH)—(HO—C—H)—(H—C—OH)—CH_2OH

D-核酮糖：CH_2OH—(C=O)—(H—C—OH)—(H—C—OH)—CH_2OH

D-木酮糖：CH_2OH—(C=O)—(HO—C—H)—(H—C—OH)—CH_2OH

图5.3 重要的戊糖

5.1.1.4 己糖

含有6个碳原子的单糖称为己糖（hexose），包括己醛糖和己酮糖。自然界分布最广的己醛糖有D-葡萄糖、D-半乳糖、D-甘露糖，重要的己酮糖有D-果糖、L-山梨糖等（图5.4）。

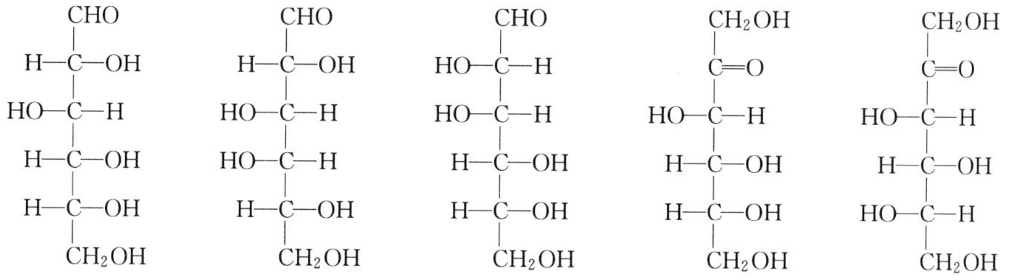

D-葡萄糖　D-半乳糖　D-甘露糖　D-果糖　L-山梨糖

图5.4　重要的己糖

D-葡萄糖是淀粉、糖原、纤维素等多糖的结构单位，能被动物体直接吸收，是生命活动所需要的主要能源。用α-淀粉酶和糖化酶水解淀粉，可以制得D-葡萄糖。D-葡萄糖也是食品工业和制药工业的重要原料。

D-果糖是自然界分布最丰富的酮糖。它可以与其他单糖结合成寡糖，也可以自身聚合成果聚糖。在制糖工业中，通过葡萄糖异构酶的催化，可将D-葡萄糖转化成D-果糖。

5.1.1.5 庚糖

自然界中存在的庚糖（heptose）主要有D-景天庚酮糖和D-甘露庚酮糖（图5.5）。

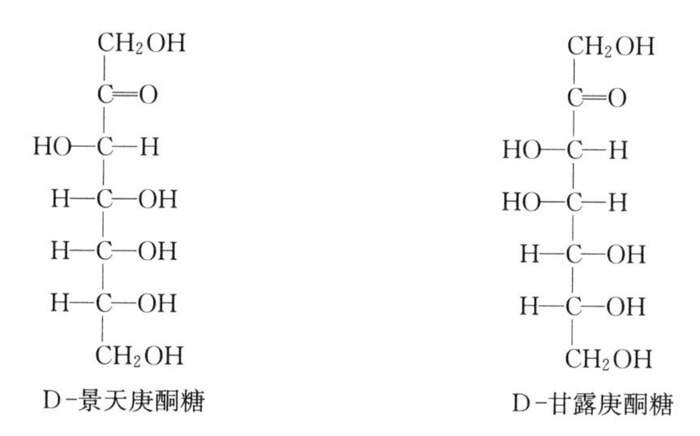

图5.5　重要的庚糖

5.1.2 葡萄糖的分子结构

葡萄糖分子直链结构中，含有5个羟基和1个醛基，属于醛糖（aldose）。葡萄糖分子结构可以有D-葡萄糖和L-葡萄糖两种构型，但在生物界只有D-葡萄糖。由于D-葡萄糖分子内同时存在醛基和羟基，因而可形成分子内半缩醛，成为环状结构。D-葡萄糖分子的环状结构存在六元环（吡喃环）和五元环（呋喃环）两种结构形式。D-呋喃葡萄糖不稳定，而D-吡喃葡萄糖很稳定。因此，自然界存在的主要是D-吡喃葡萄糖结构（图5.6）。

当D-葡萄糖溶于水时，其半缩醛结构形式与直链结构形式相互转化，最后处于平衡状态。由于C_1上羟基相对于氧环的位置不同，从而形成两种半缩醛（α-D-吡喃葡萄糖和β-D-吡喃葡萄糖）。这两种半缩醛互为立体异构体，又称为异头物（anomer）。分别以α、β表示。α表示C_1羟基与环氧结构在同一侧，β表示C_1羟基与环氧结构在相反的位置（图5.7）。

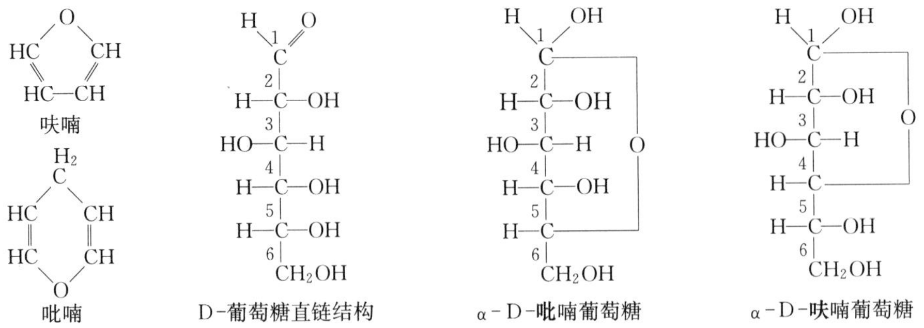

呋喃　吡喃　D-葡萄糖直链结构　α-D-吡喃葡萄糖　α-D-呋喃葡萄糖

图 5.6　葡萄糖的结构

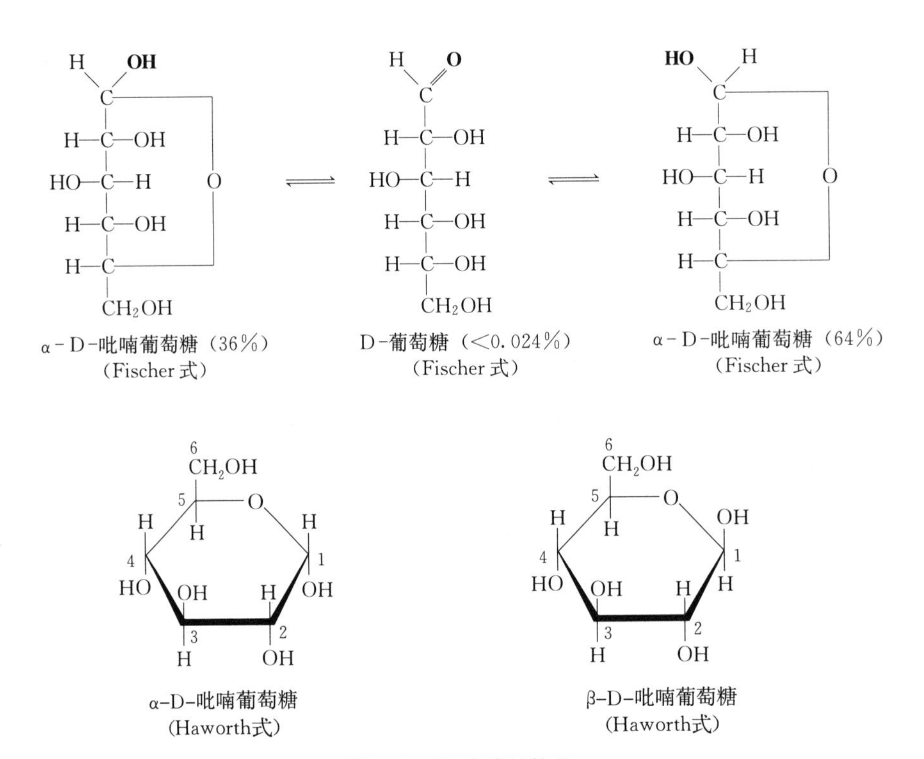

图 5.7　葡萄糖的构型

5.1.3　单糖衍生物

单糖分子中的醛酮基和羟基具有活泼的化学反应性，能与其他化合物发生化学反应，产生种类丰富的单糖衍生物，如糖醛酸、糖醇、磷酸酯、氨基糖、糖苷、脱氧糖等，它们在生物机体中发挥独特的生理功能。

5.1.3.1　糖醛酸

醛糖分子含有的游离的醛基（—CHO），具有较强的还原能力。在体外，葡萄糖可被氧化成 D-葡萄糖酸、1,6-D-葡萄糖二酸或 D-葡萄糖醛酸（图 5.8）。自然界中常见的糖醛酸除了 D-葡萄糖

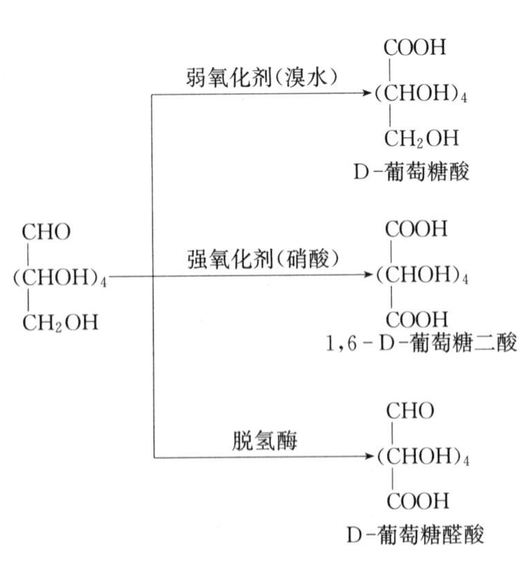

图 5.8　葡萄糖氧化成糖醛酸

醛酸，还有D-半乳糖醛酸、D-甘露糖醛酸，它们是很多杂多糖的构件分子。D-葡萄糖醛酸还是肝内的一种解毒剂。

5.1.3.2 糖醇

糖醇（sugar alcohol）是由单糖的羰基被还原而生成的。最常见的已糖醇有山梨醇、甘露醇、半乳糖醇及肌醇（图5.9）。尤其是肌醇，广泛存在于动物的肌肉、心、肝、肺等组织中，可作为酵母和某些动物（如大鼠）的生长因子，其还被用于治疗血管硬化、高血脂等疾病。肌醇形成的磷酸酯——肌醇-1,4,5-三磷酸（IP_3）是动物细胞传递代谢信息的重要分子。山梨醇广泛存在于植物中，主要用于合成维生素C，其次用于表面活性剂、食品、制药等工业。D-甘露醇可从海带、海藻中提取，可以用于抗脑水肿及治疗急性肾功能衰竭等。

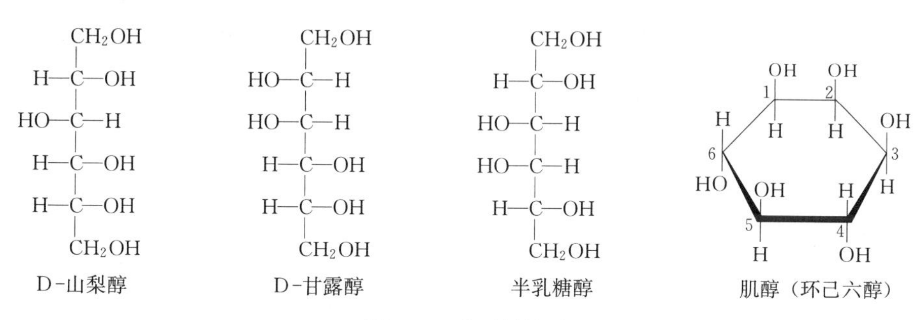

图5.9 重要的糖醇

5.1.3.3 单糖磷酸酯

单糖磷酸酯（sugar phosphate ester）是由单糖的羟基被磷酸化而产生的，由于带负电荷的磷酸基团具有极性，因此单糖磷酸酯不易透过生物膜，而被局限于细胞内利用。它们绝大部分是糖代谢的重要中间产物。如甘油醛-3-磷酸、二羟丙酮磷酸、葡萄糖-1-磷酸、葡萄糖-6-磷酸、果糖-6-磷酸、果糖-1,6-二磷酸等是葡萄糖氧化代谢的中间产物；赤藓糖-4-磷酸、核糖-5-磷酸、核酮糖-5-磷酸、景天庚酮糖-7-磷酸等是磷酸戊糖途径的中间产物（图5.10）。

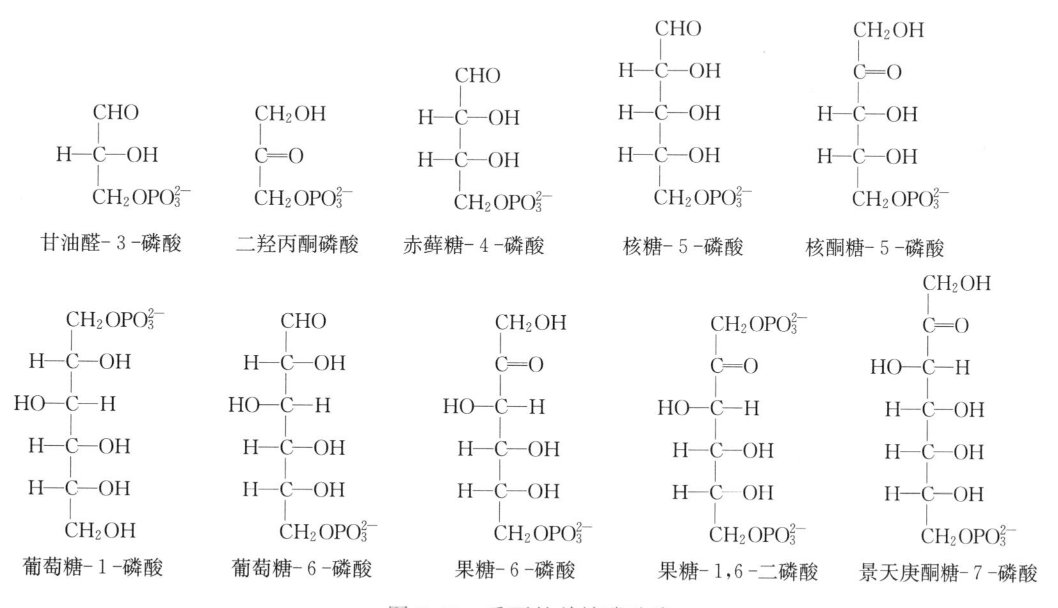

图5.10 重要的单糖磷酸酯

5.1.3.4 氨基糖

自然界中，氨基糖（amino sugar）是己醛糖分子中第2位碳原子上的羟基被氨基取代而形成的衍生物。它们构成许多天然多糖的重要组成成分，如葡萄糖胺、*N*-乙酰葡萄糖胺、半乳糖胺、*N*-乙酰半乳糖胺（图5.11）。β-D-葡萄糖胺参与构成动物组织和细胞膜，还具有免疫调节作用，其硫酸盐用于治疗骨关节炎等疾病。

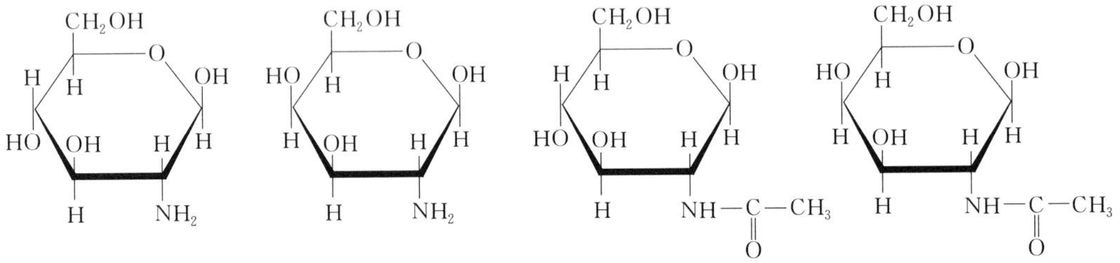

β-D-葡萄糖胺　β-D-半乳糖胺　β-D-*N*-乙酰葡萄糖胺　β-D-*N*-乙酰半乳糖胺

图5.11　重要的氨基糖

5.1.3.5 糖苷

单糖分子1位碳原子即C_1上—OH的H，可以被其他基团取代生成糖苷（glycoside）。在糖苷分子中，提供半缩醛—OH的糖部分称为糖基，与之缩合的“非糖”部分称为配基，这两部分之间的化学键，称为糖苷键。图5.12为甲基-β-D-吡喃葡萄糖苷的结构，其配基是甲基。嘌呤碱或嘧啶碱作为配基与核糖或脱氧核糖形成的糖苷称为核苷或脱氧核苷。它们参与RNA和DNA的合成，是有重要生物学功能的糖苷。

配基部分可以是简单的，也可以有复杂结构。存在于自然界的大多数糖苷有苦味或特殊香气或有毒，有的可作为药物使用。如洋地黄苷具有强心作用，橘皮苷可改善微血管的韧性和通透性，乌本苷可维持体内电解质的平衡等。糖苷的配基也可以是糖，这样缩合形成的糖苷，即为寡糖和多糖。

5.1.3.6 脱氧糖

脱氧糖（deoxysugar）是指分子中一个或多个羟基被氢原子取代的单糖。它们广泛地分布于动物、植物及细菌体内。脱氧糖有许多种，其中最重要的是β-D-2-脱氧核糖（图5.13），它是核糖经脱氧酶催化生成的，是DNA分子的重要组成成分。

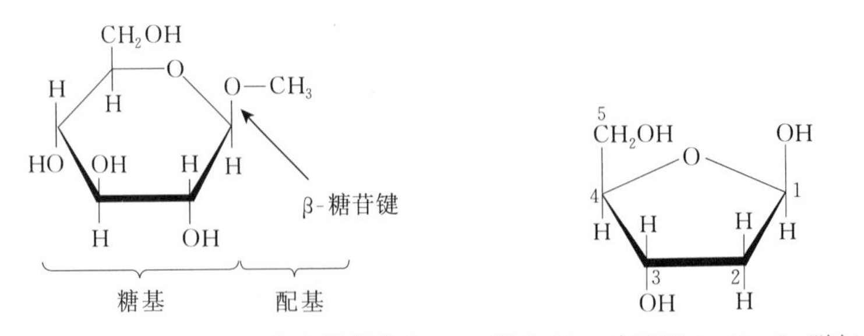

图5.12　甲基-β-D-吡喃葡萄糖苷　图5.13　呋喃型β-D-2-脱氧核糖

5.1.4 重要的寡糖

迄今为止发现，自然界中以游离态存在的寡糖有500多种。其中二糖（disaccharide）

最为常见。二糖又称双糖，是寡糖中最重要的一类，是由两分子单糖脱水缩合而成的。二糖水解后得到两分子单糖。自然界中游离存在的重要二糖有蔗糖、麦芽糖、乳糖等（图 5.14）。

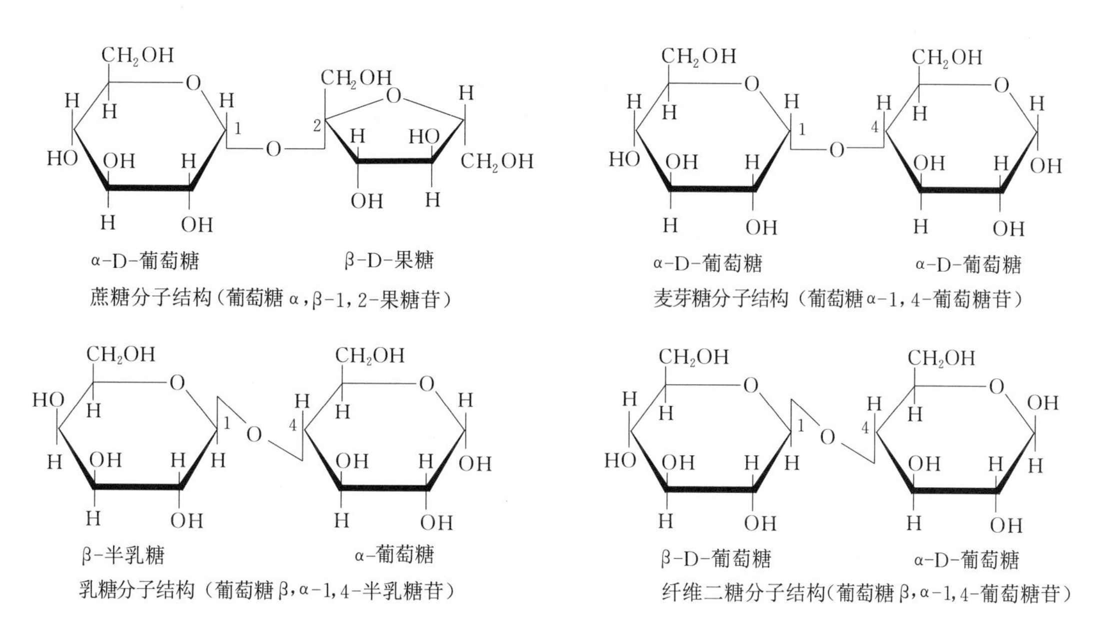

图 5.14 重要双糖的结构

5.1.4.1 蔗糖

蔗糖（sucrose）是由α-D-葡萄糖分子与β-D-果糖分子，按α,β-1,2-糖苷键的形式缩合而形成的二糖。蔗糖没有游离的醛基，故没有还原性。蔗糖是右旋糖，其水溶液的比旋度为+66.5°。蔗糖水解后得到等量的葡萄糖和果糖混合物。混合物的比旋光度为−19.8°，水解液表现为左旋，因此常将蔗糖的水解产物称为转化糖。

5.1.4.2 麦芽糖

麦芽糖（maltose）是由两个α-D-葡萄糖分子缩合而形成的二糖。其连接键是α-1,4-糖苷键，具有还原性和变旋性。用淀粉酶水解淀粉，可以生产麦芽糖浆。在食品工业中，麦芽糖用作冷冻食品的稳定剂和填充剂，作为烘烤食品的膨松剂，并作为饴糖的主要成分供食用。

5.1.4.3 乳糖

乳糖（lactose）分子是由β-D-半乳糖分子与α-D-葡萄糖分子缩合而形成的双糖。其连接键是β,α-1,4-糖苷键。乳糖主要存在于哺乳动物的乳汁中，牛乳中含4%～5%，人乳中含量为5%～8%。它是幼畜糖类营养的主要来源。乳糖在水中溶解度较小，分子中有游离的半缩醛羟基，故具有变旋性和还原性。

5.1.4.4 纤维二糖

纤维二糖（cellobiose）是纤维素水解后的中间产物，是由2个β-D-葡萄糖通过β-1,4-糖苷键缩合而成的还原性二糖。主要存在于草食动物的消化道内，可经β-糖苷酶分解。

较为常见的三糖（trisaccharide）有棉子糖、龙胆三糖、松三糖、鼠李三糖等。其中，棉子糖（raffinose）分子由各1分子的α-D-半乳糖、α-D-葡萄糖、β-D-果糖组成，其广泛存在于棉子和甜菜中（图 5.15）。

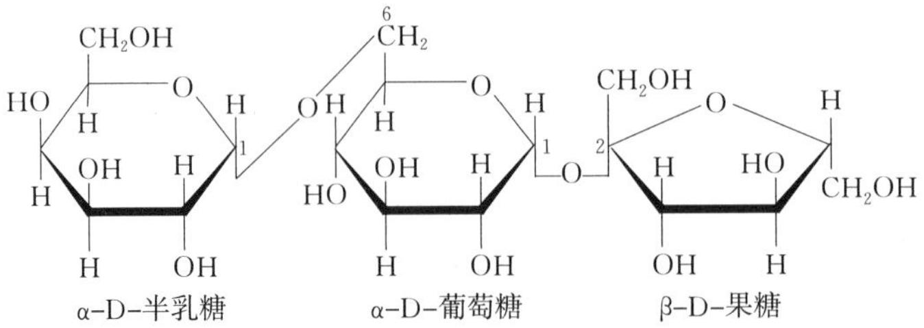

α-D-半乳糖　　α-D-葡萄糖　　β-D-果糖

(半乳糖-α-1,6-葡萄糖-α-1,2-果糖苷)

图 5.15　棉子糖分子结构

水苏糖（stachyose）是自然界存在的四糖，广泛存在于唇形科、豆科植物中。在结构上，水苏糖由 1 分子的 α-D-葡萄糖、2 分子的 α-D-半乳糖、1 分子 β-D-果糖组成。其具有抑制动物肠道腐败菌的生长、调节 pH、促进肠道内细菌的平衡和稳定等功能（图 5.16）。

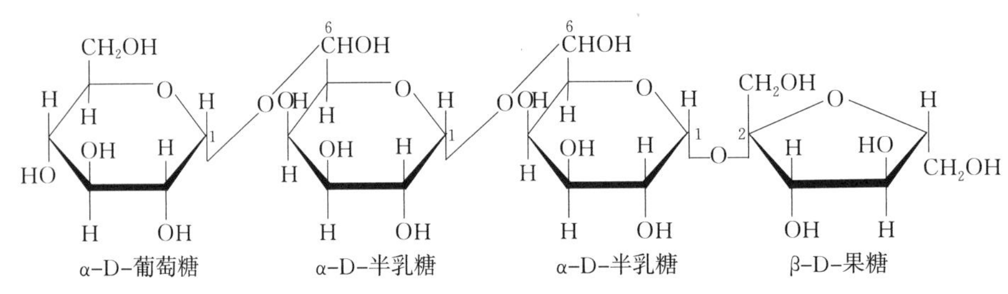

(葡萄糖-α-1,6-半乳糖-α-1,6-半乳糖-α,β-1,2-果糖苷)

图 5.16　水苏糖分子结构

5.1.5　低聚糖

低聚糖（oligosaccharide）是由 2～20 个单糖单元通过非 α-1,4-糖苷键连接起来，并由直链和支链形成的一类聚糖。因组成低聚糖的单糖分子种类、分子间结合位置及结合类型不同，故其种类繁多，自然界中可达千种以上。目前，研究最多的低聚糖有 β-葡聚糖、寡果糖、低聚木糖等。

5.1.5.1　β-葡聚糖

β-葡聚糖相对分子质量在 6 500 以上，与常见的糖类最主要的差别在于单糖的连接方式不同，一般糖类以 α-1,4-糖苷键连接而成为线形分子结构，而 β-葡聚糖以 α-1,3-糖苷键为主体，且含有部分 α-1,6-糖苷键的支链。特殊的连接方式和分子内的氢键，构成 β-葡聚糖螺旋形的分子结构，使其很容易被免疫系统识别。β-葡聚糖可加强巨噬细胞的活性及吞噬能力，增强高等哺乳动物血浆内补体系统的溶菌功能，促进细胞毒性 T 细胞的分化，促进由 B 细胞分化而来的浆细胞产生专一性抗体等功能。

5.1.5.2　寡果糖

寡果糖即果糖低聚糖，它是在蔗糖分子上以 β-1,2-糖苷键结合几个（$n \leqslant 8$）D-果糖所形成的一组低聚糖的总称。寡果糖对动物体的主要功能有促进动物生长、防止腹泻、增强动物免疫功能、提高抗病力、减少粪便及粪便中氨气等腐败物质的量、提高动物对营养物质的吸收、降低血清胆固醇、通便等。

5.1.5.3 低聚木糖

低聚木糖又称木寡糖，是由2～8个β-D-吡喃木糖分子以β-1,4-糖苷键连接而成的功能性聚合糖，是木聚糖水解产物。研究发现，低聚木糖是低聚糖中增殖双歧杆菌功能最好、抑制病原菌和腐败菌生长、净化肠道功效最佳的产品之一。除此之外，低聚木糖的突出特点是对酸、热稳定；难被动物的消化酶分解，摄入量小，促动物生长效果好；无配伍禁忌，可以增加动物对钙、磷、铁、锌的吸收；对免疫药剂和抗生素还具有增效的作用。

低聚糖作为一种无毒、无害、无污染纯天然活性物质，目前已被作为一种新型、绿色、环保、无公害饲料添加剂，用来改善动物健康和生产性能。低聚糖能促进动物体内有益微生物增殖，抑制有害微生物生长；具有免疫佐剂和抗原特性，并能激活机体的体液和细胞免疫系统；可作为抗生素替代品等。在饲料中添加适量低聚糖，可以增强动物免疫力、改善动物健康状况、提高饲料转化效率、促进动物生长。

5.2 多糖

多糖（polysaccharide）在生物界分布极广，是由20个以上的单糖或者单糖衍生物，通过糖苷键连接而形成的高分子聚合物。多糖大多数不溶于水，个别多糖能与水形成胶体溶液。动物体内的糖原、昆虫的甲壳素等都是由多糖构成的。

多糖分为同多糖（homopolysaccharide）和杂多糖（heteropolysaccharide）两类。同多糖是由同一种单糖或者单糖衍生物聚合而成，如淀粉、糖原、壳多糖以及纤维素等，而杂多糖是由不同种类的单糖或单糖衍生物聚合而成，如肝素、透明质酸以及硫酸软骨素等。

多糖的生理功能是调节机体免疫功能，增强机体抗炎作用，提高机体对病原微生物的抵抗力；促进DNA和蛋白质生物合成，促进细胞生长、增殖；具有抗凝血、抗动脉粥样硬化、抗癌、抗辐射损伤等作用。

5.2.1 同多糖

5.2.1.1 淀粉

淀粉（starch）为白色无定形粉末，主要存在于种子、块茎及果实中，是植物储藏的养分。淀粉由直链淀粉与支链淀粉两部分组成。

（1）直链淀粉（amylose）：是由α-D-葡萄糖以α-1,4-糖苷键连接而成的链状分子。分子内的氢键迫使其链状结构卷曲成螺旋形（图5.17），由6个葡萄糖残基组成螺旋的一圈。其平均相对分子质量为（1～20）×10^5，相当于600～12 000个葡萄糖残基的相对分子质量。

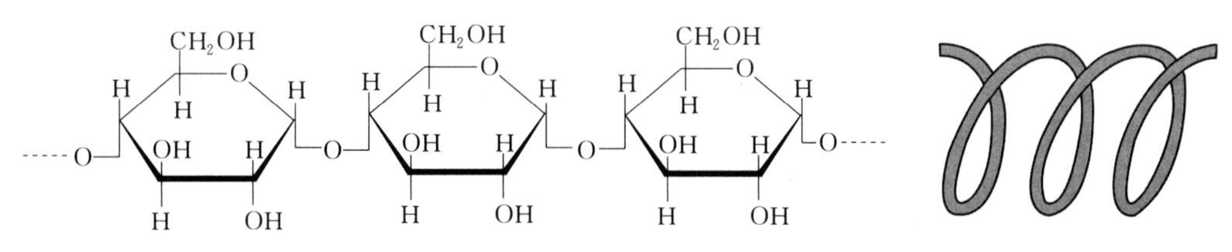

图5.17 直链淀粉结构及其螺旋结构

（2）支链淀粉（amylopectin）：也是由α-D-葡萄糖分子缩合而成的高分子聚合物，但分子结构中含有许多分支。在α-D-葡萄糖残基之间，除α-1,4-糖苷键外，在分支点还存在α-1,6-糖苷键（图5.18）。

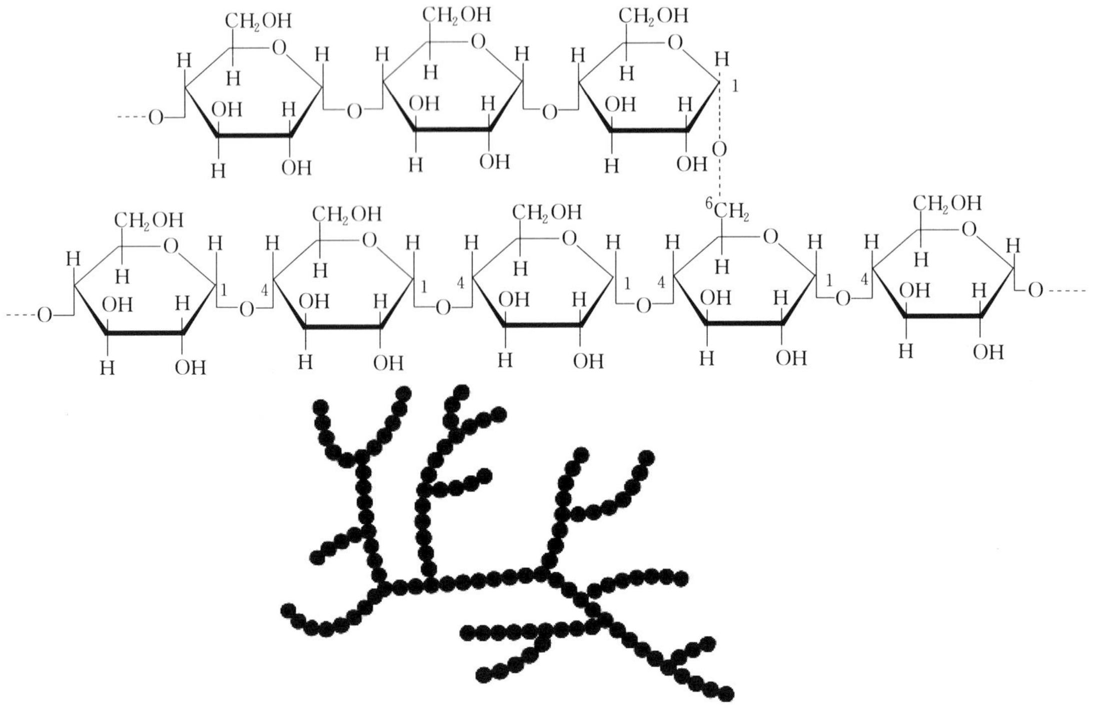

图 5.18　支链淀粉结构及分支结构

支链淀粉分子比直链淀粉大，其平均相对分子质量在（1～6）×10^6。直链淀粉仅少量溶于热水中，支链淀粉易溶于水。淀粉作为人和动物的食物，经过消化产生葡萄糖，为机体提供能源和碳源。

5.2.1.2　糖原

糖原（glycogen）呈无色粉末状，由 α-D-葡萄糖聚合而成，是动物细胞中储存的多糖，又称为动物淀粉。糖原结构与支链淀粉结构相似，但分支程度比支链淀粉更高，分支链更短，分支点之间的间隔为 8～12 个葡萄糖残基。糖原是动物体能量的主要来源，易溶于水，而不成糊状。存在于动物肝和骨骼肌中的糖原，分别称为肝糖原和肌糖原。肝糖原约占肝湿重的 7%，肌糖原约占骨骼肌湿重的 1.5%。虽然肝糖原比例高于肌糖原，但是肌肉在体内分布广，所以骨骼肌中糖原储存总量要比肝中多。当动物血液中葡萄糖的含量较高时，它们就聚合成糖原储存于肝或肌肉中；而当血糖浓度降低时或者动物在饥饿的情况下，则糖原被分解成葡萄糖，供机体利用。

5.2.1.3　纤维素

纤维素（cellulose）是生物界最丰富的多糖，是植物细胞壁的主要组分。纤维素是由 β-D-葡萄糖分子缩合而形成的线形高分子聚合物（图 5.19）。它与直链淀粉结构相似，但是其葡萄糖残基之间的连接键是 β-1,4-糖苷键。因此，纤维素不溶于水，其分子结构和物理性质有别于直链淀粉。纤维素中葡萄糖分子之间相互缠绕，链与链之间以氢键相连，像绳索一样绞在一起，形成纤维束。

纤维素虽由葡萄糖组成，但人和非食草动物不能以其作为营养物质，这是由于体内缺少水解纤维素的酶，因而不能消化纤维素。马、牛、羊等食草动物，由于其消化道内共生着能产生纤维素酶的细菌，因而能够消化、利用纤维素，并作为生命活动所需要的主要能源。

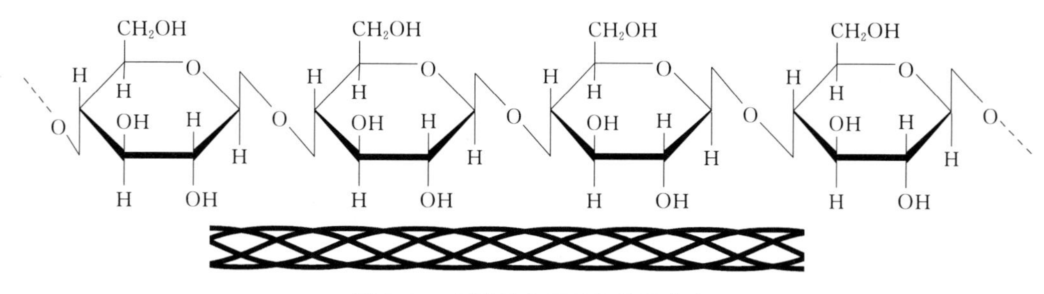

图 5.19 纤维素分子结构及纤维束

5.2.1.4 壳多糖

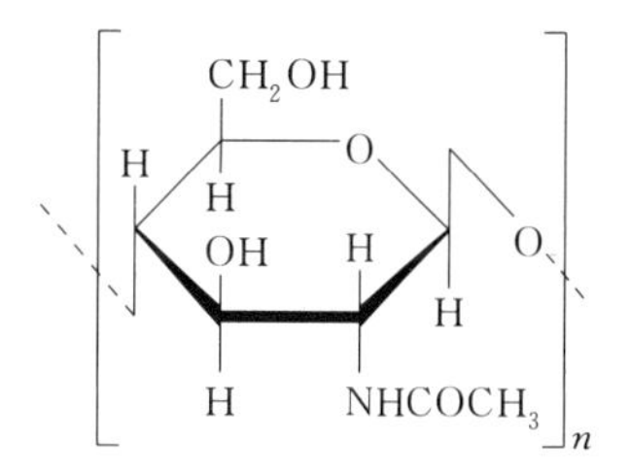

图 5.20 壳多糖的结构单位

壳多糖（chitin）又称为甲壳素、几丁质，是由β-D-*N*-乙酰葡萄糖胺缩合而形成的高分子聚合物。糖残基之间的连接键是β-1,4-糖苷键（图 5.20）。壳多糖分子结构与纤维素极其相似，其差异仅在于每个葡萄糖残基 C_2 原子的羟基被乙酰氨基取代。

壳多糖主要存在于虾、蟹、昆虫等无脊椎动物的外壳（外骨骼）中，作为外骨骼主要的结构物质。甲壳素和脱乙酰壳聚糖有多种生理功能，如广谱抗菌、提高免疫力、降低血脂、杀死肿瘤细胞、用作饲料添加剂等作用。因此，它们具有广泛的应用价值。

5.2.2 杂多糖

糖胺聚糖（glycosaminoglycan，GAG）又称为糖胺多糖、黏多糖（mucopolysaccharides），是一类含氮的杂多糖，如肝素、透明质酸、硫酸软骨素、硫酸角质素、硫酸皮肤素等。它们主要存在于动物的软骨、肌腱和皮肤等组织的细胞间质中。

5.2.2.1 肝素

肝素（heparin）又称为抗凝血素，存在于动物的肝、肺、血管壁、肠黏膜等组织中。肝素分子是线形高分子聚合物，是由糖醛酸和葡萄糖胺以1,4-糖苷键连接起来的重复四糖单位组成的多糖链的混合物。通常含10～30个四糖单位，平均相对分子质量为17 000。2-*O*-硫酸-L-艾杜糖醛酸及6-*O*-硫酸-*N*-硫酸-D-葡萄糖胺是其中的主要单糖，此外还有D-葡萄糖醛酸等。每个四糖单位中有4个硫酸化位置分别位于2个葡萄糖胺上和1个L-艾杜糖醛酸上。糖苷键构型大多以β-1,4-糖苷键连成，也有少数以α-1,4-糖苷键连成（图 5.21）。不同种属、不同机体、不同组织来源的肝素糖链结构呈现不均一性。临床上，肝素被作为抗凝血

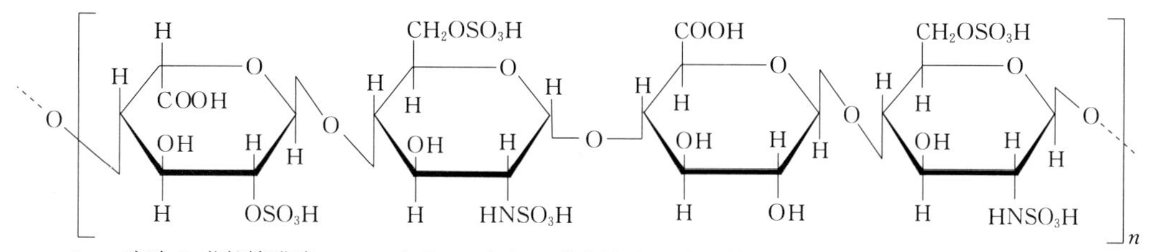

图 5.21 肝素分子的糖重复单位结构式

剂及防止血栓形成的药物使用。此外，肝素还具有抑制平滑肌细胞增殖、抗炎、抗肿瘤及抗病毒等生物学功能。

5.2.2.2 透明质酸

透明质酸（hyaluronic acid，HA）又名玻璃酸，是由二糖单位通过β-1,4-糖苷键连接而成的高分子直链杂多糖。此二糖单位是由β-D-葡萄糖醛酸与β-D-*N*-乙酰葡萄糖胺通过β-1,3-糖苷键连接而成的（图5.22）。它广泛存在于动物软骨、肌腱等结缔组织的细胞外基质中。在胚胎、关节滑液、眼球玻璃体、脐带以及鸡冠等组织中，其含量尤为丰富，起着润滑、防震、促进伤口愈合等作用，是公认的一种生物大分子保湿剂。

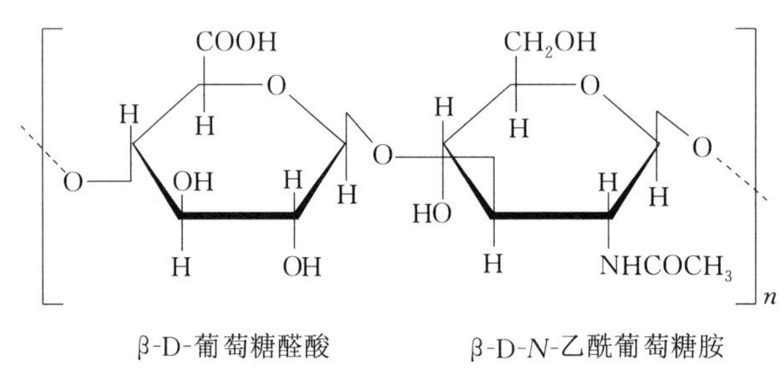

图5.22 透明质酸二糖结构单位

5.2.2.3 硫酸软骨素

硫酸软骨素（chondroitin sulfate，CS）主要存在于动物的软骨、肌腱、韧带、皮肤、椎间盘等组织中，同时也是哺乳动物血液、动脉血管组织内的主要成分。它是糖胺聚糖的典型代表物质，具有种属和组织差异性。CS是由许多二糖单位通过β-1,4-糖苷键连接而成的高分子杂多糖，一般含50～70个二糖单位。其二糖单位是由β-D-葡萄糖醛酸与β-D-*N*-乙酰-半乳糖胺通过β-1,3-糖苷键连接而成（图5.23）。由于二糖单位和硫酸连接的位置不同，软骨素可分为A、B、C 3种。硫酸软骨素C（软骨素-6-硫酸）在β-D-*N*-乙酰-半乳糖胺的C_6位上含一个硫酸根。CS具有抗炎、加速伤口愈合、调节或抑制黏附等作用。

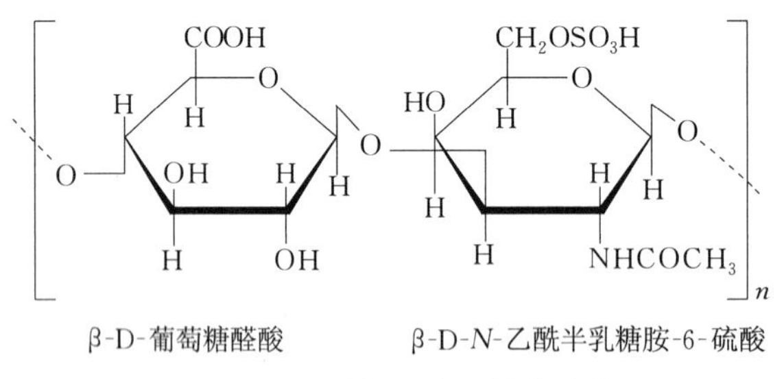

图5.23 硫酸软骨素C结构单位

表5.1比较了透明质酸、硫酸软骨素、硫酸角质素、硫酸皮肤素和肝素等糖胺聚糖的组成，由此可以看出它们的共同点与差异。

表5.1 几种黏多糖的组成及分布

名 称	组 成			分 布
	己糖胺	糖醛酸	硫 酸	
透明质酸	*N*-乙酰葡萄糖胺	D-葡萄糖醛酸	−	结缔组织、眼球玻璃体
硫酸软骨素A	*N*-乙酰半乳糖胺	D-葡萄糖醛酸	+	软骨、肌腱、韧带

（续）

名 称	组 成			分 布
	己糖胺	糖醛酸	硫 酸	
硫酸软骨素B	N-乙酰半乳糖胺	L-艾杜糖醛酸	+	肌腱、皮肤
硫酸软骨素C	N-乙酰半乳糖胺	D-葡萄糖醛酸	+	软骨、肌腱
硫酸角质素	N-乙酰葡萄糖胺	D-半乳糖	+	角膜、髓核
硫酸皮肤素	N-乙酰半乳糖胺	L-艾杜糖醛酸	+	肌腱、皮肤
肝 素	硫酸葡萄糖胺	L-艾杜糖醛酸、D-葡萄糖醛酸	+	肝、肺、肠黏膜
硫酸肝素	N-乙酰葡萄糖胺	D-葡萄糖醛酸	+	肝、肺

5.3 复合糖

复合糖（glycoconjugate）是由糖类与蛋白质或脂类等生物分子以共价键连接而成的糖复合物。此外，目前还发现有些RNA分子发生糖基化形成糖RNA分子。

5.3.1 糖蛋白

糖蛋白（glycoprotein）是由糖链与蛋白质多肽链共价结合而成的球状高分子复合物。不同的糖蛋白其糖和蛋白质含量的比例不同，多数情况下，以蛋白质为主，而糖链较小，故总体性质更接近蛋白质。糖蛋白分子结构包含糖链、蛋白质和糖肽链3部分。

（1）糖链：是由几个或十几个单糖及其衍生物通过糖苷键连接而成的寡糖链。构成糖链的单糖及其衍生物有多种，常见的有D-葡萄糖（Glc）、D-半乳糖（Gal）、D-甘露糖（Man）、岩藻糖（Fuc）、N-乙酰葡萄糖胺（GlcNAc）、N-乙酰半乳糖胺（GalNAc）等。上述糖残基在糖链上有一定的排列顺序。糖链不同，其糖残基的数量、种类以及排列顺序也不同。糖链一般是分支的（图5.24）。

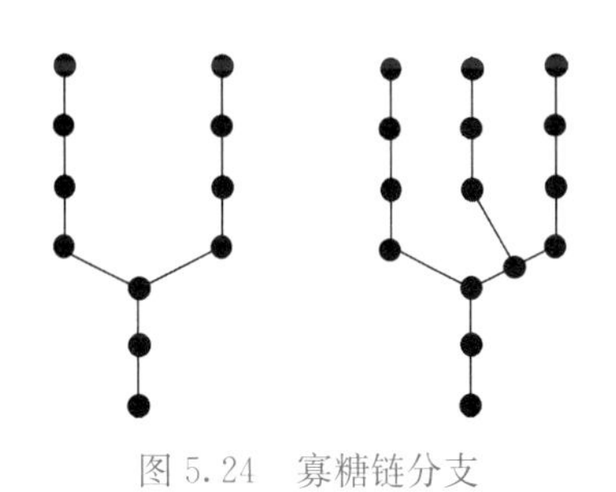

图5.24　寡糖链分支

●表示单糖残基，—表示糖苷键

（2）蛋白质：其多肽链是由许多不同的L-α-氨基酸残基通过肽键连接而形成的链状结构（第3章）。

（3）糖肽键：是糖链和肽链的连接键。一条多肽链可以在一个或几个位点上，与一条或几条寡糖链连接。参与糖肽键的氨基酸残基主要有天冬酰胺（Asn）、丝氨酸（Ser）、苏氨酸（Thr）、羟赖氨酸（Hyl）和羟脯氨酸（Hyp）。糖肽键主要有两种类型：N-糖肽键和O-糖肽键。

N-糖肽键是指糖链末端N-乙酰葡萄糖胺的糖环C_1原子与多肽链上天冬酰胺（Asn）的酰胺基氮原子共价连接；O-糖肽键是指糖链末端N-乙酰半乳糖胺的糖环C_1原子与多肽链上丝氨酸（Ser）或苏氨酸（Thr）的—OH氧原子共价连接（图5.25）。

糖蛋白在生物体分布广泛，种类繁多，如免疫球蛋白、血型物质、糖蛋白激素、糖蛋白酶、凝集素等。糖蛋白主要存在于动物的细胞膜、细胞间质、血液以及黏液中。对其结构与功能之间关系的研究，已成为当今糖生物学研究的重要内容之一。

糖链的存在和结合方式与其功能有紧密的联系，糖蛋白的生理功能主要表现在以下几方面：①具有酶及激素的活性；②由于糖蛋白的高黏度特性，机体可用它作为润滑剂、保护剂；③具有防止蛋白酶的水解以及阻止细菌、病毒侵袭的作用；④在组织培养时对细胞黏着和细胞

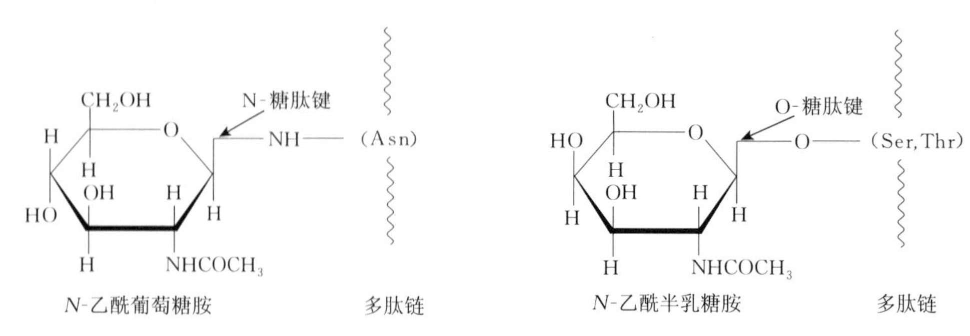

图 5.25　糖链与多肽链的连接键

接触起抑制作用；⑤对外来组织细胞识别、肿瘤特异性抗原活性的鉴定有一定作用。

5.3.2　蛋白聚糖

蛋白聚糖（proteoglycans，PG）是一类特殊的糖蛋白。它是由一条或多条糖胺聚糖链，在特定的部位与多肽链共价连接而成的生物大分子，相对分子质量可达数百万。在蛋白聚糖分子中，蛋白质多肽链居于中间，称为核心蛋白（core protein）。糖胺聚糖链（如硫酸软骨素、硫酸角质素）排列在核心蛋白肽链的两侧，以糖肽键与之连接。蛋白聚糖再与透明质酸主链通过连接蛋白非共价相连（图 5.26）。在蛋白聚糖分子中，糖含量大大高于蛋白质含量，占 95%以上。因此，蛋白聚糖的性质不同于糖蛋白，更接近于多糖。

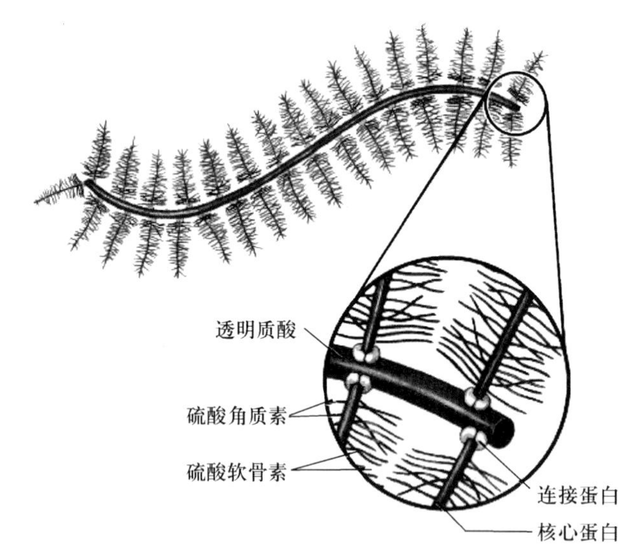

图 5.26　软骨蛋白聚糖的结构

由于核心蛋白种类多，加上糖胺聚糖链的数目、长度及硫酸化部位不同，因此蛋白聚糖的种类非常多。不同的蛋白聚糖具有不同的生理作用，其生理功能主要表现：①在组织中广泛分布，构成细胞间基质；②蛋白聚糖中糖胺聚糖是多阴离子化合物，能结合 Na^+、K^+，从而吸收水分，糖分子中的—OH 也是亲水的，因此基质内的蛋白聚糖可以吸收及保留水分而形成凝胶；③具有分子筛作用，允许小分子化合物自由扩散，阻止细菌通过，发挥保护作用；④蛋白聚糖中所含的肝素为抗凝剂，透明质酸可吸收大量水分子，使组织“疏松”，细胞易于移动，促进创伤愈合，硫酸软骨素能维持软骨的机械性；⑤细胞表面的蛋白聚糖与细胞相互识别、生长有关。

5.3.3 脂多糖

脂多糖（lipopolysaccharide，LPS）是由脂类和多糖紧密相连而成，是革兰氏阴性细菌细胞壁特有的组分。由于脂多糖具有抗原性，又称抗原性多糖。

脂多糖的脂类部分是脂质A，多糖部分为杂多糖。脂质A是由脂肪酸通过脂胺键与由磷酸-*N*-乙酰葡萄糖胺以β-1,6-糖苷键相连而成的二糖重复单位相连而成（图5.27）。杂多糖包含核心多糖和O-特异性多糖。目前，沙门菌属细菌的脂多糖结构研究得比较清楚：其核心多糖由酮脱氧辛糖酸、庚糖、葡萄糖、半乳糖及*N*-乙酰葡萄糖胺组成；核心多糖与O-特异性多糖相连，O-特异性多糖通常含半乳糖、葡萄糖、鼠李糖、甘露糖等；这些单糖相互连成寡糖单位，此单位不断重复，就形成长的O-特异性多糖，即是决定其免疫特异性的所谓O抗原。

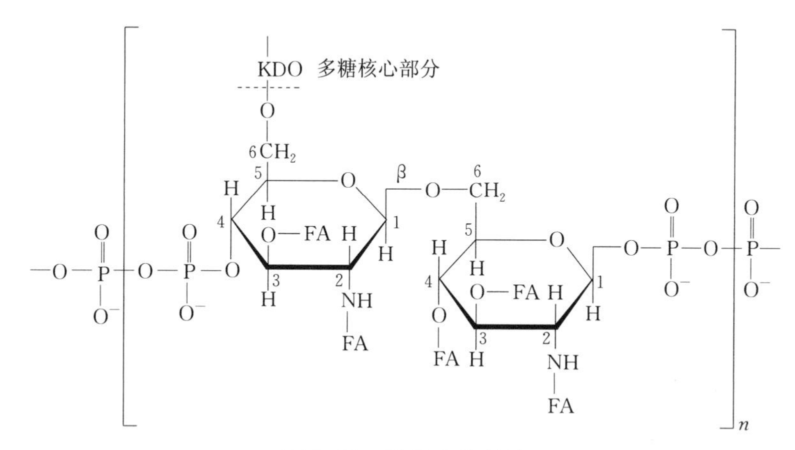

图5.27 脂质A的结构

FA. 脂肪酸 KDO. 酮脱氧辛糖酸

脂多糖的这种特殊结构，使革兰氏阴性细菌细胞外膜表面具有亲水性。此外，它还具有特殊的生理学及生物学功能，如构成内毒素化合物、决定细菌类型、产生特异性抗体等。

5.3.4 糖脂

糖脂（glycolipids）是一个或多个单糖残基通过糖苷键与脂类连接而成的化合物。它是生物膜的组成成分之一，在生物体内广泛存在。组成生物膜的糖脂主要是甘油糖脂和鞘糖脂，两者在理化性质上是典型的脂类物质。

（1）甘油糖脂（glyceroglycolipid）：是由二酰甘油与糖基以糖苷键连接而成的化合物。其中，糖基主要是己糖，如半乳糖、甘露糖等。最常见的甘油糖脂有半乳糖二酰甘油和二甘露糖二酰甘油（图5.28）。

半乳糖二酰甘油　　二甘露糖二酰甘油

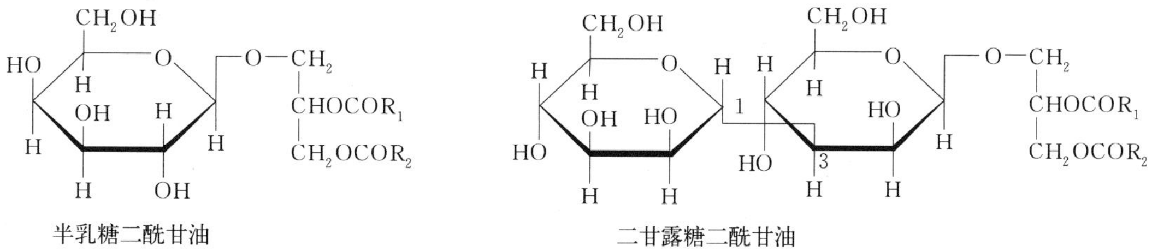

图5.28 甘油糖脂

(2) 鞘糖脂 (glycosphingolipid)：是由神经鞘氨醇、脂肪酸和糖类物质结合而成，其中的糖类有葡萄糖、半乳糖、岩藻糖、*N*-乙酰葡萄糖胺、*N*-乙酰半乳糖胺。鞘糖脂可分为脑苷脂和神经节苷脂。脑苷脂 (cerebroside) 中只含有一个单糖残基，而神经节苷脂 (gangliosides) 分子结构中糖链较复杂，一般含有一个或多个 *N*-乙酰神经氨酸 (唾液酸) (图 5.29)。

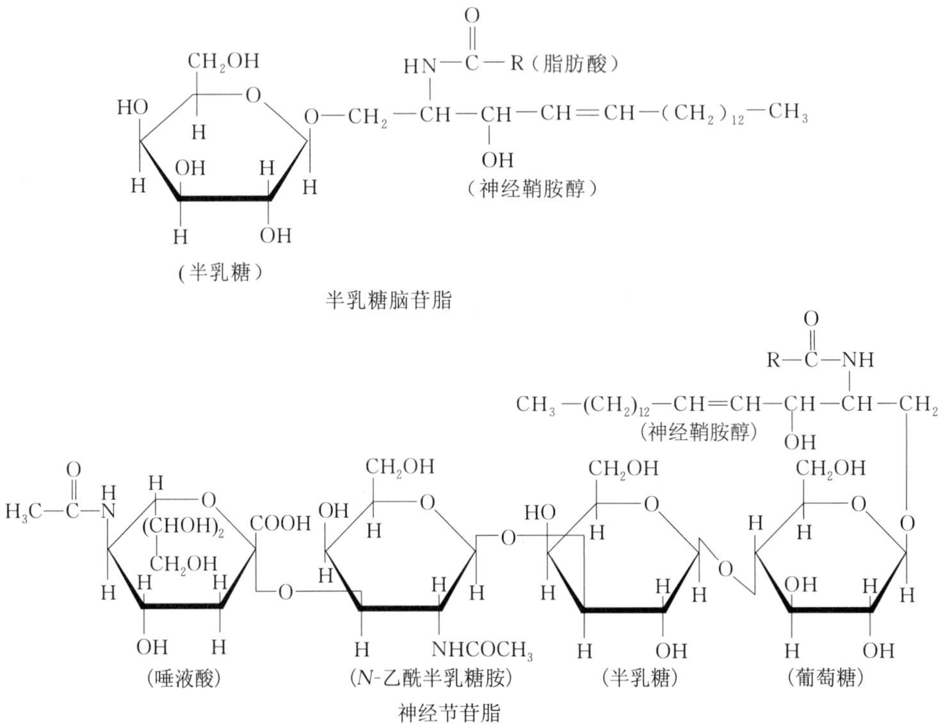

(半乳糖) (神经鞘胺醇) (脂肪酸)

半乳糖脑苷脂

(唾液酸) (*N*-乙酰半乳糖胺) (半乳糖) (葡萄糖) (神经鞘胺醇)

神经节苷脂

图 5.29 鞘糖脂

糖脂仅分布在细胞膜外侧的单分子层中，其糖链伸向细胞膜的外侧。植物和细菌中的糖脂主要是甘油糖脂，动物中主要是鞘糖脂。鞘糖脂除有结构性功能外，还具有特定的细胞学功能，许多复杂的鞘糖脂已被鉴定为血型活性物质。神经节苷脂是最重要的鞘糖脂，具有受体的功能，与机体免疫、细胞识别等相关，在神经冲动传递中起重要作用。病毒的感染也与糖脂有密切的联系。已知，破伤风毒素、霍乱毒素、干扰素、促甲状腺素等的受体，就是不同的神经节苷脂。

5.3.5 糖 RNA

糖 RNA (glycoRNA) 是糖基化 RNA 分子，其以一小段 RNA (核糖核酸) 为支架连接聚糖而形成 (图 5.30)。糖基化修饰过程发生在蛋白质或脂质上是非常普遍的，有研究表明，糖基也同样能够结合到 RNA 分子上，这一现象在多种哺乳动物中均普遍存在，并有可能存在于所有生命形式中，这将为糖生物学的发展开辟新的研究思路。糖基化 RNA 在体内的确切功能目前尚不清楚，但研究认为其可能与动物自身免疫性疾病有关。

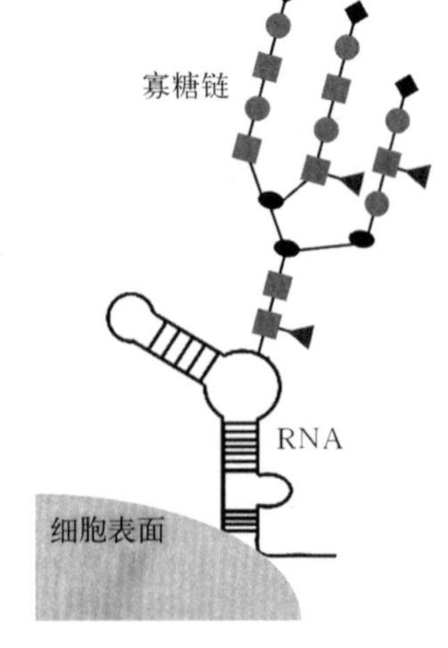

图 5.30 糖 RNA 结构

案 例

1. 禽流感 禽流感（avian influenza）是由禽流感病毒引起的禽类感染的高度接触性传染病。高致病性禽流感属于人兽共患病。禽流感病毒粒子中存在糖蛋白及糖脂，病毒表面具有双层脂质构成的囊膜，囊膜中存在血凝素和神经氨酸酶2种重要的糖蛋白。依据糖蛋白抗原性的不同，禽流感可分为16个H亚型（H1～H16）和9个N亚型（N1～N9），HA和NA之间不同变化，形成了200多种亚型的禽流感病毒，致病力也有明显的差异。有些毒株无致病性，可长期存在于禽体内；有些毒株感染禽类后，可诱导禽体内产生抗体，感染后不发病；有些毒株感染后会引起禽类出现轻度症状；某些高致病性毒株感染后则引起禽类100%的死亡，以及人发病和死亡。由于糖蛋白的变化引起病毒的变异及毒力差异，所以难以彻底根除。

2. 壳多糖的止血作用 出血是生命活动过程中常见的现象，失血过量会造成休克或死亡，因此需要及时止血。壳多糖是自然界中存在较为丰富的碱性多糖，其分子结构中同时含有羟基和氨基，可以发生多种化学反应。在生理pH条件下，壳多糖分子中的氨基质子化后带正电荷，形成了大量的阳离子基团，该基团与红细胞膜表面带有负电荷的氨基酸残基受体相互作用，进而发生黏附聚集，可有效刺激血小板，活化补体系统和其他血液成分，使血液迅速发生凝固形成血凝块，达到止血目的。此外，壳多糖也可交联形成不同的结构形式，因安全无毒、吸附性强、生物相溶性好等特点已成为纳米技术常用的制备原料。

3. 肝素抗凝血效应 血液系统中存在着凝血和抗凝血两种对立统一的机制，从而保证血液的正常流动性。杂多糖——肝素通过激活抗凝血酶Ⅲ（ATⅢ）而发挥抗凝血作用。ATⅢ是一种血浆α_2球蛋白，低浓度的肝素可与ATⅢ可逆性结合引起ATⅢ分子结构变化，从而增强对许多凝血因子的抑制作用，尤其对凝血酶和凝血因子Xa的灭活作用显著增强，并可抑制血小板聚集，从而起到抗凝血的作用，是非常有效的体内外抗凝剂。临床上常用肝素治疗马和小动物早期的弥散性血管内凝血（DIC），同时，其也可用于各种急性血栓性疾病，如手术后血栓的形成、血栓性静脉炎等。

二维码5-1 第5章习题

二维码5-2 第5章习题参考答案

第6章

生物膜与物质运输

【本章知识要点】

☆ 动物细胞属于真核细胞，具有复杂精细的结构。细胞的质膜以及细胞器的膜结构统称为生物膜，其基本化学组成是脂类和蛋白质。

☆ 膜脂的主要成分是磷脂分子，主要有甘油磷脂和鞘磷脂，此外还有糖脂和胆固醇。膜脂的双亲性是生物膜脂质双层结构的化学基础，且膜脂分子具有流动性，膜脂中脂肪酸的组成和性质影响其流动性。

☆ 膜蛋白根据其与膜的结合方式和紧密程度，分为外在蛋白和内在蛋白。膜蛋白的种类和数量越多，膜的功能也就越复杂。

☆ 膜的组成具有不对称性，膜蛋白与膜脂分子之间存在相互作用，流动镶嵌学说描述了生物膜的结构。

☆ 物质的过膜转运是膜的重要生物学功能之一。小分子和离子的运输主要有三种方式：①顺浓度梯度的简单扩散；②顺浓度梯度并且依赖于通道或载体的促进扩散；③逆浓度梯度，需要膜上特异的转运蛋白（泵）参与并消耗ATP的主动运输作用。

☆ 大分子及颗粒物质的运输涉及内吞、外排、转运、定位等与细胞膜运动相关的复杂过程。

细胞是生命的基本组成单位。自然界的细胞分为两大类：一类是原核细胞，没有明确的细胞核，只有质膜包围整个细胞，大多数细菌属于此类；另一类是真核细胞，有清楚的细胞核，且在质膜内还有各种细胞器，动物的细胞属于真核细胞。图6.1为动物细胞的模式图。

一个哺乳动物的个体大约由上千亿个细胞构成。如此多的细胞要协调一致地进行生理活动，离不开细胞的膜结构。物质运输、信息传递、能量转换、神经传导、基因表达以及细胞的分裂、运动、识别乃至肿瘤的发生等，几乎所有的生命现象都与生物膜密切有关。生物学上讲的生物膜（biomembrane）指的是细胞的膜系统，包括细胞膜和细胞器膜。其中，细胞膜或质膜（plasma membrane）是指包围在细胞外表面上的一层薄膜。细胞器膜是指真核细胞内的一些亚细胞结构的膜，如细胞核、线粒体、内质网、溶酶体、高尔基体以及植物细胞中的叶绿体等的膜结构。不同细胞器膜虽然都有自身特定的生化功能，但结构上十分相似。

生物膜的结构与功能研究已经成为生物化学与分子生物学学科的研究热点之一。本章将着

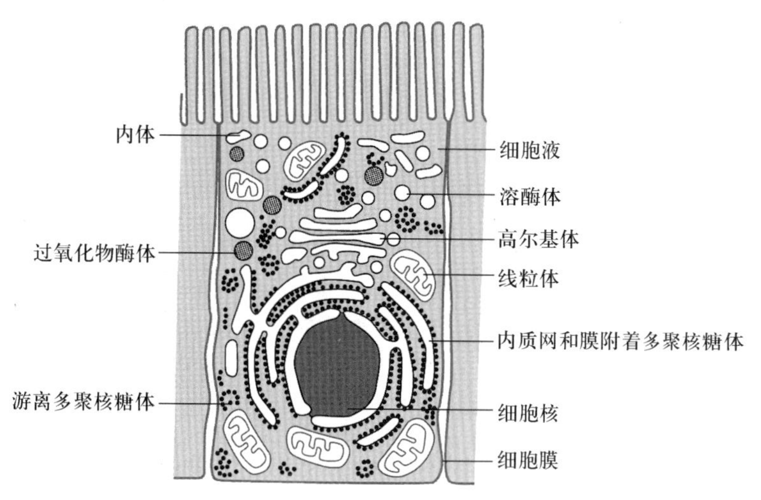

图 6.1 动物细胞的模式图

重讨论生物膜的基本化学组成和结构，并介绍生物膜在物质（主要是离子和小分子）运输中的作用。生物膜与能量转换的关系以及生物膜在细胞信号传导中的作用，分别在本书的第 9 章和第 12 章中进行叙述。

6.1 生物膜的化学组成

生物膜主要由蛋白质和脂类组成，还有少量的糖、金属离子，并结合一定量的水。在动物细胞，膜结构的重量占到了细胞干重的 70%～80%。膜中蛋白质与脂类的含量不恒定，蛋白质含量可间接衡量膜功能的复杂程度，通常功能越复杂，它所含蛋白质也越多，例如，大鼠肝细胞线粒体内膜中含蛋白质 76%，含脂质 24%，其核膜中含蛋白质 59%，脂质 35%。人红细胞质膜中蛋白质和脂质含量分别为 49%和 43%。而神经髓鞘膜的功能比较单纯，主要起绝缘作用，因此它的蛋白质含量仅为 18%，而脂质含量达 79%。

6.1.1 膜脂

动物细胞膜脂包括磷脂、少量的糖脂和胆固醇。磷脂以甘油磷脂为主，其次是鞘磷脂、糖脂；而糖脂则以鞘糖脂为主。

6.1.1.1 膜脂的种类

（1）**甘油磷脂**：甘油磷脂（glycerophospholipid）以甘油为基础，在甘油的第 1 和第 2 位碳原子的羟基上各结合一个脂酰基，并且第 2 位碳原子上连接的多为不饱和脂酰基。在第 3 位碳原子的羟基上结合一分子磷酸，形成磷脂酸。然后，磷酰基与其他的醇类以磷脂键相连，生成多种甘油磷脂，如磷脂酰胆碱（卵磷脂）、磷脂酰胆胺（脑磷脂）、磷脂酰丝氨酸、肌醇磷脂、磷脂酰甘油和双磷脂酰甘油等（图 6.2）。

（2）**鞘磷脂**：与甘油磷脂不同，鞘磷脂（sphingomyelin）以神经鞘氨醇为基础。神经鞘氨醇本身含有 18 个碳原子的烃链，氨基以酰胺键与长链脂酰基相连，一个羟基连接磷脂酰胆碱（图 6.3）。

（3）**糖脂**：动物细胞膜中的糖脂以鞘糖脂为主。神经鞘磷脂中的磷脂酰胆碱被糖基取代即

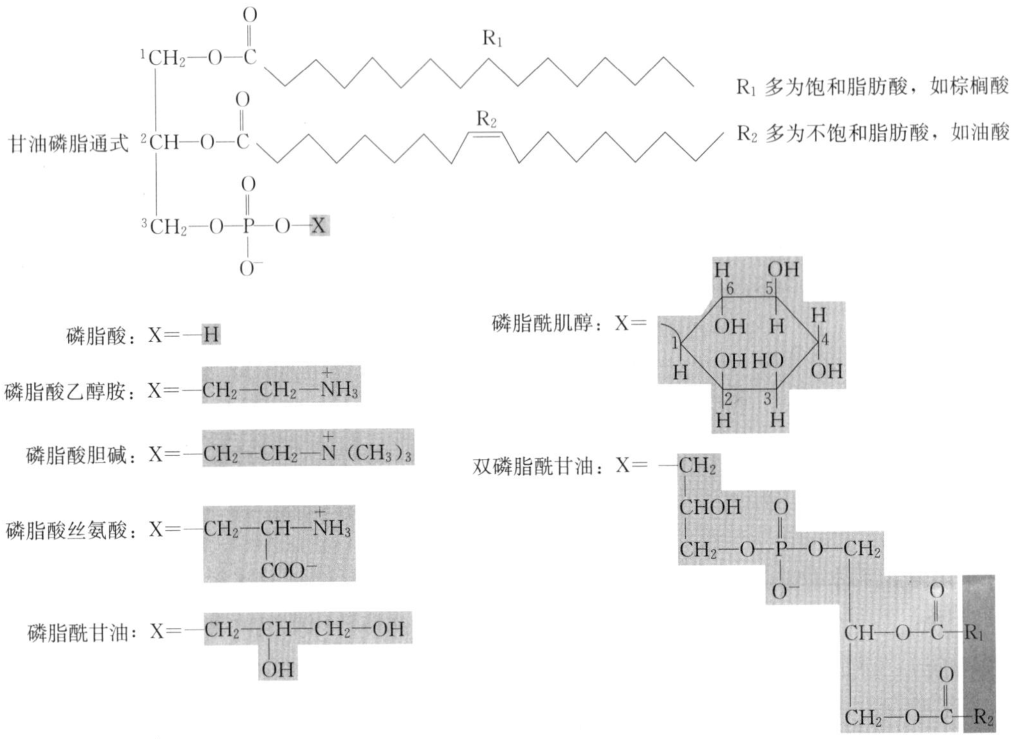

图 6.2　甘油磷脂

成为鞘糖脂，主要的鞘糖脂有葡萄糖基脑苷脂，乳糖基 N-脂酰基鞘氨酸，血型糖脂和神经节苷脂等。

（4）胆固醇：真核细胞的膜结构中都含有固醇，在动物细胞膜中主要是胆固醇。胆固醇在质膜中含量较多，细胞器膜中含量较少（图 6.4）。

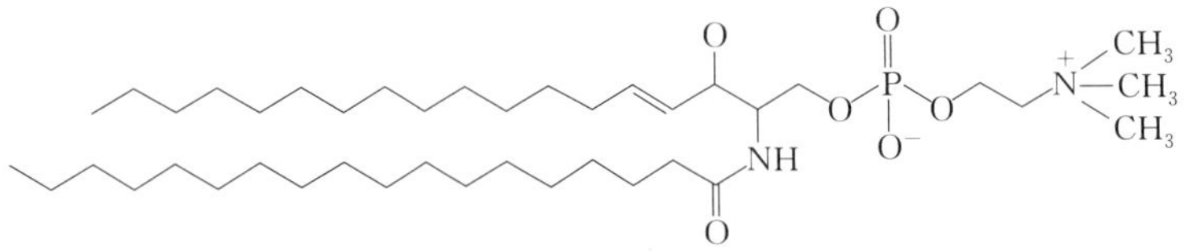

图 6.3　鞘磷脂的分子结构

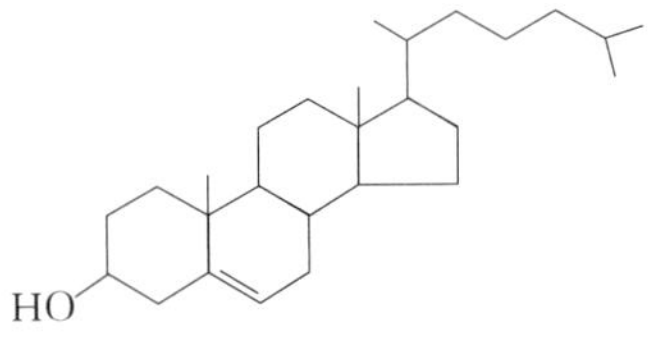

图 6.4　胆固醇的分子结构

6.1.1.2　膜脂的双亲性

生物膜中所含的磷脂、糖脂和胆固醇，虽然种类很多、结构各异，但它们都是双亲分子（amphipathic molecule），既含有亲水的头部，又含有疏水的尾部。例如，在甘油磷脂分子中，1 位和 2 位碳原子羟基上分别通过脂酰基连接有两条非极性的烃链，称为“疏水尾”，而磷脂酰—X（醇基）部分，由于其强极性，称为“极性头”（图 6.5）。其他膜脂分子也有同样的结构与性质。

膜脂分子的双亲性，赋予了它们一些特殊的性质。在水溶液中，膜脂极性的头部可通过氢键与水分子相互作用而朝向水相，而非极性的尾部会依赖疏水力的作用相互聚拢，结果形成两侧亲水、中央疏水的脂质双分子层。可见，膜脂分子的双亲性是形成生物膜双层结构的分子基础。将双亲脂质分子加到水溶液中，能够形成封闭的球状结构，称为脂质体（liposome）（图 6.5）。

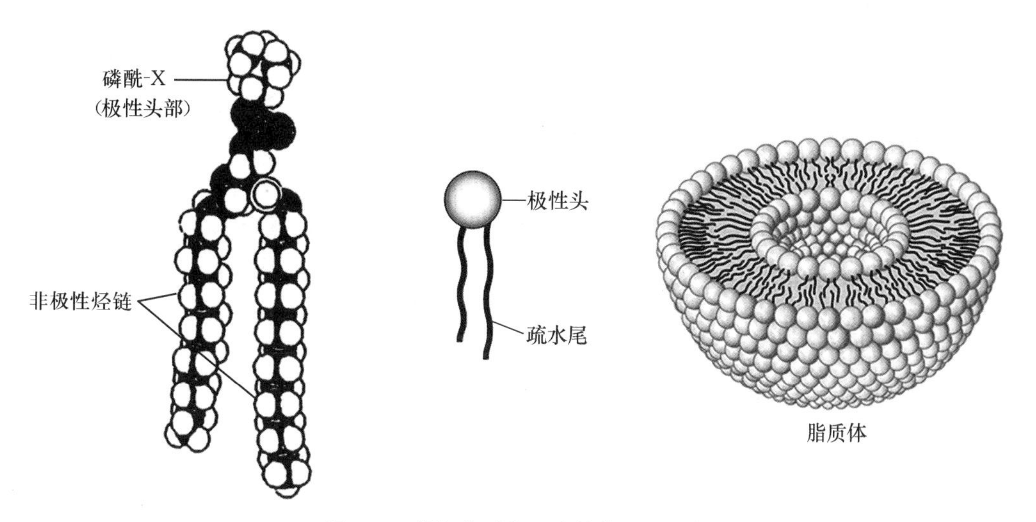

图 6.5 磷脂分子的双亲结构和脂质体

6.1.2 膜蛋白

膜蛋白是膜的生物学功能的主要体现者。目前所知道的膜蛋白有酶、受体、转运蛋白、抗原和细胞骨架蛋白等。通常根据蛋白质在膜中的位置及与膜结合的紧密程度，把膜蛋白分为外在蛋白和内在蛋白两类。

(1) 外在蛋白 (extrinsic protein)：又称外周蛋白。亲水性较强，一般通过离子键等非共价作用力与膜内表面或外表面上的膜脂分子或其他蛋白质的亲水部分结合。这种结合不太紧密，可通过改变溶液的pH、离子强度等把它们从膜上洗脱下来。

(2) 内在蛋白 (intrinsic protein)：又称整合蛋白，其通常半埋或贯穿于膜中（图 6.6）。蛋白质分子中亲水的部分位于膜的两侧，即面向水相，而疏水的部分在膜的中央，常以 α 螺旋形式镶嵌入膜的内部，与脂双层的疏水区域相结合。除非使用表面活性剂（如胆酸盐、十二烷基硫酸钠等）或有机溶剂，否则很难把内在蛋白与膜脂质分开。

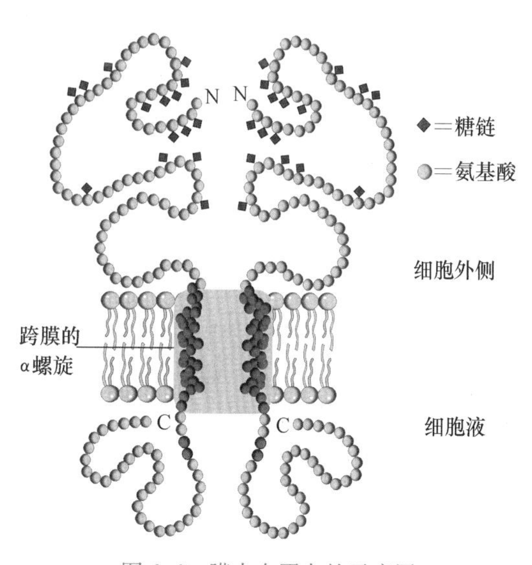

图 6.6 膜内在蛋白的示意图

6.1.3 膜糖

膜上含有少量与蛋白质或脂质相结合的寡糖，形成糖蛋白或糖脂。在糖蛋白中，糖基可借助于N-糖苷键连接于蛋白质分子中的天冬酰胺残基的酰胺基上（称N连接），或者借助O-糖苷键与蛋白质分子中的丝氨酸或苏氨酸残基的羟基相连（称O连接）；而糖脂中的糖基一般通过O-糖苷键与甘油或鞘氨醇的羟基相连接。

在膜上发现的糖的种类主要有葡萄糖、半乳糖、甘露糖、岩藻糖、*N*-乙酰氨基葡萄糖、*N*-乙酰氨基半乳糖、*N*-乙酰神经氨酸（又称为唾液酸）等。单糖基之间以不同方式互相连接。由于糖基中含有多羟基，不同的连接方式可以产生出众多结构复杂的寡糖链。唾液酸常出现在寡糖链的末端。膜上的寡糖链都暴露在质膜的外表面（向细胞外）。它们与一些细胞的重要特性有关联，如细胞间的信号转导和相互识别。因此，有人形象地把它们比作细胞用来捕捉和辨认胞外信号的"化学天线"。前面提到的神经节苷脂是一个含有 7 个糖基寡糖链的糖脂，它是一类膜上的受体。已知破伤风毒素、霍乱毒素、干扰素、促甲状腺素、绒毛膜促性腺激素等的受体就是不同的神经节苷脂。再如，在红细胞膜上糖蛋白的寡糖链末端糖基的不同，决定了血型 A、B、O 抗原的差别。A 型抗原的末端糖基是乙酰氨基半乳糖基，B 型是半乳糖基，而 O 型比 A、B 型都只少一个糖基。

6.2 生物膜的结构特点

6.2.1 膜的运动性

利用荧光漂白等物理学和生物物理学的方法研究生物膜时发现，膜脂分子在脂双层中处于不停的运动中。其运动方式有分子摆动（尤其是磷脂分子的烃链尾部的摆动）、围绕自身轴线的旋转、侧向的扩散运动以及在脂双层之间的跨膜翻转等。大多数运动的速度都非常快，平均约为 2 μm/s。对荧光标记的磷脂分子进行示踪研究发现，它可以在 1 s 内从细菌质膜的一端扩散到另一端。而脂质分子的跨膜翻转运动则相当慢，要以小时、天来计算。不过，这种翻转运动可能对维持脂双层的不对称性是重要的。膜脂质的这些运动特点，是生物膜表现生物学功能时所必需的。

膜蛋白与膜脂一样，也是处在不断的运动之中。一方面膜蛋白有其自身的运动；另一方面由于它镶嵌在膜脂中，脂质分子的运动对它也有影响。膜蛋白的运动有两种形式：一种是在膜的平面做侧向的扩散运动，另一种是绕着膜平面的垂直轴做旋转运动。但一般不容易从膜的一侧翻转到另一侧。

6.2.2 膜脂的流动性与相变

膜脂双层中的脂质分子在一定的温度范围内，可以呈现有规则的凝胶态或流动的液态（液晶态）。两种状态的转变温度称为相变温度（T_c）或临界温度。磷脂分子赋予了生物膜可以在凝胶态和液晶态两相之间互变的特性。由于天然生物膜的脂质组成比较复杂，它比单一磷脂的相变温度范围要宽。当低于相变温度时，脂双层呈凝胶态，高于相变温度时，呈液晶态（图 6.7）。生理条件（体温）下，哺乳动物细胞的质膜处于流动的液晶态。

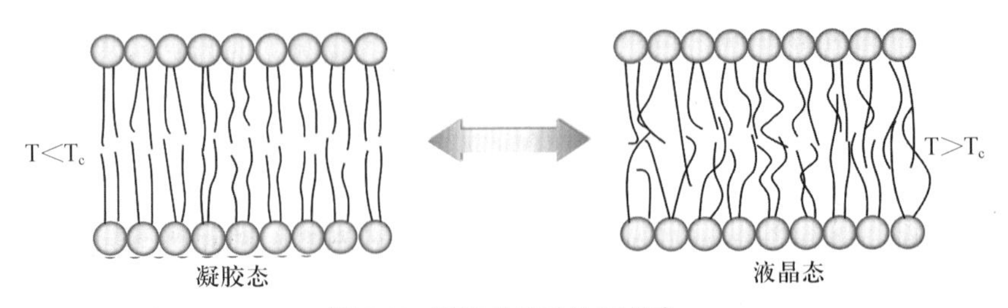

图 6.7 膜脂的流动性和相变

膜的主要成分是磷脂。磷脂分子中所含脂肪酸的烃链性质与膜脂的相变密切有关。一般来说，脂质分子中所含脂肪酸烃链的不饱和程度越高，或者脂肪酸的烃链越短，相变温度相应越低。较低相变温度使脂双层具有较好的流动性。一些变温动物，如鱼类、爬行动物，其细胞的

质膜中含有较高比例的不饱和脂肪酸，因此即使在寒冷的环境下，仍能保持其流动性，确保细胞代谢活动正常进行。有研究指出，膜上的胆固醇对膜的流动性和相变温度有调节功能。插入磷脂分子之间的胆固醇与磷脂的脂肪酸的烃链之间存在相互作用，当环境温度高于相变温度时，它能增加脂双层分子排列的有序性，以降低膜的流动性；而低于相变温度时，它又能扰乱磷脂分子疏水的脂肪酸烃链尾部的排列，防止形成凝胶状态，保持膜的流动性。由此可见，胆固醇对膜的流动性具有双向的调节作用。

6.2.3 膜蛋白与膜脂的相互作用

早期认为，膜蛋白与膜脂之间没有直接的功能上的联系，但研究发现，膜上内在蛋白的周围常结合一层或几层脂质分子（称界面脂），膜蛋白与膜脂之间显然存在相互作用，而且对许多膜蛋白发挥功能而言，膜脂必不可少，膜蛋白与膜脂间存在相互作用表现在以下几方面。

（1）膜脂对膜蛋白维持构象和活性是必需的：膜上的许多内在蛋白需要一定量的膜脂才能维持其构象和表现出活性。有研究指出，肌浆网上每分子的Ca^{2+}-ATP酶至少需要30个磷脂分子才表现出完整的活性。有的膜蛋白对膜脂还有专一性要求，例如线粒体内膜的β-羟丁酸脱氢酶需要卵磷脂才有活性。若用鞘磷脂代替卵磷脂，其活性下降一半，原因是卵磷脂分子与该膜酶结合以后，引起酶蛋白的构象变化，使其活性增加。这与酶蛋白的变构机理十分相似。

（2）膜上的蛋白质和脂质分子之间存在共价连接：一些膜蛋白与膜上的多种脂肪酸、烃类或糖脂共价相连，后者通常插入脂双层中，构成含脂膜蛋白。它们与脂双层的联系依赖于它所连接的插入脂双层的脂肪酸等。已知的含脂膜蛋白有棕榈酸连接蛋白、豆蔻酸连接蛋白、异戊二烯结合蛋白和糖脂连接蛋白等。例如在棕榈酸连接蛋白中，蛋白质中的一个半胱氨酸残基的巯基与棕榈酸以硫酯键相连，棕榈酰基直接插入脂双层，蛋白部分位于脂双层的外侧，并不深入到膜内。这类蛋白质，由于它们并不贯穿膜，不受膜内侧细胞骨架蛋白约束，因此在膜上可以快速侧向运动，十分有利于在细胞信号传递和细胞间相互识别中发挥作用。

（3）脂筏（lipids raft）：脂筏是在质膜脂质双层的外层中由鞘磷脂和胆固醇通过非共价相互作用形成的一种微结构，大小70 nm左右。脂筏的大小可以动态调节，小的脂筏有时可以聚集成大的脂筏。据估计，脂筏的面积可能占膜表面积的一半以上。它们的作用很像一个蛋白质停泊的平台，例如糖磷脂酰肌醇锚定蛋白、Src蛋白、G蛋白的α亚基、血管内皮细胞的一氧化氮合酶等都存在于脂筏中，还有的受体蛋白在没有接受配体时，对脂筏的亲和力比较弱，一旦结合了配体，就发生寡聚化并转移到脂筏中。还有证据表明，脂筏不仅与细胞信号传导和蛋白质的转运有关，还与一些退行性神经疾病有关。脂筏可能在牛海绵状脑病中的正常朊蛋白PrP^{c}和异常朊蛋白PrP^{sc}的构象转换的病理过程中起着关键作用。

6.2.4 脂质双层的不对称性

膜脂质在脂双层两侧的分布具有不对称性。例如，红细胞质膜外层含有较多的卵磷脂与鞘磷脂，内层有较高比例的丝氨酸磷脂与脑磷脂。这种膜脂的不对称性与膜的功能有关。如果存在于红细胞质膜内层较多的丝氨酸磷脂与脑磷脂一旦转到外层，则会产生促进血液凝固的效应。质膜内、外层中脂酰基的不饱和程度也不一致，因此其流动性也不同。此外，根据蛋白质在膜上的分布，有内在蛋白和外在蛋白之分，而依其功能，有的膜蛋白，如受体常在膜的外侧感受环境中的化学信号，有的如细胞骨架蛋白则与膜的胞液一侧发生联系。可见膜蛋白在膜上的定位和功能也是明显不对称的。

6.2.5 流动镶嵌模型

为了阐明生物膜的功能，自20世纪30年代以来，学者们设想出了数十种模型，试图解释生物膜的结构特点，但都有不同程度的局限性。1972年，S. Singer和G. Nicolson提出了生物膜的“流动镶嵌学说”(fluid mosaic hypothesis)。这一学说虽然仍不完善，但得到了比较广泛的认同。根据前面已介绍过有关生物膜的结构特点，现将这个学说归纳为以下几点：①脂质双层是膜的基本结构，膜脂质分子在不断运动中，在生理条件下，呈流动的液晶态；②细胞质膜上的蛋白质有的结合于膜的表面，有的镶嵌在膜内，它们与膜脂分子之间存在相互作用；③膜的各种成分在脂双层上的分布具有不对称性，膜上的糖基总是暴露在质膜的外表面。

生物膜的基本结构模型见图6.8。

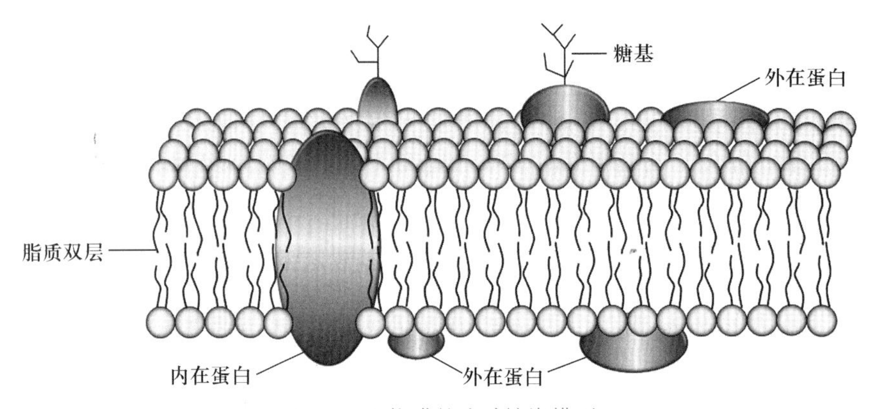

图6.8 生物膜的流动镶嵌模型

6.3 物质的过膜转运

物质的过膜转运(transmembrane transport)对活细胞维持正常内环境和各项生理功能至关重要。包围细胞的质膜，使细胞具有了一定的边界，将细胞液与外环境分开，而真核细胞的胞内膜系统形成了细胞器结构，使细胞在空间上和功能上区室化(compartmentation)。根据细胞生理活动需要，膜可以控制物质进入或离开细胞和细胞器。因此，生物膜作为一种高度选择性转运物质的屏障。其生理意义在于：①维持细胞的容积，保持细胞的形态，并调节细胞内的pH和各种电解质的浓度，为各项生理活动提供适宜的环境；②从外部摄取细胞代谢活动所需的营养物质，排出和分泌代谢产物和废物。

物质的过膜转运有不同的方式(图6.9)。如果只是把一种分子由膜的一侧转运到另一侧，称为单向转运(uniport)。如果一种物质的转运与另一种物质相伴随，称为协同转运(cotransport)。协同转运时，方向相同，称为同向转运(symport)；方向相反，称为反向转运(antiport)。根据被转运的对象及转运过程是否需要载体和消耗能量，还可再进一步细分出各种过膜转运的方式。这里将对小分子、离子以及大分子物质的过膜转运分别进行叙述。

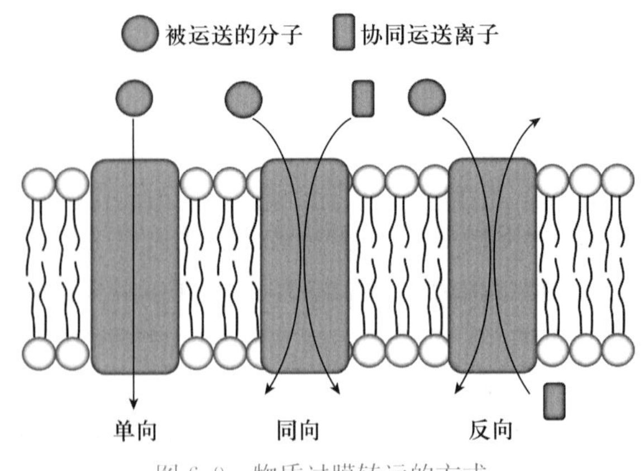

图6.9 物质过膜转运的方式

6.3.1 小分子与离子的过膜转运

6.3.1.1 简单扩散

简单扩散（simple diffusion）是小分子与离子由高浓度向低浓度穿越细胞膜的自由扩散过程。物质的转移方向依赖于它在膜两侧的浓度差。由于这是物质由高浓度向低浓度的扩散，不需要消耗能量，也不需要任何转运载体帮助，但是不同的分子和离子并非以相同的速率进行过膜扩散。由于膜的基本结构是脂质双层，一般来说脂溶性小分子的透过性较好，如 O_2、N_2 和苯等能较容易地穿越膜的脂质双层，而离子和多数的极性分子透过性较差。有研究认为，水、甘油、乳糖以及 Na^+、K^+ 可能是通过膜上的微孔结构进行扩散，这种微孔是在膜运动过程瞬间出现的结构，平均直径 0.8 μm 左右，其大小足以让一些小分子和离子通过。图 6.10 比较了一些物质在脂双层上的透过率。

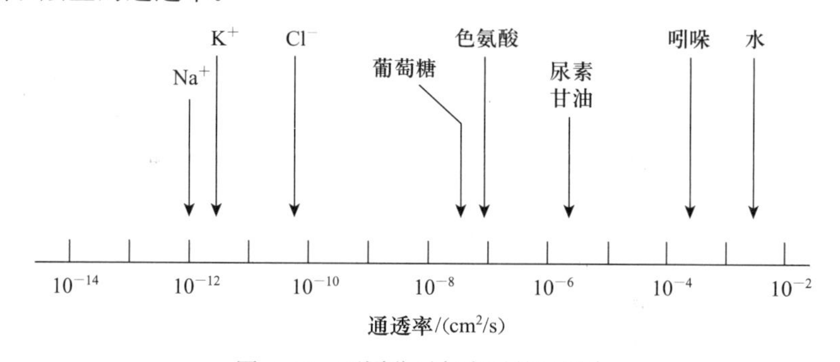

图 6.10　不同分子与离子的通透率

6.3.1.2 促进扩散

促进扩散（facilitated diffusion）又称为易化扩散。与简单扩散相似，它也是物质由高浓度向低浓度转运的过程，也不需要消耗能量，但不同的是，这种物质的过膜转运需要膜上特异的转运蛋白参与。这些转运蛋白分为通道（channel）和载体（carrier）两类。

促进扩散过程受到严格调控，只在一定生理条件下进行。因此通过促进扩散转运的分子和离子在膜的两侧常有很大的浓度差异，以便在需要时，通过促进扩散转运。这种形式的扩散缩短了膜两侧转运物质达到平衡的时间，其转运速度随被转运物质的增加而增大，但由于必须有转运载体的参与，因此转运速度具有最大值。

促进扩散的过膜转运机制如图 6.11 所示。通道有时由过膜的 α 螺旋肽段形成。螺旋管通

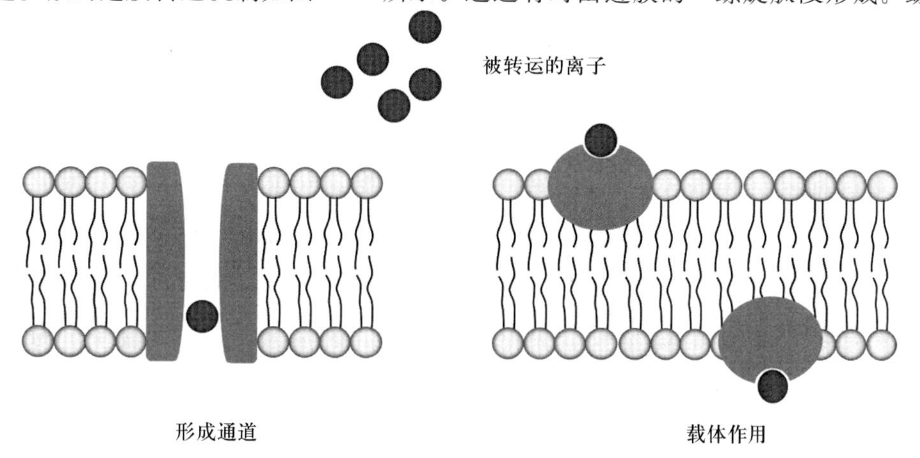

图 6.11　离子的促进扩散

过瞬间的开放和关闭，使离子从膜的一侧顺浓度梯度转运到另一侧。与此相类似，过膜的转运载体常具有两种可以互变的构象。一种构象对被转运物质有高亲和力，从高浓度的膜一侧与被转运物质可逆结合，然后转变为对被转运物质有低亲和力的另一种构象，把被转运物质在膜的另一侧释放出去。红细胞膜上的葡萄糖转运蛋白、神经突触后膜上的乙酰胆碱受体蛋白（Na^+ 内流/K^+ 外流）、线粒体内膜上的 ATP/ADP 变换蛋白等，都是通过构象的变化以实现分子和离子的过膜促进扩散。许多分子与离子，甚至一些远比膜的微孔结构小的物质，除了进行简单扩散以外，也常依赖于促进扩散进行过膜转运。

6.3.1.3 主动转运

主动转运（active transport）是物质依赖于转运载体、消耗能量并能够逆浓度梯度进行的过膜转运方式。其所需的能量来自 ATP 的水解。它既不同于简单扩散，也与促进扩散转运方式有区别。有实验数据表明，动物细胞质膜两侧或细胞器膜两侧的某些离子浓度有很大的差异。例如，非兴奋细胞胞液内的 Na^+、K^+ 浓度分别约为 14 mmol/L 和 157 mmol/L，而细胞外的浓度分别约为 143 mmol/L 和 4 mmol/L。Ca^{2+} 在胞液内的浓度约为 10^{-4} mmol/L，远低于胞外的约 3 mmol/L。这种不均一性对细胞的生理活动，例如酶的活性、细胞信号的传递、膜电位的维持等有着十分重要的作用。离子浓度梯度的维持依赖于多种所谓“泵”的主动转运功能来实现。这些“泵”本身具有 ATP 酶的活性，可以通过分解 ATP、释放自由能实现离子的逆浓度梯度转运。例如，细胞膜的钠钾泵，又称 Na^+-K^+-ATP 酶，其作用是保持细胞内的高 K^+ 和低 Na^+、细胞外的高 Na^+ 和低 K^+。而钙泵的作用则是保持胞外和细胞内质网腔内的 Ca^{2+} 浓度远高于胞液。下面以 Na^+-K^+-ATP 酶为例来说明主动转运的机制。

从动物脑、肾细胞的质膜中分离提纯到的 Na^+-K^+-ATP 酶（图 6.12）由 α 和 β 两种亚基构成，在膜中形成四聚体 $\alpha_2\beta_2$ 的形式。α 亚基至少有 8 段过膜的 α 螺旋区，大部分位于膜的胞液一侧，包含有 ATP 酶水解活性位点。β 亚基只有单一的过膜 α 螺旋，是一个含寡糖基的多肽，寡糖基结合在 β 亚基的胞外一侧。在两个 α 亚基之间形成一个离子通道。β 亚基在 ATP 的水解和离子运转中的作用还不太清楚。

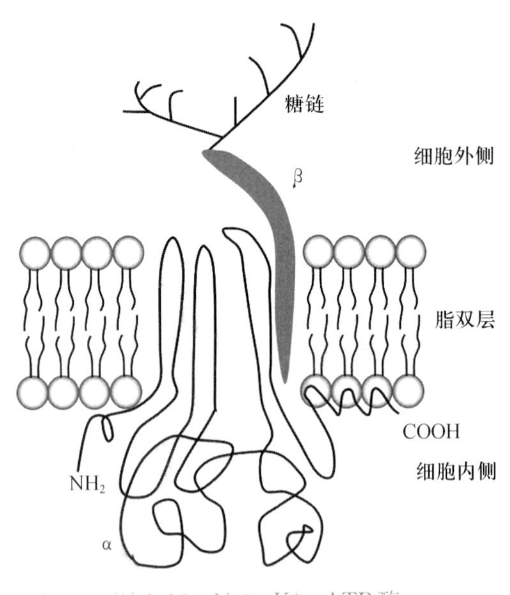

图 6.12 Na^+-K^+-ATP 酶

Na^+-K^+-ATP 酶有两种不同的构象：E_1 和 E_2。通过它们之间的交替互变，把 K^+ 从胞外转入胞内，把 Na^+ 从胞内转到胞外。这种反向的协同转运逆浓度梯度进行，并消耗 ATP。其作用机制如图 6.13 所示，可简单叙述如下。E_1 是一种对 Na^+ 有高度亲和性的构象，Na^+ 结合到其胞内侧的特定位点上，引发 E_1 的磷酸化。这一过程是由酶内侧的 ATP 酶活性位点起作用，将 ATP 上的一个磷酰基转移到酶分子上的一个天冬氨酸残基。磷酸化的结果使 E_1 构象转变成 E_2 构象，造成离子结合位点的翻转，朝向了膜的胞外侧。磷酸化的 E_2 对 Na^+ 的亲和力弱，因此将 Na^+ 释放到胞外，但对 K^+ 具有强亲和力，于是从胞外一侧结合 K^+。K^+ 的结合使 E_2 脱去磷酸基（释出 Pi），失去了磷酰基的 E_2 构象不稳定，又转变为 E_1，离子结合位点也随之从胞外侧翻转回到胞内侧。E_1 构象对 K^+ 的亲和力弱，则将 K^+ 释放到胞内，至此，完成了一次 Na^+/K^+ 的转运。这过程中消耗了 ATP。

据计算，每次消耗 1 分子的 ATP，可以将 3 个 Na^+ 从胞内泵到胞外，同时将 2 个 K^+ 从胞

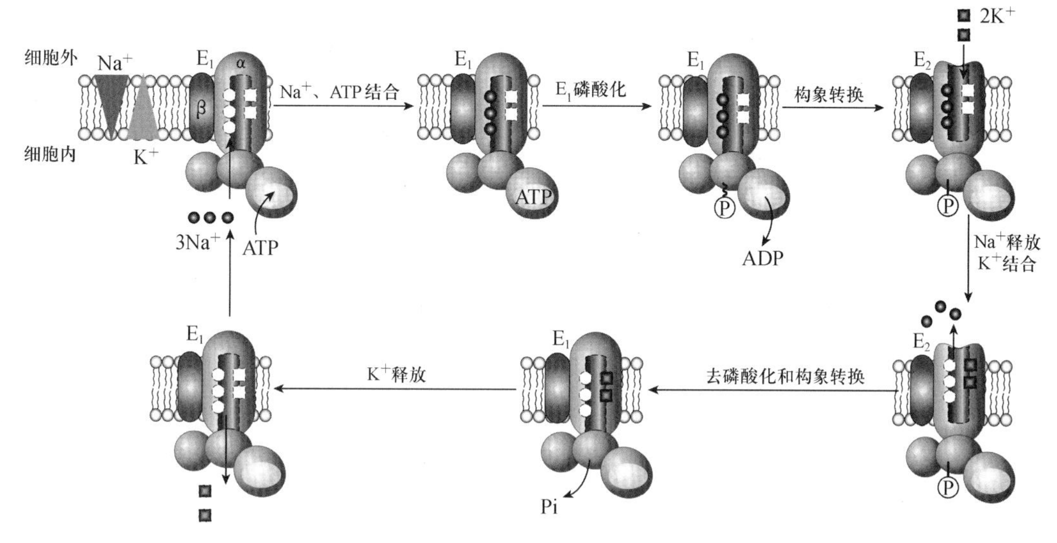

图 6.13　Na^+-K^+-ATP 酶的作用机制模式

外泵入胞内，以维持细胞内外 Na^+ 和 K^+ 的浓度差。Na^+-K^+-ATP 酶广泛分布于动物组织中，其活性直接影响细胞的代谢活动。除了维持细胞中电解质的浓度和膜电位以外，相对高的 K^+ 浓度，对细胞内糖代谢的关键酶丙酮酸激酶的活性也是必需的。此外，小肠黏膜细胞等吸收葡萄糖和氨基酸进入胞内时，还伴随着 Na^+ 的同向转运。因此，质膜上的钠钾泵必须把在胞内累积的 Na^+ 不断地排出去，才能使葡萄糖和氨基酸的转运得以持续进行。

6.3.2　大分子物质的过膜转运

大分子物质和颗粒（如蛋白质、核酸、多糖、病毒和细菌等）进出细胞是通过与细胞膜的一起移动实现，如内吞和外排。蛋白质还有跨越内质网膜、线粒体膜的转运发生。

(1) 内吞作用：内吞作用（endocytosis）曾被分为两种方式：①吞噬作用（phagocytosis），即细胞摄入不溶颗粒；②胞饮作用（pinocytosis），即细胞摄入溶解物质。这种划分并不重要，因为其机制大致相同，都是细胞从外界摄入的大分子或颗粒，逐渐被质膜的一小部分包围、内陷，然后从质膜上脱落下来，形成细胞内的囊泡的过程。例如，原生动物摄取细菌和食物颗粒，高等动物免疫系统的吞噬细胞内吞入侵的细菌。此外，还常见由受体介导的内吞作用（receptor-mediated endocytosis），是指被内吞物与细胞膜上的特异性受体相结合，随即引起细胞膜的内陷，形成囊泡，囊泡将内吞物裹入并输入细胞内的过程。这是一种专一性很强的内吞作用，例如低密度脂蛋白（LDL）被组织细胞内吞的机制。在动物分娩前，血浆中的免疫球蛋白（牛为 IgG）也是以这种方式向乳腺上皮细胞进行大量转移，因此初乳中含有高浓度的免疫球蛋白，新生幼仔由此获得被动免疫力。

(2) 外排作用：外排作用（exocytosis）基本上是内吞作用的逆过程。它是细胞内的物质先被囊泡裹入形成分泌囊泡，分泌囊泡向细胞质膜迁移，然后与细胞质膜接触、融合，再向外释放出其内容物的过程。例如，产生胰岛素的胰岛细胞，将合成的胰岛素分子累积在细胞内的囊泡里，然后这些分泌囊泡与细胞质膜融合并打开，向细胞外释放出胰岛素。有许多因素可以影响细胞的外排作用。如神经因素引起腮腺和肾上腺髓质细胞分泌，血浆葡萄糖促进胰岛细胞分泌胰岛素都是由于细胞膜的去极化，使 Ca^{2+} 流入胞内。胞内 Ca^{2+} 浓度的增加可导致分泌泡与质膜的融合而启动外排。

(3) 蛋白质合成后的转运与定位：蛋白质在细胞内的核糖体上合成之后，必须进行转运与定位。有的留在胞液中，有的送到细胞核、线粒体、溶酶体等中去，还有的要分泌到细胞外去发挥作用。这种分拣、转运机制受到严格的调控，并且与细胞的膜系统密切相关，因此也是膜功能研究中一个十分活跃的领域。

案 例

1. 短杆菌肽抗菌机制 短杆菌肽是一种短肽类抗生素，是由短芽孢杆菌提取的一类物质的总称，其抗菌机理目前认为是通过改变细胞质膜的通透性，以至于破坏膜的双层结构，使胞内物质外漏而导致细菌死亡。例如短杆菌肽A属脂溶性物质，为两个短杆菌肽分子呈二聚体以左手螺旋空间构型，构成了横贯双脂层细胞膜的通道，以结合并运载特定的阳离子从膜的一侧进入通道再扩散到膜的另一侧，从而使细菌新陈代谢活动不能正常进行而受到抑制甚至死亡。

2. 洋地黄毒苷缓解心力衰竭的机制 洋地黄毒苷属于强心苷类药物，其可与心肌细胞膜的Na^+-K^+-ATP酶结合，诱导该酶构象发生变化而抑制其活性，导致心肌细胞的Na^+和K^+转运受阻，使细胞内Na^+浓度升高，K^+浓度降低。细胞内Na^+浓度的升高，降低了细胞膜两侧的Na^+跨膜梯度，导致胞外的Na^+与胞内的Ca^{2+}交换减少，胞内Ca^{2+}浓度升高，并使肌浆网中的钙储增加。因此，在洋地黄毒苷作用下，心肌细胞内可利用的Ca^{2+}量增加，从而使心肌收缩力加强。

3. 硒和维生素E缺乏症 动物机体在代谢过程中能产生一些使细胞和亚细胞脂膜受到破坏的内源性过氧化物——有机过氧化物（ROOH等）、无机过氧化物（H_2O_2）。硒是谷胱甘肽过氧化酶（GSH-Px）活性中心，其通过GSH-Px清除体内产生的过氧化物和某些自由基，保护细胞膜结构和功能。而维生素E是一种很强的抗氧化剂，能阻止过氧化物的生成，从而保护细胞免受自由基的危害。上述二者协同作用，共同使细胞膜免受过氧化物和自由基等的损害，防止疾病的发生。

二维码6-1 第6章习题

二维码6-2 第6章习题参考答案

Part Ⅱ

第二部分

动物机体的中间代谢

Intermediary Metabolism in Animals

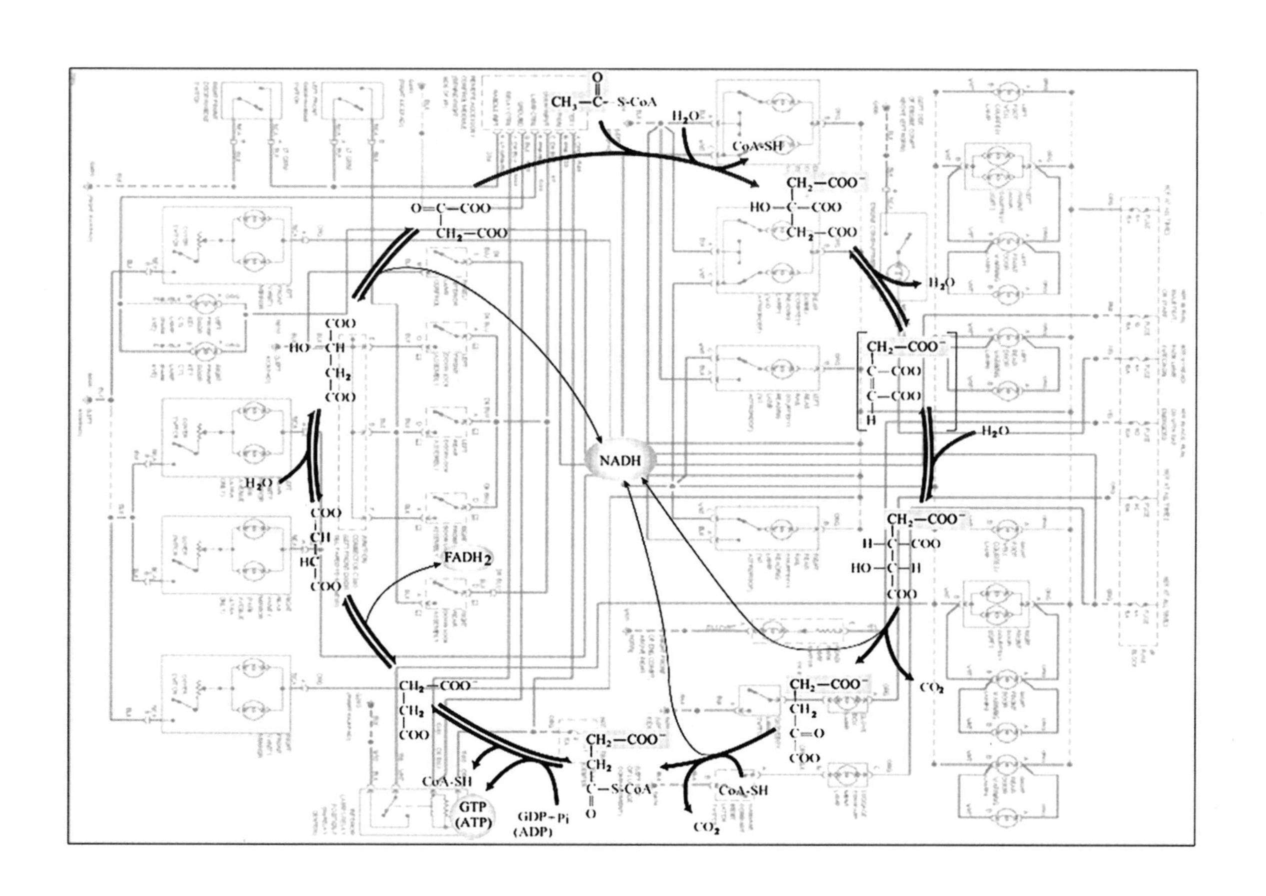

第 7 章

生物催化剂——酶

【本章知识要点】

☆ 酶是一种生物催化剂。绝大部分酶的本质为蛋白质，其具有高效性、专一性、可调节性和不稳定性等特点。

☆ 酶依据其化学组成可分为单纯酶和结合酶。结合酶由酶蛋白和辅助因子两部分构成，辅助因子一般是指辅基、辅酶和金属离子。酶蛋白决定了反应的专一性；辅助因子则与催化反应的性质有关，且大多数辅酶和辅基均为维生素的衍生物。

☆ 酶的结构与其功能密切相关，酶分子中负责与底物结合以及与催化作用直接相关的一些必需基团所构成的微区称为酶的活性部位。

☆ 中间产物学说是认识酶催化机制的基础，酶通过与底物形成不稳定的过渡态复合物降低反应所需的活化能而发挥高效催化作用，最终加速反应进程。

☆ 酶促反应的速度受多种因素影响，包括底物浓度、酶浓度、温度、pH、抑制剂和激活剂等。其中，底物浓度对酶活性的影响可以用米-曼方程式表示，米氏常数 K_m 是酶的特征性常数，一定程度上反映了酶与底物的亲和力。

☆ 酶的抑制作用包括不可逆抑制与可逆抑制两类，其中竞争性抑制和非竞争性抑制是最重要的可逆抑制作用。竞争性抑制剂使酶的 K_m 值变大，但并不影响酶促反应的 V_{max}；而非竞争性抑制剂并不影响底物与酶的亲和力，因此其 K_m 值不变，但 V_{max} 变小了。

☆ 变构调节和共价修饰调节是对酶活性调节的 2 种重要方式。变构酶通常是多亚基酶，并且具有特征性的 S 形动力学曲线；共价修饰是由另外的酶催化的对酶蛋白基团进行化学修饰而改变酶的活性，最常见的共价修饰是酶的磷酸化和去磷酸化。

新陈代谢是生命有机体最基本的特征之一，这个过程由成千上万的化学反应所组成。生命有机体中几乎所有的化学反应都是在一群被称为酶的特殊的催化剂作用下进行的，而且生命有机体对代谢的调节也是通过酶来实现。由此可见，生命活动离不开酶的催化作用。在酶的作用下，生物体内的代谢过程有条不紊地进行，同时许多因素又通过酶对代谢发挥精细而巧妙的调节。此外，动物的许多疾病与酶的异常表现有密切联系，许多药物也是通过对酶的影响来达到治疗疾病的目的。

7.1 酶的一般概念

7.1.1 酶的化学本质

酶（enzyme）也称为生物催化剂（biological catalyst），是活细胞产生的具有催化功能的生物大分子。1926年，J. Summer从刀豆中分离获得了脲酶的结晶，并提出酶的化学本质是蛋白质。后来J. Northrop等分离到了胃蛋白酶、胰蛋白酶和胰凝乳蛋白酶的结晶，进一步证实酶的蛋白质本质。从已发现的数千种酶来看，证实其中绝大多数是蛋白质，并已得到了数百种酶的结晶。

20世纪80年代，T. Cech等人发现rRNA前体在加工剪接中具有自我催化作用，以后的实验证实某些核酸也具有催化活性。现代科学认为，酶是由活细胞产生的，能在体内或体外同样起催化作用的一类具有活性部位和特殊构象的生物大分子，包括蛋白质和核酸。在本章中只讨论蛋白质属性的酶。

7.1.2 酶的命名和分类

7.1.2.1 酶的命名

酶的命名有习惯命名法和系统命名法两种。习惯命名法大多数根据酶所催化的底物、反应性质以及酶的来源而定；系统命名法规定每一酶均有一个系统名称，它标明酶的所有底物与反应性质，底物名称之间以“：”分隔。由于许多酶的系统名称过长，为了应用方便，国际生物化学与分子生物学联盟（nomendature committee of the international union of biochemistry and molecular biology，NC-IUBMB）（以前称为“国际酶学委员会”）又从每种酶的数个习惯名称中选定一个简便实用的推荐名称。现将一些酶的习惯命名和系统命名举例列于表7.1中。

表7.1 几种酶的命名举例

编号	系统命名	习惯命名	催化的反应
EC1.1.1.27	乳酸：NAD^+氧化还原酶	乳酸脱氢酶	L-乳酸＋NAD^+ $\rightleftharpoons$ 丙酮酸＋NADH＋H^+
EC2.6.1.1	L-天冬氨酸：α-酮戊二酸氨基转移酶	天冬氨酸氨基转移酶	L-天冬氨酸＋α-酮戊二酸 $\rightleftharpoons$ 草酰乙酸＋L-谷氨酸
EC3.1.3.9	D-葡萄糖-6-磷酸水解酶	葡萄糖-6-磷酸酶	D-葡萄糖-6-磷酸＋H_2O $\rightleftharpoons$ 葡萄糖＋H_3PO_4
EC4.1.2.13	D-果糖-1,6-二磷酸：D-甘油醛-3-磷酸裂合酶	醛缩酶	D-果糖-1,6-二磷酸 $\rightleftharpoons$ 磷酸二羟丙酮＋D-甘油醛-3-磷酸
EC5.3.1.9	D-葡萄糖-6-磷酸酮醇异构酶	磷酸己糖异构酶	D-葡萄糖-6-磷酸 $\rightleftharpoons$ D-果糖-6-磷酸
EC6.3.1.2	L-谷氨酸：氨连接酶	谷氨酰胺合成酶	ATP＋L-谷氨酸＋NH_3 $\rightleftharpoons$ ADP＋H_3PO_4＋L-谷氨酰胺

7.1.2.2 酶的分类

国际生物化学与分子生物学联盟于1961年确定酶的分类原则，在1992年将所有酶按所催

化的反应类型统一分成6类；2018年8月，又正式引入第7类转位酶（translocase，EC7）。

（1）氧化还原酶类（oxidoreductases）：催化底物进行氧化还原反应的酶类，如乳酸脱氢酶、琥珀酸脱氢酶、细胞色素氧化酶、过氧化氢酶、过氧化物酶等。

（2）转移酶类（transferases）：催化底物之间进行某些基团的转移或交换的酶类，如甲基转移酶、氨基转移酶、己糖激酶、磷酸化酶等。

（3）水解酶类（hydrolases）：催化底物发生水解反应的酶类，如淀粉酶、蛋白酶、脂肪酶等。

（4）裂解酶类（lyases）或裂合酶类：催化从底物移去一个基团并留下双键的反应或其逆反应的酶类，如碳酸酐酶、醛缩酶等。

（5）异构酶类（isomerases）：催化同分异构体之间相互转化的酶类，如葡萄糖异构酶、消旋酶等。

（6）合成酶类（ligases）或连接酶类：催化两分子底物合成为一分子化合物，同时必须由ATP（GTP或UTP）提供能量的酶类，如谷氨酰胺合成酶、DNA连接酶等。

（7）转位酶（translocase）：催化离子或分子跨膜转运或在细胞膜内易位反应的酶，即将离子或分子从膜的一侧转移到另一侧，如线粒体蛋白质转运ATP酶、ABC型β-葡聚糖转运体、ABC型脂肪酰CoA转运体等。

根据酶所催化的化学键的特点和参加反应的基团不同，每一大类酶又分为几个亚类，每一个亚类再分为几个亚亚类。每种酶的分类编号均由4个数字组成，数字前冠以EC（enzyme commission），代表国际酶学委员会（NC-IUBMB的早期名称），编号中第1个数字表示该酶属于7大类中的哪一类，第2个数字表示该酶属于哪一亚类，第3个数字表示亚亚类，第4个数字是该酶在亚亚类中的排序。以乳酸脱氢酶（EC1.1.1.27）为例，其编号解释如下（图7.1）。

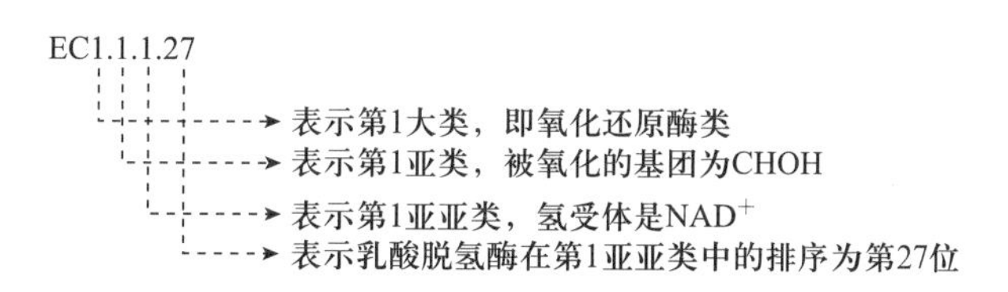

图7.1 酶的分类

7.1.3 酶的催化特性

作为生物催化剂，酶既有与一般催化剂相同的催化性质，又具有一般催化剂所没有的生物大分子的特征。酶与一般催化剂的共同点：①只能催化热力学所允许的化学反应，缩短达到化学反应平衡的时间，而不改变平衡点；②在化学反应的前后没有质和量的改变；③很少的酶量就能发挥较大的催化作用；④其作用机理都在于降低了反应的活化能（activation energy）。酶作为生物催化剂，与一般催化剂相比，又有明显的特点。

7.1.3.1 极高的催化效率

一般而言，酶催化的反应（或称酶促反应）速度比非催化反应快10^8～10^{20}倍，比其他催化反应快10^7～10^{13}倍。例如，过氧化氢酶和铁离子都能催化H_2O_2的分解（$H_2O_2+H_2O_2 \rightarrow 2H_2O+O_2$），但在相同的条件下，过氧化氢酶要比铁离子的催化效率高10^{11}倍。正是由于酶的催化效率极高，因此在生物机体内酶的含量尽管很低，却可以迅速地催化大量底物发生反应，以满足代谢的需求。

7.1.3.2 高度的专一性

一种酶只作用于一类化合物或化学键，催化一定类型的化学反应，并生成一定的产物，这种现象称为酶的专一性（specificity）或特异性。受酶催化的反应物习惯上称为该酶的底物（substrate）。

酶对底物的专一性又可分为以下几种。

(1) 绝对专一性：一种酶只作用于特定的底物，经催化反应后产生特定的产物，称为绝对专一性（absolute specificity）。如脲酶（urease）只能催化尿素水解成 NH_3 和 CO_2，而不能催化甲基尿素的水解反应。

(2) 相对专一性：一种酶可作用于一类化合物或化学键，这种不太严格的专一性称为相对专一性（relative specificity）。如脂肪酶不仅能水解脂肪，也能水解简单的酯类；磷酸酯酶对一般磷酸酯的水解反应都有催化作用。

(3) 立体专一性：酶对底物的立体构型有特异要求，称为立体专一性（stereo specificity）。如α-淀粉酶只能催化水解淀粉分子中的α-1,4-糖苷键，不能催化水解纤维素分子中的β-1,4-糖苷键；L-乳酸脱氢酶的底物只能是L-乳酸，而不能是D-乳酸。

7.1.3.3 酶活性的可调节性

和体内其他物质一样，酶是作为细胞的组成成分在不断地进行新陈代谢，其催化活性和含量也受到调控。例如，酶的生物合成受到诱导或阻遏作用，酶的活性受到激活物和抑制物的调控作用，代谢物可对酶实现反馈调节、酶的变构调节以及化学修饰调节等。这些对酶催化作用的调控是为了保证酶在代谢活动中恰如其分地发挥作用，使生命活动中的各种化学反应都能够有条不紊、协调一致地进行。

7.1.3.4 酶的不稳定性

绝大多数酶是蛋白质。酶促反应要求比较温和的 pH 和温度等条件。因此，强酸、强碱、高温以及有机溶剂、重金属盐、紫外线等任何可以使蛋白质变性的理化因素，都可导致酶活性的降低或丧失。

7.1.4 酶活性及其测定

7.1.4.1 酶活性

酶活性又称酶活力，是指酶催化化学反应的能力。酶活力的大小可以用在一定的条件下酶催化某一化学反应的速度来表示，酶活力的测定实际上就是测定酶所催化的化学反应的速度。反应速度可用单位时间内底物的减少量或产物的生成量来表示。在一般的酶促反应体系中，底物的量往往是过量的。在初速度范围内，底物减少量仅为底物总量的很小一部分，测定不易准确定量；而产物则是从无到有，较易测定。因此，常用单位时间内产物的生成量来表示酶催化的反应速度。

7.1.4.2 酶活力单位

酶活性的大小可用酶活力单位（active unit）来表示。酶活力单位是指在特定的条件下，酶促反应在单位时间内生成一定量的产物或消耗一定量的底物所需的酶量。在实际工作中，酶活力单位往往与所用的测定方法、反应条件等因素密切相关。为了便于比较，1961 年国际生物化学与分子生物学联盟对酶的活力单位进行了标准化的规定：1 个酶活力国际单位（IU）是

指在最适条件下（温度一般规定为25℃），每分钟催化减少1 μmol/L底物或生成1 μmol/L产物所需的酶量。如果酶的底物中有一个以上的可被作用的化学键或基团，则一个国际单位指的是每分钟催化1 μmol/L的有关基团或化学键的变化所需的酶量。在实际应用时，要注意尽可能地采用对所测定酶的最适条件。

7.1.4.3 比活力

酶的比活力（specific activity）也称为比活性，是指每毫克酶蛋白所具有的活力单位数。有时也用每克酶制剂或每毫升酶制剂所含有的活力单位数来表示。比活力是表示酶制剂纯度的一个重要指标，常用于监控酶的分离纯化过程和酶制剂的质量。对一种酶来说，比活力越高，则纯度越高。但是较长的存放时间以及不适当的存放条件会导致酶的比活力降低。

7.2 酶的化学结构

7.2.1 酶的化学组成

根据酶的组成成分，可将酶分为单纯酶和结合酶两类。

（1）单纯酶（simple enzyme）：是基本组成成分仅为氨基酸的一类酶。消化道内催化水解反应的酶，如蛋白酶、淀粉酶、酯酶、核糖核酸酶等都属于此类酶。这些酶只由氨基酸组成，不含其他成分，其催化活性仅仅取决于其蛋白质结构。

（2）结合酶（conjugated enzyme）：其基本组成成分除蛋白质部分外，还含有对热稳定的非蛋白质的小分子有机物以及金属离子。其中，蛋白质部分称为酶蛋白（apoenzyme），而小分子有机物和金属离子统称为辅助因子（cofactor）。酶蛋白与辅助因子单独存在时，都没有催化活性，只有两者结合成完整的分子时，才具有活性。这种完整的酶分子称为全酶（holoenzyme），即：全酶=酶蛋白+辅助因子。

7.2.2 酶的辅助因子

辅助因子中的小分子有机物的主要作用是在反应中传递氢原子、电子或一些基团。按其与酶蛋白结合的紧密程度不同可分成辅酶（coenzyme）和辅基（prosthetic group）两大类。辅酶与酶蛋白结合较疏松，可以用透析或超滤的方法将其除去；辅基与酶蛋白结合较紧密，不易用透析或超滤的方法除去。辅酶和辅基的差别仅仅在于它们与酶蛋白结合的牢固程度不同，并无严格的界限。大多数的辅酶和辅基，其结构中都含有维生素（vitamin，Vit），尤其是B族维生素（表7.2）。

表7.2 辅酶、辅基与维生素

辅酶、辅基	功 能	维生素
硫胺素焦磷酸（TPP）	α-酮酸氧化脱羧和酮基转移作用	硫胺素（Vit B_1）
黄素单核苷酸（FMN） 黄素腺嘌呤二核苷酸（FAD）	转移氢原子	核黄素（Vit B_2）
尼克酰胺腺嘌呤二核苷酸（NAD^+） 尼克酰胺腺嘌呤二核苷酸磷酸（$NADP^+$）	转移氢原子	尼克酰胺（Vit B_5，又称Vit PP）
磷酸吡哆醛	氨基酸的转氨基、脱羧基反应	吡哆素（Vit B_6）

（续）

辅酶、辅基	功　能	维生素
辅酶 A（CoA）	转移酰基	泛酸（Vit B_3）
四氢叶酸（FH_4）	转移“一碳基团”	叶酸（Vit B_{11}）
生物素	固定二氧化碳（羧化）	生物素（Vit B_7，又称 Vit H）
甲基钴胺素 5′-脱氧腺苷钴胺素	转移甲基，协助异构反应	钴胺素（Vit B_{12}）
硫辛酸	转移氢原子和酰基	硫辛酸（类维生素）
辅酶 Q	转移氢原子	泛醌（类维生素）

酶的种类很多，而辅酶和辅基只有十多种。通常一种酶蛋白只能与一种辅酶或辅基结合，成为一种酶；但一种辅酶或辅基往往能与不同的酶蛋白结合，构成许多种酶。酶蛋白在酶促反应中主要起识别和结合底物的作用，决定酶促反应的专一性；而辅助因子则决定反应的种类和性质。如甘油醛-3-磷酸脱氢酶、乳酸脱氢酶和异柠檬酸脱氢酶，它们结合和催化的底物不同，但都以 NAD^+ 为辅酶催化氢原子的转移。

酶分子中常见的金属离子有 K^+、Na^+、Mg^{2+}、Cu^{2+}、Zn^{2+} 和 Fe^{2+} 等以及一些非金属元素（如 Se）（表 7.3）。这些无机元素或者是酶活性部位的组成部分，或者是连接底物和酶分子的桥梁，或者是稳定酶蛋白分子构象所必需的。

表 7.3　无机离子作为辅助因子的一些酶类

金属离子	酶种类	金属离子	酶种类
Fe^{2+}/Fe^{3+}	细胞色素氧化酶、过氧化氢酶	Mn^{2+}	精氨酸酶、核糖核苷酸还原酶
Cu^{2+}/Cu^+	细胞色素氧化酶	Mo^{2+}	固氮酶
Zn^{2+}	羧肽酶、碳酸酐酶	K^+	丙酮酸激酶（需要 Mg^{2+} 和 Mn^{2+}）
Se	谷胱甘肽过氧化物酶	Na^+	质膜 ATP 酶（需要 K^+ 和 Mg^{2+}）
Mg^{2+}	激酶	Ni^{2+}	脲酶

7.2.3　维生素与辅酶、辅基的关系

7.2.3.1　维生素

维生素是维持机体正常功能所必需的一类小分子有机化合物，其不能在人和动物机体内合成，或者所合成的量难以满足机体的需要，因此必须由食物供给。维生素既不是构成机体组织的原料，也不是供能的物质，但在调节物质代谢、促进生长发育和维持生理功能等方面发挥着重要作用。如果长期缺乏某种维生素，人和动物都可能发生疾病。

按其溶解性，维生素分为脂溶性维生素和水溶性维生素两大类，共有 13 种。水溶性维生素包括 8 种 B 族维生素和维生素 C，脂溶性维生素主要是视黄醇（维生素 A）、钙化醇（维生素 D）、生育素（维生素 E）和凝血维生素（维生素 K）等 4 种。大部分的维生素直接作为或者转变为辅酶和辅基参与机体的代谢活动，其中以 B 族维生素最为重要。此外，还有一些性质与维生素相似的有机小分子，如硫辛酸和辅酶 Q 等，称为类维生素，也具有辅酶、辅基的作用。

7.2.3.2　维生素与辅酶、辅基的关系

（1）维生素 B_1：又称为硫胺素（thiamine），其中包含噻唑环和嘧啶环。体内的活性形式

为硫胺素焦磷酸（thiamine pyrophosphate，TPP），其分子结构见图 7.2（图中加灰部分为发挥关键活性作用的基团或原子，下同）。

维生素 B_1 在肝及脑组织中经硫胺素焦磷酸激酶作用生成 TPP，其是体内催化 α-酮酸氧化脱羧的辅酶。TPP 噻唑环上的硫和氮之间的碳原子十分活泼，易释放 H^+，形成具有催化功能的亲核基团——TPP 负离子。此"负"电性的碳原子可与 α-酮酸的羧基结合使 α-酮酸脱羧，释放二氧化碳。当维生素 B_1 缺乏时，由于 TPP 合成不足，丙酮酸的氧化脱羧发生障碍，结果导致糖的氧化利用受阻。

(2) 维生素 B_2：又称为核黄素（riboflavin），它是核醇与二甲基异咯嗪的缩合物。分子中的异咯嗪，其第 1 和第 5 位氮原子可以接受氢（H 也可理解为 H^+ +电子）和释放氢，因而具有可逆的氧化还原特性。

维生素 B_2 在体内经磷酸化作用可生成黄素单核苷酸（flavin mononucleotide，FMN）和黄素腺嘌呤二核苷酸（flavin adenine dinucleotide，FAD）（图 7.3）。它们分别构成各种黄素酶的辅基，参与体内生物氧化过程，FMN 及 FAD 为其氧化型，$FMNH_2$ 及 $FADH_2$ 为其还原型。

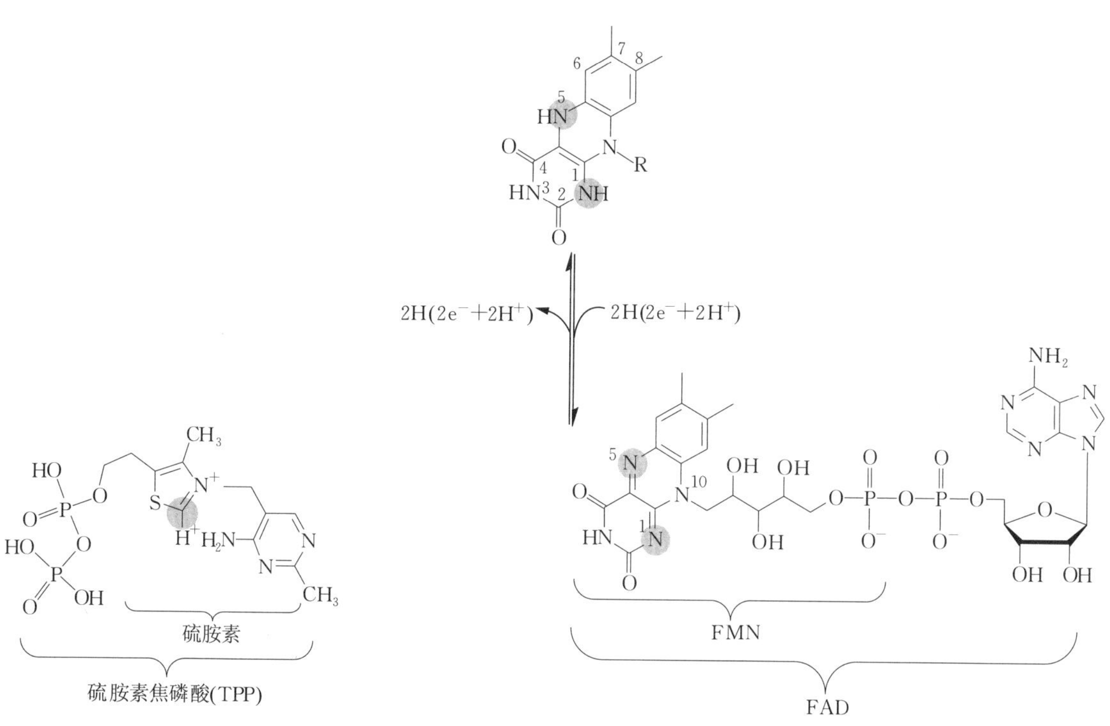

图 7.2 维生素 B_1 和硫胺素焦磷酸　　图 7.3 黄素单核苷酸（FMN）和黄素腺嘌呤二核苷酸（FAD）

(3) 维生素 B_3：又称维生素 PP，包括尼克酸（nicotinic acid）（又称为烟酸）、尼克酰胺（nicotinamide）（又称为烟酰胺），均为吡啶衍生物。在体内，尼克酰胺与核糖、磷酸、腺嘌呤可经几步连续反应生成脱氢酶的辅酶，包括尼克酰胺腺嘌呤二核苷酸（nicotinamide adenine dinucleotide，NAD^+）（即辅酶Ⅰ）以及尼克酰胺腺嘌呤二核苷酸磷酸（nicotinamide adenine dinucleotide phosphate，$NADP^+$）（即辅酶Ⅱ）。它们是不需氧脱氢酶的辅酶，其分子结构中的尼克酰胺部分可以可逆地加氢或脱氢，NAD^+ 和 $NADP^+$ 是其氧化型，NADH + H^+ 和 NADPH + H^+ 是其还原型（图 7.4）。

以 NAD^+ 为辅酶的脱氢酶类主要参与呼吸作用，即参与从底物到氧的电子传递作用的中间环节。而以 $NADP^+$ 为辅酶的脱氢酶类，主要将分解代谢中间产物上的电子转移到生物合成反应中所需要电子的中间产物上。

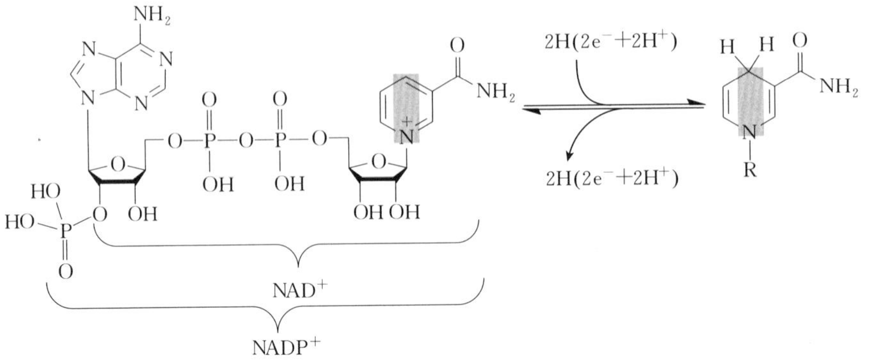

图 7.4　尼克酰胺腺嘌呤二核苷酸（NAD）和尼克酰胺腺嘌呤二核苷酸磷酸（NADP）

（4）维生素 B_6：又称为吡哆素，有吡哆醇（pyridoxine）、吡哆醛（pyridoxal）和吡哆胺（pyridoxamine）3 种形式。在体内的活性形式是磷酸吡哆素，主要有磷酸吡哆醛和磷酸吡哆胺（图 7.5），它们之间可以相互转变。磷酸吡哆醛主要作为氨基转移酶和脱羧酶的辅酶，参与体内氨基酸代谢，还参与血红素的合成。

（5）维生素 B_5：又称为泛酸（pantothenic acid）、遍多酸，由 β-丙氨酸与羟基丁酸结合而成，在体内与巯基乙胺、焦磷酸及 3′-磷酸腺苷结合成为辅酶 A（CoA，HSCoA）起作用。辅酶 A 的结构见图 7.6，它是体内酰基转移酶的辅酶，参与糖、脂、蛋白质的代谢以及肝中的生物转化作用。

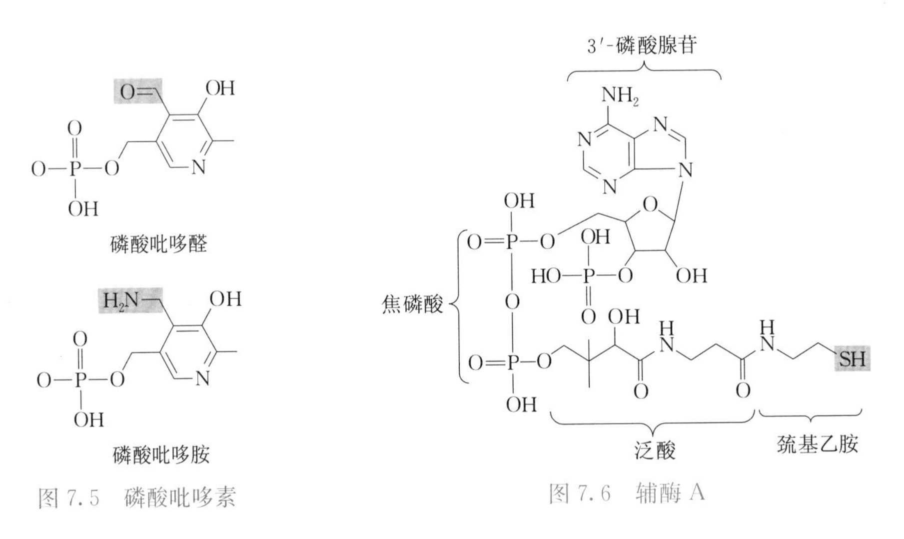

图 7.5　磷酸吡哆素

图 7.6　辅酶 A

（6）生物素（biotin）：又称维生素 B_7 或维生素 H，其分子结构具有含硫的噻吩环、尿素及戊酸 3 部分（图 7.7）。

生物素是体内多种羧化酶的辅酶，参与二氧化碳的固定及羧化反应。生物素常通过其侧链羧基结合于酶蛋白分子中赖氨酸残基的 ε-氨基。在羧化过程中，二氧化碳先与生物素环上的氮原子结合生成羧基生物素，然后再将二氧化碳转给适当的接受体，因此生物素在代谢过程中

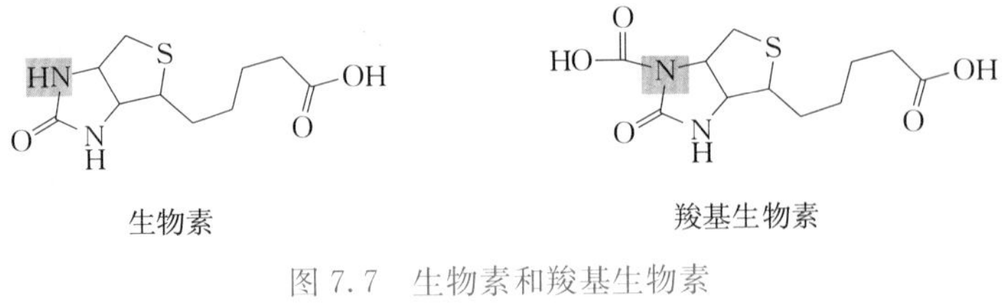

生物素　　羧基生物素

图 7.7　生物素和羧基生物素

是二氧化碳的载体，对糖、蛋白质和核酸代谢有重要意义。

(7) 叶酸（folic acid）：由喋呤啶、对氨基苯甲酸及谷氨酸三部分组成（图7.8）。叶酸在体内的活性形式是5，6，7，8－四氢叶酸（THFA或FH_4）。FH_4是一碳单位（如甲基、亚甲基、次甲基、甲酰基等）的载体（N_5、N_{10}是结合一碳单位的位置），参与体内多种物质（如嘌呤、嘧啶等）的合成。

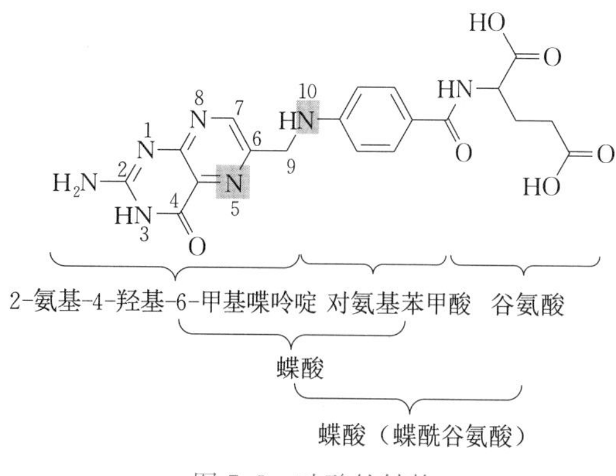

图7.8　叶酸的结构

(8) 维生素B_{12}：又称钴胺素（cobalamin），是唯一含金属元素的维生素，在体内可有多种形式存在，如氰钴胺素、羟钴胺素、甲钴胺素和5′-脱氧腺苷钴胺素（图7.9）。后两种是维生素B_{12}的活性形式，主要参与体内甲基的转运。

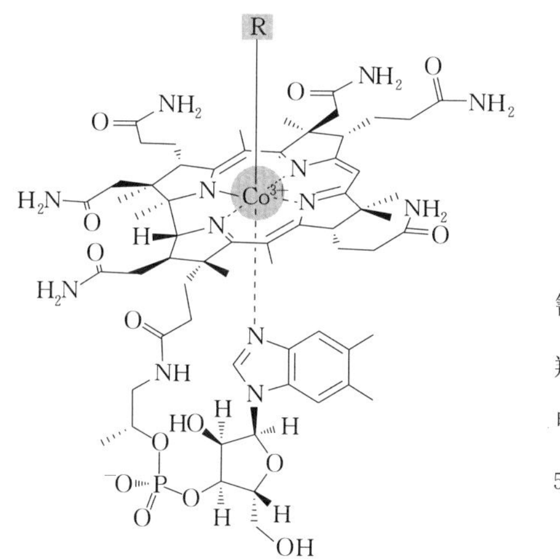

氰钴胺素：R=—CN

羟钴胺素：R=—OH

甲钴胺素：R=—CH_3

5′-脱氧腺苷钴胺素：R=5′-脱氧腺苷

图7.9　维生素B_{12}及其辅酶形式

(9) 硫辛酸（lipoic acid）：为类维生素，分子内部有二硫键（图7.10），闭环氧化型和开环还原型两种结构可以相互转变，因此既能转移氢原子，又能转移酰基，可以作为α－酮酸脱氢酶复合体的辅基参与氢原子和酰基的传递。

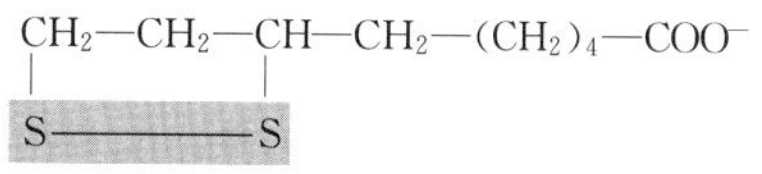

$CH_2—CH_2—CH—CH_2—(CH_2)_4—COO^-$（S—S）

图7.10　硫辛酸的结构

(10) 辅酶Q（coenzyme Q，CoQ）：又称泛醌（ubiquinone），为类维生素，是脂溶性小分子，通过其醌式结构与酚式结构之间的互变传递氢原子，是一种递氢体（图7.11）。

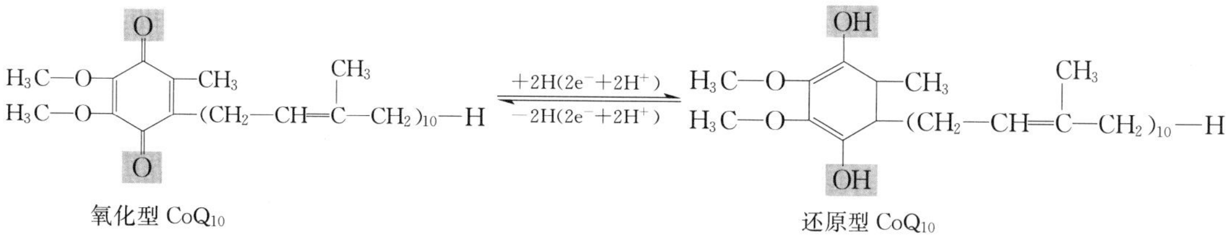

氧化型CoQ_{10}　$\underset{-2H(2e^-+2H^+)}{\overset{+2H(2e^-+2H^+)}{\rightleftharpoons}}$　还原型CoQ_{10}

图7.11　CoQ_{10}的递氢作用

7.2.4 单体酶、寡聚酶和多酶复合体

根据酶蛋白分子结构的特点，可将其分为单体酶、寡聚酶及多酶复合体三类。

(1) 单体酶（monomeric enzyme）：仅由一条多肽链组成，相对分子质量一般在13 000～35 000。这类酶为数不多，一般多属于水解酶，如胃蛋白酶、胰蛋白酶等。

(2) 寡聚酶（oligomeric enzyme）：由2个以上，多至数十个亚基组成的酶，相对分子质量在35 000至几百万。其亚基可以相同，也可以不同，亚基之间以非共价结合。这类酶通常对代谢途径的速度和代谢物的流向起调节作用，大多属于调节酶。

(3) 多酶复合体（multienzyme complex）：也称多酶系统（multienzyme system），是由多个功能上相关的酶彼此嵌合在一起而形成的复合体，相对分子质量一般在几百万以上，如丙酮酸脱氢酶复合体（第8章）、脂肪酸合成酶系（第10章）等。多酶复合体有助于促进某个阶段的代谢反应高效、定向和有序地进行。

7.3 酶的结构与功能的关系

7.3.1 酶的活性部位与必需基团

酶分子上只有少数氨基酸残基与酶的催化活性直接有关，把与酶的催化活性相关的这些氨基酸残基称为酶的必需基团（essential group）。酶的必需基团虽然在一级结构上可能相距很远，但借助酶蛋白肽链的折叠彼此靠近，形成具有一定空间结构、与底物结合并催化底物转化为产物的区域，称为酶的活性部位（active site）或活性中心（active center）。酶的活性部位通常接近于酶分子的表面。

在单纯酶中，其活性部位常由一些极性氨基酸残基的侧链基团所组成，如His的咪唑基、Ser的羟基、Cys的巯基、Lys的ε-氨基、Asp和Glu的羧基等。而对结合酶，除此以外，辅酶和辅基也是活性部位的组成部分。

在酶的活性部位内与底物直接接触并发挥催化作用的基团，称为活性部位内的必需基团。就功能而言，活性部位内的必需基团又可分为两种：与底物结合的必需基团称为结合基团（binding group），催化底物发生化学反应的基团则称为催化基团（catalytic group）。结合基团和催化基团之间并没有严格的界限，也可以同时具有这两方面的功能。在酶活性部位以外，还有一些基团不直接参与酶的催化作用，但对维持酶分子的空间构象及酶活性是必需的，称为活性部位以外的必需基团。

具有相似催化作用的酶往往有相似的活性部位。如多种蛋白质水解酶的活性部位都含有丝氨酸和组氨酸残基，处于这两个氨基酸残基附近的氨基酸序列也十分相似。实际上，利用酶的活性部位内氨基酸残基的特征可以模拟酶的作用。例如，根据胰凝乳蛋白酶的活性部位由His57、Asp102和Ser195组成的特征，设计并合成出连接有咪唑基、苯甲酰基和羟基的β-环糊精，同样表现出该酶的催化特征。

7.3.2 酶原及酶原的激活

有些酶在细胞内最初合成和分泌时，没有催化活性，必须经过适当的改变才能变成有活性的酶。酶的无活性前体称为酶原（zymogen），使无活性的酶原转变成有活性的酶的过程称为酶原的激活（activation of zymogen）。胃蛋白酶、胰蛋白酶、胰凝乳蛋白酶、羧肽酶、弹性蛋

白酶等消化酶在刚分泌时，都是以无活性的酶原形式存在的，需在一定条件下切除一些肽段后，才转化成有活性的酶。

酶原激活实际上是酶的活性部位形成或暴露的过程。例如，胰腺合成和分泌的胰蛋白酶原进入小肠后，受肠激酶或胰蛋白酶本身的激活，其第6位赖氨酸与第7位异亮氨酸残基之间的肽键被切断，水解去掉一个六肽，酶分子空间构象发生改变，促使酶活性部位的形成，于是无活性的胰蛋白酶原转变成了有活性的胰蛋白酶（图7.12）。

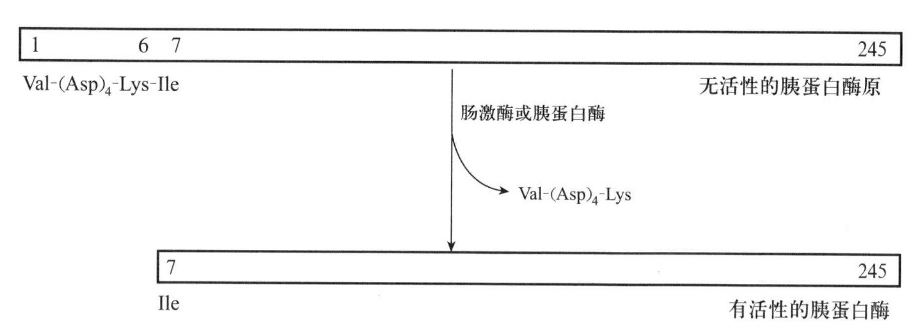

图7.12 胰蛋白酶原的激活

酶原激活的生理意义在于避免细胞内产生的酶对细胞进行自身消化，并可使酶在特定的部位和环境中发挥作用，以保证体内代谢的正常进行。如上述消化酶的酶原必须在肠道内经激活后才能水解蛋白质，这样就保护了产生它们的胰腺细胞免受其自身分泌的酶的破坏。又如血液中虽有凝血酶原，却不会在血管中引起大量凝血，这是因为凝血酶原没有被激活成凝血酶。只有当创伤出血时，大量凝血酶原才被激活成凝血酶，从而促进血液凝固、堵塞伤口、防止失血。

7.3.3 同工酶

同工酶（isoenzyme）是指催化相同的化学反应，但酶蛋白的分子结构、理化性质和免疫学性质不同的一组酶，是由于一级结构不同而形成的一种酶的多种分子形式，它们可以存在于同一物种、同一生物体的不同组织或同一细胞的不同亚细胞结构中。现已发现有数百种同工酶，如乳酸脱氢酶、碱性磷酸酶、过氧化物酶等。其中，乳酸脱氢酶（lactate dehydrogenase，LDH）最有代表性，其相对分子质量在130 000～150 000，由M型（肌型）和H型（心型）两种亚基组装成5种四聚体，分别为LDH_1（H_4）、LDH_2（MH_3）、LDH_3（M_2H_2）、LDH_4（M_3H）和LDH_5（M_4）。由于M、H亚基的氨基酸组成有差别，因此可用电泳的方法将5种LDH进行分离（图7.13）。

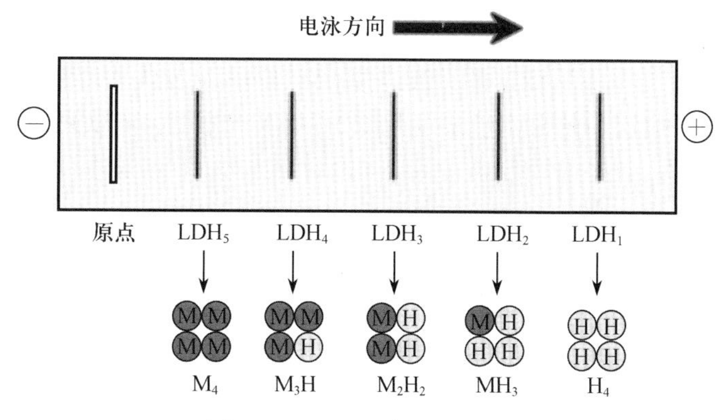

图7.13 LDH同工酶的电泳

LDH 的 5 种同工酶都能催化乳酸和丙酮酸之间的互变。

$$H_3C—\underset{}{\overset{OH}{\overset{|}{C}}}H—COO^- + NAD^+ \underset{}{\overset{LDH}{\rightleftharpoons}} H_3C—\overset{O}{\overset{\|}{C}}—COO^- + NADH + H^+$$

同工酶的分子结构有所差异，但却能催化同一化学反应，这是由于同工酶的活性中心结构相似。但它们对同一底物表现出不同的 K_m（米氏常数）值，即亲和力不同。例如，心肌中以 LDH_1 较为丰富，LDH_1 对乳酸亲和力强，易使乳酸脱氢生成丙酮酸，后者进一步氧化可释放出能量，供心肌活动的需要；而骨骼肌中含 LDH_5 较多，LDH_5 对丙酮酸的亲和力强，使它接受氢还原成乳酸，以保证肌肉在短暂缺氧时仍可获得能量。因此，不同类型的 LDH 同工酶在不同组织中的含量和分布比例不同，是与不同组织具有不同类型的代谢特点相适应的。

在临床检验中，观测血清中 LDH 同工酶的电泳图谱，可以作为疾病辅助诊断的手段。例如，心肌梗死时，由于心肌细胞坏死，血清中的 LDH_1 含量会随即上升。此外，同工酶可能与畜禽的某些生产性能有关联，而且存在种别差异，因此分析比较血液或组织的同工酶图谱，对优良畜禽品种的选育有一定的指导意义。

7.3.4 调节酶

调节酶通常是一些寡聚酶。调节物通过与寡聚酶亚基上的调节部位结合，改变亚基的聚合状态，通过变构作用来调节酶的活性，因此调节酶一般也是变构酶。

7.4 酶的作用机理

7.4.1 降低反应活化能

在任何化学反应中，反应物分子必须超过一定的能阈，成为活化的状态，才能发生反应，生成产物。这种从初始反应物（初态）转化成活化状态（过渡态）所需的能量，称为活化能（activation energy，Ea）。催化剂的作用主要是降低反应所需的活化能，这样以相同的能量能使更多的分子活化，从而加速反应的进行。当然，反应的自由能改变与催化剂存在与否没有关系。对非催化反应和催化反应的活化能与自由能变化的比较表明，非催化反应的 Ea 大于催化反应的 Ea′，而对其自由能的改变（ΔG）没有影响。酶作为生物催化剂同样能降低反应的活化能（图 7.14），因而表现出极高的催化效率。

一般认为，酶催化某一反应时，酶（E）首先与底物（S）结合生成酶-底物复合物（ES），ES 再进行分解形成产物 P，同时释放出酶 E。由于酶的存在，使原本一步进行的反应分为了两步进行，这就是所谓的中间产物学说或中间复合物学说，其反应过程可表示为：

$$E + S \rightleftharpoons ES \longrightarrow E + P$$

由于 E 与 S 比较容易生成不稳定的过渡态复合物 ES，这就大大降低了 S 的活化能 Ea，使反应加速进行，但是反应前后的自由能的变化（ΔG）保持不变。有实验证据表明，酶-底物中间复合物是客观存在的，有些已经分离得到，如 D-氨基酸氧化酶与 D-氨基酸结合而成的复合物已被分离并结晶出来。图 7.15 为酶-底物中间复合物的模型。

7.4.2 酶作用高效率的机理

酶促反应中过渡态中间复合物的形成，导致活化能的降低，是反应快速进行的关键步骤。任何有助于过渡态形成的因素都是酶催化机制的一个重要组成部分。现已证实，至少有以下几

种效应包含在酶的催化机理中。

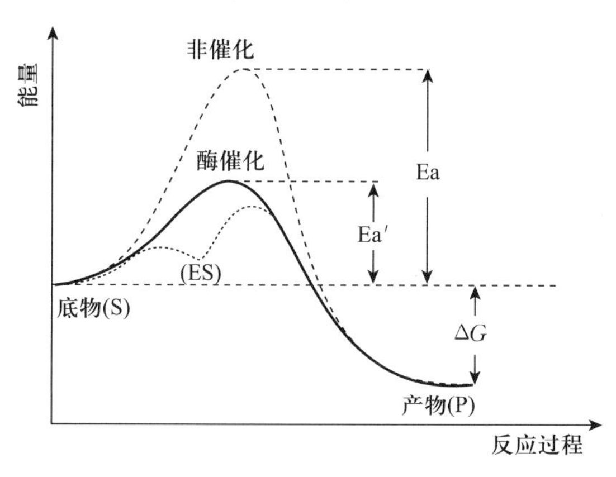

图7.14 非催化反应和酶催化反应活化能的比较
Ea. 活化能 ΔG. 自由能变化

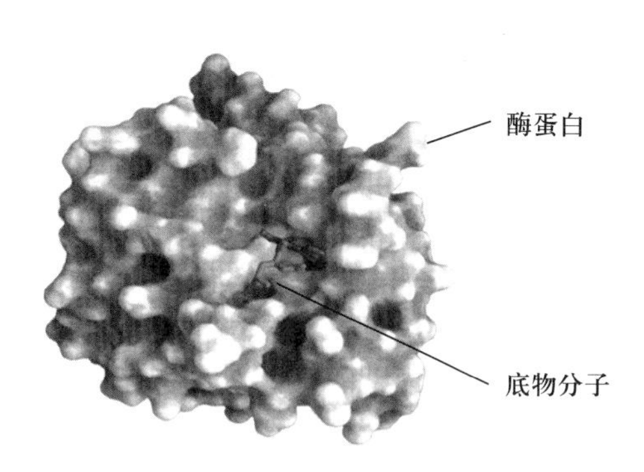

图7.15 酶-底物复合物模型

7.4.2.1 邻近效应和定向效应

邻近效应（approximation effect）是指酶由于具有与底物较高的亲和力，从而使游离的底物集中在酶分子表面的活性部位，使活性部位的底物浓度得以极大的提高，并同时使反应基团之间互相靠近，增加自由碰撞的概率而提高了反应速度。在生理条件下，底物浓度一般约为0.001 mol/L，而酶活性部位的底物浓度达100 mol/L。因此，在活性部位的反应速度必然大为提高。

定向效应（orientation effect）是指底物的反应基团与催化基团之间，或底物的反应基团之间正确取向所产生的效应。因为邻近的反应基团之间如果能正确取向或定向，则必然有利于这些基团分子轨道的交盖重叠，分子间反应趋向于分子内反应，促进底物的激活以加速反应。

对酶的催化来说，“邻近”和“定向”虽是两个概念，但实际上是共同产生催化效应的，只有既“邻近”又“定向”，才能迅速形成E和S的过渡态复合物ES，提高催化效率。因此，一些学者认为，酶分子的构象与底物原来并不吻合。由于酶分子的结构具有一定的柔性，当底物分子与酶分子相遇时，可诱导酶分子的构象变得能与底物配合，进而催化底物分子发生化学变化，即所谓酶的诱导契合作用（induced fit）。

7.4.2.2 底物分子形变或扭曲

酶受底物诱导发生构象改变，特别是活性部位的功能基团发生的位移或改向，产生张力的作用，促使底物扭曲，削弱了有关的化学键，从而使底物由基态转变成过渡态，有利于反应进行。X线晶体衍射证明，溶菌酶与底物结合后，底物乙酰氨基葡萄糖中的吡喃环可从椅式扭曲成半椅式，导致糖苷键断裂，实现溶菌酶的催化作用。

7.4.2.3 酸碱催化

广义的酸碱催化（acid - base catalysis）是指质子供体和质子受体的催化。酶之所以可以作为酸碱催化剂，是因为很多酶活性部位存在酸性或碱性氨基酸残基，例如羧基、氨基、胍基、巯基、酚羟基和咪唑基等。它们在近中性pH范围内，可作为质子受体或质子供体，有效地进行酸碱催化。例如，蛋白质分子中组氨酸的咪唑基 $pK_a=6.0$，在生理条件下以酸碱各半形式存在，随时可以受授 H^+，速度极快，半衰期仅 10^{-10} s，是个活泼而有效的酸碱催化功能基团。因此，组氨酸在大多数蛋白质中虽然含量很少，但却很重要。这很可能是由于在生物分子进化过程中，它不是作为一般的结构分子，而是被选择作为酶活性部位的催化成员而保留了下来。代谢过程中的水解、分子重排和许多取代反应，都是因酶的酸碱催化而加速完成的。

7.4.2.4 共价催化

共价催化（covalent catalysis）是指酶对底物进行的亲核或亲电子反应。某些酶能与底物形成极不稳定的、共价结合的ES复合物，亲核的或亲电子的酶分别释放出电子或吸取电子，作用于底物的缺电子中心或负电中心，迅速形成不稳定的共价中间复合物，降低反应活化能以加速反应进行。其中，亲核催化最为重要。通常酶分子活性部位内都含有亲核基团，如Ser的羟基、Cys的巯基、His的咪唑基、Lys的ε-氨基。这些基团都有剩余的电子对，可以对底物缺电子基团发动亲核攻击。例如胰凝乳蛋白酶，就是利用Ser195—OH的H^+通过His57传向Asp102后，Ser195—O^-成为强的亲核基团，用来攻击底物的羰基碳。

7.4.2.5 活性部位的低介电性

酶活性部位常是一个疏水的非极性环境，其催化基团被低介电环境所包围。某些反应在低介电常数的介质中反应速度比在高介电常数的水中的速度要快得多。这可能是由于在低介电环境中有利于电荷相互作用，而极性的水对电荷往往有屏蔽作用。

上述降低酶活化能的因素，在同一酶分子催化的反应中并非各种因素都同时发挥作用，然而也并非是单一的机制，而是由多种因素配合完成的。

7.5 酶促反应动力学

酶促反应动力学研究酶促反应速度的规律以及影响酶促反应速度的各种因素。这些因素主要包括温度、pH、酶浓度、底物浓度、抑制剂和激活剂等。由于酶作为催化剂的基本特点就是加快化学反应的速度，因此研究酶促反应速度的规律是酶学研究的重要内容之一。同时，在研究酶的结构与功能的关系以及酶作用机理时，常需要由动力学提供实验证据。在实际工作中为了使酶能最大限度地发挥其催化效率，需要寻找酶作用的最佳条件；了解酶在代谢中的作用和研究某些药物的作用机理时，也离不开研究酶促反应的动力学规律。因此，对酶促反应动力学的研究具有重要的理论意义和应用价值。

当研究某一种因素对酶促反应速度的影响时，为避免复杂化，一般先维持反应体系中的其他因素不变。还需注意，酶促反应动力学研究中所指的速度是反应的初速度v_0，即反应刚开始不久时的速度，此时的反应速度没有明显的变化，反应产物的生成与时间成正比（图7.16），因而避免了逆反应、副反应和反应产物积累等可能造成的影响。

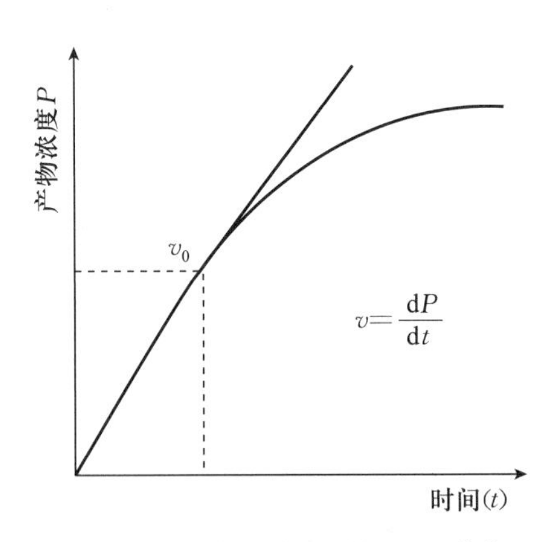

图7.16 酶促反应的时间进程曲线

7.5.1 温度对反应速度的影响

在一定的温度范围内，随温度升高，酶促反应速度加快。但酶是蛋白质，温度过高会使酶蛋白变性失活。在较低温度时，反应速度随温度升高而加快。一般地说，温度每升高10℃，反应速度大约提高1倍。但温度超过一定数值后，酶受热变性的因素占优势，反应速度反而随温度的上升而减缓，因此温度对酶活性影响的曲线呈倒U形。在曲线顶点时，酶促反应速度最快，此时的温度称为酶的最适温度（optimum temperature）（图7.17）。

从动物组织提取的酶的最适温度多在35～40℃，温度升高到60℃以上时，大多数酶开始

变性，温度达到80℃以上，多数酶发生不可逆的变性。有些从嗜热细菌或古生菌内分离到的酶对热很稳定，如从生长在温泉中的细菌体内分离得到的DNA聚合酶，可耐受90℃以上的高温，并已经作为重要的“工具酶”在分子生物学研究中被广泛应用。酶的催化活性虽然随温度的下降而降低，但低温一般并不破坏酶，温度回升后，酶又可恢复活性。生物制品、细菌菌种以及精液的低温保存就是基于这样的原理。酶的最适温度不是酶的特征性常数，这是因为其与反应所需时间有关，不是一个固定值。酶可以在短时间内耐受较高的温度，相反，延长反应时间其最适温度便降低。

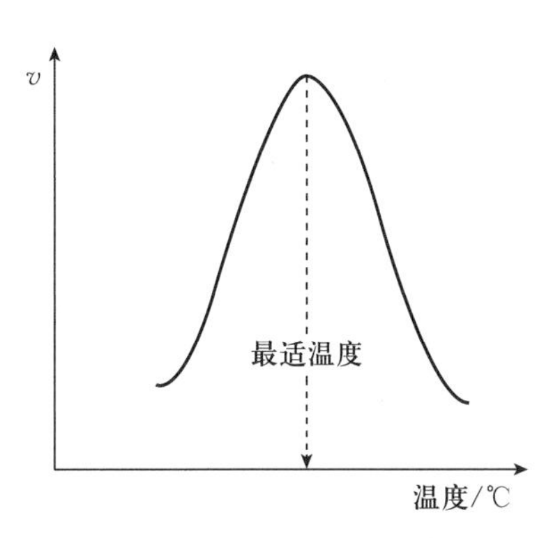

图7.17 温度对酶活性的影响

7.5.2 pH对反应速度的影响

酶促反应介质的pH可影响酶分子的结构，特别是活性部位内必需基团的解离程度和催化基团中质子供体或质子受体所需的离子化状态。同时，其也可影响底物和辅酶的解离程度，从而影响酶与底物的结合。只有在特定的pH条件下，酶、底物和辅酶的解离状态最适宜于它们相互结合，并发生催化作用使酶促反应速度达到最大值，这时的pH称为酶的最适pH（optimum pH），它和酶的最稳定pH不一定相同，和体内环境的pH也未必相同。

动物体内多数酶的最适pH接近中性，但也有例外，如胃蛋白酶的最适pH约为1.8，胰蛋白酶为8左右（图7.18），而肝精氨酸酶则约为9.8。最适pH不是酶的特征性常数，它受底物浓度、缓冲液的种类和浓度以及酶的纯度等因素的影响。溶液的pH高于或低于最适pH时都会使酶的活性降低，远离最适pH时甚至导致酶的变性失活。测定酶的活性时，应选用适宜的缓冲液调节pH，以保持酶活性的相对恒定。

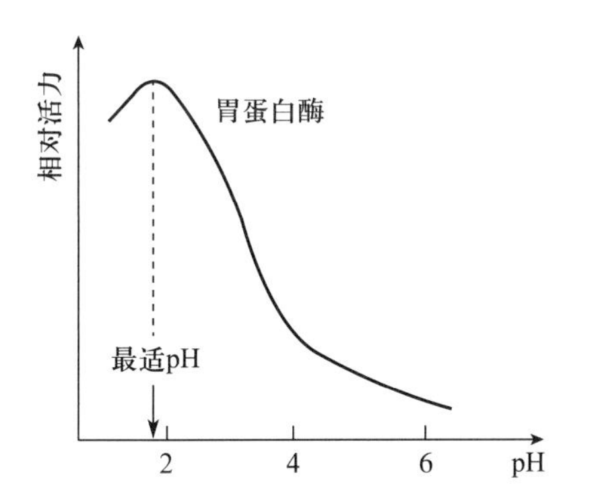

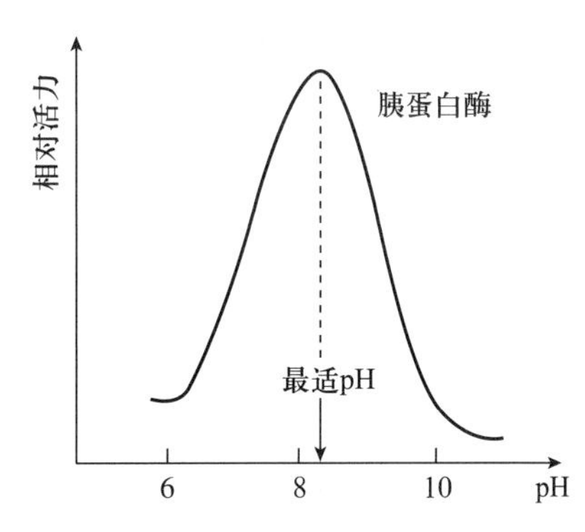

图7.18 pH对酶活性的影响

7.5.3 酶浓度对反应速度的影响

在一定的温度和pH条件下，当底物浓度大大超过酶的浓度时，反应速度与酶的浓度呈正比关系（图7.19）。

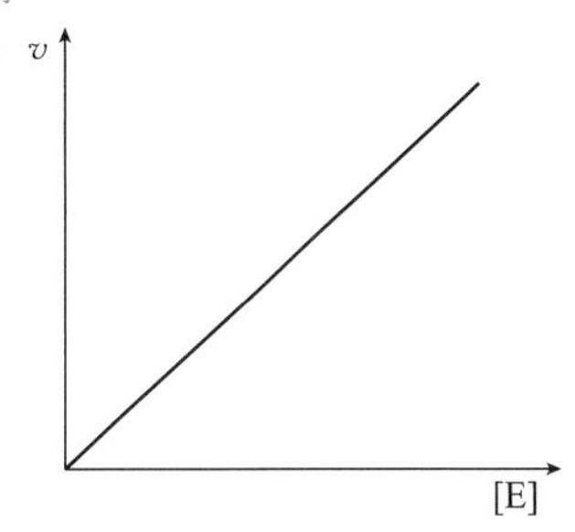

图7.19 酶浓度对反应速度的影响

7.5.4 底物浓度对反应速度的影响

7.5.4.1 底物浓度与酶促反应速度的关系

在其他因素，如酶浓度、pH、温度等不变的情况下，底物（S）浓度的变化与酶促反应速度之间呈矩形双曲线关系（图 7.20）。

在底物浓度很低时，反应速度随底物浓度的升高而急剧上升，两者呈线性正比关系，表现为一级反应；随着底物浓度的升高，反应速度不再呈正比例加快，反应速度增加的幅度变缓，表现为混合级反应；如果继续提高底物浓度，反应速度不再增加，表现为零级反应。此时，无论底物浓度提高多大，反应速度也不再增加，这说明酶已被底物所饱和。所有的酶都有饱和现象，只是达到饱和时所需的底物浓度各不相同而已。

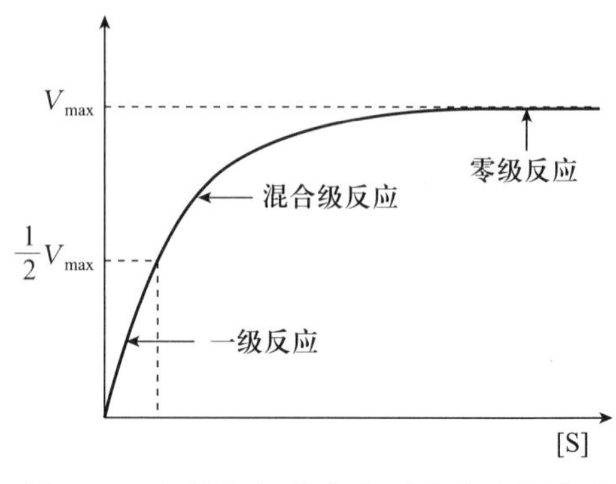

图 7.20 底物浓度［S］与反应速度的关系

7.5.4.2 米氏方程

中间产物学说是解释酶促反应中底物浓度和反应速度关系的最合理学说。酶首先与底物结合生成酶-底物中间复合物，此复合物再分解为产物和游离的酶。

$$E+S \underset{k_{-1}}{\overset{k_{+1}}{\rightleftharpoons}} ES \xrightarrow{k_{+2}} E+P \quad (7-1)$$

在前人工作的基础上，L. Michaelis 和 M. Menten 经过大量的实验研究，于 1913 年前后提出了反应速度和底物浓度关系的数学方程式，即著名的米-曼方程（Michaelis - Menten equation），简称米氏方程：

$$v=\frac{V_{max}[S]}{K_m+[S]} \quad (7-2)$$

在上述方程式中，V_{max}为最大反应速度（maximum velocity），［S］为底物浓度，K_m 为米氏常数（Michaelis constant），v 是在不同［S］时的反应速度。当底物浓度很低（$[S] \ll K_m$）时，$v=\frac{V_{max}}{K_m}[S]$，此时反应速度与底物浓度成正比；当底物浓度很高（$[S] \gg K_m$）时，$v \approx V_{max}$，反应速度达到最大，再提高底物浓度也不再影响反应速度。

米氏方程式的推导基于这样的假设：

（1）所测定的反应速度为初速度，此时 S 消耗极少，只占起始浓度的极小部分（5%以内），产物 P 的生成量极少，因此 E+P→ES 这一步可不予考虑。

（2）底物浓度［S］相对于酶浓度大大过量时，在测定初速度的过程中，［S］的变化可忽略不计。

（3）酶-底物复合物处于稳态，即 ES 浓度不再改变。

式（7-1）中 k_{+1}、k_{-1} 和 k_{+2} 分别为各向反应的速度常数。反应中游离酶 E 的浓度为总酶 Et 浓度减去与底物结合中间复合物 ES 的浓度，即［E］=［Et］-［ES］。这样，ES 的生成速度为：

$$v_{+1}=k_{+1}[E][S]=k_{+1}([Et]-[ES])[S] \quad (7-3)$$

ES 的分解在两个方向进行，因此 ES 的分解速度为：

$$v_{-1}=k_{-1}[ES] \quad (7-4)$$

$$v_{+2}=k_{+2}[ES] \quad (7-5)$$

$$v_{-1}+v_{+2}=[ES](k_{-1}+k_{+2}) \quad (7-6)$$

当反应处于稳态时，ES 的生成速度等于其分解速度：

$$v_{+1}=v_{-1}+v_{+2}$$

即：

$$k_{+1}([Et]-[ES])[S]=[ES](k_{-1}+k_{+2})$$

整理得，

$$\frac{([Et]-[ES])[S]}{[ES]}=\frac{k_{-1}+k_{+2}}{k_{+1}} \quad (7-7)$$

令 $\frac{k_{-1}+k_{+2}}{k_{+1}}=K_m$（米氏常数）

则：$([Et]-[ES])[S]=K_m[ES]$

$$[ES]=\frac{[Et][S]}{K_m+[S]} \quad (7-8)$$

由于整个反应速度 v 取决于单位时间内产物 P 的生成量，因此

$$v=v_{+2}=k_{+2}[ES],$$

将式（7-8）代入得

$$v=\frac{k_{+2}[Et][S]}{K_m+[S]} \quad (7-9)$$

当底物与所有的酶 Et 都结合成中间复合物时，反应达到最大速度，即

$$V_{max}=k_{+2}[Et] \quad (7-10)$$

将式（7-10）代入式（7-9）得：

$$v=\frac{V_{max}[S]}{K_m+[S]}$$

7.5.4.3 K_m 与 V_{max} 的意义

当酶促反应速度为最大反应速度的一半，即 $v=V_{max}/2$ 时，米氏方程式可以变换为：

$$\frac{V_{max}}{2}=\frac{V_{max}[S]}{K_m+[S]}$$

进一步整理得：$K_m=[S]$。由此可见，K_m 值等于酶促反应速度为最大反应速度一半时所对应的底物浓度，其单位为 mol/L。当 pH、温度和离子强度等因素不变时，K_m 是恒定的。

K_m 是酶的特征性常数，对酶学及代谢研究有重要价值。

（1）K_m 值的大小可以近似地表示酶和底物的亲和力。K_m 值越大，意味着酶和底物的亲和力越小，反之则越大。对一种专一性较弱的酶，不同的底物有不同的 K_m 值，具有最小的 K_m 或最大的 V_{max}/K_m 比值的底物就是该酶的最适底物，或称为天然底物。

（2）催化可逆反应的酶，当正反应和逆反应 K_m 值不同时，可以大致推测该酶正逆两向反应的效率，K_m 值小的底物所示的反应方向应是该酶催化的优势方向。

（3）有多个酶催化的连锁反应中，如能确定各种酶 K_m 值及相应的底物浓度，有助于寻找代谢过程的限速步骤。在各底物浓度相当时，K_m 值大的酶则为限速酶。

（4）判断细胞内酶的活性是否受底物抑制时，如果测得酶的 K_m 值远低于细胞内的底物浓度，而反应速度没有明显的变化，则表明该酶在细胞内常处于被底物所饱和的状态，底物浓度的稍许变化不会引起反应速度有意义的改变。反之，如果酶的 K_m 值大于底物浓度，则反应速度对底物浓度变化就十分敏感。

（5）测定不同抑制剂对某一酶 K_m 及 V_{max} 的影响，可以用于判定抑制剂的类型。

V_{max} 虽不是酶的特征性常数，但当酶浓度一定，而且底物浓度又明显高于酶浓度时，对特定的底物而言，V_{max} 是一定的。与 K_m 相似，同一种酶对不同底物的 V_{max} 也不同。如前所述，当 [S] 无限大时，$V_{max}=k_{+2}[ES]=k_{+2}[E]$，可得 $k_{+2}=V_{max}/[E]$。k_{+2} 为一级速度常数，它表示单位时间内每个酶分子或每一活性部位所催化的反应次数，因此又称酶的转换数（turnover number)。在单底物反应中，且假定反应过程中只产生一个活性中间物时，k_{+2}也即为催化常数（catalytic constant），用 K_{cat}表示，其值越大，说明酶的催化效率越高。

7.5.4.4 K_m 和 V_{max}的求法

酶促反应的底物浓度曲线呈矩形双曲线特征，很难由米氏方程直接求出。为此常将米氏方程转变成直线作图，求得 K_m 和 V_{max}。最常用的是双倒数作图，将米氏方程两边取倒数，可转化为下列形式：

$$\frac{1}{v}=\frac{K_m}{V_{max}}\cdot\frac{1}{[S]}+\frac{1}{V_{max}}$$

从图 7.21 可知，$1/v$ 对 $1/[S]$ 的作图得一直线，其斜率是 K_m/V_{max}，在纵轴上的截距为 $1/V_{max}$，横轴上的截距为 $-1/K_m$。此作图除用来求 K_m 和 V_{max}值外，在研究酶的抑制作用方面还具有重要价值。

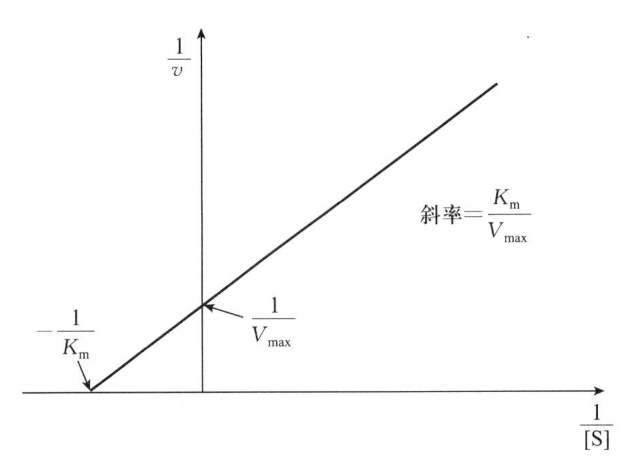

图 7.21　双倒数作图

必须指出，米氏方程只适用于较为简单的酶促反应过程，对比较复杂的酶促反应过程，如多酶体系、多底物、多产物、多中间物等，还不能以此全面地加以概括和说明，必须借助于复杂的计算过程。

7.5.5 抑制剂对反应速度的影响

凡能使酶的活性下降而不引起酶蛋白变性的物质称为酶的抑制剂（inhibitor）。抑制剂通常对酶有一定的选择性，一种抑制剂只能引起某一类或几类酶的抑制。抑制剂虽然可使酶活性降低，但它并不明显改变酶的结构。也就是说，酶并未变性，去除抑制剂后，酶活性又可恢复。

酶的抑制效应不同于失活作用。通常，酶蛋白受到一些理化因素的影响，破坏了非共价键，部分或全部地改变了酶的空间结构，从而引起酶活性的降低或丧失，这是酶蛋白变性的结果。凡是使酶变性失活（称为酶的钝化）的因素（如强酸、强碱等），其作用对酶没有选择性，不属于抑制剂。

根据抑制剂与酶分子之间作用特点的不同，通常将抑制作用分为可逆性抑制和不可逆性抑制两类。

7.5.5.1 可逆性抑制作用

可逆性抑制作用（reversible inhibition）的抑制剂与酶的结合以解离平衡为基础，属于非共价结合，用超滤、透析等物理方法除去抑制剂后，酶的活性能恢复，即抑制剂与酶的结合是可逆的。这类抑制大致可分为竞争性抑制、非竞争性抑制、反竞争性抑制和混合抑制等。这里

重点介绍竞争性抑制和非竞争性抑制。

(1) **竞争性抑制**：有些抑制剂与酶的天然底物结构相似，可与底物竞争酶的活性部位，从而降低酶与底物的结合效率，抑制酶的活性。这种抑制作用称为竞争性抑制（competitive inhibition），其反应过程如图 7.22 所示。

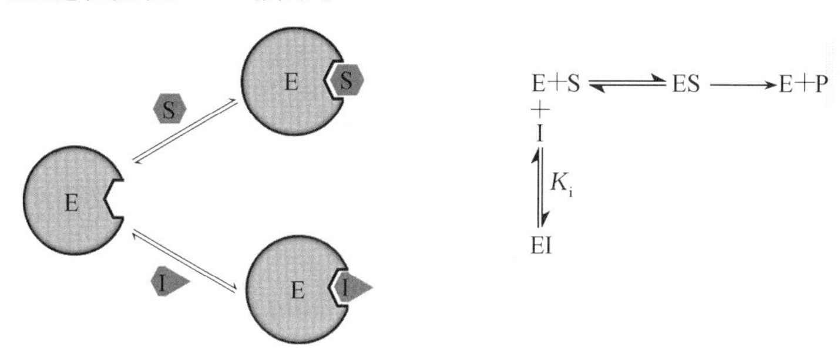

图 7.22　竞争性抑制作用

E. 酶　S. 底物　I. 抑制剂　K_i. 抑制常数

例如丙二酸、苹果酸及草酰乙酸有与琥珀酸相似的结构，它们是琥珀酸脱氢酶的竞争性抑制剂（图 7.23）。

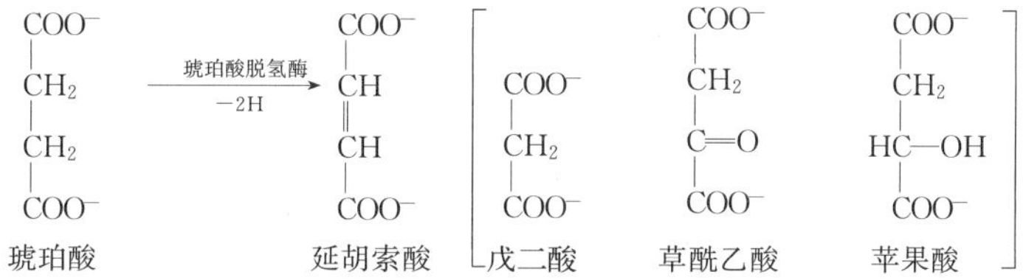

琥珀酸（$COO^- - CH_2 - CH_2 - COO^-$） —琥珀酸脱氢酶，$-2H$→ 延胡索酸（$COO^- - CH = CH - COO^-$）

［戊二酸（$COO^- - CH_2 - COO^-$）　草酰乙酸（$COO^- - CH_2 - C{=}O - COO^-$）　苹果酸（$COO^- - CH_2 - HC{-}OH - COO^-$）］

图 7.23　琥珀酸脱氢酶竞争性抑制剂

由于抑制剂与酶的结合是可逆的，抑制强度的大小取决于抑制剂与酶的相对亲和力以及抑制剂与底物浓度的相对比例。通过提高底物浓度可降低或消除抑制剂对酶的抑制作用，这是竞争性抑制的一个特征。

按米氏方程推导方法，竞争性抑制动力学方程为：

$$v=\frac{V_{max}[S]}{K_m\left(1+\frac{[I]}{K_i}\right)+[S]}$$

速度方程的双倒数方程为：

$$\frac{1}{v}=\frac{K_m}{V_{max}}\left(1+\frac{[I]}{K_i}\right)\frac{1}{[S]}+\frac{1}{V_{max}}$$

竞争性抑制作用的特征曲线如图 7.24 所示。

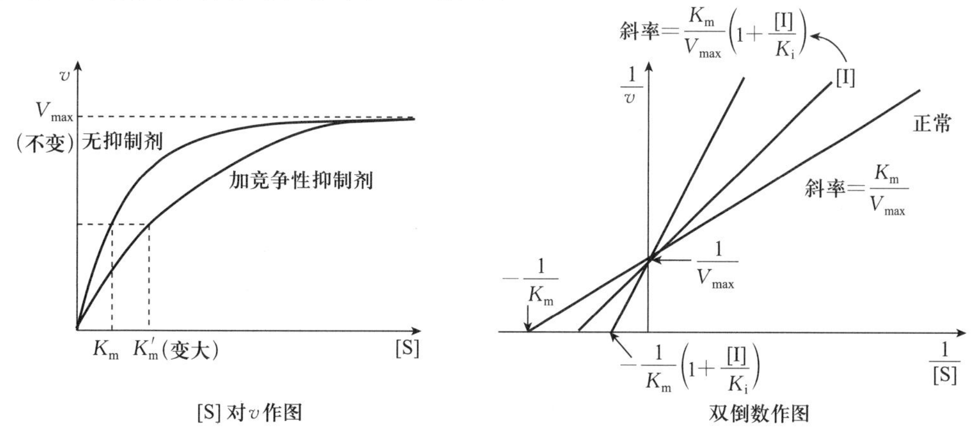

图 7.24　竞争性抑制作用动力学曲线

由此可见，竞争性抑制剂使酶的 K_m 值（应是表观 K_m 值）变大，但并不影响酶促反应的 V_{max}。

许多抗癌药物，如氨甲蝶呤（MTX）、5－氟尿嘧啶（5－FU）、6－巯基嘌呤（6－MP）等，都是酶的竞争性抑制剂，分别抑制四氢叶酸、脱氧嘧啶核苷酸及嘌呤核苷酸的合成，从而抑制肿瘤的生长。

（2）非竞争性抑制：有些抑制剂可与酶活性部位以外的必需基团结合，其并不影响酶与底物的结合，酶与底物的结合也不影响酶与抑制剂的结合，但形成的酶-底物-抑制剂复合物（ESI）不能进一步释放出产物，致使酶活性丧失，这种抑制作用称为非竞争性抑制（non－competitive inhibition）。该类抑制剂主要是通过影响酶分子的构象而降低酶的活性（图 7.25）。

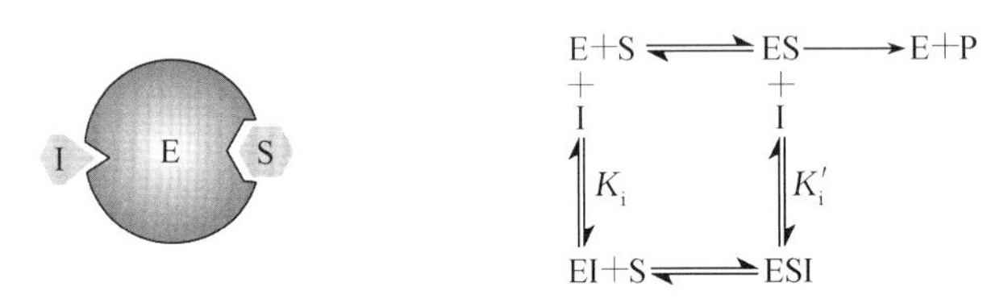

图 7.25 非竞争性抑制作用

E. 酶 S. 底物 I. 抑制剂 K_i、K_i'为抑制常数

按米氏方程推导方法，非竞争性抑制作用动力学方程为：

$$v=\frac{V_{max}[S]}{\left(1+\frac{[I]}{K_i}\right)(K_m+[S])}$$

速度方程的双倒数方程为：

$$\frac{1}{v}=\frac{K_m}{V_{max}}\left(1+\frac{[I]}{K_i}\right)\frac{1}{[S]}+\frac{1}{V_{max}}\left(1+\frac{[I]}{K_i}\right)$$

非竞争性抑制作用的特征曲线如图 7.26 所示。

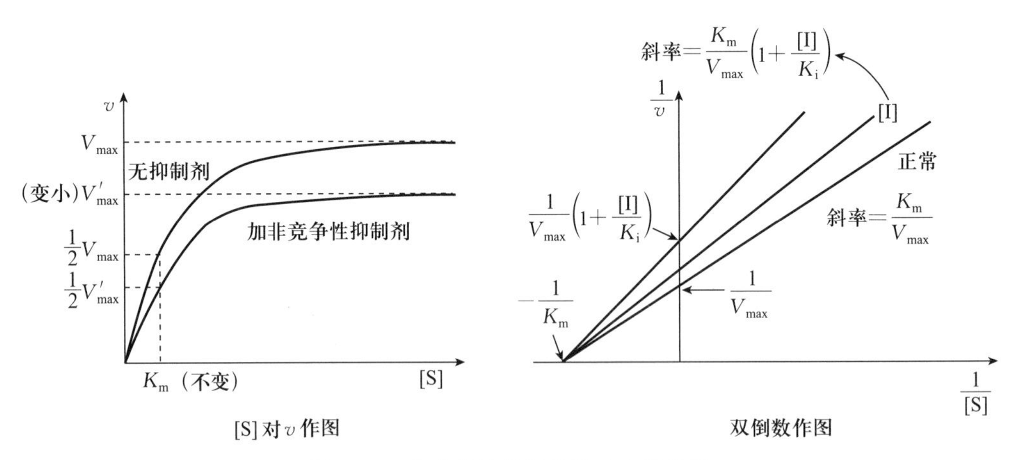

图 7.26 非竞争性抑制作用动力学曲线

有非竞争性抑制剂存在的曲线与无抑制剂存在的曲线共同相交于横坐标$-1/K_m$ 处，纵坐标截距则因抑制剂的存在而变大。这说明非竞争性抑制剂的存在，并不影响底物与酶的亲和力，其表观 K_m 值不变，而 V_{max}变小了。

7.5.5.2 不可逆性抑制作用

不可逆性抑制作用（irreversible inhibition）的抑制剂通常以共价键方式与酶的必需基团结合，一旦结合就很难自发解离，不能用透析、超滤等物理方法解除抑制，其实际效应是降低

反应体系中的有效酶浓度。抑制强度取决于抑制剂浓度及酶与抑制剂之间的接触时间。

按其作用特点，不可逆性抑制又有专一性及非专一性之分。

(1) **专一性不可逆性抑制**：此类抑制剂专一地与酶的活性部位或其必需基团共价结合，从而抑制酶的活性。例如，有机磷杀虫剂能专一地作用于胆碱酯酶活性部位的丝氨酸残基，使其磷酰化而破坏酶的活性部位，导致酶的活性丧失。当胆碱酯酶被有机磷杀虫剂抑制后，胆碱能神经末梢分泌的乙酰胆碱不能及时分解，过多的乙酰胆碱会导致胆碱能神经过度兴奋，使昆虫失去知觉，若进入畜禽和人体内则可能引起严重中毒症状，甚至死亡。有机磷杀虫剂为胆碱酯酶的不可逆抑制剂，与酶结合后不易解离。但碘解磷定（2-甲酰-1-甲基吡啶肟的碘化物）等解毒药可与磷酰化的胆碱酯酶中的磷酰基结合，将其中胆碱酯酶游离出来，恢复其水解乙酰胆碱的活性（图7.27）。这类化合物是有机磷杀虫剂的特效解毒剂。

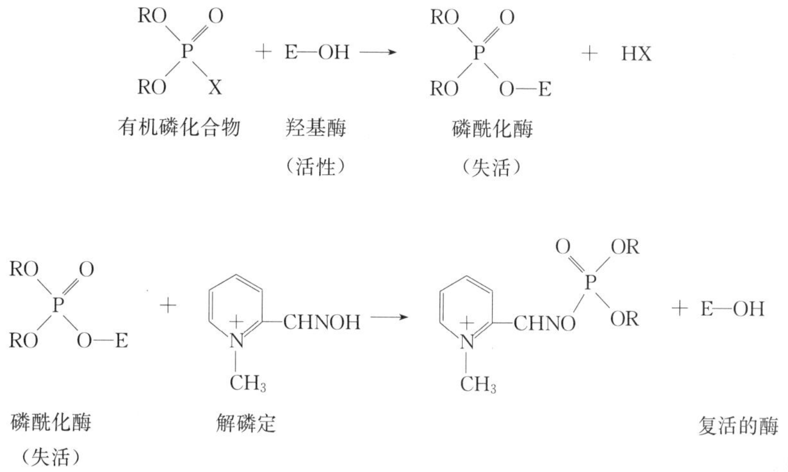

$$(RO)_2P(=O)X + E{-}OH \longrightarrow (RO)_2P(=O){-}O{-}E + HX$$

有机磷化合物　羟基酶（活性）　磷酰化酶（失活）

$$(RO)_2P(=O){-}O{-}E + \text{[N-甲基吡啶}^{+}\text{]}{-}CHNOH \longrightarrow \text{[N-甲基吡啶}^{+}\text{]}{-}CHNO{-}P(=O)(OR)_2 + E{-}OH$$

磷酰化酶（失活）　解磷定　复活的酶

图7.27　羟基酶的失活与恢复

(2) **非专一性不可逆性抑制**：此类抑制剂可与酶分子结构中一类或几类基团共价结合而导致酶失活。它们主要是一些修饰氨基酸残基的化学试剂，可与氨基、羟基、胍基、巯基等反应。如烷化巯基的碘代乙酸、某些重金属（Pb^{2+}、Cu^{2+}、Hg^{2+}）及对氯汞苯甲酸等，能与酶分子的巯基进行不可逆结合。许多以巯基作为必需基团的酶（通称巯基酶），会因此而受到抑制。二巯基丙醇或二巯基丁二酸钠等含巯基的化合物可使酶复活（图7.28）。

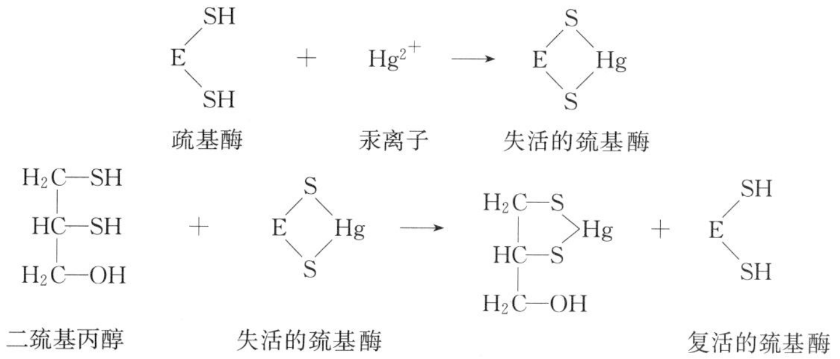

$$E(SH)_2 + Hg^{2+} \longrightarrow E(S)_2Hg$$

巯基酶　汞离子　失活的巯基酶

$$\begin{matrix}H_2C{-}SH\\ HC{-}SH\\ H_2C{-}OH\end{matrix} + E(S)_2Hg \longrightarrow \begin{matrix}H_2C{-}S\\ HC{-}S\\ H_2C{-}OH\end{matrix}\!>\!Hg + E(SH)_2$$

二巯基丙醇　失活的巯基酶　复活的巯基酶

图7.28　巯基酶的失活与恢复

7.5.6　激活剂对酶促反应速度的影响

凡能使酶由无活性变为有活性或使酶活性提高的物质称为激活剂（activator）。酶的激活剂大部分为无机离子或简单的有机小分子，如 Mg^{2+} 是多种激酶和合成酶的激活剂，Cl^- 是唾液淀粉酶最强的激活剂。

一些小分子有机物，如抗坏血酸、半胱氨酸、还原型谷胱甘肽等对某些巯基酶具有激活作用，这是由于这些酶需要其分子中的巯基处于还原状态才具有催化作用。还有些酶的催化作用易受某些抑制剂的影响，能除去抑制剂的物质也可称为激活剂。如乙二胺四乙酸（EDTA）是金属螯合剂，能除去重金属离子而解除重金属对酶的抑制作用。

激活剂的作用是相对的，一种酶的激活剂对另一种酶来说，也可能是一种抑制剂。不同浓度的激活剂对酶活性的影响也不相同，往往是低浓度下起激活作用，高浓度下则产生抑制作用。

7.6 酶活性的调节

酶活性的调节可以通过两种方式来实现：第一种是对已有酶活性的调节，即对存在于细胞中的酶通过分子构象的改变或共价修饰来改变其活性，包括变构调节和共价修饰调节；第二种是通过改变酶的浓度或含量进行的调节。这里仅介绍前一种调节方式，后一种调节方式涉及酶蛋白的生物合成，将在第 16 章中讨论。

7.6.1 变构调节

生物体内的一些代谢物，包括酶催化的底物、代谢中间物、代谢终产物等，都可以与酶分子的调节部位进行非共价可逆性结合，通过改变酶分子构象而调节酶的活性，酶的这种调节作用称为变构调节（allosteric regulation）或别构调节。受变构调节的酶称为变构酶（allosteric enzyme），导致变构效应的代谢物称为变构效应剂（allosteric effector）或变构剂。凡使酶活性增强的效应剂，称为变构激活剂（allosteric activator）；而使酶活性减弱的效应剂，称为变构抑制剂（allosteric inhibitor）。变构酶通常是多个亚基蛋白。酶分子中与底物分子相结合的部位称为催化部位（catalytic site），与效应剂相结合的部位称为调节部位（regulatory site），这两个部位可以在不同的亚基上，也可以位于同一亚基。有时酶的变构效应剂就是底物本身，结合在同一位点上，其效应类似血红蛋白的氧合过程。变构酶的作用方式见图 7.29。

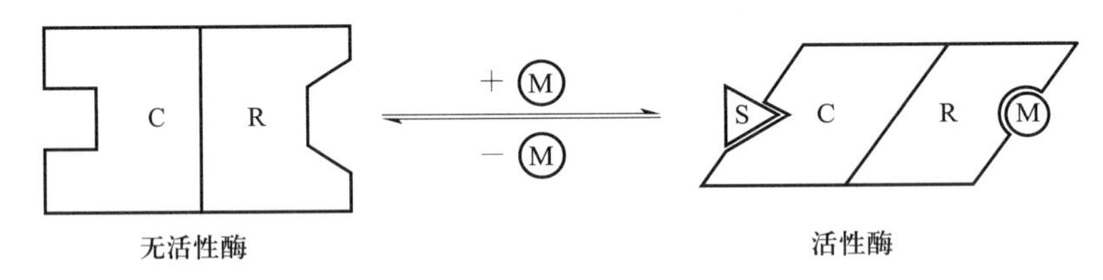

图 7.29 变构酶的作用模式
C. 催化亚基 R. 调节亚基 M. 效应剂 S. 底物

变构酶的动力学曲线具有 S 形特点（图 7.30）。当效应剂与调节亚基结合后，通过改变酶分子的构象促进了催化亚基与底物的结合，称为变构激活或正协同效应（positive cooperative effect）。反之，效应剂与调节亚基结合的结果削弱了催化亚基与底物的结合，则表现为变构抑制或负协同效应（negative cooperative effect）。多数情况下，底物对其变构酶的作用表现出正协同效应。

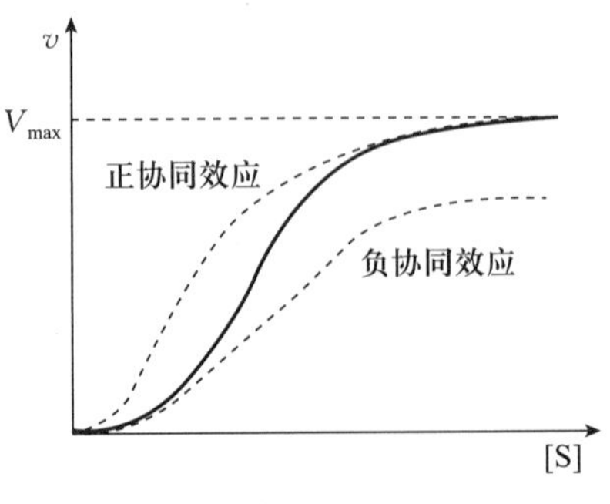

图 7.30 变构酶的动力学曲线

酶的变构调节具有重要的生理意义。

（1）在变构酶的 S 形曲线中段，底物浓度稍有降低，

酶的活性明显下降，由其催化的代谢途径可因此而被关闭；反之，底物浓度稍有升高，则酶活性迅速上升，代谢途径又被打开。因此，底物在细胞内浓度的改变可以快速调节胞内酶的活性，从而实现对代谢速度和方向的调节，这对维持细胞内代谢恒定起着重要的作用。

（2）变构效应剂通常是代谢途径的中间代谢物或终产物，而变构酶常处于代谢途径的开端或者是分支点上，因此有利于通过反馈抑制（feedback inhibit）的方式及早地调节整个代谢途径的速度，减少不必要的底物消耗。例如，葡萄糖的氧化分解可为动物机体提供生理活动所需的ATP，但是当ATP生成过多时，ATP可以作为变构抑制剂，通过降低葡萄糖分解代谢中的调节酶（已糖激酶、果糖-6-磷酸激酶等）的活性限制葡萄糖的分解；而当细胞中的ADP、AMP较多时，ADP、AMP可通过变构激活这些酶，促进葡萄糖的分解。因此，可随时调节ATP/ADP的水平，维持细胞内能量的正常供应。

7.6.2 共价修饰调节

共价修饰是体内调节酶活性的另一重要方式。有些酶分子上的某些氨基酸残基的基团，在另一组酶的催化下发生可逆的共价修饰，从而引起酶活性的改变，这种调节称为共价修饰调节(covalent modification regulation)。

酶的共价修饰包括磷酸化/脱磷酸、乙酰化/脱乙酰、甲基化/脱甲基、腺苷化/脱腺苷以及—SH与—S—S—互变等（表7.4）。其中磷酸化/脱磷酸在代谢调节中最为重要和常见。磷酸化/脱磷酸是由蛋白激酶和磷蛋白磷酸酶这一组酶共同催化的，通过各种蛋白激酶的催化，由ATP提供磷酸基使酶蛋白中丝氨酸、苏氨酸或酪氨酸等氨基酸残基侧链上的—OH磷酸化；脱磷酸化则由磷蛋白磷酸酶催化完成，从而形成可逆的共价修饰，调节酶的活性（图7.31）。

表7.4 常见的共价修饰对酶活性的调节

酶	修饰方式	活性变化
糖原磷酸化酶	磷酸化/脱磷酸	升高/降低
磷酸化酶b激酶	磷酸化/脱磷酸	升高/降低
糖原合成酶	磷酸化/脱磷酸	降低/升高
丙酮酸激酶	磷酸化/脱磷酸	降低/升高
谷氨酰胺合成酶	腺苷化/脱腺苷	降低/升高

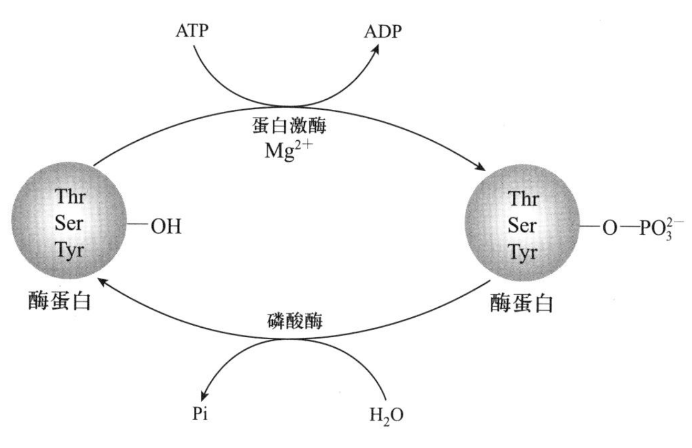

图7.31 磷酸化/脱磷酸修饰机理

共价修饰调节有以下特点。

(1) 这类酶一般表现为无活性(或低活性)与有活性(或高活性)的两种形式，它们之间互变的正逆两个方向由不同的酶所催化，催化互变反应的酶又常受到激素等因素的调节。如肌肉中磷酸化酶有无活性形式(磷酸化酶 b)和高活性形式(磷酸化酶 a)。在激酶作用下，由 ATP 提供磷酸基，将磷酸化酶 b 每个亚基的 Ser 残基的羟基磷酸化，从而使无活性的磷酸化酶 b 变成高活性磷酸化酶 a；在磷酸酶的催化下，高活性磷酸化酶 a 的每个亚基的磷酸基被水解除去，从而使高活性磷酸化酶 a 变成无活性的磷酸化酶 b。由图 7.32 可见，磷酸化酶活性的调节，是通过磷酸基与酶分子的共价结合(即磷酸化)以及从酶分子中水解除去磷酸基(即脱磷酸)来实现的。这种共价修饰是需要其他酶来催化的。这类酶称为共价修饰酶，一般也是多亚基的。

(2) 酶的共价修饰常表现出级联放大效应(cascade effect)。如果某一激素或其他调节因子使第一个酶发生共价修饰后，被修饰的酶又可催化另一种酶分子发生共价修饰，每修饰一次就可将调节因子的信号放大一次，从而呈现级联放大效应。因此，这种调节方式具有极高的效率，如肾上腺素对肌糖原分解的调节就是典型的例子(详见第 12 章)。

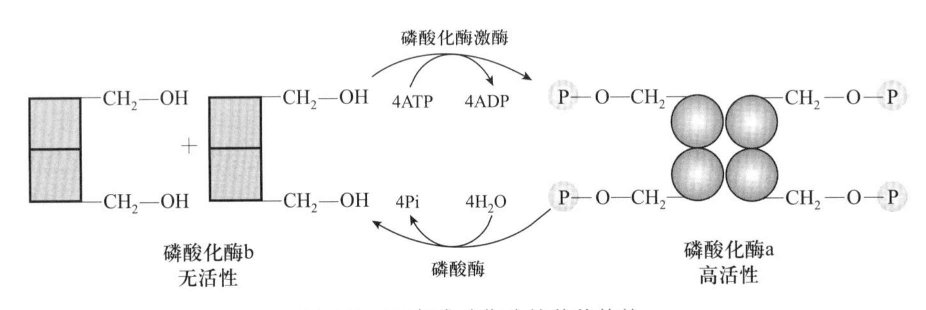

图 7.32 肌肉磷酸化酶的共价修饰

7.7 酶的实际应用

7.7.1 酶与动物和人类健康关系密切

酶的催化作用是机体实现物质代谢以维持生命活动的必要条件。酶的质或量的异常引起酶活性的改变是某些疾病产生的病因。如先天性酪氨酸酶缺乏使黑色素不能形成，引起白化病；苯丙氨酸羟化酶缺乏使苯丙氨酸和苯丙酮酸在体内堆积，导致精神幼稚化。此外，有些疾病的发生是由于酶的活性受到抑制，如一氧化碳中毒是由于呼吸链中细胞色素氧化酶的活性受到了抑制，重金属盐中毒则是由于巯基酶的活性受到了抑制。

血清或血浆、尿液等体液中酶活力测定是疾病诊断中常用的方法。某些组织器官受损伤时，细胞内的一些酶可大量释放入血液中。例如，急性胰腺炎时血清淀粉酶活性升高，急性肝炎或心肌炎时血清氨基转移酶活性升高等。由于许多酶在肝内合成，肝功能严重障碍时，血清中这些酶含量下降。例如，患肝病时血液中凝血酶原、凝血因子Ⅶ等含量下降。此外，血清同工酶的测定对疾病的器官定位也很有意义。

酶制剂应用于疾病的治疗已有很多年的历史。胃蛋白酶、胰蛋白酶、淀粉酶用于消化不良的治疗；尿激酶、链激酶、蚓激酶用于血管栓塞的治疗。酶抑制作用的原理是许多药物设计的前提，如磺胺类药物是细菌二氢叶酸合成酶的竞争性抑制剂，氯霉素通过抑制细菌转肽酶的活性而发挥抑菌作用等。

7.7.2 酶在科学研究中有广泛应用

7.7.2.1 工具酶

人们利用酶具有高度特异性的特点，将酶作为工具在分子水平上对某些生物大分子进行定向的切割与连接，如基因工程中应用的各种限制性核酸内切酶、反转录酶和连接酶等。胰蛋白酶、胰凝乳蛋白酶则常用于多肽链的序列分析和蛋白质组学研究。

7.7.2.2 固定化酶

固定化酶（immobilized enzyme）是用物理或化学方法将酶固定在固相载体上，或将酶包裹在微胶囊或凝胶中，使酶在催化反应中以固相状态作用于底物，并保持酶的高度专一性和催化的高效率。固定化酶的优点在于其机械性强，可以在较长时间内进行反复分批反应和连续反应。反应后又容易将酶与产物分开，利于产物的回收。

7.7.2.3 抗体酶

抗体酶（abzyme）又称为催化抗体（catalytic antibody）。由于抗原与抗体之间的特异性结合和酶与底物之间的特异性结合具有极其相似的特征，因此根据酶与底物相互作用的过渡态理论，将底物的过渡态类似物作为抗原，注入动物体内诱导抗体产生，生成的抗体在结构上与过渡态类似物互相适应并可相互结合。该抗体便具有催化该过渡态反应的酶活性。当抗体与底物结合时，就可使底物转变为过渡态进而发生催化反应。

7.7.2.4 模拟酶

模拟酶又称为人工合成酶（synzyme）。利用有机化学、生物化学等方法设计和合成一些较天然酶简单的非蛋白质分子或蛋白质分子，以这些分子来模拟天然酶对其作用底物的结合和催化过程。也就是说，模拟酶是在分子水平上模拟酶活性部位的形状、大小及其微环境等结构特征以及酶的作用机理和立体化学等特征。

案 例

1. 生物检测标记物 维生素 B_7 又名维生素 H、生物素，在生物体内作为多种羧化酶的辅酶参与 CO_2 的固定。生物素分子中有两个环状结构，其中Ⅰ环为咪唑酮环，是与亲和素结合的主要部位；Ⅱ环为噻吩环，C_2 上有一戊酸侧链，其末端羧基可结合抗体和其他生物大分子，经化学修饰后生物素可与抗体、抗原、酶等形成生物素化标记物。亲和素是由 4 个相同的亚基组成的碱性糖蛋白，每个亚基可结合 1 分子生物素，且生物素与亲和素之间具有极强的亲和力，比抗原与抗体间的亲和力强得多。在科研领域，利用生物素的结构特点于 20 世纪 70 年代就建立了生物素-亲和素系统（biotin-avidin system，BAS），广泛应用于免疫诊断、免疫治疗及免疫细胞化学研究等领域；在畜牧兽医领域，BAS 被也应用于兽药残留检测中，例如农副产品中氯霉素残留的检测。

2. 马属动物蕨中毒 蕨的主要有毒成分是硫胺素酶、原蕨苷、血尿因子和槲皮黄素。硫胺素酶可使其体内的硫胺素大量分解，导致硫胺素缺乏症。硫胺素为 α-酮酸氧化脱羧酶的辅酶，缺乏时丙酮酸不能进入三羧酸循环充分氧化，造成组织中丙酮酸及乳酸堆积，能量供应减少，影响神经组织和心脏的代谢与功能。因此，马属动物采食大量蕨类植物后，蕨叶及根状茎中的硫胺素酶可引起蕨中毒。

3. 酶制剂在畜禽养殖中的应用 酶学研究除了对阐明生命现象的本质至关重要，各种酶制剂产品也被广泛地应用于畜牧兽医生产实践。如饲料在生产及存储过程中极易出现霉变现象，所产生霉菌毒素不仅给养殖业造成了相当严重的损失，也间接地威胁到人类健康。各种霉菌毒素中黄曲霉毒素毒性最强，而黄曲霉毒素 B_1（AFB_1）则更甚。霉菌毒素分解酶通过破坏 AFB_1 结构中的二氢呋喃环，使 AFB_1 失去毒性作用。科研工作者将一种来源于食用真菌的 AFB_1 分解酶应用于畜禽养殖业中，在含有 AFB_1 的日粮中添加霉菌毒素分解酶，显著提高了育肥猪的生长性能，料重比也显著降低，尤其显著降低了 AFB_1 在肝中的检出量。

4. 磺胺类药物抑菌机理 细菌不能直接从生长环境中利用外源叶酸，其主要是利用对氨基苯甲酸、二氢喋呤啶和谷氨酸在二氢叶酸合成酶的作用下合成二氢叶酸，再经二氢叶酸还原酶催化还原为四氢叶酸。四氢叶酸是一碳基团转移酶的辅酶，参与机体嘌呤、嘧啶等的合成过程。磺胺类药物具有与对氨基苯甲酸相似的化学结构，能竞争性抑制二氢叶酸合成酶活性而阻断二氢叶酸的合成，或者形成以磺胺代替对氨基苯甲酸的伪叶酸，最终使菌体核酸合成受阻而抑制细菌的生长繁殖。

二维码 7-1　第 7 章习题

二维码 7-2　第 7 章习题参考答案

第8章

糖代谢

【本章知识要点】

☆ 糖是动物机体重要的能源和碳源物质，糖代谢在物质代谢中占有中心地位。

☆ 血糖是动物机体糖代谢平衡的重要指标，机体中糖代谢途径主要包括糖原的分解与合成、糖的无氧分解、糖的有氧分解、磷酸戊糖途径和糖异生等。

☆ 糖原是动物体内糖的主要储存形式，其分解由磷酸化酶等催化其磷酸解而实现；糖原的合成则以葡萄糖作为起始物，以UDPG为糖基供体，在糖原引物上以分支酶催化形成糖原支链。

☆ 在无氧或缺氧条件下，葡萄糖在胞液中进行无氧分解或酵解形成乳酸，同时释放少量能量；其是使役和剧烈运动的动物以及某些病理状态下的动物获取能量的重要方式。

☆ 在有氧条件下，葡萄糖先在胞液中分解形成丙酮酸，再在线粒体丙酮酸脱氢酶复合体的作用下氧化脱羧生成乙酰CoA，然后进入三羧酸循环彻底分解生成二氧化碳和水，同时释放大量能量；其是生物机体生理活动所需能量的主要来源。

☆ 对合成代谢活跃的组织，磷酸戊糖途径为合成脂肪酸、核苷酸和胆固醇等提供$NADPH+H^+$、核糖-5-磷酸等原料。

☆ 在肝或肾，非糖物质如乳酸、甘油、生糖氨基酸等可以通过糖异生途径，经克服能量障碍循糖的分解途径逆向合成葡萄糖或糖原。

☆ 糖代谢的各个途径之间既相互联系又相互影响，并受多种因素的精细调节；而糖的有氧分解途径是各种营养物质分解代谢的共同归宿和互相转变的枢纽。

糖普遍存在于动物组织中，在生命活动中的主要作用是提供能源和碳源。糖代谢包括摄入的糖类以及由非糖物质在体内生成的糖类所参与的全部生物化学过程和能量转化过程，它在动物机体的物质代谢中处于中心地位。

动物体内最主要的单糖是葡萄糖，其来自自然界中植物的光合作用，是动物机体的主要能源物质，提供能量是糖的重要生物学功能。动物体内最主要的多糖是糖原，是一种极易动员的葡萄糖储存形式。糖分解代谢中生成的中间代谢产物为体内其他含碳化合物（如氨基酸、脂肪酸、甘油、核苷酸等）的合成提供重要碳源。此外，糖在分解代谢中还为动物机体提供合成代谢所需的还原当量（reducing equivalent），如$NADPH+H^+$。

糖代谢包括分解代谢和合成代谢两个方面。糖的分解代谢的主要途径有糖原分解、糖的无氧分解、糖的有氧分解和磷酸戊糖途径等；糖的合成代谢途径有糖原合成、葡萄糖与糖原的异生等。动物体内糖的来源依靠消化吸收和糖异生，血糖是糖在体内的运输形式，糖原是糖在动物体内的储存方式，氧化分解是糖供给机体能量的主要代谢方式，其中间产物可以转变为其他的非糖物质。

8.1 概述

8.1.1 糖的生理功能

糖在动物体内的生理功能十分重要，它是动物生命活动中重要的能源物质、结构物质和功能物质。

8.1.1.1 动物体内的主要能源物质

糖是动物饲料的主要成分，也是动物机体正常情况下的主要供能物质。动物机体生理活动所需能量的70%来自糖的分解代谢。在糖代谢中，葡萄糖居主要地位，1 mol 葡萄糖完全氧化成为二氧化碳和水可释放 2 840 kJ 能量，其中约 40%转化成 ATP 以满足动物机体生理活动的需求。有些组织器官（如大脑和心脏），必须直接利用葡萄糖供能。此外，母畜妊娠时胎儿必须利用葡萄糖，而泌乳时需大量的葡萄糖合成乳糖。

8.1.1.2 动物体内的重要结构物质

糖在分解过程中形成的中间产物还可以作为合成蛋白质、脂肪、核酸等物质所需的碳架。糖也是动物组织结构的重要组成成分。糖与蛋白质结合形成糖蛋白，与脂类结合形成糖脂，糖蛋白和糖脂都是生物膜的组成成分。构成结缔组织基质的蛋白聚糖具有保持组织间水分、防止震动和维系细胞间黏合等作用。核糖与脱氧核糖是组成核酸的成分，在脑、骨骼肌和其他许多组织细胞中还含有少量的鞘糖脂。

8.1.1.3 动物体内的生物活性分子

血浆蛋白（除清蛋白外）、抗体、一些酶和激素以及细胞膜上的受体等也含有糖，其属于糖蛋白。它们参与细胞间的信息传递，与细胞免疫和细胞间的识别有关；肝素有防止血液凝固的作用；鞘糖脂与神经冲动的正常传导、组织器官特异性、组织免疫性和细胞间的识别作用有关；一些寡聚多糖具有调节动物免疫的功能。

8.1.2 糖的代谢概况

8.1.2.1 动物体内糖的来源

动物体内糖主要是由消化道吸收和非糖物质转化而来。饲料中的糖主要以多糖的形式存在，如淀粉、纤维素、半纤维素和低聚糖等。对非反刍动物（如猪），糖的主要来源是淀粉，其在消化道经淀粉酶作用水解为葡萄糖，然后被小肠吸收入血。对以食草为主的反刍动物（如牛、羊、驼等），由于饲料中的糖主要是纤维素，不能被消化为葡萄糖吸收，而是先在瘤胃中经微生物发酵转变成乙酸、丙酸、丁酸等低级脂肪酸再被吸收。所以，反刍动物体内糖的来源主要依赖于糖异生，其中丙酸是转变成葡萄糖的主要前体，其次是氨基酸。马、骡、驴、兔等动物则介于猪与牛、羊、驼之间，体内糖的来源一部分经由消化道吸收，一部分则由丙酸等低级脂肪酸经糖异生作用生成。家禽对糖的消化吸收主要在小肠进行，但有充分证据显示家禽的盲肠也是消化纤维素的场所。

8.1.2.2 动物体内糖的代谢

经小肠吸收的葡萄糖首先经门静脉进入肝，其中一部分在肝中代谢，一部分进入血液。葡萄糖在肝中可合成肝糖原暂时储存，也可分解供能，或可转变为其他物质（如脂肪、氨基酸等）。肝糖原可分解为葡萄糖进入血液，然后输送到组织细胞供全身利用。此外，肝还是糖异生的主要场所，可将丙酸、氨基酸等转变为葡萄糖或糖原。在肝外组织（如肌肉中）葡萄糖可合成肌糖原储存，也可分解供能，或可转变为其他物质（如脂肪、氨基酸等）。当摄入的糖过多时，其可以转变为脂肪储存在脂肪组织和肝中，作为能量储备，这也是含糖丰富的饲料可使动物育肥的重要原因。

8.1.3 血糖

血糖（blood sugar）主要是指血液中所含的葡萄糖及少量的葡萄糖磷酸酯。此外，血液中还有微量的半乳糖、果糖及其磷酸酯。

8.1.3.1 血糖的浓度及其变化

正常动物在安静、空腹状态下，血糖浓度比较恒定并保持在一定的范围（表 8.1）。动物机体各组织细胞需要不断地从血液中摄取葡萄糖，以满足机体生理活动的需求。血糖水平受进食的影响。进食数小时内血糖含量升高；在饥饿时血糖含量会逐渐降低，但在短时间不进食，也能维持正常水平。动物机体血糖浓度相对恒定具有重要的生理意义，因为血糖浓度的相对恒定是保证细胞正常代谢、维持组织器官正常机能的重要条件之一。血糖浓度过低时会引起葡萄糖进入各组织的量不足，造成各组织（首先是神经组织）的机能障碍，出现低血糖症（hypoglycemia）。动物处在疾病状态下或不合理的饲养及使役中，都能造成血糖供应不足，在这种情况下应该饲喂含糖丰富的饲料，在临床上还应注射葡萄糖。

表 8.1 一些动物的正常血糖含量（mg/100 mL）

动物	血糖含量	动物	血糖含量
猪	105	山羊	45～60
马	66～100	犬	70～100
牛	58	蛋鸡	130～290
乳牛	35～55		

8.1.3.2 血糖的来源和去路

血糖浓度相对恒定是其来源和去路相互平衡的结果，即进入血中的葡萄糖量与从血中移去的葡萄糖量基本相等。血糖的来源和去路概括见图 8.1。

血糖的来源主要有：①葡萄糖经肠道吸收后由门静脉进入血液；②肝糖原分解为葡萄糖进入血液，这也是空腹时血糖的直接来源；③非糖物质（如丙酸、甘油、乳酸和生糖氨基酸等）通过肝的糖异生作用转变成糖原或葡萄糖。

血糖的去路主要有：①在各种组织中分解供能，这是葡萄糖的主要去路；②在一些组织（如肝、肌肉）中合成糖原；③转变为非糖物质，如脂肪、一些有机酸、非必需氨基酸或其他类型的糖。

当血糖浓度过高而超过肾小管重吸收能力时，则出现糖尿（glycosuria）。因此，常把尿中排糖的血糖值作为肾糖重吸收能力的界限，称之为肾糖阈（renal glucose threshold）。不同动物的肾糖阈有所不同，例如乳牛为98～102 mg/100 mL，犬为175～220 mg/100 mL，正常人为160～180 mg/100 mL。糖从尿中排出不是血糖的正常去路，因为肾小管细胞能将原尿中的葡萄糖全部重吸收回到血液。

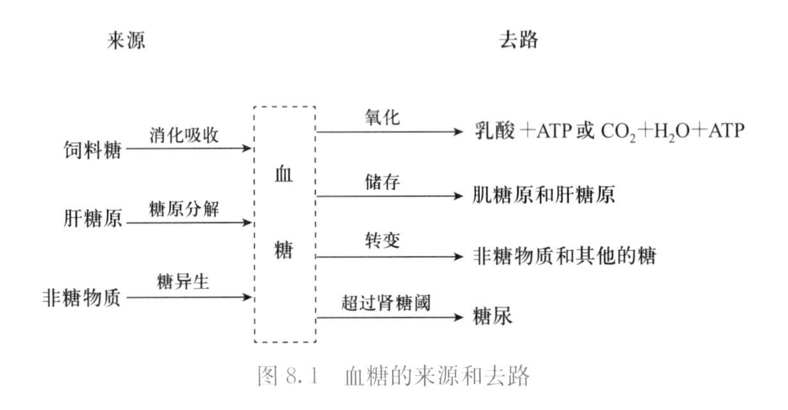

图8.1　血糖的来源和去路

8.1.3.3　血糖浓度的调节

动物血糖浓度的动态平衡是依靠血糖来源和去路的协调来维持的，血糖水平保持恒定是糖、脂肪、氨基酸代谢途径之间，以及肝、肌肉、脂肪组织之间相互协调的结果。当动物在采食后消化吸收期间，从肠道吸收大量葡萄糖，此时肝中糖原合成加强而分解减弱，肌肉中糖原合成和糖的分解也加强，肝、脂肪组织加速将糖转变为脂肪，氨基酸的糖异生则减弱，因而血糖浓度暂时上升并且很快恢复正常。动物长距离和长时间奔跑达2 h以上，其肝糖原早已耗尽，但血糖浓度仍保持在基本正常水平，此时肌肉中能量主要来自脂肪酸氧化，而糖异生产生的葡萄糖用于保持血糖水平。动物长期饥饿时，血糖浓度虽略低，但仍保持一定水平，这时血糖的来源主要靠糖异生，原料首先是从肌肉蛋白质降解来的氨基酸，其次为甘油，以保证动物脑组织对能量的需求，其他组织的能量需求则通过脂肪酸氧化获得。

血糖浓度的基本稳定是神经、激素和血液中葡萄糖自身调节的结果。调节血糖浓度的激素主要有胰岛素、胰高血糖素、肾上腺素和糖皮质激素等，除胰岛素可降低血糖浓度外，其他激素均可使血糖浓度升高。激素对血糖的调节并非孤立的，而是一个既互相协同又互相制约的矛盾统一体。血糖浓度的自身调节与糖原合成、糖的分解代谢等直接相关，目前认为葡萄糖既是糖代谢反应的底物，又是血糖浓度和糖代谢的调节因子之一。正常动物体内存在一整套精细调节糖代谢的机制，在一次性摄入大量葡萄糖后，血糖水平不会出现大的波动和持续升高。动物机体对摄入的葡萄糖具有很强耐受性，这被称为耐糖（sugar tolerance）现象，临床上做糖耐量试验（glucose tolerance test）可以帮助诊断某些糖代谢障碍性疾病。

8.2　糖原的分解与合成

糖原是由葡萄糖分子聚合而成的含有许多分支的大分子聚合物，呈聚集的颗粒状存在于肝和骨骼肌的细胞液中，其颗粒直径为10～40 nm。糖原是动物细胞中一种极易被动员的能量储存形式，对维持血糖水平的恒定和供给肌肉收缩所需的能量具有重要作用。

糖原中葡萄糖的连接形式有两种：一种以α-1,4-糖苷键相连接，另一种在多糖分子的分支处以α-1,6-糖苷键的形式相连。糖原的连接和分支情况见图8.2。

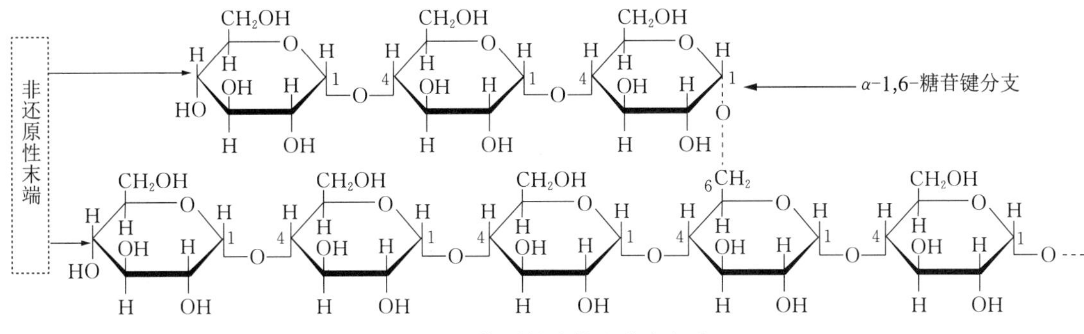

图 8.2 糖原的连接和分支方式

8.2.1 糖原的分解

糖原分解（glycogenolysis）是指糖原在糖原磷酸化酶（glycogen phosphorylase）、糖原脱支酶（glycogen debranching enzyme）、磷酸葡萄糖变位酶（phosphoglucomutase）和葡萄糖-6-磷酸酶（glucose-6-phosphatase）作用下分解为葡萄糖的过程。饥饿时，动物机体首先动用的是肝糖原，其可在1～2 d之内下降至正常含量的10%，这对完全依赖葡萄糖作为燃料的大脑、红细胞等是非常重要的。^{14}C-葡萄糖研究表明，肝糖原分解产生的葡萄糖一半以上释入血液以维持血糖水平的恒定。肌糖原的动员不如肝糖原迅速，肌糖原主要为肌肉收缩提供能量而不是提供血糖。

糖原在糖原磷酸化酶的催化下进行磷酸解作用，即由无机磷酸引起糖苷键断裂，从糖原分子非还原性末端（即不含游离半缩醛羟基的一端）顺序地逐个移去葡萄糖残基（glucosyl residue），生成葡萄糖-1-磷酸（图 8.3）。

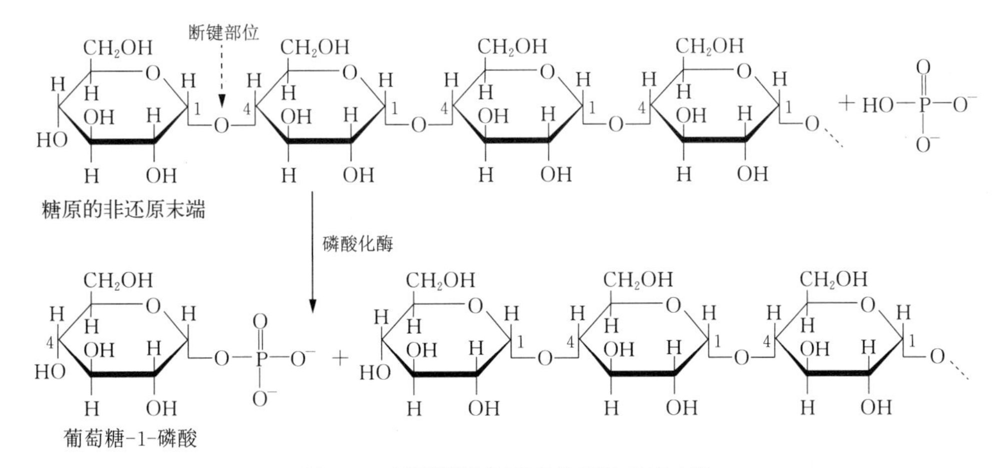

图 8.3 糖原磷酸化酶的作用位点及产物

糖原磷酸化酶只催化α-1,4-糖苷键的磷酸解，因此它只能脱下糖原分子直链部分的葡萄糖残基。实际上，当磷酸化酶分解到距α-1,6-糖苷键分支点4个葡萄糖残基时就停止分解，糖原的继续分解还需其他酶参与。

糖基转移酶（glycosyl transferase）的催化作用是将原来α-1,6-糖苷键分支点前面以α-1,4-糖苷键连接的3个葡萄糖残基转移到另一个分支的非还原性末端的葡萄糖残基上，或者转移到糖原的核心链（core chain）上，同时将暴露出的以α-1,6-糖苷键相连的葡萄糖残基在α-1,6-葡萄糖苷酶（α-1,6-glucosidase）的作用下水解产生一个游离的葡萄糖。因此，原来的分支结构就转变成为线型结构，为糖原磷酸化酶的进一步作用铺平了道路。在糖原磷酸化酶、糖基转移酶和α-1,6-糖苷酶的协同作用下，糖原分子逐步缩小、分支逐步减少（图8.4）。由于糖基转移酶和α-1,6-糖苷酶两种酶的活性存在于同一肽链上，故将两种酶统称为糖原脱支酶，其实质是一种双功能酶（bifunctional enzyme）。

葡萄糖-1-磷酸在磷酸葡萄糖变位酶的作用下转变成葡萄糖-6-磷酸，最终又水解成葡萄糖。

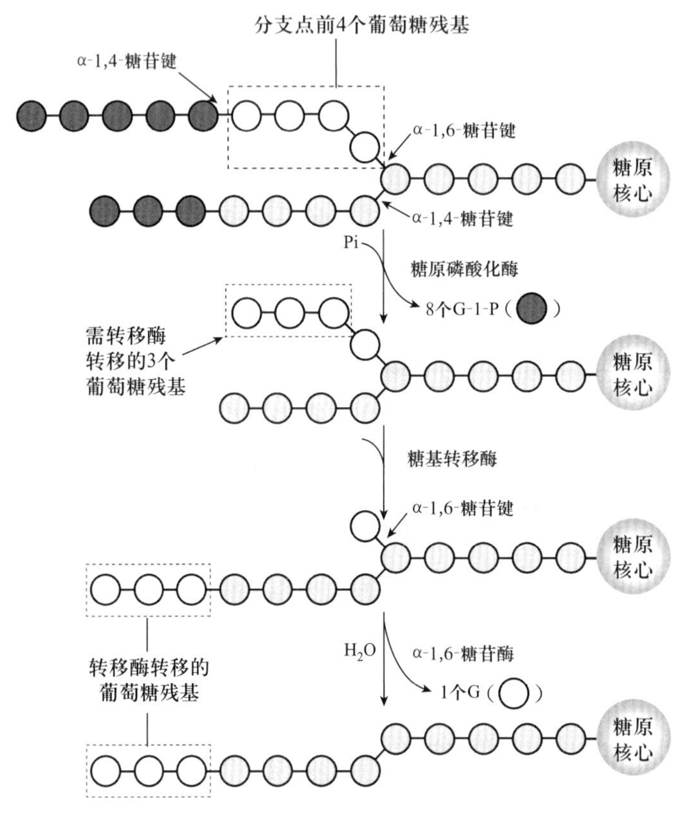

图 8.4　糖原磷酸化酶和糖原脱支酶的协同作用

葡萄糖-6-磷酸酶是专门水解葡萄糖-6-磷酸的酶，其催化的反应如下：

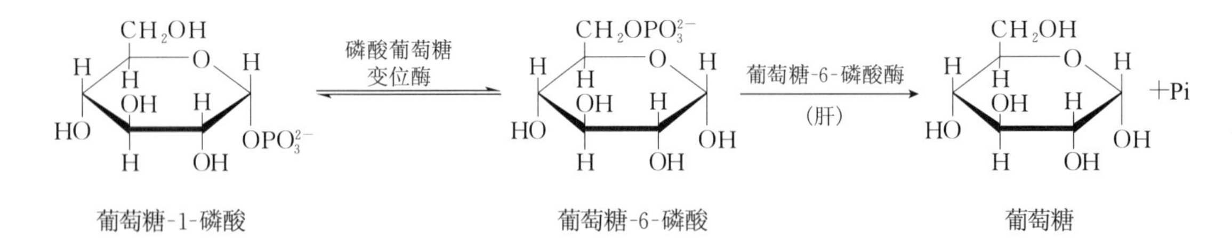

葡萄糖-6-磷酸酶存在于肝细胞、肾细胞等，而脑细胞和肌细胞均没有此酶。游离的葡萄糖可以扩散出细胞进入血液，肝细胞就是依靠此酶维持血糖的相对稳定。由于肌细胞缺乏葡萄糖-6-磷酸酶，且磷酸化的葡萄糖不能扩散到细胞外，所以生成的葡萄糖-6-磷酸主要在肌细胞中被氧化分解提供能量。

8.2.2　糖原的合成

糖原合成（glycogenesis）不仅有利于葡萄糖的储存，而且还可调节血糖浓度。糖原的合成过程在胞质中进行，需要己糖激酶（hexokinase）、磷酸葡萄糖变位酶、UDP-葡萄糖焦磷

酸化酶（UDP-glucose pyrophosphorylase）、糖原合酶（glycogen synthase）和糖原分支酶（glycogen branching enzyme）5种酶的催化。糖原合成的过程如下。

（1）生成葡萄糖-6-磷酸：这是一个磷酸基团转移反应，即ATP的γ-磷酸基团在己糖激酶或葡萄糖激酶（glucokinase）的催化下，转移到葡萄糖分子上。这个反应必需有Mg^{2+}的存在。反应式如下。

葡萄糖 + ATP $\xrightarrow[Mg^{2+}]{\text{己糖激酶}}$ 葡萄糖-6-磷酸 + ADP

肝细胞中存在着上述两种酶来催化同一反应。这是因为己糖激酶受产物葡萄糖-6-磷酸的反馈抑制，即过多的葡萄糖-6-磷酸将降低己糖激酶的活性，所以依靠己糖激酶不可能储存很多糖原。而葡萄糖激酶不受产物的反馈抑制，当外源葡萄糖大量涌入肝细胞，己糖激酶已被自身催化生成的葡萄糖-6-磷酸抑制时，高浓度的葡萄糖激活了葡萄糖激酶，于是大量葡萄糖仍转化为葡萄糖-6-磷酸，这样就促进了肝糖原的大量合成。肌细胞中缺乏葡萄糖激酶，所以肌肉储存糖原量较肝有限。

（2）生成葡萄糖-1-磷酸：葡萄糖-6-磷酸在磷酸葡萄糖变位酶的作用下转变成葡萄糖-1-磷酸，其反应式如下。

葡萄糖-6-磷酸 $\xrightleftharpoons{\text{磷酸葡萄糖变位酶}}$ 葡萄糖-1-磷酸

（3）生成UDP-葡萄糖：葡萄糖-1-磷酸在UDP-葡萄糖焦磷酸化酶的催化下与尿苷三磷酸（uridine triphosphate，UTP）反应，生成尿苷二磷酸葡萄糖（uridine diphosphate glucose），简称UDP-葡萄糖（UDP-glucose，UDPG），同时释放出焦磷酸（PPi）。PPi迅速被无机焦磷酸酶（inorganic pyrophosphatase）水解为无机磷酸，这个释放能量的过程使整个反应变得不可逆。形成的UDP-葡萄糖可看作"活性葡萄糖"，在体内作为糖原合成的葡萄糖供体。该过程的反应式如下。

葡萄糖-1-磷酸 + UTP $\xrightarrow{\text{UDP葡萄糖焦磷酸化酶}}$ UDP-葡萄糖 + PPi

PPi $\xrightarrow{\text{无机焦磷酸酶}}$ 2Pi

（4）生成糖原：在糖原合酶作用下，UDPG上的葡萄糖基转移给糖原引物的糖链非还原末端C_4的羟基上，形成α-1,4-糖苷键，使糖原延长了一个葡萄糖残基。上述反应反复进行，可使糖链得到不断延长。糖原合酶只能催化葡萄糖残基加到已经具有4个以上葡萄糖残基的糖原分子上，而不能从零开始将两个葡萄糖分子互相连在一起：

$$\text{UDPG} + 糖原(G_n) \xrightarrow{糖原合酶} \text{UDP} + 糖原(G_{n+1})$$

糖原合酶催化 α-1,4-糖苷键的形成，形成的产物也是直链的形式。使直链形成多分支的多聚糖必须有糖原分支酶的协同参与。糖原分支酶的主要作用是断开 α-1,4-糖苷键并形成α-1,6-糖苷键。糖原分支酶将糖原分子中处于直链状态的葡萄糖残基从非还原性末端约7个葡萄糖残基的片段在 α-1,4-糖苷键处切断，然后转移到同一个或其他糖原分子比较靠内部的某个葡萄糖残基的第6位碳原子的羟基上形成 α-1,6-糖苷键。该酶所转移的7个葡萄糖残基的片段是从至少已经有11个葡萄糖残基的直链上断下的，而此片段被转移到的位置即形成新的分支点，且新的分支点必须与其他分支点至少有4个葡萄糖残基的距离（图8.5）。

糖原的高度分支一方面可增加分子的溶解度，另一方面将形成更多的非还原性末端，它们是糖原磷酸化酶和糖原合酶的作用位点。所以糖原分支大大提高了其分解与合成效率。

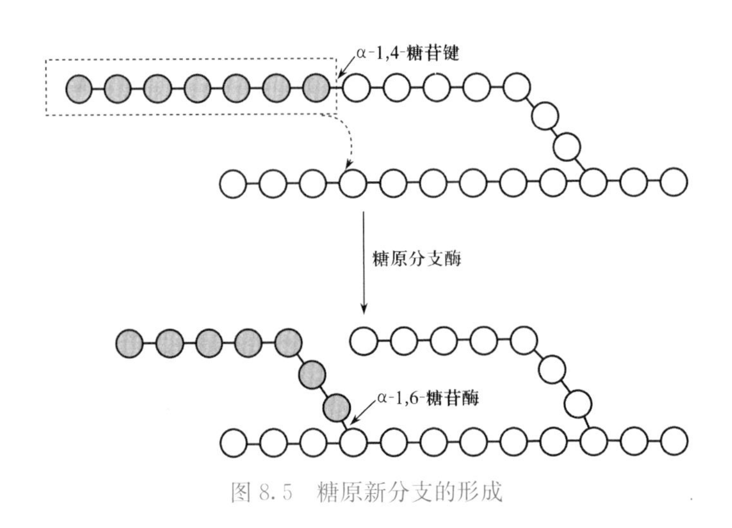

图8.5 糖原新分支的形成

8.3 葡萄糖的分解代谢

动物机体维持各种生理活动都需要能量，ATP是提供能量的主要物质。通过糖的分解代谢获得ATP主要有两条途径：①在无氧或缺氧条件下，由1 mol的葡萄糖降解为乳酸（lactic acid），并在此过程中产生2 mol ATP，即糖的无氧分解（anaerobic oxidation）；②在有氧条件下，1 mol葡萄糖彻底氧化为CO_2和H_2O，产生更多的ATP，即糖的有氧分解（aerobic oxidation）。

8.3.1 葡萄糖的无氧分解

糖的无氧分解或无氧氧化与葡萄糖发酵生成乙醇的过程大致相同，因此也称之为糖酵解（glycolysis）或EMP途径（Embden-Meyerhof-Parnas pathway）。糖的无氧分解过程可分为两个阶段：第一阶段是由葡萄糖分解成丙酮酸（pyruvate）的过程，第二阶段是丙酮酸转变成乳酸的过程。葡萄糖无氧分解的总反应式为：

$$C_6H_{12}O_6 + 2Pi + 2ADP \longrightarrow 2CH_3CH(OH)COO^- + 2ATP$$

糖酵解的全部反应在胞液中进行，整个过程包含11种酶催化的反应。

8.3.1.1 无氧分解的反应过程

（1）第一阶段：葡萄糖分解成丙酮酸。

① 葡萄糖磷酸化转变为葡萄糖-6-磷酸：葡萄糖进入细胞后首先发生磷酸化反应，生成葡萄糖-6-磷酸（glucose-6-phosphate，G-6-P）。这是糖无氧分解途径中的第一个限速反应，磷酸化的葡萄糖不能自由通过细胞膜而逸出细胞。催化此反应的是己糖激酶，且其所催化的反应不可逆。己糖激酶不仅催化葡萄糖，也催化其他己糖磷酸化。在肝细胞中还存在一种专一性较强的葡萄糖激酶，只能催化葡萄糖生成葡萄糖-6-磷酸。催化 ATP 上的磷酸基团转移到接受体上的酶通常称为激酶（kinase），激酶催化的反应过程需要 Mg^{2+}。

$$\text{葡萄糖} + \text{ATP} \xrightarrow[Mg^{2+}]{\text{己糖激酶}} \text{葡萄糖-6-磷酸} + \text{ADP}$$

② 葡萄糖-6-磷酸转变为果糖-6-磷酸：由磷酸葡萄糖异构酶（phosphoglucose isomerase）催化葡萄糖-6-磷酸发生醛糖与酮糖间的异构反应，生成果糖-6-磷酸（fructose-6-phosphate，F-6-P），该过程是需要 Mg^{2+} 参与的可逆反应。

$$\text{葡萄糖-6-磷酸} \underset{Mg^{2+}}{\overset{\text{磷酸葡萄糖异构酶}}{\rightleftharpoons}} \text{果糖-6-磷酸}$$

葡萄糖-6-磷酸　　　　果糖-6-磷酸

③ 果糖-6-磷酸转变为果糖-1,6-二磷酸：由磷酸果糖激酶（phosphofructo kinase，PFK）催化果糖-6-磷酸转变为果糖-1,6-二磷酸（fructose-1,6-biphosphate，F-1,6-2P），需要 ATP 和 Mg^{2+} 参与。其他二价金属离子对此酶也有一定作用，但以 Mg^{2+} 的作用最为显著。该反应是不可逆反应，为糖酵解过程中的第二个限速反应。另有研究发现，果糖-2,6-二磷酸是磷酸果糖激酶强烈的变构激活剂。

$$\text{果糖-6-磷酸} + \text{ATP} \xrightarrow[Mg^{2+}]{\text{磷酸果糖激酶}} \text{果糖-1,6-二磷酸} + \text{ADP}$$

果糖-6-磷酸　　　　果糖-1,6-二磷酸

④ 果糖-1,6-二磷酸裂解成2个磷酸丙糖：果糖-1,6-二磷酸在醛缩酶（aldolase）的作用下裂解生成1分子二羟丙酮磷酸（dihydroxyacetone phosphate）和1分子甘油醛-3-磷酸（glyceraldehyde-3-phosphate），此反应可逆。至此，1个六碳的葡萄糖断裂成了2个三碳的丙糖。

$$\text{果糖-1,6-二磷酸} \overset{\text{醛缩酶}}{\rightleftharpoons} \text{二羟丙酮磷酸} + \text{甘油醛-3-磷酸}$$

果糖-1，6-二磷酸　　二羟丙酮磷酸　　甘油醛-3-磷酸

⑤ 磷酸丙糖异构化：果糖-1,6-二磷酸裂解后形成的2分子磷酸丙糖中，只有甘油醛-3-磷酸能继续进入糖无氧分解途径，二羟丙酮磷酸是甘油醛-3-磷酸的同分异构体，其必须在

磷酸丙糖异构酶（triose phosphate isomerase）催化下转变为甘油醛-3-磷酸才能进入糖无氧分解途径。

$$\text{二羟丙酮磷酸} \xrightleftharpoons{\text{磷酸丙糖异构酶}} \text{甘油醛-3-磷酸}$$

以下紧接着的反应将由2个分子的甘油醛-3-磷酸继续进行。

⑥ 甘油醛-3-磷酸氧化为1,3-二磷酸甘油酸：在甘油醛-3-磷酸脱氢酶（glyceraldehyde-3-phosphate dehydrogenase）的催化下，由NAD^+和无机磷酸参加，甘油醛-3-磷酸的醛基脱氢氧化为羧基，并产生还原的$NADH+H^+$，同时利用从反应中获得的能量使羧基磷酸化为一个高能的酰基磷酸键，形成1,3-二磷酸甘油酸（1,3-bisphosphoglycerate，1,3-BPG）。

$$\underset{\text{甘油醛-3-磷酸}}{\begin{matrix} O\;\;H \\ \backslash\!\!\backslash\;/ \\ C \\ | \\ HC{-}OH \\ | \\ CH_2OPO_3^{2-} \end{matrix}} + NAD^+ + Pi \xrightleftharpoons{\text{甘油醛-3-磷酸脱氢酶}} \underset{\text{1,3-二磷酸甘油酸}}{\begin{matrix} O \\ \backslash\!\!\backslash \\ C\sim OPO_3^{2-} \\ | \\ HC{-}OH \\ | \\ CH_2OPO_3^{2-} \end{matrix}} + NADH + H^+$$

⑦ 1,3-二磷酸甘油酸转变为3-磷酸甘油酸：这是糖的无氧分解过程开始收获能量的阶段，在此过程中第一次产生了ATP。磷酸甘油酸激酶（phosphoglycerate kinase）催化1,3-二磷酸甘油酸的高能磷酰基直接从羧基转移到ADP形成ATP和3-磷酸甘油酸（3-phosphoglycerate），反应需要Mg^{2+}。这是一种称之为底物水平磷酸化（substrate level phosphorylation）的生成ATP的方式。

$$\underset{\text{1,3-二磷酸甘油酸}}{\begin{matrix} O \\ \backslash\!\!\backslash \\ C\sim OPO_3^{2-} \\ | \\ HC{-}OH \\ | \\ CH_2OPO_3^{2-} \end{matrix}} + ADP \underset{Mg^{2+}}{\xrightleftharpoons{\text{磷酸甘油酸激酶}}} \underset{\text{3-磷酸甘油酸}}{\begin{matrix} COO^- \\ | \\ HC{-}OH \\ | \\ CH_2OPO_3^{2-} \end{matrix}} + ATP$$

⑧ 3-磷酸甘油酸转变为2-磷酸甘油酸：磷酸甘油酸变位酶（phosphoglycerate mutase）催化3-磷酸甘油酸的磷酸基移位形成2-磷酸甘油酸（2-phosphoglycerate），此过程是需Mg^{2+}参与的一步可逆反应。通常将催化分子内化学基团移位的酶称为变位酶（mutase）。

$$\underset{\text{3-磷酸甘油酸}}{\begin{matrix} COO^- \\ | \\ HC{-}OH \\ | \\ CH_2OPO_3^{2-} \end{matrix}} \underset{Mg^{2+}}{\xrightleftharpoons{\text{磷酸甘油酸变位酶}}} \underset{\text{2-磷酸甘油酸}}{\begin{matrix} COO^- \\ | \\ HC{-}OPO_3^{2-} \\ | \\ CH_2OH \end{matrix}}$$

⑨ 2-磷酸甘油酸转变为磷酸烯醇式丙酮酸：2-磷酸甘油酸在烯醇化酶（enolase）的催化下脱水生成磷酸烯醇式丙酮酸（phosphoenolpyruvate）。反应引起分子内部的电子重排和能量重新分布，形成一个高能磷酸键，显著地提高了磷酸基的转移潜势。

$$\underset{\text{2-磷酸甘油酸}}{\begin{matrix} COO^- \\ | \\ HC{-}OPO_3^{2-} \\ | \\ CH_2OH \end{matrix}} \xrightleftharpoons{\text{烯醇化酶}} \underset{\text{磷酸烯醇式丙酮酸}}{\begin{matrix} COO^- \\ | \\ C\sim OPO_3^{2-} \\ \| \\ CH_2 \end{matrix}}$$

⑩ 磷酸烯醇式丙酮酸转变为丙酮酸：磷酸烯醇式丙酮酸形成丙酮酸是一个不可逆反应，这是糖无氧分解途径中的第三个限速反应，由丙酮酸激酶（pyruvate kinase）催化，将其分子中的高能磷酰基转移给 ADP 产生 ATP，反应需要 K^+ 和 Mg^{2+} 参与。反应最初生成烯醇式丙酮酸又立即通过非酶促反应自发地由烯醇式转变为酮式的稳定的丙酮酸。这是糖无氧分解途径中实现的第二次底物水平磷酸化，也是第二处产生 ATP 的反应。

$$\underset{\text{磷酸烯醇式丙酮酸}}{\begin{array}{c} COO^- \\ | \\ C \sim OPO_3^{2-} \\ \| \\ CH_2 \end{array}} + ADP \xrightarrow[Mg^{2+}、K^+]{\text{丙酮酸激酶}} \underset{\text{丙酮酸}}{\begin{array}{c} COO^- \\ | \\ C{=}O \\ | \\ CH_3 \end{array}} + ATP$$

（2）第二阶段：丙酮酸转变成乳酸。

在甘油醛- 3 -磷酸脱氢氧化为 1，3 -二磷酸甘油酸时，NAD^+ 被还原成了 $NADH+H^+$。为了使甘油醛- 3 -磷酸继续氧化，推动糖无氧分解的进行，必须再提供氧化型 NAD^+。在乳酸脱氢酶的催化下，丙酮酸可以作为 $NADH+H^+$ 的受氢体，其羰基被还原成羟基，转变成乳酸，细胞在无氧条件下又重新获得 NAD^+。

$$\underset{\text{丙酮酸}}{\begin{array}{c} COO^- \\ | \\ C{=}O \\ | \\ CH_3 \end{array}} + NADH + H^+ \underset{}{\overset{\text{乳酸脱氢酶}}{\rightleftharpoons}} \underset{\text{乳酸}}{\begin{array}{c} COO^- \\ | \\ HC{-}OH \\ | \\ CH_3 \end{array}} + NAD^+$$

总结糖无氧分解的过程可见，在 1 mol 葡萄糖分解成 2 mol 磷酸丙糖的阶段有 2 步反应，即生成葡萄糖- 6 -磷酸和果糖- 1，6 -二磷酸时，消耗了 2 mol 的 ATP。而从磷酸丙糖转变为丙酮酸时，有 2 处发生了底物水平磷酸化，即在 1，3 -二磷酸甘油酸转变成 3 -磷酸甘油酸以及磷酸烯醇式丙酮酸转变成丙酮酸的反应中，生成了 4 mol ATP（2 mol×2）。因此，1 mol 葡萄糖经无氧分解或酵解生成 2 mol 乳酸的同时净产生 2 mol ATP。若由糖原开始，1 mol 葡萄糖残基转变为 2 mol 乳酸则净生成 3 mol ATP。

8.3.1.2　无氧分解的生理意义

葡萄糖无氧分解最主要的生理意义在于在氧供应不足的条件下为动物机体迅速提供能量，这对肌肉收缩尤为重要。如机体缺氧或剧烈运动时，即使呼吸和循环加快，仍不足以满足体内糖彻底氧化所需的氧。此时肌肉处于相对缺氧状态，糖的无氧分解过程随之加强，以补充运动所需的能量。因此，在剧烈运动后血中乳酸浓度会成倍地升高。

少数组织即使在有氧情况下，也要进行糖的无氧分解。如表皮中 50%～75%的葡萄糖经酵解产生乳酸；视网膜、神经、睾丸、肾髓质、血细胞等代谢活动极为活跃，即使不缺氧也常由无氧分解提供部分能量；成熟的红细胞由于没有线粒体则完全依赖糖的无氧分解供能。在某些病理情况下，如严重贫血、大量失血、呼吸障碍和肿瘤组织也会因组织供氧不足而加强糖的无氧分解以获取更多能量，当产生的乳酸过多时还会引起酸中毒。

糖的无氧分解途径与糖的有氧分解途径、磷酸戊糖途径以及糖异生途径都有密切联系。

从葡萄糖无氧分解途径获得的能量有限，在一般情况下，动物机体大多数组织供氧充足，主要由葡萄糖的有氧分解供能。

8.3.2　葡萄糖的有氧分解

葡萄糖在有氧条件下彻底氧化分解成水和二氧化碳的反应过程称为糖的有氧分解或有氧氧

化。有氧分解是葡萄糖分解代谢的主要方式，绝大多数细胞都通过它获得能量。

葡萄糖的有氧分解与其无氧分解有一段共同途径，即从葡萄糖到丙酮酸。所不同的是在有氧情况下，丙酮酸在丙酮酸脱氢酶复合体（pyruvate dehydrogenase complex）的催化下，在线粒体中氧化脱羧生成乙酰 CoA，后者再经三羧酸循环氧化成水和二氧化碳。

葡萄糖彻底氧化分解的总反应：

$$C_6H_{12}O_6 + 6O_2 + 30ADP + 30Pi \longrightarrow 6CO_2 + 6H_2O + 30\text{（或 32）} ATP$$

8.3.2.1 有氧分解的反应过程

有氧分解的反应过程分为 3 个阶段：第一阶段为 1 mol 葡萄糖转变为 2 mol 丙酮酸；第二阶段为丙酮酸进入线粒体氧化脱羧生成乙酰 CoA；第三阶段则是乙酰 CoA 进入三羧酸循环彻底氧化分解成二氧化碳和水。

（1）第一阶段：葡萄糖转变为丙酮酸与糖的无氧分解第一阶段完全相同，在此不再赘述。

（2）第二阶段：丙酮酸的氧化脱羧。2 mol 的丙酮酸进入线粒体后，经氧化脱羧生成乙酰 CoA（acetyl CoA）、$NADH+H^+$ 和 CO_2。总反应式为：

$$\underset{\text{丙酮酸}}{H_3C-\overset{\overset{\displaystyle O}{\|}}{C}-COOH} + HSCoA \xrightarrow[\text{丙酮酸脱氢酶复合体}]{NAD^+ \quad NADH+H^+} \underset{\text{乙酰 CoA}}{H_3C-\overset{\overset{\displaystyle O}{\|}}{C}\sim SCoA} + CO_2$$

此反应由丙酮酸脱氢酶复合体催化，该复合体由丙酮酸脱氢酶（pyruvate dehydrogenase）、二氢硫辛酸转乙酰基酶（dihydrolipoyl transacetylase）和二氢硫辛酸脱氢酶（dihydrolipoyl dehydrogenase）在空间上高度组合形成一个整体，使得丙酮酸氧化脱羧的一系列复杂反应得以协调有序地进行。参与该酶复合体的 6 种辅助因子为硫胺素焦磷酸（TPP）、硫辛酸、FAD、NAD^+、CoA 及 Mg^{2+}。在丙酮酸脱氢酶复合体的催化过程中，硫辛酰基与二氢硫辛酸转乙酰基酶的 Lys 残基保持共价相连，以确保反应体系中各个底物的定向传递。其过程见图 8.6。

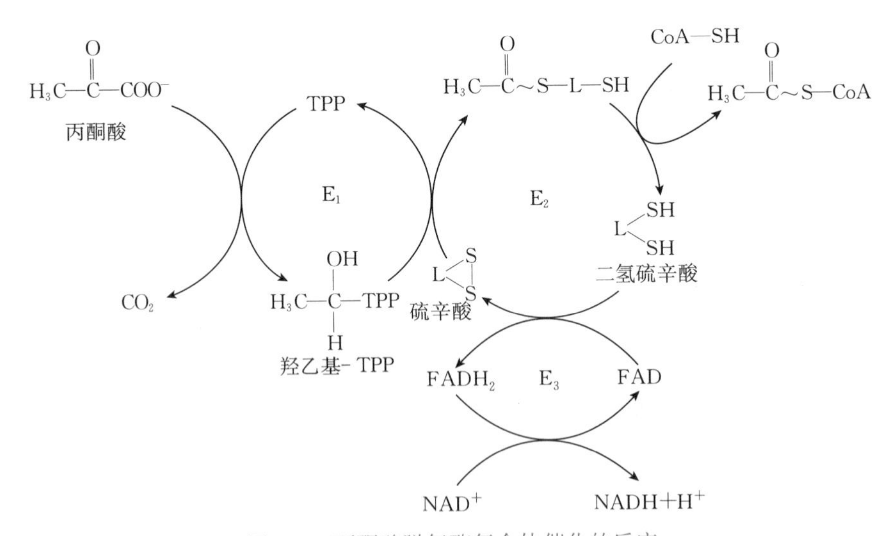

图 8.6　丙酮酸脱氢酶复合体催化的反应

E_1. 丙酮酸脱氢酶　E_2. 二氢硫辛酸转乙酰基酶　E_3. 二氢硫辛酸脱氢酶

（3）第三阶段：三羧酸循环。三羧酸循环以乙酰 CoA 与草酰乙酸缩合生成含有 3 个羧基的柠檬酸开始，故称为三羧酸循环（tricarboxylic acid cycle，TCA cycle），也称为柠檬酸循环。三羧酸循环最早由 H. Krebs 提出，因此又称为 Krebs 循环。乙酰 CoA 进入三羧酸循环后

被完全氧化分解成 CO_2 和 H_2O，同时释放能量，此循环包括 8 个连续的反应。

① 草酰乙酸（oxaloacetate）与乙酰 CoA 缩合生成柠檬酸（citrate）：缩合反应由柠檬酸合酶（citrate synthase）催化，需要 1 mol 水，由于乙酰 CoA 含有高能硫酯键，此反应不可逆。

$$\underset{\text{草酰乙酸}}{{}^{-}OOC-CO-CH_2-COO^{-}} + H_3C-\overset{O}{\overset{\|}{C}}\sim S-CoA + H_2O \xrightarrow{\text{柠檬酸合酶}} \underset{\text{柠檬酸}}{HO-C(COO^{-})(CH_2COO^{-})_2} + HSCoA + H^{+}$$

② 柠檬酸异构化形成异柠檬酸（isocitrate）：此异构化是可逆互变反应，由顺乌头酸酶（aconitase）催化，柠檬酸经中间物顺乌头酸转变为异柠檬酸。

$$\underset{\text{柠檬酸}}{{}^{-}OOC-CH_2-C(OH)(COO^{-})-CH_2-COO^{-}} \underset{}{\xrightleftharpoons{\text{顺乌头酸酶}}} \underset{\text{异柠檬酸}}{{}^{-}OOC-CH_2-CH(COO^{-})-CH(OH)-COO^{-}}$$

③ 异柠檬酸氧化脱羧形成 α-酮戊二酸（α-ketoglutarate）：这是三羧酸循环中第一个氧化脱羧反应，由异柠檬酸脱氢酶（isocitrate dehydrogenase）催化，生成 CO_2 和 $NADH+H^{+}$。

$$\underset{\text{异柠檬酸}}{{}^{-}OOC-CH_2-CH(COO^{-})-CH(OH)-COO^{-}} + NAD^{+} \xrightarrow{\text{异柠檬酸脱氢酶}} \underset{\alpha\text{-酮戊二酸}}{{}^{-}OOC-CH_2-CH_2-C(=O)-COO^{-}} + NADH + H^{+} + CO_2$$

④ α-酮戊二酸氧化脱羧形成琥珀酰 CoA（succinyl CoA）：这是三羧酸循环中另一个氧化脱羧反应，由 α-酮戊二酸脱氢酶复合体（α-ketoglutarate dehydrogenase complex）催化。该复合体组成与丙酮酸脱氢酶复合体相似，由 α-酮戊二酸脱氢酶（α-ketoglutarate dehydrogenase）、二氢硫辛酸转琥珀酰基酶（dihydrolipoyl transsuccinylase）和二氢硫辛酸脱氢酶以及同样的 6 种辅助因子组成。氧化脱羧时释出的自由能以高能硫酯键形式储存在琥珀酰 CoA 内。反应的产物是琥珀酰 CoA、$NADH+H^{+}$ 和 CO_2。

$$\underset{\alpha\text{-酮戊二酸}}{{}^{-}OOC-CH_2-CH_2-C(=O)-COO^{-}} + NAD^{+} + HSCoA \xrightarrow[\text{脱氢酶复合体}]{\alpha\text{-酮戊二酸}} \underset{\text{琥珀酰 CoA}}{\overset{O}{\overset{\|}{C}}\sim S-CoA-CH_2-CH_2-COO^{-}} + NADH + H^{+} + CO_2$$

⑤ 琥珀酰 CoA 转变为琥珀酸（succinate）：由琥珀酰 CoA 合成酶（succinyl－CoA synthetase）催化的可逆反应，琥珀酰 CoA 将其分子中的高能硫酯键的自由能转移给 GDP 的磷酸化反应，生成的 GTP 再经核苷二磷酸激酶（nucleoside diphosphokinase）催化转给 ADP 生成 ATP，这是三羧酸循环中唯一的底物水平磷酸化反应。

$$\underset{\text{琥珀酰 CoA}}{\begin{array}{l}\mathrm{O}\\ \|\\ \mathrm{C{\sim}S-CoA}\\ |\\ \mathrm{CH_2}\\ |\\ \mathrm{CH_2}\\ |\\ \mathrm{COO^-}\end{array}} + \mathrm{GDP} + \mathrm{Pi} \xrightleftharpoons{\text{琥珀酰 CoA 合成酶}} \underset{\text{琥珀酸}}{\begin{array}{l}\mathrm{COO^-}\\ |\\ \mathrm{CH_2}\\ |\\ \mathrm{CH_2}\\ |\\ \mathrm{COO^-}\end{array}} + \mathrm{GTP} + \mathrm{HSCoA}$$

$$\mathrm{GTP} + \mathrm{ADP} \xrightarrow{\text{核苷二磷酸激酶}} \mathrm{GDP} + \mathrm{ATP}$$

⑥ 琥珀酸脱氢生成延胡索酸（fumarate）：延胡索酸也称富马酸。此反应由琥珀酸脱氢酶（succinate dehydrogenase）催化，其辅酶是 FAD，反应生成 $FADH_2$。

$$\underset{\text{琥珀酸}}{\begin{array}{l}\mathrm{COO^-}\\ |\\ \mathrm{CH_2}\\ |\\ \mathrm{CH_2}\\ |\\ \mathrm{COO^-}\end{array}} \xrightleftharpoons[\text{琥珀酸脱氢酶}]{\mathrm{FAD}\ \longrightarrow\ \mathrm{FADH_2}} \underset{\text{延胡索酸}}{\begin{array}{l}\mathrm{COO^-}\\ |\\ \mathrm{CH}\\ \|\\ \mathrm{HC}\\ |\\ \mathrm{COO^-}\end{array}}$$

⑦ 延胡索酸加水生成苹果酸（malate）：由延胡索酸酶（fumarase）催化这一水合反应，该反应是可逆的。

$$\underset{\text{延胡索酸}}{\begin{array}{l}\mathrm{COO^-}\\ |\\ \mathrm{CH}\\ \|\\ \mathrm{HC}\\ |\\ \mathrm{COO^-}\end{array}} + \mathrm{H_2O} \xrightleftharpoons{\text{延胡索酸酶}} \underset{\text{苹果酸}}{\begin{array}{c}\mathrm{COO^-}\\ |\\ \mathrm{HO-C-H}\\ |\\ \mathrm{CH_2}\\ |\\ \mathrm{COO^-}\end{array}}$$

⑧ 苹果酸脱氢生成草酰乙酸：苹果酸脱氢酶（malate dehydrogenase）催化这一脱氢反应，生成草酰乙酸和 $NADH+H^+$。虽然此反应是可逆的，但由于细胞内草酰乙酸不断地被用于合成柠檬酸，故这一可逆反应向生成草酰乙酸的方向进行。至此，完成了一次循环。

$$\underset{\text{苹果酸}}{\begin{array}{c}\mathrm{COO^-}\\ |\\ \mathrm{HO-C-H}\\ |\\ \mathrm{CH_2}\\ |\\ \mathrm{COO^-}\end{array}} \xrightleftharpoons[\text{苹果酸脱氢酶}]{\mathrm{NAD^+}\ \longrightarrow\ \mathrm{NADH+H^+}} \underset{\text{草酰乙酸}}{\begin{array}{c}\mathrm{COO^-}\\ |\\ \mathrm{O{=}C}\\ |\\ \mathrm{CH_2}\\ |\\ \mathrm{COO^-}\end{array}}$$

在三羧酸循环中发生 2 次脱羧反应，以生成 2 mol CO_2 的形式离开循环。循环中消耗了 2 mol 的水，1 mol 用于生成柠檬酸，另 1 mol 用于延胡索酸的水合作用。循环中发生了 4 次脱氢反应，其中 3 次脱氢由 NAD^+ 接受，1 次由 FAD 接受，产生了 3 mol 的 $NADH+H^+$ 和 1 mol 的

$FADH_2$。这些 $NADH+H^+$ 和 $FADH_2$ 只有将电子传给分子态氧时才能生成 ATP。三羧酸循环本身每循环 1 次只能以底物水平磷酸化方式直接生成 1 mol ATP。注意，对从 1 mol 的葡萄糖开始的有氧分解过程，由于是 2 mol 的乙酰 CoA 进入三羧酸循环分解，因此以上数据应该乘以 2。

三羧酸循环的全过程见图 8.7。

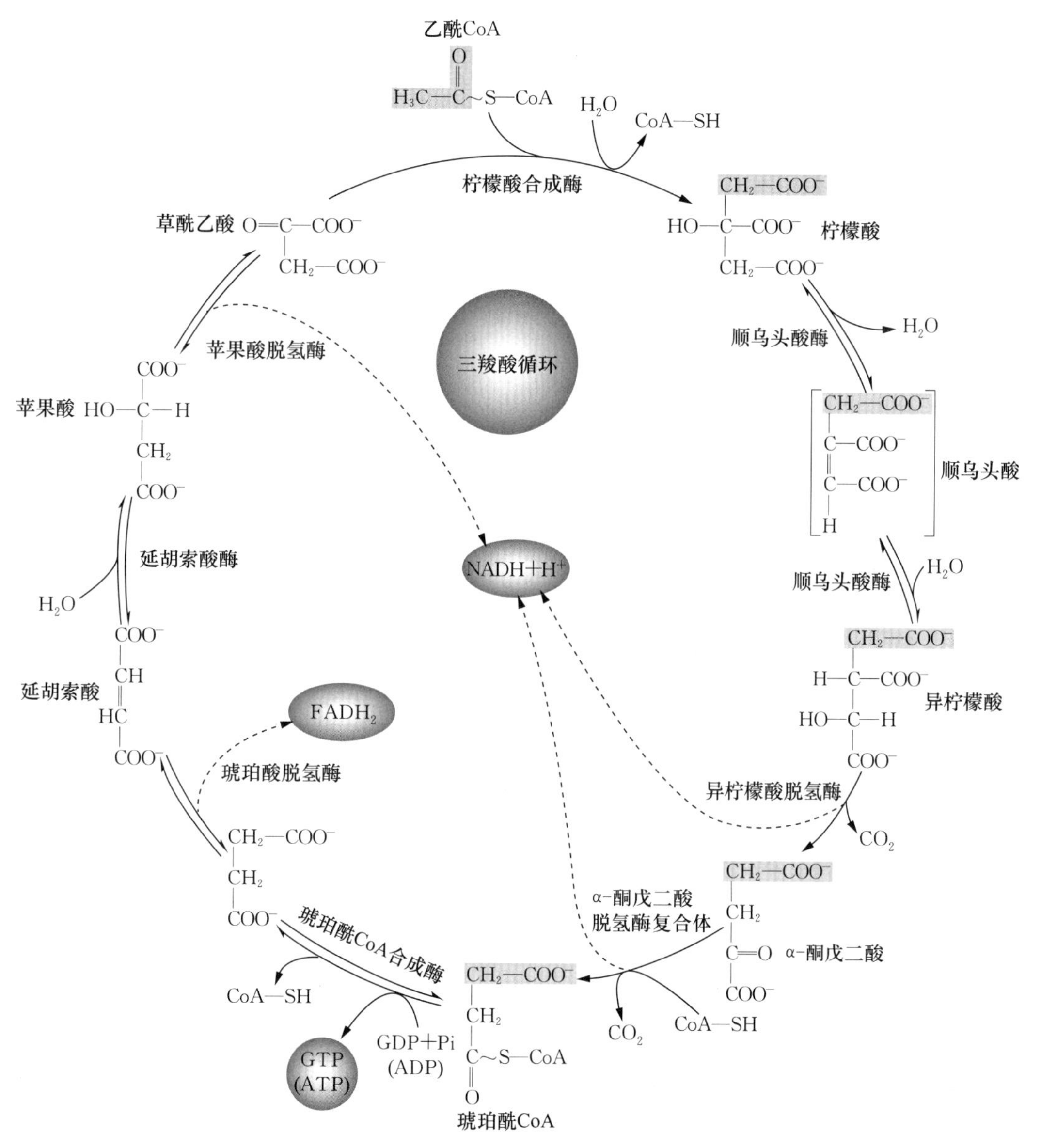

图 8.7　三羧酸循环

8.3.2.2　有氧分解的生理意义

（1）葡萄糖的有氧分解过程是动物生理活动所需能量的主要来源：关于葡萄糖彻底氧化为 H_2O 和 CO_2 究竟产生多少 ATP 的问题最受关注。根据最新测定，线粒体内由 1 mol $NADH+H^+$ 氧化可以产生 2.5 mol ATP，由 1 mol $FADH_2$ 氧化可以产生 1.5 mol ATP，而不同组织细胞液中的 $NADH+H^+$ 根据其透入线粒体的方式（穿梭作用）不同则可氧化产生 1.5 mol 或 2.5 mol ATP。这样，1 mol 葡萄糖彻底氧化为二氧化碳和水可能得到 30 mol 或 32 mol ATP（表 8.2）。

表 8.2　葡萄糖彻底氧化生成 ATP 的统计

反应	生成 ATP 的量/mol
1 mol 葡萄糖磷酸化	−1
1 mol 果糖-6-磷酸磷酸化	−1
2 mol 甘油醛-3-磷酸（胞液）氧化产生 2 mol NADH+H^+	+3（或+5）
2 mol 甘油酸-1,3-二磷酸去磷酸化	+2
2 mol 磷酸烯醇式丙酮酸去磷酸化	+2
2 mol 丙酮酸氧化脱羧产生 2 mol NADH+H^+	+5
2 mol 异柠檬酸氧化脱羧产生 2 mol NADH+H^+	+5
2 mol α-酮戊二酸氧化脱羧产生 2 mol NADH+H^+	+5
2 mol 琥珀酰 CoA 产生 2 mol GTP（相当于 ATP）	+2
2 mol 琥珀酸脱氢氧化产生 2 mol $FADH_2$	+3
2 mol 苹果酸脱氢氧化产生 2 mol NADH+H^+	+5
总计	+30（或+32）

因此在一般生理条件下，绝大多数组织细胞皆从葡萄糖的有氧分解获得能量。葡萄糖的有氧分解不但产能效率高，而且将释放的能量储存于 ATP 中，能量转化率也极高。

（2）三羧酸循环是糖、脂肪、蛋白质（氨基酸）及其他有机物质代谢相互联系的枢纽：糖有氧分解过程中产生的α-酮戊二酸和草酰乙酸可以氨基化转变为谷氨酸和天冬氨酸。反之，这些氨基酸脱去氨基又可转变成相应的酮酸进入糖的有氧分解途径。此外，琥珀酰 CoA 可用以与甘氨酸合成血红素，丙酸等低级脂肪酸可经琥珀酰 CoA、草酰乙酸等途径异生成糖。因而，三羧酸循环将各种营养物质的相互转变联系在一起，在提供生物合成前体的代谢中起重要作用。

（3）三羧酸循环是糖、脂肪、蛋白质（氨基酸）及其他有机物质分解代谢的最终归宿：乙酰 CoA 不仅是糖有氧分解的产物，同时也是脂肪酸和氨基酸代谢的产物，因此三羧酸循环是各种营养物质分解代谢的共同途径。据估计，人体内 2/3 的有机物质经由三羧酸循环被完全分解。三羧酸循环作为糖、脂肪、蛋白质（氨基酸）三大营养物质分解代谢共同的归宿，具有重要的生理意义。

（4）三羧酸循环为机体其他生物分子的合成提供碳源：糖的有氧分解途径为嘌呤、嘧啶和尿素的合成提供二氧化碳，同时也是大自然碳循环的重要组成部分。

8.4　磷酸戊糖途径

糖的有氧分解和无氧分解是动物体内许多组织糖分解代谢的主要途径，但并非唯一途径。在动物肝、脂肪、骨髓、泌乳期的乳腺、肾上腺皮质、性腺、中性粒细胞、红细胞等组织细胞内还存在磷酸戊糖途径或称 PPP 途径（pentose phosphosphate pathway）。葡萄糖可经此途径代谢生成磷酸核糖、NADPH+H^+ 和二氧化碳。

8.4.1 磷酸戊糖途径的反应过程

磷酸戊糖途径的代谢反应在胞质中进行，其过程可分为两个阶段：第一阶段是氧化反应，生成磷酸戊糖、$NADPH+H^+$及二氧化碳；第二阶段则是非氧化反应，包含了一系列基团转移反应。

磷酸戊糖途径的总反应为：

$$6G-6-P + 12NADP^+ + 7H_2O \longrightarrow 5G-6-P + 12NADPH + 12H^+ + 6CO_2 + Pi$$

（1）氧化反应阶段：在该阶段中，六碳糖脱羧形成五碳的核酮糖，并使$NADP^+$还原形成$NADPH+H^+$。氧化阶段包括 3 步反应。

① 葡萄糖-6-磷酸氧化生成6-磷酸葡萄糖酸-δ-内酯（6-phosphoglucono-δ-lactone）。此反应由葡萄糖-6-磷酸脱氢酶（glucose-6-phosphate dehydrogenase）催化，此酶高度严格地以$NADP^+$为电子受体。

② 6-磷酸葡萄糖酸-δ-内酯转变为6-磷酸葡萄糖酸（6-phosphogluconate）。此反应由6-磷酸葡萄糖酸-δ-内酯酶（6-phosphoglucono-δ-lactonase）催化水解。

③ 6-磷酸葡萄糖酸氧化脱羧。在6-磷酸葡萄糖酸脱氢酶（6-phosphogluconate dehydrogenase）作用下，6-磷酸葡萄糖酸氧化脱羧生成$NADPH+H^+$，释放二氧化碳，形成五碳的核酮糖-5-磷酸（ribulose-5-phosphate）。

（2）非氧化反应阶段：在该阶段中，五碳的核酮糖-5-磷酸通过形成烯二醇中间体，异构化为核糖-5-磷酸，通过差向异构形成木酮糖-5-磷酸，再借助转酮基反应和转醛基反应，在形成的七碳、六碳、四碳以及三碳单糖磷酸酯分子之间进行基团的交换与重组，并将磷酸戊糖途径与糖无氧分解途径联系起来。

经计算，6 mol 葡萄糖-6-磷酸通过磷酸戊糖途径后，产生 12 mol 的$NADPH+H^+$，释放出 6 mol 二氧化碳，其中 1 mol 葡萄糖-6-磷酸被完全转化分解，其代谢过程中生成的中间物（不同碳原子数的单糖磷酸酯）又通过基团交换生成 5 mol 葡萄糖-6-磷酸。

在磷酸戊糖途径的非氧化阶段中，全部反应都是可逆反应，这保证了细胞能以极大的灵活性满足自身对糖代谢中间产物以及$NADPH+H^+$的需求。磷酸戊糖途径的全过程见图 8.8。

8.4.2 磷酸戊糖途径的生理意义

（1）途径中产生的$NADPH+H^+$为生物合成反应提供还原当量。合成脂肪、胆固醇、类固醇激素都需要大量的$NADPH+H^+$提供氢，所以在合成代谢旺盛的脂肪组织、哺乳期乳腺、肾上腺皮质、睾丸等组织中磷酸戊糖途径比较活跃。

$NADPH+H^+$是谷胱甘肽还原酶的辅酶，对维持还原型谷胱甘肽（GSH）的正常含量具有重要作用，其可使氧化型谷胱甘肽转变为还原型，而后者能保护巯基酶活性，并在维持红细胞的完整性方面发挥着重要作用。

$$G-S-S-G + NADPH + H^+ \longrightarrow 2GSH + NADP^+$$

（2）途径中生成的核糖-5-磷酸是合成核酸和核苷酸的原料，又由于核酸参与蛋白质的生物合成，所以在损伤后修补、再生的组织中，此途径比较活跃。

（3）磷酸戊糖途径与糖有氧分解及糖无氧分解相互联系，在此途径的非氧化阶段中生成的

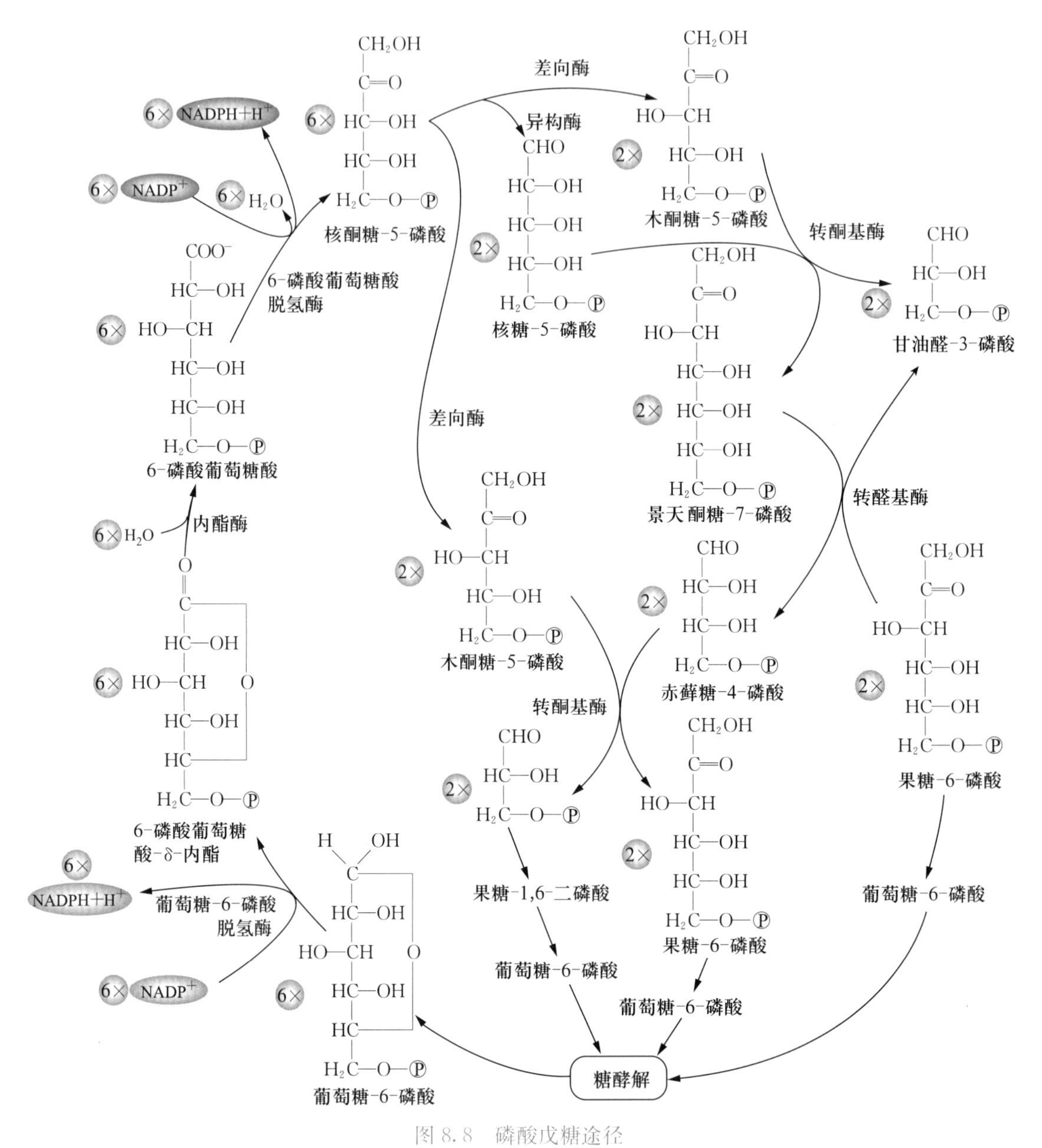

图 8.8　磷酸戊糖途径

果糖-6-磷酸与甘油醛-3-磷酸都是糖有氧分解（或糖无氧分解）的中间产物，它们可进入糖的有氧分解（或糖无氧分解）途径进一步进行代谢。

8.5　糖异生

由非糖物质转变为葡萄糖或糖原的过程称为糖异生（gluconeogenesis）。糖异生的原料主要包括生糖氨基酸、乳酸、丙酸、甘油和三羧酸循环中各种羧酸等。肝是糖异生的最主要器官，肾（皮质）也具有糖异生的能力。反刍动物体内的糖异生85%发生在肝，少量在肾中进行。在绝食、酸中毒等情况下，肾的糖异生相当于同等重量肝组织的作用。

由各种非糖物质转变成糖的具体途径虽有所不同，但共同之处是都须先转变成葡萄糖无氧分解途径中的某一中间产物，继而再转变成糖。

8.5.1 糖异生的反应过程

糖异生并不能完全按照糖无氧分解的逆过程进行。糖无氧分解过程是一个放能过程，通常在典型的细胞内环境下，由葡萄糖形成丙酮酸的自由能变化为－83.68 kJ/mol。其中有3步关键酶催化的反应自由能下降较多，是不可逆的：①由己糖激酶催化葡萄糖和ATP反应生成葡萄糖-6-磷酸和ADP；②由磷酸果糖激酶催化果糖-6-磷酸和ATP反应生成果糖-1,6-二磷酸和ADP；③由丙酮酸激酶催化磷酸烯醇式丙酮酸和ADP反应生成丙酮酸和ATP。要完成这3个不可逆反应的逆向反应需要通过另外的酶催化克服这种“能障”才能实现。

首先来看反应③的逆向反应：丙酮酸在丙酮酸羧化酶（pyruvate carboxylase）催化下，以生物素作为辅酶，利用CO_2，消耗ATP，生成草酰乙酸。

$$\text{丙酮酸} + CO_2 + ATP + H_2O \xrightarrow{\text{丙酮酸羧化酶}} \text{草酰乙酸} + ADP + Pi + 2H^+$$

接着，草酰乙酸在磷酸烯醇式丙酮酸羧激酶（phosphoenolpyruvate carboxykinase）催化下，形成磷酸烯醇式丙酮酸。该反应需消耗GTP，再释出CO_2：

$$\underset{\text{草酰乙酸}}{\begin{array}{l} COO^- \\ | \\ C{=}O \\ | \\ CH_2 \\ | \\ COO^- \end{array}} + GTP \xrightarrow[\text{丙酮酸羧激酶}]{\text{磷酸烯醇式}} \underset{\text{磷酸烯醇式丙酮酸}}{\begin{array}{l} COO^- \\ | \\ C\sim OPO_3^{2-} \\ \| \\ CH_2 \end{array}} + CO_2 + GDP$$

这两步反应构成了所谓的“丙酮酸羧化支路”（pyruvate carboxylation shunt）。

反应②的逆向反应为果糖-1,6-二磷酸在果糖-1,6-二磷酸酶（fructose-1,6-bisphosphatase）催化下，其C1位的磷酸酯键水解形成果糖-6-磷酸。这一反应是放能反应，比较容易进行。

$$\text{果糖-1,6-二磷酸} + H_2O \xrightarrow{\text{果糖-1,6-二磷酸酶}} \text{果糖-6-磷酸} + Pi$$

反应①的逆向反应为葡萄糖-6-磷酸在葡萄糖-6-磷酸酶催化下水解为葡萄糖。

$$\text{葡萄糖-6-磷酸} + H_2O \xrightarrow{\text{葡萄糖-6-磷酸酶}} \text{葡萄糖} + Pi$$

上述3步由不同酶催化的逆向反应，绕过了糖无氧分解中3步不可逆的反应，这样就克服了“能障”，解决了糖异生的途径问题。从表8.3可见。糖异生途径所涉及的酶与糖无氧分解途径的酶有重要区别。

表8.3 糖无氧分解和糖异生酶的比较

不可逆反应	糖无氧分解	糖异生
1	己糖激酶	葡萄糖-6-磷酸酶
2	磷酸果糖激酶	果糖-1,6-二磷酸酶
3	丙酮酸激酶	丙酮酸羧化酶 磷酸烯醇式丙酮酸羧激酶

糖异生的全过程可以概括为图8.9。

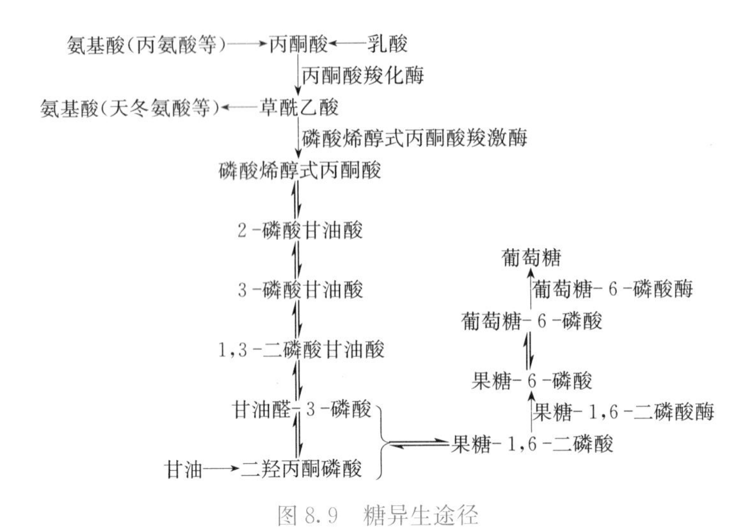

图 8.9　糖异生途径

8.5.2　糖异生的生理意义

（1）糖异生有利于保持血糖浓度的相对恒定：当动物处在空腹或饥饿情况下，依靠糖异生生成葡萄糖以维持血糖浓度的正常水平，保证动物机体组织细胞从血液中获取必要的糖。对草食动物而言，其体内的糖主要依靠糖异生而来（特别是丙酸的生糖作用）。如果用品质低下的饲料喂养乳牛，由于糖异生前体物质的匮乏而导致糖异生作用被削弱，其不但影响乳的产量，还可能引起乳牛的代谢障碍，如患酮病。

（2）糖异生有利于乳酸的利用：在某些生理或病理情况下，如家畜在重役（或剧烈运动）时，肌肉中糖的无氧分解加剧，引起肌糖原大量分解为乳酸。乳酸在肌肉组织中不能被继续利用，而是通过血液循环到达肝，经糖异生转变成糖原和葡萄糖，生成的葡萄糖又可进入血液以补充血糖，这一过程称为乳酸循环或 Cori 循环（图 8.10）。可见，糖异生作用对清除体内多余的乳酸，使其被再利用以防止发生由乳酸引起的酸中毒，保证肝糖原生成，补充肌肉消耗的糖都有特殊的生理意义。动物在安静状态或产生乳酸甚少时，这种作用表现不明显。

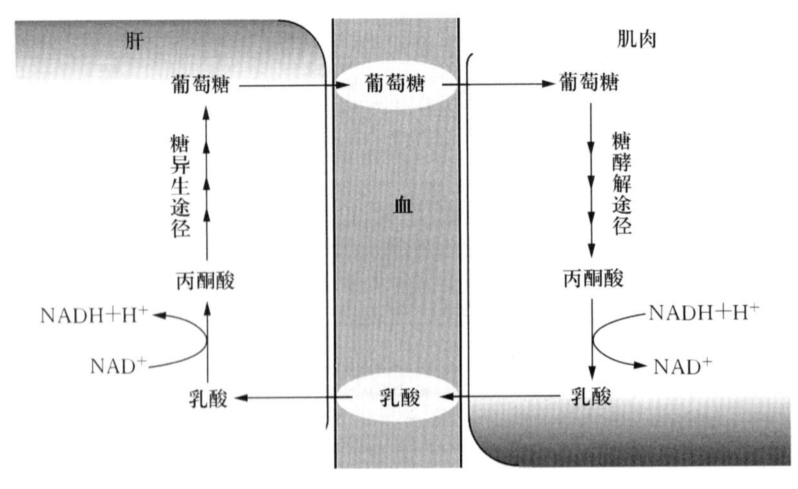

图 8.10　乳酸循环

（3）糖异生可将部分氨基酸转变为糖：实验证明，进食蛋白质后，肝中糖原含量增加。在禁食、营养低下的情况下，由于组织蛋白分解加强，血浆氨基酸增多而使糖异生更加活跃。

8.6 一些重要双糖与单糖的代谢

由消化道进入体内的单糖除了葡萄糖，还有果糖、半乳糖、甘露糖等。常见双糖有乳糖、蔗糖、麦芽糖等，可在消化道内水解为单糖（己糖）。不同的己糖在动物体内通过异构转变为葡萄糖或其他代谢产物而被利用。

8.6.1 乳糖和半乳糖的代谢

8.6.1.1 乳糖的合成与分解

乳糖由哺乳动物乳腺以葡萄糖为原料，在乳腺上皮细胞中通过乳糖合成酶催化合成，乳糖的生物合成详见第21章。乳糖通过渗透压调节影响水分进入乳中，因此乳糖的合成直接影响动物的泌乳量。而对新生哺乳幼仔而言，乳糖是其重要的能量来源，并且有助于胃肠道有益微生物区系的形成。乳糖在消化道内的分解由乳糖酶（lactase）催化，生成D-半乳糖和D-葡萄糖。乳糖酶和其他双糖水解酶，如麦芽糖酶（maltase）、蔗糖酶（sucrase）一样都附着在小肠上皮细胞的外表面上。胃肠道中的微生物则依赖β-半乳糖苷酶（β-galactosidase）的作用分解乳糖。

$$\text{乳糖} \xrightarrow[H_2O]{\text{乳糖酶或 } \beta\text{-半乳糖苷酶（微生物）}} \text{D-半乳糖} + \text{D-葡萄糖}$$

乳糖分解后生成的单糖被小肠上皮细胞摄取后再进入血液，由血液送到各种组织细胞中进行磷酸化形成磷酸酯，并进入糖代谢途径。

在人类，婴幼儿一般都能很好地消化利用乳糖，但到了青年或成年之后，尤其在东方人的部分人群中，小肠细胞的乳糖酶活性大部分或全部消失，致使乳糖不能被小肠吸收利用。由于乳糖较强的渗透效应导致体液向小肠内流动，引起腹胀、恶心、绞痛、腹泻等症状，临床上称为乳糖不耐症（galactose intolerance），据研究与遗传有关。

8.6.1.2 半乳糖的代谢

半乳糖只要转变为糖无氧分解途径的中间产物就很容易被细胞利用。在半乳糖激酶（galactokinase）催化下，消耗ATP，半乳糖 C_1 的羟基磷酸化形成半乳糖-1-磷酸（galactose-1-phosphate）。

$$\text{半乳糖} \xrightarrow[\text{半乳糖激酶}]{ATP \quad ADP} \text{半乳糖-1-磷酸}$$

然后，尿苷酰转移酶（uridylyltransferase）催化尿苷酰基从UDP-葡萄糖分子上转移到半乳糖-1-磷酸上，生成尿嘧啶核苷二磷酸-半乳糖（UDP-半乳糖）。

$$\text{半乳糖-1-磷酸} \xrightarrow[\text{半乳糖-1-磷酸尿苷酰转移酶}]{\text{UDP-葡萄糖} \quad \text{葡萄糖-1-磷酸}} \text{UDP-半乳糖}$$

接着，UDP-半乳糖-4-差向异构酶（UDP-galactose-4-epimerase）催化UDP-半乳糖转化为UDP-葡萄糖，此反应的中间过程需要NAD^+参与。半乳糖的代谢总反应可以将上述两个反应合并为：

$$\text{半乳糖} + \text{ATP} \longrightarrow \text{葡萄糖-1-磷酸} + \text{ADP}$$

葡萄糖-1-磷酸既可以用于合成糖原，也可以进入糖的分解代谢途径。

8.6.2 蔗糖和果糖的代谢

动物主要从植物的根、茎、叶、花和果实中获得蔗糖。蔗糖俗称食糖，是最重要的二糖之一。1 mol的蔗糖经稀酸水解产生1 mol D-葡萄糖和1 mol D-果糖。蔗糖也能被蔗糖酶水解，该酶也称转化酶（invertase）或β-呋喃果糖苷酶（β-fructofuranosidase），它水解β-呋喃果糖苷，但不水解α-呋喃果糖苷。

$$\text{蔗糖} + H_2O \xrightarrow{H^+\text{或转化酶}} \text{D-葡萄糖} + \text{D-果糖}$$

D-果糖在肌细胞内可由己糖激酶催化形成果糖-6-磷酸，而后进入糖的分解途径进行代谢。

α-D-果糖　　　　果糖-6-磷酸

在肝细胞中，因葡萄糖激酶只催化葡萄糖的磷酸化，所以果糖在肝细胞中进入糖无氧分解途径不像在肌细胞中那么简单，需经过多种酶的催化转变为甘油醛-3-磷酸后再进一步分解代谢。

8.7 糖代谢各途径的联系与调节

8.7.1 糖代谢各途径的联系

糖在动物体内的主要代谢途径有糖原的分解与合成、糖的无氧分解、糖的有氧分解、磷酸戊糖途径和糖异生作用等。其中有释放能量（产生ATP）的分解代谢，也有消耗能量（利用ATP）的合成代谢。这些代谢途径的生理功能不同，但又通过共同的代谢中间产物互相联系和互相影响，构成一个整体。现将糖代谢各个途径总结如图8.11。

从图8.11中可见，糖代谢的第一个交汇点是葡萄糖-6-磷酸，它把糖代谢的各条途径联系在一起。通过它，葡萄糖可转变为糖原，糖原也可转变为葡萄糖（肝、肾）。而且各种非糖物质异生成糖时都要经过葡萄糖-6-磷酸再转变为葡萄糖或糖原。在糖的分解代谢中，葡萄糖或糖原也是先转变为葡萄糖-6-磷酸，然后经无氧分解途径或有氧分解途径进行代谢，或经磷酸戊糖途径进行转化分解。

第二个交汇点是甘油醛-3-磷酸，它是糖的无氧分解和有氧分解的中间产物，也是磷酸戊糖途径的中间产物。

第三个交汇点是丙酮酸。当葡萄糖或糖原分解为丙酮酸时，在无氧条件下，它接受由甘油醛-3-磷酸脱下的氢（$NADH+H^+$）还原为乳酸。在有氧条件下，甘油醛-3-磷酸脱下的氢经呼吸链与氧结合生成水，而丙酮酸氧化脱羧生成乙酰CoA，通过三羧酸循环彻底氧化为二氧化碳和水。另外，丙酮酸还可经草酰乙酸异生成糖，它是许多非糖物质异生成糖的必经途径。

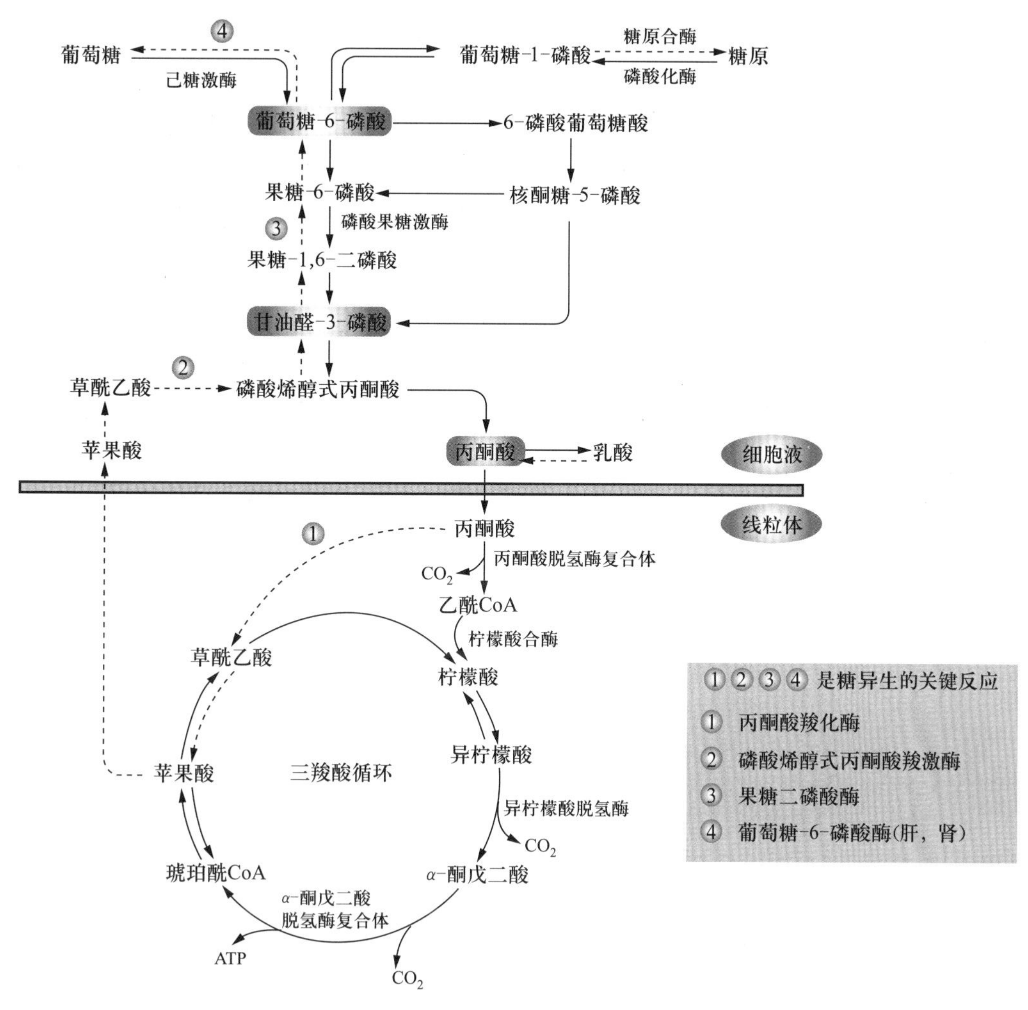

图 8.11 糖代谢各个途径的相互联系

此外，通过磷酸戊糖途径使戊糖与己糖的代谢联系起来，而各种己糖与葡萄糖的互变又沟通了各种己糖的代谢。

8.7.2 糖代谢各途径的调节

糖原的分解与合成不是简单的可逆反应，而是分别通过两条途径独立进行的，这样更便于进行精细的调节。当糖原合成旺盛时，分解途径则被抑制；而分解代谢活跃时，糖原的合成则被抑制。糖原分解途径中的磷酸化酶和糖原合成途径中的糖原合酶都是催化不可逆反应的关键酶，这两个酶分别是两条代谢途径的调节酶，其活性决定不同途径的代谢速率，从而影响糖原代谢的方向。这种分解与合成代谢通过两条途径独立进行的现象，是生物体内的普遍规律。

糖无氧分解途径与糖异生途径是方向相反的两条代谢途径。如从丙酮酸进行有效的糖异生，就必须抑制无氧分解途径，以防止葡萄糖又重新分解成丙酮酸。在糖的无氧分解中，大多数反应是可逆的，而己糖激酶、磷酸果糖激酶和丙酮酸激酶分别催化的 3 个不可逆反应组成了糖无氧分解途径的 3 个调节点，分别受到变构效应剂和激素的调节。糖异生途径中，利用不同酶催化的逆向反应，绕过了糖无氧分解中的 3 步不可逆反应，从而克服了“能障”，解决了糖异生的途径问题。由不同的酶催化两条途径上的一对方向相反、代谢上不可逆的反应形成的循环，称之为底物循环（substrate cycle）。如果在细胞中这对循环反应以同样的速率进行，则没有产物的净生成，只有热的释放。通常情况下，一对循环反应的速率未必是相同的，当某个变构效应剂激活其中一个反应的酶，同时抑制与其对应的另一个反应的酶时，就可能显著影响整个循环过程的流量而达到增强代谢信号的作用。

糖的有氧分解是机体获取能量的主要方式，有氧分解过程中许多酶的活性都受细胞内ATP/ADP或ATP/AMP的影响。当细胞消耗ATP导致ATP水平降低、ADP和AMP浓度升高时，磷酸果糖激酶、丙酮酸激酶、丙酮酸脱氢酶复合体以及三羧酸循环中的异柠檬酸脱氢酶、α-酮戊二酸脱氢酶复合体，甚至氧化磷酸化等均被激活，从而加速有氧分解以补充ATP。反之，当细胞内ATP含量丰富时，上述酶的活性均降低，氧化磷酸化亦减弱。

磷酸戊糖途径氧化阶段的第一步反应，即葡萄糖-6-磷酸脱氢酶催化的葡萄糖-6-磷酸的脱氢反应，实质上是不可逆的。磷酸戊糖途径中葡萄糖-6-磷酸的去路，最重要的调控因子是$NADP^+$的水平。因为$NADP^+$在葡萄糖-6-磷酸氧化形成6-磷酸葡萄糖酸-δ-内酯的反应中起着电子受体的作用，其形成的$NADPH+H^+$与$NADP^+$竞争性与葡萄糖-6-磷酸脱氢酶的活性部位结合而引起酶的活性降低，所以$NADP^+/NADPH+H^+$直接影响葡萄糖-6-磷酸脱氢酶的活性。$NADP^+$水平对磷酸戊糖途径在氧化阶段产生$NADPH+H^+$的速度与机体在生物合成时对$NADPH+H^+$的利用形成偶联关系。转酮基酶和转醛基酶催化的反应都是可逆反应，因此根据细胞代谢的需要，磷酸戊糖途径和糖无氧分解途径可灵活地相互联系。

案 例

1. 马肌红蛋白尿病 马肌红蛋白尿病是以运动障碍和排肌红蛋白尿为特征的糖代谢障碍疾病。该病主要见于营养良好的马，在休闲期饲喂过多的高糖饲料后，突然强迫运动或重役后发生。其机制是由于肌肉运动时糖的无氧分解加强，产生的乳酸一部分进入肝经糖异生转变成糖原和葡萄糖，而蓄积在肌肉中的乳酸使肌肉酸度升高，造成肌纤维肿胀、变性、坏死，特别是后肢肌肉发生麻痹而引起运动障碍；析出的肌红蛋白通过血液循环到达肾，在肾小球滤过后排出红褐色的肌红蛋白尿。

2. 犬、猫糖尿病 糖尿病是一种多病因引发的代谢性疾病，犬、猫糖尿病的发病率为0.2%～1%，且多数属于Ⅰ型（胰岛素依赖性）糖尿病。胰岛素缺乏引起机体多种组织无法摄取和利用血液中的葡萄糖，使血糖浓度升高，一旦超过肾阈值时，尿中就出现葡萄糖。糖尿引起尿多和水分丢失，导致动物多饮，体内脂肪等物质分解代谢增强，过度的脂肪分解可造成机体酮体的蓄积，进而引发糖尿病性酮酸中毒。

3. 有机氟化物中毒 有机氟化物进入动物机体后转化为氟乙酸，后者与细胞内线粒体的CoA作用，生成氟乙酰CoA，再与草酰乙酸反应生成氟柠檬酸，氟柠檬酸可以抑制顺乌头酸酶，使柠檬酸不能转化为异柠檬酸，导致三羧酸循环减慢甚至中断。此外，有机氟本身可诱发神经系统发生痉挛作用，故也可出现神经系统症状。因此，动物误食了被有机氟农药（氟乙酰胺）或灭鼠药（氟乙酸钠、氟乙酰胺、甘氟等）污染的饲草或饮水时会发生中毒，导致中枢神经系统和心血管系统机能障碍。

二维码8-1 第8章习题

二维码8-2 第8章习题参考答案

第 9 章

生物氧化

【本章知识要点】

☆ 生物氧化是营养物质在体内氧化分解产生能量的共同代谢过程，其产物包括二氧化碳、水和能量。二氧化碳主要通过底物脱羧产生，而水主要是底物脱下的氢经由线粒体上的呼吸链传递给氧生成。

☆ 线粒体是生物氧化的主要场所。在线粒体内膜上存在两条呼吸链（NADH 呼吸链和琥珀酸呼吸链），它们由不需氧脱氢酶、辅酶 Q、铁硫中心和细胞色素等组成的 4 种复合体按照一定的顺序排列而成。

☆ 营养物质氧化释放的能量中部分以化学能的形式储存于 ATP 中，而 ATP 的生成主要有底物水平磷酸化和氧化磷酸化两种方式。氧化磷酸化是生成 ATP 的主要方式，其主要是指底物脱下的氢经呼吸链传递与 O_2 结合生成水的过程中，实现氧化作用与磷酸化作用的偶联而产生能量。

☆“化学渗透学说”对 ATP 生成机制的解释被人们普遍接受，“结合变构模型”描述了 F_0F_1 - ATP 酶在生成 ATP 中的作用。

☆ 胞液中的 NADH 可通过甘油磷酸穿梭或苹果酸穿梭进入线粒体氧化。

☆ 一些物质能够抑制呼吸链中氢和电子的传递，称为呼吸链的抑制作用；还有的物质能够使电子传递和 ATP 形成的偶联过程分离，称为解偶联作用。

从最简单的细胞变形运动到高级神经活动，一切生命活动都需要能量。生物机体所需的能量大都来自糖、脂肪、蛋白质等物质在体内的氧化。糖、脂肪和蛋白质等营养物质在细胞内氧化分解生成二氧化碳和水并释放能量的过程称为生物氧化（biological oxidation）。生物氧化并不是某一物质单独的代谢途径，而是营养物质分解氧化的共同代谢过程。生物氧化也包括机体对药物和毒物的氧化分解过程。

各种营养物质在体内的生物氧化与体外化学氧化实质相同，虽然最终产物都是二氧化碳和水，同时所释放能量的总值也完全相等，但由于生物氧化是在细胞内进行的，与体外的直接氧化相比又有其自身的特点。首先，生物氧化是在活细胞内进行的，反应条件温和，即在常温（体温）、常压、接近中性的 pH 和多水环境中进行；其次，生物氧化是在一系列酶、氢和电子的传递体作用下逐步进行的，其氧化反应分阶段进行，能量逐步释放，这样既避免了能量骤然释放对机体造成伤害，又使得生物体能够充分有效地利用所释放的能量。此外，生物氧化过程中释放的化学能通常被偶联的磷酸化反应所利用，储存于高能磷酸化合物（如 ATP）中，当生命活动需要时再释放出来，所以生物氧化的能量利用效率远比体外燃烧的高。

真核生物的生物氧化主要发生在线粒体（mitochondrion），而不含线粒体的原核生物则发生在细胞膜上。线粒体的特殊结构及其特殊的酶系统，为生物氧化提供了便利的条件。线粒体中氧化生成的 $NADH+H^+$ 和 $FADH_2$ 可以直接进入呼吸链与氧反应生成水，同时伴有 ATP 的合成。由于线粒体是产生 ATP 的主要场所，所以被称为细胞内的“发电站”。然而，营养物质在线粒体外分解生成的 $NADH+H^+$ 必须经过特殊的转运机制，从胞液中转入线粒体参加生物氧化过程。

9.1 生物氧化的酶类

生物氧化是在各种氧化还原酶催化下进行的，按照其催化反应的特点，氧化还原酶包括需氧脱氢酶（aerobic dehydrogenase）、不需氧脱氢酶（anaerobic dehydrogenase）和氧化酶（oxidase）等。

9.1.1 需氧脱氢酶

需氧脱氢酶可以催化底物脱氢，并且将脱掉的氢直接交给分子氧，生成过氧化氢（H_2O_2）。此酶大多以黄素单核苷酸（FMN）和黄素腺嘌呤二核苷酸（FAD）为辅基，称为黄素酶类。它们常需要某些金属离子，如 Mo^{2+} 和 Fe^{2+} 等作为辅因子。需氧脱氢酶催化的反应如下：

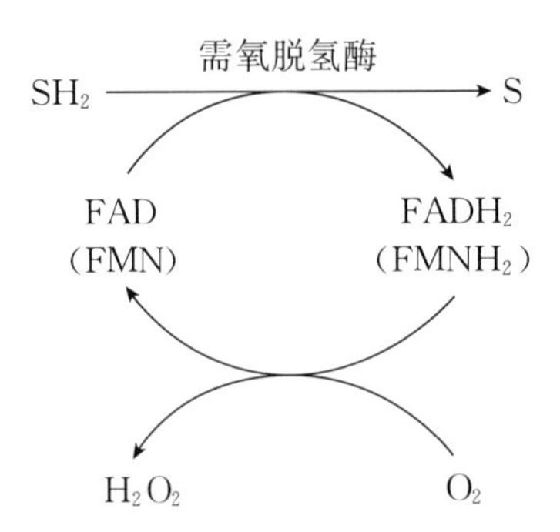

属于需氧脱氢酶的有黄嘌呤氧化酶（xanthine oxidase）、L-氨基酸氧化酶（L-amino acid oxidase）、D-氨基酸氧化酶（D-amino acid oxidase）及醛氧化酶（aldehyde oxidase）等。需氧脱氢酶不被氰化物（CN^-）和一氧化碳抑制。在无氧的条件下，某些色素，如甲烯蓝（methylene blue，MB）可代替氧接受氢而被还原。

9.1.2 不需氧脱氢酶

不需氧脱氢酶可使底物脱氢而被氧化，但脱下来的氢并不直接与氧反应，而是通过呼吸链传递最终才与氧结合生成水。这些酶的辅酶包括 NAD^+、$NADP^+$ 和 FAD 等。例如，在葡萄糖的分解代谢中的甘油醛-3-磷酸脱氢酶、丙酮酸脱氢酶、α-酮戊二酸脱氢酶、异柠檬酸脱氢酶、琥珀酸脱氢酶等都属于不需氧脱氢酶。此外，脂肪酸的β-氧化分解也主要由不需氧脱氢酶参与催化。

9.1.3 氧化酶

主要的氧化酶是处于呼吸链末端的细胞色素氧化酶（cytochrome oxidase）或细胞色素 c

氧化酶，又称为细胞色素 aa_3，可以催化细胞色素 c 的氧化，将电子直接传递给氧而使氧激活为活性氧（O^{2-}），然后再接受 H^+ 生成水。细胞色素氧化酶可被氰化物（CN^-）和一氧化碳抑制，需要 Fe^{2+}、Cu^{2+} 等金属离子。

前面提到的 L-氨基酸氧化酶和 D-氨基酸氧化酶、黄嘌呤氧化酶等需氧脱氢酶，虽然也冠以“氧化酶”的名称，但并不是真正意义上的氧化酶，它们催化生成的氧化产物是过氧化氢，而不是水。

9.1.4 其他氧化酶

除上述氧化酶以外，在细胞内还存在一些其他的氧化酶，它们大多数位于过氧化物酶体中，在动物机体解毒和防御中发挥重要作用。

9.1.4.1 过氧化氢酶和过氧化物酶

过氧化氢酶（catalase）催化过氧化氢分解成水和氧；而过氧化物酶（peroxidase）催化过氧化氢氧化酚类和胺类等物质，同时生成水。这两类酶主要存在于过氧化物酶体中，功能就是清除过氧化氢而消除其对细胞的毒性。在血液和乳中这两种酶都有较高的活性，它们的辅基是铁卟啉。

$$2H_2O_2 \xrightarrow{\text{过氧化氢酶}} 2H_2O + O_2$$

$$H_2O_2 + A \xrightarrow{\text{过氧化物酶}} H_2O + AO$$

9.1.4.2 加氧酶

加氧酶（oxygease）包括单加氧酶（monooxygenase）和双加氧酶（dioxygenase）两种。单加氧酶又称为羟化酶（hydroxylase），存在于内质网膜，因其催化反应的结果是使底物分子加入一个氧原子而得名。它可催化一些脂溶性物质，如脂溶性药物、毒物和类固醇物质的氧化，使之转化为极性物质而通过体液代谢排出体外。这些反应需要有 NADPH+H^+ 和细胞色素 P_{450} 参与。单加氧酶催化的反应如下：

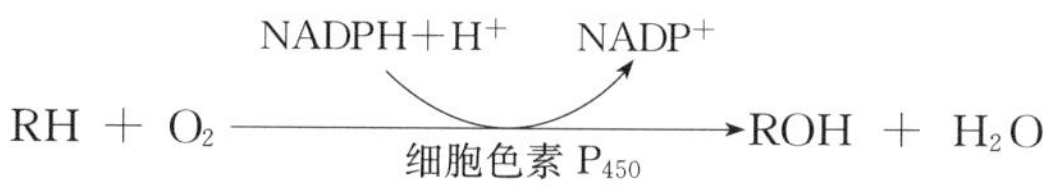

$$RH + O_2 \xrightarrow[\text{细胞色素 } P_{450}]{NADPH+H^+ \quad NADP^+} ROH + H_2O$$

双加氧酶催化底物分子双键与氧的加成反应。β-胡萝卜素转变为维生素 A 的反应就是由肝和小肠黏膜中的双加氧酶催化的，反应的结果使底物分子加入了 2 个氧原子。具体反应如下：

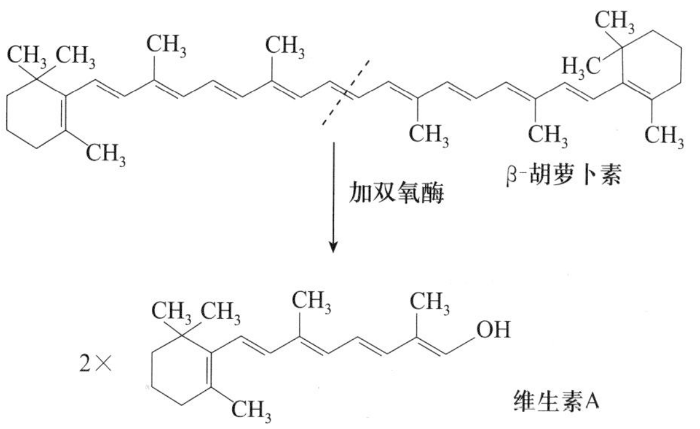

β-胡萝卜素

加双氧酶

2× 维生素A

加氧酶与机体的免疫防御、疾病的发生发展关系密切。例如，血红素加氧酶（hemeoxygenase）主要存在于哺乳动物体内，是对细胞自身功能的稳定起着重要作用的防御酶，具有抗炎、抗氧化和抗凋亡等功能，是生物机体内重要的抗氧化酶。

9.1.4.3 超氧化物歧化酶

超氧化物歧化酶（superoxide dismutase，SOD）是一类广泛存在于动物、植物及微生物中的含金属酶类。真核细胞胞质内的 SOD 含有 Cu^{2+}、Zn^{2+} 等金属离子，相对分子质量为 32 000，由 2 个亚基组成。线粒体内的 SOD 含 Mn^{2+}，由 4 个亚基组成。此外，还有含 Fe^{2+}、Co^{2+} 的 SOD，含 Fe^{2+} 的 SOD 呈黄色。超氧化物歧化酶催化超氧离子（O_2^-）的反应是一种歧化反应（dismutation reaction），即由两个相同的底物形成两种不同的产物，一个超氧离子被氧化，另一个则被还原，反应如下：

$$O_2^- + O_2^- + 2H^+ \xrightarrow{SOD} O_2 + H_2O_2$$

超氧离子是体内常见的自由基，此外还有羟基自由基（$HO^\cdot$）和氢过氧自由基（HO_2^-）等。它们是机体正常或异常代谢的产物，化学性质非常活跃，可以引起其他自由基的生成而对机体产生危害，如生成脂质过氧化物，发生蛋白质、核酸和糖类的交联，引起生物膜变性，致使组织破坏和老化。在正常生理状态下，自由基不断生成，也不断被清除。SOD 能促进超氧化物的歧化反应，通过生成过氧化氢和氧分子而清除自由基，阻止自由基的连锁反应，对机体起到保护作用。SOD 在临床上已经应用于延缓人体衰老、抗慢性多发性关节炎和放射治疗后的炎症等，还被应用于化妆品保护皮肤。

9.2 生物氧化中二氧化碳和水的生成

9.2.1 生物氧化中二氧化碳的生成

糖、脂肪和蛋白质等营养物质在生物体内氧化分解时，碳原子以二氧化碳的形式释放。但生成的二氧化碳并不是碳和氧结合的结果，而是来源于有机酸的脱羧。机体内脱羧反应大致有 4 种方式。

（1）α 单纯脱羧（α-simple decarboxylation）：脱羧发生在 α-碳原子上，并无伴随的氧化反应发生。例如，氨基酸脱羧酶（amino acid decarboxylase）催化的氨基酸脱羧反应，生成相应的胺。

$$\underset{\text{氨基酸}}{R-\overset{\displaystyle H}{\underset{\displaystyle NH_2}{C_\alpha}}-COOH} \xrightarrow{\text{氨基酸脱羧酶}} \underset{\text{胺}}{R-CH_2-NH_2} + CO_2$$

（2）α 氧化脱羧（α-oxidative decarboxylation）：脱羧发生在 α-碳原子上并且伴随有脱氢，即同时有氧化反应发生。例如，糖的有氧分解过程中丙酮酸脱氢酶多酶复合体催化的丙酮酸既脱氢又脱羧反应，除产生二氧化碳外，还有 $NADH+H^+$ 的生成。

（3）β 单纯脱羧（β-simple decarboxylation）：脱羧发生在 β-碳原子上，也无伴随的氧化反应发生。例如，糖异生过程中磷酸烯醇式丙酮酸羧激酶催化草酰乙酸生成磷酸烯醇式丙酮酸的反应。

（4）β 氧化脱羧（β-oxidative decarboxylation）：脱羧发生在 β-碳原子上，并且伴随有脱氢的氧化反应发生。例如，三羧酸循环中异柠檬酸脱氢酶催化的异柠檬酸既脱氢又脱羧的反应。

9.2.2 生物氧化中水的生成

生物氧化中生成的水，主要是由代谢物脱下的氢（$H^+ + e^-$）经由氢和电子传递体的传递，最后与氧结合而生成的。脱氢是氧化的一种主要方式。代谢物上的氢必须经相应脱氢酶的催化才能脱下，而氧也必须在氧化酶的作用下才可以接受氢。大多数情况下，脱氢酶和氧化酶之间需要特殊的氢和电子传递体把质子和电子传给氧结合成水。所以生物体内主要以脱氢酶、氢和电子传递体以及氧化酶组成的生物氧化体系来催化水的生成。

在物质代谢过程中，有时也可以从底物上直接脱水。例如，在葡萄糖的无氧分解中，烯醇化酶可催化2-磷酸甘油酸脱水生成磷酸烯醇式丙酮酸；在脂肪酸的生物合成中，β-羟脂酰ACP脱水酶可以催化β-羟脂酰ACP的脱水反应，生成α,β-烯脂酰ACP，并直接脱去水。不过，这不是生成水的主要方式。

9.3 呼吸链

呼吸链（respiratory chain）是氧化呼吸链（oxidative respiratory chain）的简称，又称为电子传递链（electron transfer chain）或电子传递系统，是指排列在线粒体内膜上的由多种脱氢酶以及氢和电子传递体组成的氧化还原体系。在生物氧化过程中，底物脱下的氢，以H^+和e^-的形式经由呼吸链按氧化还原电位升高的顺序传递，最终与氧结合生成水，并释放能量。这个过程消耗了氧，因此称之为呼吸链。原核生物的呼吸链存在于细胞膜上。

9.3.1 呼吸链的组成

除前面提到的不需氧脱氢酶外，组成呼吸链的氢和电子传递体主要有NADH脱氢酶（它以黄素单核苷酸为辅基，又称为黄素蛋白）、铁硫中心（FeS）、辅酶Q和各种细胞色素以及细胞色素氧化酶等。

（1）黄素单核苷酸（FMN）：在呼吸链中为NADH脱氢酶的辅基，作为递氢体，通过其分子中第1和第5位氮原子间共轭双键的加氢和脱氢反应，实现还原型与氧化型之间的相互转化（详见第7章）。

（2）辅酶Q（CoQ）：是呼吸链中重要的递氢体，也是唯一的非蛋白质组分，其传递氢的原理见第7章。CoQ在传递其所携带的1对氢原子时，将其中的1对电子传递给下一个电子传递体，而将2个质子释放于反应介质中，质子在呼吸链的末端可与氧结合生成水。

（3）铁硫中心（iron-sulfur center）：又称为铁硫簇（iron-sulfur cluster），是铁硫蛋白（iron-sulfur protein）的活性中心，简写为FeS。铁硫蛋白为非血红素铁蛋白（nonheme iron protein），通过铁原子化合价的变化（Fe^{3+}/Fe^{2+}）传递电子。依据铁和硫的原子组成，铁硫中心有Fe-S、2Fe-2S和4Fe-4S几种不同的类型。图9.1分别为2Fe-2S（a）和4Fe-4S（b）铁硫中心的示意图。

（4）细胞色素（cytochrome，Cyt）：是一类以血红素为辅基的电子传递蛋白，其主要功能是借助血红素辅基中铁原子化合价的互变（Fe^{3+}/Fe^{2+}）传递电子。呼吸链中至少含有5种不同的细胞色素（b、c_1、c、a、a_3），它们在可见光范围内有不同的吸收光谱。5种细胞色素中，细胞色素c为线粒体内膜外侧的外周蛋白，并且其辅基部分与蛋白质共价相连（图9.2），而其余的细胞色素均为内膜的整合蛋白。处于呼吸链末端的是细胞色素aa_3（Cytaa_3），即细胞色素氧化酶，是细胞色素a和细胞色素a_3的复合物，尚不能把二者分开。细胞色素aa_3除了含有

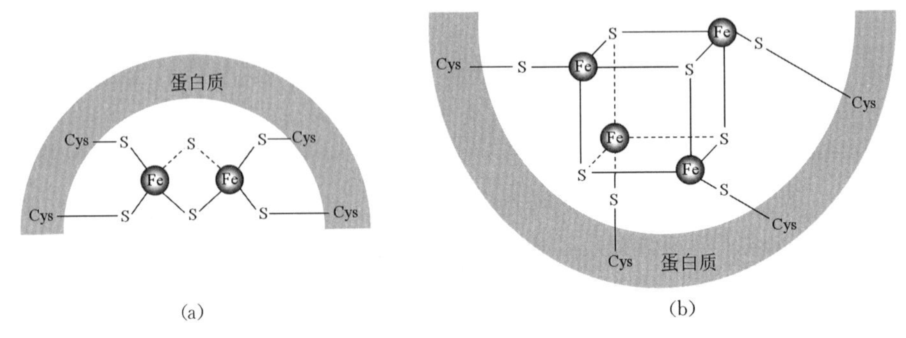

图 9.1 铁硫中心示意图

血红素铁以外，还含 Cu^{2+}。细胞色素 a_3 通过 Cu^{2+} 将获得的电子直接传递给氧原子，使其变成负氧离子（O^{2-}）。细胞色素 a 和 a_3 的辅基是一种被修饰的血红素，称为血红素 A，其卟啉环上有不同的侧链基团。

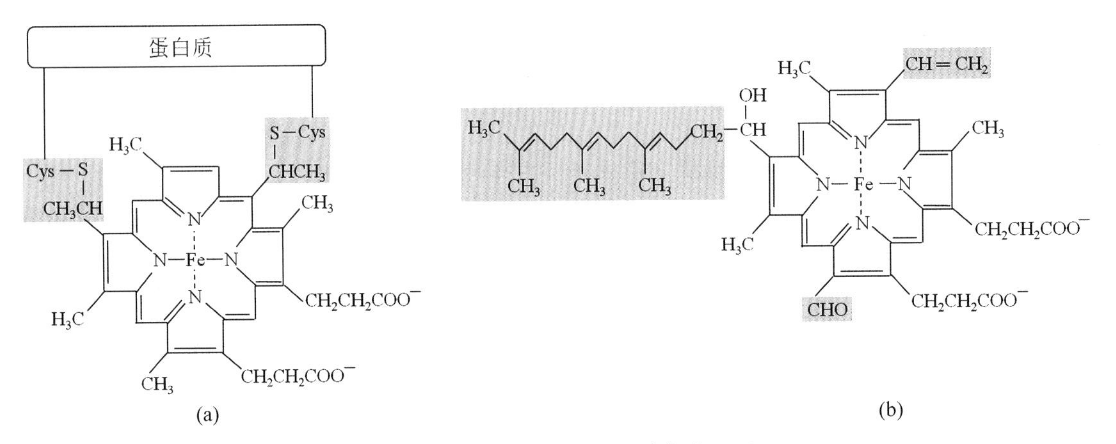

图 9.2 细胞色素 c（a）和细胞色素 a（b）

9.3.2 两条呼吸链及其排列顺序

研究表明，分布在线粒体内膜上的递氢体和电子传递体组成了 4 种复合体，复合体之间通过辅酶 Q 和细胞色素 c 相连，形成了两条既有联系又相对独立的呼吸链。

复合体Ⅰ为 NADH－Q 还原酶（NADH－Q reductase），也称为 NADH 脱氢酶；复合体Ⅱ为琥珀酸－Q 还原酶（succinate－Q reductase），也称为琥珀酸脱氢酶；复合体Ⅲ为 Q－细胞色素 c 还原酶（Q－cytochrome c reductase），也称为细胞色素还原酶；复合体Ⅳ为细胞色素 c 氧化酶（cytochrome c oxidase），又称为细胞色素氧化酶，即细胞色素 aa_3。其组成见表 9.1。

表 9.1 呼吸链复合体的组成

复合物	酶名称	亚基数	辅基
Ⅰ	NADH－Q 还原酶	46	FMN，Fe－S
Ⅱ	琥珀酸－Q 还原酶	4	FAD，Fe－S，铁卟啉
Ⅲ	细胞色素还原酶	11	铁卟啉，Fe－S
Ⅳ	细胞色素氧化酶	13	铁卟啉，Cu^{2+}

由复合体Ⅰ、Ⅲ、Ⅳ组成以 NADH 为首的电子传递链，称为 NADH 呼吸链或长呼吸链。

它们的排列顺序如下：

$$\underbrace{NADH \to FMN \to (FeS)}_{\text{I}} \to CoQ \to \underbrace{Cytb \to (FeS) \to Cytc_1}_{\text{III}} \to Cytc \to \underbrace{Cytaa_3}_{\text{IV}} \to O_2$$

以复合体Ⅱ、Ⅲ、Ⅳ组成以琥珀酸为首的电子传递链，称为琥珀酸呼吸链或 $FADH_2$ 呼吸链或短呼吸链。它们的排列顺序如下：

$$\text{琥珀酸} \to \underbrace{FADH_2 \to (FeS)}_{\text{II}} \to CoQ \to \underbrace{Cytb \to (FeS) \to Cytc_1}_{\text{III}} \to Cytc \to \underbrace{Cytaa_3}_{\text{IV}} \to O_2$$

呼吸链中辅酶Q可将电子从复合体Ⅰ和复合体Ⅱ传递给复合体Ⅲ，外周膜蛋白细胞色素c再将电子从复合体Ⅲ传递给复合体Ⅳ，这两条呼吸链的Ⅲ和Ⅳ复合体是共同的。两条呼吸链在传递氢和电子过程中的排列顺序如图9.3所示。各个氢和电子传递体的位置是根据各个氧化还原对的标准氧化还原电位从低到高排列的（表9.2），按照自由能由高到低的排列顺序可以得到同样的结果。

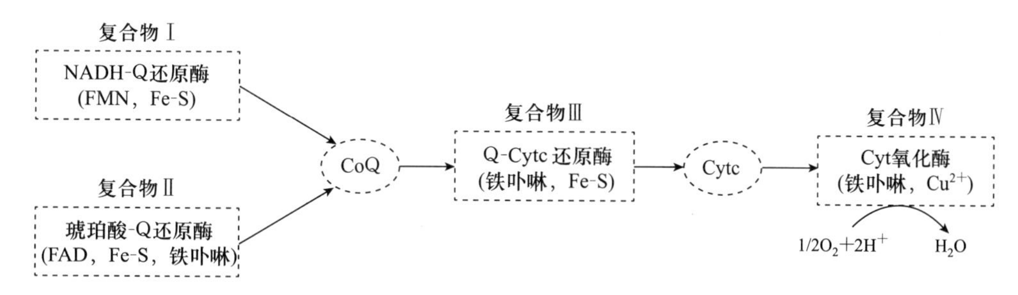

图9.3 两条呼吸链的排列顺序

表9.2 呼吸链中各氧化还原对的标准氧化还原电位

氧化还原对	标准氧化还原电位/V
NAD^+ / $NADH+H^+$	−0.32
FMN / $FMNH_2$	−0.30
FAD / $FADH_2$	−0.06
Q_{10} / $Q_{10}H_2$	0.045
Cytb Fe^{3+} / Fe^{2+}	0.07
$Cytc_1$ Fe^{3+} / Fe^{2+}	0.215
Cytc Fe^{3+} / Fe^{2+}	0.235
Cyta Fe^{3+} / Fe^{2+}	0.210
$Cyta_3$ Cu^{2+} / Cu^+	0.385
$1/2O_2$ / H_2O	0.815

9.3.3 呼吸链的抑制作用

呼吸链是由各种氢和电子传递体按一定的顺序所组成的电子传递链，因此只要其中某一个传递体受到抑制，将阻断整个传递链，这就是呼吸链的抑制作用。能够阻断呼吸链中某些电子传递部位的物质称为电子传递抑制剂。常见的电子传递抑制剂：①鱼藤酮（rotenone）、安密妥（amytal）和杀粉蝶菌素（piericidin），可抑制 NADH→CoQ 的氢和电子传递；②抗霉素A（antimycin A），抑制 $CoQ \to Cytc_1$ 的电子传递，干扰细胞色素还原酶的作用；③氰化物［如氰化钾（KCN）、氰化钠（NaCN）]、叠氮化物（azide，N_3^-）和一氧化碳（CO）等，抑制 $Cytaa_3 \rightarrow O_2$ 的电子传递。电子传递抑制剂对呼吸链的抑制部位如图 9.4 所示。

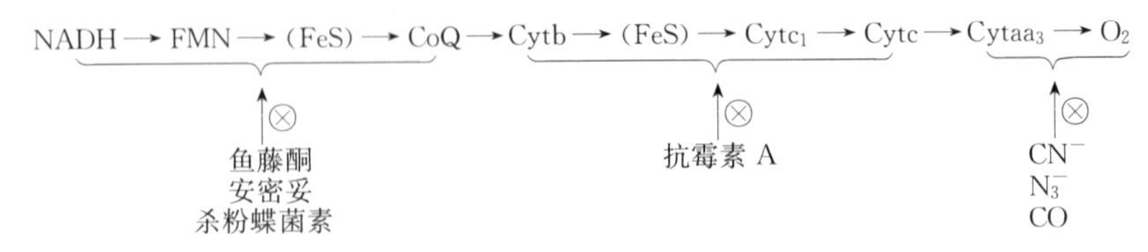

图 9.4 电子传递抑制剂对呼吸链的抑制部位

9.4 细胞液 NADH 进入线粒体的穿梭机制

如果底物脱氢是在线粒体中发生的，那么底物脱下的氢可以以 $NADH+H^+$ 或 $FADH_2$ 的形式直接进入电子传递系统，通过呼吸链进行氧化。如三羧酸循环中的异柠檬酸脱氢酶、α-酮戊二酸脱氢酶、苹果酸脱氢酶和琥珀酸脱氢酶催化的底物脱氢。但是，当底物在胞液中脱氢时，如甘油醛-3-磷酸经由甘油醛-3-磷酸脱氢酶催化脱下的氢（$NADH+H^+$），则必须穿过线粒体才能到达呼吸链。由于线粒体内膜对物质的转移有高度的选择性，$NADH+H^+$ 不能自由地通过线粒体内膜，于是 $NADH+H^+$ 从胞液到线粒体的转移必须借助特殊的穿梭机制（shuttle mechanism）实现。动物的骨骼肌和大脑中主要通过甘油磷酸穿梭（glycerol phosphate shuttle）的方式，而肝和心肌中则主要以苹果酸穿梭（malate shuttle）的方式来完成这一过程。

9.4.1 甘油磷酸穿梭作用

甘油磷酸穿梭过程主要是依靠胞液中的甘油-3-磷酸脱氢酶（glycerol-3-phosphate dehydrogenase）的催化，使其脱下的氢通过 $NADH+H^+$ 转移到二羟丙酮磷酸上生成甘油-3-磷酸，并以这种形式进入线粒体内膜。在线粒体内膜又以相反的过程将甘油-3-磷酸上的氢转移到其辅基 FAD 上生成 $FADH_2$，并以这种形式进入 $FADH_2$ 呼吸链。胞液和线粒体中的甘油-3-磷酸脱氢酶的辅酶不同，前者为 NAD^+，后者是 FAD。因此经过这样的穿梭机制，进入线粒体后是 $FADH_2$，而不是 $NADH+H^+$，在计算产生的 ATP 数时也就有所不同（图 9.5）。

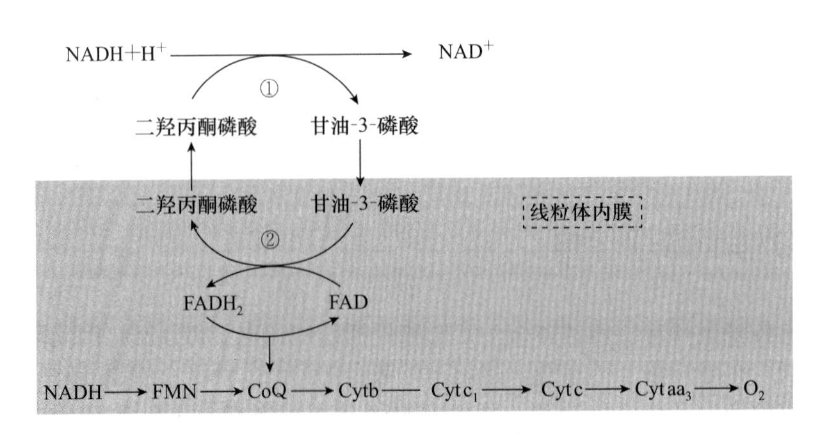

图 9.5 甘油磷酸穿梭作用

①以 NAD^+ 为辅酶的甘油-3-磷酸脱氢酶 ②以 FAD 为辅基的甘油-3-磷酸脱氢酶

9.4.2 苹果酸穿梭作用

与上述穿梭机制不同，苹果酸穿梭机制是依靠位于胞液和线粒体中的苹果酸脱氢酶来实现将 NADH＋H^+ 转移进入线粒体的。此机制是将底物脱下的氢通过苹果酸脱氢酶催化转移到草酰乙酸上还原为苹果酸，再以苹果酸的形式穿过线粒体内膜进入线粒体。由于胞液与线粒体中的苹果酸脱氢酶的辅酶相同，都是 NAD^+，所以进入线粒体后是以 NADH 呼吸链进行氧化。所不同的是，在线粒体中由苹果酸脱氢生成的草酰乙酸，不能像甘油磷酸穿梭中的二羟丙酮磷酸那样直接返回到胞液中完成循环过程。在线粒体内膜上没有转运草酰乙酸的载体，所以草酰乙酸必须通过转氨基作用转化为天冬氨酸，然后穿过线粒体内膜回到胞液中，再转变为草酰乙酸来完成循环过程（图 9.6）。

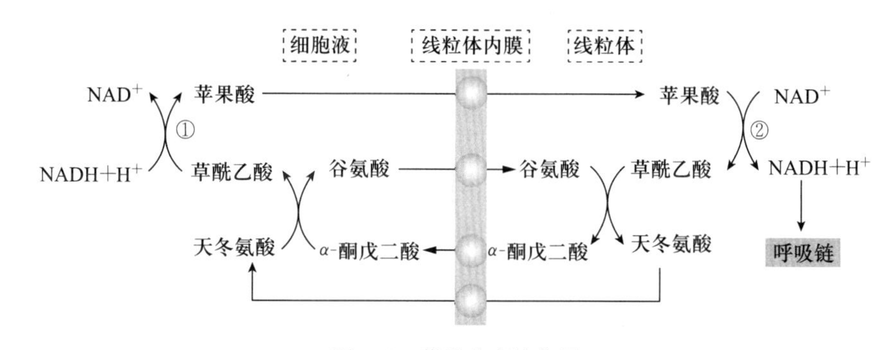

图 9.6 苹果酸穿梭作用

① 胞液中的苹果酸脱氢酶 ② 线粒体内的苹果酸脱氢酶

9.5 生物氧化中 ATP 的生成

9.5.1 ATP 与高能磷酸化合物

生物体内营养物质氧化分解产生的一部分能量可以转变成为化学能，并以各种高能化合物的形式储存起来，需要时再释放出来。在这些高能化合物中，ATP 的作用非同一般。由于其水解自由能的水平在所有高能磷酸化合物中处于中间位置（表 9.3），因此它既容易从自由能水平较高的化合物中获得能量，也容易向自由能水平较低的化合物传递能量。ATP 释放的自由能可以直接用于推动体内任何一种需要输入自由能的生理活动过程，包括生物合成、物质转运、肌肉收缩、神经传导等，可见 ATP 在能量交换中起了中介的作用，成为了机体的“通用能量货币”。

表 9.3 各种磷酸化合物的水解自由能

磷酸化合物	水解自由能（ΔG）/(kJ/mol)
磷酸烯醇式丙酮酸（PEP）	−61.69
氨甲酰磷酸	−50.50
乙酰基磷酸	−43.12
肌酸磷酸（CP）	−43.12
焦磷酸（PPi）	−33.49
ATP(→ADP+Pi)	−30.56

（续）

磷酸化合物	水解自由能（ΔG）/（kJ/mol）
葡萄糖-1-磷酸（G-1-P）	−20.93
葡萄糖-6-磷酸（G-6-P）	−13.82
甘油-3-磷酸	−9.21

由核苷酸激酶（nucleotide kinase）催化，ATP也可以通过转移其高能磷酸键，帮助产生其他种类的核苷酸，满足糖原合成对UTP、磷脂合成对CTP、蛋白质翻译对GTP以及遗传物质核酸合成的需要。

此外，ATP作为细胞化学能的载体，可以将产能的反应与耗能的反应相偶联，以推动非自发反应的进行。例如在脂肪酸合成中的一个重要的反应：

$$\underset{\text{乙酰辅酶A}}{CH_3-\overset{\overset{O}{\|}}{C}\sim SCoA} + CO_2 \xrightarrow[\text{乙酰辅酶A羧化酶}]{ATP \quad ADP+Pi} \underset{\text{丙二酸单酰辅酶A}}{HO-\overset{\overset{O}{\|}}{C}-CH_2-\overset{\overset{O}{\|}}{C}\sim SCoA}$$

如果没有ATP的水解反应，乙酰辅酶A的羧化反应是耗能反应，其自由能变化为正值（$\Delta G=+18.84$ kJ/mol），反应不能自发进行。而与ATP水解的产能反应进行偶联，反应总自由能的变化为负值（$\Delta G=-18.59$ kJ/mol），反应得以自发进行。可见，与ATP的水解反应相偶联的结果使得原来不能自发进行的反应变得可以进行了。

ATP含量还标志着细胞内的能量水平，它对细胞内许多物质代谢都具有调节作用。通常把细胞内3种腺苷酸的比例称为能荷（energy charge），即细胞中ATP的含量（包括以1/2 ATP计算的ADP）与3种腺苷酸ATP、ADP和AMP含量总和的比值：

$$\text{能荷}=\frac{[ATP]+[ADP]/2}{[ATP]+[ADP]+[AMP]}$$

当能荷高时，表明细胞的合成代谢旺盛，分解代谢受到抑制。相反，能荷低时，说明细胞的分解代谢旺盛，而合成代谢受到抑制。因此，许多代谢途径的关键酶都受ATP水平的调节。

ATP的生成有两种方式，即底物水平磷酸化和氧化磷酸化。尤其是后者，是需氧生物获得ATP的主要方式。

9.5.2 底物水平磷酸化

营养物质在代谢过程中经过脱氢、脱羧、分子重排和烯醇化等反应，分子内的能量重新分布，形成了高能磷酸基团或高能键，随后直接将高能磷酰基转移给ADP生成ATP。或将水解高能键释放的自由能用于ADP与无机磷酸反应（ADP+Pi）生成ATP，以这样的方式生成ATP的过程称为底物水平磷酸化。底物水平磷酸化生成ATP不需要经过呼吸链的电子传递过程，也不需要消耗氧，也不利用线粒体的ATP酶系统。因此，生成ATP的速度比较快，但是生成量不多。在机体缺氧或无氧条件下，底物水平磷酸化无疑是一种生成ATP的快捷和便利的方式，在糖的无氧分解过程中就有两处反应以底物水平磷酸化的方式产生ATP。

9.5.3 氧化磷酸化

机体内营养物质的氧化分解，多数情况下是在供氧充足的条件下进行的。因此，氧化磷酸

化是产生 ATP 的主要方式。当底物脱下的氢经过呼吸链的逐步传递，最终与氧结合生成水，这个过程所释放的能量可用于 ADP 的磷酸化反应（ADP+Pi）生成 ATP。这样，底物的氧化作用与 ADP 的磷酸化作用通过能量相偶联，这种生成 ATP 的方式称为氧化磷酸化（oxidative phosphorylation），或氧化磷酸化偶联。

9.5.3.1 P/O 值与偶联次数

当底物脱下来的 1 对氢原子经过呼吸链进行传递时，最终与 1 个氧原子结合生成 1 分子水。关于此过程中究竟生成多少分子 ATP 的问题，可以通过测定 P/O 值来确定。P/O 值是指当底物进行氧化时，每消耗 1 mol 原子氧时所消耗的用于 ADP 磷酸化的无机磷酸中的磷原子摩尔数，即每消耗 1 mol 原子氧时生成的 ATP 的摩尔数。因此，P/O 值是确定氧化磷酸化偶联次数的重要指标。现依据质子化学计量学分析计算，以 NADH 为首的呼吸链，每传递 1 对氢原子给 1 个氧原子生成 1 分子水时，其 P/O 值为 2.5，即生成 2.5 个 ATP 分子。而以琥珀酸为首的呼吸链的 P/O 值为 1.5，即生成 1.5 个 ATP 分子。

9.5.3.2 偶联部位

生物氧化的特点之一是营养物质氧化产生的能量是逐步释放的。当底物脱下的氢沿着呼吸链传递时，自由能由高到低逐渐降低，释放的总自由能约为 220 kJ/mol。其中，每一步释放的自由能不等，有 3 处释放的自由能较多，可满足 ADP 与无机磷酸反应生成 ATP 时所需要的能量（大于 30.56 kJ/mol），即可发生底物氧化与 ADP 磷酸化的偶联，生成 ATP。这些偶联部位分别位于传递体复合体Ⅰ、Ⅲ和Ⅳ。据测定，复合物Ⅱ释放的自由能不能满足 ATP 的合成，所以没有偶联反应的发生。这个结论同两条呼吸链的 P/O 值大致吻合，因此可以得出不同的呼吸链的偶联部位（图 9.7）。

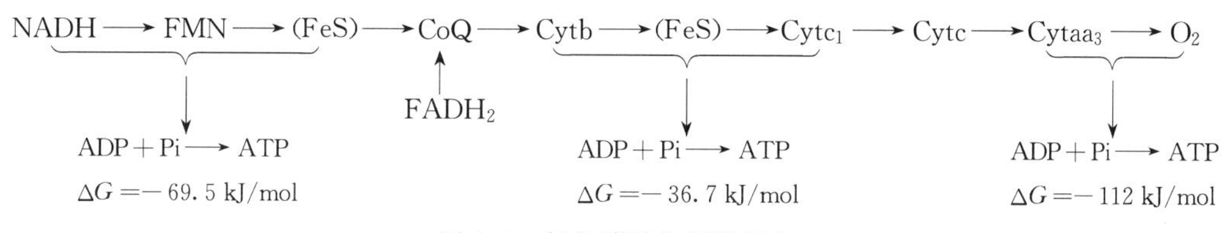

图 9.7 氧化磷酸化偶联部位

9.5.3.3 偶联机制

关于氧化磷酸化偶联机制的研究，最早有 E. Slater 于 1953 年提出的化学偶联假说（chemical coupling hypothesis），认为电子传递过程产生一种活泼的高能共价中间产物，其随后的裂解驱动氧化磷酸化作用。虽然这一假说有一定的实验根据，但假说中提到的高能中间产物却始终未能分离出来。1961 年 P. Mitchell 提出的化学渗透学说（chemiosmotic hypothesis）是目前普遍接受的氧化磷酸化偶联机制，该学说认为在电子传递与 ATP 合成之间起偶联作用的是质子电化学梯度，其要点如下。

（1）呼吸链中的氢和电子传递体以复合物的形式，按照一定的顺序排列在线粒体内膜上，氧化与磷酸化的偶联依赖于线粒体内膜的完整性。

（2）底物脱下的氢在通过呼吸链传递时，氢和电子传递体发挥了类似质子“泵”的作用。据测定，每转运 1 对电子，有 5 对质子从线粒体的基质中泵出到内膜外的间隙中，造成了质子的跨膜电化学梯度。由于线粒体内膜对质子没有通透性，因此膜间隙侧的质子浓度高，为正电性，而基质一侧质子浓度低，为负电性，其内部蕴涵的质子的电位差和浓度差将驱动 H^+ 向线粒体内回流，同时推动 ATP 的合成。

(3) 电子显微镜观察到，线粒体内膜基质一侧表面上有许多小的球状颗粒，称为内膜球体或基粒，即 F_0F_1 - ATP 酶（F_0F_1 - ATPase)，又称为 ATP 合酶（ATP synthase)。当“泵”出到膜间隙中的 H^+ 顺着浓度梯度通过内膜球体重新转运回线粒体内腔基质中时，在 ATP 合酶的催化下，ADP 与 Pi 发生磷酸化反应，生成 ATP。F_0F_1 - ATP 酶分为头部、柄部和基部 3 个部分，是由不少于 10 种蛋白质构成的复合体。如图 9.8 所示，F_1 位于球状头部，伸入基质中，是合成 ATP 的催化部分；F_0 指基部，是跨线粒体内膜的疏水蛋白质复合体，含有质子通道；F_0 与 F_1 之间由一个柄部相连，同时参与调控 F_0F_1 - ATP 酶的功能。关于化学渗透学说的机制如图 9.9 所示。

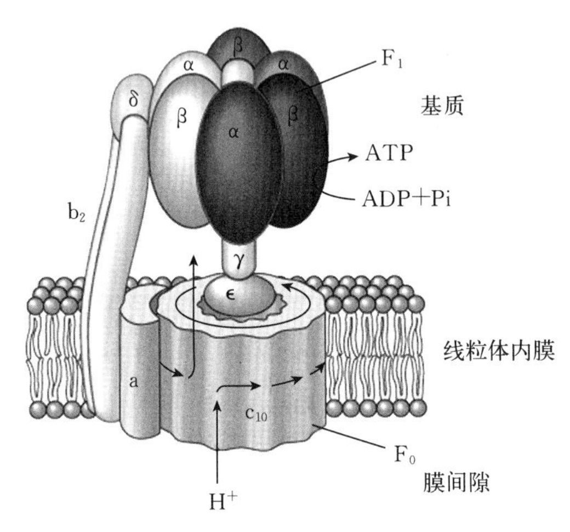

图 9.8　F_0F_1 - ATP 酶

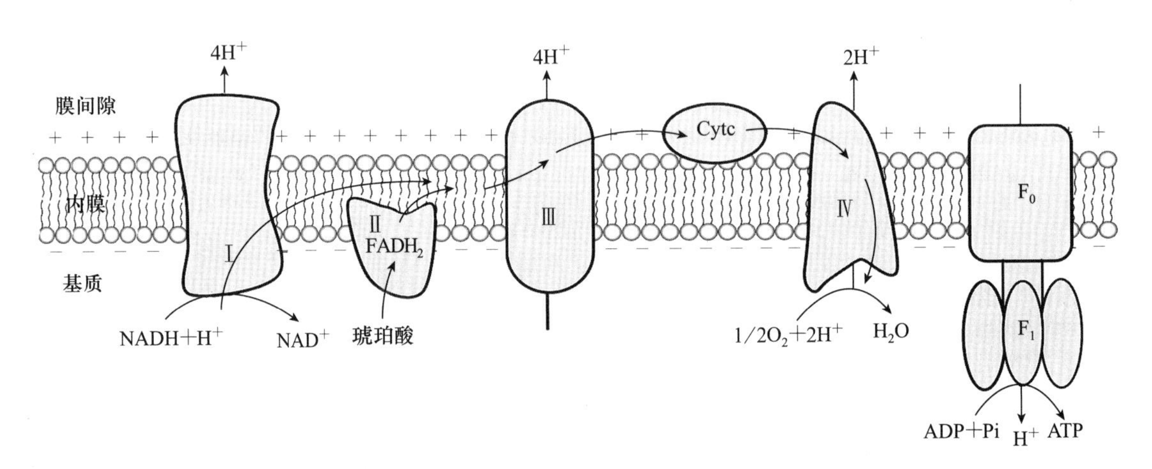

图 9.9　化学渗透学说机制

此后，J. Walker 和 P. Boyer 提出了“结合变构模型”（binding change model)，以进一步解释 F_1F_0 - ATP 酶的作用机制（图 9.10)。该假说认为：F_1 头部由 $\alpha_3\beta_3$ 亚基构成催化部位，γ 亚基贯穿这个六聚体的中心（图中俯视看似一三角形)。其中 3 个 α 亚基都可以结合 ATP，并不参与任何反应，而 3 个 β 亚基结构互不相同，存在不同的腺苷酸结合位点：一个为具有 ATP 合酶活性，并能与 ATP 紧密结合的 T 构象（紧密型)；第二个为与 ADP 和 Pi 松弛结合的 L 构象（松弛型)：第三个为与腺苷酸不亲和的 O 构象（开放型)。在质子推动力（能量）的驱动下，引起 γ 亚基旋转（每次逆时针方向旋转 120°)，它依次与上述 3 种 β 亚基接触，使其构象协调改变，从 T 构象转到 O 构象则释放 ATP，从 L 构象转到 T 构象则促进 ATP 的合

成，再从O构象转到L构象则结合ADP和Pi。

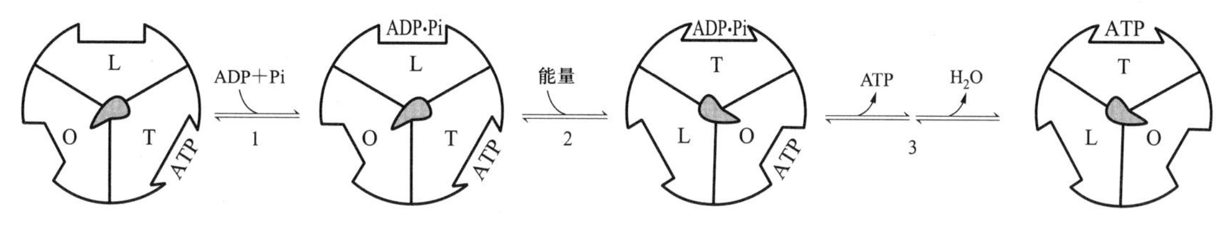

图9.10 ATP合酶的"结合变构模型"

9.5.3.4 解偶联作用

在氧化磷酸化过程中，底物的脱氢氧化与ADP的磷酸化是通过能量进行偶联的。某些物质，如2,4-二硝基苯酚（2,4-dinitrophenol，DNP）能够解除这种偶联过程，使电子传递和ATP形成两个过程分离，这种作用称为解偶联作用（uncoupling）。具有解偶联作用的物质称为解偶联剂（uncoupler）。解偶联剂的作用只是抑制ATP的形成过程，并不抑制电子的传递，并刺激线粒体对氧的消耗，其结果是底物氧化释放的能量不能以ATP的形式利用，而以热的形式散发，造成动物的体温升高。2,4-二硝基苯酚的解偶联作用机制如图9.11所示。在pH=7环境下，2,4-二硝基苯酚的酚羟基以解离形式存在，这种形式为脂不溶性，不能透过膜。在酸性环境中，2,4-二硝基苯酚接受质子成为不解离形式而变为脂溶性，易透过膜，同时将一个质子带入膜内。2,4-二硝基苯酚的这种作用使线粒体内膜对H^+的通透性增加，破坏了线粒体内膜上质子跨膜梯度的形成，引起解偶联现象的发生。

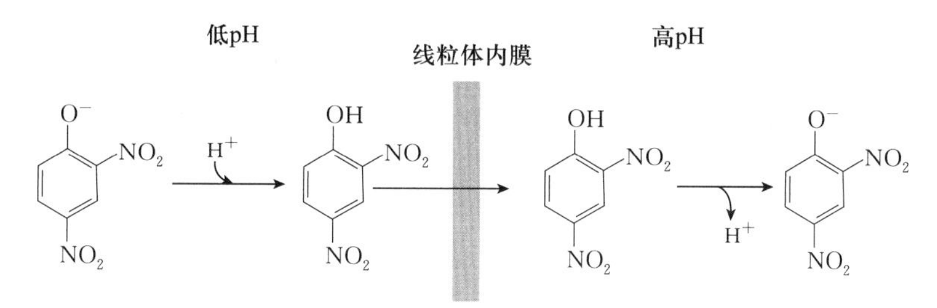

图9.11 2,4-二硝基苯酚的作用机制

人类、新生无毛哺乳动物以及冬眠哺乳动物的颈部和背部都有一种褐色脂肪组织（brown adiposetissue)，含有丰富的线粒体，因线粒体内细胞色素而使之呈褐色。褐色脂肪线粒体内含有的一种产热素（thermogenin)，是由两个亚基形成的二聚体蛋白质，在线粒体内膜上可形成质子通道，控制着线粒体内膜对质子的通透性，其形成的质子流可消除跨线粒体内膜的质子梯度。由于其促使线粒体氧化磷酸化解偶联，因此具有非震颤性产热作用。该产热作用还受到去甲肾上腺素和cAMP的调节。

案 例

1. 氢氰酸中毒 氢氰酸中毒是指动物采食富含氰苷的饲料引起的以呼吸困难、黏膜鲜红、全身惊厥等组织性缺氧为特征的一种中毒病。进入机体的氰离子能抑制细胞内许多酶的活性，其中最显著的是迅速与氧化型细胞色素氧化酶的三价铁（Fe^{3+}）牢固结合，难以被细胞色素还原为还原型细胞色素酶（Fe^{2+}），使其失去了传递电子、激活分子氧的作用，最终抑制组织对氧的吸收作用，导致组织缺氧症。而中枢神经系统对缺氧特别敏感，所以中枢神经系统首先受害，尤以血管运动中枢和呼吸中枢为甚，临床上表现为先兴奋、后抑制，并有严重的呼吸麻痹现象。

2. 鱼藤酮杀虫机制 鱼藤酮又名鱼藤精，是人们从豆科鱼藤属植物根中提取分离出来的一种具有杀虫活性的化合物。鱼藤酮具有高度脂溶性，容易通过消化道和皮肤吸收进入机体，与特定的细胞成分反应进而发挥毒性效应。现已证实，鱼藤酮能与线粒体内膜上的复合物Ⅰ即还原型烟酰胺腺嘌呤二核苷酸（NADH）脱氢酶结合并抑制其活性，阻断细胞呼吸链的递氢功能和氧化磷酸化过程，抑制对氧的利用而降低生物体内ATP水平，最终害虫得不到足够能量供应，导致行动迟滞、麻痹而缓慢死亡。鱼藤酮因此常被用作杀虫剂等。

二维码9-1　第9章习题

二维码9-2　第9章习题参考答案

第10章

脂代谢

【本章知识要点】

☆ 脂类是脂肪和类脂的统称。脂肪是动物体内主要的储能物质，而类脂是组织脂的成分。

☆ 脂肪经激素敏感脂肪酶催化分解为甘油及脂肪酸。甘油经磷酸化后可进入糖代谢途径，胞液中的脂肪酸则需活化为脂酰 CoA，然后由肉碱转运至线粒体中进行β氧化，经过脱氢、加水、再脱氢及硫解反应循环往复，完全降解成乙酰 CoA 并进入三羧酸循环彻底氧化。此外，不饱和脂肪酸的分解代谢还需要特异的酶参与。

☆ 乙酰 CoA 在肝中也可以缩合生成酮体，即乙酰乙酸、β-羟丁酸和丙酮。因肝缺乏琥珀酰 CoA 转硫酶而不能利用酮体，需经血液运至肝外组织氧化供能。糖脂代谢紊乱或糖尿病可导致过多的酮体，引起酮病。

☆ 奇数碳原子的脂肪酸（如丙酸）可经甲基丙二酸单酰 CoA 途径异生成葡萄糖，其对反刍动物血糖水平的维持具有重要意义。

☆ 脂肪酸的合成在细胞液中进行，反应以乙酰 CoA 作为原料并经柠檬酸-丙酮酸循环从线粒体转运至胞液，与 CO_2 缩合为丙二酸单酰 CoA 后，在脂肪酸合成酶系的催化下进行，并需要大量的 $NADPH+H^+$。

☆ 脂肪在肝细胞、脂肪细胞和小肠黏膜上皮细胞内合成，而动物机体的所有组织都可以合成类脂。

☆ 甘油磷脂的合成需从磷脂酸开始，合成卵磷脂和脑磷脂所必需的胆碱和胆胺由甲硫氨酸和丝氨酸合成。磷脂的分解需要多种磷脂酶的催化。

☆ 肝是合成胆固醇的主要场所，原料为乙酰 CoA，HMG-CoA 是其生物合成的重要限速酶。胆固醇不仅是生物膜的组成成分，也是转化为维生素 D、胆酸盐、性激素和肾上腺皮质激素等活性分子的前体。

☆ 脂类在血液中以脂蛋白形式运输，其中乳糜微粒、极低密度脂蛋白、低密度脂蛋白、高密度脂蛋白的来源及主要功能各有不同。脂蛋白的形成以及在动物体内的交换过程中实现对三酰甘油和胆固醇的代谢调节和转运。

脂类（lipid）是脂肪（fat）和类脂（lipoid）的总称。脂肪又称三酰甘油（triglyceride，TG），由甘油的 3 个羟基与 3 个脂肪酸缩合而成。类脂则包括磷脂（phospholipid）、糖脂（glycolipid）、胆固醇（cholesterol）及其酯。

根据脂类在动物体内的分布，又可将其分为储存脂和组织脂。储存脂主要为中性脂肪，分布在动物皮下结缔组织、大网膜、肠系膜、肾周围等组织中。这些储存脂肪的组织又称为脂库。储脂的含量随机体营养状况而变动。组织脂主要由类脂组成，分布于动物体所有的细胞中，是构成细胞膜系统（质膜和细胞器膜）的成分，含量稳定，不受营养等因素的影响。

10.1 脂类及其生理功能

（1）供能：糖和脂肪都是能源物质，氧化 1 g 葡萄糖只释放出约 17 kJ 的能量，但是同样重量的脂肪氧化分解可以释放出约 38 kJ 的能量，是葡萄糖的 2 倍多。而脂肪是疏水的，储存脂肪并不伴有水的储存，1 g 脂肪只占 1.2 mL 的体积，而糖是亲水的，储存糖的同时也储存了水，储存 1 g 糖原所占体积约是储存 1 g 脂肪的 4 倍，即储存脂肪的效率远比储存糖原大。因此，脂肪是动物机体用以储存能量的主要形式。当动物摄入的能源物质，包括糖和脂肪，超过了其所需要的消耗量时，就以脂肪的形式储存起来。而当摄入的能源物质不能满足生理活动需要时，则动用体内储存的脂肪氧化供能。因而，动物储脂的数量会随营养状况的改变而增减。

（2）构成组织细胞的膜：类脂分子特殊的性质使它们可以形成双分子层的生物膜结构，为各种功能蛋白发挥作用提供了“舞台”，这在第 6 章中已有详细讨论。

（3）转变为生理活性分子：对动物机体十分重要的性激素、肾上腺皮质激素、维生素 D_3 和促进脂类消化吸收的胆汁酸，可以由胆固醇衍生而来。磷脂的代谢中间物，如二酰甘油、肌醇磷酸可作为信号分子参与细胞代谢的调节过程。

（4）提供必需脂肪酸：有一类多不饱和脂肪酸（polyunsaturated fatty acid，PUFA），即含有 2 个及 2 个以上双键的脂肪酸，如亚油酸（18 ∶ 2，$\Delta^{9,12}$）、亚麻酸（18 ∶ 3，$\Delta^{9,12,15}$）和花生四烯酸（20 ∶ 4，$\Delta^{5,8,11,14}$）等，其在人和动物体内不能合成，而又具有十分重要的生理功能，必须从饲料中摄取（植物和微生物可以合成），这类多不饱和脂肪酸称为必需脂肪酸（essential fatty acid）。它们不仅是组成细胞膜的重要成分，也是前列腺素（prostaglandins）、血栓素（thromboxane）和白三烯（leukotriene）等的前体。二十二碳六烯酸（docosahexaenoic acid，DHA）和二十碳五烯酸（eicosapentemacnioc acid，EPA）等 $n-3$（或 $\omega-3$）系列的多不饱和脂肪酸也参与了多种生理过程，与炎症、过敏反应、免疫系统和心血管系统疾病、皮肤疾病、脱毛、生长停止等的病理过程有关。虽然 DHA 和 EPA 可以由上述必需脂肪酸在体内转变得到，但仍然要依赖于动物从饲料摄取的必需脂肪酸，因此也可以将它们归入必需脂肪酸中。海洋产品中富有 DHA 和 EPA。反刍动物（如牛、羊）瘤胃中的微生物能合成必需脂肪酸，因此无需由饲料专门供给。

（5）为机体提供物理保护：例如，皮下脂肪可以保持体温，内脏周围的脂肪组织也有固定内脏器官和缓冲外部冲击的作用。

可见，脂类是动物体内不可缺少的物质。动物机体可以利用糖类和蛋白质合成绝大部分的脂类分子。饲料中短期缺乏脂类供给，对健康未必有明显的损害，然而时间长了，就会发生营养缺乏症，引起疾病。

10.2 脂肪的分解代谢

10.2.1 脂肪的动员作用

脂肪是动物体内的重要储能物质。当机体需要时，储存在脂肪细胞中的脂肪被水解为甘油和非酯化脂肪酸，后者以与清蛋白结合的形式释放入血液，转运到其他组织被氧化利用，这一

过程称为脂肪动员作用（adipokinetic action）。

$$\underset{\text{脂肪}}{\begin{array}{l}\quad\quad\quad\quad\ CH_2-O-\overset{O}{\overset{\|}{C}}-R\\ R-\overset{O}{\overset{\|}{C}}-O-CH\\ \quad\quad\quad\quad\ CH_2-O-\overset{O}{\overset{\|}{C}}-R\end{array}} + 3H_2O \xrightarrow{\text{激素敏感脂肪酶}} \underset{\text{甘油}}{\begin{array}{l}\quad\ \ CH_2-OH\\ HO-CH\\ \quad\ \ CH_2-OH\end{array}} + \underset{\text{脂肪酸}}{3R-\overset{O}{\overset{\|}{C}}-OH}$$

在脂肪动员中，激素敏感脂肪酶（hormone - sensitive lipase，HSL）起了决定性的作用，它是脂肪分解的限速酶，其活性受到肾上腺素、去甲肾上腺素和胰高血糖素的调控。在禁食、饥饿或交感神经兴奋时，这 3 种激素分泌增加并使激素敏感脂肪酶激活而促进脂肪动员。相反，具有对抗脂肪动员作用的胰岛素等则使其活性受到抑制。

10.2.2 甘油的代谢

甘油（glycerin）分解的第一步反应是在磷酸甘油激酶（phosphoglycerokinase）催化下，以 Mg^{2+} 为激活剂，消耗 ATP，使甘油磷酸化生成甘油- 3 -磷酸和 ADP。这一步反应是甘油的活化反应。甘油- 3 -磷酸可以看作活性甘油。只有转变成甘油- 3 -磷酸后，才能在机体内进一步转变。由于甘油- 3 -磷酸分子中的磷酸键是普通的磷酸键，所以这一反应是耗能的不可逆反应。甘油- 3 -磷酸可以在磷酸酶的水解作用下生成甘油和无机磷酸。在机体的组织中，只有脂肪组织没有磷酸甘油激酶，所以脂肪动员时生成的甘油，必须全部经血液运送到其他组织中去利用。

甘油的代谢途径见图 10.1。糖和甘油可以互相转变，可见甘油和糖的代谢关系非常密切。

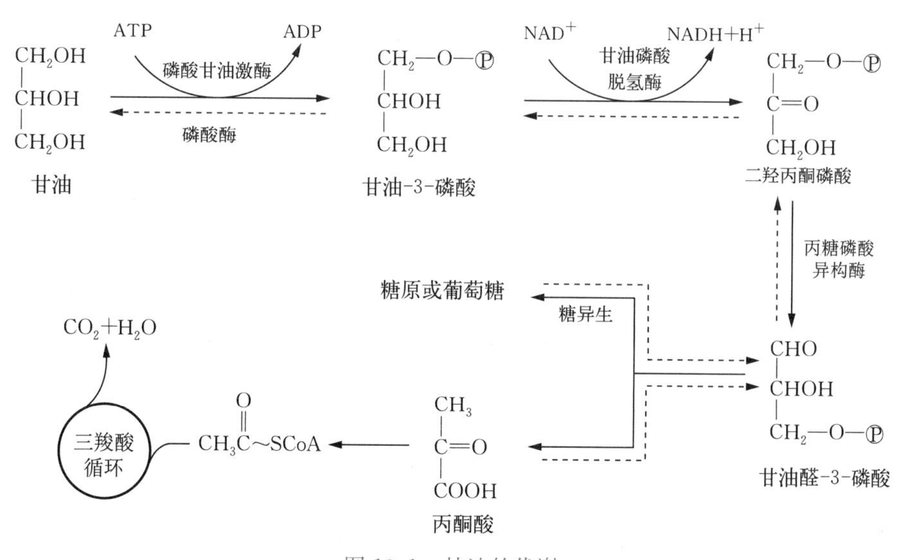

图 10.1 甘油的代谢

（实线为甘油的分解，虚线为甘油的合成）

10.2.3 脂肪酸的分解代谢

10.2.3.1 Knoop 实验

脂肪酸（fatty acid）的氧化分解可以在动物体内各种组织细胞中进行，是细胞获得能量供应的重要来源之一。组织细胞既可以从血液中摄取，也可通过自身水解脂肪而得到脂肪酸。为了弄清脂肪酸在细胞中的分解过程，1904 年，F. Knoop 利用在体内不易降解的苯基作为标记物连接到脂肪酸的末端甲基，然后饲喂犬或兔。结果发现，饲喂苯环标记的偶数碳原子脂肪酸，动物尿中的代谢物为苯乙酸，而饲喂苯环标记的奇数碳原子脂肪酸，则尿中发现的代谢物是苯甲酸（图 10.2）。

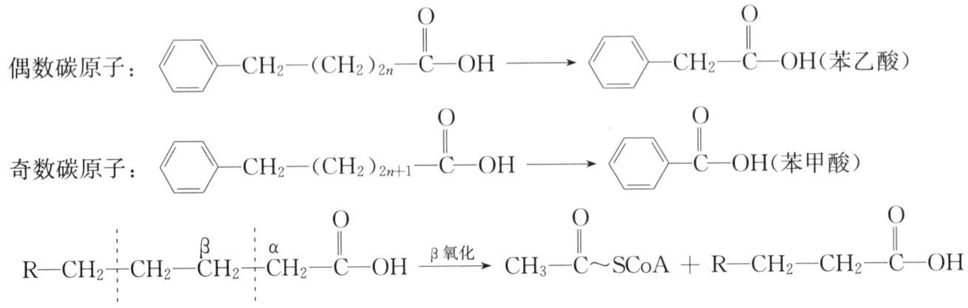

偶数碳原子：$$C_6H_5—CH_2—(CH_2)_{2n}—\overset{O}{\overset{\|}{C}}—OH \longrightarrow C_6H_5—CH_2—\overset{O}{\overset{\|}{C}}—OH\text{(苯乙酸)}$$

奇数碳原子：$$C_6H_5—CH_2—(CH_2)_{2n+1}—\overset{O}{\overset{\|}{C}}—OH \longrightarrow C_6H_5—\overset{O}{\overset{\|}{C}}—OH\text{(苯甲酸)}$$

$$R—CH_2—CH_2—\overset{\beta}{C}H_2—\overset{\alpha}{C}H_2—\overset{O}{\overset{\|}{C}}—OH \xrightarrow{\beta\text{氧化}} CH_3—\overset{O}{\overset{\|}{C}}\sim SCoA + R—CH_2—CH_2—\overset{O}{\overset{\|}{C}}—OH$$

图 10.2 Knoop 实验原理

他据此推测，脂肪酸在体内的氧化分解是从羧基端 β-碳原子开始的，碳链逐次断裂，每次产生一个二碳单位，即乙酰 CoA，并据此提出了脂肪酸的“β 氧化（β-oxidation）学说”。这是同位素示踪技术建立前最具有创造性的实验之一，后来的同位素示踪技术证明了其正确性。

10.2.3.2 脂肪酸的 β 氧化

（1）脂肪酸活化成脂酰 CoA：脂肪酸在氧化分解之前，必须先激活为脂酰 CoA，这个反应过程由脂酰 CoA 合成酶（acyl-CoA synthetase，也称为硫激酶）催化，需要 ATP、Mg^{2+} 和 CoA 的参与，在细胞液中进行。其反应如下：

$$\text{脂肪酸} + HS—CoA \xrightarrow[\text{ATP} \curvearrowright \text{AMP+PPi}]{\text{脂酰 CoA 合成酶},\ Mg^{2+}} \text{脂肪酸} \sim S—CoA$$

在体内，焦磷酸（PPi）很快被焦磷酸酶水解成无机磷酸，以推动反应的进行。可见，在脂肪酸的活化过程中消耗了两个高能磷酸键。

（2）脂酰 CoA 从细胞液转移至线粒体：细胞液中活化了的脂肪酸（即脂酰 CoA），必须进入线粒体进行氧化分解。但无论是脂酰 CoA 或是非酯化的脂肪酸都不能直接通过线粒体内膜进入线粒体，而必须借助一种小分子的脂酰基载体——肉碱（carnitine）来实现其转移。肉碱的分子式是 L-$(CH_3)_3N^+$-$CH_2CHOHCH_2COO^-$（L-β-羟-γ-三甲氨基丁酸）。脂酰基可以通过酯键连接在肉碱分子的羟基上。

其转运机制是通过线粒体膜上存在的肉碱脂酰转移酶（carnitine acyl transferase）的作用实现脂酰基的转移。如肉碱棕榈酰基转移酶（carnitine palmityl transferase，CPT）催化脂酰基在肉碱和 CoA 之间的转移反应，其过程如图 10.3 所示。

肉碱脂酰转移酶有Ⅰ、Ⅱ两种抗原性不同的同工酶，分别存在于线粒体外膜的外侧面和线粒体内膜的内侧面。位于线粒体外膜外侧面的酶Ⅰ促进脂酰基转化为脂酰肉碱，后者通过线粒体内膜上的脂酰肉碱载体（通道）转运进入内膜的内侧，再在酶Ⅱ的作用下转变为脂酰 CoA 并释出肉碱。

脂酰 CoA 转入线粒体是脂肪酸 β 氧化的主要限速步骤，肉碱脂酰转移酶Ⅰ是其限速酶。当脂肪动员作用加强时，机体需要脂肪酸供能，此时肉碱脂酰转移酶Ⅰ的活性增加，脂肪酸的氧化增强，而脂肪合成时，丙二酸单酰 CoA 的合成增加则抑制这个酶的活性。

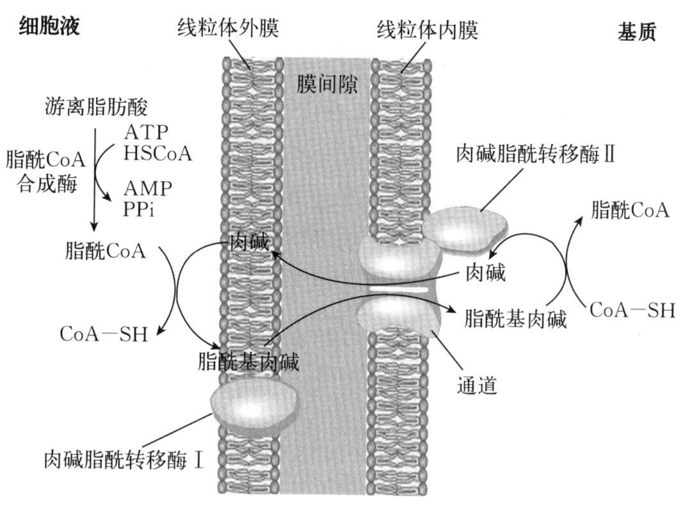

图 10.3 肉碱参与下脂肪酸转入线粒体的简要过程

（位于外侧的是肉碱脂酰转移酶Ⅰ，位于内侧的是肉碱脂酰转移酶Ⅱ）

(3) 脱氢：转入线粒体的脂酰 CoA 在脂酰 CoA 脱氢酶（acyl-CoA dehydrogenase）的催化下，在其α、β碳原子上各脱下 1 个氢原子，生成 Δ^2-反烯脂酰 CoA。脱下的 1 对氢原子由该酶的辅基 FAD 接受生成 $FADH_2$。

$$\underset{\text{脂酰 CoA}}{R{-}CH_2CH_2{-}\overset{O}{\overset{\|}{C}}\sim SCoA} \xrightarrow[\text{脂酰 CoA 脱氢酶}]{FAD \quad FADH_2} \underset{\Delta^2\text{-反烯脂酰 CoA}}{R{-}\underset{\beta}{CH}{=}\underset{\alpha}{CH}{-}\overset{O}{\overset{\|}{C}}\sim SCoA}$$

(4) 加水：上述 Δ^2-反烯脂酰 CoA 经 Δ^2-烯脂酰 CoA 水合酶（enoyl acyl-CoA hydratase）催化，加水，生成β-羟脂酰 CoA，其构型为 L（+）型。

$$\underset{\Delta^2\text{-反烯脂酰 CoA}}{R{-}\underset{\beta}{CH}{=}\underset{\alpha}{CH}{-}\overset{O}{\overset{\|}{C}}\sim SCoA} \xrightarrow{\text{水合酶}} \underset{\beta\text{-羟脂酰 CoA}}{R{-}\underset{\beta}{\overset{OH}{\overset{|}{C}H}}{-}\underset{\alpha}{CH_2}{-}\overset{O}{\overset{\|}{C}}\sim SCoA}$$

(5) 脱氢：L（+）β-羟脂酰 CoA 再经 L（+）β-羟脂酰 CoA 脱氢酶（β-hydroxy acyl-CoA dehydrogenase）催化脱氢，生成β-酮脂酰 CoA，此酶的辅酶是 NAD^+，接受脱下的 2 个氢原子成为 $NADH+H^+$。

$$\underset{\beta\text{-羟脂酰 CoA}}{R{-}\underset{\beta}{\overset{OH}{\overset{|}{C}H}}{-}\underset{\alpha}{CH_2}{-}\overset{O}{\overset{\|}{C}}\sim SCoA} \xrightarrow[\beta\text{-羟脂酰 CoA 脱氢酶}]{NAD^+ \quad NADH+H^+} \underset{\beta\text{-酮脂酰 CoA}}{R{-}\underset{\beta}{\overset{O}{\overset{\|}{C}}}{-}\underset{\alpha}{CH_2}{-}\overset{O}{\overset{\|}{C}}\sim SCoA}$$

(6) 硫解：β-酮脂酰 CoA 经β-酮脂酰 CoA 硫解酶（β-keto acyl-CoA thiolase）催化，生成比原来少 2 个碳原子的脂酰 CoA 和乙酰 CoA。此反应需有 CoA 参加。

$$\underset{\beta\text{-酮脂酯 CoA}}{R{-}\underset{\beta}{\overset{O}{\overset{\|}{C}}}{-}\underset{\alpha}{CH_2}{-}\overset{O}{\overset{\|}{C}}\sim SCoA} + HSCoA \xrightarrow{\text{硫解酶}} \underset{\substack{\text{脂酰 CoA} \\ \text{（少 2 个碳原子）}}}{R{-}\overset{O}{\overset{\|}{C}}\sim SCoA} + \underset{\text{乙酰 CoA}}{CH_3{-}\overset{O}{\overset{\|}{C}}\sim SCoA}$$

脂酰 CoA 经过脱氢、加水、再脱氢、硫解 4 步反应，生成比原来少 2 个碳原子的脂酰 CoA 和乙酰 CoA 的过程，称为一次 β 氧化过程。很明显，在这个过程中，原来脂酰基中的 β 位碳原子被氧化成了羰基。以上生成的比原来少了 2 个碳原子的脂酰 CoA，可再重复脱氢、加水、再脱氢和硫解的过程，如此反复进行。对一个偶数碳原子的饱和脂肪酸而言，经过 β 氧化最终全部分解为乙酰 CoA，乙酰 CoA 进入三羧酸循环进一步氧化分解生成二氧化碳和水。脂肪酸 β 氧化途径的归纳见图 10.4。现以 1 mol 棕榈酸（16：0）为例来计算经过 β 氧化完全分解可产生多少 ATP。由于每进行一次 β 氧化可生成乙酰 CoA、$FADH_2$ 和 $NADH+H^+$ 各 1 mol，棕榈酸是十六碳的饱和脂肪酸，共需经过 7 次 β 氧化过程，其总反应如下：

$$\text{棕榈酰}\sim SCoA + 7HSCoA + 7FAD + 7NAD^+ + 7H_2O \longrightarrow 8\text{乙酰}CoA + 7FADH_2 + 7NADH + 7H^+$$

1 mol $NADH+H^+$ 和 $FADH_2$ 经呼吸链氧化后可分别产生 2.5 mol 和 1.5 mol ATP。故由 7 mol $NADH+H^+$ 产生 17.5 mol ATP，由 7 mol $FADH_2$ 产生 10.5 mol ATP。已知 1 mol 乙酰 CoA 经三羧酸循环氧化生成二氧化碳和水时可产生 10 mol ATP，故 8 mol 乙酰 CoA 可产生 80 mol ATP，以上总共产生 108 mol ATP。因在脂肪酸活化时要消耗 2 mol 高能磷酸键（相当于2 mol ATP），故 1 mol 棕榈酸彻底氧化净生成 106 mol ATP。

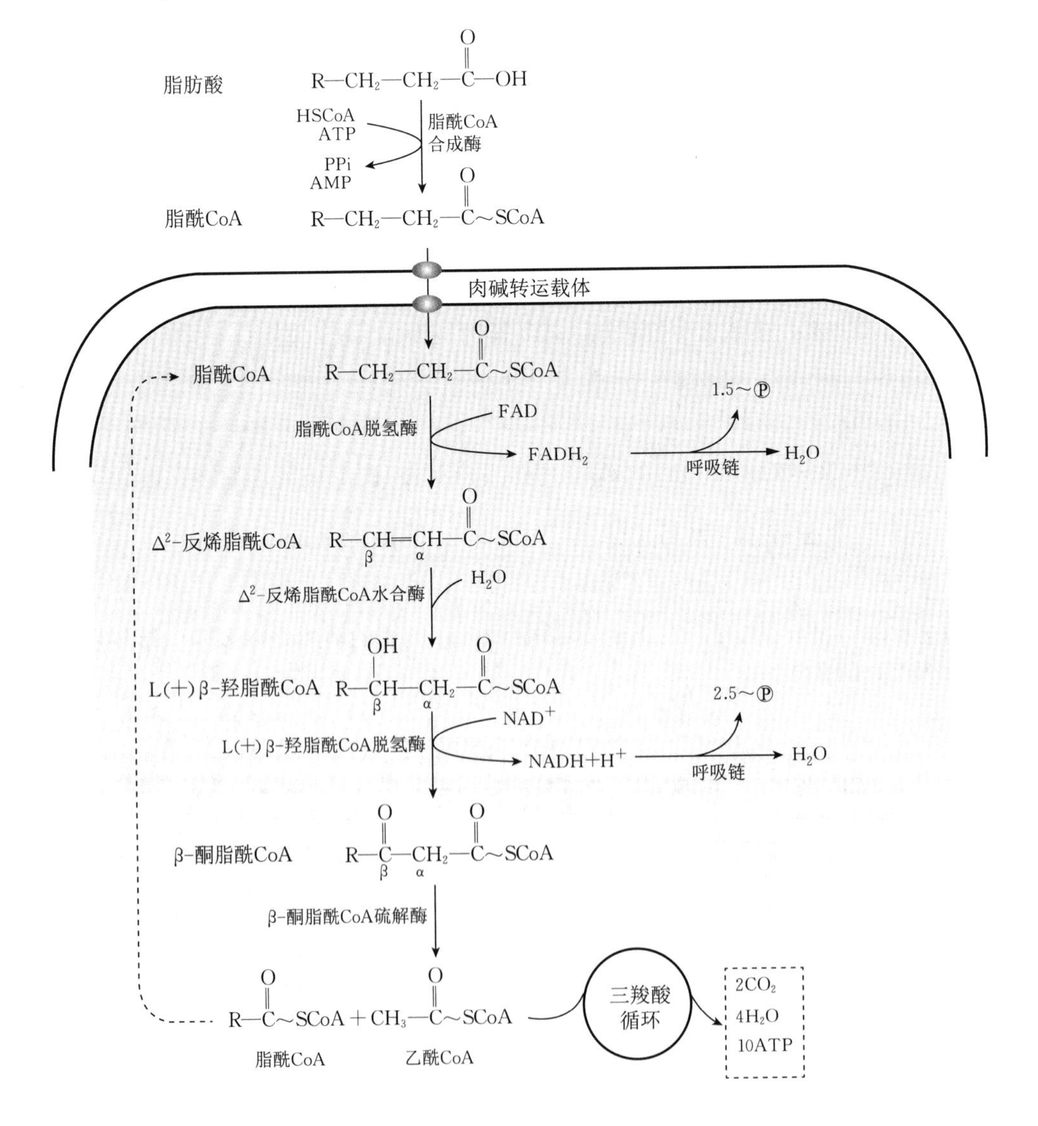

图 10.4　脂肪酸的 β 氧化过程

10.2.4 酮体的生成和利用

在正常情况下，在心肌、肾、骨骼肌等组织中脂肪酸能彻底氧化生成二氧化碳和水。但在肝细胞中脂肪酸常以不完全氧化形式生成一些中间产物，如乙酰乙酸（acetoacetate）、β-羟丁酸（β-hydroxy butyrate）和丙酮（acetone），统称其为酮体（ketone body）。由于肝中生成的酮体要运到肝外组织中去利用，所以正常血液中酮体的含量很少。

10.2.4.1 酮体的生成

酮体主要是在肝细胞线粒体中由乙酰 CoA 缩合而成，并以 β-羟-β-甲基戊二酸单酰 CoA（β-hydroxy-β-methyl glutaryl CoA，HMG CoA）为重要的中间产物。酮体生成的全套酶系位于肝细胞线粒体的内膜或基质中，其中 HMG CoA 合成酶（HMG CoA synthetase）是此途径的限速酶。除肝外，肾也能生成少量酮体。

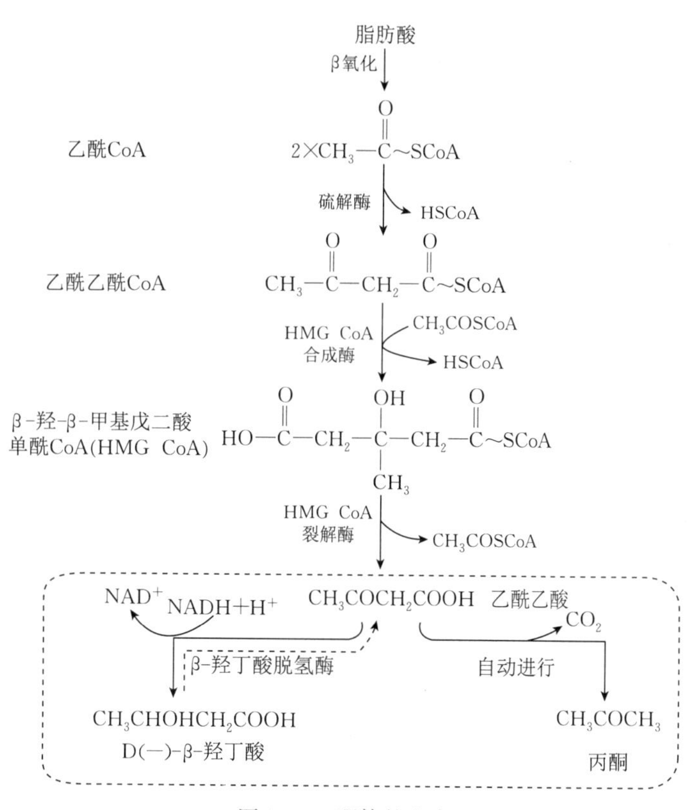

图 10.5 酮体的生成

酮体合成过程如图 10.5 所示。2 mol 乙酰 CoA 在硫解酶的催化下缩合成乙酰乙酰 CoA，后者再与 1 mol 乙酰 CoA 在 HMG-CoA 合成酶的催化下缩合成 β-羟-β-甲基戊二酸单酰 CoA。然后，在 HMG CoA 裂解酶（HMG CoA lyase）的催化下裂解产生 1 mol 乙酰乙酸，同时释放1 mol 乙酰 CoA；乙酰乙酸在肝线粒体 β-羟丁酸脱氢酶催化下又可还原生成 β-羟丁酸；丙酮则由乙酰乙酸脱羧生成。

10.2.4.2 酮体的利用

当酮体随着血液进入肝外组织，如骨骼肌、心肌、肾和大脑等时，存在于这些组织中具有很强解酮活性的酶能够氧化酮体供能。其中的 β-羟丁酸由 β-羟丁酸脱氢酶（其辅酶为 NAD^+）催化生成乙酰乙酸。乙酰乙酸在琥珀酰 CoA 转移酶（succinyl-CoA thiophorase）（又称转硫酶）的作用下生成乙酰乙酰 CoA。乙酰乙酰 CoA 在硫解酶的作用下生成 2 mol 乙酰 CoA，然后进入三羧酸循环彻底氧化生成二氧化碳和水，并释出能量（图 10.6）。由于肝中没有琥珀酰 CoA 转移酶，而这个酶的作用类似于硫激酶，因此肝只能产生酮体，而不能利用酮体。生成的酮体随血液送到肝外组织进行氧化分解。少量丙酮可以转变为丙酮酸或乳酸后再进一步代谢。

10.2.4.3 酮体的生理意义

酮体是脂肪酸在肝中氧化分解时产生的正常中间代谢物，是肝输出能源的一种形式。动物饥饿时，血糖浓度可降低 20%～30%，而血浆脂肪酸和酮体的浓度则可分别提高 5 倍和 20

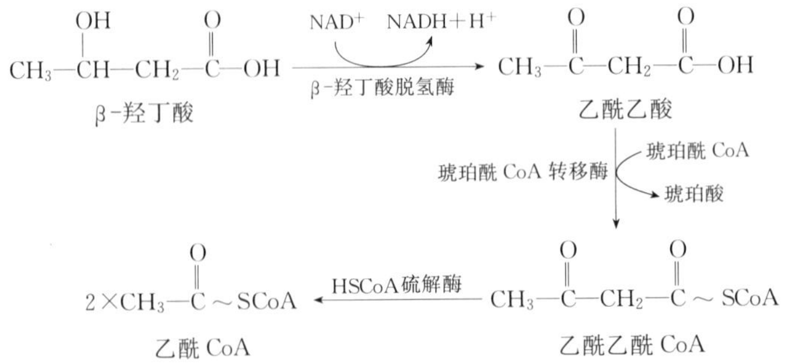

$$\underset{\beta\text{-羟丁酸}}{CH_3-\underset{}{\overset{OH}{\overset{|}{C}}H}-CH_2-\overset{O}{\overset{\|}{C}}-OH} \xrightarrow[\beta\text{-羟丁酸脱氢酶}]{NAD^+ \quad NADH+H^+} \underset{\text{乙酰乙酸}}{CH_3-\overset{O}{\overset{\|}{C}}-CH_2-\overset{O}{\overset{\|}{C}}-OH}$$

琥珀酰 CoA 转移酶（琥珀酰 CoA → 琥珀酸）

$$\underset{\text{乙酰 CoA}}{2\times CH_3-\overset{O}{\overset{\|}{C}}\sim SCoA} \xleftarrow{\text{HSCoA硫解酶}} \underset{\text{乙酰乙酰 CoA}}{CH_3-\overset{O}{\overset{\|}{C}}-CH_2-\overset{O}{\overset{\|}{C}}\sim SCoA}$$

图 10.6　酮体的分解

倍。动物机体可以优先利用酮体以节约葡萄糖，从而满足如大脑等组织对葡萄糖的需要。在饥饿 48 h 后，大脑也可利用酮体代替其所需葡萄糖量的 25%～75%。酮体溶于水，分子小，能通过肌肉毛细血管壁和血-脑屏障，因此可以成为适合于肌肉和脑组织利用的能源物质。在初生幼畜中，脑中利用酮体的酶系比成年动物的活性高得多。这一时期，脑部迅速发育，需要合成大量类脂用于生成髓鞘，而长链脂肪酸又不能透过血-脑屏障，酮体就成为新生动物合成类脂的重要原料。这是酮体在脑中所起的另一个重要作用。

10.2.4.4　酮病

在正常情况下，血液中酮体含量很少。肝中产生酮体的速度和肝外组织分解酮体的速度处于动态平衡中。人血浆中酮体的含量为 0.3～0.5 mg/100 mL，其中乙酰乙酸约占 30%，β-羟丁酸约占 70%，反刍动物正常血液中的酮体也在这个水平。但在有些情况下，肝中产生的酮体多于肝外组织的消耗量，超过了肝外组织所能利用的限度，因而在体内积存而引起酮病（ketosis）。患酮病时，反刍动物血液中酮体浓度常超过 20 mg/100 mL。此时，不仅血液中酮体含量升高，酮体还可随乳、尿排出体外。由于酮体主要成分是酸性物质，其大量积存的结果常导致动物体液酸碱平衡失调，引起酸中毒。

引起动物发生酮病的原因很复杂，究其基本的生化机制可归结为糖和脂类代谢的紊乱。例如，持续的低血糖（饥饿或厌食）导致脂肪大量动员，脂肪酸在肝中经过β氧化产生的乙酰 CoA 不能全部被三羧酸循环氧化分解而缩合形成大量的酮体，如果超过了机体所能利用的能力，血液中的酮体就必然增加。这种情况在高产乳牛开始泌乳后或绵羊（尤其是双胎绵羊）妊娠后期亦可见到。由于泌乳和胎儿的需要，家畜体内葡萄糖的消耗量很大，无疑也容易造成缺糖，引起酮病。糖尿病人尽管有高的血糖水平，但由于葡萄糖的大量丢失，机体转而大量利用脂肪酸氧化供能，结果也会引起血液中和尿中酮体的升高，甚至可从严重糖尿病患者的呼出气中嗅到“烂苹果味”（丙酮味）。

10.2.5　丙酸的代谢

在动物体内，虽然大多数脂肪酸都是含有偶数碳原子的，但奇数碳原子脂肪酸的代谢也很重要。例如纤维素在反刍动物瘤胃中发酵产生挥发性的低级脂肪酸，主要是乙酸（70%），其次是丙酸（20%）和丁酸（10%）。其中丙酸是奇数碳原子的脂肪酸。此外，许多氨基酸脱氨后也生成奇数碳原子脂肪酸。长链奇数碳原子的脂肪酸在开始分解时也和偶数碳原子脂肪酸一样，每经过一次β氧化脱下 2 个碳原子（乙酰 CoA）。但当分解进行到只剩下末端 3 个碳原子，即丙酰 CoA 时，就不再进行β氧化，而是在丙酰 CoA 羧化酶的催化下，与二氧化碳缩合生成甲基丙二酸单酰 CoA，此反应消耗 ATP，需要生物素。甲基丙二酸单酰 CoA 在变位酶的催化下，转变为琥珀酰 CoA，此酶需要辅酶维生素 B_{12}。琥珀酰 CoA 是三羧酸循环中的产物，它可

以通过草酰乙酸转变为磷酸烯醇式丙酮酸，进入糖异生途径合成葡萄糖或糖原，也可以彻底氧化成二氧化碳和水，提供能量。

游离的丙酸也可在硫激酶（thiokinase）的催化下，与CoA作用生成丙酰CoA，之后再羧化生成甲基丙二酸单酰CoA，此过程消耗ATP的两个高能键。

丙酸的代谢过程如图10.7所示。

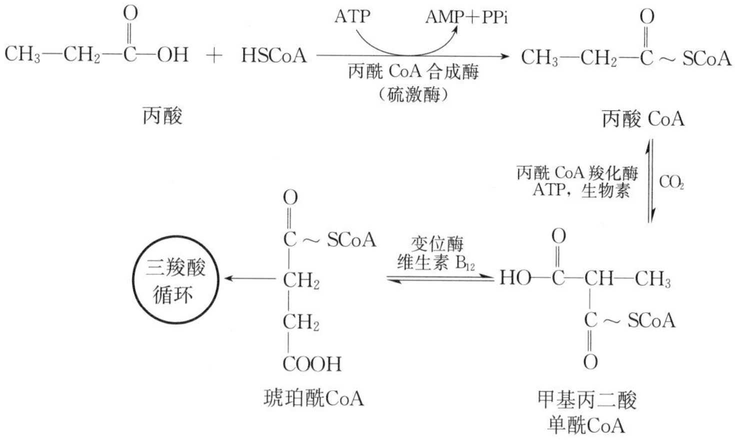

$$CH_3—CH_2—\overset{O}{\overset{\|}{C}}—OH + HSCoA \xrightarrow[\text{丙酰 CoA 合成酶（硫激酶）}]{ATP \quad AMP+PPi} CH_3—CH_2—\overset{O}{\overset{\|}{C}} \sim SCoA$$

丙酸　　　　丙酸 CoA

丙酰 CoA 羧化酶，ATP，生物素，CO_2

甲基丙二酸单酰CoA（$HO—\overset{O}{\overset{\|}{C}}—CH(\overset{O}{\overset{\|}{C}} \sim SCoA)—CH_3$）$\xrightarrow[\text{维生素 }B_{12}]{\text{变位酶}}$ 琥珀酰CoA（$\overset{O}{\overset{\|}{C}} \sim SCoA—CH_2—CH_2—COOH$）→ 三羧酸循环

图10.7　丙酸的代谢

反刍动物体内的葡萄糖，约有50%来自丙酸的异生作用，其余的大部分来自氨基酸。可见丙酸代谢对反刍动物是非常重要的。丙酸代谢中还需要维生素B_{12}，因此反刍动物对这种维生素的需要量比其他动物大，不过瘤胃中的微生物能够合成并提供足量的维生素B_{12}。

10.2.6 脂肪酸的其他氧化方式

10.2.6.1 不饱和脂肪酸的氧化

含有双键的不饱和脂肪酸也可以在线粒体中进行β氧化，但是需要有若干特殊的酶参与以满足β氧化途径对底物构型的需求。首先是烯脂酰CoA异构酶，它可将长链不饱和脂肪酸经过多轮β氧化后可能出现在β位和γ位碳原子之间的顺式双键异构成α位和β位之间的反式双键。同样，当β氧化进行至在γ和δ碳原子之间出现顺式双键时，将先由脂酰CoA脱氢酶（辅基FAD）在α和β碳原子之间催化脱氢反应形成一个反式双键，生成一个二烯酸，接着由2,4-二烯脂酰CoA还原酶（辅酶NADPH）催化加氢反应，再将这个二烯酸还原生成反式的一烯酸——β,γ-烯脂酰CoA，后者再进一步异构成为α,β-烯脂酰CoA，继续进行β氧化。

10.2.6.2 α氧化和ω氧化

除β氧化以外，在动物体内还有其他的氧化方式，如α氧化和ω氧化。当脂肪酸进行α氧化时，产生出缩短了1个碳原子的脂肪酸和二氧化碳。

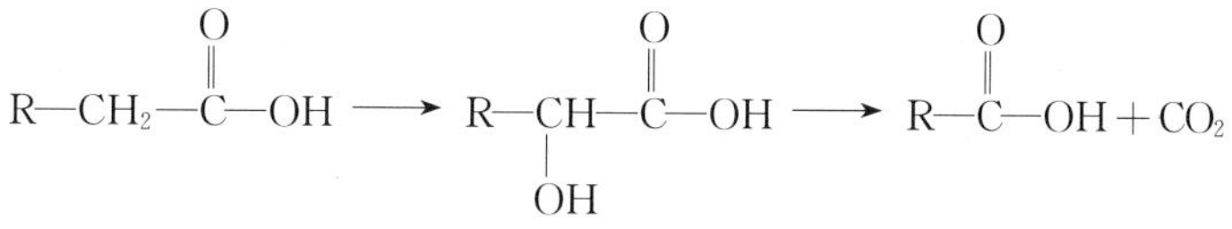

$$R—CH_2—\overset{O}{\overset{\|}{C}}—OH \longrightarrow R—\underset{OH}{\underset{|}{CH}}—\overset{O}{\overset{\|}{C}}—OH \longrightarrow R—\overset{O}{\overset{\|}{C}}—OH + CO_2$$

α氧化的机制还不十分清楚。现已证明，哺乳动物组织可以把绿色植物的叶绿醇首先降解为植烷酸，然后通过α氧化继续将植烷酸降解。

动物对其体内的12个碳以下的脂肪酸也可以通过ω氧化途径进行氧化分解。这种方式首先使远离羧基的末端碳原子，即ω碳原子氧化，生成α、ω二羧酸，然后再在脂肪酸两端同时进行β氧化降解。如11碳脂肪酸的ω氧化过程如下：

$$CH_3-(CH_2)_9-\overset{O}{\overset{\|}{C}}-OH \xrightarrow{\omega\text{氧化}} HO-\overset{O}{\overset{\|}{C}}-(CH_2)_9-\overset{O}{\overset{\|}{C}}-OH$$

$$\downarrow \beta\text{氧化}$$

$$HO-\overset{O}{\overset{\|}{C}}-(CH_2)_5-\overset{O}{\overset{\|}{C}}-OH \xleftarrow{\beta\text{氧化}} HO-\overset{O}{\overset{\|}{C}}-(CH_2)_7-\overset{O}{\overset{\|}{C}}-OH$$

ω氧化在脂肪酸分解代谢中并不重要，不过一些海洋浮游细菌采用ω氧化方式快速分解溢入海水中的石油，在防止海洋污染方面有一定的应用价值。

10.3 脂肪的合成代谢

脂肪即三酰甘油，旧称为甘油三酯，是动物体内储存能量的主要形式。机体合成三酰甘油的主要器官是肝、脂肪组织和小肠黏膜上皮。家畜主要在脂肪组织中合成三酰甘油，家禽主要在肝中合成三酰甘油。小肠黏膜则对饲料中的脂类消化产物进行再合成，然后形成乳糜微粒进入体液转运。家畜和家禽在肝中合成的三酰甘油绝大部分以极低密度脂蛋白的形式通过血液转运到脂肪组织中储存。家畜、家禽合成三酰甘油时，都以脂酰CoA和甘油-3-磷酸（或一酰甘油）为原料。甘油-3-磷酸来自糖代谢或某些氨基酸代谢的中间产物，即磷酸丙糖。长链的脂酰CoA则主要由乙酰CoA为原料从头合成。

10.3.1 长链脂肪酸的合成

10.3.1.1 合成场所

机体的许多组织都有合成脂肪酸的酶系，其中合成速度最快的是肝、脂肪组织和小肠黏膜上皮，其次是肾和其他内脏，最慢的是肌肉、皮肤和神经组织。脂肪酸的合成主要在胞液中进行。合成脂肪酸的直接原料是乙酰CoA，因此凡能生成乙酰CoA的物质都可以是脂肪酸合成的碳源，而糖是主要的碳源。

10.3.1.2 脂肪酸合成过程中乙酰CoA的来源

虽然所有的动物都以乙酰CoA作为原料合成长链脂肪酸，但乙酰CoA的来源并不同。反刍动物几乎没有葡萄糖的吸收，主要从其瘤胃吸收一定量的乙酸和少量丁酸，因此反刍动物主要利用乙酸和丁酸，使其分别转变为乙酰CoA及丁酰CoA，再用于脂肪酸的合成。相反，非反刍动物经消化道吸收的乙酸很少，而是吸收大量葡萄糖。葡萄糖分解代谢产生的丙酮酸在线粒体经氧化脱羧生成乙酰CoA。因此对非反刍动物来说，合成脂肪酸的原料乙酰CoA主要来自糖代谢。

脂肪酸的合成在细胞液中进行。反刍动物吸收的乙酸可以直接进入细胞液转变成乙酰CoA。而在非反刍动物，葡萄糖分解产生的乙酰CoA需从线粒体内转移到线粒体外的细胞液后才能被利用。由于线粒体膜不允许乙酰CoA自由通过，因此乙酰CoA需借助一个称为柠檬酸-丙酮酸循环（citrate-pyruvate cycle）的转运途径实现上述转移（图10.8）。乙酰CoA首先在线粒体内与草酰乙酸缩合生成柠檬酸，然后柠檬酸穿过线粒体膜进入细胞液，在柠檬酸裂解酶催化下（需要ATP），裂解成乙酰CoA和草酰乙酸。进入细胞液的乙酰CoA即可用于脂肪酸的合成，而草酰乙酸则利用NADH+H^+还原成苹果酸，后者在苹果酸酶催化下，经脱羧、脱氢（产生NADPH+H^+）作用分解为丙酮酸回到线粒体中，再羧化成为草酰乙酸，继续参与乙酰 CoA 的转运。可见，每一次这样的循环都伴有把 1 mol 的 $NADH+H^+$ 转变为 1 mol 的 $NADHP+H^+$ 的转氢作用。

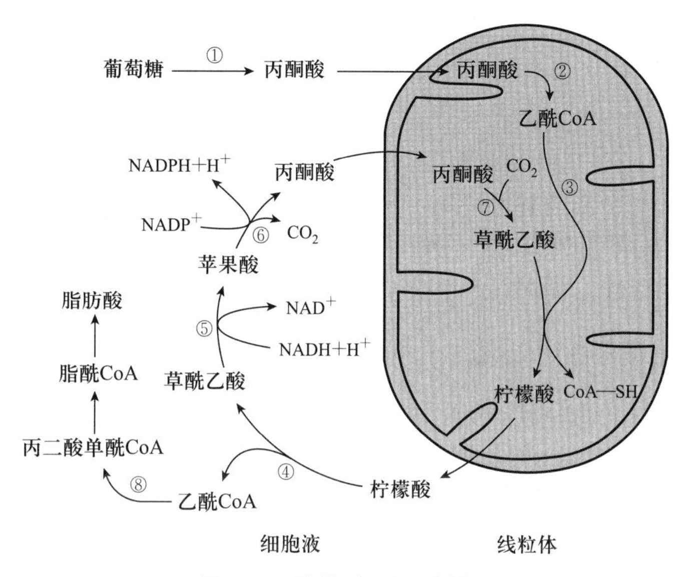

图 10.8 柠檬酸-丙酮酸循环

①酵解 ②丙酮酸脱氢酶复合体 ③柠檬酸合酶 ④柠檬酸裂解酶 ⑤苹果酸脱氢酶 ⑥苹果酸酶（以 $NADP^+$ 为辅酶的苹果酸脱氢酶） ⑦丙酮酸羧化酶 ⑧乙酰 CoA 羧化酶

10.3.1.3 丙二酸单酰 CoA 的生成

以乙酰 CoA 为原料合成脂肪酸，并不是这些二碳单位的简单缩合。除了起始的 1 mol 乙酰 CoA 以外，所有的乙酰 CoA 原料分子首先都要羧化成丙二酸单酰 CoA（malonyl - CoA）。乙酰 CoA 的羧化反应是脂肪酸合成的第一步反应：

$$\underset{\text{乙酰 CoA}}{CH_3-\overset{\overset{O}{\|}}{C}\sim SCoA} + CO_2 \xrightarrow[\text{乙酰 CoA 羧化酶, 生物素}]{ATP \quad ADP+Pi} \underset{\text{丙二酸单酰 CoA}}{HO-\overset{\overset{O}{\|}}{C}-CH_2-\overset{\overset{O}{\|}}{C}\sim SCoA}$$

这一不可逆反应由乙酰 CoA 羧化酶（acetyl - CoA carboxylase）催化。该酶是脂肪酸合成的限速酶，存在于细胞液中，以生物素为辅基，柠檬酸是其激活剂。乙酰 CoA 羧化酶为一种变构酶，有无活性的单体和有活性的聚合体两种形式。动物组织的乙酰 CoA 羧化酶的聚合体是一个由许多酶单体连成的长丝，平均每个长丝有 20 个单体，长 400 nm 左右。单体相对分子质量约为 40 000，分别具有 HCO_3^-、乙酰 CoA 和柠檬酸的结合部位。柠檬酸在无活性单体和有活性聚合体之间起调节作用，其有利于酶向有活性形式转变，以加速脂肪酸的合成。棕榈酰 CoA 的作用则相反，其使乙酰 CoA 羧化酶转变为无活性的单体，从而抑制脂肪酸的合成。

10.3.1.4 脂酰基载体蛋白

有 7 种酶参与了脂肪酸的生物合成，并以没有酶活性的脂酰基载体蛋白（acyl carrier protein，ACP）为中心，构成一个多酶复合体。在脂肪酸生物合成过程中，酶反应生成的各种中间物在大多数情况下保持与载体蛋白相连，以保证合成过程的定向进行。

各种来源 ACP 的氨基酸组成十分相似。大肠杆菌的 ACP 包含一个由 77 个氨基酸构成，相对分子质量约为 10 000 的热稳定蛋白，其丝氨酸（Ser_{36}）的羟基与 4′-磷酸泛酰巯基乙胺

(4′- phosphopantetheine) 上的磷酸基团相连，仿佛连上了一个“长臂”(图 10.9)。

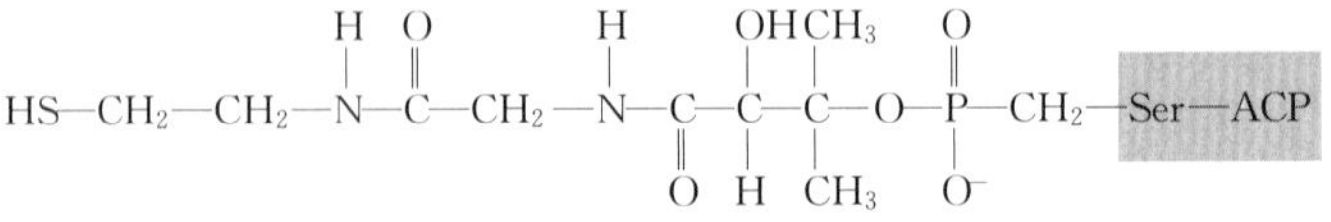

$$HS-CH_2-CH_2-\overset{H}{\overset{|}{N}}-\overset{O}{\overset{\|}{C}}-CH_2-\overset{H}{\overset{|}{N}}-\underset{O}{\underset{\|}{C}}-\underset{H}{\underset{|}{\overset{OH}{\overset{|}{C}}}}-\underset{CH_3}{\underset{|}{\overset{CH_3}{\overset{|}{C}}}}-O-\underset{O^-}{\underset{|}{\overset{O}{\overset{\|}{P}}}}-CH_2-Ser-ACP$$

图 10.9 ACP 的磷酸泛酰巯基乙胺“长臂”

在脂肪酸合成中，ACP 磷酸泛酰巯基乙胺结构所起的作用类似于 CoA 上的同一结构 (CoA 的结构见第 7 章)。脂酰基通过与 4′-磷酸泛酰巯基乙胺上的—SH 以硫酯键 (高能) 相连。于是 ACP 上的这个“长臂”携带着脂肪酸合成过程中的各个中间物依次从一个酶的活性位置转向另一个酶的活性位置。

10.3.1.5 脂肪酸合成的生化过程

以大肠杆菌中棕榈酸的生物合成为例，叙述脂肪酸合成酶系的催化程序。

(1) 起始反应：乙酰 CoA 的乙酰基首先与 ACP 的巯基相连，催化此反应的酶称为乙酰 CoA - ACP 酰基转移酶，或简称其为乙酰基转移酶 (acetyl - CoA acyl transferase)。但乙酰基并不滞留在 ACP 巯基上，而是立即转移到 β-酮脂酰- ACP 缩合酶或合成酶活性中心的半胱氨酸巯基上，成为乙酰- S -缩合酶，ACP 的巯基则空出来。

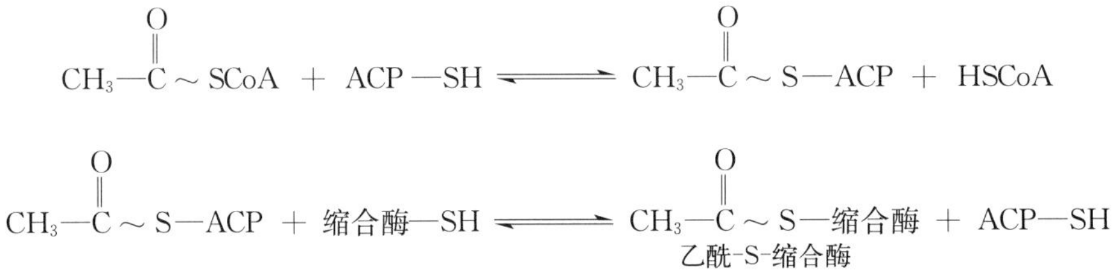

$$CH_3-\overset{O}{\overset{\|}{C}}\sim SCoA + ACP-SH \rightleftharpoons CH_3-\overset{O}{\overset{\|}{C}}\sim S-ACP + HSCoA$$

$$CH_3-\overset{O}{\overset{\|}{C}}\sim S-ACP + \text{缩合酶}-SH \rightleftharpoons \underset{\text{乙酰-S-缩合酶}}{CH_3-\overset{O}{\overset{\|}{C}}\sim S-\text{缩合酶}} + ACP-SH$$

(2) 丙二酸单酰基转移反应：在 ACP -丙二酸单酰 CoA 转移酶 (malonyl - CoA acyl transferase) 的催化下，丙二酸单酰基脱离 CoA 转移到前面反应中 ACP 的已空置的巯基上，形成丙二酸单酰- S - ACP。

$$\underset{\text{丙二酸单酰CoA}}{HO-\overset{O}{\overset{\|}{C}}-CH_2-\overset{O}{\overset{\|}{C}}\sim SCoA} + ACP-SH \rightleftharpoons \underset{\text{丙二酸单酰-S-ACP}}{HO-\overset{O}{\overset{\|}{C}}-CH_2-\overset{O}{\overset{\|}{C}}\sim S-ACP} + HSCoA$$

(3) 缩合反应：这步反应由 β-酮脂酰- ACP 缩合酶 (β - ketone acyl - ACP synthease) 催化。其酶分子的半胱氨酸上结合的乙酰基转移到与 ACP 巯基相连的丙二酸单酰基的第 2 个碳原子上，形成乙酰乙酰- S - ACP，同时使丙二酸单酰基上的自由羧基以二氧化碳的形式脱去，缩合酶的巯基也空出，可以参加下一轮的反应。

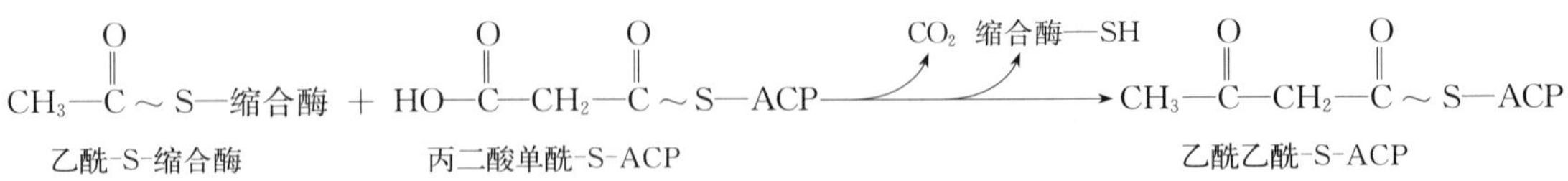

$$\underset{\text{乙酰-S-缩合酶}}{CH_3-\overset{O}{\overset{\|}{C}}\sim S-\text{缩合酶}} + \underset{\text{丙二酸单酰-S-ACP}}{HO-\overset{O}{\overset{\|}{C}}-CH_2-\overset{O}{\overset{\|}{C}}\sim S-ACP} \xrightarrow{CO_2 \quad \text{缩合酶}-SH} \underset{\text{乙酰乙酰-S-ACP}}{CH_3-\overset{O}{\overset{\|}{C}}-CH_2-\overset{O}{\overset{\|}{C}}\sim S-ACP}$$

实际上，反应中所释放出的 CO_2 来自乙酰 CoA 羧化形成丙二酸单酰 CoA 时所利用的 CO_2，其碳原子并未掺入正在合成的脂肪酸中去。脂肪酸合成过程中之所以采用先羧化又脱羧的方式，是因为羧化反应利用了 ATP 供给的能量并储存在丙二酸单酰 CoA 分子中，当缩合反应发生时，丙二酸单酰 CoA 的脱羧反应又可释放出能量来利用，使反应容易进行。

(4) 还原反应：乙酰乙酰- S - ACP 由 β-酮脂酰- ACP 还原酶 (β - ketone acyl - ACP reductase) 催化，由 $NADPH+H^+$ 还原形成 β-羟丁酰- S - ACP。

加氢后生成的β-羟脂酰-S-ACP 是 D 型的，与脂肪酸氧化分解时生成的羟脂酰 CoA 不同，它是 L 型的。

$$CH_3—\overset{\overset{O}{\|}}{C}—CH_2—\overset{\overset{O}{\|}}{C}\sim S—ACP + NADPH + H^+ \rightleftharpoons CH_3—\overset{\overset{OH}{|}}{CH}—CH_2—\overset{\overset{O}{\|}}{C}\sim S—ACP + NADP^+$$

乙酰乙酰-S-ACP　　　　β-羟丁酰-S-ACP

（5）**脱水反应**：D 型β-羟丁酰-S-ACP 在其α和β碳原子之间脱水生成反式的β-烯丁酰-S-ACP，催化这个反应的酶是β-羟脂酰-ACP 脱水酶（β-hydroxy acyl-ACP dehydrase）。

$$CH_3—\overset{\overset{OH}{|}}{CH}—CH_2—\overset{\overset{O}{\|}}{C}\sim S—ACP \rightleftharpoons CH_3—CH═CH—\overset{\overset{O}{\|}}{C}\sim S—ACP + H_2O$$

β-羟丁酰-S-ACP　　　　β-烯丁酰-S-ACP

（6）**第二次还原反应**：在烯脂酰-S-ACP 还原酶（enoyl acyl-S-ACP reductase）的催化下，β-烯丁酰-S-ACP 再被 NADPH+H^+ 还原成为丁酰-S-ACP。

$$CH_3—CH═CH—\overset{\overset{O}{\|}}{C}\sim S—ACP + NADPH + H^+ \rightleftharpoons CH_3—CH_2—CH_2—\overset{\overset{O}{\|}}{C}\sim S—ACP + NADP^+$$

β-烯丁酰-S-ACP　　　　丁酰-S-ACP

至此，脂肪酸的合成在乙酰基的基础上实现了两个碳原子的延长。对合成 16 个碳原子的棕榈酸来说，需经过 7 次上述循环反应。第二次循环从丁酰基由 ACP 的巯基上再转移到缩合酶的半胱氨酸巯基上开始。ACP 又可以再接受一个丙二酸单酰基。连接在缩合酶上的丁酰基再与连接在 ACP 上的丙二酸单酰基缩合形成 6 个碳原子的脂酰-S-ACP 衍生物，并释放出二氧化碳，每次循环脂酰基都要经过转移、缩合、还原、脱水和再还原。经 7 次循环以后，形成最终产物棕榈酰-S-ACP。

（7）**水解或硫解反应**：最后生成的棕榈酰-S-ACP 可以在硫酯酶作用下水解释放出棕榈酸，或者由硫解酶催化把棕榈酰基从 ACP 上转移到 CoA 上。

$$\text{棕榈酰-S-ACP} + H_2O \xrightleftharpoons{\text{硫酯酶}} \text{棕榈酸} + HS—ACP$$

$$\text{棕榈酰-S-ACP} + HSCoA \xrightleftharpoons{\text{硫解酶}} \text{棕榈酸-SCoA} + HS—ACP$$

多数生物的脂肪酸合成步骤仅限于生成棕榈酸。这与β-酮脂酰-ACP 合酶对碳链长度的专一性有关，其仅对 14C 及以下脂酰-ACP 有催化活性，故从头合成只能合成 16C 及以下饱和脂酰-ACP。更长些的脂肪酸的生成通常由脂肪酸延长的酶系统催化。

综上所述，棕榈酸生物合成的总反应可归纳如下：

$$8\text{乙酰}CoA + 14NADPH + 14H^+ + 7ATP + H_2O \rightleftharpoons \text{棕榈酸} + 8HSCoA + 14NADP^+ + 7ADP + 7Pi$$

其反应途径和酶系见图 10.10。

需要指出的是，棕榈酸合成中所需的氢原子需由 NADPH+H^+ 供给。从上述的总反应式可见，每生成 1 mol 棕榈酸需要 14 mol 的 NADPH+H^+。前已述及，在乙酰 CoA 从线粒体转运至细胞液内的过程中，经过柠檬酸-丙酮酸循环，每转运 1 mol 的乙酰 CoA，可把 1 mol NADH+H^+ 转变为 1 mol NADPH+H^+。而生成 1 mol 棕榈酸需转运 8 mol 乙酰 CoA，从而伴有 8 mol 可供脂肪酸合成利用的 NADPH+H^+ 的生成。其余的 6 mol NADPH+H^+ 则由磷酸戊糖途径提供。可见，糖代谢可为脂肪酸的合成提供包括乙酰 CoA 和 NADPH+H^+ 等的全部原料。

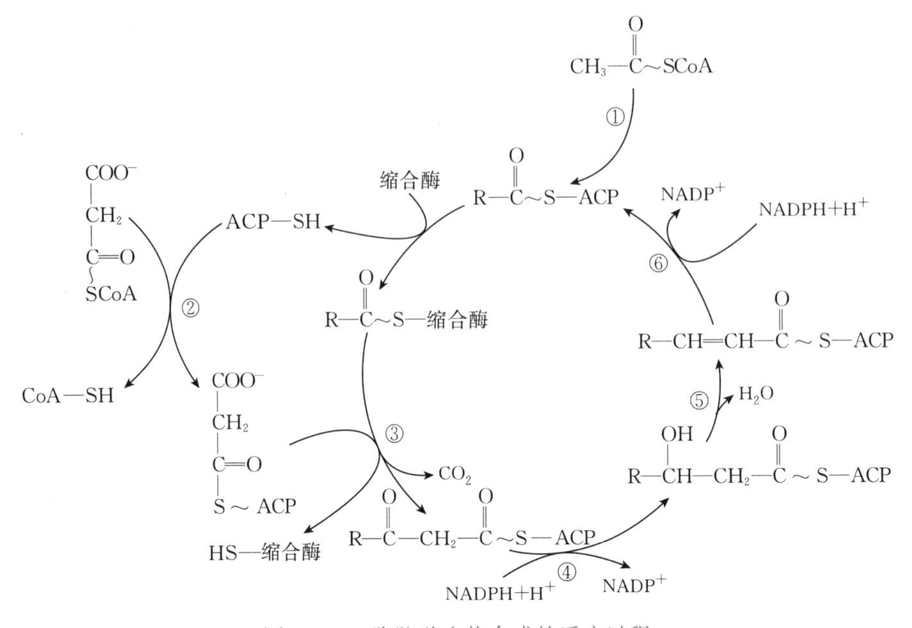

图 10.10 脂肪酸生物合成的反应过程

①乙酰 CoA - ACP 酰基转移酶 ②丙二酸单酰 CoA - ACP 酰基转移酶 ③β-酮脂酰- ACP 缩合酶 ④β-酮脂酰- ACP 还原酶 ⑤β-羟脂酰- ACP 脱水酶 ⑥烯脂酰- ACP 还原酶

10.3.1.6 哺乳动物的脂肪酸合成酶复合体

在大肠杆菌中，催化上述脂肪酸合成的 7 个酶和 ACP 构成一个多酶复合体，而进化到高等动物，成为了由一个基因编码的具有 7 种酶活性的多功能酶，即一条多肽链上表现出 7 种酶的活性。在哺乳动物中这个酶的相对分子质量为 250 000，并且分为 3 个结构域：乙酰转移酶（AT）、丙二酸单酰转移酶（MT）和缩合酶（CE）同在结构域Ⅰ中；烯脂酰还原酶（ER）、脱水酶（DH）、β-酮脂酰还原酶（KR）和 ACP 处在结构域Ⅱ内；结构域Ⅲ具有硫酯酶（TE）的活性。结构域之间由较为伸展的肽链相连。具有活性的酶是由两条这样的多肽链头尾相对组成的二聚体（图 10.11）。两条肽链上的不同结构域组合成对称的两个功能区，脂肪酸

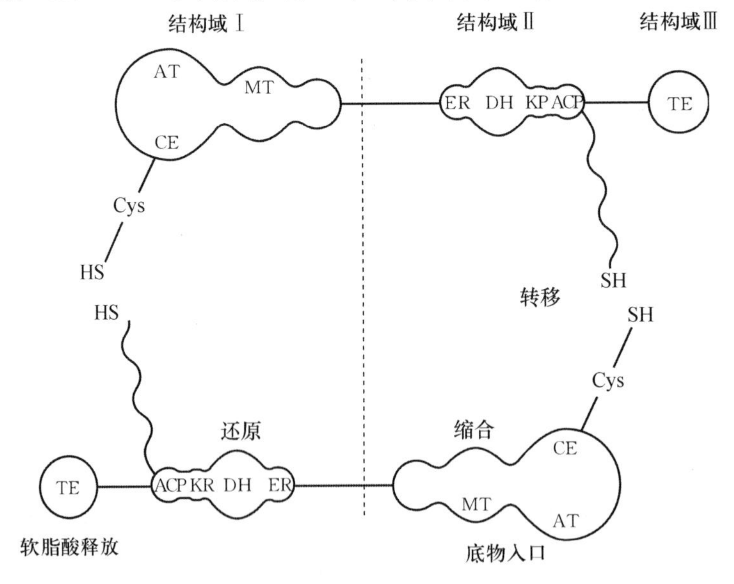

图 10.11 动物脂肪酸合成酶系的模式图

AT. 乙酰转移酶 MT. 丙二酸单酰转移酶 CE. 缩合酶（β-酮脂酰 ACP 合成酶）

KR. β-酮脂酰还原酶 DH. 脱水酶 ER. 烯脂酰还原酶 TE. 硫酯酶

合成反应在二聚体的不同肽链头尾相靠近的界面上进行，缩合酶的半胱氨酸巯基和 ACP 的巯基正处在这个界面上，参与脂酰基的传递。

10.3.2 脂肪酸碳链的延长和脱饱和

10.3.2.1 脂肪酸碳链的延长

脂肪酸合成酶复合体的主要产物是 16 碳的饱和脂肪酸——棕榈酸。由棕榈酸延长可以得到更长碳链的脂肪酸。碳链延长的酶系存在于肝细胞的微粒体系统（内质网）和线粒体内。

（1）微粒体系统：类似于软脂酸的合成，其以软脂酸为基础，以丙二酸单酰 CoA 为二碳单位的供体，以 CoA 为酰基载体，由 NADPH＋H^+ 供氢，经缩合、还原、脱水、再还原，循环往复，每次循环延长 2 个碳原子，但脂酰基不是与 ACP 的巯基相连，而是连接 CoA 的巯基。延长物以 18 碳的硬脂酸为主，最多可至 24 碳的脂肪酸。

（2）线粒体系统：类似于 β 氧化的逆过程，其以软脂酰 CoA 为基础，以乙酰 CoA 为二碳单位的供体，以 CoA 为酰基载体，由 NADPH＋H^+ 供氢，经缩合、还原、脱水、再还原，循环往复。通过这种方式，每一次循环延长 2 个碳原子，可以延长出 24～26 个碳原子的脂肪酸，但以 18 碳的硬脂酸较多。

10.3.2.2 脂肪酸的脱饱和

动物细胞的微粒体系统具有脂肪酸的 Δ^4、Δ^5、Δ^8 和 Δ^9 脱饱和酶，催化饱和脂肪酸脱氢产生不饱和脂肪酸，但缺乏 Δ^9 以上的脱饱和酶。因此，动物可以从饲料中摄取必需脂肪酸以满足其需要。已知的脂肪酸脱饱和过程有线粒体外的电子传递系统参与。NADH＋H^+ 提供电子，细胞色素 b_5 作为电子传递体，脱饱和酶的还原铁（Fe^{2+}）最终激活分子氧，使饱和脂肪酸脱氢和伴有水的生成。动物体内主要产生的不饱和脂肪酸有棕榈油酸（16∶1，Δ^9）和油酸（18∶1，Δ^9）。硬脂酸脱饱和转变为油酸的过程见图 10.12。

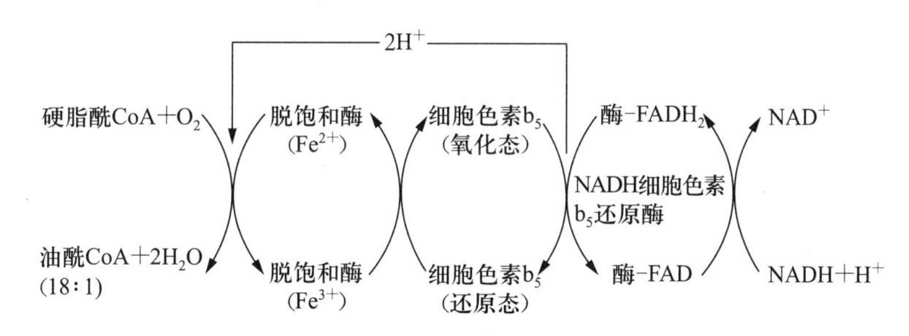

图 10.12 硬脂酸的脱饱和过程

10.3.3 三酰甘油的合成

哺乳动物的肝和脂肪组织是合成三酰甘油最活跃的组织。在胞液中合成的棕榈酸和主要在内质网形成的其他脂肪酸以及摄入体内的脂肪酸，都可以进一步合成三酰甘油。合成三酰甘油所需的前体是甘油-3-磷酸和脂酰 CoA，二者的来源前面已经提及。三酰甘油的合成有以下两个途径。

10.3.3.1 二酰甘油途径

肝细胞和脂肪细胞主要按此途径合成三酰甘油（图 10.13）。甘油-3-磷酸由糖代谢的中间产物二羟丙酮磷酸还原得到，还可由肝、肾等组织中的磷酸甘油激酶催化甘油磷酸化产生。在转酰基酶作用下，甘油-3-磷酸依次加上2分子脂酰CoA转变成磷脂酸（phosphatidic acid，PA），即二酰甘油磷酸，后者在磷脂酸磷酸酶作用下，水解脱去磷酸生成1,2-二酰甘油，然后在转酰基酶催化下，再加上1分子脂酰基即生成三酰甘油。家畜体内的转酰基酶对16碳和18碳的脂酰CoA的催化能力最强，所以其脂肪中16碳和18碳脂肪酸的含量最多。不饱和脂酰CoA通常倾向于转到甘油的第2位碳原子的羟基上。

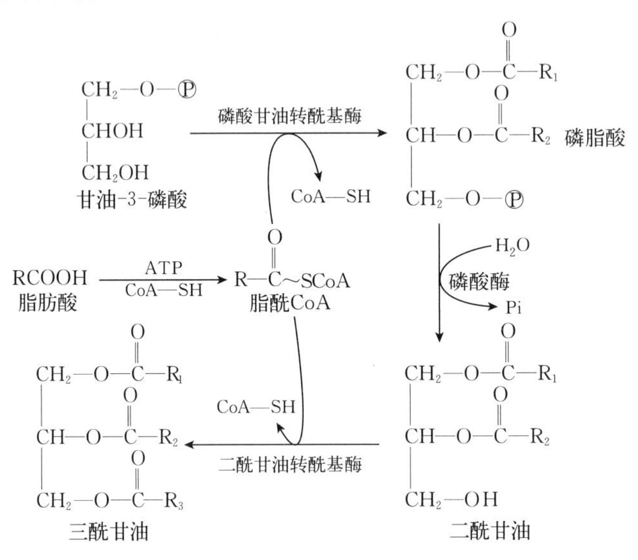

图10.13　二酰甘油途径

10.3.3.2　一酰甘油途径

在小肠黏膜上皮内，消化吸收的一酰甘油可作为合成三酰甘油的前体，再与2分子的脂酰CoA经转酰基酶催化生成三酰甘油（图10.14）。

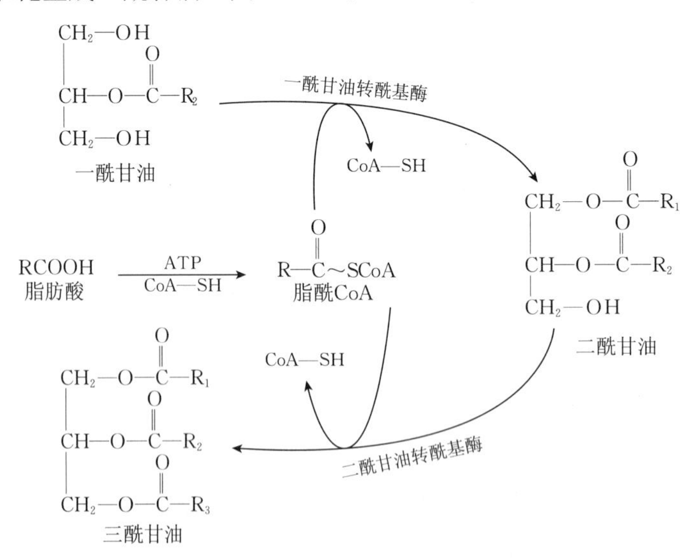

图10.14　一酰甘油途径

10.4　脂肪代谢的调控

在脂肪组织中，脂肪不断地经受合成和分解的动态过程。当合成多于分解时，脂肪在体内

沉积；分解多于合成时，则体内脂肪减少。动物体脂的增减受多种因素影响，除了遗传因素以外，最主要的是供能物质的摄入量和机体能量消耗之间的平衡。这些内外环境的变化都是通过脂肪合成和分解的调控实现的。脂肪代谢的调控不仅涉及激素影响下的脂肪和糖等物质代谢途径之间的相互关系，而且还涉及脂肪组织、肝、肌肉等许多器官和组织的功能协调。

10.4.1 脂肪组织中脂肪合成和分解的调节

哺乳动物以三酰甘油的形式把供能物质储存于脂肪组织中。当脂肪动员时，释放出甘油和非酯化脂肪酸，后者不溶于水，与血浆中的清蛋白结合成复合体运送到各个组织中去利用。血浆中非酯化脂肪酸的唯一来源是脂肪组织，因此一般用血浆中非酯化脂肪酸的含量来衡量脂肪动员的程度。由于脂肪酸的转运可以经过被动扩散穿过细胞膜进入血浆，因而脂肪酸释入血浆的速度取决于脂肪组织的酯解作用，同时还受到脂肪酸与甘油再酯化为三酰甘油过程的影响。可见，脂肪酸的动员速度由酯解和酯化两个相反过程调控。由于脂肪组织中没有磷酸甘油激酶，它不能利用游离甘油与脂肪酸再进行酯化，而只能利用糖酵解作用产生的甘油-3-磷酸，因而酯解产生的甘油将全部释放进入血浆。可见，脂肪组织中同时进行的酯解和酯化并不是简单的可逆过程，而是用以调控脂肪酸动员或储存的循环，称为三酰甘油/脂肪酸循环（图10.15）。当因葡萄糖供应不足而血糖降低时，葡萄糖进入脂肪细胞的速度下降，从而使酵解速度减慢，甘油-3-磷酸的产量降低，于是脂肪酸的酯化作用减弱。此时，脂肪动员释入血浆的脂肪酸增加。反之，当血糖浓度升高，摄入脂肪组织的葡萄糖增加时，葡萄糖降解后产生的甘油-3-磷酸也较多，于是酯化作用增强，促进脂肪的沉积，降低了脂肪动员和脂肪酸释放进入血浆的速度。显然，利用糖的供应本身来调控脂肪酸动员，是一个既简单又不易发生错误的调控机制。

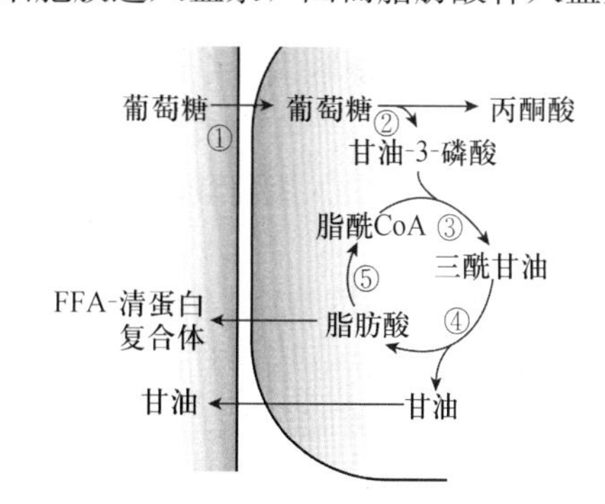

图10.15 脂肪组织中三酰甘油/脂肪酸循环
①葡萄糖转运过膜 ②酵解 ③酯化作用
④酯解作用 ⑤脂肪酸活化

10.4.2 肌肉中糖和脂肪分解代谢的相互调节

上述血浆中葡萄糖和脂肪酸含量变化的相互关系具有多种重要的生理意义，其中包括动员脂肪酸以节约糖的作用。在应激、饥饿或长时间运动等条件下，机体的能量消耗增加或糖的摄入不足时，脂肪组织中脂肪的动员都会加强。此时，血浆中非酯化脂肪酸的浓度升高约5倍，各组织首先是肌肉对其利用加快。因为各个组织摄入非酯化脂肪酸的速度与其在胞质中的浓度成正比，并且当组织摄入脂肪酸的速度加快时就自动促进了细胞对它的氧化，而减少对葡萄糖的利用，从而节约了糖。

肌肉组织利用动员的脂肪酸节约糖的机制：当肌肉以脂肪酸氧化供能时，抑制了葡萄糖进入肌细胞和酵解作用。脂肪酸氧化提高了细胞中柠檬酸的浓度，柠檬酸可以通过抑制磷酸果糖激酶以减慢酵解过程。联系上述的葡萄糖对脂肪酸动员的抑制，可以得到葡萄糖/脂肪酸循环（图10.16）。通过这一循环可以达到两个目的：其一在机体需要时动员脂肪酸以节约糖；其二是利用血浆脂肪酸的含量变化保持血糖水平的恒定。这对大脑、神经组织和红细胞等对葡萄糖有特殊需要的组织来说有重要的生理意义。

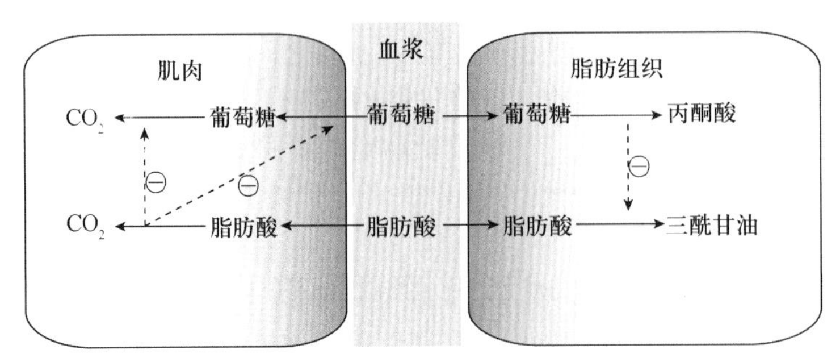

图 10.16　葡萄糖/脂肪酸循环

10.4.3　肝对脂肪代谢的调节

肝在脂肪代谢的调控中十分关键，几乎所有关于脂肪代谢的反应都在肝中发生，血浆中的非酯化脂肪酸有一半左右被肝摄入。可见血浆中的非酯化脂肪酸浓度不仅取决于脂肪的动员速度，也取决于肝摄入脂肪酸的速度。从图 10.17 可见脂肪酸被肝摄入后的代谢有 3 个重要的分支点。

肝不断地调控门静脉中血糖的含量、糖原的储存量以及酵解和糖异生之间的平衡，最终依据机体的需求决定脂肪酸代谢分支点中间物的去向。第一个分支点上，肝可以根据机体的能源供应状况，或者使脂酰 CoA 在胞液中酯化生成三酰甘油，再以极低密度脂蛋白（VLDL）的形式释放入血液，送回到脂肪组织中去储存，或者转入线粒体进行 β 氧化为机体供能。β 氧化的产物乙酰 CoA 处于第二个分支点上，它既可以直接进入三羧酸循环生成柠檬酸后进一步分解，也可以转变成酮体以提高其在肝外组织中的利用率。柠檬酸是脂肪酸在肝中代谢的第三个分支点，也是三羧酸循环的第一个代谢中间物。它或者通过三羧酸循环被进一步降解，或者经由柠檬酸/丙酮酸途径转入细胞液再产生乙酰 CoA，用以脂肪酸和胆固醇的合成。肝可以决定脂肪酸分解代谢过程中的各级代谢中间物在何种生理状态下往何处去。从这个意义上说，肝是调控脂肪酸代谢去向的重要器官。

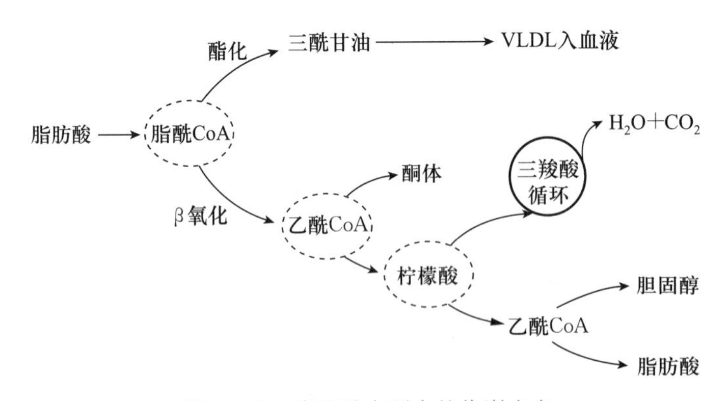

图 10.17　脂肪酸在肝中的代谢去向

10.4.4　脂噬对脂肪代谢的调节

脂噬（lipophagy）是细胞内脂质分解的另一潜在途径，广泛发生于肝、脂肪等组织中。脂噬过程（图 10.18）是脂质通过自噬体（autophagosomes）将脂肪转运至溶酶体（lyso-

some）分解，具有选择性。细胞根据营养状况，如细胞内游离脂肪酸和胆固醇的含量可以选择性调节脂噬水平而影响脂肪代谢。细胞内脂质储存于脂滴（lipid droplets），脂滴被双层膜自噬体包裹，脂质与其他细胞成分结合或单独被隔离在自噬体中。自噬体再与溶酶体融合形成自噬溶酶体（autolysosomes），自噬体中的脂质与溶酶体的水解酶混合在一起，脂质被酶水解，降解产物如游离脂肪酸释放到细胞质中，维持细胞线粒体β氧化率和ATP水平。脂噬具有调节细胞能量稳态和脂质含量的作用。脂噬功能受损可导致组织脂质过度积累，如肝脂肪变性；脂噬过度激活也会诱发细胞死亡。

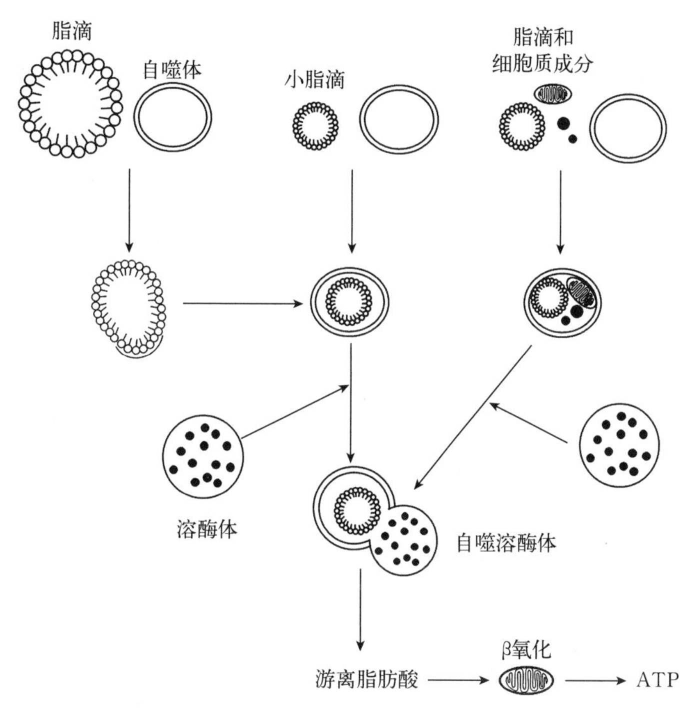

图10.18 脂噬对脂肪代谢的调节

10.5 类脂的代谢

类脂的种类较多，其代谢情况也各不相同，这里着重讨论有代表性的磷脂和胆固醇的代谢。

10.5.1 磷脂的代谢

含磷酸的类脂称为磷脂。动物体内有甘油磷脂和鞘磷脂两类，并以甘油磷脂较多，如卵磷脂、脑磷脂、丝氨酸磷脂和肌醇磷脂等。

10.5.1.1 甘油磷脂的生物合成

甘油磷脂是细胞膜脂质双层结构的基本成分，也是血浆脂蛋白的重要组成部分。机体各组织细胞的内质网都有合成磷脂的酶系。

甘油磷脂分子中的二酰甘油部分的合成，首先需把2分子的脂酰CoA转移到甘油-3-磷酸分子上生成磷脂酸，即二酯酰甘油磷酸，接着由磷脂酸磷酸酶水解脱去磷酸生成二酰甘油。

合成脑磷脂和卵磷脂所必需的胆胺和胆碱原料可从饲料中直接摄取，或者由丝氨酸及甲硫氨酸在体内合成。丝氨酸本身也是合成丝氨酸磷脂的原料。丝氨酸脱去羧基后即成为胆胺，胆胺再接受由 S-腺苷甲硫氨酸（SAM）提供的 3 个甲基转变为胆碱。无论是胆胺或是胆碱，在掺入脑磷脂或卵磷脂分子中之前，都需进一步活化。它们除了被 ATP 首先磷酸化以外，还需利用 CTP，经过转胞苷反应分别转变为 CDP-胆胺或 CDP-胆碱，然后再释出 CMP 将磷酸胆胺或磷酸胆碱转到上述的二酰甘油分子上生成脑磷脂或卵磷脂（图 10.19）。

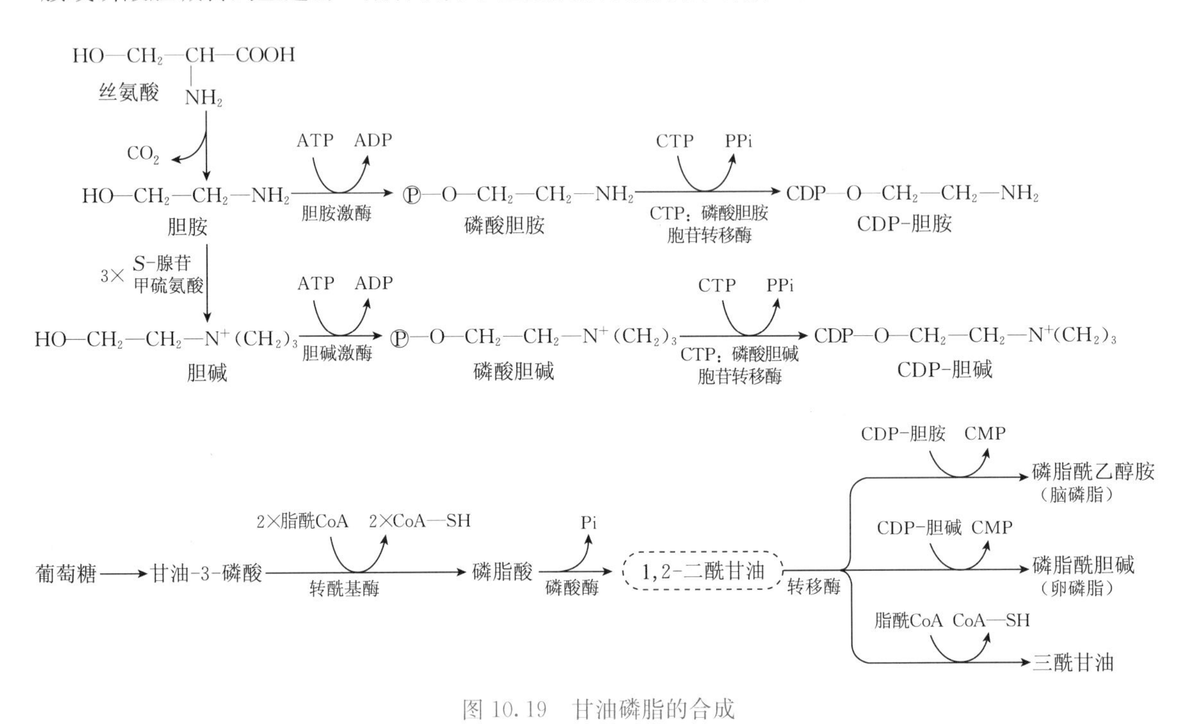

图 10.19 甘油磷脂的合成

丝氨酸磷脂和肌醇磷脂等的合成方式与这一途径稍有不同，其差别在于磷脂酸不是被水解脱磷酸，而是利用 CTP 进行转胞苷反应，与 CDP-胆胺、CDP-胆碱的生成方式相似，生成 CDP-二酰甘油，然后以它为前体，在相应的合成酶作用下，与丝氨酸、肌醇等缩合成丝氨酸磷脂、肌醇磷脂等。

10.5.1.2 甘油磷脂的分解

水解甘油磷脂的酶类称为磷脂酶（phospholipases），它们作用于甘油磷脂分子中不同的酯键。磷脂酶 A_1、A_2 分别作用于甘油磷脂的第 1 位和第 2 位酯键，产生溶血磷脂 2 和溶血磷脂 1。溶血磷脂是一类具有较强表面活性的物质，能使红细胞膜和其他细胞膜破坏引起溶血或细胞坏死。溶血磷脂 2 和 1 又可分别在磷脂酶 B_2（即溶血磷脂酶 1）和磷脂酶 B_1（即溶血磷脂酶 2）的作用下，水解脱去脂酰基生成不具有溶血性的甘油磷脂- X（X 代表胆胺和胆碱等取代基）。磷脂酶 C 可以特异地水解甘油磷酸- X 中甘油的 3 位磷酸酯键，产物是二酰甘油、磷酸胆胺或磷酸胆碱。而磷脂与其取代基 X 之间的酯键可由磷脂酶 D 催化水解。甘油磷脂的分解如图 10.20 所示。

10.5.2 胆固醇的合成代谢及转变

胆固醇是动物机体中最重要的一种以环戊烷多氢菲为母核的固醇类化合物，最早从动物胆石中分离得到，由此得名。它既是细胞膜的重要组分之一，又是动物合成胆汁酸、类固醇激素和维生素 D_3 等生理活性物质的前体。

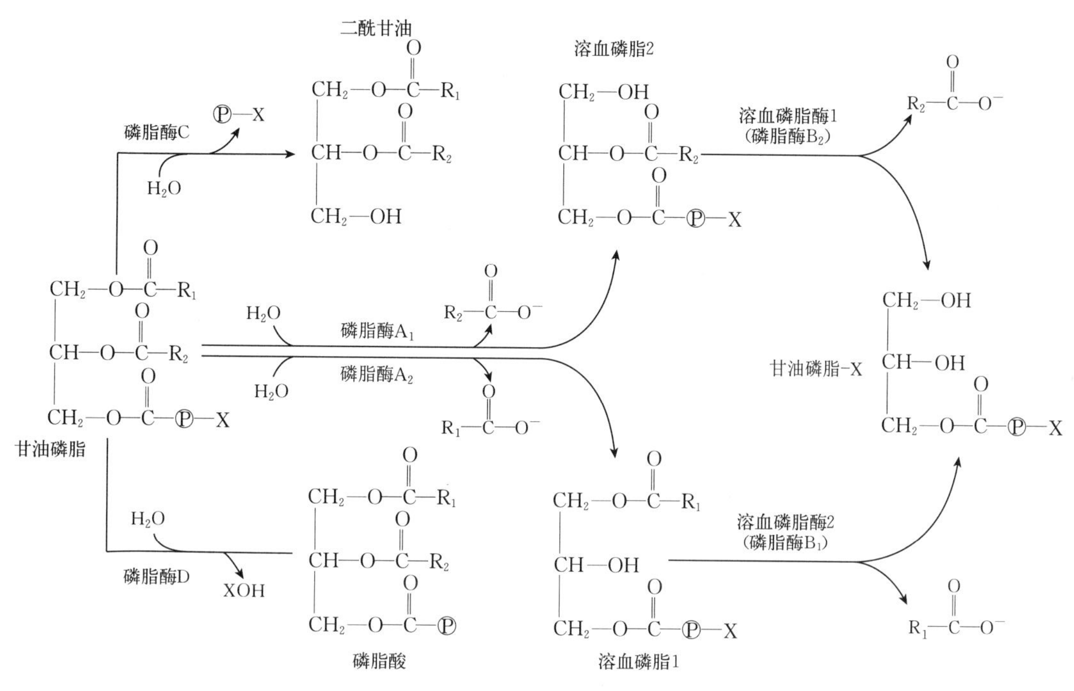

图 10.20 甘油磷脂的分解

10.5.2.1 胆固醇的合成

动物机体的几乎所有组织都可以合成胆固醇，其中肝是合成胆固醇的主要场所，占合成量的 70%～80%，其次是小肠，约占 10%。胆固醇合成酶系存在于细胞液的内质网膜，其合成原料是乙酰 CoA。合成 1 mol 27 个碳原子的胆固醇分子需利用 18 mol 的乙酰 CoA，此外还需要 16 mol 的 $NADPH+H^+$ 为合成过程提供还原氢和消耗 36 mol ATP。乙酰 CoA 和 ATP 主要来自线粒体中糖的有氧分解，$NADPH+H^+$ 由磷酸戊糖途径供给，还可以从柠檬酸/丙酮酸循环转运乙酰 CoA 时获得。

胆固醇的生物合成途径比较复杂，可分为三个阶段。

（1）第一阶段为甲羟戊酸（mevalonic acid，MVA）的合成：2 mol 乙酰 CoA 在细胞液中硫解酶催化下，缩合成乙酰乙酰 CoA，然后在 β-羟-β-甲基戊二酸单酰 CoA 合成酶催化下，再与 1 mol 乙酰 CoA 缩合成 β-羟-β-甲基戊二酸单酰 CoA，即 HMGCoA。HMGCoA 是合成胆固醇和酮体共同的中间产物，它在肝线粒体中裂解生成酮体，但在细胞液中，由 HMGCoA 还原酶催化，$NADPH+H^+$ 供氢，还原转变为甲羟戊酸。HMGCoA 还原酶是胆固醇生物合成的限速酶，相对分子质量 97 000，它的活性和合成受到多种因子的严格调控。

（2）第二阶段为合成鲨烯（squalene）：6 碳的 MVA 在细胞液中一系列酶的催化下，利用 ATP 焦磷酸化并脱羧，转变成 5 碳的异戊烯焦磷酸（IPP），然后再异构成二甲丙烯焦磷酸（DPP）。然后由 3 mol 上述的 5 碳焦磷酸化合物（2 mol IPP 和 1 mol DPP）缩合成 15 碳的焦磷酸法尼酯（FPP）。2 mol 焦磷酸法尼酯再经缩合和利用 $NADPH+H^+$ 还原，转变成 30 碳的鲨烯。鲨烯是一个多烯烃，具有与胆固醇母核相近似的结构。

（3）第三阶段为生成胆固醇：鲨烯再由内质网的单加氧酶、环化酶作用，形成羊毛固醇（lanosterol），后者再经氧化、还原等反应，并伴有 3 次脱羧，生成 27 碳的胆固醇。

胆固醇合成的反应过程如图 10.21 所示。

10.5.2.2 胆固醇的生物转变

血浆中的胆固醇大部分来自肝的合成，小部分来自饲料与食物，并存在两种形式，即游离

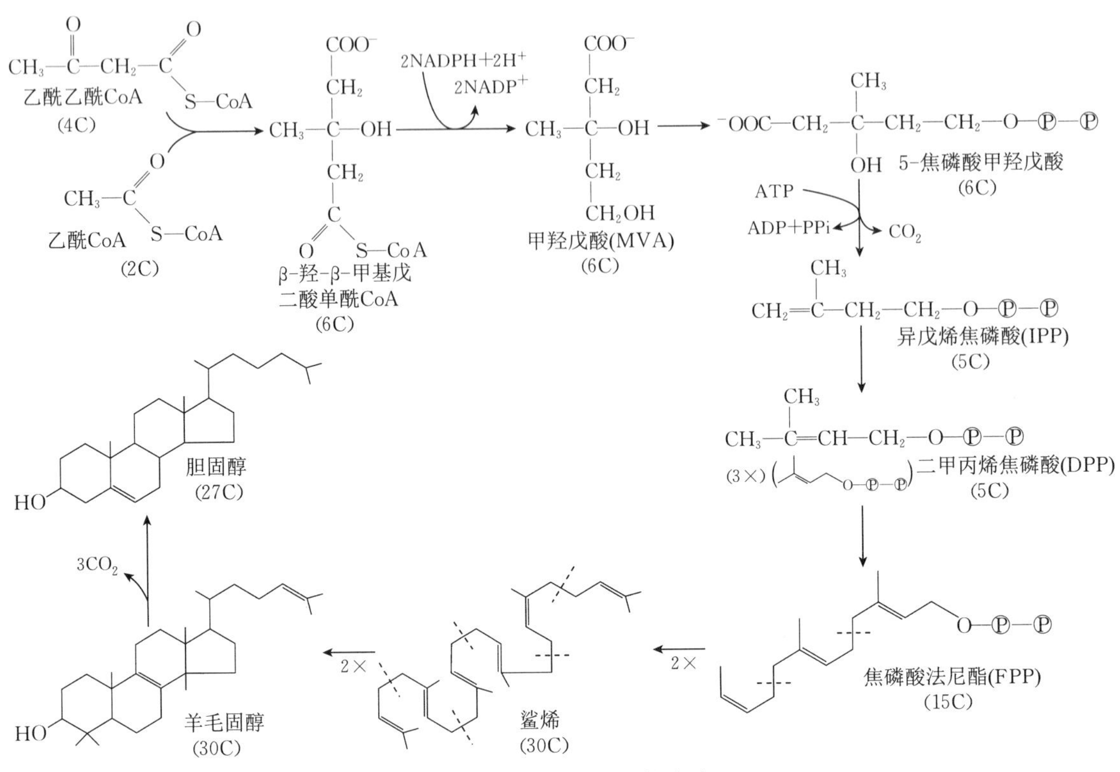

图 10.21　胆固醇的生物合成

型和酯型，并以酯型为主。胆固醇是动物体内的一种重要的类脂，通过其生物转变，发挥着多种生理功能。

（1）血中胆固醇的一部分运送到组织，作为细胞膜的组成成分。

（2）胆固醇可以经修饰后转变为 7 -脱氢胆固醇，后者在紫外线照射下，可在动物皮下转变为维生素 D_3。植物中含有的麦角固醇也有类似的性质，在紫外线照射下，转变为维生素 D_2。所以家畜放牧接触日光和饲喂干草都可以促使其获得维生素 D。

（3）机体合成的胆固醇中约 2/5 在肝实质细胞中经羟化酶作用转化为胆汁酸，如胆酸和脱氧胆酸等。它们再与甘氨酸、牛磺酸等结合成甘氨胆酸、牛磺胆酸、甘氨鹅脱氧胆酸、牛磺鹅脱氧胆酸（图 10.22）。它们以胆酸盐的形式，由胆道排入小肠。由于其分子结构具有双亲（亲水又疏水）特点，胆汁酸盐是一种强表面活性剂，可促进脂类在水相中乳化，既有利于肠道脂肪酶的作用，又有利于脂类在消化道中的吸收。大部分胆汁酸又可被肠壁细胞重吸收，经过门静脉返回

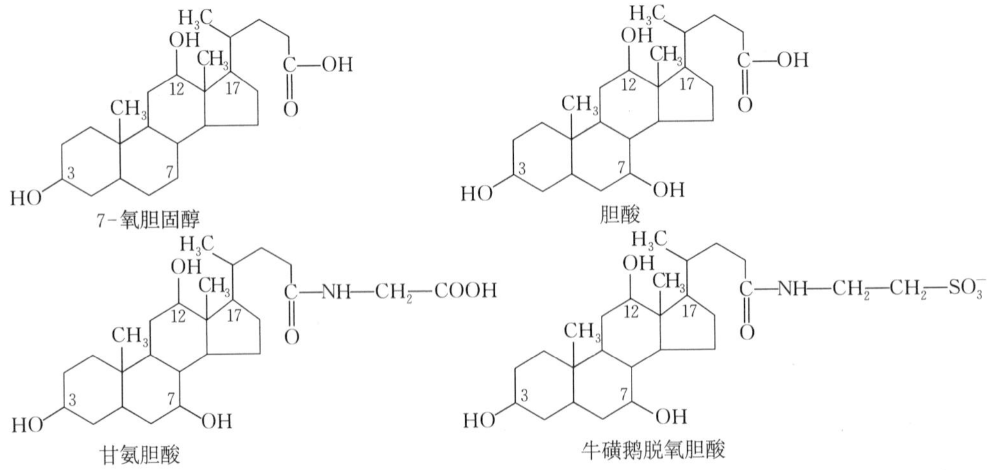

7-氧胆固醇　　胆酸

甘氨胆酸　　牛磺鹅脱氧胆酸

图 10.22　胆酸和脱氧胆酸

肝，形成所谓的“肠肝循环”，以使胆汁酸再被利用。据测定，人体每天进行6～12次肠肝循环。肝排入肠腔的胆汁酸95%以上都被重吸收再利用，仅有很少部分以粪固醇的形式排出体外。

（4）胆固醇是肾上腺皮质、睾丸和卵巢等内分泌腺合成类固醇激素的原料。例如，肾上腺皮质分泌盐皮质激素、糖皮质激素和性激素3类皮质激素。各类皮质激素是由肾上腺皮质不同层上皮细胞所分泌的，球状带细胞分泌盐皮质激素，主要是醛固酮（aldosterone）；束状带细胞分泌糖皮质激素，主要是皮质醇（cortisol）；网状带细胞主要分泌性激素，如脱氢表雄酮（dehydroepiandrosterone）和雌二醇（estradiol），也能分泌少量的糖皮质激素（图10.23）。在肾上腺皮质细胞线粒体中，胆固醇首先转变成21碳的孕烯醇酮。后者再转入细胞质，经脱氢转变成孕酮。孕酮作为一个重要的中间物，可经过不同羟化酶的修饰，衍生出不同的肾上腺类固醇激素。睾丸间质细胞可以直接以血浆胆固醇为原料合成睾酮。雌激素（孕酮和雌二醇）主要由卵巢的卵泡内膜细胞及黄体分泌。17α-羟化酶及17,20碳裂解酶，可使17β-侧链断裂，然后由孕烯醇酮合成睾酮。睾酮又是合成雌二醇的直接前体，在卵巢特异的酶系作用下可以转变为雌二醇。雌二醇是远比雌三醇、雌酮活性强的主要雌激素，后两者只是雌二醇的代谢物。

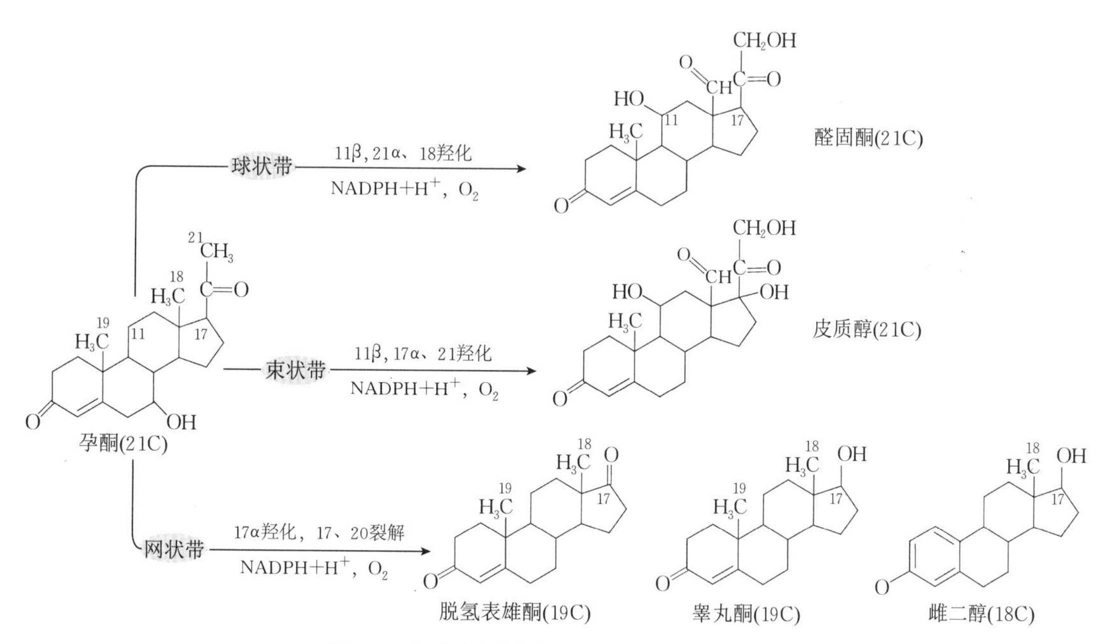

图10.23 胆固醇在肾上腺皮质中的生物转变

10.5.2.3 胆固醇合成的调节

胆固醇是动物机体不可缺少的重要类脂分子。在正常情况下，体内胆固醇的合成受到严格的调控，从而使胆固醇的含量不致过多或者缺乏。

HMGCoA还原酶是胆固醇合成的限速酶，但其在肝中的半寿期只有约4 h，如果抑制此酶的合成，它在肝中的含量可以迅速下降。有多种因素可以通过调节HMGCoA还原酶的产生而影响胆固醇合成的速度。

（1）**低密度脂蛋白（LDL）-受体复合物的调节**：通过LDL-受体的帮助，胆固醇被摄入细胞之后，可以进行生物转化。同时，过多的胆固醇既可以通过对HMGCoA还原酶合成的反馈抑制来减缓胆固醇合成的速度，也可以通过阻断LDL-受体蛋白的合成减少胆固醇的细胞内吞。

（2）**激素的调节**：胰岛素和甲状腺素能诱导肝中HMGCoA还原酶的合成，其中甲状腺素还有促进胆固醇在肝中转变为胆汁酸的作用，进而降低血清胆固醇含量。而胰高血糖素及皮质醇的作用是抑制和降低HMGCoA还原酶的活性。胰高血糖素还可能通过蛋白激酶的作用，使

HMGCoA 还原酶磷酸化而导致其失活。

(3) 饥饿与禁食：动物试验表明，饥饿与禁食使肝中胆固醇的合成大幅度下降，但肝外组织中的合成减少不多。饥饿与禁食可以使 HMGCoA 还原酶的合成减少，活性下降，这显然与胆固醇合成的原料，如乙酰 CoA，ATP 和 NADPH＋H^+ 的供应不足有关。相反，大量摄取高能量的食物则增加胆固醇的合成。

(4) 加速胆固醇转变为胆汁酸以降低血清胆固醇：某些药物（如消胆胺）和纤维素多的食物，可有利于胆汁酸的排出，减少胆汁酸经肠肝循环的重吸收，结果加速胆固醇在肝中转化为胆汁酸，从而降低血清胆固醇的水平。当肝转化胆汁酸能力下降，或者经肠肝循环重吸收的胆汁酸减少，胆汁中胆汁酸和卵磷脂相对胆固醇的比值降低，就可能使难溶于水的胆固醇以胆结石的形式在胆囊中沉淀析出。

10.6　脂类在体内运转的概况

脂类在动物体内的运转是比较复杂的，无论是从肠道吸收的脂类，还是机体自身组织（肝或脂肪组织）合成的脂类，都要通过血液在体内运转，被输送到适当的组织中去利用、储存或者转变。由于脂类不溶于水，因此不能以游离的形式运输，而必须以某种方式与蛋白质结合起来才能在血浆中运转。现已证明，除了非酯化的游离脂肪酸是和血浆清蛋白结合，形成可溶性复合体运输以外，其余的都是以血浆脂蛋白的形式运输的。

10.6.1　血脂及血浆脂蛋白的结构和分类

10.6.1.1　血脂

血脂是指血浆中所含的脂质，包括三酰甘油、磷脂、胆固醇及其酯和非酯化脂肪酸。磷脂中主要为卵磷脂，约占 70%；鞘磷脂和脑磷脂分别占 20%和 10%左右。血中游离型胆固醇约占总胆固醇的 1/3，而酯型占 2/3。血脂的来源有外源性的，即从食物和饲料中摄取并经过消化道吸收进入血浆的；也有内源性的，即由肝、脂肪组织和其他组织合成后释放入血浆的。血脂的含量随生理状态不同而改变，动物品种、饲养状况、年龄、性别等都可以影响血脂的组成和水平。

10.6.1.2　血浆脂蛋白

(1) 血浆脂蛋白结构：血浆脂蛋白指的是在血浆中运输的脂类与蛋白质结合的形式。不同种类的血浆脂蛋白具有大致相似的球状结构（图 10.24）。血浆脂蛋白主要有载脂蛋白、三酰甘油、磷脂、胆固醇及其酯等成分组成。疏水的三酰甘油、胆固醇酯常处于球的内核中，而兼有极性与非极性基团的载脂蛋白、磷脂和胆固醇则以单分子层覆盖于脂蛋白的球表面，其非极性基团朝向疏水的内核，而极性基团则朝向脂蛋白球的外侧。因而疏水的脂质可以在血浆的水相中运输。不溶于水的脂类在水中呈乳浊液状，但由于血中的脂质与蛋白质结合，故血浆在正常情况下仍是清亮透明的。

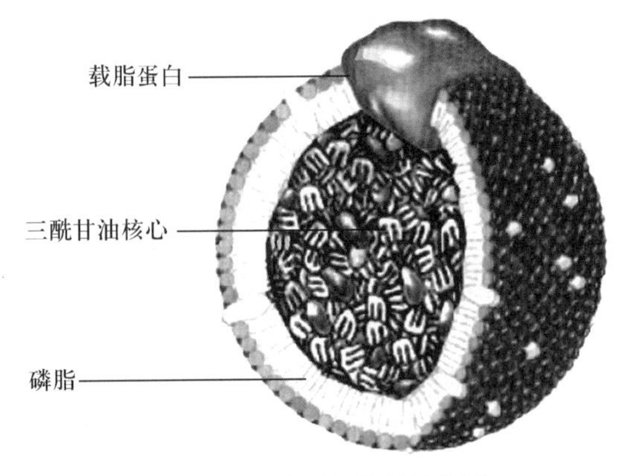

图 10.24　脂蛋白的结构模型

（2）血浆脂蛋白的分类：因其所含脂类的种类、数量以及载脂蛋白的质量不同，不同的血浆脂蛋白表现出不同的密度、颗粒大小、电荷、电泳行为和免疫原性。

根据各种脂蛋白所含脂质与蛋白质量的差异，将血浆脂蛋白根据其密度由小到大分为乳糜微粒（chylomicron，CM）、极低密度脂蛋白（very low density lipoprotein，VLDL）、低密度脂蛋白（low density lipoprotein，LDL）和高密度脂蛋白（high density lipoprotein，HDL）4类，电镜照片见图10.25。此外，非酯化脂肪酸（旧称游离脂肪酸）在血浆中以与清蛋白结合的形式运输。

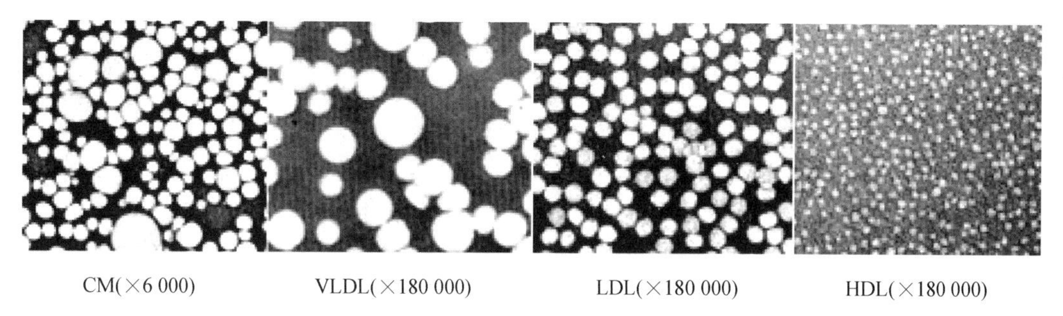

图10.25 脂蛋白的电镜照片

表10.1所列为人的4种血浆脂蛋白，其主要物理常数显示，从乳糜微粒至高密度脂蛋白，其组成中的蛋白质含量逐渐升高，而脂类下降，因此密度是升高的。

表10.1 人血浆脂蛋白的主要类型和性质

脂蛋白	密度/(g/mL)	组成/%				
		蛋白质	磷脂	游离胆固醇	胆固醇酯	三酰甘油
乳糜（CM）	<1.006	2	9	1	3	85
极低密度脂蛋白（VLDL）	0.95～1.006	10	18	7	12	50
低密度脂蛋白（LDL）	1.006～1.063	23	20	8	37	10
高密度脂蛋白（HDL）	1.063～1.210	55	24	2	15	4

（3）载脂蛋白：已知参与脂蛋白形成的载脂蛋白（apoprotein，apo）有apoA、apoB、apoC、apoD和apoE等类型。每类中又有不同的种类，已知有近20种，其中部分列于表10.2。载脂蛋白大多具有双性的α螺旋结构，其不带电荷的疏水氨基酸残基分布在螺旋的非极性一侧，带电荷的亲水氨基酸残基分布在螺旋的极性一侧。这种双性的α螺旋结构有利于载脂蛋白与脂质的结合并稳定脂蛋白的结构。

表10.2 人血浆脂蛋白中的载脂蛋白

种类	相对分子质量	定位	功能
apoA-Ⅰ	28 331	HDL	激活LCAT
apoA-Ⅱ	17 380	HDL	
apoA-Ⅳ	44 000	CM，HDL	
apoB-48	240 000	CM	
apoB-100	513 000	VLDL，LDL	结合到LDL受体
apoC-Ⅰ	7 000	VLDL，HDL	
apoC-Ⅱ	8 837	CM，VLDL，HDL	活化脂蛋白脂肪酶
apoC-Ⅲ	8 751	CM，VLDL，HDL	抑制脂蛋白脂肪酶
apoD	32 500		
apoE	34 145	Chylomicrons，VLDL，HDL	清除VLDL和乳糜残余

不同的脂蛋白含有不同的载脂蛋白，而不同的载脂蛋白又有不同的功能，但其主要功能是结合和转运脂质。研究发现，载脂蛋白还参与脂蛋白代谢关键酶活性的调节、脂蛋白受体的识别等。例如，apoC－Ⅱ是脂蛋白脂肪酶的激活剂，催化 CM 和 VLDL 中的三酰甘油水解为甘油和脂肪酸，在 CM 和 VLDL 的代谢中起关键性作用。在脂蛋白代谢中促进卵磷脂和胆固醇之间转移脂酰基生成胆固醇酯的关键酶是卵磷脂胆固醇脂酰基转移酶（lecithin cholesterol acyl transferase，LCAT），它需要 apoA－Ⅰ激活。此酶催化的反应如下：

$$\text{卵磷脂}+\text{胆固醇}\xrightarrow[\text{脂酰基转移酶（LCAT）}]{\text{卵磷脂胆固醇}}\text{脂酰甘油磷脂胆碱}+\text{胆固醇酯}$$

apoA－Ⅱ还激活肝脂肪酶（hepaticlipase，HL），这个酶促进 HDL 的成熟和 IDL 转变为 LDL。

目前，从不同的组织中至少发现有 7 种不同的脂蛋白受体，一些载脂蛋白参与了脂蛋白受体的识别。如 apoB100 和 apoE 可被 LDL 受体识别，因此 LDL 受体也被称为 apoB、apoE 受体。apoA－Ⅰ参与了 HDL 受体的识别，其分子上的酪氨酸是与受体结合必需的基团。

此外，载脂蛋白还在脂蛋白代谢过程中进行的脂质和蛋白质的相互转移与交换中起作用。如胆固醇转运蛋白（CETP）促进胆固醇酯和三酰甘油在 HDL 与 VLDL、LDL 之间的交换，而磷脂转运蛋白（PTP）则促进磷脂在脂蛋白之间的交换。

10.6.2 血浆脂蛋白的主要功能

10.6.2.1 乳糜微粒

乳糜微粒（CM）是运输外源三酰甘油和胆固醇酯的脂蛋白形式。脂肪在消化道中被脂肪酶消化后，吸收进入小肠黏膜细胞再合成三酯甘油，并与吸收和合成的磷脂、胆固醇一起，由 apoB48，apoE，apoC－Ⅱ等包裹形成 CM。新生 CM 通过淋巴管道进入血液。在血浆脂蛋白中，CM 颗粒最大而密度最小。摄入脂类食物后，CM 的增加使本来清亮的乳糜变成混浊。当 CM 到达脂肪、骨骼肌、心脏和乳腺等组织后，黏附在微血管的内皮细胞表面，并由 apoC－Ⅱ迅速激活该细胞表面的脂蛋白脂肪酶，在数分钟内就能使 CM 中的三酰甘油水解。水解释出的脂肪酸可被肌肉、心和脂肪组织摄取利用。随着绝大部分三酰甘油的水解和载脂蛋白的脱离，CM 不断变小（但其残余中仍然含胆固醇、apoB48 和 apoE），并从微血管内皮细胞表面脱落下来，进入循环系统，运送至肝。肝细胞受体可以识别并与 CM 残余的 apoE 结合而介导其内吞，进而将 CM 残余的胆固醇释放并在溶酶体中降解。

10.6.2.2 极低密度脂蛋白

极低密度脂蛋白（VLDL）的功能与 CM 相似，其不同之处是把内源的，即肝内合成的三酰甘油、胆固醇及其酯、磷脂与 apoB100、apoC－Ⅰ、apoC－Ⅱ、apoC－Ⅲ以及 apoE 等载脂蛋白结合形成脂蛋白，运到肝外组织，如骨骼肌、脂肪组织等去储存或利用。VLDL 中三酰甘油在肝外组织中的释放机制与 CM 相同，肝外组织中的脂蛋白脂肪酶也是被 apoC－Ⅱ激活。随着 VLDL 中的三酰甘油不断被脂蛋白脂肪酶水解以及 apoB100 和 apoE 等的相对含量逐渐增加，VLDL 的颗粒逐渐变小，密度增加，转变为 VLDL 的残余即中等密度脂蛋白（IDL）。部分 IDL 被肝细胞摄取代谢，其余 IDL 中的三酰甘油被脂蛋白脂肪酶进一步水解，最后绝大部分载脂蛋白都脱离，仅剩下分子最大且不溶于水，难以进行交换的 apoB100 覆盖在脂蛋白的表面上，转变为 LDL。

10.6.2.3 低密度脂蛋白

低密度脂蛋白（LDL）是由 VLDL 的代谢产物形成的。LDL 富含胆固醇及其酯和 apoB100，因此它是向组织转运肝合成的内源胆固醇的主要形式。各种组织，如肾上腺皮质、睾丸、卵巢以及肝本身都能摄取和代谢 LDL。研究发现，这些组织细胞表面具有特异的 LDL 受体，它是一种糖蛋白，能特异地识别和结合 LDL 颗粒上的 apoB100、apoE。当血浆中的 LDL 与组织细胞表面的 LDL 受体结合后，形成 LDL-受体复合物。然后，通过内吞作用将此复合体摄入胞内。此时，复合体被质膜包围起来形成内吞泡。内吞泡再与胞内溶酶体融合，由溶酶体中的水解酶将 LDL 降解。其中的蛋白质被水解成氨基酸，胆固醇酯则水解成胆固醇和脂肪酸。游离的胆固醇在细胞胆固醇代谢中有重要作用：它可以掺入细胞的质膜，也可以再酯化以酯型胆固醇储存于细胞中，或者进行生物转变生成其他的固醇类活性物质。更重要的是，游离的胆固醇可以对细胞中的胆固醇含量进行调节，其机制是通过胆固醇反馈阻遏 HMGCoA 还原酶的合成，以降低细胞内胆固醇的合成；或是当细胞内胆固醇的含量高时，通过阻止新的 LDL 受体的合成，从而阻止细胞从血浆中继续摄入胆固醇。低密度脂蛋白受体复合物转入组织细胞内的代谢过程见图 10.26。

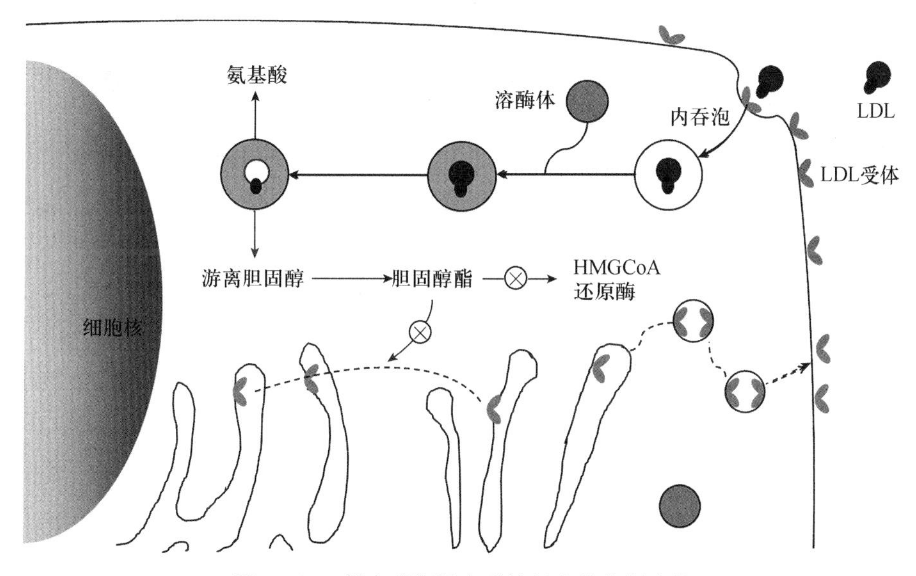

图 10.26 低密度脂蛋白受体复合物代谢途径

10.6.2.4 高密度脂蛋白

高密度脂蛋白（HDL）颗粒最小而密度最大，来源于肝和小肠，含有很少的胆固醇（几乎不含胆固醇酯），但富含蛋白质，如 apoA-Ⅰ、apoC-Ⅰ、apoC-Ⅱ以及卵磷脂胆固醇脂酰基转移酶（LCAT）。LCAT 可被 HDL 中的 apoA-Ⅰ激活。血浆中的 HDL 能从组织细胞膜上抽提胆固醇，并利用 LCAT 的作用使其酯化。新生的 HDL 在 LCAT 的反复作用下转变为成熟的 HDL，后者负责把胆固醇酯运回肝。它可能首先与肝细胞膜的 HDL 受体结合，然后被肝细胞摄取，将其中的胆固醇卸载，再代谢转变成胆汁酸等排出体外。可见，HDL 的作用与 LDL 基本相反，它通过胆固醇的反向转运，把外周组织中衰老细胞膜上的以及血浆中的胆固醇运回肝代谢，因此它有胆固醇的“清扫机”的美誉。

10.6.2.5 血浆清蛋白-非酯化脂肪酸复合体

脂肪组织细胞中的三酰甘油在激素敏感脂酶作用下水解释出脂肪酸，扩散到血浆并与清蛋白结合，成为清蛋白-非酯化脂肪酸复合体，输送到各组织细胞利用。血浆清蛋白运输脂肪酸的能力很强，非酯化脂肪酸在血浆中转换速度很快，因此血浆中非酯化脂肪酸浓度增加，反映体内脂肪动员加强。血浆非酯化脂肪酸主要来自脂肪组织中脂肪的分解，少量来自乳糜微粒和极低密度脂蛋白的脱脂作用以及反刍动物从消化道吸收的短链脂肪酸。

脂蛋白在体内的转运见图 10.27。

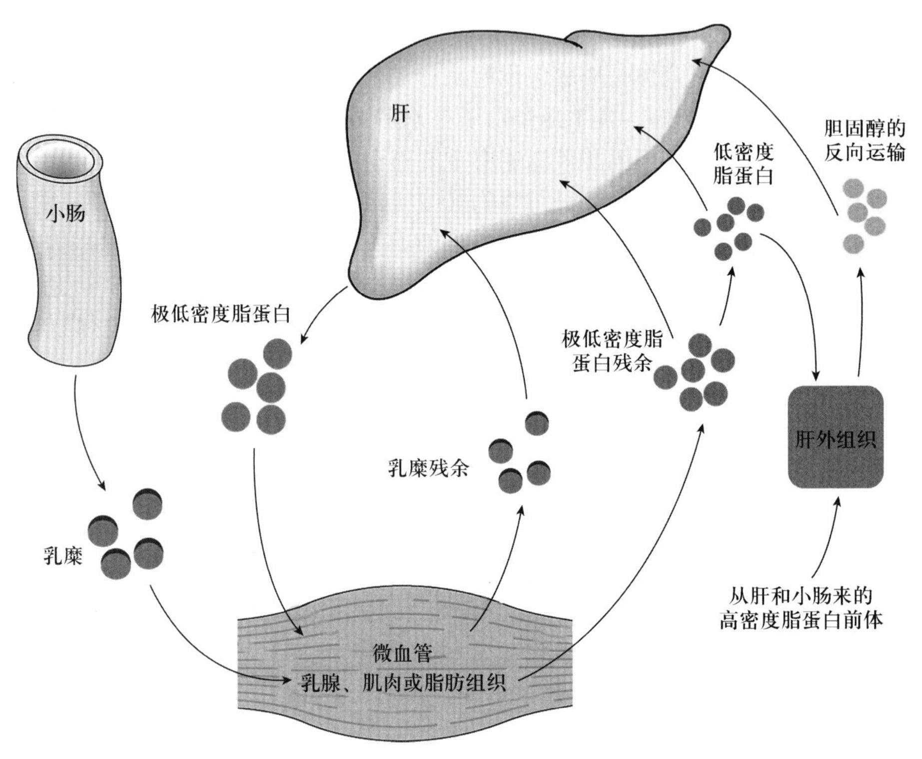

图 10.27　脂蛋白在体内的转运

案　例

1. 脂肪肝综合征　脂肪肝综合征是机体肝细胞内脂肪过量累积，致使肝功能性病变，影响肝正常代谢的一种脂质代谢紊乱症。当肝内脂肪超过肝重量的 5%或病理学检测中显示每单位面积>1/3 的肝细胞发生脂肪变性时即可判定为脂肪肝。营养、遗传、激素、环境和代谢障碍等因素均可导致脂肪肝，其主要机制是肝受到损伤后脂蛋白合成和转运被破坏，从而导致多余的脂肪在肝中积聚而不能分泌出去，反过来进一步影响肝的正常功能，进而影响动物健康，如肉鸡脂肪肝综合征已严重影响肉鸡生产，给养殖场和农户造成巨大损失。

2. 酮症酸中毒　酮症酸中毒是糖尿病的急性并发症之一。当糖供应不足时，脑组织不能直接氧化利用脂肪，而是利用酮体来代替葡萄糖成为脑组织和肌肉的主要能量来源。糖尿病患者由于胰岛素绝对或相对不足，机体不能很好地氧化利用葡萄糖，必须依赖脂肪氧化供能。脂肪动员加强，酮体生成增加。由于肝外组织利用酮体有一定限度，当体内脂肪大量动员，肝生成酮体的速度超过肝外组织利用能力，此时血中酮体含量升高可导致酮症酸中毒，即出现酮血症，并随尿排出酮尿，又称为酮尿症。糖尿病时发生

的酮血症和酮尿症总称为糖尿病酮症。酮体由β-羟丁酸、乙酰乙酸和丙酮组成，均为酸性物质。酸性物质在体内堆积超过了机体的代偿能力时，血液pH就会下降（<7.35），这时机体会出现代谢性酸中毒，即通常所说的糖尿病酮症酸中毒。

3. 糖皮质激素抗炎效应 糖皮质激素类药物（如氢化可的松、地塞米松等）通过抑制细胞内磷脂酶，从而抑制细胞膜上的磷脂分解为花生四烯酸。花生四烯酸是致炎物质前列腺素、白三烯、血栓烷等的前体，因此这类药物抗炎作用的机制之一是抑制炎性产物的生成。

二维码10-1 第10章习题

二维码10-2 第10章习题参考答案

第 11 章

含氮小分子的代谢

【本章知识要点】

☆ 氨基酸与核苷酸是动物机体内重要的两大类含氮小分子物质，其分别是蛋白质和核酸这两种生物大分子的基本组成单位。

☆ 脱氨基作用是氨基酸分解代谢的主要途径，体内大多数氨基酸利用联合脱氨基作用和“嘌呤核苷酸循环”脱去氨基。氨基酸的脱羧基作用是其次要的分解方式，其产物（胺类）通常具有重要的生理或药理作用。

☆ 氨是有毒物质。氨基酸脱下的氨在体内以无毒的谷氨酰胺形式运输和储存，肌肉则可利用丙氨酸-葡萄糖循环将氨运送到肝。

☆ 哺乳动物氨的主要去路是通过尿素循环合成无毒的尿素排出体外，肝是合成尿素的主要场所。

☆ 氨基酸脱去氨后生成的α-酮酸为其碳骨架，其既可用于再合成氨基酸，也可经过不同的代谢途径转变或氧化分解。

☆ 依据氨基酸分解代谢的归宿，大部分氨基酸是生糖氨基酸，小部分是糖和酮兼生的氨基酸，只有亮氨酸和赖氨酸是生酮氨基酸。

☆ 在动物体内，苯丙氨酸和酪氨酸可以转变为黑色素、儿茶酚胺类激素和甲状腺激素，精氨酸、甘氨酸和甲硫氨酸可以合成肌酸，谷氨酸、半胱氨酸和甘氨酸是合成谷胱甘肽的原料，色氨酸、组氨酸和谷氨酸等能转变为神经递质等多种生物活性物质，还有多种氨基酸是机体代谢所需的一碳单位的供体。

☆ 核苷酸是合成核酸的原料，其也参与机体能量代谢和代谢调节过程。

☆ 核苷酸主要由细胞自身从头合成。嘌呤核苷酸从头合成是先在磷酸核糖焦磷酸的基础上经过一系列酶促反应，逐步形成嘌呤环；嘧啶核苷酸则是先合成嘧啶环，再磷酸核糖化生成核苷酸。

☆ 脱氧核糖核苷酸是由各自相应的核糖核苷酸在二磷酸水平上还原而成的。

☆ 嘌呤在不同种别动物中分解代谢的终产物不同，在禽类嘌呤分解成尿酸；嘧啶分解后产生的β-氨基酸可随尿排出或进一步代谢。

蛋白质和核酸是动物体内最重要的两类含氮生物大分子。氨基酸和核苷酸分别是蛋白质和核酸的基本组成单位，因而是最重要的两类含氮小分子。由于蛋白质和核酸在体内首先分解成为氨基酸和核苷酸后再进一步代谢，所以氨基酸和核苷酸的代谢是蛋白质和核酸分解代谢的中心内容。关于蛋白质在动物消化道中降解成氨基酸的消化过程在动物生理学课程中讲述，蛋白

质的生物合成，即 RNA 的翻译以及核酸的合成代谢（DNA 的复制和 RNA 的转录）等内容将在本书的第三部分叙述，本章将重点讨论氨基酸和核苷酸在动物细胞内的代谢。

11.1 氨基酸的分解代谢

11.1.1 动物体内氨基酸的代谢概况

动物体内的氨基酸有两个来源：其一是饲料蛋白质在消化道中被蛋白酶水解后吸收的，称外源氨基酸；其二是体蛋白被组织蛋白酶水解产生的和由其他物质合成的，称内源氨基酸。两者混在一起，分布于体内各处，参与代谢，共同组成了氨基酸代谢库（metabolic pool of amino acids）。氨基酸代谢库通常以游离氨基酸总量计算。由于氨基酸不能自由地通过细胞膜，所以它们在体内的分布也是不均匀的。例如，肌肉中氨基酸约占其总代谢库的 50%以上，肝约占 10%，肾占 4%，血浆占 1%～6%。由于肝、肾的体积较小，实际上它们所含游离氨基酸的浓度很高，氨基酸的代谢也很旺盛。游离氨基酸可随血液运至全身各组织中进行代谢。

体内氨基酸的主要去向是合成机体的蛋白质和多肽，其次可经特殊途径转变成嘌呤、嘧啶、卟啉和儿茶酚胺类激素等多种含氮生理活性物质，多余的氨基酸通常用于分解供能。在大多数情况下，氨基酸分解时首先脱去氨基生成氨和 α-酮酸。其中，氨可转变成尿素、尿酸排出体外，而 α-酮酸则可以再转变为氨基酸，或彻底分解为二氧化碳和水并释放出能量，或转变为糖或脂肪作为能量的储备。体内氨基酸的代谢概况如图 11.1 所示。

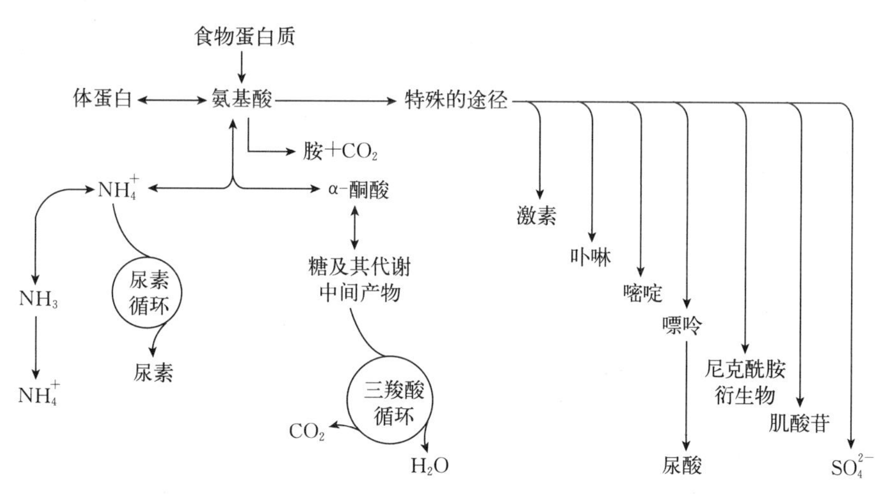

图 11.1 氨基酸代谢概况

11.1.2 氨基酸的一般分解代谢

不同的氨基酸由于结构的不同有各自的分解方式，但它们都有 α-氨基和 α-羧基，因此有共同的代谢途径或称一般分解途径，即脱氨基作用和脱羧基作用。氨基酸通过特定的代谢途径将 α-氨基脱去产生 α-酮酸和氨，这是氨基酸分解的主要途径。此外，氨基酸也可脱去 α-羧基生成二氧化碳和胺，这是氨基酸分解代谢的次要途径。

11.1.3 氨基酸的脱氨基作用

在酶的催化下氨基酸脱去氨基的作用，称为脱氨基作用（deamination）。脱氨基作用是机体氨基酸分解代谢的主要途径。动物的脱氨基作用主要在肝和肾中进行，其主要方式有氧化脱氨基作用、转氨基作用和联合脱氨基作用等。大多数氨基酸以联合脱氨基作用脱去氨基。

11.1.3.1 氧化脱氨基作用

氨基酸在酶的作用下，先脱氢形成亚氨基酸，再与水作用生成α-酮酸和氨的过程，称为氨基酸的氧化脱氨基作用（oxidative deamination），反应式为：

$$\underset{\text{氨基酸}}{R-CH(NH_2)-COO^-} \xrightarrow{-2H} \underset{\text{亚氨基酸}}{R-C(=NH)-COO^-} \xrightarrow{H_2O} \underset{\alpha\text{-酮酸}}{R-C(=O)-COO^-} + NH_3$$

已知在动物体内催化氨基酸发生氧化脱氨反应的酶主要有L-氨基酸氧化酶、D-氨基酸氧化酶和L-谷氨酸脱氢酶等。L-氨基酸氧化酶（L-amino acid oxidase）以FMN为辅基，催化L-氨基酸的氧化脱氨基作用；但此酶在体内分布不广、活性不强，故其在体内氨基酸代谢中的作用不大。D-氨基酸氧化酶（D-amino acid oxidase）以FAD为辅基，在体内分布广、活性也强，但由于动物体内的氨基酸绝大多数是L-型，故此类氨基酸氧化酶在氨基酸代谢中的作用也不大。L-谷氨酸脱氢酶（L-glutamate dehydrogenase）广泛存在于肝、肾和脑等组织中，属于不需氧脱氢酶，其辅酶是NAD^+或$NADP^+$，有较强的活性，催化L-谷氨酸氧化脱氨生成α-酮戊二酸，反应式为：

$$\underset{\text{L-谷氨酸}}{^-OOC-(CH_2)_2-CH(\overset{+}{N}H_3)-COO^-} \underset{\text{L-谷氨酸脱氢酶}}{\overset{NAD^+ \to NADH+H^+}{\rightleftharpoons}} \underset{\alpha\text{-亚氨酸戊二酸}}{^-OOC-(CH_2)_2-C(=\overset{+}{N}H_2)-COO^-} + H_2O \rightleftharpoons \underset{\alpha\text{-酮戊二酸}}{^-OOC-(CH_2)_2-C(=O)-COO^-} + NH_3$$

L-谷氨酸脱氢酶催化的反应是可逆的。一般情况下，反应偏向于谷氨酸的合成；但当谷氨酸浓度高而氨浓度低时，则有利于α-酮戊二酸的生成。

L-谷氨酸脱氢酶是一个由6个亚基构成的变构酶，每个亚基的相对分子质量为56 000。已知GTP和ATP是此酶的变构抑制剂，而GDP和ADP是其变构激活剂。当细胞处于低能量水平时，谷氨酸加速氧化脱氨，产生出更多的NAD（P）H^+和α-酮戊二酸，可以参与氧化供能。这对氨基酸氧化供能有重要的调节作用。

但是，L-谷氨酸脱氢酶具有很强的专一性，只能催化L-谷氨酸的氧化脱氨基作用。因此仅靠此酶并不能使体内大多数氨基酸发生脱氨基作用。

11.1.3.2 转氨基作用

在氨基转移酶（aminotransferase）或称转氨酶（transaminase）的催化下，某一种氨基酸的α-氨基转移到另一种α-酮酸的酮基上，生成相应的氨基酸和α-酮酸，这种作用称为转氨基作用（transamination）。

$$\underset{\text{L-氨基酸}}{R-CH(NH_3^+)-COO^-} + \underset{\alpha\text{-酮戊二酸}}{^-OOC-(CH_2)_2-C(=O)-COO^-} \underset{}{\overset{\text{氨基转移酶}}{\rightleftharpoons}} \underset{\alpha\text{-酮酸}}{R-C(=O)-COO^-} + \underset{\text{L-谷氨酸}}{^-OOC-(CH_2)_2-CH(NH_3^+)-COO^-}$$

转氨基反应是可逆的，平衡常数近于1。因此，转氨基作用既是氨基酸的分解代谢途径，也是氨基酸（非必需氨基酸）重要的合成途径。反应的实际方向取决于4种反应物的相对浓度。

体内大多数氨基酸（赖氨酸、脯氨酸、羟脯氨酸除外）都参与转氨基过程，并存在多种转氨酶。但不同氨基酸与α-酮酸之间的转氨基作用只能由专一的转氨酶催化。在各种转氨酶中，L-谷氨酸与α-酮酸的转氨酶最为重要，如天冬氨酸氨基转移酶（aspartate aminotransferase，AST），又称谷草转氨酶（glutamic oxaloacetic transaminase，GOT）和丙氨酸氨基转移酶（alanine aminotransferase，ALT），又称谷丙转氨酶（glutamic pyruvic transaminase，GPT），这两个酶催化的转氨基反应如下：

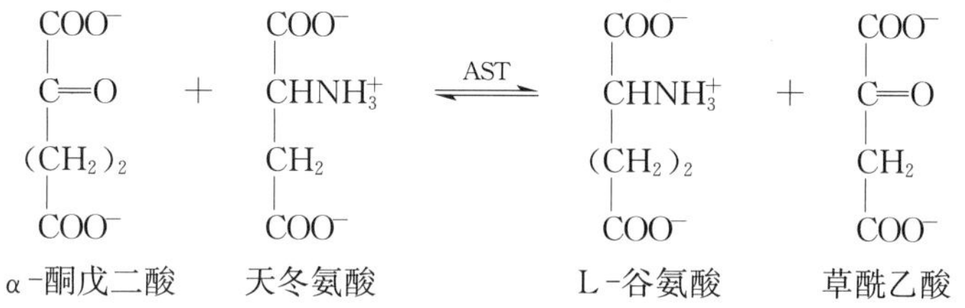

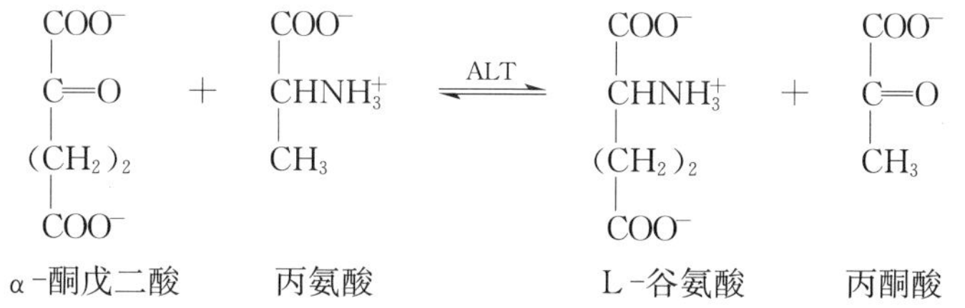

$$\underset{\alpha\text{-酮戊二酸}}{^-OOC{-}(CH_2)_2{-}C({=}O){-}COO^-} + \underset{\text{天冬氨酸}}{^-OOC{-}CH_2{-}CHNH_3^+{-}COO^-} \xrightleftharpoons{AST} \underset{\text{L-谷氨酸}}{^-OOC{-}(CH_2)_2{-}CHNH_3^+{-}COO^-} + \underset{\text{草酰乙酸}}{^-OOC{-}CH_2{-}C({=}O){-}COO^-}$$

$$\underset{\alpha\text{-酮戊二酸}}{^-OOC{-}(CH_2)_2{-}C({=}O){-}COO^-} + \underset{\text{丙氨酸}}{CH_3{-}CHNH_3^+{-}COO^-} \xrightleftharpoons{ALT} \underset{\text{L-谷氨酸}}{^-OOC{-}(CH_2)_2{-}CHNH_3^+{-}COO^-} + \underset{\text{丙酮酸}}{CH_3{-}C({=}O){-}COO^-}$$

在正常情况下，上述转氨酶主要存在于细胞内，血清中的活性较低；在各组织器官中，又以心和肝中的活性为最高。因此，当这些组织细胞受损时，可有大量的转氨酶逸入血液，造成血清中的转氨酶活性明显升高。例如，急性肝炎患者血清中ALT活性显著升高；心肌梗死患者血清中AST活性明显升高。临床上可以此作为疾病诊断和预后的指标之一。

转氨酶的种类虽然很多，但辅酶只有一种，即磷酸吡哆醛。它是维生素B_6的磷酸酯，结合于转氨酶活性部位赖氨酸残基的ε-氨基上，其功能是传递氨基。在转氨基过程中，磷酸吡哆醛先从一个氨基酸接受氨基转变成磷酸吡哆胺，同时氨基酸则转变成α-酮酸。磷酸吡哆胺再进一步将氨基转给另一个α-酮酸而生成相应的氨基酸，其本身又转变为磷酸吡哆醛。在转氨酶的催化下，磷酸吡哆醛和磷酸吡哆胺二者相互转变起着传递氨基的作用。

由上述反应可见，磷酸吡哆醛的作用机制：它首先与供体氨基结合形成席夫碱（Schiff base），接着席夫碱进行分子重排发生异构化，再水解生成磷酸吡哆胺和相应的α-酮酸，实现氨基的最终转移（图11.2）。

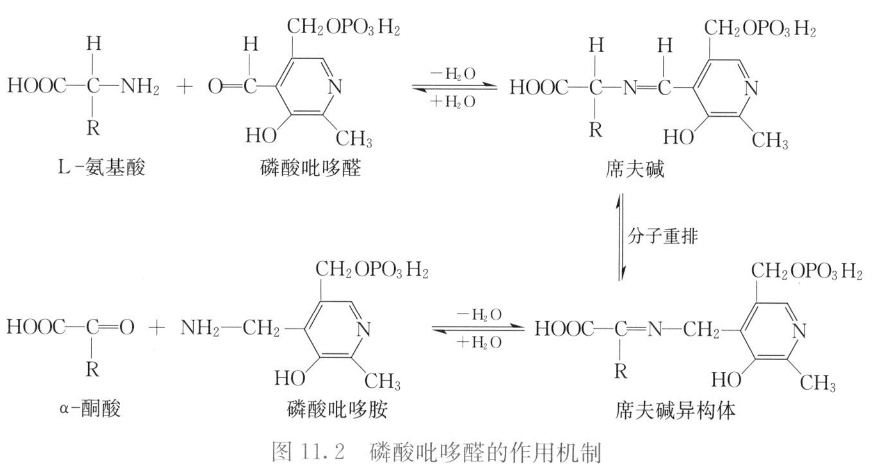

$$\underset{\text{L-氨基酸}}{HOOC{-}CH(R){-}NH_2} + \underset{\text{磷酸吡哆醛}}{O{=}CH{-}Py(CH_2OPO_3H_2)(HO)(CH_3)} \underset{+H_2O}{\overset{-H_2O}{\rightleftharpoons}} \underset{\text{席夫碱}}{HOOC{-}CH(R){-}N{=}CH{-}Py(CH_2OPO_3H_2)(HO)(CH_3)}$$

$$\Updownarrow \text{分子重排}$$

$$\underset{\alpha\text{-酮酸}}{HOOC{-}C(R){=}O} + \underset{\text{磷酸吡哆胺}}{NH_2{-}CH_2{-}Py(CH_2OPO_3H_2)(HO)(CH_3)} \underset{+H_2O}{\overset{-H_2O}{\rightleftharpoons}} \underset{\text{席夫碱异构体}}{HOOC{-}C(R){=}N{-}CH_2{-}Py(CH_2OPO_3H_2)(HO)(CH_3)}$$

图11.2　磷酸吡哆醛的作用机制

11.1.3.3 联合脱氨基作用

转氨基作用虽然在体内普遍存在，但仅使氨基发生了转移，并未彻底脱去氨基。氧化脱氨基作用虽然能把氨基酸的氨基移去，但又只有 L-谷氨酸脱氢酶活跃，即只能使 L-谷氨酸氧化脱氨。因此认为，体内大多数的氨基酸脱去氨基，是通过转氨基作用和氧化脱氨基作用两种方式联合起来进行的，这种作用方式称为联合脱氨基作用（transdeamination），即各种氨基酸先将其氨基转移给 α-酮戊二酸，生成相应的 α-酮酸和 L-谷氨酸，然后 L-谷氨酸再经 L-谷氨酸脱氢酶作用，进行氧化脱氨基作用，生成氨和 α-酮戊二酸，后者可以继续参加转氨基作用（图 11.3）。

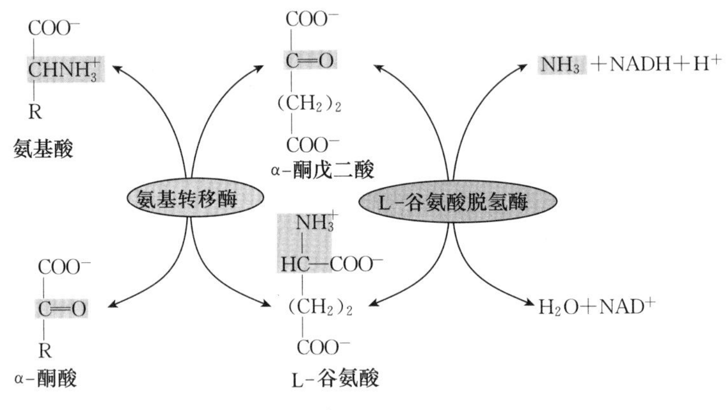

图 11.3 联合脱氨基作用

上述的联合脱氨基作用主要在肝、肾等组织中进行，全部过程都是可逆的，因此这一过程也是体内合成非必需氨基酸的重要途径。

11.1.3.4 嘌呤核苷酸循环

骨骼肌和心肌中 L-谷氨酸脱氢酶活性较弱，难以上述方式进行联合脱氨基作用。在肌肉中可以借助称为嘌呤核苷酸循环（purine nucleotide cycle）的另一种途径使氨基酸脱去氨基。在此过程中，氨基酸可以通过连续的转氨基作用将氨基转移给草酰乙酸，生成天冬氨酸；天冬氨酸与次黄嘌呤核苷酸（IMP）缩合生成腺苷酸代琥珀酸，后者经过裂解释放出延胡索酸并生成腺嘌呤核苷酸（AMP）。AMP 在腺苷酸脱氨酶（在肌肉组织中活性较强）催化下水解再转变为 IMP 并脱去氨基。IMP 则可以再次进入循环（图 11.4）。

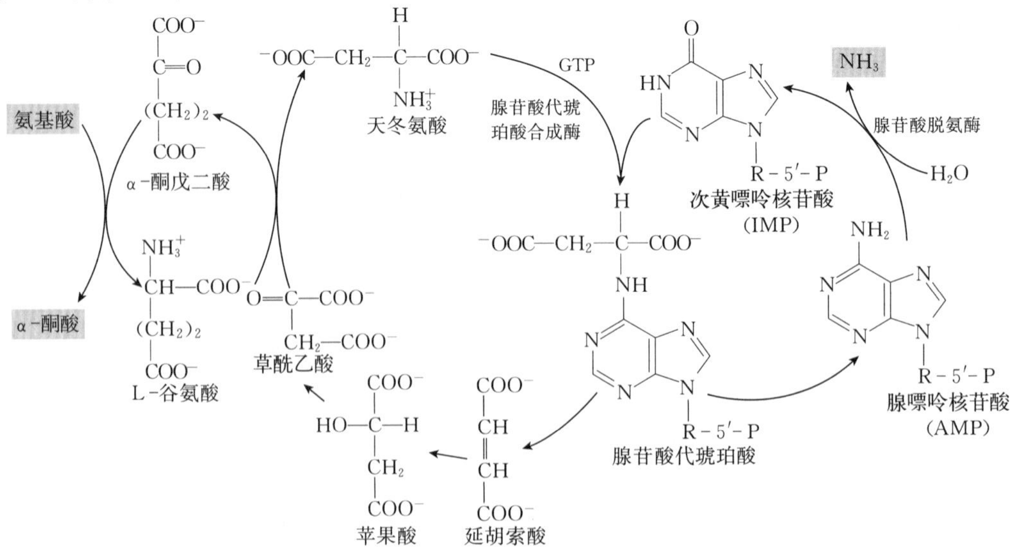

氨基酸
α-酮酸
α-酮戊二酸
L-谷氨酸
草酰乙酸
天冬氨酸
GTP
腺苷酸代琥珀酸合成酶
次黄嘌呤核苷酸 (IMP)
NH_3
腺苷酸脱氨酶
H_2O
腺嘌呤核苷酸 (AMP)
腺苷酸代琥珀酸
延胡索酸
苹果酸

图 11.4 嘌呤核苷酸循环

11.1.4 氨基酸的脱羧基作用

氨基酸在脱羧酶（decarboxylase）的催化下，脱去羧基生成二氧化碳和相应胺的过程称为氨基酸的脱羧基作用（decarboxylation）。在动物体内只有很少量的氨基酸首先通过脱羧基作用进行代谢，因此氨基酸的脱羧基作用在氨基酸的分解代谢中不是主要的途径。

氨基酸的脱羧基作用在其各自特异的脱羧酶催化下进行，肝、肾、脑和肠的细胞中都有这类酶。磷酸吡哆醛是氨基酸脱羧酶的辅酶。

氨基酸脱羧作用的一般反应如下：

$$H-\overset{\overset{\large COO^-}{|}}{\underset{\underset{\large R}{|}}{C}}-NH_3^+ \xrightleftharpoons[\text{磷酸吡哆醛}]{\text{脱羧酶}} RCH_2NH_2 + CO_2$$

动物体内正常情况下只有少量氨基酸经由脱羧作用产生胺类。大多数胺类具有特殊的生理功能（表 11.1）或对动物是有毒性的。体内广泛存在的胺氧化酶（amine oxidase）能将这些胺类氧化成为相应的醛类，再进一步氧化成羧酸，从而避免胺类在体内蓄积。

表 11.1 动物机体中一些胺类的来源及功能

来源	胺类	功能
谷氨酸	γ-氨基丁酸（GABA）	抑制性神经递质
组氨酸	组胺	血管舒张剂，促进胃液分泌
色氨酸	5-羟色胺	抑制性神经递质，具有缩血管作用
半胱氨酸	牛磺酸	形成牛磺胆汁酸，促进脂类消化
鸟氨酸、精氨酸	腐胺、精胺等	促进细胞增殖等

11.2 氨的代谢

11.2.1 动物体内氨的来源与去路

动物体内氨的主要来源是氨基酸的脱氨基作用。胺类、嘌呤和嘧啶的分解也能产生少量氨。在肌肉和中枢神经组织中，有相当量的氨是腺苷酸脱氨产生的，另外还有从消化道吸收的一些氨，其中有的是由未被吸收的氨基酸在消化道细菌作用下脱氨基作用产生的，有的来源于畜禽的饲料，如氨化秸秆和尿素（可被消化道中细菌脲酶分解后释放出氨）。

机体代谢产生的氨和消化道中吸收来的氨进入血液形成血氨。低水平血氨对动物是有用的，它可以通过脱氨基过程的逆反应与α-酮酸再形成氨基酸，还可以参与嘌呤、嘧啶等重要含氮化合物的合成。但氨在体内又具有毒性。脑组织对氨尤为敏感，血氨浓度的升高，可引起脑功能紊乱。有试验证明，当兔的血氨浓度达到 5 mg/100 mL 时，即会引起中毒死亡。由此可见，动物体内氨的排泄是生物体维持正常生命活动所必需的。

不同动物氨的排出方式也不同。动物把氨基酸分解代谢产生的多余的氨排出体外有 3 种形式：①排氨，包括许多水生动物，排泄时需要少量的水；②排尿素，包括绝大多数陆生脊椎动物；③排尿酸，包括鸟类和陆生爬行动物。

11.2.2 氨的转运

过量的氨对机体是有毒的。氨的解毒部位主要在肝，体内各组织中产生的氨需要被运输到肝进行解毒。氨的转运方式主要有以下两种。

11.2.2.1 谷氨酰胺转运氨的作用

氨可以在动物体内形成无毒的谷氨酰胺，它既是合成蛋白质所需的氨基酸，又是体内运输和储存氨的方式。氨与谷氨酸在组织中谷氨酰胺合成酶（glutamine synthetase）的催化下生成谷氨酰胺，并由血液运送到肝和肾，再经谷氨酰胺酶（glutaminase）水解成谷氨酸和氨。谷氨酰胺的合成与分解是由不同的酶催化的不可逆反应，其合成需要 Mg^{2+} 参与，并消耗能量。

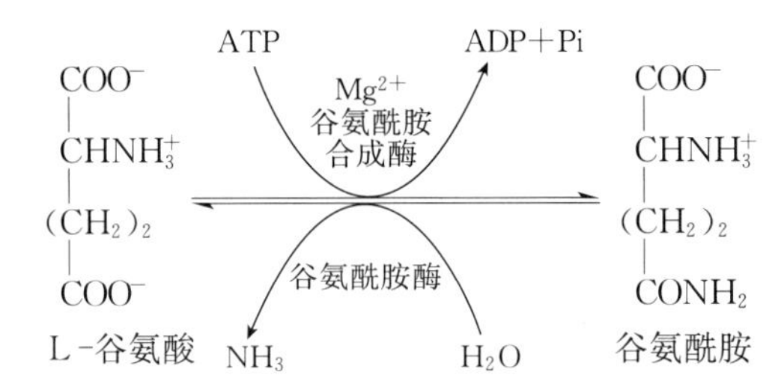

谷氨酰胺是中性无毒物质，易通过细胞膜，是体内迅速解除氨毒的一种方式，也是氨的储藏及运输形式。有些组织（如大脑等）所产生的氨，首先是形成谷氨酰胺以解毒，然后随血液运至其他组织中进一步代谢。如运至肝中的谷氨酰胺，可将氨释出以合成尿素；运至肾中谷氨酰胺将氨释出，直接随尿排出；运至各种组织中则把氨用于合成氨基酸和嘌呤、嘧啶等含氮物质。

11.2.2.2 丙氨酸-葡萄糖循环

肌肉可利用丙氨酸将氨运送到肝。肌肉中的氨基酸经转氨基作用将氨基转给丙酮酸生成丙氨酸，生成的丙氨酸经血液运到肝。在肝中通过联合脱氨基作用，释放出氨，用于尿素的形成。经转氨基作用产生的丙酮酸则可通过糖异生途径生成葡萄糖，形成的葡萄糖由血液再回到肌肉，又沿糖分解途径转变成丙酮酸，后者再接受氨基生成丙氨酸。丙氨酸和葡萄糖反复地在肌肉和肝之间进行氨的转运，称为丙氨酸-葡萄糖循环（alanine - glucose cycle）。其反应过程如图 11.5 所示。

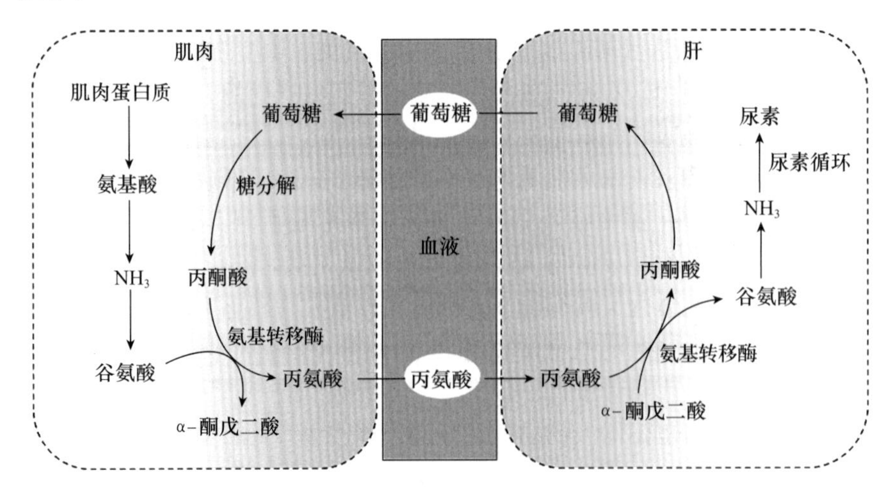

图 11.5 丙氨酸-葡萄糖循环途径

通过丙氨酸-葡萄糖循环，一方面使肌肉中的氨以无毒的丙氨酸形式运输到肝；另一方面，肝又为肌肉提供了生成丙酮酸的葡萄糖，可以再分解生成丙酮酸，接受氨基，以推动新的一轮循环。

11.2.3 尿素生成

在哺乳动物体内氨的主要去路是合成尿素排出体外。1932 年，H. Krebs 等的实验发现，切除了肝的犬，其血液和尿中的尿素显著减少，而血氨浓度升高；如果将犬的肾切除，但保留肝，发现血液中的尿素浓度明显升高但不能排出；而如果将犬的肝和肾都切除，则其血液中只有低水平的尿素而血氨浓度显著升高。由此实验证实，肝是哺乳动物合成尿素的主要器官。肾、脑等其他组织虽然也能合成尿素，但合成量甚微。

氨转变为尿素是一个循环反应，称为尿素循环（urea cycle）或鸟氨酸循环（ornithine cycle）。尿素循环是最早发现的代谢循环之一，是 H. Krebs 等人除了三羧酸循环以外对生物化学发展所做出的又一重大贡献。

尿素由尿素循环中一系列酶催化合成。合成的尿素进入血液，再由血液运输到肾，从尿中排出。尿素生成的循环反应过程可概括为以下 4 个步骤。

11.2.3.1 氨甲酰磷酸的生成

氨、二氧化碳和 ATP 在肝细胞线粒体内的氨甲酰磷酸合成酶Ⅰ（carbamoyl phosphate synthetase Ⅰ，CPS-Ⅰ）的催化下，合成氨甲酰磷酸。

$$\underset{\text{氨}}{CO_2 + NH_3} + H_2O + 2ATP \xrightarrow[Mg^{2+},\ N\text{-乙酰谷氨酸}]{\text{氨甲酰磷酸合成酶 I}} \underset{\text{氨甲酰磷酸}}{H_2N-\overset{\overset{\displaystyle O}{\|}}{C}-O\sim \text{Ⓟ}} + 2ADP + H_3PO_4$$

CPS-Ⅰ特异地利用主要来自联合脱氨产生的游离氨。*N*-乙酰谷氨酸（N-acetyl glutamic acid，N-AGA）是其变构激活剂，它可以由谷氨酸和乙酰 CoA 作为原料合成。当氨基酸分解加强时，所产生的过多的氨必须排出体外。此时，由转氨基作用生成的谷氨酸在细胞中的浓度增加，它作为氨基酸分解代谢加强的化学信号，促进 *N*-乙酰谷氨酸的合成增加，进一步激活 CPS-Ⅰ，推动尿素循环进行。CPS-Ⅰ和 N-AGA 都存在于肝细胞线粒体中。

11.2.3.2 瓜氨酸的生成

氨甲酰磷酸是高能磷酸化合物。在线粒体内鸟氨酸氨甲酰基转移酶（ornithine carbamoyl transferase，OCT）的催化下，氨甲酰磷酸将其氨甲酰基转移给鸟氨酸，释放出磷酸，生成瓜氨酸。此反应不可逆。

$$\underset{\text{鸟氨酸}}{\begin{array}{c} NH_2 \\ | \\ (CH_2)_3 \\ | \\ CHNH_3^+ \\ | \\ COO^- \end{array}} + \underset{\text{氨甲酰磷酸}}{\begin{array}{c} NH_2 \\ | \\ C{=}O \\ | \\ O \\ \wr \\ \text{Ⓟ} \end{array}} \xrightarrow{\text{氨甲酰基转移酶}} \underset{\text{瓜氨酸}}{\begin{array}{c} NH_2 \\ | \\ C{=}O \\ | \\ NH \\ | \\ (CH_2)_3 \\ | \\ CHNH_3^+ \\ | \\ COO^- \end{array}} + Pi$$

反应中的鸟氨酸是在细胞液中生成，并通过线粒体膜上特异的转运系统转移至线粒体内。

11.2.3.3 精氨酸的生成

瓜氨酸形成后即离开线粒体转入细胞液。在细胞液中，瓜氨酸由精氨酸代琥珀酸合成酶（argininosuccinate synthetase）催化与天冬氨酸结合形成精氨酸代琥珀酸。该酶需要 ATP 提供能量（消耗两个高能磷酸键）及 Mg^{2+} 的参与，反应如下：

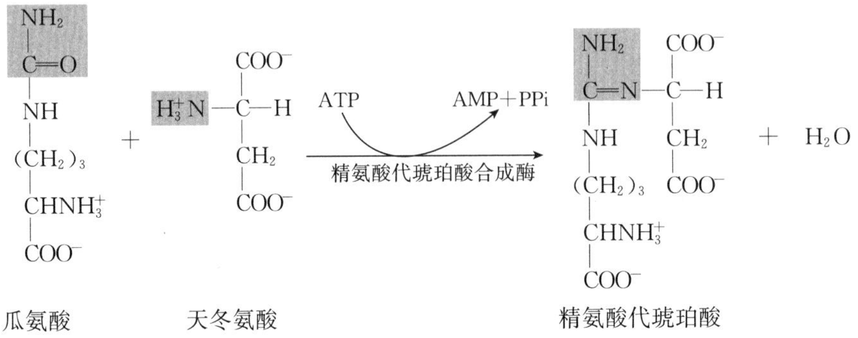

$$\underset{\text{瓜氨酸}}{\begin{array}{l}NH_2\\ |\\ C{=}O\\ |\\ NH\\ |\\ (CH_2)_3\\ |\\ CHNH_3^+\\ |\\ COO^-\end{array}} + \underset{\text{天冬氨酸}}{\begin{array}{l}\quad\ \ COO^-\\ \quad\quad |\\ H_3^+N-C-H\\ \quad\quad |\\ \quad\ \ CH_2\\ \quad\quad |\\ \quad\ \ COO^-\end{array}} \xrightarrow[\text{精氨酸代琥珀酸合成酶}]{ATP\ \ \ AMP+PPi} \underset{\text{精氨酸代琥珀酸}}{\begin{array}{l}NH_2\quad\ \ COO^-\\ |\quad\quad\quad |\\ C{=}N-C-H\\ |\quad\quad\quad |\\ NH\quad\quad CH_2\\ |\quad\quad\quad |\\ (CH_2)_3\ \ COO^-\\ |\\ CHNH_3^+\\ |\\ COO^-\end{array}} + H_2O$$

接着，精氨酸代琥珀酸在精氨酸代琥珀酸裂解酶（argininosuccinase 或 argininosuccinate lyase）的催化下分解为精氨酸及延胡索酸：

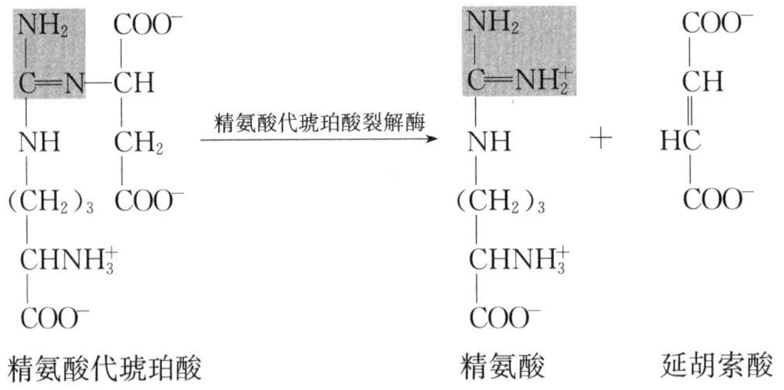

$$\underset{\text{精氨酸代琥珀酸}}{\begin{array}{l}NH_2\quad\ \ COO^-\\ |\quad\quad\quad |\\ C{=}N-CH\\ |\quad\quad\quad |\\ NH\quad\quad CH_2\\ |\quad\quad\quad |\\ (CH_2)_3\ \ COO^-\\ |\\ CHNH_3^+\\ |\\ COO^-\end{array}} \xrightarrow{\text{精氨酸代琥珀酸裂解酶}} \underset{\text{精氨酸}}{\begin{array}{l}NH_2\\ |\\ C{=}NH_2^+\\ |\\ NH\\ |\\ (CH_2)_3\\ |\\ CHNH_3^+\\ |\\ COO^-\end{array}} + \underset{\text{延胡索酸}}{\begin{array}{l}COO^-\\ |\\ CH\\ \|\\ HC\\ |\\ COO^-\end{array}}$$

从上面两步反应可见，天冬氨酸起了氨基供给体的作用。天冬氨酸可由草酰乙酸与谷氨酸经转氨基作用生成，而谷氨酸又可以通过其他的氨基酸把氨基转移给 α-酮戊二酸生成天冬氨酸。因此，其他氨基酸脱下的氨基可以通过天冬氨酸的形式参与尿素合成。

另外，上述反应的另一个产物延胡索酸可以经过三羧酸循环的中间步骤转变成草酰乙酸，后者与谷氨酸进行转氨基反应，又可重新生成天冬氨酸。因此，延胡索酸和天冬氨酸可使尿素循环与三羧酸循环联系在一起。

11.2.3.4 精氨酸的水解

在细胞液中，精氨酸水解生成尿素和鸟氨酸。催化这个水解反应的精氨酸酶存在于哺乳动物体内，尤其在肝中有很高的活性。精氨酸的水解反应如下：

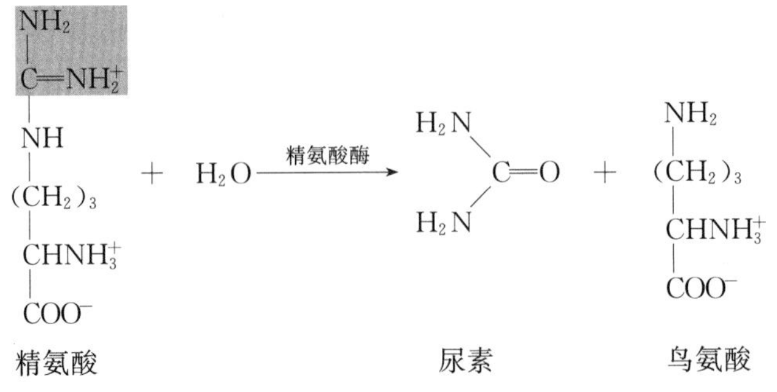

$$\underset{\text{精氨酸}}{\begin{array}{l}NH_2\\ |\\ C{=}NH_2^+\\ |\\ NH\\ |\\ (CH_2)_3\\ |\\ CHNH_3^+\\ |\\ COO^-\end{array}} + H_2O \xrightarrow{\text{精氨酸酶}} \underset{\text{尿素}}{\begin{array}{l}H_2N\\ \quad\ \ \backslash\\ \quad\quad C{=}O\\ \quad\ \ /\\ H_2N\end{array}} + \underset{\text{鸟氨酸}}{\begin{array}{l}NH_2\\ |\\ (CH_2)_3\\ |\\ CHNH_3^+\\ |\\ COO^-\end{array}}$$

生成的尿素是无毒的，可以经过血液运送至肾，再随尿排出体外。鸟氨酸则可再进入线粒体与氨甲酰磷酸反应生成瓜氨酸，重复上述循环过程。

综合上述过程，可将尿素合成的总反应归结为：

$$CO_2 + NH_3 + 3ATP + \text{天冬氨酸} + H_2O \longrightarrow H_2N{-}\overset{\overset{\displaystyle O}{\|}}{C}{-}NH_2 + \text{延胡索酸} + 2ADP + AMP + PPi + 2Pi$$

综上可以看出，尿素合成是一个消耗能量的过程，每生成 1 mol 尿素，需水解 3 mol ATP 中的 4 个高能磷酸键。另外，形成 1 mol 尿素，实际上可以清除 2 mol 氨和 1 mol 二氧化碳。这样不仅可以解除氨对动物机体的毒性，也可以降低体内由于二氧化碳溶于血液所产生的酸性。因此，尿素循环对哺乳动物有十分重要的生理意义。尿素生成的总途径如图 11.6 所示。

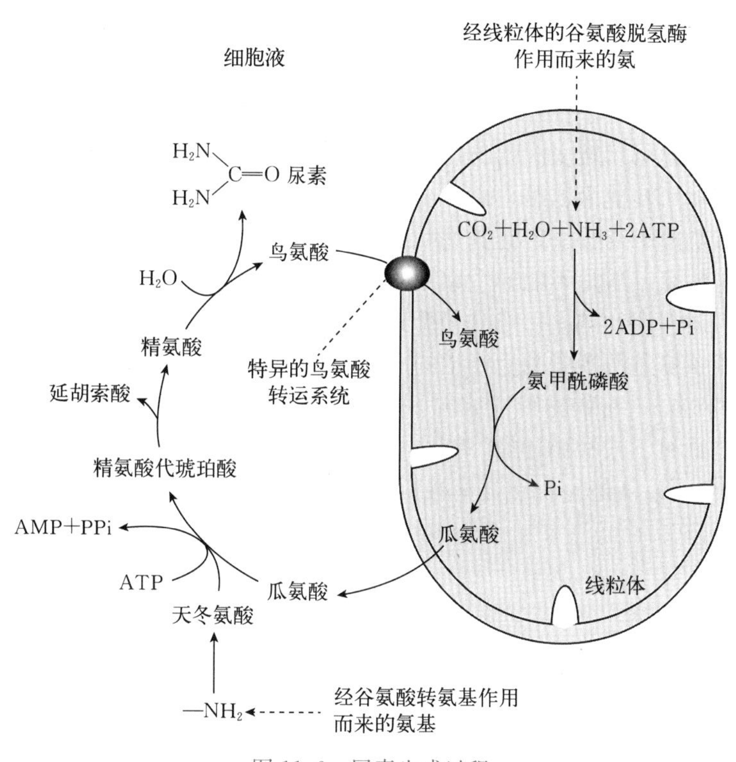

图 11.6　尿素生成过程

11.2.4　尿酸的生成和排出

家禽体内氨的去路和哺乳动物有共同之处，也有不同之处。氨在家禽体内也可以合成谷氨酰胺以及用于其他一些氨基酸和含氮物质的合成，但不能合成尿素，而是把体内大部分的氨合成尿酸排出体外。其过程是首先利用氨基酸提供的氨基合成嘌呤，再由嘌呤分解产生尿酸（详见嘌呤的合成与分解）。尿酸在水溶液中溶解度很低，以白色粉状的尿酸盐从尿中析出。

11.3　α-酮酸的代谢和非必需氨基酸的合成

11.3.1　α-酮酸的代谢

氨基酸经脱氨基作用之后，产生的另一个主要代谢物生成相应的 α-酮酸。这些 α-酮酸具体代谢途径虽然各不相同，但都有以下 3 条去路。

（1）**氨基化**：由于转氨基作用和联合脱氨基作用都是可逆的过程，因此所有的α-酮酸也都可以通过脱氨基作用的逆反应而氨基化，生成其相应的氨基酸。这也是动物体内非必需氨基酸的主要生成方式。

（2）**转变成糖和脂类**：在动物体内，α-酮酸可以转变成糖和脂类。这是利用不同的氨基酸饲养人工诱发糖尿病的动物所得出的结论。实验发现，当用氨基酸饲喂患人工糖尿病的动物时，绝大多数氨基酸可以使受试实验动物尿中排出的葡萄糖增加，少数几种使葡萄糖和酮体都增加，只有亮氨酸和赖氨酸仅使尿中的酮体排出量增加。因此，把在动物体内可以转变成葡萄糖的氨基酸称为生糖氨基酸（glucogenic amino acid），有丙氨酸、半胱氨酸、甘氨酸、丝氨酸、苏氨酸、天冬氨酸、天冬酰胺、甲硫氨酸、缬氨酸、精氨酸、谷氨酸、谷氨酰胺、脯氨酸和组氨酸。在动物体内能转变成酮体的氨基酸，称为生酮氨基酸（ketogenic amino acid），包括亮氨酸和赖氨酸。在动物体内既能转变成葡萄糖，又能转变成酮体的氨基酸，称为生糖兼生酮氨基酸（glucogenic and ketogenic amino acid），包括色氨酸、苯丙氨酸、酪氨酸和异亮氨酸。

在动物体内，糖是可以转变成脂肪的，因此生糖氨基酸也必然能转变为脂肪。生酮氨基酸转变为酮体后，酮体可转变为乙酰 CoA，然后进一步转变成脂酰 CoA，再与甘油-3-磷酸合成脂肪。所需的甘油-3-磷酸由生糖氨基酸或葡萄糖提供。由于乙酰 CoA 在动物机体内不能转变成糖，所以生酮氨基酸是不能异生成糖的。除了完全生酮的赖氨酸和亮氨酸以外，其余的氨基酸脱去氨之后的代谢物都有可能沿着糖异生途径转变或部分转变成糖。

（3）**氧化供能**：氨基酸脱氨基后产生的α-酮酸是氨基酸分解供能的主要部分。其中有的可以直接生成乙酰 CoA，有的先转变成丙酮酸后再形成乙酰 CoA，有的则是三羧酸循环的中间产物，因此都能通过三羧酸循环最终彻底氧化分解成二氧化碳和水，同时释放能量供生理活动需要。从图 11.7 可以清楚地看到氨基酸脱去氨基后形成的碳骨架如何与糖代谢联系在一起以及它们的代谢去向。

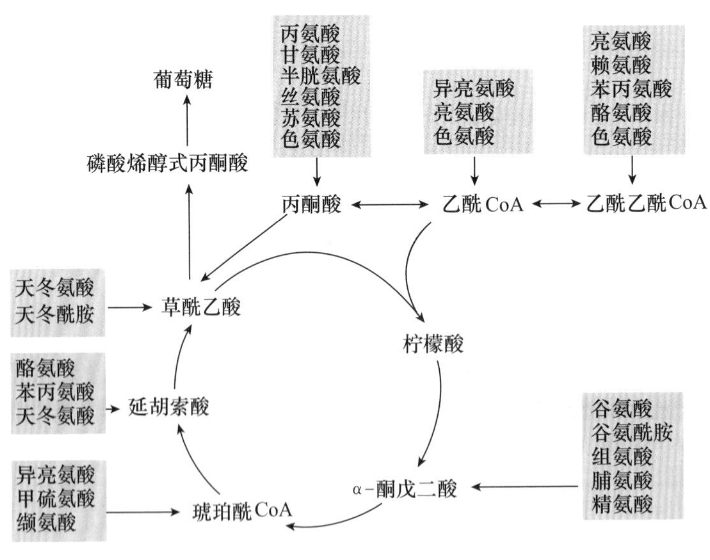

图 11.7　氨基酸碳骨架的代谢走向

综上可见，氨基酸的代谢与糖和脂肪的代谢密切相关。氨基酸可转变成糖和脂肪；糖也可转变成脂肪及多数非必需氨基酸的碳骨架部分。三羧酸循环是物质代谢的总枢纽，通过三羧酸循环可使糖、脂肪酸和氨基酸完全氧化，也可使其彼此相互转变，构成一个完整的代谢体系。

11.3.2 非必需氨基酸的合成

α-酮酸在动物体内可以经过氨基化作用生成相应的各种氨基酸。但有些α-酮酸不能由其他物质（如糖或脂肪）生成，只能由其相应的氨基酸生成。例如，苯丙酮酸只能由苯丙氨酸生成。这样由苯丙氨酸脱氨产生的苯丙酮酸虽然可再氨基化转变为苯丙氨酸，但不能净增加体内苯丙氨酸的量。因此这样的氨基酸在体内是不能净合成的，只能从食物和饲料中获得，因此是必需氨基酸。而另一些α-酮酸，如丙酮酸、草酰乙酸和α-酮戊二酸等是可以由其他物质，主要是糖代谢的中间产物得到，它们再氨基化生成如丙氨酸、天冬氨酸和谷氨酸等相应的氨基酸，这样的氨基酸不一定从食物和饲料中获得，因而是非必需的。

动物体内合成的非必需氨基酸可以通过以下两种方式。

(1) **α-酮酸氨基化**：糖代谢生成的α-酮酸，可以经过转氨基作用或联合脱氨基作用的逆过程合成氨基酸。通过这种方式合成的非必需氨基酸，除了前面已介绍过的丙氨酸、天冬氨酸和谷氨酸以外，丝氨酸的合成也与之相类似（图11.8）。

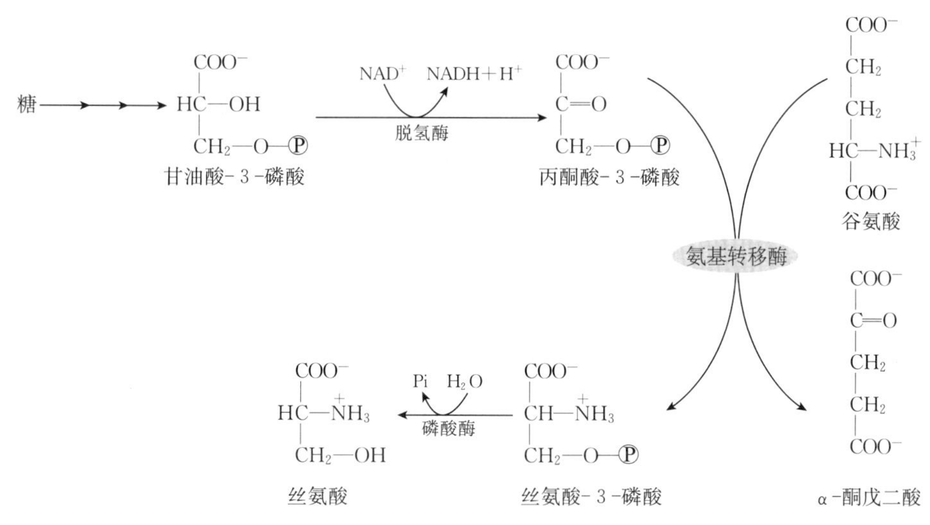

图11.8 丝氨酸的合成

此外，在体内甘油酸-3-磷酸也可以先脱磷酸生成甘油酸，再脱氢和转氨基生成丝氨酸。

(2) **非必需氨基酸之间的相互转变**：动物体内的甘氨酸可由丝氨酸生成；丝氨酸在有甲硫氨酸（必需氨基酸）的参与下，可以转变为其他的含硫氨基酸，如半胱氨酸和胱氨酸；谷氨酸经过谷氨酸-γ-半醛等中间产物可以转变成脯氨酸和鸟氨酸，后者又可经尿素循环转变为精氨酸等。非必需氨基酸之间的相互转变见图11.9。

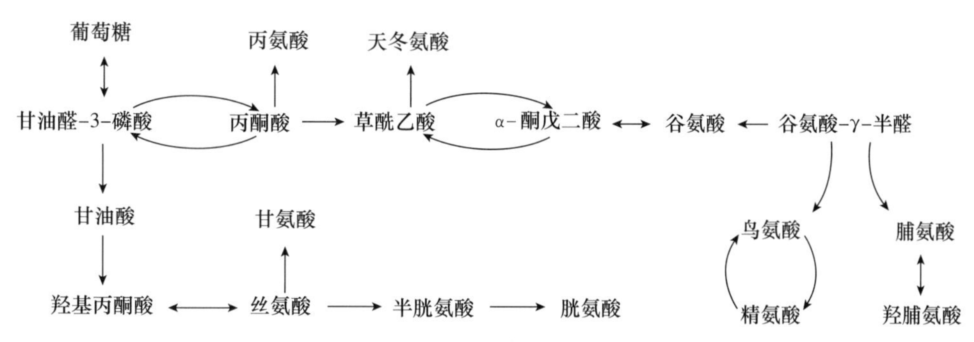

图11.9 非必需氨基酸之间的相互转变

11.4 个别氨基酸代谢

前面主要讨论了氨基酸在动物体内的一般代谢途径。实际上，许多氨基酸还有其特殊的代谢途径，并且在其代谢途径之间以及与其他代谢物之间存在密切联系。本部分主要选择若干在动物体内有重要生理意义的氨基酸做简要介绍。

11.4.1 提供一碳基团的氨基酸

11.4.1.1 一碳基团的定义

某些氨基酸在分解代谢过程中可以产生含有 1 个碳原子的基团，称为一碳单位（one carbon unit）或一碳基团（one carbon group）。体内的一碳基团有甲基（$—CH_3$）、甲烯基（$—CH_2—$）、甲炔基（$—CH=$）、甲酰基（—CHO）和亚氨甲基（—CH=NH）等。但是，羧基（$—COO^-$）不列为一碳基团。

11.4.1.2 一碳基团的载体

一碳基团不能游离存在，常被一碳基团转移酶的辅酶——四氢叶酸（5,6,7,8 - tetrahydrofolic acid，FH_4）携带进行代谢和转运。一碳基团通常结合在四氢叶酸分子上的 N^5、N^{10} 位（图 11.10）。

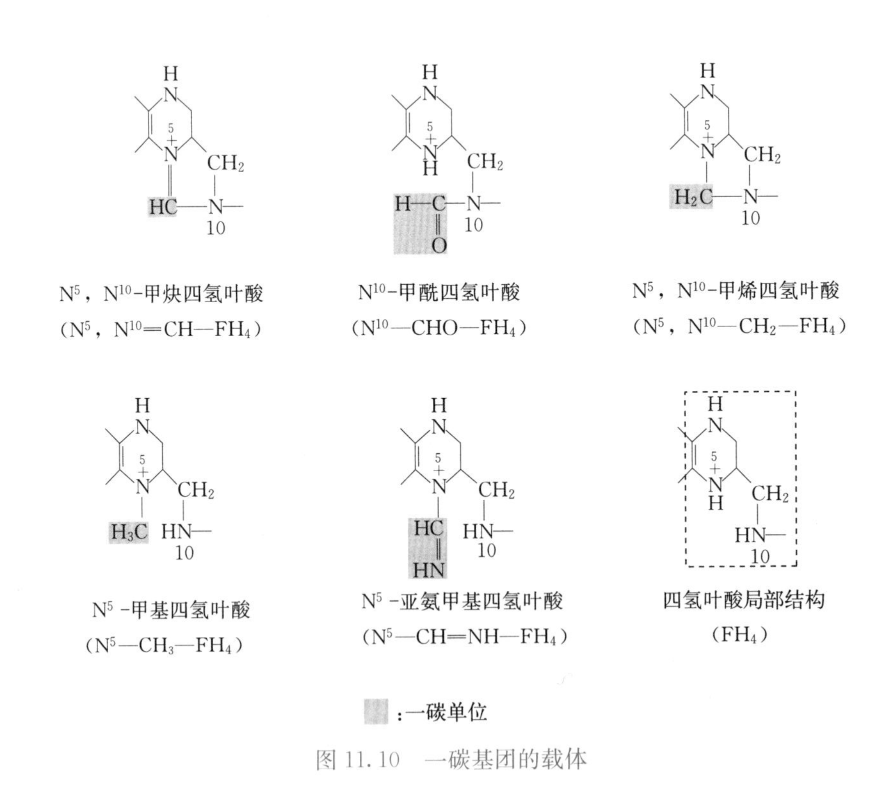

图 11.10 一碳基团的载体

11.4.1.3 一碳基团与氨基酸代谢

一碳基团主要来源于甘氨酸、色氨酸、丝氨酸、组氨酸和甲硫氨酸的代谢。

$$\underset{\text{甘氨酸}}{H_2C(COO^-)—NH_3^+} + FH_4 \xrightarrow[\text{甘氨酸裂解酶}]{NAD^+ \quad NADH+H^+} CO_2 + NH_3 + N^5,N^{10}—CH_2—FH_4$$

$$\underset{\text{色氨酸}}{\text{吲哚}—CH_2—CH(NH_3^+)—COO^-} \longrightarrow\longrightarrow\longrightarrow \text{犬尿酸} + HCOO^- \xrightarrow[N^{10}—CHO—FH_4\ \text{合成酶}]{FH_4 \quad ATP \quad ADP+Pi} N^{10}—CHO—FH_4$$

$$\underset{\text{丝氨酸}}{HOH_2C—HC(COO^-)—NH_3^+} + FH_4 \xrightarrow[\text{丝氨酸羟甲基转移酶}]{H_2O} N^5,N^{10}—CH_2—FH_4 + \underset{\text{甘氨酸}}{H_2C(COO^-)—NH_3^+}$$

$$\underset{\text{组氨酸}}{\text{咪唑}—CH_2—CH(NH_3^+)—COO^-} \longrightarrow\longrightarrow\longrightarrow \underset{\text{亚氨甲基谷氨酸}}{^-OOC—CH(NH—CH=NH)—(CH_2)_2—COO^-} \xrightarrow[\text{亚氨甲基转移酶}]{FH_4} N^5—CH=NH—FH_4 + \underset{\text{谷氨酸}}{^-OOC—CH(NH_3^+)—(CH_2)_2—COO^-}$$

11.4.1.4　一碳基团的相互转变

与四氢叶酸相连的各类一碳基团可以通过氧化还原过程相互转变（图 11.11）。

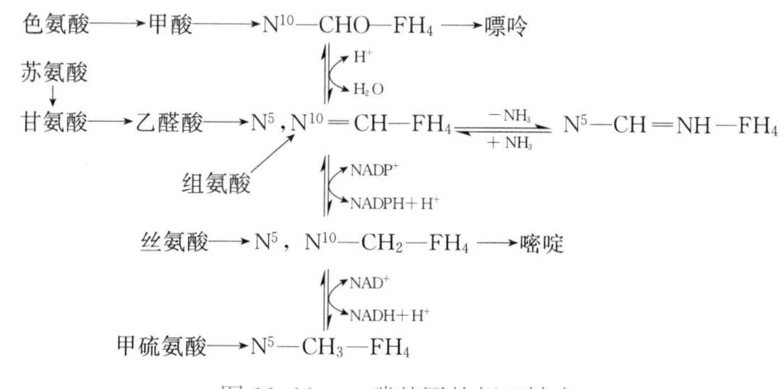

图 11.11　一碳基团的相互转变

11.4.1.5　一碳基团的生物学作用

一碳基团不仅与氨基酸代谢密切相关，还参与嘌呤和嘧啶的生物合成以及 *S*-腺苷甲硫氨酸的生物合成，是生物体内各种化合物甲基化的甲基来源。如 N^{10}-甲酰四氢叶酸、N^5,N^{10}-甲炔四氢叶酸和 N^5,N^{10}-甲烯四氢叶酸分别为嘌呤和嘧啶的合成提供甲基来源，这也是氨基酸代谢与核苷酸代谢相互联系的环节之一。一碳基团代谢障碍，在人类可引起巨幼红细胞贫血。某些药物，如磺胺类、氨甲喋呤（抗癌药物）可以抑制四氢叶酸的正常合成，干扰一碳基团在氨基酸与核苷酸代谢中的转运，从而抑制细菌和肿瘤细胞的代谢活动而发挥其药理作用。

11.4.2　芳香族氨基酸的代谢转变

体内有 3 种芳香族氨基酸，包括苯丙氨酸、酪氨酸和色氨酸。芳香族氨基酸的代谢转变对动物和人类的健康与代谢活动十分重要。苯丙氨酸在结构上与酪氨酸相似，在体内可转变成酪氨酸，所以合并在一起叙述（图 11.12）。

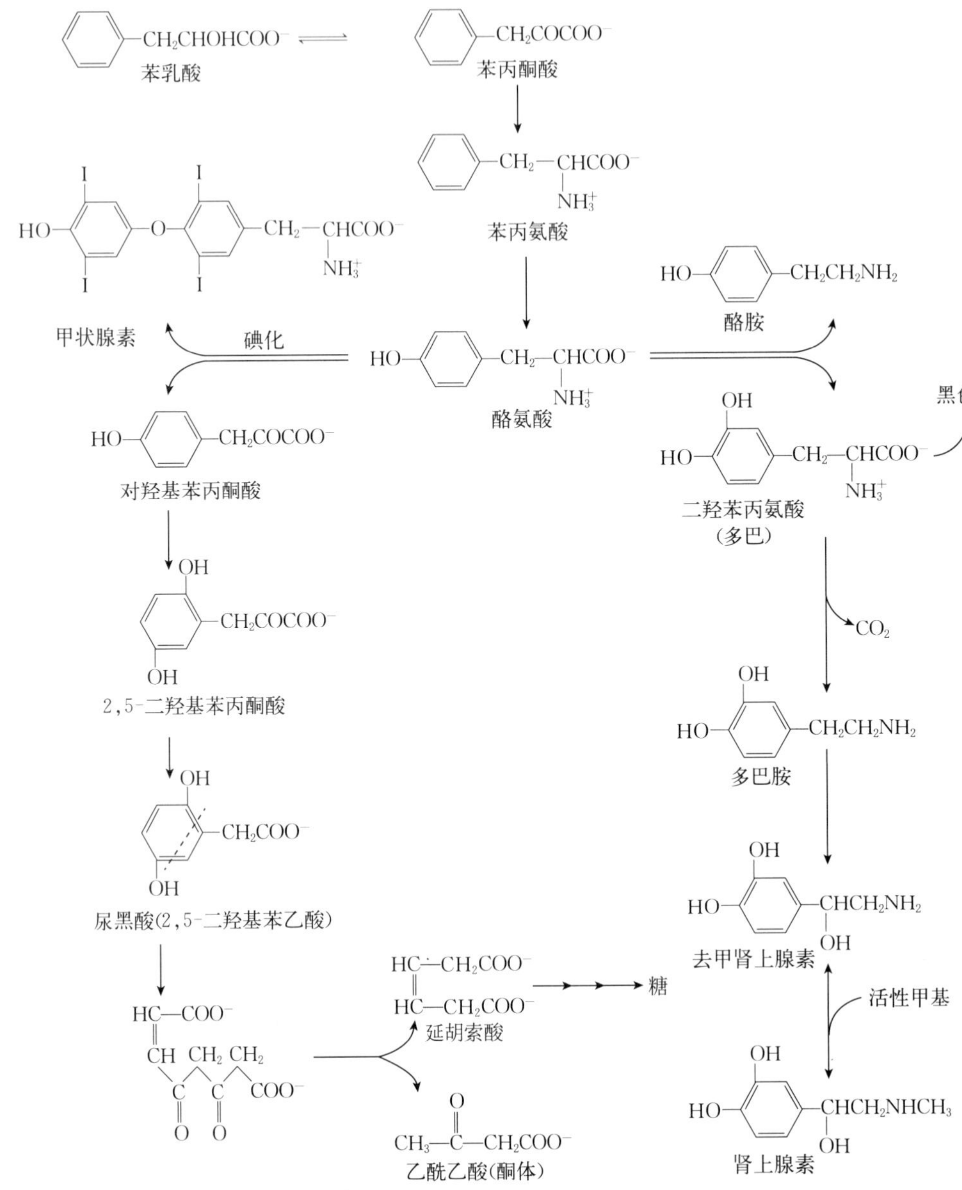

图 11.12 苯丙氨酸和酪氨酸的代谢

11.4.2.1 苯丙氨酸和酪氨酸的代谢

正常情况下，苯丙氨酸的主要代谢是经羟化作用生成酪氨酸。催化此反应的酶是苯丙氨酸羟化酶（phenylalanine hydroxylase），该酶是一种单加氧酶，催化的反应不可逆，因而酪氨酸不能转变成苯丙氨酸。正常情况下，苯丙氨酸经由这个反应转变。在人类有苯丙氨酸羟化酶先天缺陷的遗传病发生。患者体内由于苯丙氨酸累积，经转氨生成大量苯丙酮酸及苯乙酸等衍生物，并可大量出现在尿中，引起苯丙酮酸尿症（phenyl ketonuria，PKU）。苯丙酮酸的堆积可严重损害神经系统，造成患者智力发育障碍。在患者发病早期，如能控制其摄入的苯丙氨酸含量可有助于治疗。

某些神经递质、激素与黑色素的合成与酪氨酸代谢密切相关。酪氨酸可在酪氨酸羟化酶催化下，转变成 3,4 -二羟苯丙氨酸（3,4 - dihydroxyphenylalanine），又称多巴（dopa）。多巴是酪氨酸代谢的一个十分重要的中间物。它可以脱羧转变成多巴胺（dopamine），进而转变为去甲肾上腺素（norepinephrine）和肾上腺素（epinephrine），这 3 种产物统称为儿茶酚胺（cate-

cholamine)，是重要的含氮小分子激素。

酪氨酸代谢的另一条途径是合成黑色素（melanin）。在黑色素细胞中酪氨酸酶的催化下，酪氨酸羟化生成多巴，后者经氧化、脱羧等反应转变成吲哚醌，皮肤黑色素即是吲哚醌的聚合物。如人的先天性遗传引起的酪氨酸酶基因缺陷（在近亲婚配的后代较为常见），造成黑色素合成障碍，皮肤、毛发等变成白色，称为白化病（albinism）。但白化病一般不影响患者的智力和日常生活。

酪氨酸还是体内合成甲状腺激素（T_3 和 T_4）的原料。此外，苯丙氨酸、酪氨酸都能经由对羟苯丙酮酸、尿黑酸最终分解成延胡索酸和乙酰乙酸，二者分别参与糖和脂肪酸代谢。因此，苯丙氨酸和酪氨酸是生糖兼生酮的氨基酸。当尿黑酸酶缺陷时，尿黑酸的进一步分解受阻，可出现尿黑酸症，也是一种人类遗传病。

11.4.2.2 色氨酸的代谢

色氨酸除了可以脱羧转变为 5-羟色胺外，还可通过色氨酸加氧酶作用，生成一碳单位。色氨酸分解可转变为丙酮酸与乙酰乙酸，所以色氨酸也是生糖兼生酮的氨基酸。此外，色氨酸还能用于少量尼克酸（维生素 B_5）的合成，但远不能满足机体的需要。色氨酸代谢见图 11.13。

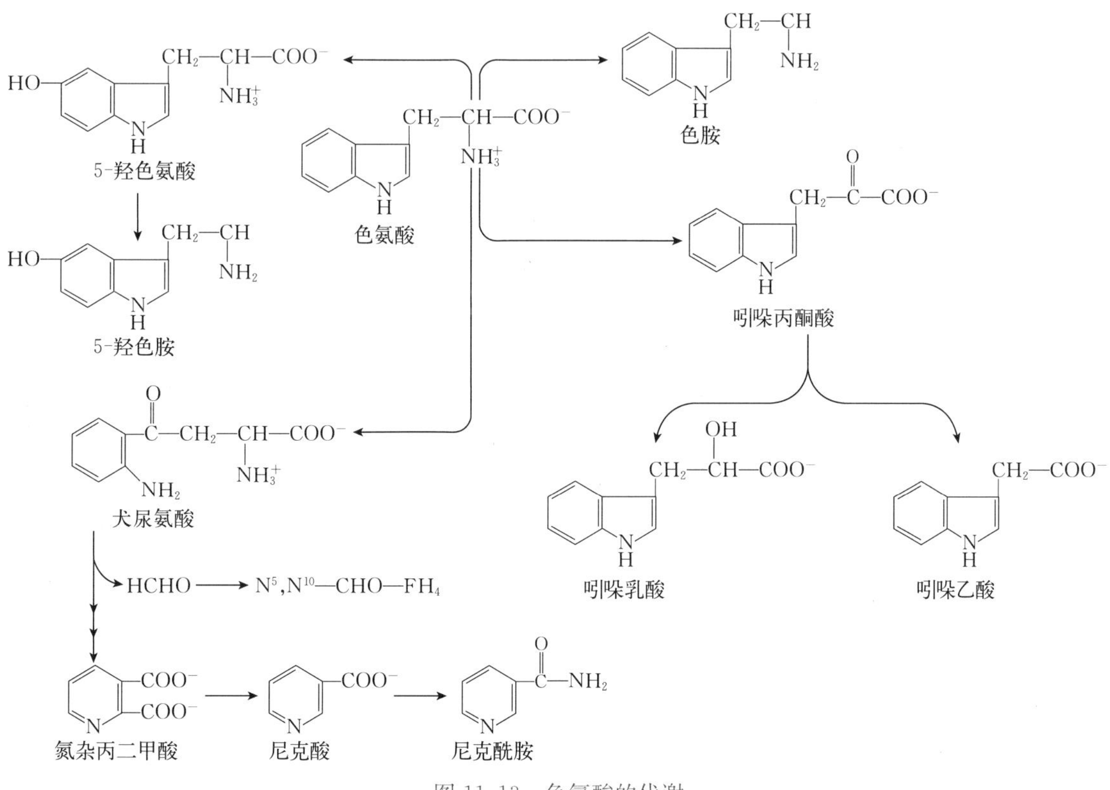

图 11.13 色氨酸的代谢

11.4.3 含硫氨基酸的代谢

体内有 3 种含硫氨基酸：甲硫氨酸、半胱氨酸和胱氨酸。这 3 种氨基酸代谢是相互联系的，甲硫氨酸可以转变成半胱氨酸和胱氨酸，半胱氨酸和胱氨酸也可以互变，但后两者不能转变为甲硫氨酸，所以甲硫氨酸是必需氨基酸。

11.4.3.1 谷胱甘肽的合成

谷胱甘肽（glutathion）是由谷氨酸、半胱氨酸和甘氨酸所组成的三肽，它的生物合成不需要编码的 RNA，已证明与一个称为“γ-谷氨酰基循环”（γ-glutamyl cycle）的氨基酸转运系统相联系，其反应过程首先由谷胱甘肽对氨基酸转运，其次是谷胱甘肽的再合成，由此构成一个循环（图 11.14）。

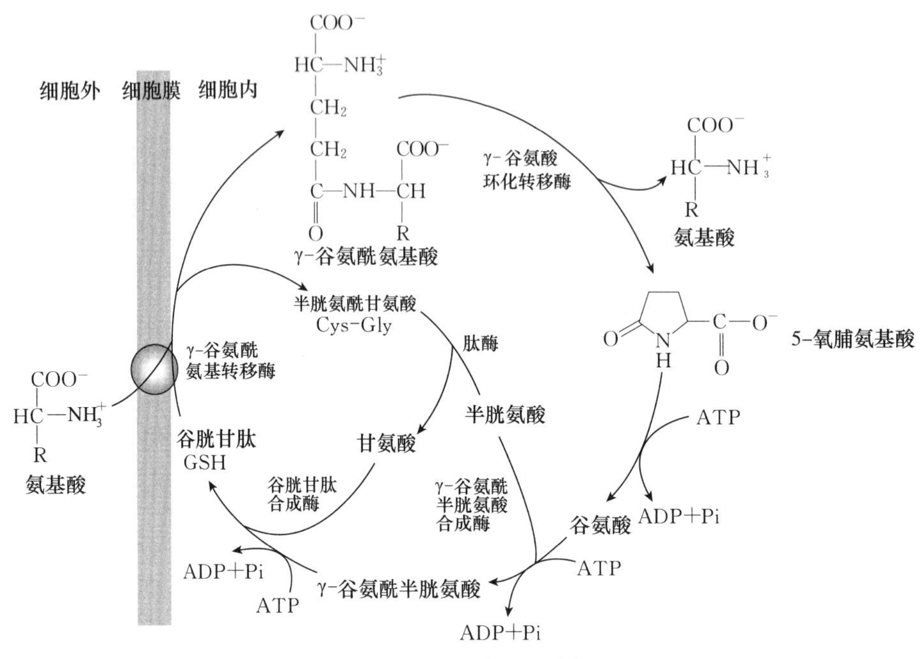

图 11.14　γ-谷氨酰基循环

谷胱甘肽把氨基酸从细胞外转到细胞内，是由这个三肽中的 γ-谷氨酰基来转运的，半胱氨酰甘氨酸部分在转运过程中从三肽上断裂，并分解为半胱氨酸和甘氨酸。在被转运的氨基酸从 γ-谷氨酰基上释放之后，三者再重新合成谷胱甘肽。γ-谷氨酰基循环的酶系广泛存在于肠黏膜细胞、肾小管和脑组织中，其中位于细胞膜上的 γ-谷氨酰基转移酶是转运的关键酶。

谷胱甘肽分子上的活性基团是半胱氨酸的巯基（—SH）。它有氧化态与还原态两种形式，由谷胱甘肽还原酶催化其相互转变，辅酶是 $NADP^+$。

$$\underset{\text{还原型谷胱甘肽}}{2GSH} + NADP^+ \xrightleftharpoons{\text{谷胱甘肽还原酶}} \underset{\text{氧化型谷胱甘肽}}{GSSG} + NADPH + H^+$$

还原型谷胱甘肽在细胞中的浓度远高于氧化型谷胱甘肽（约 100∶1），其主要功能是保护含有功能巯基的酶和使蛋白质不易被氧化，保持红细胞膜的完整性，防止亚铁血红蛋白（可携带 O_2）氧化成高铁血红蛋白（不能携带 O_2），还可以结合药物、毒物，促进它们的生物转化，消除过氧化物和自由基对细胞的损害作用。此外，还原型谷胱甘肽与过氧化氢或其他有机氧化物反应还可起到解毒作用。

11.4.3.2　甲硫氨酸的代谢

（1）甲硫氨酸与转甲基作用： 甲硫氨酸是一种含有 *S*-甲基的必需氨基酸。它是动物机体中最重要的甲基直接供给体之一，参与肾上腺素、肌酸、胆碱、肉碱的合成和核酸甲基化过程。

甲硫氨酸在转移甲基前，首先要腺苷化，转变成 *S*-腺苷甲硫氨酸（S-adenosyl methionine，SAM）。SAM 中的甲基是高度活化的，称为活性甲基，SAM 为活性甲硫氨酸。

在甲基转移酶（methyl transferase）的作用下，SAM 分子中的甲基可以转移给某个甲基

COO⁻ HC—NH_3^+ CH_2 CH_2 S CH_3 甲硫氨酸 + Ⓟ~Ⓟ~Ⓟ CH_2 O 腺嘌呤 HO OH ATP —腺苷转移酶（PPi+Pi）→ COO⁻ HC—NH_3^+ CH_2 CH_2 ⁺S—CH_2 H_3C O 腺嘌呤 HO OH S-腺苷甲硫氨酸

受体，使其甲基化（methylation），而本身转变为 S-腺苷同型半胱氨酸，后者进一步脱去腺苷，生成比半胱氨酸多一个—CH_2—的同型半胱氨酸（homocysteine）。

S-腺苷甲硫氨酸 —甲基转移酶（RH → R-CH_3）→ S-腺苷同型半胱氨酸（⁺S—CH_2，H）—（H_2O → 腺苷）→ 同型半胱氨酸（COO⁻ HC—NH_3^+ CH_2 CH_2 SH）

（2）甲硫氨酸循环：甲硫氨酸在体内最主要的分解代谢途径是通过上述转甲基作用而提供甲基，与此同时产生的 S-腺苷同型半胱氨酸进一步转变成同型半胱氨酸。同型半胱氨酸还可以在 N^5-甲基四氢叶酸转甲基酶的作用下获得甲基再转变成甲硫氨酸，形成一个循环过程，称为甲硫氨酸循环（methionine cycle）（图 11.15）。在此循环过程中，需要维生素 B_{12} 与四氢叶酸的参与。

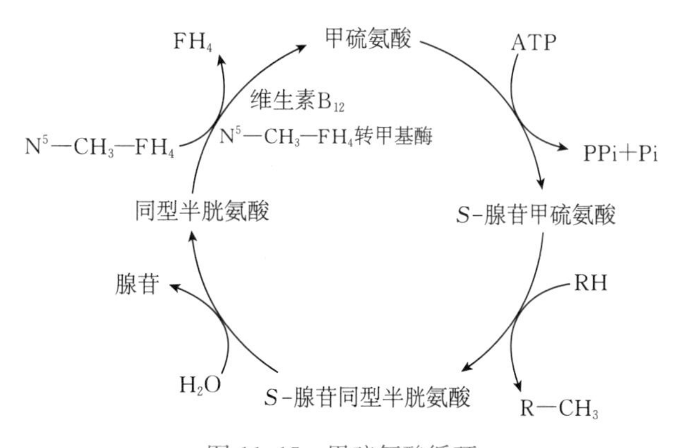

图 11.15 甲硫氨酸循环

甲硫氨酸循环虽然可以生成甲硫氨酸，但体内不能合成同型半胱氨酸，它只能由甲硫氨酸转变而来，所以实际上体内仍然不能合成甲硫氨酸，必须由食物供给。

11.4.4 肌酸和肌酐的合成

肌酸（creatine）即甲基胍乙酸，存在于动物的肌肉、脑和血液中。在骨骼肌中含量很高，既可以游离存在，也可以磷酸化形式存在，后者称为肌酸磷酸（creatine phosphate）。肌酸和肌酸磷酸均是储存和转移高能磷酸键的重要化合物。

参与肌酸生物合成的氨基酸有甘氨酸、精氨酸和甲硫氨酸。甘氨酸为骨架，精氨酸提供脒基，甲硫氨酸提供甲基。肝是合成肌酸的主要器官。肌酸生成的第一步反应是在肾中脒基转移酶的催化下，由精氨酸将其脒基转给甘氨酸生成胍乙酸。第二步是胍乙酸从 S-腺苷甲硫氨酸（SAM）上得到甲基生成肌酸，此反应由肝中的胍乙酸甲基转移酶催化（图 11.16）。

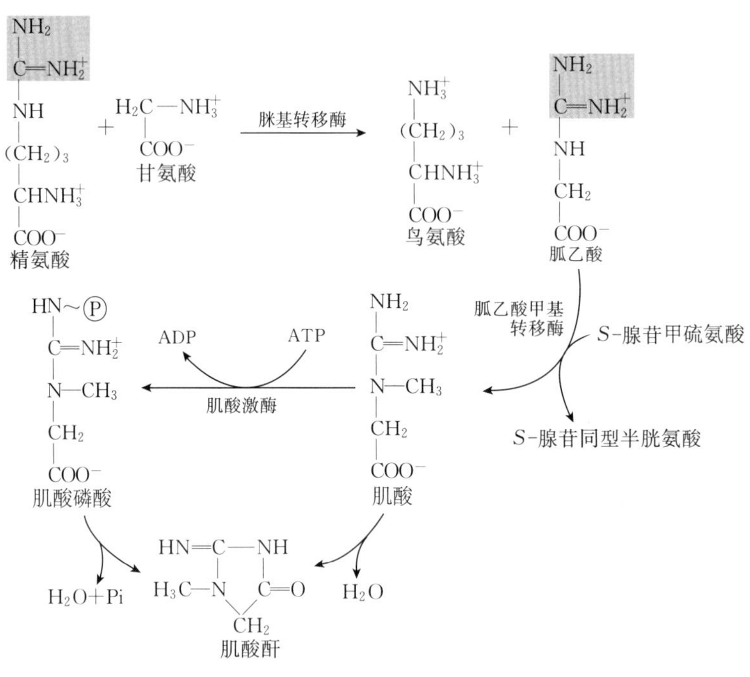

图 11.16 肌酸代谢

肌酸在肌酸激酶（creatine kinase，CK），又称肌酸磷酸激酶（creatine phosphokinase，CPK）的催化下与 ATP 反应，生成肌酸磷酸和 ADP。肌肉所含的肌酸，主要以肌酸磷酸的形式存在。肌酸磷酸含有高能磷酸键，是肌肉收缩的一种能量储备形式。肌酸磷酸在心肌、骨骼肌及大脑中含量丰富。当肌肉收缩消耗 ATP 时，肌酸磷酸可将其磷酸基及时地转给 ADP，再生成 ATP。

肌酸和肌酸磷酸代谢的终产物是肌酸酐（creatinine），也称肌酐。肌酸酐主要在肌肉中通过肌酸磷酸的非酶促反应生成，可随尿排出体外。肌酸酐的生成量与骨骼肌中肌酸和肌酸磷酸的储量成正比，而后者的储量又与骨骼肌的量成正比。对成年家畜而言，其骨骼肌是比较恒定的，因此尿中排出的肌酸酐的量也比较恒定，不受饲料、运动和尿容积的影响。肾严重病变时，肌酸酐排泄受阻，血中肌酸酐浓度升高。

11.5 核苷酸代谢

核苷酸是动物体内又一类重要的含氮小分子，是遗传大分子脱氧核糖核酸（DNA）与核糖核酸（RNA）的基本组成单位。体内的核苷酸主要由机体细胞自身合成。因此，核苷酸不属于营养必需物质。

11.5.1 核苷酸的重要性

11.5.1.1 核苷酸在体内的来源和分布

在细胞中绝大多数核酸都是以核蛋白的形式存在。食物中的核蛋白在消化道中受到胃、胰腺、肠道消化酶的作用，分解成蛋白质和核酸。核酸进入小肠后，受小肠中各种水解酶的作用逐步水解成核苷酸，核苷酸又进一步水解成磷酸与核苷，核苷再水解或磷酸解成碱基和戊糖或磷酸戊糖。

核苷酸及其水解产物均可被细胞吸收，但其中绝大部分在肠黏膜细胞中又被进一步分解。戊糖被吸收后参与体内的戊糖代谢；大部分嘌呤碱或嘧啶碱主要经分解代谢降解后由尿中排出，被组织细胞摄取的碱基也可部分被利用。

核苷酸在体内分布广泛。细胞内主要以5′-核苷酸形式存在，其中以5′-ATP含量最多。一般说来，细胞中核糖核苷酸的浓度远远超过脱氧核糖核苷酸。在细胞分裂周期中，细胞内脱氧核糖核苷酸含量波动范围较大，核糖核苷酸含量则相对稳定。不同类型细胞中各种核苷酸含量相差很大。但在同一种细胞中，各种核苷酸含量虽也有差异，但核苷酸总含量变化不大。

11.5.1.2 核苷酸的生物学功能

核苷酸是一类在代谢上极为重要的物质，它几乎参与了细胞的所有生化过程，具有多种生物学功能。

（1）是核酸生物合成的基本原料和组成成分，这是核苷酸最主要的功能。

（2）是体内能量的利用形式。如ATP是细胞的主要能量形式。此外，GTP、UTP、CTP也均可以提供能量。

（3）参与代谢和生理调节。某些核苷酸或其衍生物是重要的调节分子。如cAMP是许多种细胞膜受体激素作用的第二信使，cGMP也与代谢调节有关。

（4）作为辅酶（FAD、NAD^+、CoA等）的组成成分。

（5）作为多种活化中间代谢物的载体。如UDP-葡萄糖和CDP-二脂酰甘油分别是糖原和磷脂合成的活性原料，*S*-腺苷甲硫氨酸是活性甲基的载体等。

（6）参与酶活性的快速调节。如ATP、AMP分别是柠檬酸合酶的变构抑制剂和变构激活剂；某些酶通过磷酸化与去磷酸化迅速发生酶活性的改变等。

11.5.2 嘌呤核苷酸的合成代谢

动物虽然可以通过消化饲料获得核苷酸，但机体却很少直接利用这些核苷酸，而主要是利用氨基酸等作为原料在体内从头合成，其次是利用体内的游离碱基或核苷进行补救合成。

动物体内嘌呤核苷酸的合成有两条途径：一是利用磷酸核糖、氨基酸、一碳单位及二氧化碳等小分子物质为原料，经过一系列酶促反应合成，称为从头合成途径（*de novo* synthesis）；二是利用体内游离的嘌呤或嘌呤核苷，经过简单的反应过程合成，称为补救合成途径（salvage pathway）。一般情况下前者是合成的主要途径。

11.5.2.1 嘌呤核苷酸的从头合成

在动物体内，嘌呤核苷酸大多由从头合成途径生成。此过程主要在肝的细胞液中进行，其次是在小肠黏膜及胸腺。

（1）次黄嘌呤核苷酸（inosine monophosphate，IMP）的从头合成： 反应首先从合成5′-磷酸核糖-1′-焦磷酸（phosphoribosyl pyrophosphate，PRPP）开始，此反应由磷酸核糖焦磷酸合成酶（PRPP合成酶）催化。

核糖-5′-磷酸 —(ATP → AMP；PRPP合成酶)→ 5′-磷酸核糖-1′-焦磷酸（PRPP）

这个反应是嘌呤核苷酸从头合成的主要调控部位，其酶活性受途径终产物嘌呤核苷酸的抑制，属于负反馈调控。

次黄嘌呤核苷酸（IMP）在 PRPP 的基础上合成，然后再合成腺嘌呤核苷酸（AMP）和鸟嘌呤核苷酸（GMP）。同位素示踪实验证明，次黄嘌呤核苷酸中的嘌呤环是由多种小分子逐步组装而成的（图 11.17）。

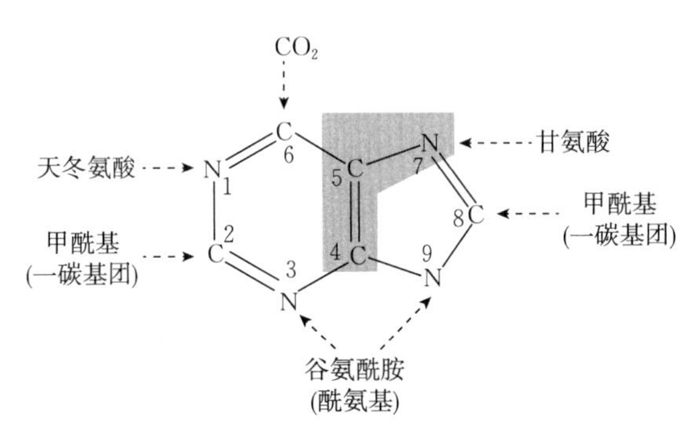

图 11.17　嘌呤环各原子的来源

其合成从 PRPP 开始，共需经过 10 步反应（图 11.18）。

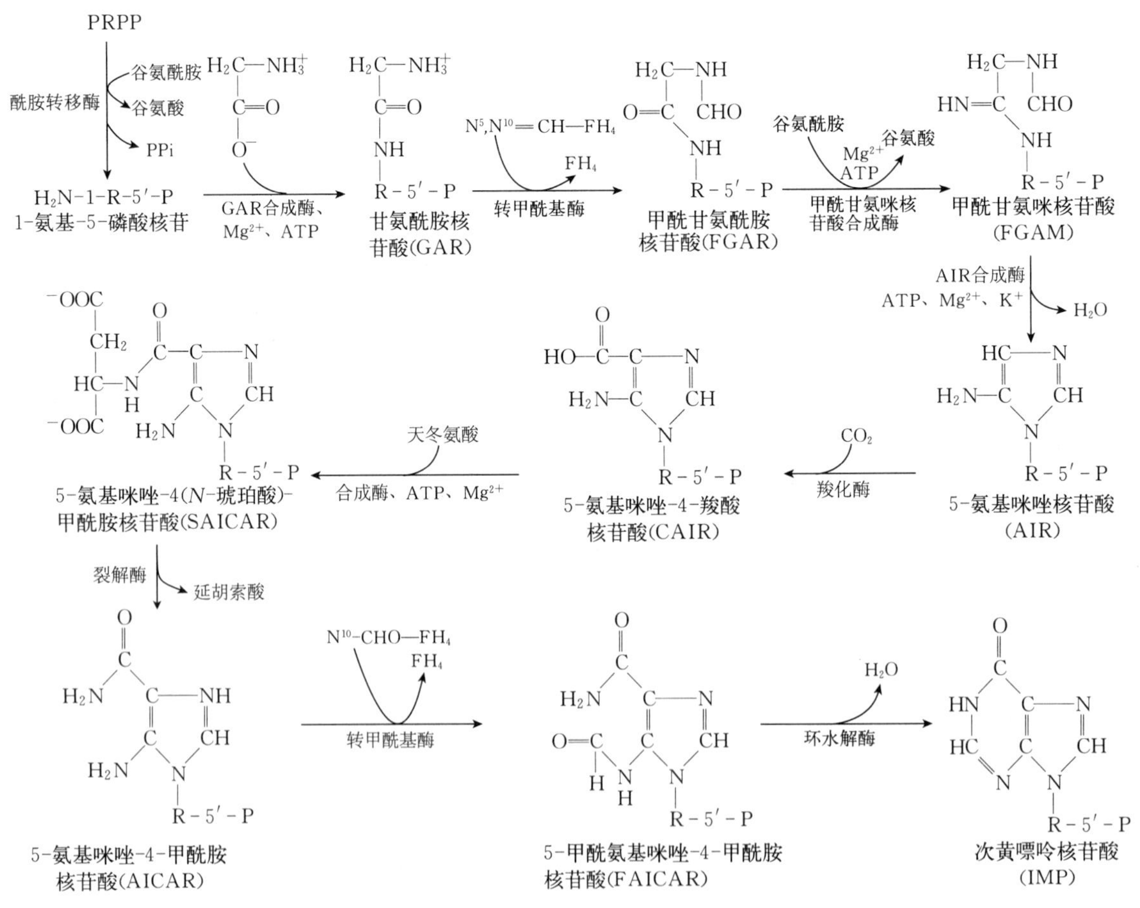

图 11.18　次黄嘌呤核苷酸的合成

（2）**腺嘌呤核苷酸和鸟嘌呤核苷酸的合成**：次黄嘌呤核苷酸（IMP）是 AMP 和 GMP 合成的前体。由 IMP 转变成 AMP 和 GMP 各经两步反应（图 11.19）。

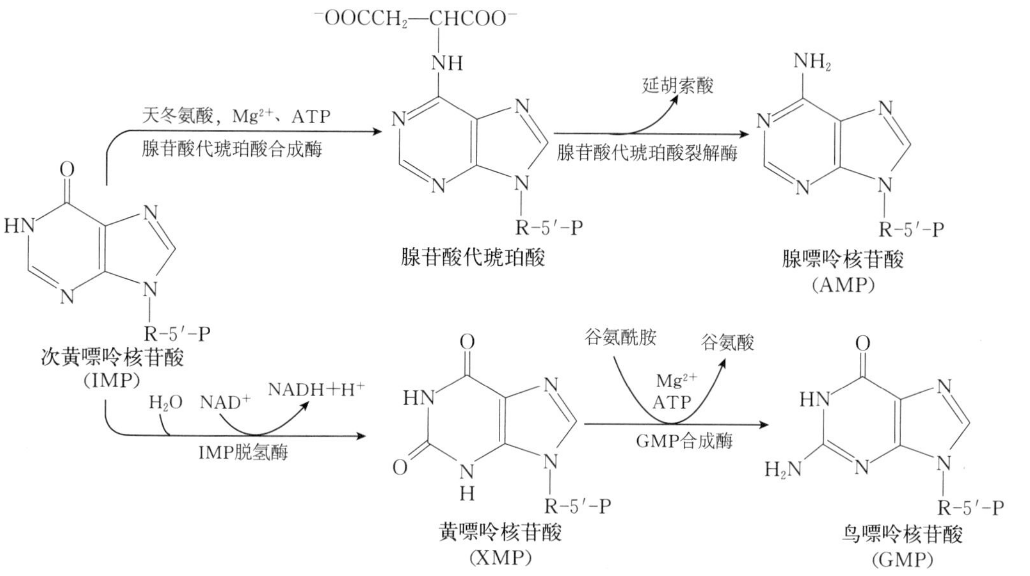

$^{-}OOCCH_2—CHCOO^{-}$

NH

天冬氨酸，Mg^{2+}、ATP
腺苷酸代琥珀酸合成酶

延胡索酸
腺苷酸代琥珀酸裂解酶

NH_2

R-5′-P

腺苷酸代琥珀酸

腺嘌呤核苷酸
(AMP)

次黄嘌呤核苷酸
(IMP)

H_2O　NAD^+　$NADH+H^+$
IMP脱氢酶

黄嘌呤核苷酸
(XMP)

谷氨酰胺　谷氨酸
Mg^{2+}
ATP
GMP合成酶

鸟嘌呤核苷酸
(GMP)

图 11.19　由 IMP 合成 AMP 及 GMP

AMP 和 GMP 可以在激酶催化下，以 ATP 为磷酰基供体，经两次磷酸化，分别生成 ATP 和 GTP。

$$\underset{\text{嘌呤核苷一磷酸}}{\text{AMP/GMP}} \xrightarrow[\text{激酶}]{\text{ATP}\quad\text{ADP}} \underset{\text{嘌呤核苷二磷酸}}{\text{ADP/GDP}} \xrightarrow[\text{激酶}]{\text{ATP}\quad\text{ADP}} \underset{\text{嘌呤核苷三磷酸}}{\text{ATP/GTP}}$$

11.5.2.2　嘌呤核苷酸的补救合成

核酸在机体内分解代谢产生的自由嘌呤和嘌呤核苷可以被动物细胞利用来重新合成嘌呤核苷酸，称为补救合成途径。补救合成的生理意义一方面在于比从头合成节省能量和氨基酸原料；另一方面，对脑、骨髓等缺乏从头合成嘌呤核苷酸酶的组织而言，是一种重要的补救措施。

动物肝中有两种特异性催化嘌呤核苷酸补救合成反应的酶：腺嘌呤磷酸核糖转移酶和次黄嘌呤/鸟嘌呤磷酸核糖转移酶。它们催化的反应如下。

$$\underset{\text{腺嘌呤}}{\text{A}} + \text{PRPP} \xrightarrow{\text{腺嘌呤磷酸核糖转移酶}} \text{AMP} + \text{PPi}$$

$$\underset{\text{鸟嘌呤/次黄嘌呤}}{\text{G/I}} + \text{PRPP} \xrightarrow[\text{核糖转移酶}]{\text{鸟嘌呤/次黄嘌呤磷酸}} \text{GMP/IMP} + \text{PPi}$$

腺嘌呤磷酸核糖转移酶受 AMP 的反馈抑制，次黄嘌呤/鸟嘌呤磷酸核糖转移酶受 IMP 和 GMP 的反馈抑制。嘌呤核苷酸补救合成途径以腺嘌呤磷酸核糖转移酶催化的反应为主。

11.5.3　嘧啶核苷酸的合成代谢

与嘌呤核苷酸一样，体内嘧啶核苷酸的合成也有两条途径，即从头合成和补救合成。

11.5.3.1　嘧啶核苷酸的从头合成

同位素示踪实验证明，嘧啶核苷酸中嘧啶环的合成原料来自谷氨酰胺、二氧化碳和天冬氨酸（图 11.20）。

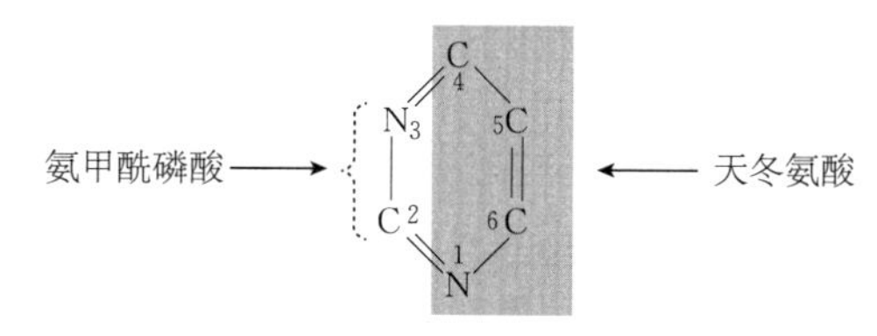

图 11.20　嘧啶环各原子的来源

与嘌呤核苷酸从头合成的途径不同，嘧啶核

苷酸的合成首先形成的是嘧啶环，然后再与磷酸核糖相连而成。在动物细胞中，嘧啶环的合成开始于氨甲酰磷酸的生成。氨甲酰磷酸也是尿素合成的重要中间产物，但它是由位于肝细胞线粒体中的氨甲酰磷酸合成酶Ⅰ催化生成的，氮源是游离氨。而嘧啶环合成所需的氨甲酰磷酸是由细胞液中的氨甲酰磷酸合成酶Ⅱ催化生成的，其氮源是谷氨酰胺。*N*-乙酰谷氨酸（N-AGA）对氨甲酰磷酸合成酶Ⅱ的活性并不是必需的。两种酶催化合成的产物虽然相同，但它们是两种不同性质的酶，其生理意义也不相同：氨甲酰磷酸合成酶Ⅰ参与尿素的合成，这是肝细胞独特的一种重要功能，是细胞高度分化的结果，因而氨甲酰磷酸合成酶Ⅰ的活性可作为肝细胞分化程度的指标之一；氨甲酰磷酸合成酶Ⅱ参与嘧啶核苷酸的合成，与细胞增殖过程中核酸的合成有关，因而它的活性可作为细胞增殖程度的指标之一。

在动物细胞中，氨甲酰磷酸合成酶Ⅱ所催化的反应是嘧啶核苷酸从头合成的主要控制点，它可被 ATP 和 PRPP 所活化，被高浓度的嘧啶核苷酸产物（UTP、CTP）所抑制。

由上述反应生成的氨甲酰磷酸可将其氨甲酰基转移给天冬氨酸形成氨甲酰天冬氨酸，后者经脱水、脱氢反应形成乳清酸（orotic acid）。乳清酸并不是构成核苷酸的嘧啶碱，但它可与 PRPP 结合形成乳清苷酸（orotidylic acid），再进一步脱去乳清酸嘧啶环上的羧基生成尿嘧啶核苷酸（UMP）。上述尿嘧啶核苷酸的从头合成主要在肝中进行，反应途径见图 11.21。

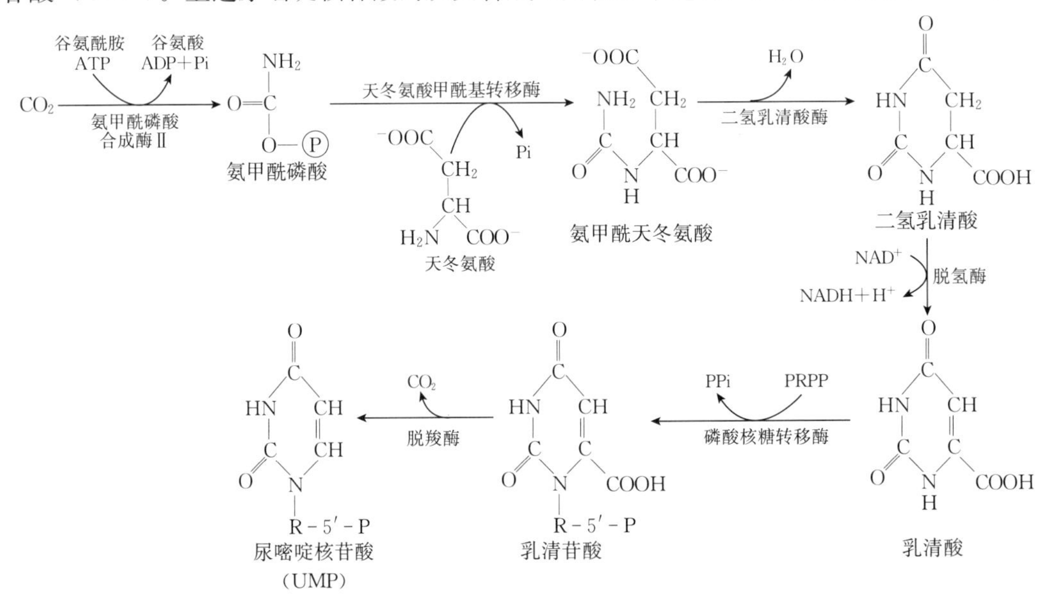

图 11.21 尿嘧啶核苷酸的合成

UMP 可以在激酶作用下，以 ATP 为磷酰基供体，经两次磷酸化，生成 UTP：

$$\text{UMP}\xrightarrow[\text{激酶}]{\text{ATP}\ \ \text{ADP}}\text{UDP}\xrightarrow[\text{激酶}]{\text{ATP}\ \ \text{ADP}}\text{UTP}$$

尿嘧啶核苷一磷酸　尿嘧啶核苷二磷酸　尿嘧啶核苷三磷酸

CTP 的生成则须在 CTP 合成酶催化下，消耗 ATP，使 UTP 从谷氨酰胺接受氨基而形成。

$$\text{UTP}\xrightarrow[\text{CTP 合成酶}]{\text{谷氨酰胺}\ \ \text{谷氨酸}\ \ Mg^{2+}\ \ \text{ATP}}\text{CTP}$$

尿嘧啶核苷酸三磷酸（UTP）　胞嘧啶核苷酸三磷酸（CTP）

11.5.3.2 嘧啶核苷酸的补救合成

嘧啶磷酸核糖转移酶是嘧啶核苷酸补救合成的主要酶，它催化如下反应。

$$嘧啶 + PRPP \xrightarrow{嘧啶磷酸核糖转移酶} 嘧啶核苷一磷酸 + PPi$$

但这个酶对胞嘧啶不起作用。尿苷激酶也是一种补救合成酶，它催化的反应是：

$$嘧啶 + ATP \xrightarrow{尿苷激酶} UMP + ADP$$

11.5.4 脱氧核糖核苷酸的合成

11.5.4.1 脱氧核糖核苷酸的合成

DNA 由各种脱氧核糖核苷酸组成。细胞分裂旺盛时，脱氧核糖核苷酸含量明显增加，以适应合成 DNA 的需要。脱氧核苷酸包括嘌呤脱氧核苷酸和嘧啶脱氧核苷酸。其所含的脱氧核糖并非先形成后再结合到脱氧核苷酸分子上，而是通过相应的核糖核苷酸的直接还原形成，以氢取代其核糖分子中 C_2 上的羟基而生成的，这种还原作用是在二磷酸核苷（NDP）水平上进行的（在这里 N 代表 A、G、U、C 等碱基）。但脱氧的胸腺嘧啶核苷酸的生成是个例外。

催化核糖核苷酸还原的酶系包括：核糖核苷酸还原酶（ribonucleotide reductase）、硫氧化还原蛋白（thioredoxin）和硫氧化还原蛋白还原酶（thioredoxin reductase）等。核糖核苷酸还原酶催化二磷酸核苷酸的直接还原，以氢取代其核糖分子中 C_2 上的羟基。氢来自 $NADPH+H^+$，并通过一个类似于电子传递链的途径传递给核糖。这一反应过程比较复杂，其总反应和氢的传递过程如图 11.22 所示。

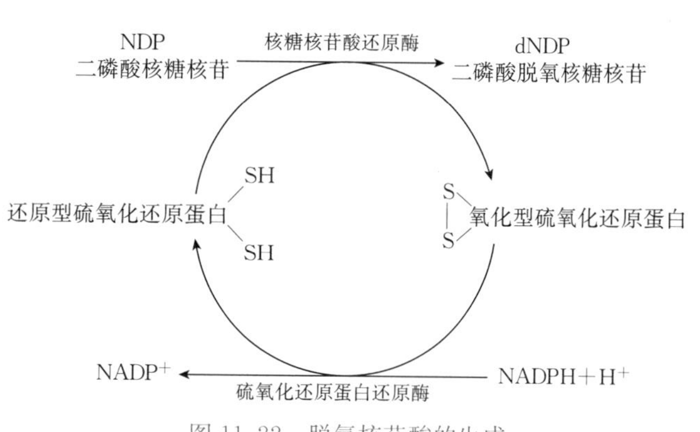

图 11.22 脱氧核苷酸的生成

核糖核苷酸还原酶从 $NADPH+H^+$ 获得电子时，需要硫氧化还原蛋白作为电子载体，使其所含的巯基氧化为二硫键。氧化型的硫氧化还原蛋白再由硫氧化还原蛋白还原酶催化（以 FAD 为辅基），重新生成还原型的硫氧化还原蛋白，由此构成一个复杂的酶体系。

核糖核苷酸还原酶是一种变构酶，包括 B_1、B_2 两个亚基，只有 B_1 与 B_2 结合时才具有酶活性。在 DNA 合成旺盛、分裂速度较快的细胞中，核糖核苷酸还原酶体系活性较强。

如上所述，与嘌呤脱氧核苷酸的生成一样，嘧啶脱氧核苷酸（dUDP、dCDP）也是通过相应的二磷酸嘧啶核苷的直接还原而生成的。

经过激酶的催化，上述 dNDP 可以 ATP 为磷酰基的供体，再磷酸化生成三磷酸脱氧核苷。

$$dNDP + ATP \xrightarrow{激酶} dNTP + ADP$$

11.5.4.2 脱氧胸腺嘧啶核苷酸的合成

脱氧胸腺嘧啶核苷酸不能由二磷酸胸腺嘧啶核糖核苷还原生成，它只能由脱氧尿嘧啶核糖核苷酸（dUMP）甲基化产生。dUMP 可来自 dUDP 的脱磷酸和 dCMP 的脱氨基。催化胸腺嘧啶核苷酸合成的酶是胸腺嘧啶核苷酸合酶（thymidylate synthase），它由 N^5，N^{10}-甲烯四氢叶酸提供甲基（图 11.23）。

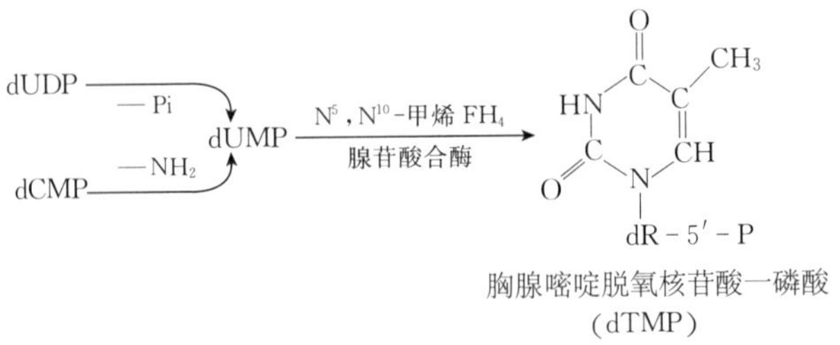

dUDP —Pi→ dUMP；dCMP —NH_2→ dUMP

dUMP $\xrightarrow[\text{腺苷酸合酶}]{N^5,N^{10}\text{-甲烯}FH_4}$ 胸腺嘧啶脱氧核苷酸一磷酸（dTMP）

O, CH_3, HN, C, CH, N, dR－5′－P

图 11.23　脱氧胸腺嘧啶核苷酸的合成

经过激酶的催化，以 ATP 为磷酰基供体，经两次磷酸化，脱氧的 TMP（dTMP）可以转变为脱氧的胸腺嘧啶核苷三磷酸 TTP（dTTP）。

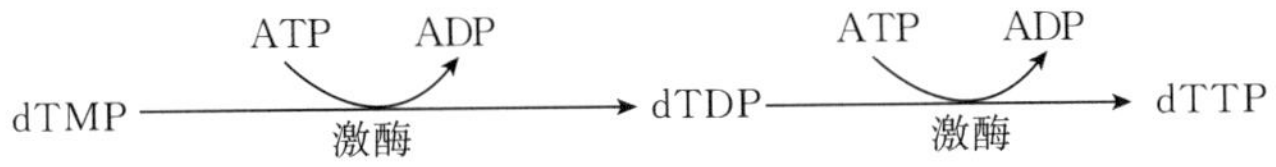

$$dTMP \xrightarrow[\text{激酶}]{ATP\quad ADP} dTDP \xrightarrow[\text{激酶}]{ATP\quad ADP} dTTP$$

以上过程可以大致总结在图 11.24，嘌呤核苷酸和嘧啶核苷酸的合成为 DNA 的复制和 RNA 的转录准备了原料，分别是 dATP、dGTP、dCTP 与 dTTP 以及 ATP、GTP、CTP 与 UTP。

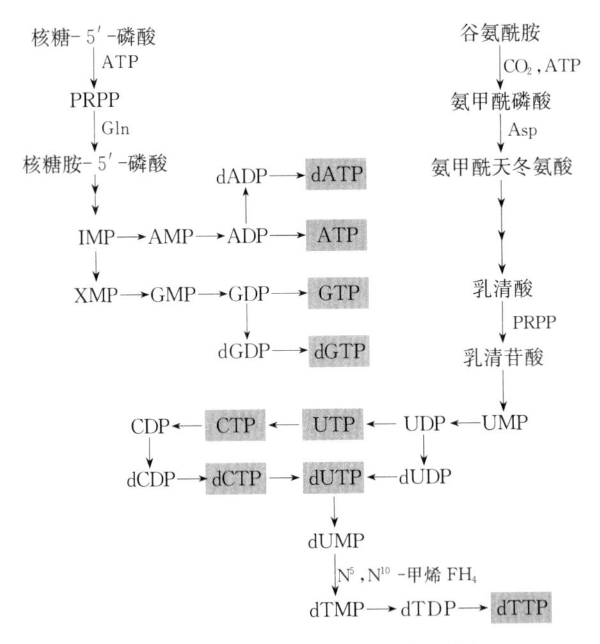

图 11.24　核苷酸的生物合成总图

11.5.5　核苷酸的分解代谢

在动物体内有许多催化核酸水解的酶，称为核酸酶（nuclease）。核酸酶可按其底物不同分为核糖核酸酶（RNase）和脱氧核糖核酸酶（DNase）两类，它们分别将 RNA 和 DNA 水解为单核苷酸。另外，依据其作用于核酸的位置不同又可分为内切核酸酶（切点在核酸分子内部）和外切核酸酶（切点在核酸分子的末端）。核酸经核酸酶水解产生的单核苷酸受核苷酸酶（nucleotidase）的催化，水解生成核苷和磷酸。核苷在核苷酶的作用下进一步分解成戊糖和嘌呤、嘧啶等含氮碱基。

核苷酶的种类很多，其中有些是核苷磷酸化酶，可将核苷与磷酸作用生成嘌呤碱、嘧啶碱

和 1-磷酸戊糖，然后这些物质再分别进行分解代谢。对核苷酶研究得还不够清楚。以上关于核苷酸的分解代谢可简单用图 11.25 表示。

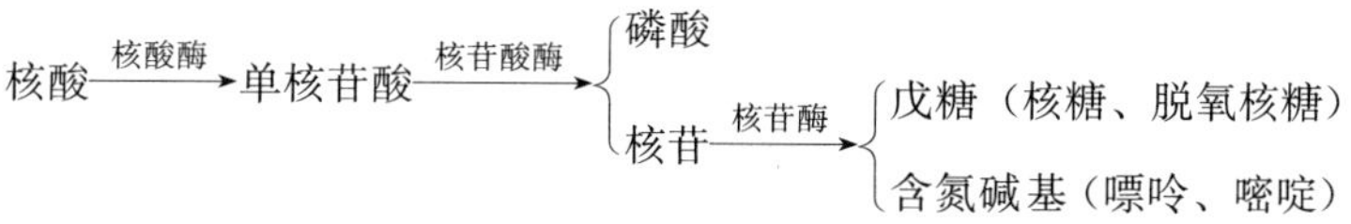

核酸 —核酸酶→ 单核苷酸 —核苷酸酶→ { 磷酸；核苷 —核苷酶→ { 戊糖（核糖、脱氧核糖）；含氮碱基（嘌呤、嘧啶） } }

图 11.25　核苷酸的分解代谢

核苷酸及其水解产物均可被细胞吸收。其中的绝大部分在肠黏膜细胞中又被进一步分解，分解产生的戊糖被吸收，可经磷酸戊糖途径进一步代谢；嘌呤和嘧啶碱基则可以经补救途径再利用或者进一步分解而排出体外。

11.5.5.1　嘌呤碱的分解

许多动物体内含有腺嘌呤酶和鸟嘌呤酶，它们分别催化腺嘌呤和鸟嘌呤水解、脱氨生成次黄嘌呤和黄嘌呤。人和大鼠不含腺嘌呤酶，因此腺嘌呤的脱氨反应是在腺苷酸或腺苷的水平上进行的，其产物为次黄嘌呤核苷酸或次黄嘌呤核苷，它们再进一步分解成次黄嘌呤，在黄嘌呤氧化酶的作用下氧化成黄嘌呤，最后生成尿酸。鸟嘌呤核苷酸可以先水解生成鸟嘌呤，后者转变成黄嘌呤，最后也分解生成尿酸。嘌呤脱氧核苷经过相同途径进行分解代谢。体内嘌呤核苷酸的分解代谢主要在肝、小肠及肾中进行。

嘌呤在不同种类动物中代谢的最终产物不同。在人、灵长类、鸟类、爬行类及大部分昆虫中，嘌呤分解的最终产物是尿酸，尿酸也是鸟类和爬行类排出多余氨的主要形式。在其他哺乳动物则是尿囊素，某些硬骨鱼类排出尿囊酸，两栖类和大多数鱼类可将尿囊酸再进一步分解成乙醛酸和尿素，在某些海生无脊椎动物中可把尿素再分解为氨和二氧化碳。嘌呤核苷酸分解代谢的反应见图 11.26。

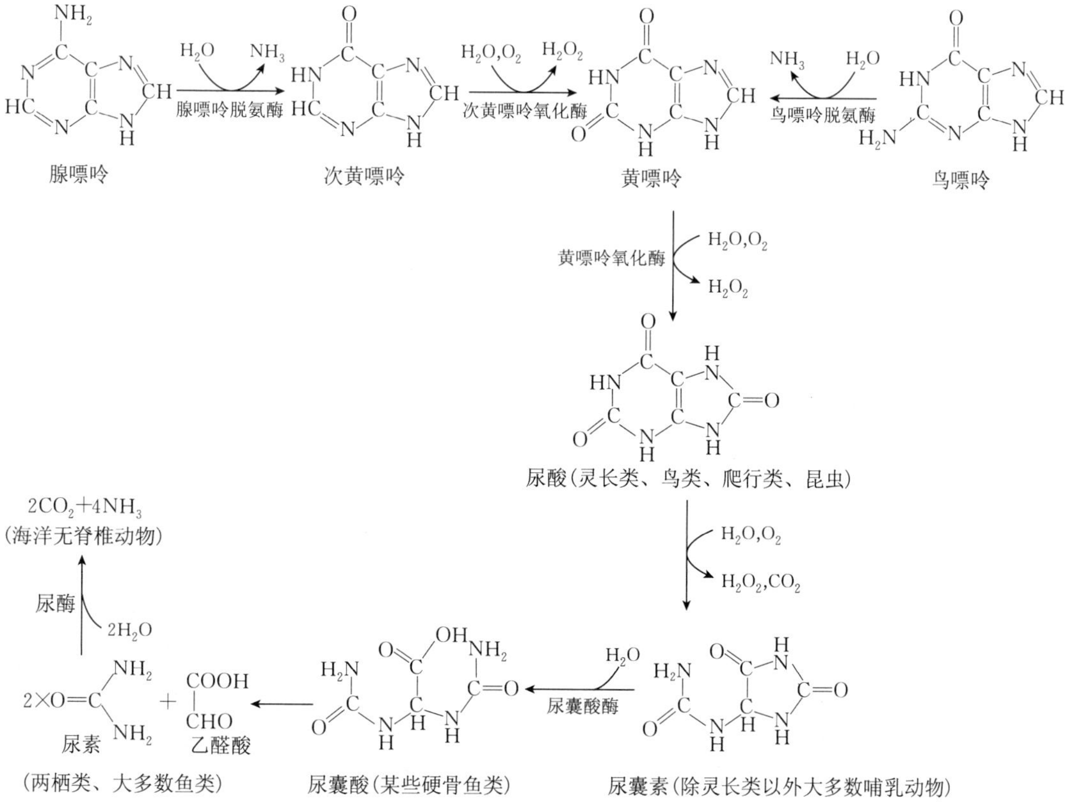

腺嘌呤 —腺嘌呤脱氨酶（H_2O → NH_3）→ 次黄嘌呤 —次黄嘌呤氧化酶（H_2O,O_2 → H_2O_2）→ 黄嘌呤 ←鸟嘌呤脱氨酶（H_2O → NH_3）— 鸟嘌呤

黄嘌呤 —黄嘌呤氧化酶（H_2O,O_2 → H_2O_2）→ 尿酸（灵长类、鸟类、爬行类、昆虫）

尿酸 —（H_2O,O_2 → H_2O_2,CO_2）→ 尿囊素（除灵长类以外大多数哺乳动物）

尿囊素 —尿囊酸酶（H_2O）→ 尿囊酸（某些硬骨鱼类）→ $2\times$尿素 + 乙醛酸（两栖类、大多数鱼类）

尿素 —尿酶（$2H_2O$）→ $2CO_2+4NH_3$（海洋无脊椎动物）

图 11.26　嘌呤的分解代谢

11.5.5.2 嘧啶碱的分解

胞嘧啶经水解、脱氨转化为尿嘧啶，尿嘧啶和胸腺嘧啶按相似的方式分解。它们首先被还原成相应的二氢衍生物——二氢尿嘧啶或二氢胸腺嘧啶，然后开环，生成β-氨基酸、氨和二氧化碳。胞嘧啶和尿嘧啶生成的是β-丙氨酸，而胸腺嘧啶生成的则是β-氨基异丁酸（图11.27）。β-氨基酸可以进一步代谢，也有小部分直接随尿排出体外。人食入含DNA丰富的食物、经放射线或化学治疗后，尿中β-氨基异丁酸排出量增多。嘧啶碱的降解代谢主要在肝中进行，其降解产物均易溶于水。

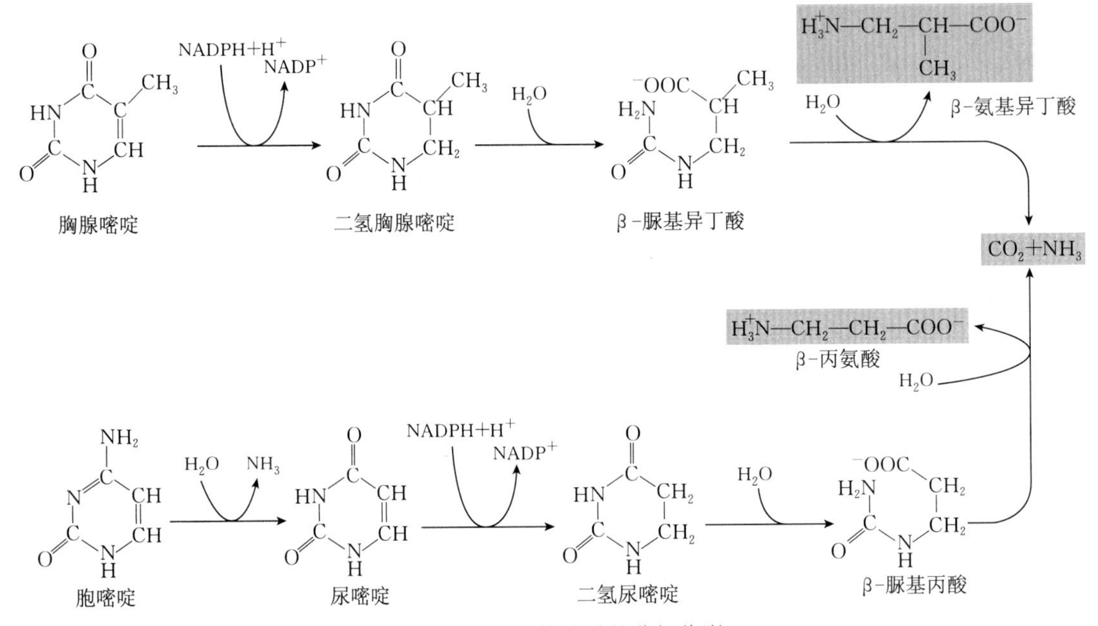

图11.27 嘧啶核苷酸的分解代谢

案 例

1. 高血氨症 氨具有毒性，正常生理情况下，血氨浓度一般处于较低水平，正常人的血氨浓度（谷氨酸脱氢酶法测定）为11～35 μmol/L。正常时，氨进入脑组织后可与脑中α-酮戊二酸结合生成谷氨酸，谷氨酸进一步结合氨生成谷氨酰胺，从而将氨转运出脑。高血氨时（如肝功能严重损伤引起尿素合成功能障碍），氨进入脑组织可使脑中α-酮戊二酸大量消耗，导致TCA减弱，ATP生成减少，大脑能量代谢障碍，严重时出现昏迷。

2. 苯丙酮酸尿症 俗称苯丙酮尿症，是由氨基酸代谢酶缺乏引起的最常见的疾病，该疾病为常染色体隐性遗传性疾病。患者体内由于苯丙氨酸累积，经转氨生成大量苯丙酮酸及苯乙酸等衍生物，并可大量出现在尿中，引起苯丙酮酸尿症（PKU）。苯丙酮酸的堆积可严重损害神经系统，造成患者智力发育障碍，在尿液中排泄的苯丙酮酸、苯乙酯和苯基乙酸，造成尿液散发出不同程度的小鼠尿味。

3. 家禽痛风 家禽痛风是蛋白质代谢障碍和肾受到损伤使尿酸盐在体内蓄积而致的营养代谢障碍性疾病。正常情况下，哺乳动物主要是通过鸟氨酸循环经精氨酸酶将氨转变成尿素后，由肾排出。禽类由于肝缺乏尿素合成酶——精氨酸酶，不能将氨转变成

尿素；同时，禽类肾中也无谷氨酰胺合成酶，故谷胺酰胺不能携带氨，因而其蛋白质代谢产物氨只能通过嘌呤核苷酸合成与分解途径生成尿酸后排泄至体外。此外，肾不仅是禽类尿酸生成的场所之一，而且是尿酸唯一排泄通路，所以肾的功能状况直接决定禽类尿酸代谢的正常与否。当禽类饲料中蛋白质和核蛋白含量过多，或肾功能损伤尿酸排泄障碍时，则导致尿酸在体内大量蓄积。由于尿酸在水中溶解度甚小，当血浆中尿酸超过一定量时，尿酸即以尿酸盐形式沉积在关节、软组织、软骨和内脏的表面及皮下结缔组织，进而引起关节型或内脏型痛风。

二维码 11-1　第 11 章习题

二维码 11-2　第 11 章习题参考答案

第12章

物质代谢的联系与调节

【本章知识要点】

☆ 动物机体代谢的基本目的是为机体生理活动供应所需的ATP、还原力（NADPH+H^+）和生物合成的前体小分子。

☆ 动物机体是一个统一的整体，各种物质代谢彼此之间密切联系、相互影响。其中，糖与脂类的代谢联系最为重要。

☆ 糖可以转变为脂类，但是脂类转变为糖在动物体内是有条件的；糖代谢分解产物可为非必需氨基酸的合成提供碳骨架，而氨基酸和戊糖则是细胞合成核苷酸（进而合成核酸）的重要原料；核苷酸不仅是用于合成核酸的原料，且以各种形式广泛参与机体的物质代谢及其调节。

☆ 机体物质代谢的基本状态是恒态，恒态的维持是通过代谢调节实现的。

☆ 动物调节代谢在细胞、激素和整体三个水平上进行。细胞水平是最基本的调节方式，其实质是对细胞代谢途径中酶活性和酶含量进行调节。

☆ 代谢调节的细胞生物化学机制是激素、神经递质等胞外信号分子与膜上或胞内的特异性受体结合而将代谢信息传递到细胞内部，以实现对细胞内靶酶活性或酶蛋白基因表达的调控。

☆ 通过细胞膜受体的胞内信号传导通路主要是与G蛋白偶联的受体信号系统，包括蛋白激酶A系统、蛋白激酶C系统和IP_3-钙离子/钙调蛋白激酶系统，cAMP、DG、IP_3以及Ca^{2+}等第二信使是其重要的信号传导中介。此外，还有酪氨酸蛋白激酶受体系统。

☆ 通过胞内受体发挥作用的主要为DNA转录调节型受体系统。

在前几章中已分别讨论了糖、脂类以及含氮小分子的代谢，并系统介绍了生物催化剂酶和生物氧化的基本知识。但应充分认识到，动物机体是一个统一的整体，各种物质的代谢彼此之间密切联系并互相影响，动物的生命活动是各种物质代谢整合的结果。物质代谢与能量转移、信息传递共同构成完整的生命活动进程。正常的生理活动需要各种物质代谢相互配合协调进行。生理条件改变时，各种物质代谢也要发生相应的改变。机体物质代谢的基本状态是恒态，恒态的维持是通过代谢调节实现的；当环境的改变超过了机体的调节能力，或者由于调节机制发生故障，都会引起物质代谢过程出现异常和紊乱。本章将对动物机体代谢的基本目的和各种物质之间的代谢联系进行归纳，并进一步讨论动物机体代谢调节的一般原理和基本方式。在此基础上，对调节代谢的信号分子在细胞中的传导通路和作用机制做简要的介绍。

12.1　物质代谢的基本目的

新陈代谢的目的就是维持生命过程。动物机体在物质代谢中所采取的基本要略必须以满足生长、发育和繁殖等基本生理功能的需要出发，那就是产生 ATP、还原性辅酶（NADPH＋H^+）和为生物合成准备所需的小分子前体。

12.1.1　生成 ATP

机体的各种生命活动以及生命物质的合成均需要能量。能量的来源是营养物质在机体氧化分解所释放出而储存在 ATP 分子中的化学能。ATP 作为机体可直接利用的能量载体，将物质代谢与其他生命活动联系在一起。ATP 水解时或其高能磷酰基转移时能为机体肌肉收缩、物质运输、代谢信号放大和生物合成等提供所需的能量，因此 ATP 被称为“通用能量货币”。ATP 的产生首先要将能源分子（如葡萄糖、脂肪酸）氧化生成中间产物乙酰 CoA，其乙酰单位再通过三羧酸循环完全氧化生成 CO_2 并伴有 NADH＋H^+ 和 $FADH_2$ 的产生。这些氢和电子载体再把它们的高电位电子转移到呼吸链，最后传给 O_2，导致质子从线粒体的基质中泵出，形成的质子电化学梯度所蕴含的能量最终用于合成 ATP。糖酵解虽然也有 ATP 生成，但是数量远较氧化磷酸化少，然而糖酵解途径可以在短时间内，在无氧的状况下快速产生 ATP。

12.1.2　生成还原辅酶

动物机体代谢过程中产生还原力，其代表性物质是辅酶（NADPH＋H^+），它在脂肪酸、胆固醇和脱氧核糖核苷酸等还原性生物合成中作为主要的氢和电子供体。在大多数生物合成中，产物通常比其前体有更强的还原性。因此还原力与 ATP 一样对生物合成是必不可少的。用于推动这些合成反应的高电位电子由 NADPH 提供。例如，在脂肪酸的合成中，加入的每一个二碳基团上的羰基都要由两个 NADPH＋H^+ 提供 4 个电子才能还原成—CH_2—。还原性生物合成所需的还原力主要来源于葡萄糖的磷酸戊糖途径，也可以通过线粒体中柠檬酸/丙酮酸循环中的苹果酸转氢反应产生。

12.1.3　产生生物合成的小分子前体

大部分代谢途径在产生 ATP 和还原力的同时，也产生出用于构建比较复杂生物分子的小分子前体，因为动物机体的各种生物合成都要利用一套相对小的基本构造原件。例如，合成三酰甘油时所需的甘油骨架来自糖代谢途径的中间产物二羟丙酮磷酸；糖分解代谢中产生的 α-酮酸是合成非必需氨基酸碳骨架的来源；乙酰 CoA 不仅是大多数可供能的分子降解的共同中间产物，而且是合成脂肪酸和胆固醇的原料；琥珀酰 CoA 是三羧酸循环的中间产物，也是合成卟啉的前体之一；磷酸戊糖途径产生的磷酸核糖是核苷酸中糖的来源；氨基酸则是许多生物合成所需一碳基团的来源。

12.2　物质代谢的相互联系

上述基本目的的实现要求动物机体中各种物质的代谢活动高度协调，各条途径间不能孤立和分隔，而是互相联系在一起。不同代谢板块通过交叉点上共同的代谢中间物得以交联，形成一个复杂的代谢网络交织在一起（图 12.1）。图中三羧酸循环处于中心的位置，清楚地表明葡萄糖的有氧分解途径不仅是糖、脂、氨基酸和核苷酸等各种物质分解代谢的共同归宿，而且也是它们之间相互联系和转变的共同枢纽。下面将从整体的角度来讨论在动物机体中主要营养物质［糖、脂类、氨基酸（蛋白质）与核苷酸］之间的联系和相互影响。

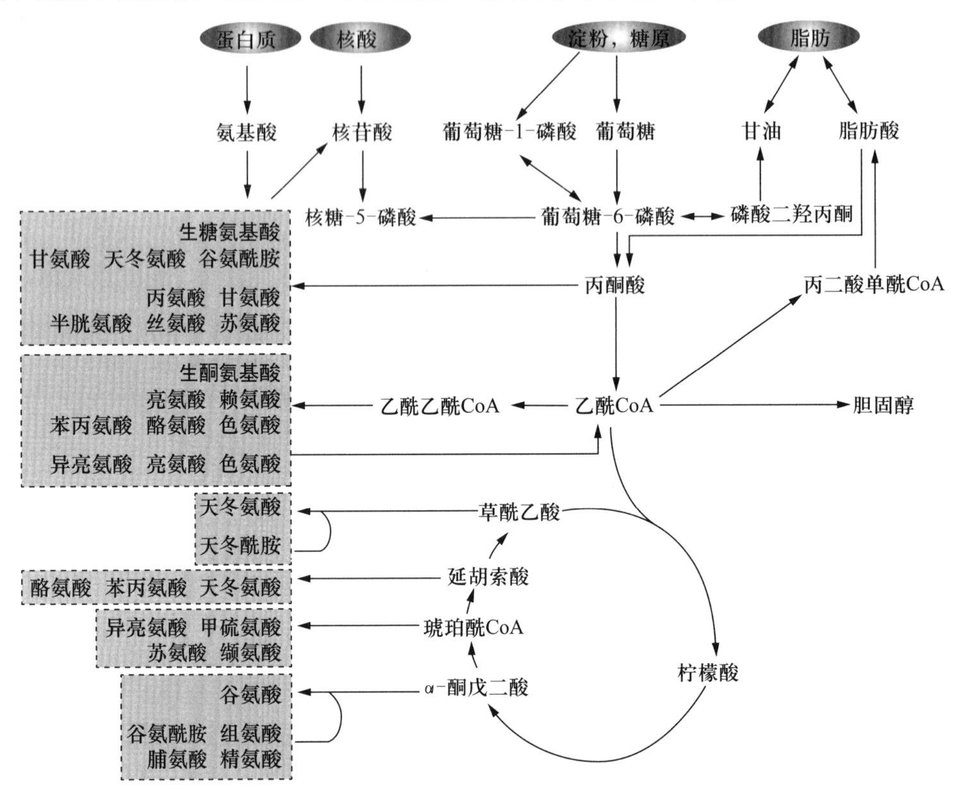

图 12.1 主要营养物质代谢的相互联系

12.2.1 糖代谢与脂代谢之间的联系

糖与脂类的代谢联系最为密切，葡萄糖可以转变成脂类。当摄入的葡萄糖超过机体需要时，除少量以糖原形式储存于肌肉或肝内，其余葡萄糖经氧化分解，生成二羟丙酮磷酸及丙酮酸等中间代谢物。其中，二羟丙酮磷酸还原成甘油-3-磷酸；丙酮酸则在线粒体基质中氧化脱羧转变为乙酰 CoA 后，经“柠檬酸-丙酮酸循环”途径由线粒体转入细胞液，然后再由脂肪酸合成酶系催化合成脂酰 CoA。最后甘油-3-磷酸与脂酰 CoA 酯化合成三酰甘油。此外，乙酰 CoA 也是合成胆固醇及其衍生物的原料。在上述糖转变成脂类的过程中，磷酸戊糖途径还为脂肪酸及胆固醇的合成提供了大量所需的还原辅酶 NADPH＋H^+。

在动物体内，脂肪转变成葡萄糖是有条件的。脂肪的分解产物包括甘油和脂肪酸。其中甘油作为一种生糖物质，可由肝、肾等组织中的甘油激酶催化转变为甘油-3-磷酸，再脱氢生成二羟丙酮磷酸，然后沿糖异生途径转变为葡萄糖或糖原。奇数脂肪酸经β氧化之后，产生丙酰 CoA。丙酸是反刍动物瘤胃微生物消化纤维素的产物，可由甲基丙二酸单酰 CoA 途径转变成琥珀酸，然后进入糖异生过程生成葡萄糖。但偶数脂肪酸β氧化产生的乙酰 CoA 在动物体内则不能净合成糖，因为丙酮酸脱氢酶复合体催化产生乙酰 CoA 的反应是不可逆的。虽然有研究显示，同位素标记的乙酰 CoA 碳原子最终掺入到了葡萄糖分子中去，但其前提是必须向三羧酸循环中补充草酰乙酸等有机酸，而动物体内草酰乙酸又只能从糖代谢的中间产物丙酮酸羧化后或从其他氨基酸脱氨后得到。由此看来，认为乙酰 CoA 在动物体内可以异生成葡萄糖或

糖原的观点是难以成立的。

12.2.2　糖代谢与氨基酸代谢之间的联系

糖不仅是动物机体中主要的燃料分子，而且可转变成各种氨基酸的碳架结构。糖氧化分解代谢的中间产物，特别是 α-酮酸可以作为碳骨架通过转氨基或氨基化作用转变为组成蛋白质的许多非必需氨基酸，如丙酮酸、α-酮戊二酸、草酰乙酸可分别生成丙氨酸、谷氨酸和天冬氨酸。此外，糖分解过程产生的能量还能为氨基酸和蛋白质合成供能。

但是当动物缺乏糖的摄入（如饥饿）时，体蛋白的分解就要加强。已知组成蛋白质的 20 种氨基酸中，除生酮氨基酸（赖氨酸和亮氨酸）外，其余的都可以通过脱氨基作用直接地或间接地转变成糖异生途径中的某种中间产物，再沿糖异生途径合成糖，以满足机体对葡萄糖的需要和维持血糖水平的稳定。

此外，缺乏糖的充分供应，会导致细胞的能量水平下降，对需要消耗大量高能磷酸化合物（ATP 和 GTP）的蛋白质生物合成的过程也将产生不利影响，mRNA 的翻译过程会明显受到抑制。

12.2.3　脂代谢与氨基酸代谢之间的联系

所有的氨基酸，无论是生糖的、生酮的，还是兼生的都可以在动物体内转变成脂肪。生酮氨基酸可以通过解酮作用转变成乙酰 CoA 后合成脂肪酸，生糖氨基酸可通过直接或间接生成丙酮酸而转变成甘油，也可以在氧化脱羧生成乙酰 CoA 后合成胆固醇或经丙二酸单酰辅酶 A 催化用于脂肪酸合成。此外，某些氨基酸还是合成磷脂的原料，如丝氨酸脱去羧基之后形成的胆胺是脑磷脂的组成成分，胆胺接受由蛋氨酸（以 SAM 形式）提供的甲基之后形成胆碱，而胆碱是卵磷脂的组成成分。

脂类中的甘油是糖异生的原料之一。因此，由甘油可以得到用以合成非必需氨基酸的碳骨架，如羟基丙酮酸，再直接合成出丝氨酸等。

但是在动物体内由脂肪酸合成氨基酸碳骨架结构的可能性不大。因为当乙酰 CoA 进入三羧酸循环，再由循环中的中间产物形成氨基酸时，消耗了循环中的有机酸，如无其他来源得以补充，反应则不能进行下去。植物与微生物细胞中存在乙醛酸循环，可使 2 分子乙酰 CoA 缩合成 1 分子琥珀酸以增加循环中的有机酸，从而促使脂肪酸转变成氨基酸。在动物细胞中缺乏这样的机制。因此，一般来说，动物组织难以利用脂肪酸合成氨基酸。

12.2.4　核苷酸代谢与其他物质代谢之间的联系

核酸是细胞中的遗传分子。核酸通过控制细胞中蛋白质/酶的合成而影响细胞的组成成分和代谢类型，但一般不把核酸作为细胞中的碳源、氮源和能源分子来看待。核苷酸不仅是核酸的基本组成单位，而且在调节代谢中也起着重要作用。例如，ATP 是通用能量货币和转移磷酸基团的主要分子，UTP 参与单糖的转变和多糖的合成，CTP 参与磷脂的合成，GTP 则为蛋白质多肽链的生物合成所必需。此外，CoA、尼克酰胺核苷酸和黄素核苷酸等重要的辅酶、辅基都是腺嘌呤核苷酸的衍生物，参与酶的催化过程；环核苷酸，如 cAMP，cGMP 作为胞内信号分子（第二信使）参与细胞信号的传导。

核酸本身的合成也与糖、脂类和蛋白质的代谢密切相关。糖代谢为核酸合成提供了磷酸核糖和还原辅酶 $NADPH+H^+$；甘氨酸、天冬氨酸、谷氨酰胺所携带的一碳单位以及四氢叶酸等参与嘌呤环和嘧啶环的合成；核酸的生物合成（复制和转录）又需要多种酶和蛋白因子协助；组成核酸分子中的磷酸戊糖是由磷酸戊糖途径所产生；同时糖、脂等燃料分子又为核酸生物学功能的实现提供了能量保证。

12.2.5 营养物质之间的相互影响

糖、脂类和蛋白质代谢之间的相互影响是多方面的，而且突出表现在能量供应上。在动物饲料中，除水分外，糖是数量最多的营养物质，占饲料的80%以上。因此，在一般情况下动物机体各种生理活动所需要的能量70%以上是由糖供应的。当饲料中糖类供应充足时，机体以糖作为能量的主要来源，而很少利用脂肪和蛋白质分解供能。如糖的供应量超过机体的需要，由于糖在体内以糖原储存的量不多，一般不到体重的1%，因而过量的糖则转变为脂肪作为能量储备。在这种情况下，脂肪的合成代谢增强，育肥期的家畜、家禽就是这种状况。反之，当饲料中糖类供应不足或动物饥饿时，体内的糖原很快被消耗完。此时，一方面糖的异生作用加强，即主要动用体蛋白转变为糖，以维持血糖的水平基本稳定；另一方面动员体内储存的脂肪分解供能，以减少糖的利用。若长期饥饿，体内脂肪分解大大加快，甚至会出现酮血症。

在一般情况下，饲料蛋白质的主要营养作用是在体内合成蛋白质，以满足动物生长、修补、组织更新以及合成各种酶、蛋白类激素的需要。合成蛋白质同样需要能量，能量主要依靠糖，其次是脂肪分解供给。因此，当蛋白质合成代谢增强时，糖和脂肪并且首先是糖的分解代谢必然增强。糖的分解增强除了提供蛋白质合成所需要的能量外，还可合成某些非必需氨基酸作为蛋白质合成的原料。由此可见，当饲料中供能物质不足时，必然会影响蛋白质的合成。这是在动物饲养中必须注意的问题。

12.3 动物代谢调节的一般原理

从动物机体物质代谢各途径之间的联系和相互影响可以看到，在细胞内存在一套高效、经济的调节机制，能够灵敏地应对环境变化，如根据营养物质的供给水平，动物机体调节不同营养物质的代谢速度以保持各代谢途径的协调一致。

12.3.1 代谢调节的实质

动物的代谢过程表现为机体不断从外界摄入营养物质，然后在体内经由不同的代谢途径进行转变，又不断地把代谢产物和热量排出体外，这种状态称为恒态（stable state）。恒态是机体代谢的基本状态，其破坏意味着生命活动的终止。恒态使动物机体各种代谢中间物的含量在一定条件下基本保持不变，但并不是固定不变。为了适应环境的变化，动物机体进化出了随时可以改变各个代谢途径的速度和代谢中间物浓度的能力，使自身由一种恒态转变为另一种恒态，这是通过对代谢的调节而实现。

代谢调节所包括的内容非常广泛，既有随动物生长发育的不同时期进行的调节，又有因为内外环境的变化进行的调节。然而，无论在什么情况下所进行的代谢调节，都是对代谢速度的调节，使它们加快、变慢；或者使有些途径开放，另一些途径关闭。由于所有代谢途径都是由酶催化的，因而无论调节的内容多么庞杂，调节的机制多么复杂和多样，归根结底，代谢的调节都是对酶的调节，即对酶活性和酶含量实行的调节。具体来说，就是在一定的条件下，要使各个途径中的酶互相协调，不致有的活性过高，有的活性过低；还要保持细胞中各种酶含量有一定相对比例，既没有酶的缺乏，又没有酶的不适时表达，保持整个机体的代谢以恒态的方式进行。但是随着环境和生理状态的改变，可能有些酶活化了，另一些酶抑制了，有些新的酶出

现了，而原有的一些酶降解了，于是代谢进入了新的恒态。生命有机体内的物质代谢是由许多相互联系、相互制约的代谢途径（metabolic pathway）所组成，通过这些代谢途径将一种底物转化为一定的产物。在一条代谢途径中，通常存在一种或少数几种所谓的关键酶（key enzyme）催化的单向不平衡反应，也就是通常所说的不可逆反应或限速反应，这些酶对代谢途径的方向和反应速度起决定作用。关键酶的活性可受细胞内各种信号的调节，故又称之为调节酶（regulatory enzyme）。通过调节酶的作用，机体既不会发生代谢产物的不足或过剩，也不会引起底物的缺乏或积聚，从而使生物体内各种代谢物的含量基本上保持恒定。总而言之，代谢调节的实质，就是把体内的酶组织起来，在统一的指挥下，互相协作，以便使整个代谢过程适应生理活动的需要。

12.3.2 代谢调节的方式

代谢调节是怎样实现的呢？单细胞微生物主要通过细胞内代谢物浓度的变化，对酶的活性及其含量进行调节，这种调节称为原始调节或细胞水平代谢调节。从单细胞生物进化至高等生物，细胞水平的调节变得更为精细复杂，同时出现了专司调节功能的内分泌细胞及内分泌器官，这些细胞及器官所分泌的激素可对其他细胞发挥代谢调节作用，这种调节称为激素水平的代谢调节。高等动物不仅有完整的内分泌系统，而且还有功能十分复杂的神经系统。在中枢神经系统的控制下，或通过神经组织及其产生的神经递质对靶细胞直接发生影响，或通过控制激素的分泌调节细胞的代谢和功能，并通过多种激素的互相协调对机体代谢进行综合调节，这种调节称为整体水平的代谢调节。细胞水平调节、激素水平调节和整体水平调节构成3个层次的代谢调节，其中细胞水平的代谢调节是其他形式调节的基础，激素水平和整体水平对代谢的调节最终都是通过细胞水平的调节实现的。

12.3.2.1 细胞水平调节

（1）酶的区室化：酶作为生物催化剂，在机体的代谢过程中发挥协调、制约的作用，与之相适应，酶在细胞中呈现出区室化分布。动物细胞的膜结构把细胞分为许多区域，称为酶的区室化（compartmentation），其结果是把不同代谢途径的酶系都固定地分布在不同的区域中，为代谢调节提供了方便的条件。这种分隔一方面可以使某些调节物只对某一区域的代谢途径发生影响；另一方面还可以通过膜的转运功能，根据条件变化的需要把调节物从一个区域转运至另一个区域，以发挥其调节作用。表12.1举出了一些代谢途径和酶在细胞中的区域分布。例如三羧酸循环、脂肪酸的氧化分解和氧化磷酸化都发生在线粒体内，而糖酵解、脂肪酸的合成、磷酸戊糖途径则在细胞液中进行。酶的区室化保证了代谢途径的定向和有序地进行，也使合成途径和分解途径彼此独立、分开进行。

表12.1 酶的区室化

细胞定位	酶
胞液	糖酵解酶，糖异生酶，脂肪酸合成酶系
线粒体	三羧酸循环酶系，分解氨基酸的转氨酶和L-谷氨酸脱氢酶、脂肪酸β氧化酶系等
质膜	Na^{+}-K^{+}-ATP酶等
溶酶体	蛋白酶，脂肪酶，磷酸酶，磷脂酶，糖苷酶等
过氧化物酶体	过氧化氢酶，过氧化物酶，氨基酸氧化酶，黄嘌呤氧化酶等
核	DNA聚合酶，RNA聚合酶等与复制、转录以及转录后加工有关的酶（包括核酶）

(2) 酶活性调节：酶的变构调节和共价修饰调节是对关键酶活性调节的两种主要方式。关键酶通常具有变构酶的特点，其变构效应剂往往是代谢途径的终产物或代谢中间物，其浓度微小的变化可以通过变构作用迅速影响酶的活性，因此变构作用成为了快速、灵敏调节代谢速度、方向乃至能量代谢平衡的有效方式。变构调节一般通过反馈控制进行。酶或调节蛋白也可在另一种酶的催化下发生共价化学修饰而改变其活性。最常见的是许多关键酶受蛋白激酶催化使酶蛋白多肽链中的丝氨酸、苏氨酸或者酪氨酸被磷酸化，也可以由各种磷酸酶催化脱去其磷酸基，以通过可逆的共价修饰改变酶的构型，从而调节酶的活性。其重要性在于这种由酶催化的对另一些酶的共价化学修饰作用可以在细胞中引发酶活性的级联放大效应（cascade effect），仅需由 ATP 供给磷酸基，因此耗能少、作用快，成为调节细胞代谢中酶活性的经济有效的方法。

(3) 酶含量的控制：细胞内的酶活性一般与其含量呈正相关。酶本身作为一种蛋白质是其编码基因的表达产物，也处于不断地更新之中。酶的合成与降解的相对速率控制着细胞内酶的含量。酶蛋白生物合成可在其基因的转录水平和翻译水平上调控，多种调节信号可影响酶蛋白基因的表达。包括哺乳动物在内，已有许多证据显示，底物常能有效诱导代谢途径中关键酶的合成。至于酶蛋白在体内的降解速率可能不仅与组织蛋白酶的专一性有关，而且与环境中特异代谢物的浓度以及酶蛋白本身的结构有关，其降解调节机制尚待深入研究。

12.3.2.2 激素水平调节

高等动物是多细胞生物，因而除了每个细胞都具有调节其自身代谢途径的能力以外，还需要有协调全身各组织、细胞之间代谢的机制。并且整个动物作为一个整体，还需要对内外环境的变化做出快速、准确的反应。为此，高等动物体内分化出了一些特殊的组织和细胞，专门产生各种称为激素（hormone）的微量化学信号分子，形成内分泌系统。有的激素是蛋白质或氨基酸的衍生物，如胰岛素、肾上腺素等；有的是类固醇或脂肪酸的衍生物，如性激素、前列腺素等；高等动物具有多种内分泌腺，分泌多种不同的激素，每种激素都对代谢有特异的调节作用。如胰岛素有降低血糖水平的作用，而胰高血糖素的作用则相反。当机体需要时，某些内分泌腺分泌某些激素，这些激素通过血液到达其专一作用的组织和细胞，称为靶组织（target tissue）和靶细胞（target cell），与其特异的受体（receptor）结合，引发细胞信号转导反应而改变细胞内的代谢速度和流向，继而引起生理效应。

12.3.2.3 整体水平调节

动物机体怎样进行整体水平的调节呢？最简单的调节方式就是通过代谢中间物在细胞中传递信息。例如，肌肉活动加快了葡萄糖的消耗，从而使血糖水平下降。较低的血糖水平促进了脂肪的动员，于是血浆游离脂肪酸浓度升高。游离脂肪酸一方面迅速转入到肌肉中氧化，另一方面进入肝分解，于是酮体的生成增加，血液中的酮体浓度也随之升高。血液酮体浓度的升高，既可以为肌肉组织，也可以为大脑提供容易利用的小分子能源，其结果节省了葡萄糖。同时，酮体和脂肪酸的氧化产物能抑制糖的酵解，又进一步减少了糖的消耗，以保证在持久的大脑和肌肉活动中不致缺糖。可见，葡萄糖、脂肪酸、酮体就是细胞之间传递代谢信息的中间产物，把肌肉、脂肪和肝组织中的代谢整合在了一起。

但是对动物而言，环境变化是复杂多样的，还可能发生诸如饥饿、应激、疾病等更加复杂的情况。机体一方面通过调整生理状态来适应外界环境变化，另一方面其物质代谢也通过内外信息的输入而发生相应的变化。为了适应内外环境的多变，高等动物体内出现了神经和内分泌对代谢进行整体调节的系统。激素能与特定组织或细胞的受体特异结合，通过一系列细胞信号

转导反应引起代谢改变，发挥代谢调节作用。由于受体存在的细胞部位和特性不同，激素信号的转导途径和生物学效应也有所不同。激素的分泌受到神经及其他因素的控制。现在认为，外部和内部环境的变化，首先作用于动物的中枢神经系统。当中枢神经细胞受到刺激后，其通过电的传导和神经递质（如乙酰胆碱、γ-氨基丁酸等）的释放，或者对效应器发挥直接的调节作用，或者促进和抑制某些激素的释放而间接调节代谢。神经和激素对内外环境的改变有十分敏锐的反应，在神经系统主导下调节激素释放，并通过激素整合不同组织器官的各种代谢，以适应环境变化。

12.4　代谢调节信号的细胞传导机制

12.4.1　信号分子与受体

12.4.1.1　信号分子

动物机体对代谢过程的调节可以在不同的层次上进行，但是细胞水平的调节是其他水平代谢调节的基础。对多细胞生物而言，由众多单细胞组成复杂而精细的“细胞社会”，细胞之间须交流信号且彼此协调代谢，共同应答内外环境变化。内分泌激素、神经递质作为高等动物赖以调节细胞代谢活动的重要信号分子，常见有胰岛素、胰高血糖素、促肾上腺皮质激素等蛋白类激素；肾上腺素、去甲肾上腺素和甲状腺激素等氨基酸类小分子激素；睾酮、雌二醇等类固醇性激素；前列腺素等脂肪酸衍生物；乙酰胆碱、γ-氨基丁酸和5-羟色胺等神经递质。还有各种生长因子，如类胰岛素生长因子、上皮生长因子，以及各种细胞因子，如白细胞介素、干扰素和肿瘤坏死因子等。还发现气体分子NO具有调节平滑肌松弛、细胞免疫等作用，也是一种信号分子。由内分泌组织和神经组织产生的信号分子绝大部分是水溶性的，不能进入细胞，而是与它们的靶组织、靶细胞质膜上特异的受体结合，然后引起细胞内一系列的生物化学变化，改变细胞的代谢，进而引起生理效应。只有少部分较为疏水或脂溶性的信号分子可以直接穿越细胞质膜进入细胞，与胞质内或核内的受体结合，通过影响基因表达从而引起生理效应。广义地说，药物、毒物和外来抗原等都可以成为携带某种信号的载体，一旦进入体内即可以引发与天然激素类似的生理效应，因此也可以看作外源的信号分子。

12.4.1.2　受体

受体（receptor）是指细胞膜上或细胞内能识别信号分子（激素、神经递质、毒素、药物、抗原和其他细胞黏附分子）并与之结合的生物大分子。绝大部分受体是蛋白质，少数是糖脂。与受体特异性结合的信号分子常被称为配体（ligand）。配体是信息的载体，属于第一信使（first messenger）。受体通常有以下特点：①可以专一性地与其相应的配体可逆结合，两者在空间结构上必定有高度互补的区域以利于这种结合，氢键、离子键、范德华力和疏水力是受体与配体间相互作用的主要非共价键；②受体与配体之间存在高亲和力，其解离常数通常达到$10^{-11}\sim10^{-9}$ mol/L；③受体与配体结合后可引发细胞内的生理效应。

根据受体在细胞信号传导中所起作用，可将受体分为四种类型。

Ⅰ型为配体门控离子通道型。这类受体是一种由蛋白质寡聚体所形成的孔道，其中部分单体具有配体结合位点，一般是快速反应的神经递质受体，如乙酰胆碱受体和γ-氨基丁酸受体。它们位于质膜上，直接与离子通道相连，控制着离子进出的大门。在配体与受体结合后的数毫秒内就可引起细胞膜对离子通透性的改变，继而引起膜电位的改变。

Ⅱ型为G蛋白偶联型。包括很多位于质膜上的激素受体，如肾上腺素受体。它们须通过G蛋白的参与控制第二信使（second messenger）的产生或离子通道的效应。

Ⅲ型为酪氨酸激酶型。这类受体最大特点是本身就具有酪氨酸激酶的活性，因此受体可以直接调节细胞内靶蛋白或酶的磷酸化过程，进而引发生理效应。如生长因子受体就属于这一类。

Ⅳ型为DNA转录调节型。此类受体存在于胞质中或核内，其激活直接影响DNA的转录和特定基因的表达，其效应过程比较长，甚至要数天，如雌二醇的受体。

12.4.1.3 第二信使

第二信使学说是E. Sutherland于1965年首先提出的。他指出，人体内各种含氮类激素（通常是蛋白质、多肽和氨基酸衍生物）在与细胞膜上的受体结合后都要通过细胞内的一种小分子——环腺苷酸（cAMP）发挥作用。他把cAMP称为第二信使，细胞外的激素就成为第一信使。第二信使仅在细胞内发挥作用并能启动或调节细胞内稍晚出现的反应的信号应答。目前发现的第二信使种类不多，除了环腺苷酸（cAMP），还有环鸟苷酸（cGMP）、肌醇三磷酸（IP_3）、二酰甘油（DG）、Ca^{2+}和前列腺素等，但它们都能将细胞外环境中的许多信息传递到细胞内，调节细胞内的生理生化过程。

第二信使在细胞内的浓度受第一信使的调节，可以瞬间升高，也能快速降低。在细胞信号传导过程中，它们能够通过级联系统激活各种酶或非酶蛋白的活性，由此调节细胞代谢活动，例如影响葡萄糖的摄取和利用、脂肪的储存和动员以及细胞产物的分泌。此外，第二信使也参与控制细胞的增殖、分化和生存以及调节基因表达。

12.4.2 细胞信号的传导系统

12.4.2.1 G蛋白偶联型受体系统

（1）G蛋白：G蛋白的全称为GTP结合调节蛋白，广泛存在于各种组织的细胞膜上。它在细胞膜上的受体与细胞内的效应酶或效应蛋白之间起中介的作用，参与细胞信号的传导过程。

现在已知的G蛋白有十多种，但无论在结构上还是功能上都有许多共性。所有的G蛋白都是膜蛋白，均是由α、β和γ三种亚基组成的三聚体，其中β和γ通常紧密结合成β/γ亚基二聚体。不同G蛋白的差别主要表现在它们有不同的α亚基上。正因为有了α亚基的不同才有G蛋白的多功能调节作用。G蛋白的α亚基有GTP或GDP结合位点，并具有GTP酶的活性。处在非活化状态的G蛋白的α亚基与GDP结合，并与β/γ亚基二聚体有高亲和性，结合在一起。当激素与受体结合后，与受体相连的G蛋白α亚基释放出GDP，改为结合GTP，并立即与β/γ亚基二聚体分离，转变为活化的状态。结合GTP的活化的α亚基再激活膜上的效应酶。在α亚基完成了这一传达信息的任务之后，由于它本身具有GTP酶的活性，可释放Pi，GTP又转变成GDP，结合GDP的α亚基又与β/γ亚基二聚体再结合，恢复G蛋白的非活性状态。G蛋白对效应酶，如腺苷酸环化酶（adenylate cyclase，A_C）的作用有激活和抑制两种情形，因而可把G蛋白分为激活型（G_s）和抑制型（G_i）。相应的，其α亚基可分为α_s和α_i。G蛋白的作用过程可用以下简单反应式表示：

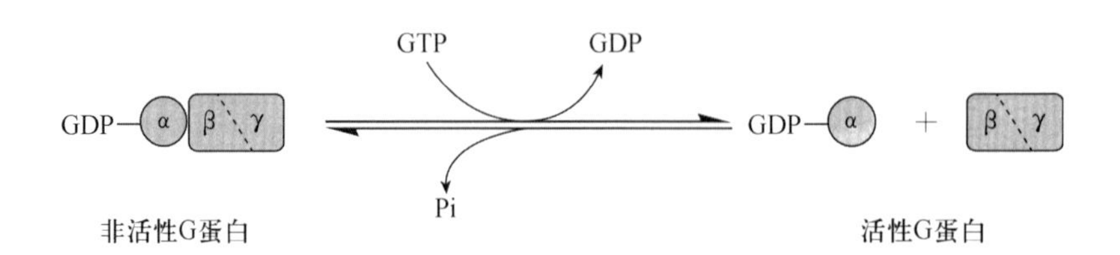

与 G 蛋白相偶联的受体通常是一条肽链形成的过膜蛋白，有 7 段 α 螺旋往返于质膜脂质双层中，其中 N 端在细胞外侧，C 端在细胞内侧（图 12.2）。其中，胞质侧的 C3 结构域对受体和 G 蛋白的结合具有重要作用。

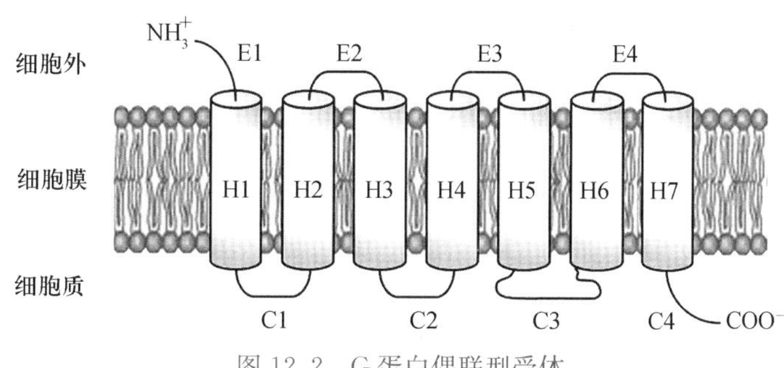

图 12.2　G 蛋白偶联型受体

E. 胞外　C. 胞内　H. α 螺旋

（2）蛋白激酶 A 途径：蛋白激酶 A（protein kinase A，PKA）途径是研究的比较清楚的与 G 蛋白偶联型受体系统有关的途径，即 cAMP－PKA 途径。cAMP 是在研究肾上腺素激活磷酸化酶促进糖原分解时发现的第二信使。现在发现，大多数激素和神经递质，如 β－肾上腺素能受体激动剂、阿片肽、胰高血糖素等都可以刺激 cAMP 合成增加，而前列腺素（PGE_1）、腺苷等可以降低靶细胞的 cAMP 水平。通过 cAMP 水平影响下游信号通路是真核细胞应答激素反应的主要机制之一。

例如，当 β－肾上腺素与其受体结合后，有 GTP 参与，G_S 蛋白激活，其 α_s 亚基与 β/γ 二聚体分离。再由 α_s 激活腺苷酸环化酶，使细胞内大量 ATP 转变为 cAMP，并释放 PPi。

$$\text{ATP} \xrightarrow{\text{Ac}} \text{cAMP} + \text{PPi}$$

cAMP 又进一步活化细胞中的 PKA。这个酶的非活性形式是由 4 个亚基组成的四聚体，包括两个相同的调节亚基（R）和两个相同的催化亚基（C）。当 4 分子 cAMP 结合到两个调节亚基的结合部位时，此四聚体解离成两部分，即结合有 cAMP 的调节亚基二聚体和具有催化活性的两个分离的催化亚基（图 12.3）。接着催化亚基使细胞内多种蛋白酶磷酸化而激活，引起生理效应。肾上腺素作用于肌细胞受体导致肌糖原分解就是一个典型的例子。通过共价化学修饰，蛋白激酶 A 使磷酸化酶 b 激酶磷酸化激活，后者又使磷酸化酶 b 磷酸化激活成为磷酸化酶 a，这一系列磷酸化过程都消耗 ATP，最后导致肌糖原分解成葡萄糖－1－磷酸（图 12.4），为其分解供能做好准备。

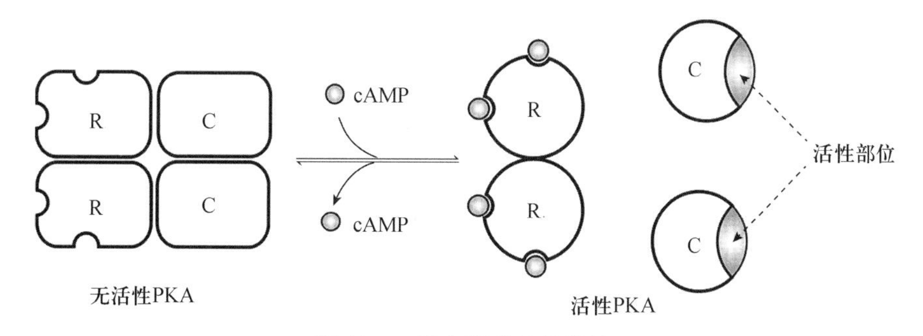

图 12.3　蛋白激酶 A 的激活

可见，激素携带的胞外信息经由 cAMP 传达到胞内，再由 PKA 继续向下传递，将较弱的胞外信号通过一个酶促的酶活性的级联效应系统逐级放大，使细胞在短时间内做出快速应答反应。这对在应激状态下，例如动物遇到危险时，争取时间逃跑或者战斗以保全生命具有重要的

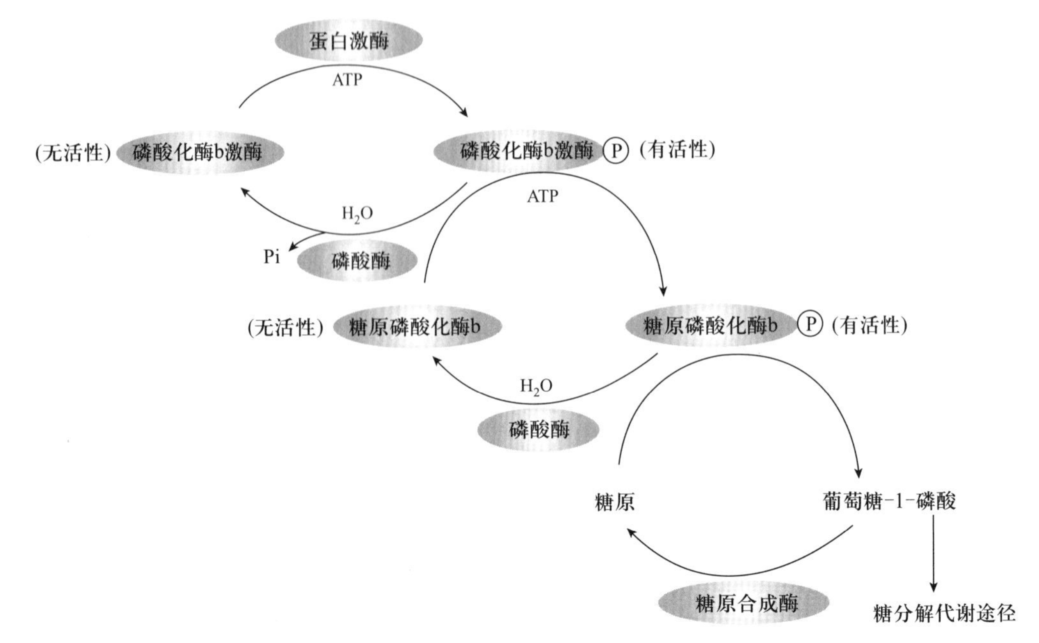

图 12.4 肌糖原分解过程中酶活性的级联放大

生物学意义。当应激的条件消除时，cAMP 又可以很快被磷酸二酯酶（phosphodiesterase，PDE）水解开环，其他相关的酶也在磷酸酶的作用下脱去磷酸被灭活。

$$\text{cAMP} \xrightarrow{\text{PDE}} \text{AMP}$$

由于 PKA 在体内广泛分布，可催化胞内许多蛋白质的磷酸化，因此经由 cAMP－PKA 途径可产生许多调节效应，除了促进糖原分解等调节细胞代谢外，还可改变膜蛋白的构型、调节膜对物质的通透性、刺激细胞分泌以及促进基因的转录等。

除 cAMP－PKA 途径外，还存在环鸟苷酸第二信使系统，即 cGMP－蛋白激酶 G（PKG）途径。这类受体与细胞外信号分子结合后，也可以通过 G 蛋白激活鸟苷酸环化酶（guanylate cyclase，Gc）（如视觉细胞），由 Gc 催化 GTP 生成 cGMP，后者再激活蛋白激酶 G（protein kinase G，PKG）而引发生理效应。但在许多情况下，其跨膜受体的胞质结构域本身具有催化 GTP 生成 cGMP 的鸟苷酸环化酶活性，再由 cGMP 激活 PKG，后者能使靶蛋白上的丝氨酸或苏氨酸残基磷酸化，从而激活靶蛋白。在此信号转导系统中，cGMP 是细胞的第二信使。与 cAMP－PKA 系统不同的是，cGMP 在不同种类的细胞中可以分别通过依赖 cGMP 蛋白激酶（cGMP－dependent protein kinase）、cGMP 门控的阳离子通道、cGMP 调控的环核苷酸磷酸二酯酶、ADP－核糖环化酶等介导的途径来调控诸如视嗅觉信号转导、平滑肌细胞松弛、淋巴细胞活化、生殖细胞活化、生殖细胞趋化反应等多种细胞功能，其作用机制存在多样性和灵活性，具体与细胞种类和特定的亚细胞结构有关。此外，细胞外信号心钠素和内源性信号分子 NO 促进平滑肌细胞增殖也是通过受体鸟苷酸环化酶途径实现的。研究认为，cGMP－PKG 途径与 cAMP－PKA 途径之间有一定的关联，但详细的机制尚不清楚。

（3）蛋白激酶 C 途径：蛋白激酶 C（protein kinase C，PKC）途径即二酰甘油（diglyceride，DG)-蛋白激酶 C 途径。二酰甘油是该途径的第二信使，它是肌醇磷脂的分解产物之一。当激素与受体结合后经 G 蛋白介导，激活磷脂酶 C，由磷脂酶 C 将质膜上的磷脂酰肌醇二磷酸（PIP_2）水解成三磷酸肌醇（IP_3）和 DG 两个第二信使（图 12.5）。

脂溶性的 DG 在膜上累积并使紧密结合在膜上的无活性的 PKC 活化。PKC 有两个功能区，一个是亲水的催化活性中心，另一个是疏水的膜结合区。在静息细胞中，PKC 以非活性形式分布于细胞质中，当细胞接受外界信号刺激时，PIP_2 水解导致质膜上 DG 瞬间积累，细

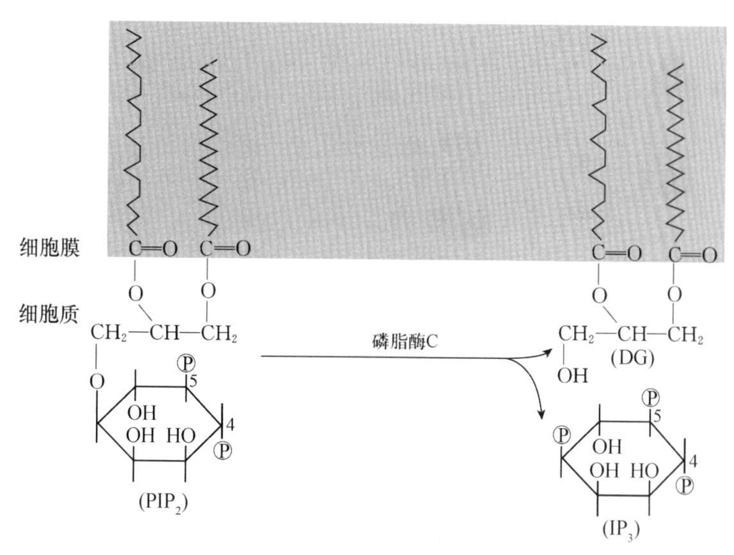

图 12.5 磷脂酰肌醇二磷酸 PIP_2 水解成三磷酸肌醇（IP_3）和 DG

胞质基质中的 PKC 与 Ca^{2+} 结合并转位到质膜内表面被 DG 活化，PKC 活化后使大量底物蛋白的丝氨酸或苏氨酸的羟基磷酸化，于是引起细胞内的生理效应。底物蛋白包括胰岛素、β-肾上腺素等激素和神经递质在细胞膜上的受体，还有糖原合成酶、DNA 甲基转移酶、Na^+-K^+-ATP 酶和转铁蛋白等。DG 只是 PIP_2 水解形成的暂时性产物，代谢周期很短，不能长期维持 PKC 活性，主要与内分泌腺、外分泌腺的分泌，血管平滑肌张力的改变，物质代谢变化等有关。

还发现了 DG 的另一个来源，在微量 Ca^{2+} 存在下，膜上的磷脂酶 D 可使卵磷脂水解产生磷脂酸，后者再由磷脂酸磷酸酶水解生成 DG。此种 DG 同样也激活 PKC，但可引起 PKC 持久的活化，与出现较慢的细胞增殖、分化等生物学效应有关。

发挥作用后的 DG 可通过三个途径终止其作为第二信使的作用：①DG 被 DG 激酶磷酸化生成磷脂酸，进入磷脂酰肌醇代谢途径参与肌醇磷脂的合成；②在 DG 脂酶作用下，水解成单脂酰甘油，进而分解产生出花生四烯酸和甘油等；③在脂酰 CoA 转移酶的作用下，DG 与其他脂肪酸又可以合成三酰甘油。

（4）**IP_3-Ca^{2+}/钙调蛋白激酶途径**：在这个途径中，IP_3 和 Ca^{2+} 都是它的第二信使。IP_3 在前面已提及，它与 DG 同是 PIP_2 的分解产物。由于 IP_3 不同于 DG，是水溶性的，在膜上水解生成后通过细胞内扩散与内质网上的 Ca^{2+} 门控通道结合，促使内质网钙库中的 Ca^{2+} 释放到胞液中，胞内 Ca^{2+} 水平升高，Ca^{2+} 既可以与 DG 共同激活 PKC，又能使 Ca^{2+}/钙调蛋白（calmodulin）依赖性蛋白激酶（CaM 酶）激活，后者再激活腺苷酸环化酶、Ca^{2+}-Mg^{2+}-ATP 酶、磷酸化酶、肌球蛋白轻链激酶、谷氨酰转肽酶等一系列酶，产生各种生理效应（图 12.6）。IP_3 具有效应特异性，而且它介导的 Ca^{2+} 水平升高只是瞬时的，因为质膜和内质网膜上 Ca^{2+} 泵的启动会分别将 Ca^{2+} 泵出细胞和泵进内质网腔。IP_3 可以被磷酸酶水解去磷酸生成肌醇，以终止其第二信使作用。前述的蛋白激酶 C 途径与这个途径关系十分密切。

12.4.2.2 酪氨酸蛋白激酶型受体系统

（1）**酪氨酸蛋白激酶型受体**：酪氨酸蛋白激酶（tyrosine protein kinase，TPK）型受体是细胞表面一大类重要受体家族。绝大多数 TPK 是单体跨膜蛋白，一般由单条或两条多肽链构成，每条跨膜肽链只有一个 α 跨膜螺旋，结构上都比较相似。且所有 TPK 型受体的 N 端位于细胞外侧，是受体识别和结合配体的区域；C 端位于胞内，具有酪氨酸激酶结构域和自磷酸化

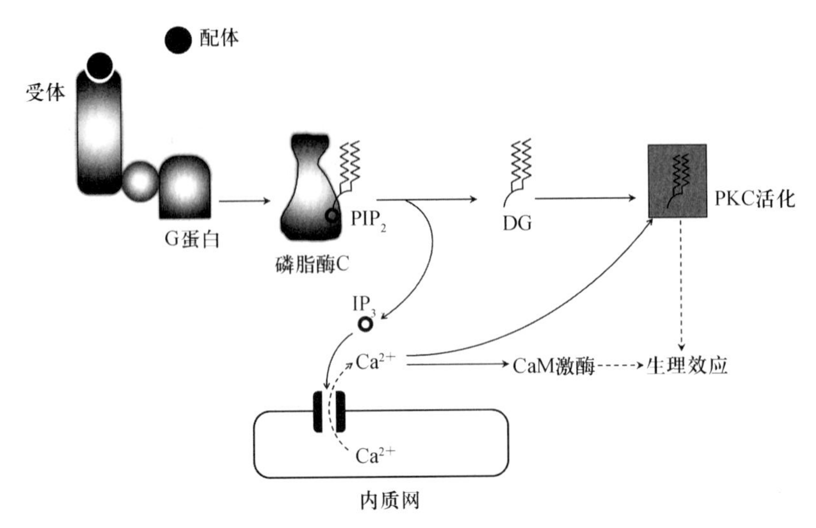

图 12.6 IP_3-Ca^{2+}/钙调蛋白激酶途径

位点，激活和催化其他效应物蛋白（或酶）的酪氨酸残基磷酸化。TPK 胞外配体包括许多肽类激素和生长因子，如胰岛素、类胰岛素生长因子、生长激素、上皮生长因子等，通过酪氨酸蛋白激酶型受体系统进行细胞信号传递。

(2) 受体酪氨酸蛋白激酶途径：该途径与 G 蛋白偶联型受体系统不同，受体本身具有激酶的功能。配体与受体结合后会引起受体间发生聚合（通常是二聚化）而激活，激活的受体具有酪氨酸激酶活性，可以催化受体自身或相互催化胞内部分酪氨酸残基磷酸化，再通过信号级联放大效应或通过蛋白质的相互作用，调控细胞的有丝分裂、分化等。例如，表皮生长因子受体的胞外结合区域与生长因子结合后，发生二聚化，两个受体的胞内催化区域相互催化发生酪氨酸残基磷酸化而激活，再通过一系列细胞内的信号传递过程，调节细胞分裂。受体酪氨酸蛋白激酶的激活与二聚化见图 12.7。

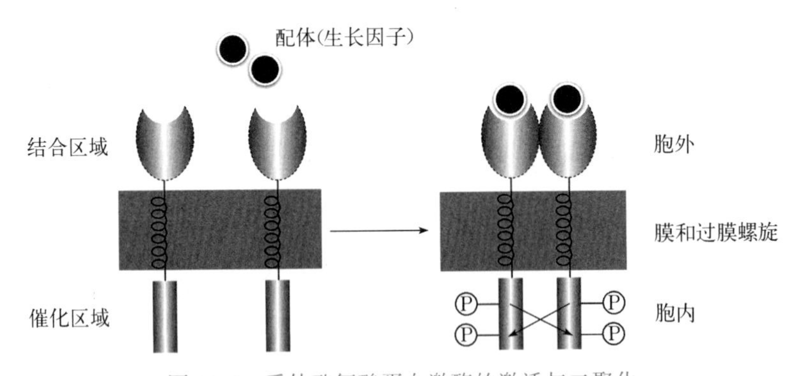

图 12.7 受体酪氨酸蛋白激酶的激活与二聚化

12.4.2.3 DNA 转录调节型受体系统

(1) DNA 转录调节型受体系统：DNA 转录调节型受体又称为类固醇激素受体。只有脂溶性的类固醇激素，如肾上腺皮质激素、雌激素、孕激素（广义上还包括甲状腺激素）等可以自由透过细胞膜，与细胞液或核内的受体发生作用。目前研究确定的是糖皮质激素和盐皮质激素受体分布于细胞内，维生素 D_3 的受体在核内；而孕激素和雌激素受体被认为大部分在核中，但也有分散于细胞液中的。

(2) DNA 转录调节型受体途径：类固醇激素受体在细胞内或核内都可能存在，如雌激素

进入靶细胞内，一部分与细胞内受体结合，使受体激活并经过核孔进入核内；而另一部分激素直接扩散进入核内与特异性核受体结合形成激素-受体复合物并改变受体构象。激活的受体作为转录激活因子与特定的DNA序列发生作用，可以直接活化少数特殊基因的转录过程。这种表达反应非常迅速，从配体与受体结合到RNA聚合酶活性增加只需几分钟。然后产生出初级基因产物（一些蛋白质），再由它们活化其他基因，对初级反应起到放大的作用。这类信号分子的生物学效应一般在数小时甚至几天后才表现出来。因此，这类类固醇激素作用通常表现为长期的生物学效应。DNA转录调节型受体途径如图12.8所示。

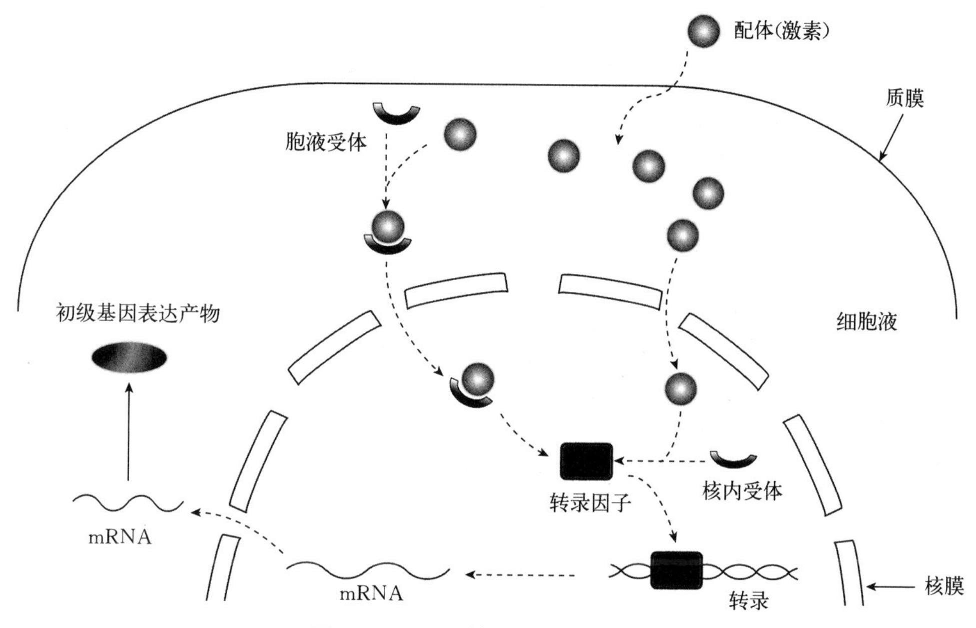

图12.8 DNA转录调节型受体途径

案例

1. 乳牛酮病 乳牛酮病是乳牛产犊后由于能量负平衡造成体内糖类及脂肪酸代谢紊乱所引起的一种代谢性疾病，血糖浓度下降是酮病发生的中心环节。其机制主要是高产乳牛机体大量葡萄糖用于合成乳糖而随乳汁分泌，导致机体内的葡萄糖大量消耗、血糖降低。低血糖导致乳牛能量代谢失衡，体脂动员、游离脂肪酸的β氧化加强，产生大量的乙酰CoA。因糖缺乏，糖异生增强而造成大量的草酰乙酸消耗，造成三羧酸循环不畅致使乙酰CoA积累，继而在肝中沿着酮体合成途径最终形成大量酮体（β-羟丁酸、乙酰乙酸和丙酮）。当酮体超过肝外组织的利用能力时，则会引起酮血、酮尿、酮乳和酸中毒，乳牛出现临床症状。

2. 麻黄碱松弛支气管平滑肌作用机制 麻黄碱作用于支气管平滑肌和支气管黏膜上肥大细胞时，可激活这些细胞内的腺苷酸环化酶，催化细胞内ATP分解为cAMP，提高细胞内cAMP浓度。cAMP具有多种生理功能，既能使平滑肌松弛，解除支气管平滑肌痉挛，又能抑制支气管黏膜上肥大细胞释放活性物质如组胺、慢反应物质等，缓解支气管黏膜的充血水肿，进而起到解除支气管平滑肌痉挛、扩张支气管等作用。麻黄碱也因此成为临床常用的平喘药。

3. **霍乱肠毒素致病机制**　霍乱肠毒素是由霍乱弧菌产生的一种蛋白质，由A和B两个亚单位组成，A亚单位由A1和A2两个肽链通过二硫键连接。A亚单位为毒性单位，其中A1肽链具有酶活性，A2肽链与B亚单位结合参与受体介导的内吞作用；B亚单位为结合单位，能特异地识别肠上皮细胞上的受体。霍乱肠毒素作用于肠细胞膜表面上的受体，其B亚单位与受体结合使毒素分子变构，A亚单位进入细胞，A1肽链活化进而激活腺苷环化酶，使三磷酸腺苷（ATP）转化为环磷酸腺苷（cAMP），细胞内cAMP浓度升高，导致肠黏膜细胞分泌功能亢进，大量体液和电解质进入肠腔致使人和动物发生剧烈呕吐和腹泻，由于大量脱水和失盐，继而出现代谢性酸中毒、血循环衰竭，甚至休克或死亡。

二维码12-1　第12章习题

二维码12-2　第12章习题参考答案

Part Ⅲ

第三部分

遗传分子核酸的功能

Function of Nucleic Acids as Genetic Molecules

第 13 章

DNA 的生物合成——复制

【本章知识要点】

☆ 遗传信息的传递依据中心法则进行。遗传信息经亲本 DNA 复制后，可完整准确地传递给子代。

☆ 复制具有半保留性，通常从特定的复制原点开始，多种酶和蛋白因子参与 DNA 的复制，包括拓扑异构酶、解螺旋酶、引发酶、DNA 聚合酶和连接酶等。

☆ 由于双链 DNA 模板走向相反，而子链的合成方向总是 5′→3′，因此复制以半不连续的方式进行。其中，前导链是连续合成的，而滞后链是通过合成不连续的冈崎片段连接而成。

☆ 在原核生物中，复制所需的 RNA 引物最终由 DNA 聚合酶 Ⅰ 切除并填补所留下的空隙，再由 DNA 连接酶连接起来；而真核细胞靠形成端粒结构以防止复制后子代线性化基因组 DNA 缩短。

☆ 自然界中，有些生物存在由反转录酶催化、以 RNA 为模板合成 cDNA 的反转录现象。

☆ 一些物理、化学或生物学因素，可以导致 DNA 受到损伤。

☆ 光复活、切除修复、重组修复和易错修复是受损 DNA 进行修复的几种主要方式。其中，光复活和切除修复都是修复模板链，重组修复可以将损伤的影响降到最低限度，而易错修复虽可产生连续的子代链，但也是容易导致突变的修复。

新陈代谢和遗传变异是生命的两个基本特征。有关新陈代谢的内容已在前面几章中进行了阐述，那么，遗传变异的本质又是什么呢？遗传学实验已经证实，DNA 是生物遗传信息的携带者，并且可以进行自我复制（self - replication）。也正因为如此，才保证了在细胞分裂时，亲代细胞的遗传信息准确无误地传递到两个子代细胞中。这种以亲代 DNA 分子为模板合成两个完全相同的子代 DNA 分子的过程称为复制（replication）。它是一个由酶催化进行的复杂的 DNA 生物合成过程，且该过程发生于细胞周期的 S 期。

但是，要完整地表现出生命活动的特征，仅进行 DNA 的复制是不够的，机体或细胞还必须以 DNA 为模板合成 RNA（转录），再以 RNA 为模板指导合成各种蛋白质（翻译），生命活动的各种特征最终由蛋白质得到体现。1958 年，F. Crick 据此提出了中心法则（central dogma），用以描述遗传信息的传递方向。后来又有两个重要的发现补充和丰富了这个法则：一个是发现某些病毒的遗传物质是 RNA（RNA 病毒），而不是 DNA，它们通过 RNA 复制才能传代；另一个是发现某些 RNA 病毒有反转录酶，能够催化 RNA 指导下的 DNA 合成，即遗传信息由 RNA 反向传递给 DNA，从而有了今天人们对中心法则的新的认识（图 13.1）。

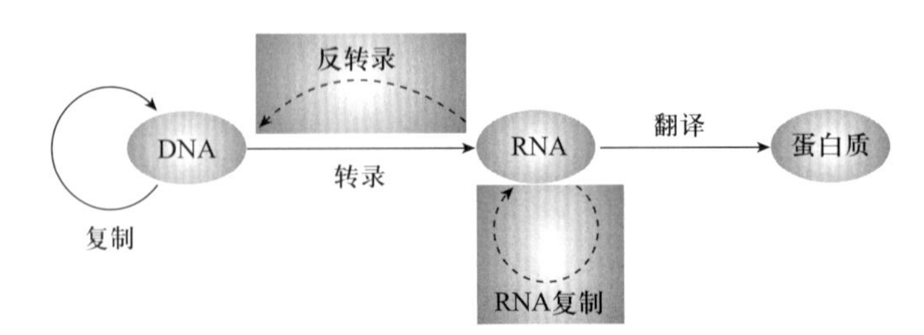

图 13.1　中心法则

本章主要讨论 DNA 的生物合成，即复制。由于原核生物和真核生物的染色体 DNA 的结构和复制所需要的酶、蛋白因子都有所不同，因此其复制过程也有差异。但是原核生物的复制过程相对比较简单，研究得也比较透彻，因此本章对 DNA 复制的讨论以大肠杆菌为重点。

13.1　DNA 复制的半保留性

早在 1953 年，J. Watson 和 F. Crick 提出 DNA 双螺旋模型的同时，就已经指出了 DNA 的复制是半保留复制（semiconservative replication），即在复制开始时，亲代 DNA 双股链间的氢键断裂，双链分开，然后以每一股链为模板，分别复制出与其互补的子代链，从而使一个 DNA 分子转变成与之完全相同的两个 DNA 分子。可见，按照这种方式复制出来的每个子代双链 DNA 分子中，都含有一股来自亲代的旧链和一股新合成的 DNA 链，所以把这种复制方式称为半保留复制。半保留复制是双链 DNA 分子普遍的复制方式。1958 年，M. Meselson 和 F. Stahl 用实验首先证明了半保留复制的正确性，迄今仍为大家所公认。他们在以 $^{15}NH_4Cl$ 作为唯一氮源的培养基中培养大肠杆菌至少 15 代以上，从而使所有 DNA 分子标记上 ^{15}N。^{15}N - DNA 的密度比普通 ^{14}N - DNA 的密度大，在氯化铯密度梯度离心时，这两种 DNA 形成位置不同的区带。如果将 ^{15}N 标记的大肠杆菌转移到普通培养基（含 ^{14}N 的氮源）中培养，经过一代后，所有 DNA 的密度都介于 ^{15}N - DNA 和 ^{14}N - DNA 之间，即形成了一半含 ^{15}N，另一半含 ^{14}N 的杂合 DNA 分子（^{14}N - ^{15}N - DNA）。第二代时，^{14}N - DNA 分子和 ^{14}N - ^{15}N - DNA 杂合分子等量出现。若再继续培养，可以看到 ^{14}N - DNA 分子增多。当把 ^{14}N - ^{15}N - DNA 杂合分子加热时，它们分开形成 ^{14}N 链和 ^{15}N 链。这充分证明了 DNA 复制时原来的 DNA 分子被拆分成两股链，分别构成子代分子的一半（图 13.2）。

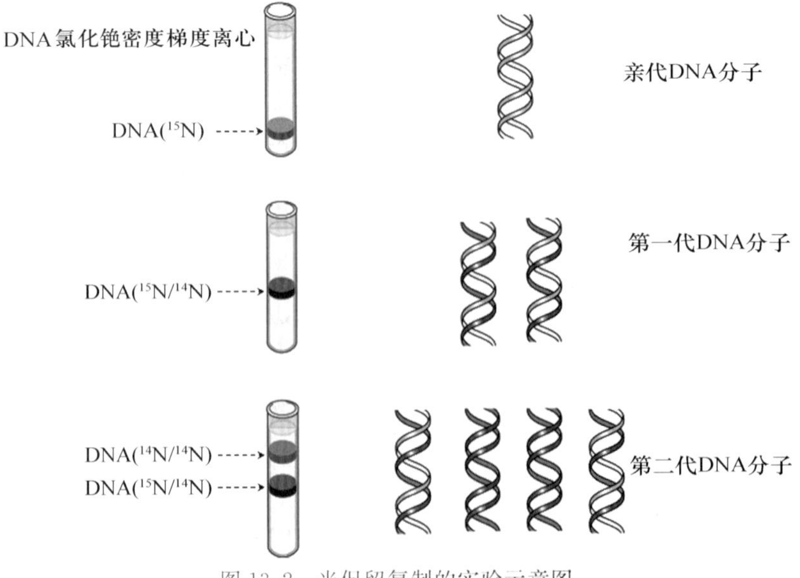

图 13.2　半保留复制的实验示意图

DNA的半保留复制有重要的生物学意义，因为复制必须准确无误，否则将危及生物的生存。通过长期的进化过程，生物获得了确保复制准确性的机能，即利用半保留复制方式将自身DNA中蕴含的全部遗传信息传递给后代。例如大肠杆菌复制DNA时，10^9～10^{10}个碱基对才可能发生一个错误。

13.2 参与DNA复制的主要酶类和蛋白因子

13.2.1 原核生物

13.2.1.1 拓扑异构酶

拓扑异构酶（topoisomerase）是广泛存在于原核生物中的一类可改变DNA拓扑性质的酶。在DNA复制时，复制叉行进的前方DNA分子由于过分缠绕产生正超螺旋，拓扑异构酶可松弛正超螺旋并引入负超螺旋，以利于复制叉的行进及DNA的合成。在复制完成后，拓扑异构酶又将DNA分子引入负超螺旋，有利于DNA缠绕、折叠、压缩以形成染色质。

原核生物DNA拓扑异构酶可分为Ⅰ型和Ⅱ型两种类型。Ⅰ型拓扑异构酶是一条相对分子质量约为9.7×10^4的多肽链，可使DNA的一条链发生断裂和再连接，反应无需供给能量。另外，DNA复制时负超螺旋的消除，亦由Ⅰ型拓扑异构酶来完成，但它对正超螺旋无作用。Ⅱ型拓扑异构酶又称为旋转酶（gyrase），由两个A亚基（相对分子质量约为9.7×10^4）和两个B亚基（相对分子质量约为9×10^4）组成，即A_2B_2。其可使DNA的两条链同时发生断裂和再连接，当它引入负超螺旋以消除复制叉前进带来的扭曲张力时，需要由ATP提供能量。两种拓扑异构酶在DNA复制、转录和重组中均发挥重要作用。

13.2.1.2 解螺旋酶

DNA复制首先必须将DNA双链解开，这主要依赖于DNA解螺旋酶（helicase，也称为DnaB蛋白）。此外，还需要参与起始反应的多种蛋白因子，如DnaA和DnaC。大肠杆菌复制的起始原点是其基因组中的一个245 bp的特殊区域，称为OriC。它含有DnaA能够识别和结合的5个高亲和性位点以及前后串联排列的富含A/T的13个bp的重复序列。DnaA以六聚体的形式与DNA结合形成复合体，然后解螺旋酶在DnaC协助下，使OriC上富含A/T的双链DNA区域连续变性和解链。解开DNA双链需要ATP水解供能，DnaA和解螺旋酶都具有ATP酶的活性，每解开1对碱基，需要水解2分子ATP。在原核生物中，解螺旋酶不止有一种，这说明不仅在复制过程中需要它，在DNA修复、重组和转录等过程中也同样需要。

13.2.1.3 单链DNA结合蛋白

被解螺旋酶解开的两股DNA单链被单链DNA结合蛋白（single strand binding protein，SSB protein）所覆盖，大肠杆菌的SSB蛋白由4个相同亚基（相对分子质量1.88×10^4）构成，其功能在于稳定解开的DNA单链，阻止DNA复性和保护单链部分不被核酸酶降解。原核生物的SSB蛋白与DNA的结合表现出明显的协同效应：当第一个SSB蛋白分子结合后，其他分子与DNA的结合能力可提高1 000倍。因此，一旦结合反应开始即迅速扩展，直至全部单链DNA都被SSB蛋白覆盖。SSB蛋白可以被重复利用。

13.2.1.4 引发酶

引发酶（primase）又称引物合成酶、DnaG，是一条相对分子质量约为6.5×10^4的多肽链，每个细胞有50～100个分子，该酶单独存在时相当不活泼，只有与其他蛋白质相互作用结合成一个复合体时才有活性，这种复合体称为引发体（primosome）。引发酶合成的引物是长5～10个核苷酸的RNA。一旦RNA引物合成，就可以由DNA聚合酶Ⅲ在它的3′—OH上继续催化DNA新链的合成。引物是DNA合成起始所必需的。

13.2.1.5 DNA聚合酶Ⅰ、Ⅱ、Ⅲ

DNA聚合酶（DNA polymerase）是以DNA为模板，催化底物（dNTP）合成DNA的酶类，属于转移酶类，普遍存在于生物体内。它们的作用方式基本相同，都需要dNTP、Mg^{2+}、模板DNA和引物，在DNA模板指导下，依据碱基互补配对原则，催化底物dNTP加到引物的3′—OH上，形成3′，5′-磷酸二酯键，释放出PPi，由5′→3′方向延长DNA链（图13.3）。

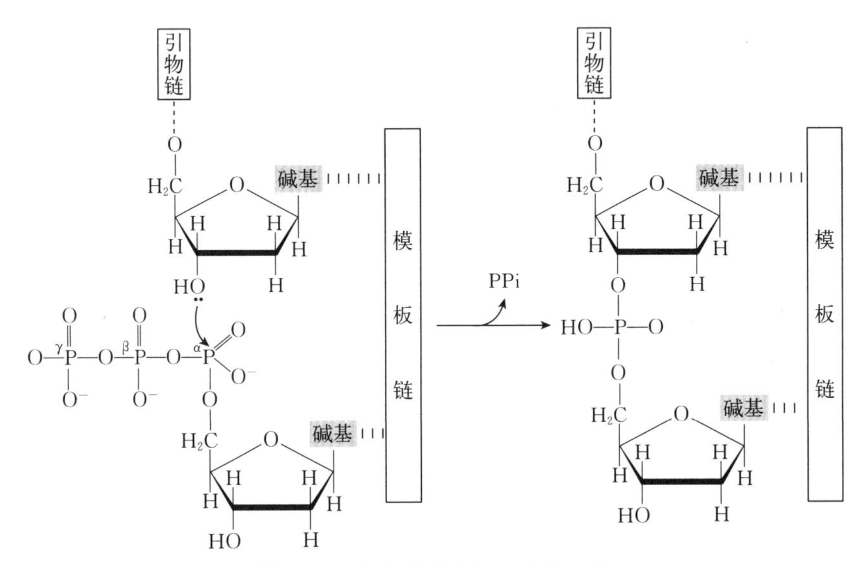

图13.3　聚合酶催化的链延长反应

大肠杆菌DNA聚合酶Ⅰ是一条相对分子质量为1.03×10^5的多肽链，含有一个锌原子。每个大肠杆菌约有400个分子的DNA聚合酶Ⅰ。DNA聚合酶Ⅰ有3个主要活性：①5′→3′聚合酶活性，即当底物和模板存在时，DNA聚合酶Ⅰ可依据碱基互补配对原则使底物dNTP逐个加到引物的3′—OH末端的多核苷酸链上，在37℃条件下，每分子DNA聚合酶Ⅰ每分钟可以催化大约1 000个脱氧核苷酸的聚合；②5′→3′外切酶活性，它可以及时切除复制起始合成的RNA引物；③3′→5′外切酶活性，起校对和纠错的功能，用以切除错误聚合的核苷酸，从而使复制的忠实性提高1 000倍。DNA聚合酶Ⅰ的主要功能在于切除引物、填补引物切除后留下的空隙以及参与DNA损伤的修复。

DNA聚合酶Ⅰ可以被蛋白酶切成2个片段：C端的大片段（相对分子质量约为6.8×10^4）称为Klenow片段，具有5′→3′聚合酶活性和3′→5′外切酶活性，是分子生物学研究中常用的工具酶；N端的小片段（相对分子质量约为3.5×10^4）具有5′→3′外切酶活性，可以切除少量的核苷酸。

DNA聚合酶Ⅱ为相对分子质量约为9.0×10^4的多亚基酶。其活力比DNA聚合酶Ⅰ高，每分钟可催化约2 400个核苷酸的聚合，每个大肠杆菌约含有100个分子的DNA聚合酶Ⅱ。DNA聚合酶Ⅱ除具有5′→3′聚合酶活性外，也有3′→5′核酸外切酶活性，但无5′→3′外切酶活性。它也只是修复酶，而非真正的复制酶。

DNA聚合酶Ⅲ被认为是真正的DNA复制酶（replicase），全酶由α、β、γ、ε、θ、τ、ψ、χ、δ、δ′等10种亚基组成，含有锌原子，相对分子质量大约9.0×10^5，以二聚体形式起作用。α亚基主要有5′→3′聚合酶活性；ε亚基具有3′→5′核酸外切酶活性；θ亚基协助ε亚基发挥作

用；2 个 β 亚基充当"滑动夹子"，它通过 γ 复合物夹子载体组装到 DNA 上，此步骤需要 ATP。2 个 β 亚基围绕 DNA 双螺旋形成一个环，以利于聚合酶沿着模板滑动。正是由于 DNA 聚合酶Ⅲ组成复杂，使它具有了较强的催化活性、忠实性和持续性。DNA 聚合酶Ⅲ可连续催化几千个磷酸二酯键的形成，所以它催化的合成速度达到了体内 DNA 合成的速度。此外，它还有 3′→5′核酸外切酶活性，使得复制的忠实性由 7×10^{-6} 提高至 5×10^{-9}，但 DNA 聚合酶Ⅲ无 5′→3′外切酶活性。

DNA 聚合酶Ⅰ、Ⅱ、Ⅲ 性质比较见表 13.1。此外，目前发现更多的 DNA 聚合酶如 DNA 聚合酶Ⅳ、Ⅴ等属于易错修复酶，其在 SOS 修复中发挥作用。

表 13.1　大肠杆菌三种 DNA 聚合酶的性质比较

	DNA 聚合酶Ⅰ	DNA 聚合酶Ⅱ	DNA 聚合酶Ⅲ
不同种类亚基数目/个	1	≥7	≥10
相对分子质量	10.3×10^4	9.0×10^4	90.0×10^4
5′→3′核酸聚合酶活性	有	有	有
3′→5′核酸外切酶活性	有	有	有
5′→3′核酸外切酶活性	有	无	无
聚合速度（个核苷酸/min）	1 000～1 200	2 400	15 000～60 000
持续合成能力	3～200	1 500	≥500 000
每个细胞所含分子数/个	400	100	10～20
功能	切除引物，修复	修复（复制重新起始）	复制

13.2.1.6　DNA 连接酶

大肠杆菌的 DNA 连接酶（DNA ligase）是一条相对分子质量约为 7.4×10^4 的多肽。每个大肠杆菌细胞含有约 300 个连接酶分子。它催化双链 DNA 切口处的 5′-磷酸基和 3′-羟基生成磷酸二酯键，反应需要烟酰胺腺嘌呤二核苷酸（NAD^+）提供能量，并释放出烟酰胺单核苷酸（NMN）。而真核生物的连接酶则以 ATP 为辅助因子（图 13.4）。DNA 连接酶在 DNA 的复制、修复和重组等过程中均起重要作用。

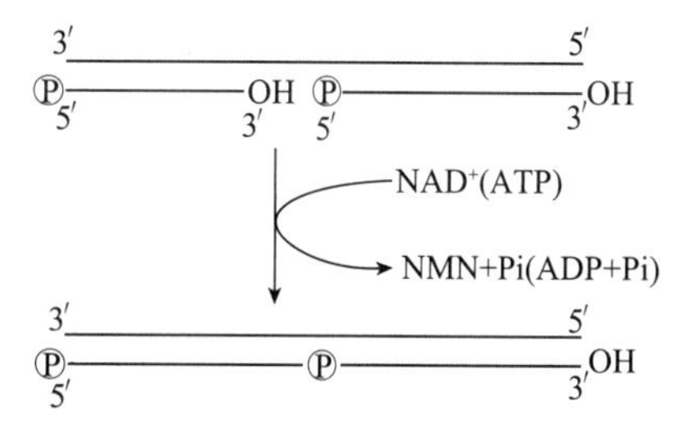

图 13.4　DNA 连接酶的作用

13.2.2　真核生物

13.2.2.1　拓扑异构酶

真核生物的拓扑异构酶Ⅰ是一条相对分子质量约为 9.5×10^4 的多肽，其所催化的反应与原核生物的酶相似，但它同样能使正、负超螺旋 DNA 松弛。松弛作用不依赖于 ATP，能发生于有 EDTA 存在的条件下，Mg^{2+} 可提高该酶的活力。拓扑异构酶Ⅱ为相对分子质量为 $(1.5\sim1.8)\times10^5$ 的均质二聚体（A_2B_2），能以同样的速率松弛正、负超螺旋 DNA。与原核生物不同的是，真核生物拓扑异构酶Ⅱ不能产生负超螺旋，发挥作用时需要 ATP 和 Mg^{2+}。

13.2.2.2　DNA 聚合酶

从哺乳动物细胞中已分离出至少 12 种 DNA 聚合酶，分别以 α、β、γ、δ、ε、ζ、η、θ、ι、

κ、λ、μ 来命名。它们与大肠杆菌 DNA 聚合酶的基本性质相同，都是以 4 种脱氧核糖核苷三磷酸为底物，需 2 个 Mg^{2+} 激活，聚合时必须有模板和 3′-羟基的存在，链的延伸方向为5′→3′。

真核细胞核染色体的复制主要由 DNA 聚合酶 α、δ 和 ε 共同完成。DNA 聚合酶 α 含有 4 个亚基，其中两个亚基具有聚合酶活性，另外两个亚基具有引物合成酶活性，无外切酶活性的亚基。DNA 聚合酶 δ 负责滞后链的合成，DNA 聚合酶 ε 负责前导链的合成，DNA 聚合酶 γ 负责线粒体 DNA 的复制和修复，其余的 DNA 聚合酶则主要起修复作用。

13.2.2.3 复制蛋白 A

人的复制蛋白 A（replication protein A，RP－A）含有三个亚基，相对分子质量分别为 7.0×10^4、3.2×10^4、1.4×10^4，是真核生物的单链 DNA 结合蛋白，其作用类似于大肠杆菌的 SSB 蛋白。

13.2.2.4 复制因子 C

复制因子 C（replication factor C，RF－C）是夹子装置，相当于大肠杆菌的 γ 复合物，它控制滞后链上酶的结合与脱离。

13.2.2.5 端粒酶

端粒（telomere）是真核生物线性染色体末端的特殊结构，它由成百个 6 个核苷酸的重复序列（人为 TTAGGG，四膜虫为 TTGGGG）所组成。端粒的功能为稳定染色体的末端结构，防止染色体间末端连接，并可补偿滞后链 5′末端在消除 RNA 引物后造成的空缺。复制可使端粒 5′末端缩短，而端粒酶（telomerase）可外加重复单位到 5′末端，结果使端粒维持一定的长度。

真核生物的端粒酶是一种含有 RNA 链的反转录酶，与病毒反转录酶的差异在于其模板在酶分子内，即它以自身所含的 RNA 为模板来合成 DNA 的端粒结构。通常端粒酶除蛋白质成分外，还含约 150 个核苷酸的 RNA 链，其中含 1.5 个拷贝的端粒重复单位的模板。端粒酶可结合到端粒的 3′末端，每次都是 RNA 模板的 5′末端碱基（CCCCAAC-CCCAA）识别 DNA 的 3′末端碱基（TT-GGGGTTGGGG）并相互配对，以 RNA 链为模板使 DNA 链延伸，合成一个重复单位后酶再向前移动一个单位（图 13.5）。端粒的 3′单链末端可回折作为引物，合成其互补链，最后形成端粒结构以维持真核生物基因组的完整性。

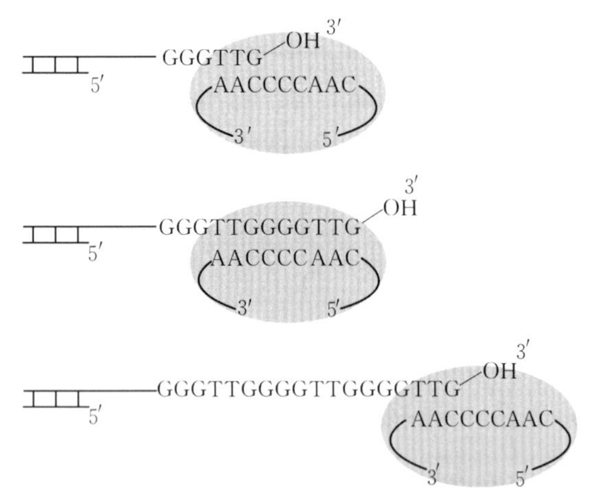

图 13.5 四膜虫端粒酶指导的 DNA 合成过程

13.3 复制过程

13.3.1 复制的起始位点和方向

细菌（大肠杆菌）基因组 DNA 的复制是从特定的起始位点开始的。该起始位点是约 245 bp

的区域，又称为复制原点（origin of replication，Ori）。具有复制原点并能够独立进行复制的单位称为复制子（replicon）。在原核生物的染色体DNA中只有一个复制原点，复制一旦起始，必须使得整个基因组复制完成才可终止。在一个细胞周期中，复制子只能复制一次。例如，在大肠杆菌的环状染色体DNA中，只有一个复制原点，因此是单复制子。复制方向大多是双向的，即分别向两侧进行复制，形成两个复制叉（replication fork）或称为生长点（growing point）。也有一些生物DNA的复制是单向的，只形成一个复制叉。通常复制是对称的，两股链同时进行复制；有些则是不对称的，一股链复制后再进行另一股链的复制。在复制叉处DNA两股链解开，各自合成其互补链，复制时在电镜下观察可看到形如眼的结构，称为复制眼（replication eye）。而由于大肠杆菌的DNA是双链环状，在电镜下可观察到θ形结构。所以又称为θ式复制。大肠杆菌的全部基因组含有4.8×10^6 bp，只有一个复制原点，大约在40 min内能被完全复制。而真核生物的一条染色体DNA中，有多个复制原点，因此是多复制子。例如在果蝇的一个染色体DNA分子中，估计有6 000个复制原点。在一般情况下复制从复制原点开始，然后向两个相反的方向伸展，进行DNA的复制。人的全部基因组大约有3.0×10^9 bp，平均每条染色体的长度是1.3×10^8 bp，其复制速率是每秒50个核苷酸，如果只有一个复制原点的话，复制完全部基因组需要几周。真核生物之所以能在很短的几个小时内完成自身染色体的复制，是靠很多个复制原点来完成的。

真核生物与原核生物染色体DNA的复制还有一个明显的区别：真核生物染色体DNA在全部复制完成之前，原点不再重新起始复制；而在快速生长的原核生物中，原点可以连续起始复制。真核生物在快速生长时，往往采用更多的复制原点。复制的起始点与方向见图13.6。

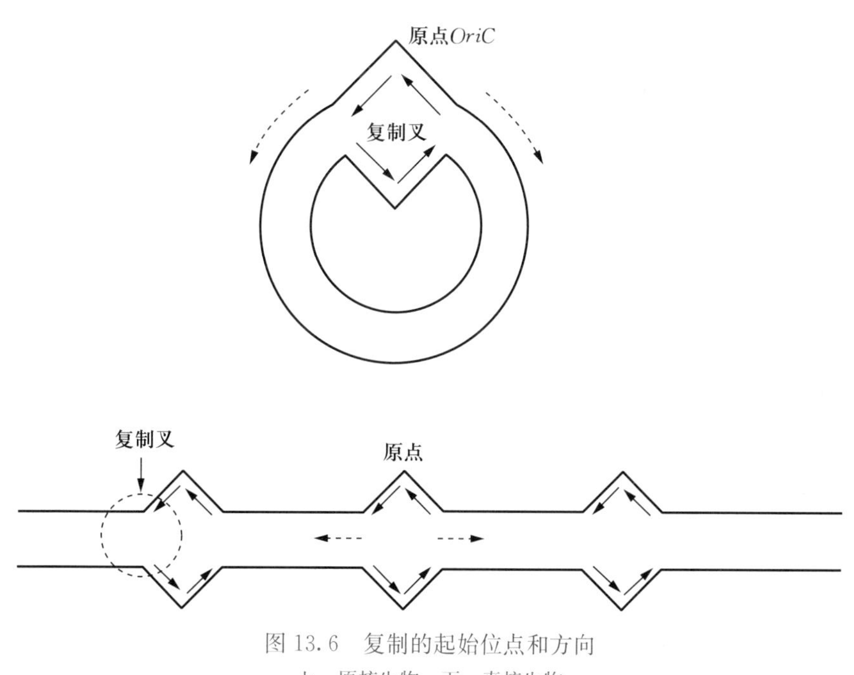

图13.6 复制的起始位点和方向

上：原核生物 下：真核生物

（图内表示一个复制单元，由起始点向两个或单个方向生长，包含两个复制叉）

13.3.2 复制的主要阶段

13.3.2.1 DNA双螺旋的解开

在大肠杆菌中，解螺旋酶在复制叉内解开亲代双螺旋，分开的两股双链再分别与SSB蛋白结合，以防止链内退火复性重新成为双链，使局部解开的两股单链可以作为复制子链的模板。

不论线状的还是环状的DNA分子，在细胞内均以超螺旋形式存在，而且局部解链会导致超螺旋应力的增加，会阻碍解链的前进，因此必须释放出超螺旋应力。在大肠杆菌中是由拓扑异构酶Ⅱ，即旋转酶切开环状超螺旋的两股链，释放出超螺旋应力，而后再封口，从而除去环状DNA分子中的超螺旋。

13.3.2.2 RNA引物的合成

目前已发现的全部DNA聚合酶都不能从头合成DNA新链，只能使已经存在的DNA链延伸。因此，在合成新的DNA链之前必须有引物。所谓引物就是在DNA模板链上装配的一小段互补RNA，其末端的一个核苷酸要有游离的3′-羟基。DNA聚合酶只能把底物（dNTP）转移到引物游离的3′-羟基上去。在大肠杆菌中合成RNA引物的酶是引发酶，其在合成RNA引物之前，还需要与DnaB蛋白的结合。

13.3.2.3 DNA链的延伸

按照半保留方式，亲代DNA的两股互补链各自作为新的子链复制模板。由于DNA两股链的方向是反平行的，一股方向为5′→3′，另一股方向是3′→5′，按照模板的方向性，似乎应该有两类DNA聚合酶，分别催化5′→3′方向和3′→5′方向的复制，但迄今为止所发现的DNA聚合酶只能催化5′→3′方向的合成。这就不能解释DNA的两条链为什么能够同时进行复制的事实。为了解决这个矛盾，冈崎于1968年提出了半不连续复制（semicontinuous replication）假说，该假说认为DNA复制时复制叉向前移动，留下两股单链分别做模板，一股是3′→5′方向，以它为模板合成的新链是5′→3′方向，是连续的，称为前导链（leading strand）；而另一股模板链是5′→3′方向，以它为模板，合成的新链是不连续的DNA片段，称作冈崎片段（Okazaki fragment）。在大肠杆菌中冈崎片段的长度为1 000～2 000个核苷酸，在哺乳动物中为100～200个核苷酸。冈崎片段合成的方向也是5′→3′，但它与复制叉前进的方向相反，是“倒退”着合成的，由多个冈崎片段连接而成的这股新的子代链，称为滞后链（lagging strand）。DNA的半不连续复制原理见图13.7。

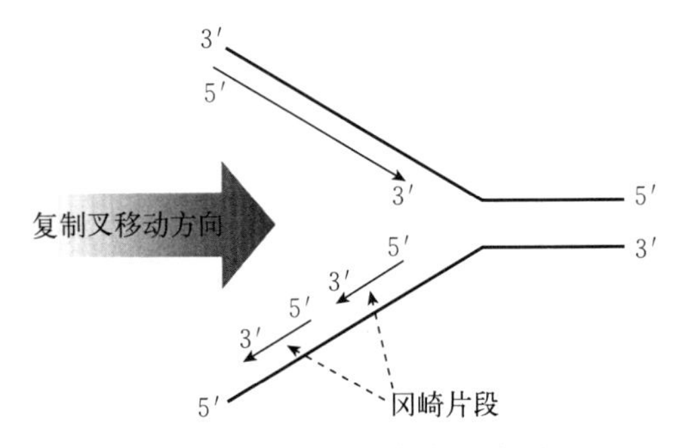

图13.7 半不连续复制示意图

在一个复制叉内，两股新链的合成都是5′→3′方向，前导链是连续的，而滞后链合成时首先合成的是不连续的冈崎片段。注意，无论是前导链DNA的一气呵成，还是滞后链中冈崎片段DNA的不连续合成，都是在RNA引物上延伸的。

13.3.2.4 RNA引物的切除

在大肠杆菌中，由DNA聚合酶Ⅰ的5′→3′外切酶活性来完成引物RNA的切除，切除后留下的空隙由该酶的5′→3′聚合活性填补上。

13.3.2.5 冈崎片段的连接

最后，由DNA连接酶封闭冈崎片段之间的缺口，将这些片段连接成完整的子代链。由于大肠杆菌的染色体是环状的，其5′最末端冈崎片段的RNA引物被切除后可借助于另半圈的DNA链向前延伸来填补，最后可在DNA连接酶的作用下首尾相连，形成完整的基因组基因。

大肠杆菌 DNA 在一个复制叉内的合成过程见图 13.8。而对真核生物来说，其染色体基因组是双链线状，在复制后，不能像原核生物那样填补 5′末端的空缺，从而会使 5′末端序列因此而缩短，真核生物通过形成端粒结构来解决这个问题。

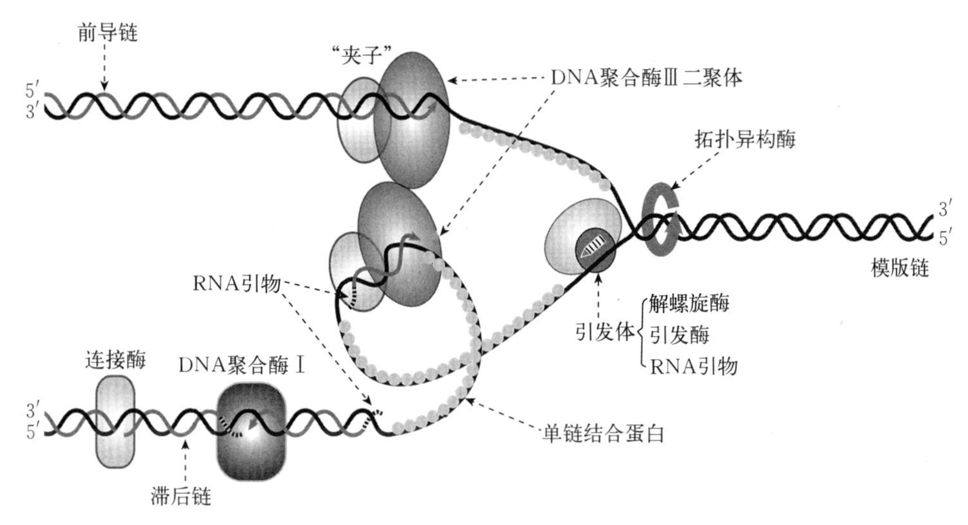

图 13.8 大肠杆菌 DNA 的复制

13.3.3 复制准确性的保障

生物在进化过程中的遗传稳定性由生物体内 DNA 复制的准确性决定：生物利用半保留复制方式将自身 DNA 中蕴涵的全部遗传信息传给后代，例如大肠杆菌复制 DNA 时，$10^{9}\sim10^{10}$个碱基对才可能发生一个误差。为保证复制的准确性，细胞以下列机制提供相应的保障。

（1）DNA 子链与亲本链的碱基之间严格遵守碱基互补配对原则： A 与 T 之间配对形成 2 个氢键，C 与 G 之间配对形成 3 个氢键；错配的碱基之间难以形成氢键。

（2）DNA 聚合酶Ⅰ和Ⅲ都具有 5′→3′的聚合酶活性和 3′→5′外切酶活性： DNA 聚合酶Ⅰ和Ⅲ在模板引导下，按 5′→3′进行 DNA 聚合时严格按照碱基互补配对的原则进行合成，这是 DNA 复制的分子基础。同时它们可对已经加上去的核苷酸进行校对，当新合成的互补链上有错误的核苷酸时，即行使 3′→5′外切酶活性，将连接上的错误核苷酸从 3′端切除，直至正确配对，然后再继续合成。

（3）切除引物： 由于刚开始聚合时较易发生错配，所以生命有机体选择先合成一段 RNA 引物，在引物的基础上合成新的 DNA 链，最后利用 DNA 聚合酶Ⅰ的 5′→3′外切酶活性将引物切除，再利用其 5′→3′聚合酶活性填补上因切除引物后留下的空隙。

（4）聚合时的方向： 现在已知 DNA 的聚合都是 5′→3′，为什么不能从 3′→5′聚合呢？原来，如果按 5′→3′聚合，一旦出现碱基错配，可由 DNA 聚合酶Ⅰ从 3′端切除聚合上错误的核苷酸，剩下 3′-羟基，后者可以接受由以 dNTP 为原料而生成的单核苷酸，即 dNTP 可以和上一个核苷酸的游离 3′-羟基生成 3′，5′-磷酸二酯键，dNTP 自身水解掉焦磷酸。发生反应的原料本身即为高能化合物，靠磷酸键的水解即可保证此反应的顺利进行。而如果按 3′→5′方向聚合时，出现了错配碱基后也可利用 DNA 聚合酶Ⅰ的 5′→3′外切酶活性将错配的核苷酸切除，切除后剩下 5′-羟基或 5′-磷酸，继续聚合时，需要将 5′-羟基或 5′-磷酸核苷酸进一步磷酸化，或者需要外源的能够提供能量的物质，才能完成聚合反应。所以，生物体选择 DNA 合成的方向都是 5′→3′，这是长期进化、选择的结果。

(5) 四种脱氧核苷酸浓度的平衡：正常情况下，细胞内四种 dNTP 的浓度是基本一致的，如果某一种脱氧核苷酸的浓度远远高于另外三种，那么这种脱氧核苷酸就有更多的机会掺入新链的合成，这会提高核苷酸错配的可能性。在正常细胞内，负责合成脱氧核苷酸的核苷酸还原酶具有精细的调节机制，能够维持四种脱氧核苷酸浓度的平衡。

(6) 修复作用：虽然在复制过程中有校正功能，但是环境中的物理或化学因素仍可以使 DNA 不断受到损伤，它们可以通过细胞的各种修复机制来进行有效的纠正，以保证复制模板的准确完整。

13.4 其他类型的复制方式

13.4.1 滚环复制

W. Gilbert 和 D. Dressler 于 1968 年提出滚环复制（rolling circle replication）模型，来解释噬菌体 ΦX174 DNA 的复制过程。ΦX174 的 DNA 是环状单链分子，复制时首先以其自身单链 DNA 为模板，合成互补的环状双链复制型（replication form，RF）DNA 分子，自身母链为正链（+），新合成的为负链（－）。复制机制是双链中的正链被核酸内切酶将 3′,5′-磷酸二酯键切开，形成一个缺口，双链打开，露出 3′-羟基末端和 5′-磷酸末端。然后正链的 5′末端固定在细菌细胞膜上，以环状闭合的负链 DNA 为模板，以正链的 3′-羟基末端为引物，在 DNA 聚合酶作用下，在正链切口 3′-羟基末端逐个连接上脱氧核糖核苷酸，使正链延长。未开环的负链即边滚动边连续复制，正链的 5′端逐渐从负链分离，待长度达到一个基因组时即以正链为模板合成其互补链，全部完成后，即被核酸内切酶切断，被切断的尾链经环化即成为一个新的 DNA 分子。正、负两股链均可作为模板，产生 2 个新的双链环状子代 DNA。滚环式复制过程见图 13.9。

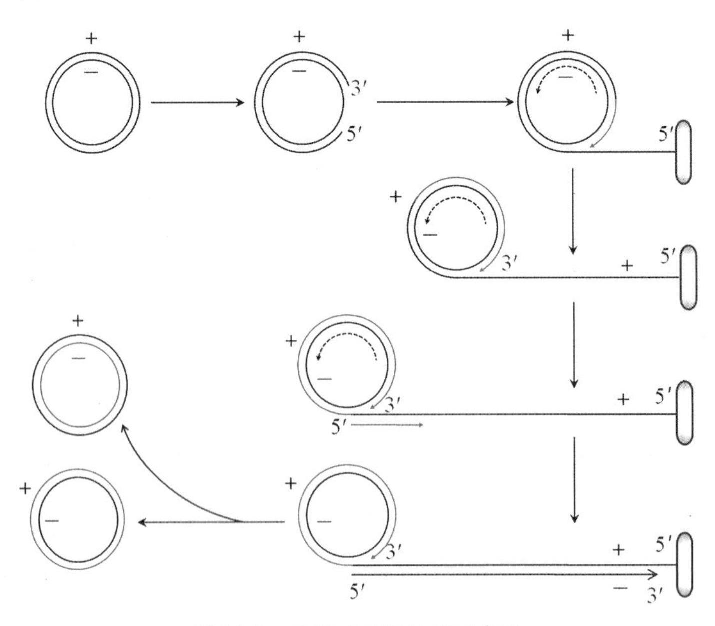

图 13.9 滚环式复制过程示意图

13.4.2 取代环复制

又称 D 环复制（displacement loop replication），真核生物线粒体 DNA 采取此种复制方

式。真核细胞的线粒体是双链环状 DNA 分子，双链环在固定点解开并进行复制。但两股链（其中一股链因为密度较大称之为重链，另一股链因为密度较小称之为轻链）的合成是单方向、不对称的半保留复制，复制时需要合成引物。其复制机制：首先以轻链为模板，先合成一段 RNA 引物，然后合成重链片段，新重链一边复制，一边取代原来旧的重链，被取代的旧的重链以环的形式被游离出来，由于像字母 D，所以称为 D 环复制。随着环形轻链复制的进行，D 环增大，待全部复制完成后，新的重链和旧的轻链、新的轻链和旧的重链各自组合成两个双链环状 DNA 分子（图 13.10）。

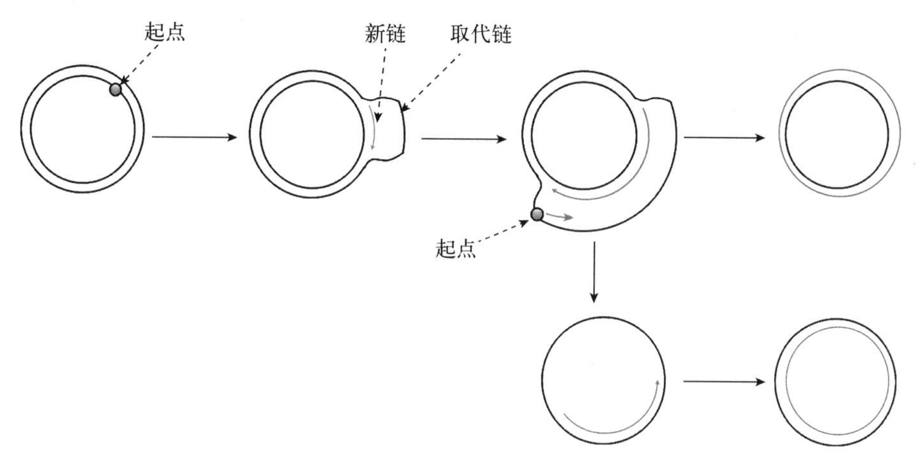

图 13.10　D 环复制方式示意图

13.5　反转录合成 cDNA

反转录（reverse transcription）也称为逆转录，是指以 RNA 为模板合成 DNA 的过程。20 世纪 70 年代，H. Temin 等在研究致癌 RNA 病毒（鸟类成髓细胞白血病病毒和劳氏肉瘤病毒）时首次发现了反转录酶（reverse transcriptase），后来发现该酶也存在于其他一些 RNA 病毒和个别 DNA 病毒中。病毒的反转录酶催化 RNA 指导下的 DNA 合成，即以病毒 RNA 为模板，以 dNTP 为底物，催化合成一股与模板 RNA 互补的 DNA 链（complementary DNA，cDNA）。反应方式与其他 DNA 聚合酶相同，也是 5′→3′合成，并需要 RNA 作为引物。接下来以反转录病毒科的病毒复制为例来说明反转录的过程。反转录病毒科（*Retrovirus*）病毒的特征为其基因组是单股、正链、线性 RNA 的二聚体，单体长 7 000～10 000 nt。图 13.11 是反转录病毒基因组的基本结构。其中，结构基因包括 *gag*（group associated antigen）、*pol*（polymerase）、*env*（envelope）；5′端的非编码区包括帽子结构、5′末端重复序列 R（terminal repeated）、5′特有序列 U5（5′- end unique）和引物结合位点 PBS（primer binding site）；3′的非编码区包括 3′端尾巴、3′末端重复序列 R（terminal repeated）、3′特有序列 U3（3′- end unique）和引发第二条 DNA 链合成的多聚嘌呤区域 PPT（polypurine tract）。

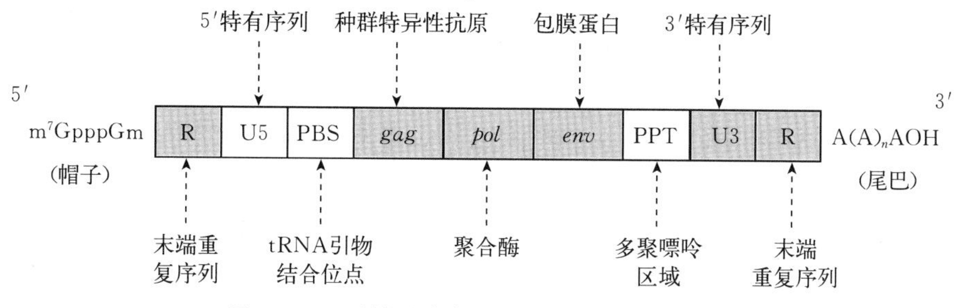

图 13.11　反转录病毒基因组的基本结构模式图

当反转录病毒的RNA进入宿主细胞后，在胞质内即进行反转录过程：①位于病毒RNA的近5′端，在引物结合位点（PBS）处结合的tRNA作为引物开始合成负链DNA，向病毒RNA 5′端的方向前进，当反转录酶到达RNA的5′端并越出模板时，反转录过程暂时停止，此时合成的负链DNA仍附着于tRNA引物上；②反转录酶的RNase H降解R和U5；③负链DNA和引物复合体跳跃（负链DNA跳跃）到RNA 3′端的R处；④负链DNA继续向着RNA的5′前进，合成全长的负链DNA；⑤反转录酶的RNase H活性水解大部分RNA并保留3′端U3区上游的聚嘌呤段（PPT）处的RNA作为引物；⑥以负链DNA为模板，合成正链DNA，并向负链DNA的5′端方向（结合tRNA的方向）前进，停止于负链DNA的起始处；⑦引物tRNA和病毒RNA被反转录酶（RNase H活性）降解；⑧正链DNA跳跃到负链DNA的3′端，合成全长的正链DNA；⑨正、负链DNA合成后形成双链（图13.12）。

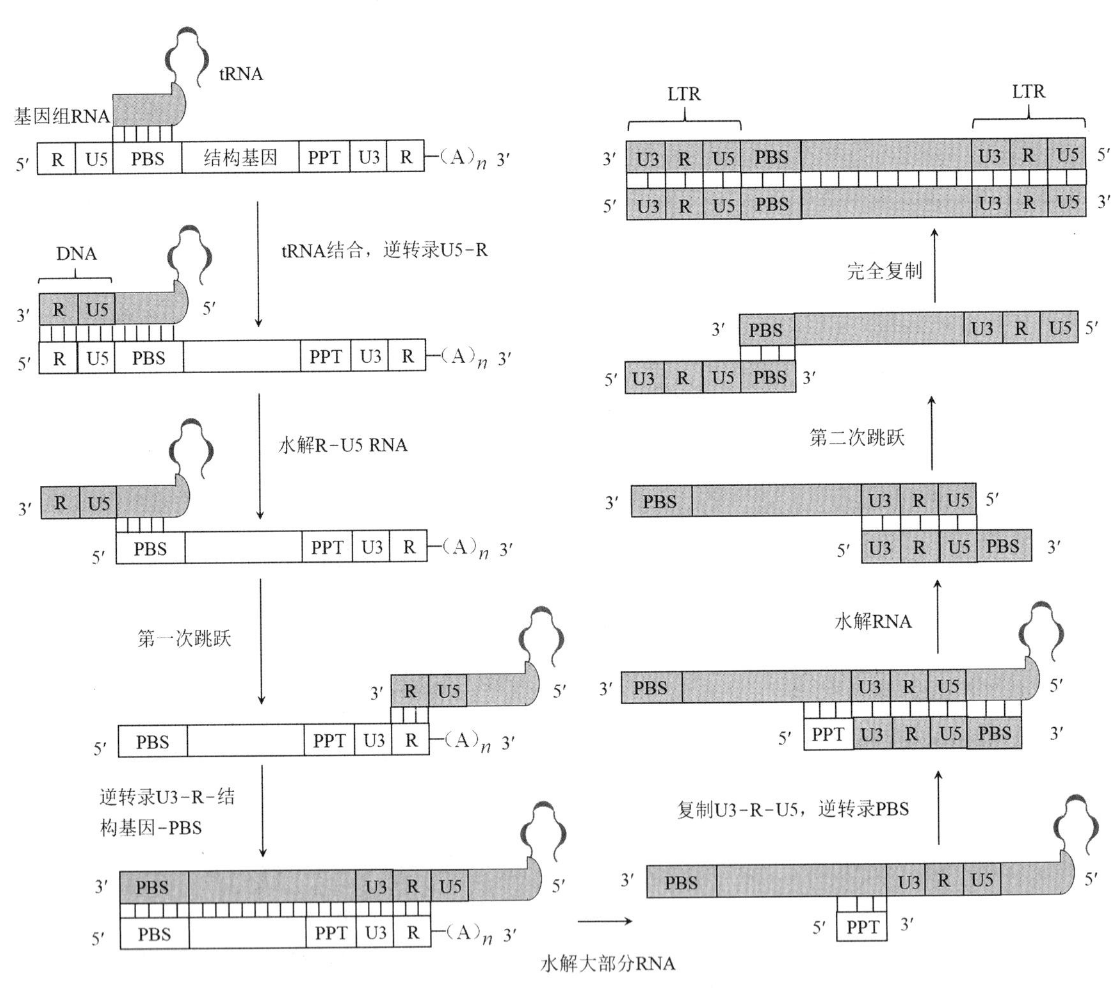

图13.12 反转录病毒合成cDNA的过程示意图

LTR（long terminal repeat）：长末端重复序列

由此可见，反转录酶具有催化RNA指导的DNA合成反应、RNA的水解反应（RNase H活性）和DNA指导的DNA合成反应等3种作用。新合成的双链DNA可以前病毒（provirus）方式整合到宿主细胞的染色体DNA中（暂不表达），并与宿主细胞DNA一起复制而传递给子代细胞。在某种条件下，潜伏的含有病毒遗传信息的DNA可能活跃起来，转录出病毒RNA而使病毒繁殖；而在特定的条件下，它也可能引起宿主细胞发生癌变。

反转录酶没有5′→3′和3′→5′外切酶活性，故缺乏校对功能，据估计，突变率大概为每10^4将出现一个突变。

13.6 DNA的损伤和修复

生物在生命活动过程中，体内外因素的作用会对DNA造成影响。生物因素（DNA的重组、病毒的整合）、物理化学因素（紫外线、电离辐射和化学诱变剂）等，都可能造成DNA局部结构和功能的破坏，受到破坏的可能是DNA的碱基、核糖或是磷酸二酯键。DNA在复制过程中也仍然可能产生错配。造成DNA损伤的因素可能来自细胞内部，也可能来自细胞外部，损伤的结果是引起生物基因突变，大部分突变是有害的，部分是中性或近中性，极少数突变是有利的。自然选择就是保存有利突变，消除有害突变的过程。

因而，保证DNA分子的完整性对生物是至关重要的。在长期的进化过程中，生物体获得了复杂的DNA损伤修复系统，可以通过不同的途径对DNA的损伤进行修复。这些途径可分成两大类：光诱导的修复（光复活）和不依赖于光的修复（暗修复）。暗修复又有3种不同的机制，即切除修复、重组修复和易错修复。

虽然生物具有多种修复DNA的措施，但是如果发生的错误不被检出或没有被正确修复，即会导致DNA的永久改变，称为突变（mutation）。发生单一碱基的突变称为点突变（point mutation）；某一个碱基被同类碱基置换（如腺嘌呤改变成鸟嘌呤），称为转换（transition）；某一个碱基发生了嘌呤碱和嘧啶碱的相互置换，称为颠换（transversion）。如果DNA分子发生插入或缺失一个以上碱基的变化，称为插入（insertion）突变或缺失（deletion）突变，这种插入或缺失会导致蛋白质读码框的改变，称之为移码突变（frameshift mutation），且移码突变造成的损伤一般远大于点突变。某些诱变剂（如碱基类似物、化学修饰剂、嵌入染料、紫外线、电离辐射等）导致的DNA突变可能引发癌症。

13.6.1 光复活

紫外线照射可以使DNA分子中同一条链的两个相邻胸腺嘧啶之间形成二聚体（TT）（图13.13）。这种二聚体是由两个胸腺嘧啶以共价键连接成环丁烷的结构而形成的，其他嘧啶碱基之间也能形成类似的二聚体（CT、CC），但数量较少。嘧啶二聚体的形成，影响了DNA的双螺旋结构，使其复制和转录功能均受到阻碍。光复活作用的机制是可见光激活了光复活酶（photo-reactivating enzyme），它能分解由于紫外线照射而形成的嘧啶二聚体。光复活作用是一种高度专一的直接修复方式，它只作用于紫外线引起的DNA嘧啶二聚体。光复活酶在生物界分布很广，几乎在所有的生物细胞中都已发现。这种修复方式在植物中特别重要。对高等动物来说更重要的是暗修复，即切除DNA中含嘧啶二聚体的核苷酸链，然后再修复合成。

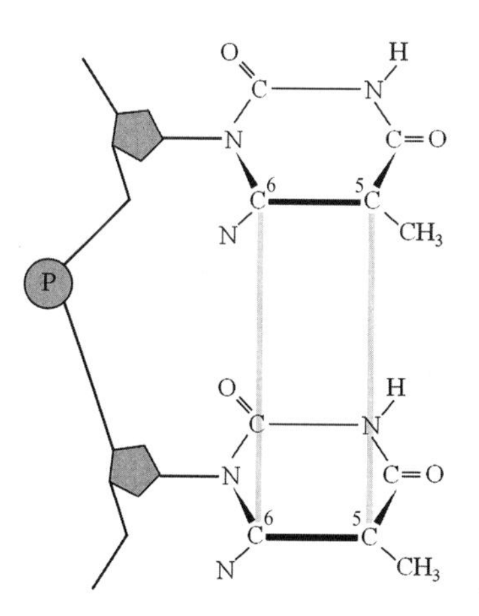

图13.13 胸腺嘧啶二聚体

13.6.2 切除修复

所谓切除修复即在一系列酶的作用下，将DNA一股链中受到损伤的部分切除掉，并以完整的那一条链为模板，合成切去的部分，然后使DNA恢复正常结构的过程。这是比较普遍的一种修复机制，它对多种损伤均能起修复作用。切除修复包括4个步骤：①由特异的核酸内切

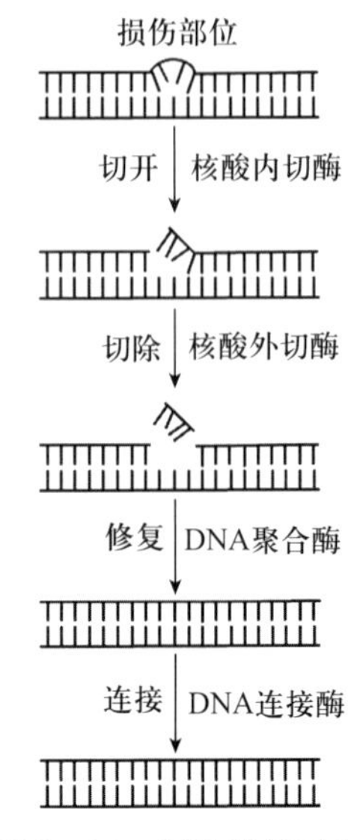

图 13.14　切除修复示意图

酶在损伤部位将 DNA 单链切断；②由 5′-核酸外切酶将损伤片段切除；③以另一股完整的链为模板，由 DNA 聚合酶在缺口处进行修复合成；④最后由连接酶将新合成的 DNA 链与原来的链连接在一起。

在大肠杆菌中 DNA 聚合酶Ⅰ兼有 5′→3′聚合酶和 3′→5′外切酶活性，在修复合成与切除两步中均可由该酶来完成。在真核细胞中 DNA 聚合酶没有外切酶活性，切除必须由另外的酶来完成。真核细胞内有许多种特异的 DNA 糖苷酶（glycosidase），它们能够识别 DNA 中不正常的碱基，并将其水解下来，形成无嘌呤或无嘧啶位点，称为 AP 位点（apurinic or apyrimidinic site，AP）。一旦 AP 位点形成后，即由 AP 核酸内切酶在 AP 位点附近将 DNA 链切开，然后核酸外切酶将包括 AP 位点在内的 DNA 链切除。DNA 聚合酶Ⅰ兼有外切酶活性，并使 DNA 链 3′延伸以填补空缺，DNA 连接酶再进行连接（图 13.14）。

切除修复作用是细胞的一种普遍的功能。它并不局限于某种特殊原因造成的损伤，而能识别一般的 DNA 双螺旋结构的改变，对遭到破坏而呈现不正常结构的部分加以去除。细胞的这种功能，对保护遗传物质 DNA 不被轻易破坏，具有很大意义。

13.6.3　重组修复

上述切除修复过程发生在 DNA 复制之前，因此又称为复制前修复。然而，当 DNA 发动复制时尚未修复的损伤也可以先行复制再修复。例如，含有嘧啶二聚体或因烷基化引起的交联和其他结构损伤的 DNA 仍然可以进行复制，但是复制酶系在损伤部位无法通过碱基配对合成子代 DNA 链，它就跳过损伤部位，在下一个冈崎片段的起始位置或前导链的相应位置上重新合成引物和 DNA 链，结果子代链在损伤相对应处留下缺口。这种遗传信息有缺损的子代 DNA 分子可通过遗传重组而加以弥补，即从同源 DNA 的母链上将相应核苷酸序列片段移至子链缺口处，然后利用再合成的序列来补上母链的空缺。此过程称为重组修复（图 13.15）。因为发生在复制之后，故又称为复制后修复。

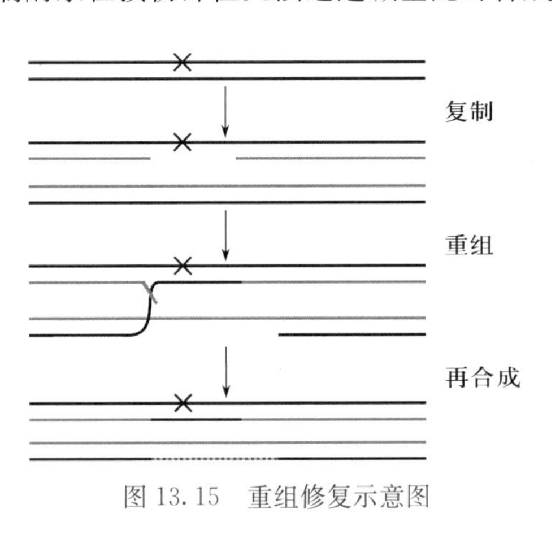

图 13.15　重组修复示意图

在重组修复过程中，如果 DNA 链的损伤并未除去，当进行第二轮复制时，留在母链上的损伤仍会给复制带来困难，复制经过损伤部位时所产生的缺口还需通过同样的重组过程来弥补，直至损伤被切除修复所消除。但是，随着复制的不断进行，若干代以后，即使损伤始终未从亲代链中除去，而在后代细胞群中也已逐渐减少，实际上已消除了损伤所带来的影响。最后对正常生理过程没有影响。

13.6.4　易错修复

上述的几种修复能够识别 DNA 的损伤或错配碱基而加以消除，在它们的修复过程中并不引入错配碱基，因此属于避免差错的修复。而对 DNA 的许多严重损伤，生命体采取的是另一

种措施——应急反应（SOS response）。由于SOS反应能诱导产生大量修复酶，但是这些修复酶的功能不健全，导致在修复过程中会引入错配碱基。这种为了首先保证DNA的完整性而牺牲正确性的修复，称为易错修复（error prone repair）。

易错修复广泛存在于原核生物和真核生物，它是生物在不利环境中求得生存的一种本能。易错修复主要包括两个方面：DNA完整性得到修复和导致变异。得到修复的DNA也只是保持了其完整性，可能错误率非常高，大部分生物会因此而导致死亡。也有一些生物反而能在恶劣的条件下生存下来，即导致了变异。生物发生变异将有利于它的生存，因此易错修复可能在生物进化中起着重要作用。

案　例

1. 喹诺酮类药物抗菌机理　喹诺酮类药物如恩诺沙星、单诺沙星、马波沙星等均为化学合成的广谱抗菌药，其抗菌作用机理是抑制细菌脱氧核糖核酸（DNA）回旋酶（功能类似于拓扑异构酶Ⅱ），干扰DNA复制产生杀菌作用。DNA回旋酶由2个α亚基及2个β亚基组成，可将正超螺旋的DNA分子切开、移位、封闭，形成负超螺旋结构。该类药物可与DNA回旋酶形成复合物而抑制α亚基，使细菌最终不能形成负超螺旋结构，阻断DNA复制，导致细菌死亡。

2. 5-氟尿嘧啶抑制癌细胞增殖机制　5-氟尿嘧啶为嘧啶类抗代谢药，其在体内先转变为5-氟-2-脱氧尿嘧啶单核苷酸（F-dUMP）和5-氟-2-脱氧尿嘧啶三核苷酸（F-dUTP），前者可与胸腺嘧啶脱氧核苷酸合成酶的活性中心共价结合而抑制该酶活性，阻断尿嘧啶脱氧单核苷酸转变为胸腺嘧啶脱氧核苷酸，从而使DNA合成障碍。同时，F-dUTP能直接掺入RNA中，阻断RNA的合成。因此，5-氟尿嘧啶能阻止胸腺嘧啶的形成、抑制DNA的生物合成，从而抑制癌细胞的生长。其在临床上用于治疗胃癌、肠癌、肝癌等，是目前常用的一种化疗药物。

3. 着色性干皮病发病机制　着色性干皮病（xeroderma pigmentosa）为一种遗传性疾病，该病患者对日光或紫外线特别敏感，往往容易出现皮肤癌。经分析表明，患者皮肤细胞中与核苷酸切除修复有关的酶的基因存在缺陷，因此对紫外线引起的DNA损伤不能进行修复。该病也间接提示切除修复系统的障碍可能是癌症发生的一个原因。

二维码13-1　第13章习题

二维码13-2　第13章习题参考答案

第 14 章

RNA 的生物合成——转录

【本章知识要点】

☆ 在 RNA 聚合酶催化下以 DNA 的一条链为模版合成 RNA 的过程称为转录。转录是基因表达的第一步，也是最为关键的一步。转录不需要引物，且转录具有不对称性，作为模板的 DNA 链称为模板链，与之互补的链称为编码链。

☆ 原核生物基因的转录过程包括模板识别、转录起始、转录延伸和转录终止，由 RNA 聚合酶催化。

☆ 原核生物 RNA 聚合酶全酶由不同亚基（$\alpha_2\beta\beta'\omega\sigma$）组成：σ 亚基的作用是识别启动子（原−10 序列和−35 序列）并与之结合；核心酶（$\alpha_2\beta\beta'\omega$）负责与模板结合，并依据碱基互补的方式催化 NTP 原料形成 3′,5′-磷酸二酯键，以 5′→3′方向延伸多核苷酸链。

☆ 原核生物转录的终止有依赖和不依赖 ρ 因子两种方式，且转录生成的 mRNA 分子几乎不需要加工即可作为蛋白质翻译的模板，但生成的 rRNA 和 tRNA 需要加工修饰才能成为有功能的 RNA 分子。

☆ 真核生物 RNA 聚合酶Ⅰ、Ⅱ、Ⅲ分别转录 rRNA、mRNA 以及 tRNA 和 5S rRNA，其启动子结构多样，典型的包括 TATA 盒、CAAT 盒等。真核生物 RNA 的转录机制十分复杂，通常由转录因子首先与启动子结合而识别模板，再协助 RNA 聚合酶与 DNA 模板形成转录起始复合物。转录得到的 RNA 前体一般要经过加工和修饰。

☆ 真核生物的基因多是断裂基因，其转录生成的 mRNA 分子需经过 5′末端加“帽”、3′末端加 polyA“尾”、切除内含子和拼接外显子后才能成为成熟的 RNA。

☆ 催化 RNA，即核酶的发现，对研究生命的起源和进化具有重要的科学意义。

☆ 机体中存在大量非编码 RNA，包括 microRNA、siRNA 等，其通过 RNA - RNA 相互作用而对靶向 RNA 进行调控，主要是对靶向 mRNA 进行降解或阻遏翻译等在转录后水平对基因表达进行调节。

生命有机体要将遗传信息传递给子代，并在子代中表现出生命活动的特征，只进行 DNA 的复制是不够的。机体需以 DNA 作为模板，在 RNA 聚合酶（RNA polymerase）的催化下合成 RNA，将遗传信息从 DNA 转移到 RNA 上，这一过程称为转录（transcription）。转录是基因表达的第一步，也是关键的一步。

转录起始于 DNA 模板上的特定部位，该部位称为转录起始位点（transcription start site, TSS），而终止于模板上的特殊顺序，称为终止子（terminator）。为了叙述的方便，习惯上以

DNA 编码链为准，将转录起始位点的 5′端称为上游（upstream），3′端称为下游（downstream）。将转录起始位点标记为＋1，上游以负数表示，如－10、－35 等，下游则以正数表示，如＋50、＋100 等。

能够被 RNA 聚合酶识别并与之结合，从而调控基因转录与否及转录强度的一段大小为 20～200 bp的 DNA 序列，称为启动子（promoter，P）。目前，已知的全部原核生物基因及绝大部分真核生物基因的启动子均位于转录起始位点的上游序列中，但也有部分真核生物的启动子位于转录起始位点的下游序列。从启动子到终止子之间的 DNA 片段，更确切地说，被转录成单个 RNA 分子的一段 DNA 序列，称为一个转录单位（图 14.1）。一个转录单位可以是一个基因，也可以是多个基因。原核生物的若干个功能相关的基因往往同时转录成一个转录单位（即同一条 mRNA 分子中），称为多顺反子（polycistron）；而真核生物通常是一个基因转录成一条 mRNA 分子，称为单顺反子（monocistron）。

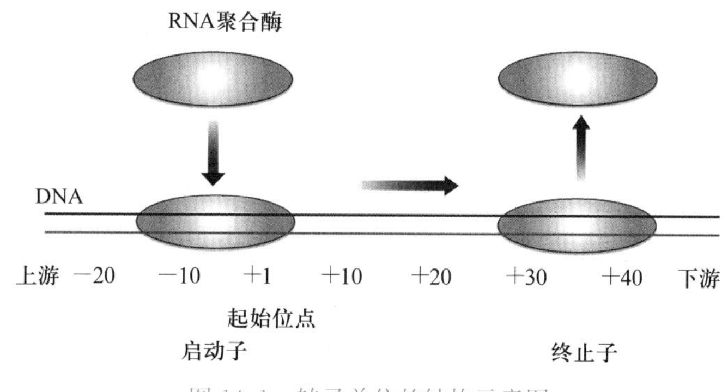

图 14.1 转录单位的结构示意图

14.1 转录的特点

原核生物和真核生物在基因结构、RNA 聚合酶等方面存在很大差异，不过二者仍然具有许多共同特点。

（1）以 DNA 为模板酶促合成 RNA：细胞内 RNA 的生物合成过程是一个酶促反应过程，参与该过程的酶是 RNA 聚合酶。RNA 聚合酶几乎存在于一切细胞中，每个大肠杆菌细胞中大约有 3 000 个分子的 RNA 聚合酶。此酶必须以双链 DNA 中的一条链（或单链 DNA）为模板，按照 A 与 U（或 T 与 A）、G 与 C 配对的原则，将 4 种核糖核苷酸（NTP）以 3′,5′-磷酸二酯键的方式聚合起来，催化合成与模板互补的 RNA。

作为模板的 DNA 既可以是双链，也可以是单链。当 DNA 是双链时，双螺旋 DNA 一小段解链，RNA 聚合酶用单链 DNA 作为模板合成 RNA 并迅速脱离 DNA 模板，两股分开的 DNA 链又重新结合在一起，不能分离获得 DNA/RNA 杂交双链；而单链 DNA 作为模板时，其转录产物则是一股与 DNA 链互补的 RNA 链，这时可以分离获得 DNA/RNA 的杂交双链。

（2）DNA 双链中只有一股链被转录成 RNA：大多数生物的基因是双链 DNA，但实验证明双链 DNA 中只有一股链作为模板转录合成 RNA。在 DNA 双链中，负责转录合成 RNA 的 DNA 链称为模板链（template strand），另一股链称为编码链（coding strand）。模板链与编码链互补，模板链转录合成的 RNA 碱基顺序与编码链的碱基顺序完全一致，只是其中的 T 被 U 取代、脱氧核糖被核糖取代而已。但应注意，DNA 分子上的编码链和模板链是相对的，如某个基因以这股为模板链，而另一个基因则可能在该 DNA 分子的其他部位以另一股为模板链。

（3）转录的方向为 5′→3′：与 DNA 合成一样，RNA 链延伸的方向也为 5′→3′，新掺入的核苷酸都在3′末端被发现，而P～P～P基团则在RNA链的5′起始核苷酸上被发现。代谢抑制剂3′-脱氧腺苷与腺苷相似，但在3′处缺失氧原子。当将3′-脱氧腺苷加入细胞中后，它首先被磷酸化生成3′-脱氧三磷酸腺苷，然后连接到3′的生长端上去，因为它不含3′-羟基，其他三磷酸核苷就不能再与其结合，RNA合成被终止，这就说明RNA的合成方向是5′→3′。

(4) 转录起始不需要引物，且转录过程中无校正作用：这些特点都是由RNA聚合酶的性质和作用决定的。RNA合成过程尽管也很精确，但其精确程度不及DNA的复制，因为DNA的复制过程中存在校正机制。而细胞中的RNA不是自我复制的，所以能够产生非遗传上的差错。

14.2 原核生物基因的转录

14.2.1 原核生物RNA聚合酶

催化RNA合成的酶称为RNA聚合酶。在大肠杆菌中只发现一种由5种亚基组成的RNA聚合酶，其中由两个α亚基、一个β亚基、一个β′亚基和一个ω亚基组成核心酶（core enzyme）($\alpha_2\beta\beta'\omega$)，加上一个σ亚基后成为全酶（holoenzyme）($\alpha_2\beta\beta'\omega\sigma$)，全酶相对分子质量大约为465 000。α亚基负责亚基之间的装配，同时与启动子识别有关；β和β′亚基的功能分别是结合底物（NTP）和DNA模板，构成催化中心；σ亚基（也称σ因子）有不同的相对分子质量（32 000～90 000)，其功能是特异地识别启动子并与之结合，但它在全酶上的结合并不牢固，可以随时从全酶上脱落下来。核心酶只能催化已开始合成的RNA链的延长，但不具有起始合成RNA的能力。大肠杆菌RNA聚合酶的结构及其功能见表14.1。

表14.1 大肠杆菌RNA聚合酶的结构和功能

亚基	基因	相对分子质量	数目	组分	可能的功能
α	*rpo*A	40 000	2	核心酶	负责酶的装配，与启动子识别有关
β	*rpo*B	155 000	1	核心酶	与核苷酸底物结合
β′	*rpo*C	160 000	1	核心酶	与DNA模板结合
ω	*rpo*Z	9 000	1	核心酶	参与酶的装配
σ	*rpo*D	70 000	1	σ因子	识别启动子，促进转录起始

14.2.2 原核生物基因的启动子

原核生物不同基因的启动子虽然在结构上存在一定的差异，但具有明显的共同特征：①在基因的5′端，直接与RNA聚合酶结合，控制转录的起始和方向；②都含有RNA聚合酶的识别位点、结合位点和起始位点；③都含有保守序列，且这些序列的位置基本是固定的，如－35序列、－10序列等。

对大多数启动子来说，在上游－35 bp附近存在一段共有序列（consensus sequence)，即TTGACA，RNA聚合酶的σ亚基能识别该序列以使核心酶与启动子结合，故又将－35序列称为RNA聚合酶的识别位点；－10序列又称为Pribnow盒（Pribnow box)，其共有序列为TATAAT，是RNA聚合酶与之牢固结合并将DNA双链打开的部位，即结合位点，形成所谓的开放性启动子复合物。

根据启动子的启动效率，即在单位时间内合成RNA分子数的多少，将启动子分为强启动子和弱启动子。启动子的强弱与－35序列和－10序列密切相关，特别是－35序列在很大程度

上决定了启动子的强度。另外，这两个序列之间的距离也可能是影响启动子强度的因素之一。实验表明，这两个序列之间的距离为 17 bp 时，转录效率最高；天然启动子中，这一段距离大多为 16～19 bp。

原核生物启动子的结构如图 14.2 所示。

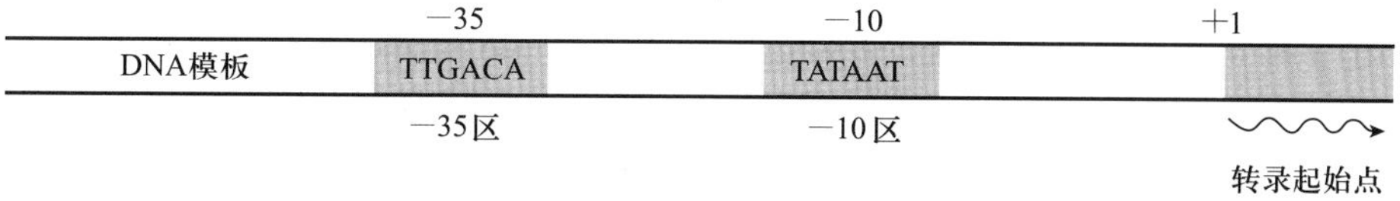

−35　−10　+1
DNA模板　TTGACA　TATAAT
−35区　−10区
转录起始点

图 14.2　原核生物启动子结构示意图

14.2.3　原核生物 RNA 的转录过程

原核生物基因的转录过程已基本研究清楚，其主要包括模板的识别、转录的起始、RNA 链的延伸、转录的终止等 4 个阶段。

14.2.3.1　模板的识别

在 σ 亚基的帮助下，RNA 聚合酶识别并结合到启动子 DNA 双链上。实验证明，核心酶本身并不能识别启动子，它与 DNA 的结合是非特异的。σ 亚基的作用在于其大大降低 RNA 聚合酶与 DNA 的非特异性结合，并促进 RNA 聚合酶识别启动子序列，σ 亚基还参与促使 DNA 双螺旋打开并以其中的一股链作为模板进行转录。

14.2.3.2　转录的起始

σ 亚基通过识别－35 序列并与核心酶其他亚基一起结合在启动子上，使启动子附近的 DNA 双链解旋并解链。关于 RNA 聚合酶是如何从－35 序列移动到转录起始位点的问题，早先曾有过“滑动假说”，即 RNA 聚合酶沿着模板链由一个位点滑动到另一个位点。现在虽不能否定这一说，但也不能明确证实是“滑动”。已有实验证据表明，RNA 聚合酶分子很大，其结合在启动子上的范围从－50 到＋10，可见这一范围包括了－35 序列、－10 序列和转录起始位点。

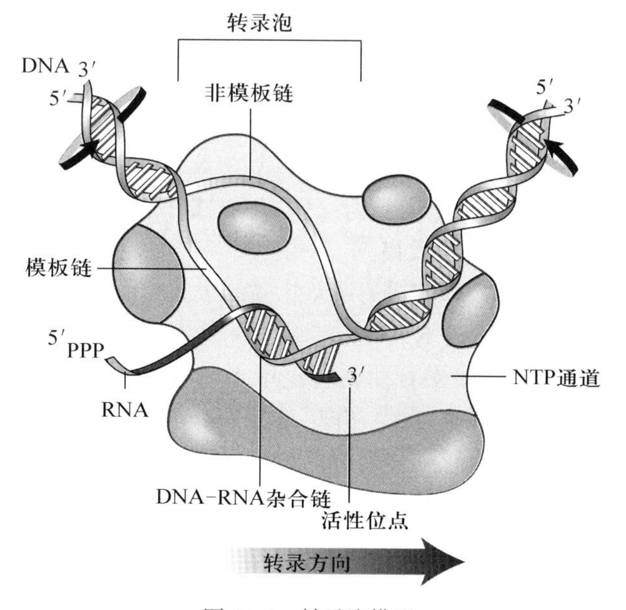

图 14.3　转录泡模型

转录起始阶段又可分为三步：①RNA聚合酶在 σ 亚基引导下识别启动子的－35 序列并结合到启动子－10 序列上，此时 RNA 聚合酶全酶与 DNA 形成闭合型复合物（closed complex），但此时 DNA 仍然处于双链状态；②伴随着 DNA 构象上的变化，闭合型复合物转变为开放型复合物（open complex），RNA 聚合酶全酶所结合的 DNA 序列中有一小段双链被局部解开并呈现“泡”状，故称之为转录泡（transcription bubble）（图 14.3），此时，RNA 聚合酶的构象也发生改变，β和β′亚基牢固夹住DNA直至转录结束；③开放型复合物与最初的两个NTP相结合并在这两个核苷酸之间形成第一个3′,5′-磷酸二酯键后，转变成包括RNA聚合酶、DNA和新生RNA的三元复合物（ternary complex）继续延伸RNA链。

转录不需要引物引导，绝大多数新合成RNA链的5′末端是嘌呤核苷三磷酸pppA或pppG。起始阶段RNA的转录不够稳定，最初的几个核苷酸常常连接上了又脱落下来，于是不得不重新再来，直到连接上约9个核苷酸为止，称之为流产式起始，这是一种转录前的试探。随后，σ亚基脱离核心酶，由核心酶继续进行转录。所以，全酶的作用是选择起始部位并启动转录，核心酶的作用是延伸RNA链，而解离出来的σ亚基可与另一个核心酶结合起来并启动下一次的转录。

14.2.3.3 RNA链的延伸

当RNA聚合酶催化新生RNA链的长度达到9～10个核苷酸时，σ亚基即从全酶中解离出来，核心酶沿DNA模板移动，并按碱基互补配对原则依次连接上核苷酸，使RNA链延伸。由于在转录过程中第一个三磷酸核苷的三磷酸基被保留在产物中，而其余的则否，所以RNA链的延长方向是5′→3′。核心酶沿DNA模板移动的方向则为3′→5′，因为模板链与新生成的RNA链是反方向的。

在整个延伸过程中，转录泡的大小始终保持不变，转录泡的跨度在12～14 bp，且核心酶始终与DNA的编码链结合，使双链DNA解开约14 bp。在转录泡里，新合成的RNA与模板DNA形成杂交双链，长8～9 bp，即在核心酶向前移动时，前面的双股螺旋逐渐打开，转录过后的区域则又重新形成双螺旋，二者的速度相同，直至转录完成。每加入一个核苷酸，RNA/DNA杂交双链就旋转一定的角度，保证RNA的3′-羟基始终停留在催化部位。由于8 bp杂交双链的长度约为双螺旋完整的一圈，在形成完整的一圈前，RNA因扭力而离开了DNA模板，从而防止了RNA 5′端与DNA缠绕在一起。RNA链延伸的速度约为每秒40个核苷酸，比DNA复制的速度要慢。

研究发现，转录的误差比复制大得多（约10万倍）。不过RNA的转录也不是完全不受制约的，RNA聚合酶在行进中不时回头检查可能发生的碱基错配，并尽可能予以改正，但是由于它没有核酸外切酶的活性，所以校正的功能有限。由于细胞中要转录的某一个基因的RNA非常多，而且RNA通常寿命比较短，因而细胞可以耐受转录产生的误差。有关转录过程中模板的识别、转录的起始和延伸如图14.4所示。

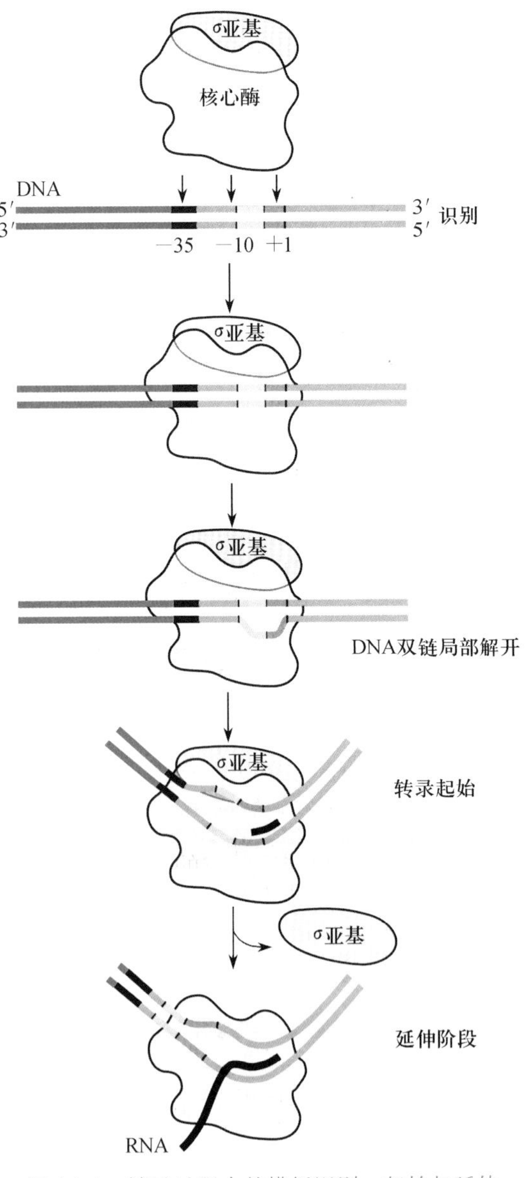

图14.4 转录过程中的模板识别、起始与延伸

14.2.3.4 转录的终止

转录终止过程主要包括 RNA 链停止延伸、释放新生 RNA 链和 RNA 聚合酶从 DNA 上解离。

当 RNA 聚合酶沿 DNA 模板移动到编码链 3′端的终止子序列时，转录就停止了。原核生物基因转录终止的方式有两种，即不依赖于 ρ 因子的终止和依赖于 ρ 因子的终止。

（1）在不依赖于 ρ 因子的终止方式中，通过比较许多已知的终止子核苷酸序列发现，它们具有以下共同的特点：①有一段富含 G—C 的序列，呈回文结构（palindrome structure），即双链 DNA 中存在两个反向重复序列；②紧接在其后面是一段富含 A 的序列（图 14.5）。

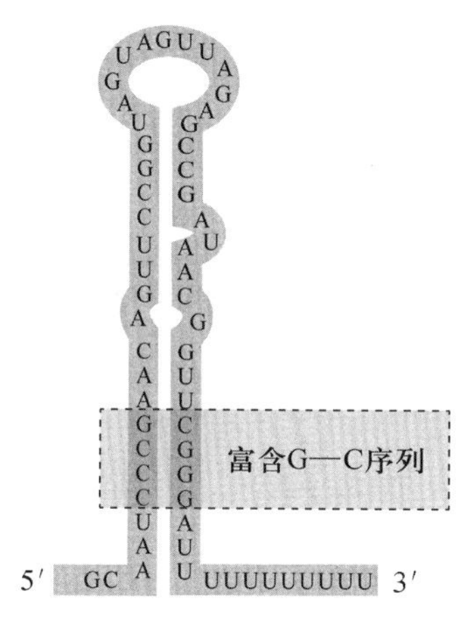

图 14.5 终止子结构示意图

因而，由 GC 区转录出来的 RNA 链是自身互补的，可通过碱基配对而形成发夹结构，加上终止子的末尾富含 U 核苷酸，此区的模板链有连续的碱基 A，由 rU - dA 组成的 RNA - DNA 杂交分子具有特别弱的碱基配对结构。当 RNA 聚合酶遇到此终止信号暂停时，RNA - DNA 杂交分子即在rU - dA弱键结合的末端区解开。

（2）另一类终止子则需要终止因子 ρ 的参与。ρ 因子又称为终止因子（termination factor），是从大肠杆菌中分离出来的相对分子质量为 275 000 的六聚体蛋白质，其单体的相对分子质量约为 50 000。ρ 因子具有两种活性：转录终止的活性和依赖于 RNA 的 ATPase 活性（即水解腺苷三磷酸），后者为前者所必需的。此外，研究发现 ρ 因子同时具有 RNA - DNA 解旋酶活力。

体外实验证明，用同一 DNA 作为模板，在有 ρ 因子时合成的 RNA 比没有时要短，说明当 RNA 聚合酶遇到模板中的某些终止子时，在无 ρ 因子的条件下，虽然也在此暂停，但不终止，一直转录到不需要 ρ 因子的终止子处才真正终止。可见，ρ 因子能检定出那些单靠 RNA 聚合酶检定不出来的终止子，而这类终止子的序列富含碱基 C，但缺乏碱基 G。

ρ 因子终止转录可能是其先附着在新生成的 RNA 链上，然后沿着 5′→3′方向朝 RNA 聚合酶移动，移动的能量由 ATP 水解供应。RNA 聚合酶遇到上述类别终止子时发生暂停，使 ρ 因子得以追上 RNA 聚合酶。当 ρ 因子与 RNA 聚合酶接触后，则将新生成的 RNA 链从与模板 DNA 形成的杂交双链中释放出来，并使 RNA 聚合酶与该因子一起从 DNA 模板上脱落下来。

14.2.4 原核生物 RNA 的转录后加工

由 RNA 聚合酶催化合成的转录初产物往往需要经过一系列的加工后才能成为有功能的成熟的 RNA 分子。

14.2.4.1 mRNA 的转录后加工

原核生物转录生成的 mRNA 基本上不经加工即可作为模板进行蛋白质的生物合成，即翻译。事实上，许多原核生物的 mRNA 在转录完成之前就已开始翻译了。也就是说，通常情况下原核生物的转录与翻译是偶联在一起的，但也有少数多顺反子 mRNA 需通过核酸内切酶切成较小的单位，然后再进行翻译。

14.2.4.2 rRNA的转录后加工

rRNA 的加工过程是以核糖体颗粒的形式进行的，即 rRNA 前体合成后先与蛋白质结合，形成新生核糖体颗粒，而后再经过一系列的加工过程，生成有功能的核糖体。

原核生物中包括 3 种 rRNA，即 16S、23S 和 5S rRNA。在大肠杆菌中，这 3 种 rRNA 的基因形成一个转录单位，其中还包含一个或多个 tRNA 基因，tRNA 基因之间由间隔区分开，或在 16S rRNA 和 23S rRNA 之间的间隔序列中，或在 3′端 5S rRNA 之后。每个转录单位中都含有等比例的 16S、23S、5S rRNA，因为它们仅存在于核糖体中且是等比例的，因此串联在同一个转录单位保障了它们的等量关系（图 14.6）。

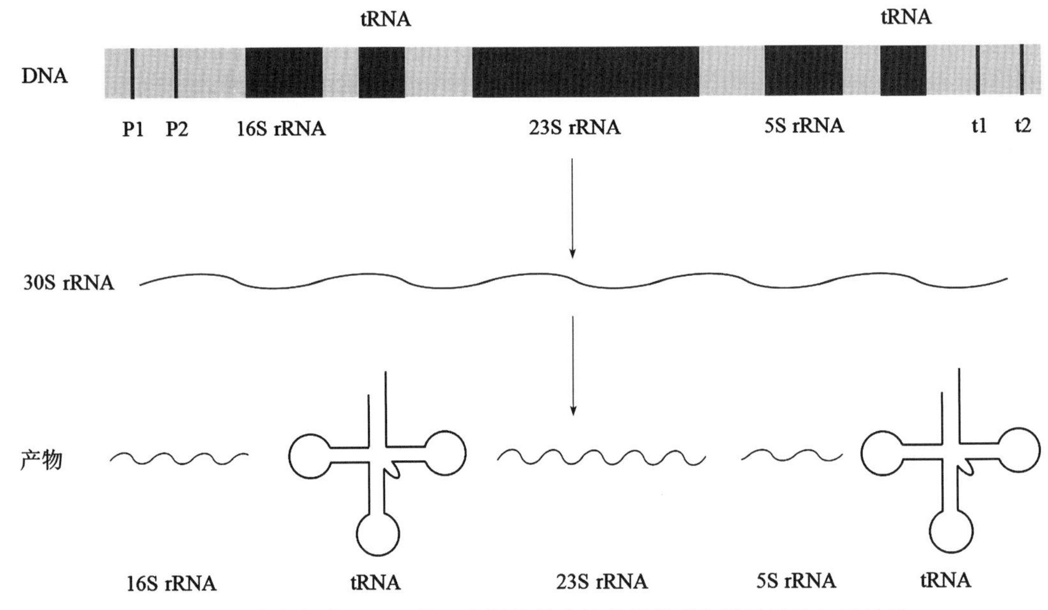

图 14.6 大肠杆菌 rRNA 的一个转录单位的基因排列和转录后的加工过程

所有的转录单位都有一个双重启动子（double promoter）结构，即 P1 和 P2。第一个启动子 P1 在 16S rRNA 起始点上游约 300 bp 处，可能是基本的启动子。像这样的转录单位在大肠杆菌基因组 DNA 中含有 7 个。原核生物 rRNA 基因首先转录为一个 30S rRNA 前体，相对分子质量为 2.1×10^{6}，约含 6 500 个核苷酸，5′端为 pppA。30S rRNA 前体再由核糖核酸内切酶和核糖核酸外切酶切割，形成中间前体后，再经过剪接和甲基化转变为各种成熟的 rRNA 分子。

14.2.4.3 tRNA的转录后加工

原核生物中的 tRNA 有 30～40 种。tRNA 基因大多成簇存在，并与 rRNA 基因串联在一起（即组成一个混合转录单位——多顺反子），有的在 rRNA 基因的间隔区中，有的在该转录单位的末端（图 14.6）。原核生物 tRNA 也是先合成 1 个 tRNA 前体分子，这种前体分子有的只含有 1 个 tRNA，有的则含有 2 个、3 个或多个 tRNA 分子，tRNA 分子之间由间隔区分开。tRNA 前体中如含有 2 个以上 tRNA 分子，则首先要由核酸内切酶和核酸外切酶剪切为单个 tRNA 分子，然后再从 5′端切去前导序列，从 3′端切去附加序列。

tRNA 的 3′末端通常为 CCA。这种特殊序列在原核生物 tRNA 生物合成中有两种情况：一种是初始转录物自身就有 CCA，它们位于成熟 tRNA 序列与 3′端附加序列之间，经转录后加工切除掉附加序列，CCA 便暴露出来；第二种则是其自身并无 CCA 序列，是在切除 3′端附

加序列后，由tRNA核苷酰基转移酶（nucleotidyl transferase）催化，并由CTP与ATP供给胞苷酰基与腺苷酰基聚合而成。此外，tRNA中含有大量修饰成分，还要通过各种不同的修饰酶进行修饰，才能成为成熟的tRNA分子。

14.3 真核生物基因的转录

14.3.1 真核生物RNA聚合酶

真核生物RNA聚合酶的结构比较复杂，通常有6～10个亚基，亚基有4～6种。不同来源的RNA聚合酶在亚基组成上有相似性。真核细胞中有3种RNA聚合酶，即RNA聚合酶Ⅰ、Ⅱ和Ⅲ，其对α-鹅膏蕈碱（α-amanitine）的敏感性不同。

（1）RNA聚合酶Ⅰ：基本不受α-鹅膏蕈碱的抑制，在其浓度大于10^{-3}mol/L时才表现出轻微的抑制作用。此酶存在于核仁中，功能为合成5.8S rRNA、18S rRNA和28S rRNA。

（2）RNA聚合酶Ⅱ：对α-鹅膏蕈碱最为敏感，在其浓度为10^{-9}～10^{-8} mol/L时就会被抑制。此酶存在于核质中，功能为合成mRNA和核内小RNA（small nuclear RNA，snRNA）。RNA聚合酶Ⅱ通常先与多个通用转录因子在启动子附近装配成复合物才能起始转录，且其最大亚基的C端含有许多7肽单元（Tyr-Ser-Pro-Thr-Ser-Pro-Ser）的重复序列，这些重复序列构成一个称为C端域（carboxyl terminal domain，CTD）的“尾”，7肽单元中第二和第五个Ser可被磷酸化，而磷酸化后的CTD可与多种蛋白因子结合，对新合成的RNA进行加工处理。

（3）RNA聚合酶Ⅲ：对α-鹅膏蕈碱的敏感性介于Ⅰ及Ⅱ之间，在其浓度为10^{-5}～10^{-4}mol/L时表现出抑制作用。它也存在于核质中，功能为合成tRNA和5S rRNA等。此外，在细胞质中也能发现一些从细胞核中渗漏出来的RNA聚合酶Ⅲ。

现将3种真核生物RNA聚合酶的特性总结于表14.2中。

表14.2 真核生物RNA聚合酶的特性

种类	存在部位	对α-鹅膏蕈碱的敏感性	合成RNA的种类
RNA聚合酶Ⅰ	核仁	不敏感（10^{-3}mol/L）	5.8S rRNA、18S rRNA、28S rRNA
RNA聚合酶Ⅱ	核质	最敏感（10^{-9}～10^{-8}mol/L）	mRNA、snRNA
RNA聚合酶Ⅲ	核质	介于Ⅰ和Ⅱ（10^{-5}～10^{-4}mol/L）	tRNA、5S rRNA

以上3种RNA聚合酶的相对分子质量都在5×10^5左右，每种聚合酶分子都含有两个大亚基和4～8个小亚基，每个小亚基的相对分子质量为10 000～90 000，各个亚基的功能尚不十分清楚。真核生物也像原核生物一样，不同种类的基因需要不同的蛋白因子协助RNA聚合酶进行转录。

在真核生物线粒体和叶绿体中也已发现少数RNA聚合酶，其分别转录线粒体和叶绿体基因组，它们的相对分子质量小，活性也较弱，类似于原核生物RNA聚合酶，能催化所有种类RNA的生物合成。这些RNA聚合酶都是由核基因编码，在细胞质中合成后运送到细胞器中去。

14.3.2 真核生物基因的启动子

真核生物的3种RNA聚合酶均有各自的启动子，其由转录因子（RNA聚合酶在特异启动子上起始转录所需要的作用因子）而不是 RNA 聚合酶所识别，多种转录因子和 RNA 聚合酶在转录起点先形成起始复合物而后进行转录。这里主要介绍 RNA 聚合酶Ⅱ的启动子，它和原核生物的启动子有很多不同：①其包括 TATA 盒、CAAT 盒、GC 盒多种元件；②结构不恒定，有的有多种元件（如组蛋白 H2B 的启动子），有的只有 TATA 盒和 GC 盒（如 SV40 早期转录蛋白的启动子）；③各种元件的位置、序列、距离和方向都不完全相同；④有的元件可以远距离调控以控制转录效率和选择起始位点，如增强子；⑤不直接和 RNA 聚合酶结合，而是先结合其他转录因子。

图 14.7 是一个典型的真核生物 RNA 聚合酶Ⅱ启动子结构。位于－25 bp 处的 TATAAA 序列，也称为 TATA 盒（TATA box）或 Goldberg－Hogness 盒（类似于原核生物的 Pribnow 盒）。TATA 盒是 RNA 聚合酶Ⅱ的结合部位，主要作用是使转录精确地起始。在真核基因中，有少数基因没有 TATA 盒。没有 TATA 盒的真核基因启动子序列中，有的富含 GC，即有 GC 盒；有的则也没有 GC 盒。此外，在真核基因转录起始位点上游约－75 bp 处有 CAAT 序列，也称为 CAAT 盒（类似于原核生物的－35 区）。这一顺序也是比较保守的，其共同序列为 CCNCAATCT，RNA 聚合酶Ⅱ也可以识别这一序列。CAAT 盒和 GC 盒主要是控制转录起始的频率，特别是 CAAT 盒，对转录起始频率的影响作用更大。

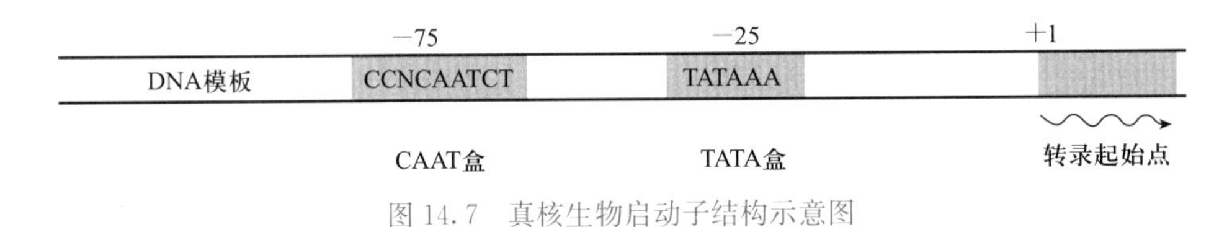

图 14.7　真核生物启动子结构示意图

14.3.3　真核生物 RNA 的转录过程

14.3.3.1　模板识别

真核生物 RNA 聚合酶不能直接识别基因的启动子，需要一些被称为转录调控因子的辅助蛋白按顺序结合于启动子上，RNA 聚合酶才能与之相结合并形成复杂的转录前起始复合物（preinitiation complex，PIC），以保证有效地起始转录。

14.3.3.2　转录起始

真核生物 RNA 的转录机制十分复杂，其转录起始机制目前还不是十分清楚。在以 RNA 聚合酶Ⅱ催化的转录中，众多称为通用转录因子（general transcriptional factor，GTF）的蛋白因子参与了转录的起始。GTF 在转录起始过程中相继结合到启动子上，形成开放的起始复合物。目前知道的通用转录因子不少于 6 种。例如，TFⅡD 包含了 TATA 盒结合蛋白（TATA box binding protein，TBP）和多种 TBP 相关因子（TBP－associated factor，TAF），TAF 具有特异性，含有不同 TAFⅡ（作用于 RNA 聚合酶Ⅱ类启动子的因子）的 TFⅡD 可以识别和结合不同的启动子。TFⅡA 的作用是稳定 TFⅡD 与启动子的结合。TFⅡF 可以与 RNA 聚合酶Ⅱ结合形成复合物。TFⅡB 既可以结合 TBP，又能引进 TFⅡF/RNA 聚合酶Ⅱ复合物。TFⅡD 再与 RNA 聚合酶Ⅱ的羧基末端结构域（carboxyl terminal domain，CTD）作用，使其定位于转录的起始位置，最后在 RNA 聚合酶Ⅱ的帮助下，TFⅡE 进入结合位点，同时引入 TFⅡH 并提高其活性。TFⅡH 是最大最复杂的转录因子，其具有 ATP 酶、解旋酶和激酶的活性，可以催化 RNA 聚合酶Ⅱ的 CTD 磷酸化，使转录起始复合物发生构象变化而促进转录，并使 RNA 聚合酶Ⅱ在开始 RNA 链合成后脱离起始复合物。

14.3.3.3 转录延伸

转录起始 CTD 被磷酸化，RNA 聚合酶随即离开启动子，并与诸多延伸因子和酶结合，转录进入延伸阶段。真核生物延伸阶段除 RNA 聚合酶外，还有很多延伸因子参与，这些延伸因子的主要作用是阻止转录的暂停或终止。RNA 合成的速度为每秒 30～50 个核苷酸，但链的延伸并非以恒定速度进行，有时会降低速度或延迟，这是延伸阶段的重要特点，其原因尚不清楚。研究发现其在通过一个富含 GC 对的模板以后 8～10 个碱基，就会出现一次延迟。如果在突变体中 GC 变成 AT 则减少延迟。如果在连续的 GC 对之间只有一个 AT 对，把这个 AT 变为 GC 则会再现强烈的延迟作用。这种延迟作用可能与 RNA 链的终止和释放有关。

14.3.3.4 转录终止

对真核生物 RNA 转录的终止信号和机制了解很少，其主要困难在于很难确定初始转录物的 3′末端。因在大多数情况下，转录后就很快进行加工，无论是 mRNA、tRNA，还是 rRNA 都是如此。

RNA 聚合酶Ⅱ的转录产物是在 3′端切断，然后腺苷酸化，而无终止作用。RNA 聚合酶Ⅰ和 RNA 聚合酶 Ⅲ 转录产物末端常有连续的 U，有的 2 个、有的 3 个甚至 4 个 U，但是仅仅连续的 U 本身不足以成为终止信号。如爪蟾 5S rRNA 的 3′末端为 4 个 U，而这 4 个 U 的前后均为富含 GC 序列中的寡聚 T（4 个以上），这种序列特征高度保守，从酵母到人都很相似。因此，U 序列附近的特殊序列结构在终止反应中起重要作用。

14.3.4 真核生物 RNA 的转录后加工

14.3.4.1 真核生物 mRNA 的转录后加工

真核生物编码蛋白质的基因以单个基因为一个转录单位，其转录产物为单顺反子 mRNA。真核生物的基因绝大多数是不连续的，称为断裂基因（split gene），也就是在编码的序列中间又有不编码的插入序列，编码的序列称为外显子（exon），不编码的序列称为内含子（intron）。初始转录产物中包括了内含子和外显子（内含子序列往往比外显子长），因此必须对转录产生的初始产物进行加工和修饰才能使之成为有功能的成熟的 mRNA。在加工过程中，真核细胞核内形成了许多分子大小不均一的中间体，称为核不均一 RNA（heterogeneous nuclear RNA，hnRNA）。hnRNA 比加工后成熟的 mRNA 要大好几倍，半衰期很短，比细胞质 mRNA 更不稳定。其加工过程：首先对其首、尾进行修饰，即在其 5′末端加上“帽”［m^7G（5）pppNmpN］结构，在其 3′末端加上一个 20～200 个 A 的多聚腺苷酸（polyA）的“尾”；然后进行剪接，即由相应的酶剪去转录的内含子部分，再将其余转录的外显子部分连接起来；最后，还要经过甲基化等修饰过程，才能变为有功能的 mRNA 分子。

（1）mRNA“首、尾”的修饰：真核细胞 mRNA 的 5′末端“帽”的结构有 3 种：*N*-甲基鸟嘌呤核苷酸部分称为帽 0，符号为 m^7GpppX，单细胞真核生物如酵母，只具有帽 0；如果在初始转录物的第一个核苷酸的 2′-O 位上产生甲基化，则构成帽 1，其符号为 m^7GpppXm，这是除了单细胞真核生物外的其余真核生物的主要帽形式；在有些真核生物中，在第二个核苷酸的 2′-O 位上还可以再被甲基化，构成帽 2，其符号为 m^7GpppXmpYm。帽 2 一般只占有帽 mRNA 的 15%以下。真核细胞 mRNA 的 5′末端“帽”的结构也存在于 hnRNA 中，它可能在转录的早期就已形成。

3 种“帽”的结构见图 14.8。所有“帽”结构均含 7-甲基鸟苷酸（图 14.8 框示），通过焦磷酸连接于 5′端。“帽”的功能还不完全清楚，但已知对 mRNA 的稳定和向胞质中运输、翻译起始因子识别和结合等有利。

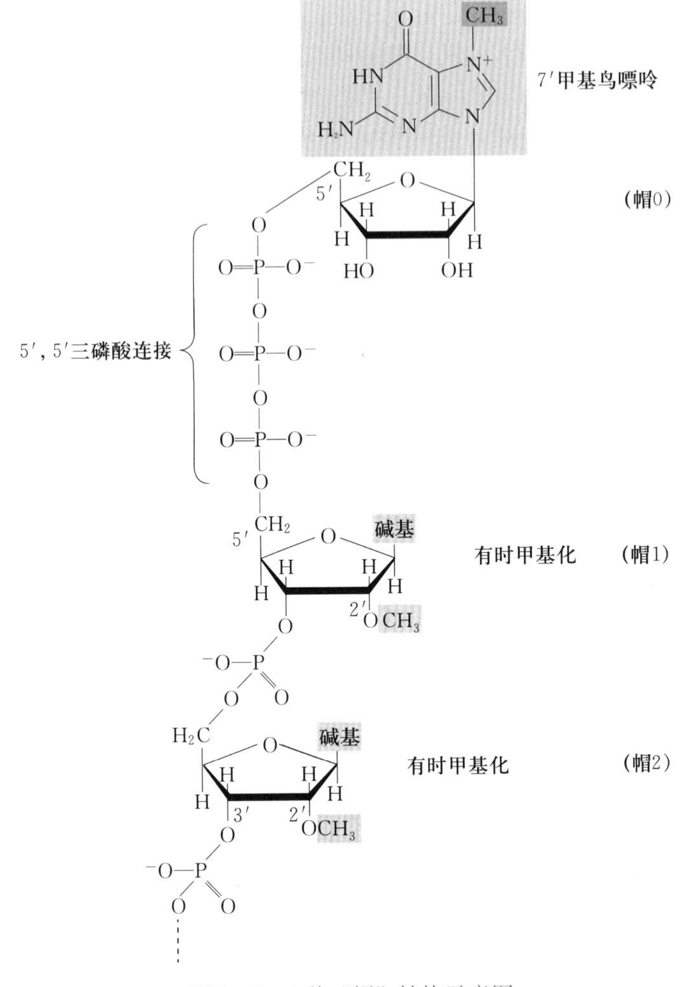

图 14.8　3 种“帽”结构示意图

真核 mRNA 3′末端通常都有 20～200 个 A 的多聚腺苷酸（polyA）残基，构成多聚腺苷酸的“尾”，多聚 A 尾通常写作 polyA。核内 hnRNA 的 3′末端也有 polyA 尾，且比 mRNA 的略长。polyA 是在转录后由 RNA 末端腺苷酸转移酶催化一个接一个加上去的。RNA 末端腺苷酸转移酶（RNA terminal riboadenylate transferase）的催化反应如下，

$$\text{多聚核糖核苷酸} + n\text{ATP} \xrightarrow{Mg^{2+}\text{或}Mn^{2+}} \text{多聚核糖核苷酸（A）}_n + n\text{PPi}$$

polyA 的功能尚不完全清楚，但已知 polyA 与翻译起始因子结合，且可能会增加 mRNA 的稳定性，而且 polyA 越长的 mRNA 也越稳定。

(2) **真核生物 mRNA 的剪接**：在真核细胞中，绝大部分基因被不同大小的内含子隔开，内含子在 RNA 的转录后加工中要除去，然后把外显子连接起来才能形成成熟的 RNA 分子，这一过程称为 RNA 的剪接（splicing）。这是绝大多数真核 RNA 在转录后加工中必须进行的一个重要步骤，也是真核生物基因表达调控的一个重要环节。RNA 的剪接是在核中进行的，核酸内切酶与连接酶活性可能处于同一剪接复合体（spliceosome）上，剪接时协调进行。一般认为内含子上游与下游各有一个剪接位点，分别称为 5′剪接点（或左剪接点）和 3′剪接点（或右剪接点）。按照 A. Klessing 提出的模式，内含子要弯曲成套索状（lariat），在 RNA 剪接时外显子互相靠近，通过两次转酯反应有两个磷酸二酯键被破坏，同时形成一个新的磷酸二酯键而连接。

这里以卵清蛋白基因的转录和转录后加工为例予以说明（图 14.9）。卵清蛋白基因转录得到的初始产物核不均一 RNA（hnRNA）在经过加“帽”和加“尾”之后，通过剪接将 7 个内含子“套索”切除，然后将 8 个外显子（1～7，L 是前导肽序列）连接起来，形成成熟的mRNA。

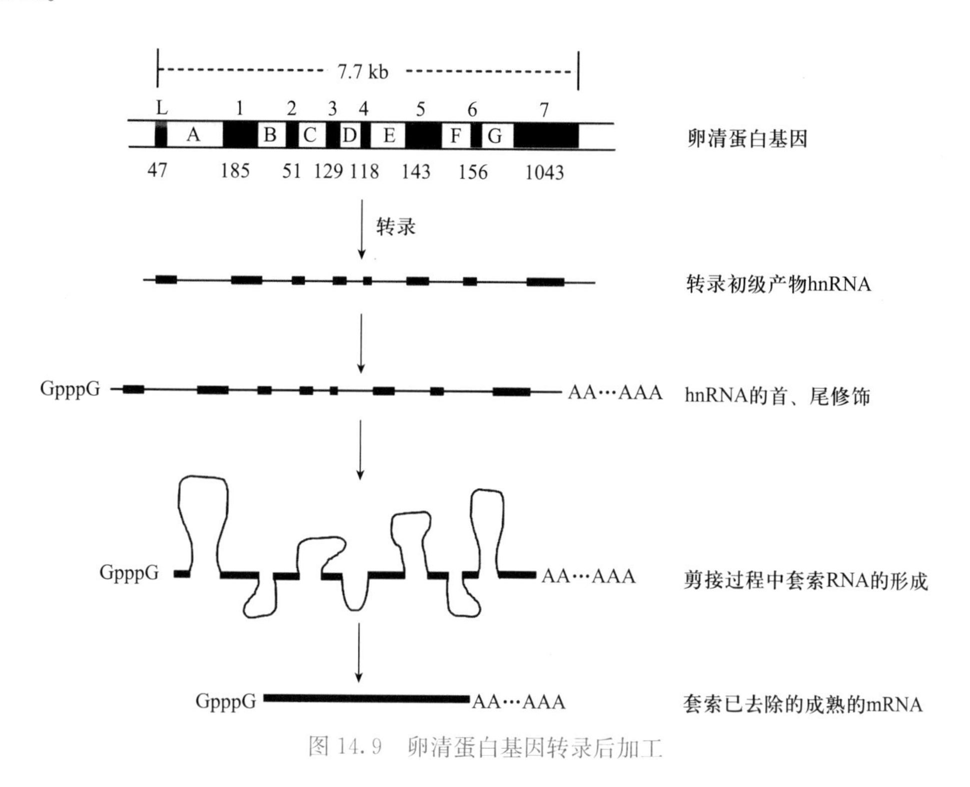

图 14.9　卵清蛋白基因转录后加工

14.3.4.2　真核生物 rRNA 的转录后加工

大多数真核生物 rRNA 基因无内含子，新生 rRNA 前体与蛋白质结合，形成巨大的核糖核蛋白前体（pre - rRNA）颗粒。在真核细胞中有 4 种 rRNA，即 28S、18S、5.8S 和 5S rRNA。28S、18S、5.8S rRNA 是在核仁中合成的，且三者的基因由 RNA 聚合酶Ⅰ催化生成一个长的 rRNA 前体（即一个转录单位），彼此被间隔区分开。哺乳类动物 28S、18S 和 5.8S rRNA 基因转录产生 45S rRNA 前体。然后，在核内经过一系列的加工过程，再转移到细胞质中。而 5S rRNA 与 tRNA 一起由 RNA 聚合酶Ⅲ催化在核质中转录，处在另一个转录单位中。

14.3.4.3　真核生物 tRNA 的转录后加工

真核生物 tRNA 前体的加工过程与原核生物的类似。真核生物 tRNA 基因是成簇存在的，基因之间由间隔区分开。目前分离到的真核生物 tRNA 前体都是单个 tRNA 分子。另外，在分离到的一些真核 tRNA 前体中几乎都含有插入顺序，而原核生物 tRNA 前体中则不含有插入顺序，这是二者的一个重要区别。真核生物 tRNA 基因由 RNA 聚合酶Ⅲ 转录，转录产物为 4.5S 或稍大的 tRNA 前体，相当于 100 个左右的核苷酸；而成熟的 tRNA 分子约为 4S，70～80 个核苷酸。真核生物 tRNA 前体的加工方式大致如下：①切除 tRNA 前体两端的附加序列，这一过程是在特异性酶的催化下完成的；②在 3′末端添加 CCA 序列，此过程由 tRNA 核苷酰转移酶（tRNA nucleotidyl transferase）催化，这与原核生物 tRNA 3′末端 CCA 序列形成的第二种情况相同；③进行 tRNA 碱基修饰，主要为甲基化修饰，约占被修饰碱基的一半以上，还存在其他一些方式的修饰，如碱基置换或转换等。

14.4　功能性小分子 RNA

真核生物基因组中结构基因占整个基因组的比例很低，比如人类基因组中结构基因占比不到 2%，超过 98%的基因不具备编码蛋白质多肽链的功能，但其中超过 90%的基因是具有转录活性的。编码蛋白质多肽链的 RNA 称编码 RNA（coding RNA），即 mRNA，除 mRNA 之外的 RNA 为非编码 RNA（non - coding RNA）。非编码 RNA 主要分为短链非编码 RNA（small non - coding RNA）和长链非编码 RNA（long non - coding RNA）。长链非编码 RNA 的分子长度通常在 200 个核苷酸以上，其序列保守性较低，它可在表观遗传、转录及转录后等水平调控基因的表达。短链非编码 RNA 通常长 18～200 个核苷酸，主要包括微小 RNA（microRNA，miRNA）、小干扰 RNA（small interfering RNA，siRNA），piRNA（PIWI - interacting RNA）等，这些非编码 RNA 直接参与多种生命过程，包括对靶向 mRNA 进行降解或阻遏翻译等在转录后水平对基因表达进行调节。这里重点介绍 miRNA、siRNA、piRNA 三种短链非编码 RNA 分子。

14.4.1　微小 RNA

miRNA 是一类由内源基因编码的长度为 20～24 个核苷酸的高度保守的单链 RNA 分子。编码 miRNA 的基因存在于编码基因的间隔区，在细胞核内通过 RNA 聚合酶Ⅱ转录形成长度为 1～3 kb 的初级 miRNA（pri - miRNA）。随后，pri - miRNA 在细胞核内进一步被 RNA 聚合酶Ⅲ/Drosha/DGCR8 复合酶切割成长度为 70～90 个核苷酸的发夹结构的前体 miRNA（pre - miRNA）。经过进一步加工，pre - miRNA 被依赖 Ran - GTP 的转运蛋白（Exportin - 5）运输至细胞质，由 RNaseⅢ /Dicer/TRBP 进一步切割成含有 18～25 对核苷酸的成熟双链 miRNA 中间体。双链 miRNA 解旋后，其中一条成熟的 miRNA 整合到 RNA 诱导沉默复合物（RNA - induced silencing complex，RISC）中，形成 miRNA 沉默复合体（miRISC），它可以通过与靶向 mRNA 的 3′非翻译区（Untranslated region，UTR）完全或不完全互补，诱导靶标 mRNA 降解或抑制其翻译，从而调控基因的表达。

miRNA 在动植物中调控基因表达的机制不同。在动物体内，miRNA 与靶向 mRNA 仅部分互补，结合的区域位于靶向 mRNA 的 3′非翻译区域（3′- UTR），通过抑制 mRNA 的转录起始、阻断 mRNA 的翻译及促进 mRNA 的降解等机制抑制靶向基因的表达。哺乳动物体内超过 50%的编码基因，其 mRNA 受 miRNA 的调控。

14.4.2　小干扰 RNA

siRNA 也称为短干扰 RNA（short interfering RNA，siRNA）或沉默 RNA（silencing RNA），是一个长 20～25 个核苷酸的双链 RNA 分子（double stranded RNA，dsRNA），每一条链各有 1 个磷酸化 5′末端和一个羟基化 3′末端，其中一条为正义链，另一条为反义链。

Dicer 酶是一种多结构域的核酸内切酶，其包括一对 RNase Ⅲ结构域、双链 RNA 结合域、解旋酶结构域和 PAZ 结构域。PAZ 结构域识别并结合 dsRNA 的 3′端核苷酸，2 个 RNase Ⅲ结构域形成分子内二聚体，水解较长的 dsRNA 分子生成 siRNA。siRNA、siRNA 结合蛋白 R2D2、Dicer 酶可以形成沉默装载复合物，募集 Argonaute 2（Ago 2）蛋白组装形成沉默复合物。Ago 2 也是一种多结构域蛋白，包括 PAZ 结构域、MID 结构域和 PIWI 结构域；其 PAZ

结构域的功能和Dicer酶中PAZ结构域功能相同，结合siRNA的3′端核苷酸；MID结构域与siRNA的5′端结合；而PIWI结构域负责催化剪切RNA。Ago 2与Dicer酶交换，结合到siRNA双链的一端并将其正义链降解，而反义链保持与RISC结合的状态，形成有生物活性的RISC。随后siRNA的正义链被RISC的内切酶Ago 2切割掉，剩下的反义链将活化的RISC引导至靶基因的mRNA，siRNA的反义链与靶基因的mRNA互补结合，从而特异性介导基因沉默作用，从而调节靶基因的表达。

14.4.3 piRNA

piRNA是由于其与Argonaute家族蛋白中的PIWI蛋白结合，被命名为piRNA（piwi-interacting RNA）。piRNA是长度为24～31个核苷酸的单链RNA分子，其5′端有单磷酸尿嘧啶核苷酸偏好性，3′端（2′-O-methyl）进行了甲基化修饰。piRNA在基因组上成簇分布，主要分布于基因间区域，有很强的组织特异性；其主要由RNA聚合酶Ⅱ转录生成piRNA前体，同一piRNA前体可以产生多个不同的piRNA。

piRNA前体的加工、成熟发生在特定的亚细胞区域，需要PIWI蛋白的参与。PIWI蛋白是Argonaute家族蛋白的一种，包括PAZ和PIWI两个重要的结构域；其中，PAZ结构域识别并结合piRNA的3′端，PIWI结构域则与piRNA的5′端相结合，且PIWI结构域具有核酸内切酶活性。PIWI蛋白与初级piRNA（pri-piRNA）结合形成复合体，通过其核酸内切酶活性剪切pri-piRNA，形成次级piRNA的5′末端，剪切产物再转移到其他PIWI蛋白，从3′端剪切下来后形成成熟的piRNA。此外还有大量的其他蛋白因子也参与piRNA的合成。

在脊椎动物生殖细胞中，piRNA显著富集在转座子序列中，PIWI蛋白对这些piRNA有着保守性的抑制作用。此外，piRNA与PIWI、Ago 3等蛋白因子作用还可以调控转座子mRNA及转座子以外的mRNA的降解。

14.5 催化活性RNA——核酶及其功能

14.5.1 核酶的发现

核酶（ribozyme）是T. Cech及其同事在研究原生动物四膜虫（*Tetrahymena*）rRNA前体的剪接过程中意外发现的。在四膜虫中，26S rRNA分子是由一个含6.4 kb的前体经切除1个414个核苷酸的内含子后形成的，这一过程是如何进行的呢？他们在寻找剪接过程中所需要的酶蛋白时惊异发现，一个仅含有纯化的6.4 kb RNA前体、ATP及GTP，而在没有酶蛋白存在的情况下居然也发生了剪接作用。经过进一步实验证实，此RNA分子发生了自我剪接（self-splicing），即在核苷酸存在的条件下，RNA分子自行将414个核苷酸的内含子剪接掉了。这一实验结果表明，一个RNA分子能够具有高度特异的催化活性并能自我剪接，于是直接导致了核酶的发现。

14.5.2 核酶的催化功能

对RNA自我剪接过程的深入研究发现，该过程不需要ATP或GTP提供能量，但需要GTP作为辅助因子，甚至可以是鸟苷、GMP、GDP或GTP中的任何一种，可以用G代表它们。G的作用是作为一个攻击基团并暂时掺入到RNA中。G结合在RNA上之后，它攻击5′剪接点，并与内含子的5′末端形成磷酸二酯键。此转酯反应使上游外显子（称为外显子是因为其出现在转录的最终产物 26S rRNA 中）产生一个 3′-羟基，然后此新生成的上游外显子的 3′-羟基攻击 3′剪接点。第二个转酯反应把两个外显子连接在一起，并将 414 个核苷酸的内含子释放出去。

随后还发生了两次自我剪接。第一次剪接是生成的内含子的 3′-羟基攻击其靠近 5′末端的一个磷酸二酯键，结果内含子形成环状，并释放出一个含有 G 的 15 个核苷酸的片段，G 是在前述的剪接过程中掺和进来的。生成的 399 个核苷酸环打开成为线形分子，并进行第二次剪接，其结果是释出一个 4 核苷酸片段并再次形成环。此环再次打开形成一个 395 个核苷酸的线形 RNA，因其缺失了 19 个核苷酸的插入序列，故称为 L19 RNA。四膜虫 rRNA 前体的自我剪接过程如图 14.10 所示。

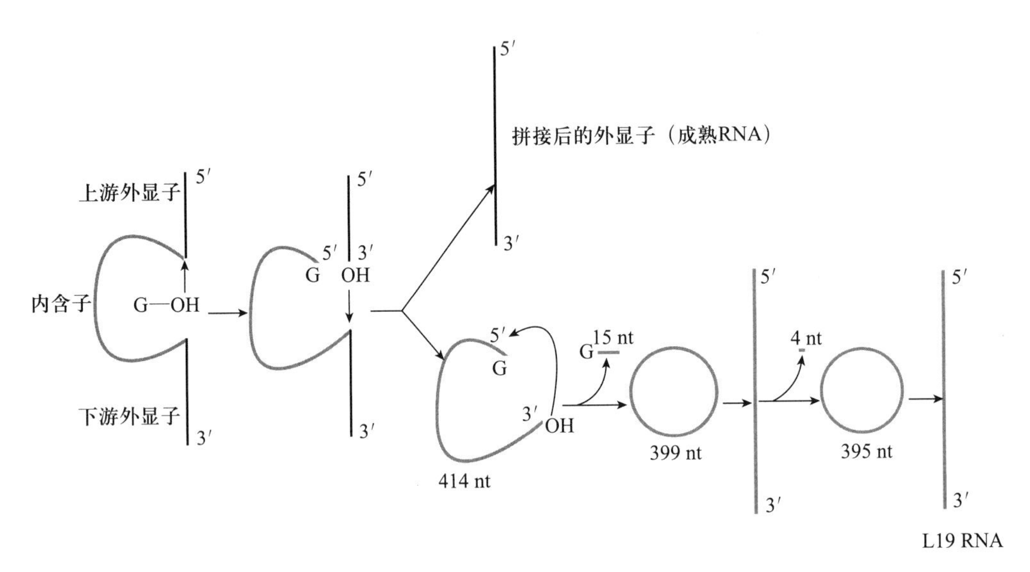

图 14.10　四膜虫 rRNA 前体的自我剪接
（nt 表示核苷酸）

然而，在 L19 RNA 中仍然含有下一个 G 结合位点和一个指导序列。因而，T. Cech 认为 L19 RNA 有可能作用于外部的底物。通过大量研究发现，L19 RNA 以高度特异的方式催化寡聚核糖核苷酸的裂解和连接反应。五胞核苷酸（C_5）被 L19 RNA 转变为更长一些和更短一些的寡聚体。具体地说，C_5 被降解为 C_4 和 C_3。与此同时又能生成 C_6 和更长一些的聚合物。可见，L19 RNA 既是一个核糖核酸酶，又是下一个 RNA 聚合酶。

很明显，RNA 分子和蛋白质一样能够作为很有效的催化剂。并且 RNA 分子也能够形成精确的三维结构并结合特异的底物，形成稳定的过渡态复合物。然而，RNA 与蛋白质的不同之处在于其不能形成大的结合底物的非极性囊袋。而且 RNA 仅由 4 种结构元件构成，而蛋白质则是由 20 种氨基酸构成的，所以 RNA 在空间上的要求远不如蛋白质。这就是为什么自然界中大多数的酶是蛋白质，而不是 RNA。但事实表明，蛋白质并非生物有机体中唯一的催化剂。现在把具有 RNA 性质的生物催化剂称为核酶。除了 L19 RNA 外，还发现了一些其他的核酶。看来核酶更适合于识别和催化单链的核酸分子，因为核酶和这类底物使用的是共同的语言——碱基配对。

14.5.3　核酶发现的生物学意义

核酶的发现使人们对生命的起源有了新的认识。以前一般认为，由于 DNA 和蛋白质是生命的基础物质，因而生命的最初形式必定是 DNA 或者蛋白质。然而 DNA 的复制需要蛋白质

（酶）的催化，而特定蛋白质分子的合成又必须以DNA为模板，因而二者究竟是哪一种首先出现，实在难以推断。核酶的发现使人们普遍认为：生命的最初形式大概是RNA，最初的生命界可能是个RNA王国。因为RNA既可作为模板进行复制繁殖，又具有蛋白质的催化作用，使它兼有DNA和蛋白质二者的功能。然而在进化过程中，用作遗传模板的RNA远不如双链DNA稳定，作为催化剂的它又不具备蛋白质催化剂的多样性，因此RNA作为遗传信息携带者的功能让位给了DNA，作为催化剂的角色逐渐被蛋白质取代，仅保留了它作为信使和部分催化作用等功能，这就是目前生命界的实际情况。但这种推断是否正确还有待实验的证明。在应用方面，人们正在设计合成特异切割病毒RNA或其他RNA的核酶，以便用以治疗包括艾滋病、癌症等在内的疾病，虽然目前还没有成功应用的报道，但具有良好的发展前景。

案　例

1. 利福平抑菌机制　利福平是一类半合成的利福霉素B衍生物，其作用机制是通过与敏感菌内依赖DNA的RNA聚合酶的β亚基牢固结合，阻止β亚基与DNA模板的结合而阻断敏感菌RNA的转录过程，导致细菌死亡。利福平在临床上应用十分广泛，其对革兰氏阳性菌、阴性菌均有抑菌活性，尤其抗结核杆菌作用强，是临床中结核病治疗的一线药物，也是治疗麻风病的主要药物之一。

2. 锤头状核酶在病原菌防控方面的应用　锤头状核酶属于剪切型RNA，其结构包括三个螺旋茎（Ⅰ、Ⅱ、Ⅲ）和两个单链区，在复制过程中介导自身切割。通过针对某些病原的基因设计特异性锤头状核酶，并将其导入细胞可阻断或降低这些基因在细胞内的表达。通常特异性锤头状核酶的设计是在靶RNA的切割位点两侧，按照碱基互补配对原则得出锤头状核酶茎Ⅰ、Ⅲ的序列，在合适的条件下，锤头状核酶与其茎Ⅰ、Ⅲ序列完全互补结合并切割。若锤头状核酶设计得当，便能切割并降解一种RNA分子，从而特异性降低相应基因的表达。如以在禽流感复制过程中发挥重要作用的保守基因PB_1和PB_2为靶标，设计出特异性剪切的核酶，构建逆转录病毒核酶表达质粒并将其载入细胞内，逆转录酶介导的特异性切割核酶则可有效抑制禽流感病毒的复制。

二维码14-1　第14章习题

二维码14-2　第14章习题参考答案

第 15 章

蛋白质的生物合成——翻译

【本章知识要点】

☆ 蛋白质的翻译系统包括 20 种原料氨基酸、mRNA、tRNA、核糖体、各种氨酰-tRNA 合成酶和蛋白质因子。

☆ mRNA 通过所携带的遗传密码作为合成蛋白质的“蓝图”。遗传密码指的是 DNA 或由其转录的 mRNA 中的核苷酸顺序与其所编码的蛋白质多肽链中氨基酸顺序之间的对应关系。密码子为核苷酸三联体，即每 3 个碱基代表 1 个氨基酸，其具有简并性和通用性等特点。

☆ tRNA 分子都具有三叶草形和“四环一臂”结构，其通过 3′-CCA 末端与氨基酸连接，再通过反密码子与 mRNA 上的密码子配对。

☆ 核糖体由大小两个亚基组成，每个亚基又由各自的 rRNA 和多种蛋白质形成的复合体组成；核糖体作为蛋白质合成的“装配机”，和其他辅助因子一起提供了翻译过程所需的全部酶活性。

☆ 原料氨基酸由专一的氨酰-tRNA 合成酶催化与其相应的 tRNA 相连而被活化。

☆ 蛋白质合成时，肽链的合成是从 N 端向 C 端延伸的，在翻译过程的各个阶段均需要 GTP 的参与。

☆ 在原核生物中，翻译的起始氨基酸为甲酰甲硫氨酸，其与 mRNA、核糖体等形成 70S 起始复合物，此过程需要带有 SD 序列的 mRNA 和 3 种起始因子的参与。然后在延伸因子 Tu-Ts 等协助下通过引进氨酰-tRNA、转肽与肽键的形成以及移位等十分复杂的过程而使肽链得以延伸。最后在核糖体、终止密码子和释放因子共同作用之下完成翻译的终止和肽链的释放。除了起始更复杂、参与因子更多外，真核生物的蛋白质翻译过程与原核生物大致相同。

☆ 新合成的多肽链需在分子伴侣协助下进行正确折叠以及各种化学修饰，才能形成有活性的蛋白质。此外，翻译后的蛋白质还必须转运到细胞的不同部位，发挥各自的生物学功能；而分泌蛋白等在转位过程中，信号肽起着重要的导引作用。

蛋白质是生命活动特征的体现者和重要的物质基础。无论是低等的微生物，还是高等的动植物，其生长、发育、繁殖、疾病、衰老以及死亡的每一个过程，都有蛋白质的参与。DNA 分子中的遗传信息经过转录转移到了 mRNA 的核苷酸排列顺序中，为遗传信息的进一步传递奠定了基础。但 mRNA 就像 DNA 一样，仍不能直接表现生命活动的特征，必须进一步将 mRNA 分子中的遗传信息转变为具有特定氨基酸序列的蛋白质，才能最终体现出生命活动的特征。

蛋白质的生物合成就是在细胞质中以 mRNA 为模板，在核糖体、tRNA 和多种蛋白因子等的共同作用下，将 mRNA 中由核苷酸排列顺序决定的遗传信息转变成为由 20 种氨基酸组成的蛋白质的过程。这一过程犹如电报的翻译过程，因此又将蛋白质的生物合成称为翻译（translation）。一种 mRNA 特异地指导合成一种蛋白质，不同 mRNA 指导合成不同的蛋白质。也就是说，mRNA 的核苷酸排列顺序决定着由它指导合成的蛋白质多肽链中氨基酸的排列顺序。

15.1 蛋白质翻译系统的主要组成成分和功能

除了 20 种氨基酸作为蛋白质生物合成的原料外，蛋白质的翻译还需 mRNA、tRNA 和核糖体以及氨酰- tRNA 合成酶（aminoacyl - tRNA synthetase）和多种翻译因子的参与，如起始因子（initiation factor，IF）、延伸因子（elongation factor，EF）和释放因子（release factor，RF）等。所有这些组成了蛋白质的翻译系统。

15.1.1 mRNA 的结构和功能

mRNA 经 DNA 转录产生，由 A、U、C 和 G 四种核苷酸组成，其排列顺序与 DNA 编码链的核苷酸顺序一致，但是 DNA 编码链中的 T 在 mRNA 中被 U 替代，脱氧核糖被核糖取代。

mRNA 在蛋白质翻译过程中起着模板或“蓝图”的作用，即 mRNA 的核苷酸排列顺序决定着蛋白质多肽链中氨基酸的组成及排列顺序。那么，mRNA 的核苷酸排列顺序又是如何决定蛋白质多肽链中氨基酸的排列顺序呢？要弄清楚这个问题，首先要了解遗传密码（genetic code）。

15.1.1.1 遗传密码

遗传密码指的是 DNA 或由其转录的 mRNA 分子中核苷酸（碱基）顺序与其所编码的蛋白质多肽链中氨基酸顺序之间的对应关系。已知组成 mRNA 的核苷酸有 4 种，组成蛋白质的氨基酸有 20 种，假定分别由 1、2、3 或 4 个核苷酸的组合负责编码 1 种氨基酸，那么可以编码氨基酸的种类分别是：$4^1=4$，$4^2=16$，$4^3=64$，$4^4=256$（4 指 A、U、C、G 4 种核苷酸）。很显然，相对于 20 种氨基酸而言，由 1 个核苷酸或 2 个核苷酸的组合不足以编码 20 种氨基酸，而由 4 个核苷酸的组合所编码的氨基酸的种类又太多，由其中的任意 3 个核苷酸的排列组合则可有 64 种排列方式，即由 3 个核苷酸组成的三联体（triplet）来代表一种氨基酸或者说是编码一个氨基酸，从数量上来讲是比较合适的，且大量的实验也证实了这一推测。由 3 个核苷酸组成的三联体称为密码子（codon），其中 64 个密码子中有 3 个不代表任何氨基酸，而是肽链合成的终止信号，称为终止密码子（stop codon），它们是 UAA、UAG、UGA；而其余 61 个分别代表不同的氨基酸。各种密码子所代表的氨基酸均在 20 世纪 60 年代中期被实验证实，现列于表 15.1。

表 15.1 通用遗传密码表

5′末端碱基	中间碱基				3′末端碱基
	U	C	A	G	
U	UUU 苯丙	UCU 丝	UAU 酪	UGU 半胱	U
	UUC 苯丙	UCC 丝	UAC 酪	UGC 半胱	C
	UUA 亮	UCA 丝	**UAA 终止**	**UGA 终止**	A
	UUG 亮	UCG 丝	**UAG 终止**	UGG 色	G

（续）

5′末端碱基	中间碱基				3′末端碱基
	U	C	A	G	
C	CUU 亮	CCU 脯	CAU 组	CGU 精	U
	CUC 亮	CCC 脯	CAC 组	CGC 精	C
	CUA 亮	CCA 脯	CAA 谷酰	CGA 精	A
	CUG 亮	CCG 脯	CAG 谷酰	CGG 精	G
A	AUU 异亮	ACU 苏	AAU 天酰	AGU 丝	U
	AUC 异亮	ACC 苏	AAC 天酰	AGC 丝	C
	AUA 异亮	ACA 苏	AAA 赖	AGA 精	A
	AUG 蛋（起始）	ACG 苏	AAG 赖	AGG 精	G
G	GUU 缬	GCU 丙	GAU 天冬	GGU 甘	U
	GUC 缬	GCC 丙	GAC 天冬	GGC 甘	C
	GUA 缬	GCA 丙	GAA 天冬	GGA 甘	A
	GUG 缬	GCG 丙	GAG 天冬	GGG 甘	G

注：氨基酸的每个密码子都是核苷酸的三联体，用核苷酸中碱基符号（U、C、A、G）代表。表中左列为三联体中第一个核苷酸，上行为第二个核苷酸，右列为第三个核苷酸。

在翻译过程中，由 tRNA 分子来阅读这些密码子。每种 tRNA 都能特异地携带一种氨基酸，并利用其分子结构中所携带的反密码子根据碱基配对原则来识别 mRNA 上的密码子。但 3 种终止密码子是不被 tRNA 阅读的，而是被称为释放因子的特异蛋白质所阅读。蛋白质合成的起始信号较为复杂。在原核生物中，多肽链的起始氨基酸是 *N*-甲酰甲硫氨酸（fMet），即 *N*-甲酰蛋氨酸。有一个特异携带 fMet 的 tRNA，即 fMet-tRNA 来辨认起始密码子 AUG，有时候也辨认 GUG。但在 mRNA 内部，AUG 代表甲硫氨酸，GUG 则代表缬氨酸。这表明，在肽链合成中第一个氨基酸的信号必定比其余的更复杂，AUG（GUG）前面的信号决定着它或者被读成起始信号，或者是作为内部甲硫氨酸的密码子。真核细胞的起始氨基酸为甲硫氨酸，起始密码子为 AUG。

遗传密码的发现和全部解读是近代分子生物学中最伟大的成就之一。由于 M. Nirenberg 和 H. Khorana 对破译遗传密码的创造性成果，他们于 1968 年共同获得了诺贝尔生理学或医学奖。

15.1.1.2 遗传密码的共同特性和例外

（1）密码子的共性：

① 简并性：密码子共有 64 个，除 UAA、UAG 和 UGA 不编码氨基酸外，其余 61 个密码子负责编码 20 种氨基酸，因此会出现多种密码子编码一种氨基酸的现象，即密码子具有简并性（degeneracy）。从表 15.1 可以看出，色氨酸和蛋氨酸仅有 1 个密码子编码，其余 18 种氨基酸都至少有 2 个密码子编码，而亮氨酸、精氨酸和丝氨酸有多达 6 个密码子负责编码。负责编码同一种氨基酸的不同密码子称为同义密码子，同义密码子的多少与其编码的氨基酸在蛋白质中出现的频率没有明显的正相关。

② 通用性：从病毒、细菌到高等动植物都共同使用表 15.1 中所列的一套密码子，这种现象称为密码子的通用性。密码子的通用性充分证明生物界是起源于共同的祖先，其也是当前基因工程中能将一种生物的基因转移到另一种生物中去表达的原因。

③ 不重叠：绝大多数生物中的密码子是不重叠且是连续阅读的，即同一个密码子中的核苷酸不会被重复阅读。密码子的阅读由起始密码子开始，按 5′→3′ 方向阅读，三联体密码子

一个接着一个地被阅读直至终止密码子。由于这个特点，所以在 mRNA 中插入或删去一个核苷酸，就会引起插入或删去位点以后的所有密码子发生错读，这种现象称为“移码”（frame shift）。但在某些病毒基因组中，由于基因的重叠而使密码子出现重叠性。

④ 偏爱性：不同生物有机体在基因表达过程中对遗传密码具有明显的选择性。有研究发现，在一些低等生物及细胞器基因组中，同义密码优先选择 A、T；在高等生物的核基因组中，同义密码首先考虑 C、G。此外，遗传密码的选择还与环境等因素有关。

⑤ 兼职性：在 61 种密码子中，AUG 和 GUG 除作为肽链合成起始信号外，还分别负责编码肽链内部的甲硫氨酸和缬氨酸。也就是 AUG 和 GUG 同时具有两种功能，故称为兼职。

（2）**密码子的使用例外**：在支原体中，UGA 编码 Trp（色）；在纤毛虫中，UAA 和 UAG 编码 Glu（谷）；在人的线粒体中，UGA 不是终止密码子，而编码 Trp，AGA、AGG（精）成了终止密码子，加上 UAA、UAG，共有 4 个终止密码子，内部甲硫氨酸有 2 个，为 AUG 和 AUA，起始密码子有 4 个，为 AUN；在酵母线粒体中，除上述情况外，还有 CUA（亮）编码 Thr（苏）。

15.1.2 tRNA 的结构和功能

tRNA 是蛋白质翻译过程中氨基酸的“搬运工”，其种类很多，每种生物细胞中有 40～60 种不同的 tRNA。根据已经测定的 350 多种不同生物的 tRNA 核苷酸序列得知，所有 tRNA 都是单链分子，由 74～95 个核苷酸组成。

tRNA 的二级结构呈三叶草形状，有“四环一臂”的结构，即由 1 个臂（arm）和 4 个茎环（stem - loop）组成。其中，1 个臂为氨基酸接受臂，4 个茎环分别为二氢尿嘧啶茎环、假尿嘧啶茎环、可变茎环和反密码子茎环等（图 15.1A）。X 线衍射分析发现，tRNA 的三级结构是一个紧密的倒 L 形，其核苷酸之间通过氢键和疏水力维持结构的稳定（图 15.1B）。

氨基酸接受臂的 5′端的 7 个碱基与 3′端的 7 个碱基配对形成双螺旋区，紧接着 3′端的双螺旋区的是 4 个游离碱基，其中 3 个碱基在所有 tRNA 中都是一样的，均为 CCA。在蛋白质生物合成过程中，活化后的氨基酸就连接在 CCA 中的 A2′-羟基或 A3′-羟基上。

二氢尿嘧啶茎环由 8～12 个核苷酸组成，其中 3～4 对碱基形成双螺旋的茎部，因其含有 5,6 -二氢尿嘧啶而得名。

假尿嘧啶茎环的茎部由 5 对碱基组成，环部由 7 个核苷酸组成。除个别 tRNA 外，几乎所有 tRNA 的假尿嘧啶环中都含有胸腺嘧啶-假尿嘧啶-胞嘧啶（TψC）序列，故又称为 TψC 茎环。

可变茎环又简称附加环，含 3～21 个核苷酸残基。在不同种类的 tRNA 中，该环的核苷酸数目变化很大，其功能可能与氨酰- tRNA 合成酶的识别有关。

反密码子茎环的茎部由 5 对碱基组成，环部由 7 个核苷酸组成，中间由 3 个核苷酸（图 15.1 中的第 34、35、36 位）组成，因在蛋白质翻译过程中，其走向正好与 mRNA 上的密码子走向相反，因此称之为反密码子（anticodon）。在蛋白质生物合成过程中，反密码子可依靠碱基互补配对原则与 mRNA 上的密码子结合。

不同生物的 tRNA 在结构上的差异表现为许多各不相同的修饰核苷酸。核苷酸的修饰方式包括单纯的碱基或核糖残基的甲基化以及非常复杂的取代。修饰都是发生在 tRNA 基因转录之后，一般都是碱基的改变，而不是碱基的置换。但偶尔也会发生碱基的交换，如插入次黄嘌呤核苷或其他稀有碱基，取代了在多核苷酸前体中的腺嘌呤或鸟嘌呤等。修饰核苷可能具有稳定 tRNA 的三级结构、有助于密码子-反密码子的相互作用、防止氨基酸的错载、提高翻译效率和忠信程度、维持解读的框架等功能。

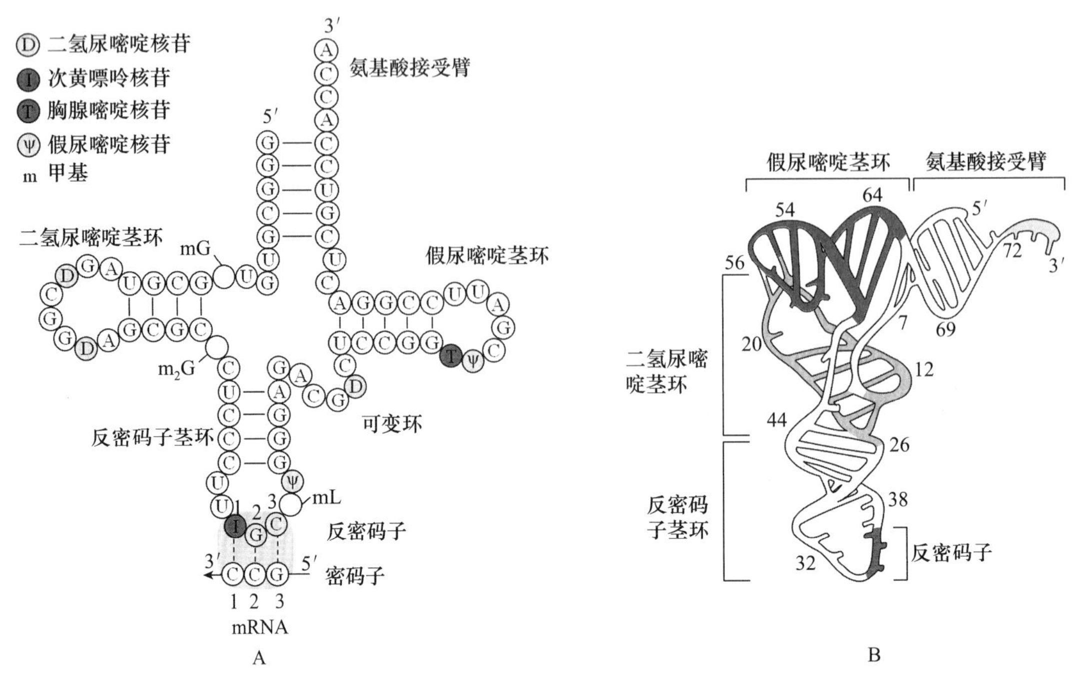

图 15.1 原核生物 tRNA 的二级结构（A）和三级结构（B）

线粒体与叶绿体拥有其自身蛋白质合成所需要的全部 tRNA。线粒体 tRNA 含有 59～75 个核苷酸，比细胞质 tRNA 略小一些。哺乳动物线粒体中，编码起始甲硫氨酸（蛋氨酸）与内部甲酰甲硫氨酸（甲酰蛋氨酸）的 tRNA 为同一个基因，即两种蛋氨酸的 $tRNA^{Met}$ 是由同一个初始转录物经不同途径修饰成的。而通常情况下，它们是由不同的基因转录而来。

15.1.3 核糖体的结构和功能

15.1.3.1 核糖体的组成与结构

核糖体是蛋白质合成的“装配机”，其是由数十种蛋白质和几种 rRNA 组成的一种亚细胞结构。核糖体可解离成大小两个亚基，大亚基的大小约为小亚基的 2 倍，两个亚基均含有 rRNA 和蛋白质。不同的生物中，大小亚基的质量比例不同，如在大肠杆菌内二者的质量比为 2∶1，而在其他许多生物中的比例约为 1∶1。

原核生物的大小两个亚基结合形成 70S 核糖体，相对分子质量为 2.5×10^6。其中，大亚基的沉降系数为 50S，由 34 种蛋白质（用 L1～L34 表示）和 23S rRNA、5S rRNA 组成；小亚基的沉降系数为 30S，由 21 种蛋白质（用 S1～S21 表示）和 16S rRNA 组成。字母 S 和 L 后面的数字则表示蛋白质在双向电泳系统中的迁移率，数字越小表示该蛋白移动得越慢，S1 是所有核糖体蛋白中移动最慢的蛋白质。目前，这 55 种核糖体蛋白全序列均已测出，发现小亚基大多数蛋白质是球状蛋白，带有 28%的 α 螺旋与 20%的 β 折叠，且除 S1、S2 与 S6 是酸性蛋白外，其他均为碱性蛋白。在大亚基中，只有 L7 与 L12 是酸性蛋白，其他均为碱性蛋白。现在认为，带负电荷的 RNA 与碱性蛋白之间的相互作用更有利于核糖体的稳定。

真核生物的核糖体在大小和组成上与原核生物略有不同，而且真核细胞中的胞质核糖体与细胞器核糖体亦不相同。真核生物大小两个亚基结合形成 80S 核糖体，其相对分子质量为 4.2×10^6。其中，大亚基的沉降系数为 60S，由 49 种蛋白质和 28S、5.8S、5S rRNA 组成；小亚基的沉降系数为 40S，由 33 种蛋白质和 18S rRNA 组成。

原核生物和真核生物核糖体大小亚基的组成见表 15.2。

表 15.2　原核生物和真核生物核糖体大小亚基的组成

生物	核糖体	相对分子质量	亚基	rRNA	蛋白质种类
原核			50S	23S	34
	70S	2.5×10^6		5S	
			30S	16S	21
真核			60S	28S	49
				5.8S	
	80S	4.2×10^6		5S	
			40S	18S	33

利用电子显微镜对核糖体进行观察发现，从外形上看，原核生物的 70S 核糖体是一个半径约为 11 nm 的球体。图 15.2（A）和（B）显示出原核生物核糖体的两个亚基的形状以及它们装配成 70S 核糖体的方式。这个球体上有许多空间部分，包括两个亚基之间的间隙以及球体上面布满的凹陷、洞穴、裂隙和坑道样的结构，正是在这样的结构中容纳着核糖体完成其合成多肽链所必需的因子和功能位点。

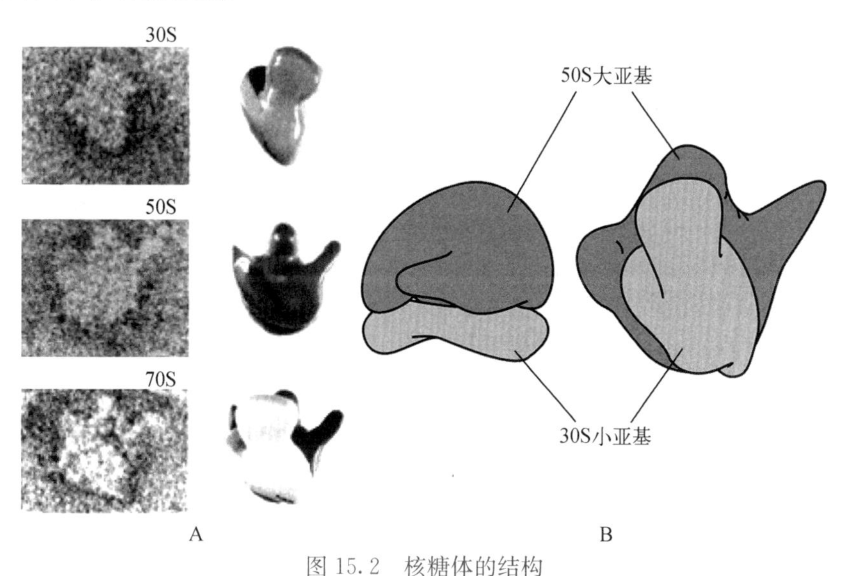

图 15.2　核糖体的结构

A. 电子显微镜下原核生物的核糖体结构　B. 70S 核糖体及其大小亚基

15.1.3.2　rRNA

rRNA 是核糖体的重要组成部分。每个细菌核糖体中含有 3 种 rRNA 分子，即 16S、23S 和 5S rRNA。它们的功能：①维持核糖体的三维结构，研究发现，rRNA 占了核糖体的 2/3，并且折叠成十分精细的空间结构，如果将 rRNA 分子移除则核糖体的结构便会完全瓦解；②直接参加 mRNA 与核糖体小亚基的结合以及大小亚基间的联合；③在蛋白质合成过程中起关键作用。核糖体的体外组装实验表明，核糖体蛋白本身并无合成蛋白质的活性，缺少部分核糖体蛋白也不会导致核糖体功能的丧失，但在核糖体的所有功能位置上 rRNA 几乎无处不在，说明它才是蛋白质生物合成中事实上的催化剂。

上述 3 种 rRNA 的序列已经完全清楚，16S rRNA 链长为 1 542 个核苷酸，23S rRNA 含有 2 904 个核苷酸，5S rRNA 含有 120 个核苷酸。所有 3 种 rRNA 均为单链，其鸟嘌呤和胸腺嘧啶以及腺嘌呤和尿嘧啶均不相等，但在链内的许多部位可以通过碱基配对形成发夹结构。所以，在 rRNA，特别是大的 rRNA 分子中，存在许多由茎环区组成的结构域，每个结构域在结构和功能上可能是相对独立的单位。

原核核糖体的 30S 小亚基中的 16S rRNA 在翻译的起始中发挥重要作用。其 3′端的单链区域内的一段序列可以与 mRNA 5′端起始密码 AUG 上游的一段保守序列（AGGAGGU）互补，从而有利于辨认翻译起始点，mRNA 的这段保守序列称为 SD 序列（Shine－Dalgarno sequence）（图 15.3），这种相互作用对维持翻译的正确起始具有重要意义。此外，16S rRNA 还与核糖体的大小亚基之间的结合有关。

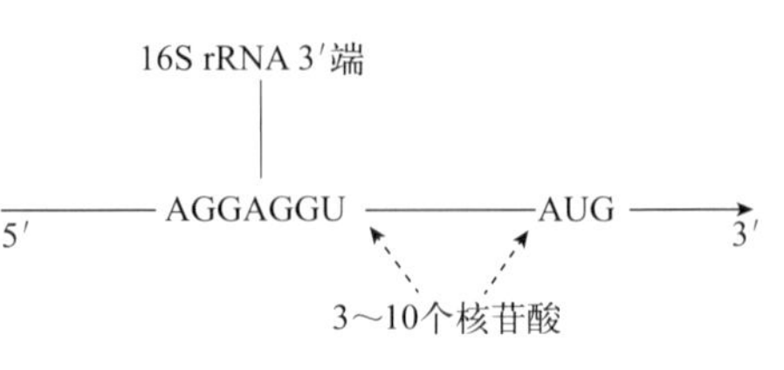

图 15.3　原核生物 mRNA 起始密码子 AUG 上游的 SD 序列

5S rRNA 有两个高度保守的区域：其中一个区域含有保守序列 CGAAC，是与 tRNA 分子中 TψC 环相互作用相互识别的部位；另一个区域含有保守序列 GCGCCGAAUGGUAGU，其与 23S rRNA 的一段序列互补，是 5S rRNA 与 50S 核糖体大亚基相互作用的位点，这与已知的真核生物的 5S rRNA 与 18S rRNA 之间的相互作用相类似。

15.1.3.3　核糖体的功能

核糖体是蛋白质合成的“装配机”，核糖体的大小亚基以及它们的接合部存在着许多与蛋白质合成有关的位点或结构域。这些结构至少要提供以下 3 个功能部位（图 15.4）。

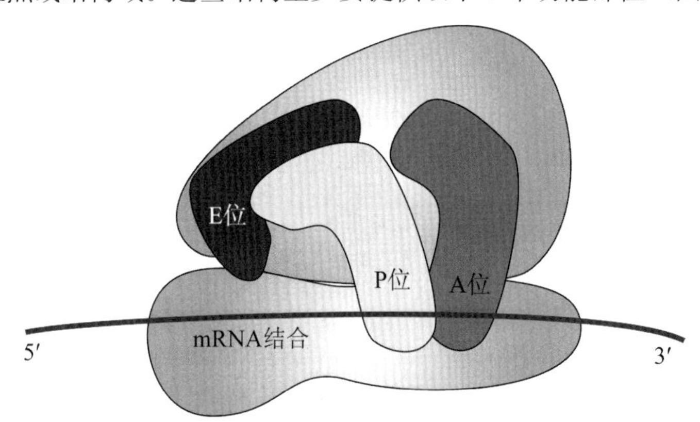

图 15.4　核糖体的主要结构功能域

（1）**肽酰－tRNA 结合部位（peptidyl site）（P 位）**：是起始 tRNA 或肽酰－tRNA 结合的部位，在原核核糖体中大部分位于 30S 亚基，小部分位于 50S 亚基。

（2）**氨酰－tRNA 结合部位（aminoacyl site）（A 位）**：是氨酰－tRNA 结合的部位，其主要在 50S 大亚基中。

（3）**氨酰－tRNA 释放部位（exit site）（E 位）**：是经过转氨酰基或肽酰基反应后，P 位上空载的 tRNA 分子释放出去的部位。

P 位和 A 位各含有 mRNA 的一个密码子。

此外，核糖体中还必须有形成肽键的催化肽酰基转移的部位，其能催化正在延伸的多肽链与下一个氨基酸之间形成肽键。在原核细胞中，肽基转移酶（peptidyl transferase）存在于它的 50S 大亚基中。

除了这些功能以外，核糖体还要求具有识别并结合 mRNA 特异的起始部位，并能沿着 mRNA 移动以解读全部信息的能力。

15.1.3.4　多聚核糖体

在蛋白质的合成中，核糖体在 mRNA 的起始信号处与之结合后，按 5′→3′方向沿 mRNA

移动，边移动边翻译，直至遇到终止信号，完成一条多肽链的合成。所谓多聚核糖体，就是多个核糖体同时与一个mRNA分子结合，同时合成几条多肽链，这样显著提高了合成蛋白质的速度（图15.5）。在多聚核糖体中，每个核糖体都独立地进行翻译，各自合成完整的肽链。一条mRNA上结合核糖体的数目与mRNA的长度成正比，其最大密度为每间隔80个核苷酸可结合1个核糖体。例如，血红蛋白每条肽链约含150个氨基酸，其mRNA约有500个核苷酸，一般有5个核糖体同时进行翻译。在电镜下可见到在一条mRNA上有许多核糖体正在工作的情况，其中，与mRNA 5′端靠得最近的核糖体上的肽链最短，而与3′端最近的肽链则接近完成。细胞内蛋白质的生物合成正是通过这些核糖体循环进行的。在细胞质中，大多数核糖体处于非活性的稳定状态单独存在，只有少数与mRNA一起形成多聚核糖体。

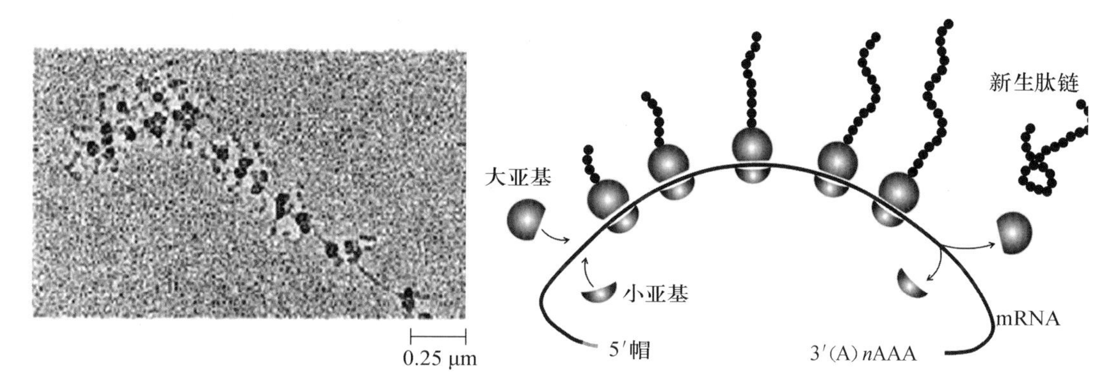

图15.5　多核糖体翻译的电镜照片（左）和工作示意图（右）

15.2　原核生物蛋白质生物合成的过程

蛋白质的生物合成即翻译远比复制和转录要复杂。由于原核生物的翻译过程研究得比真核生物的清楚，所以介绍蛋白质的生物合成过程以原核生物为主。简单地说，蛋白质的翻译就是按mRNA上密码子的排列顺序，将对应的氨基酸以肽键相连从氨基端向羧基端逐渐延伸合成多肽链的过程。其过程可分为氨基酸的活化、合成的起始、肽链延伸和合成的终止4个阶段。蛋白质翻译系统中所有的成员参与了这个过程。

15.2.1　氨基酸的活化

参与合成蛋白质多肽链的每一个原料氨基酸都必须活化后才能彼此间形成肽键而连接起来。氨基酸的活化过程是使其羧基与tRNA的3′末端核糖上的2′-羟基或3′-羟基形成酯键，从而生成氨酰-tRNA。氨基酸本身并不能辨认其在mRNA上所对应的密码子，它们必须与各自特异的tRNA结合后才能被带到核糖体中，并通过tRNA来辨认密码子。

氨酰-tRNA合成酶是催化氨基酸活化反应的酶。不同的氨基酸活化由不同的酶来催化，反应过程分为两步：第一步是氨基酸与ATP反应生成氨酰腺苷酸（AA-AMP），其中氨基酸的羧基是以高能键连接于腺苷酸上，同时放出焦磷酸；第二步是氨酰腺苷酸将氨酰基转给tRNA生成氨酰-tRNA。两步反应由同一个氨酰-tRNA合成酶催化。

实际上，氨酰腺苷酸并不与酶分离，而以非共价键紧密地结合在酶的活性中心部位，直到与该氨基酸专一的tRNA分子碰撞。对每个氨基酸来说，至少有一种氨酰-tRNA合成酶。现已从大肠杆菌中分离出20多种氨酰-tRNA合成酶，这些酶的专一性都很强，它们能辨认出对20种氨基酸各自特异的tRNA，并将氨酰基转移给tRNA形成氨酰-tRNA。氨酰-tRNA合成酶的这种高度专一性保证了翻译的准确性。

$$AA + ATP \xrightarrow{\text{氨酰-tRNA合成酶}} AA\text{-}AMP + PPi \quad (1)$$

$$AA\text{-}AMP + tRNA \xrightarrow{\text{氨酰-tRNA合成酶}} AA\text{-}tRNA + AMP \quad (2)$$

反应（1）与反应（2）相加后的总反应为：

$$AA + tRNA + ATP \xrightarrow{\text{氨酰-tRNA合成酶}} AA\text{-}tRNA + AMP + PPi \quad (3)$$

总反应（3）的平衡常数接近于 1，自由能降低极少。这说明 tRNA 与氨基酸之间的键是高能酯键，高能键的能量来自 ATP 的水解。由于反应中形成的 PPi 水解成正磷酸，对每个氨基酸的活化来说，净消耗了 2 个高能磷酸键。因此，此反应是不可逆转的。

15.2.2 tRNA 对密码子的辨认和遗传密码“摆动假说”

在翻译过程中，氨基酸不能直接识别密码子，而是靠 tRNA 的反密码子来识别。反密码子与密码子反向排列，按碱基互补配对的原则，即密码子的第 1、2、3 碱基（5′→3′）分别与反密码子的第 3、2、1 碱基（3′←5′）相配对。据此原理，如果 3 个碱基都是严格配对的话，则一种 tRNA 只能识别一种密码子，但这与事实不符。因为有些 tRNA 反密码子能识别 2 个或 3 个密码子，例如酵母丙氨酸 tRNA 反密码子能与 GCU、GCC 和 GCA 共 3 个密码子相结合。密码子与反密码子配对，有时会出现不遵守碱基配对规律的现象。由此，F. Crick 提出了遗传密码的“摆动假说”（wobble hypothesis）。此假说认为反密码子的第 3 位和第 2 位的碱基是严格按碱基配对的原则为 mRNA 的密码子所识别的，它们中有任何一个不同即为不同的 tRNA 所识别，如 UAA 和 CUA 均编码亮氨酸，却为不同的 tRNA 所识别。但密码子的第 3 位碱基则不这样严格，可有一定的自由度。换句话说，反密码子的第 1 位碱基（5′端）可以决定 tRNA 能阅读 1 个、2 个或 3 个密码子，有一定摆动性。如一个 tRNA 的反密码子的第 1 位碱基为 C 或 A，则只能阅读 1 个密码子；如为 U 或 G，则能阅读 2 个；如为 I（次黄嘌呤），则能阅读 3 个（图 15.6、表 15.3）。I 是出现在不少反密码子第一位上的稀有碱基，这样，一种 tRNA 的反密码子可识别几种具有简并性的密码子。

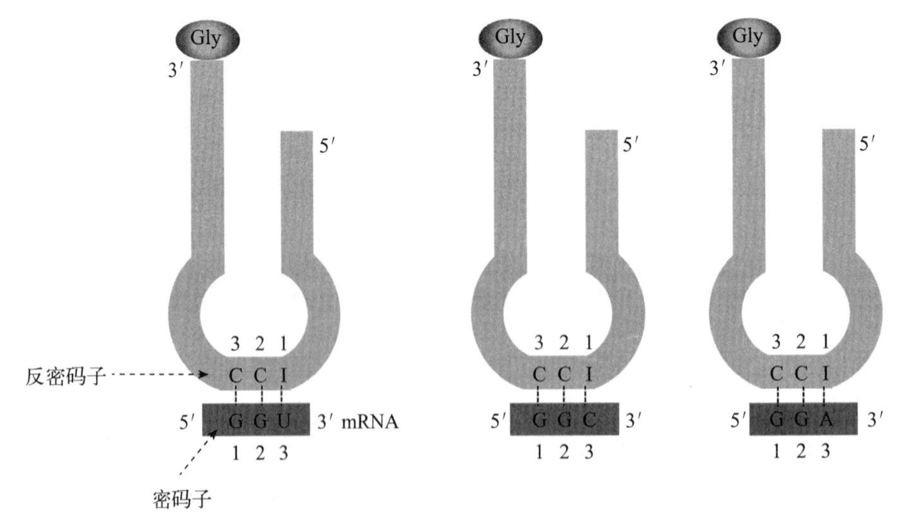

图 15.6 “摆动假说”示意图

“摆动假说”现已得到证实，因为分析一些反密码子碱基顺序的结果与此学说相符。例如酵母丙氨酸 tRNA 的反密码子是 IGC，因此 tRNA 能阅读 GCU、GCC 和 GCA 共 3 个密码子；苯丙氨酸 tRNA 的反密码子为 GAA，它能阅读 UUU 和 UUC，但不能阅读 UUA 和 UUG。

由此可以看出，遗传密码的兼并性部分是由摆动现象所引起的。

表 15.3　反密码子与密码子碱基配对的“摆动假说”

反密码子的 5′端碱基（第一个）	密码子的 3′端碱基（第三个）
C	G
A	U
U	A 或 G
G	U 或 C
I	U 或 C 或 A

15.2.3　合成的起始

蛋白质的合成起始包括 mRNA、核糖体的 30S 小亚基和甲酰甲硫氨酰- $tRNA_f$ 结合形成 30S 起始复合体，接着进一步形成 70S 起始复合体。前已述及，在细菌中合成蛋白质的起始氨基酸为甲酰甲硫氨酸（fMet），有一个特异的 tRNA（称为 $tRNA_f$）把它携带到核糖体上以起始蛋白质的合成。此起始 $tRNA_f$ 与将甲硫氨酸插到肽链内部的 tRNA（简称为 $tRNA_m$）不同，当甲硫氨酸与 $tRNA_f$ 结合时可被甲酰化，而结合在 $tRNA_m$ 上时则不能。甲酰化是由特异的酶催化的，其甲酰基供体是 N^{10}-甲酰四氢叶酸。真核细胞中的起始氨基酸为甲硫氨酸，但无此甲酰化反应。

30S 起始复合体包含有 mRNA、核糖体的 30S 小亚基和甲酰甲硫氨酰- $tRNA_f$。在 30S 起始复合体的形成中需要 GTP 和 3 个起始因子，分别为 IF-1、IF-2 和 IF-3。IF-3 的作用是促使 mRNA 与 30S 小亚基结合并防止 50S 大亚基与 30S 小亚基在没有 mRNA 的情况下结合成不起作用的 70S 复合体；IF-1 和 IF-2 的作用是促使 fMet-$tRNA_f$ 与 mRNA-30S 小亚基复合体的结合。在 fMet-$tRNA_f$ 和 30S 小亚基与 mRNA 结合时，除了 $tRNA_f$ 用其反密码子识别 mRNA 上的起始密码子外，30S 小亚基中 16S rRNA 3′ 端的一段序列与 mRNA 上 SD 序列的互补结合也保证了翻译从正确的起始信号处开始。

30S 起始复合体形成后便与 50S 大亚基结合而形成 70S 起始复合体。在此过程中结合的 GTP 被水解，此时 fMet-$tRNA_f$ 结合在核糖体的 P 位，而核糖体的 A 位空着。起始反应过程见图 15.7。

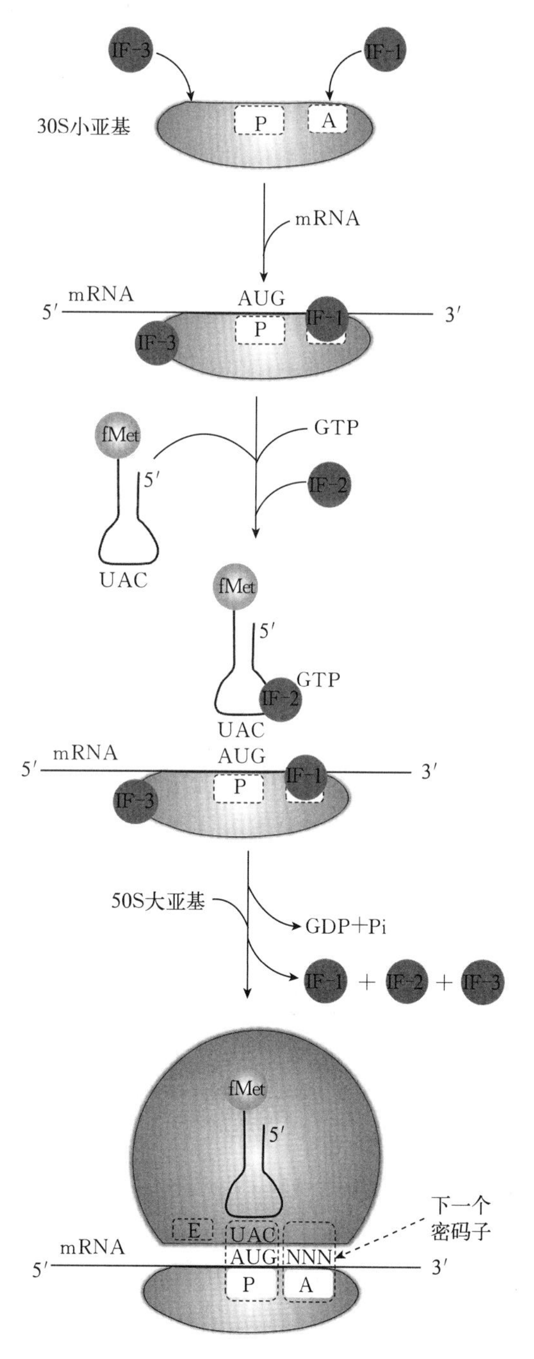

图 15.7　蛋白质合成的起始反应

15.2.4 肽链的延伸

从 70S 起始复合体形成到终止之前的过程称为延伸反应，其包括氨酰- tRNA 进入 A 位、肽键的形成和移位 3 步反应。

15.2.4.1 氨酰- tRNA 进入 A 位

延伸阶段的第一步是携带有氨基酸的氨酰- tRNA 进入 A 位。而何种氨酰- tRNA 进入 A 位是由 A 位 mRNA 密码子决定的，并且由延伸因子 EF - Tu 协助转运（图 15.8）。

EF - Tu 能识别 tRNA 是否氨酰化（活化），在细胞内只有氨酰化的 tRNA 才能与 EF - Tu 以及 GTP 形成三元复合物，以保证延伸反应的顺利进行。

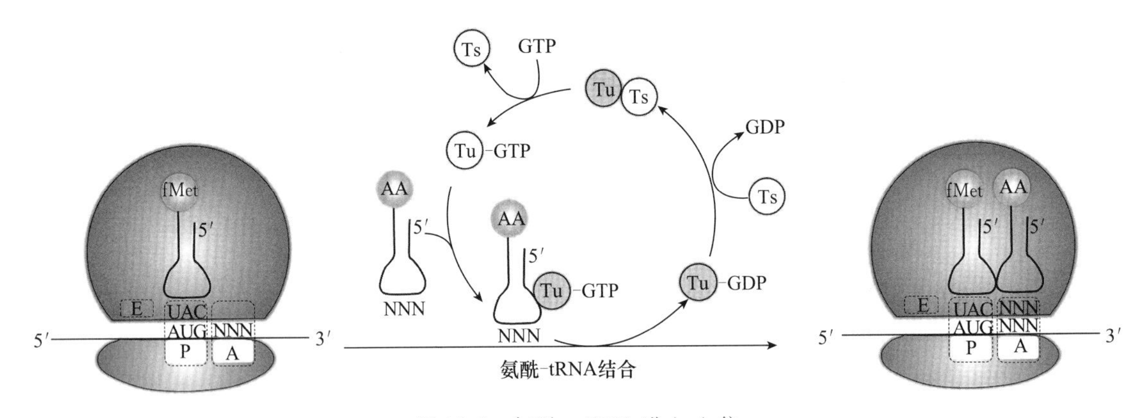

图 15.8 氨酰- tRNA 进入 A 位

当氨酰- tRNA - EF - Tu - GTP 复合物将氨酰- tRNA 准确地置于 A 位并与 mRNA 结合时，伴随着 GTP 的水解而产生 EF - Tu - GDP，它不能与氨酰- tRNA 结合，也不能与核糖体结合，就从核糖体上解离下来。在有另一个延伸因子 EF - Ts 存在下，EF - Ts 与 EF - Tu - GDP 中的 GDP 交换而形成 EF - Ts - EF - Tu，并释出 GDP。然后，GTP 再与 EF - Ts - EF - Tu 中的 EF - Ts 交换，形成 EF - Tu - GTP，即可进入下一轮反应。要注意的是 EF - Tu 不会与 fMet - $tRNA_f$反应，因此起始 $tRNA_f$不能进入 A 位，从而保证了内部 AUG 密码子不会被起始氨酰- $tRNA_f$所阅读。

15.2.4.2 肽键的形成

当氨酰- tRNA 占据 A 位后，原来结合在 P 位的 fMet - $tRNA_f$ 便将其活化的甲酰甲硫氨酸部分转移到 A 位的氨酰- tRNA 的氨基上，以肽键将两个氨基酸连接起来形成二肽酰- tRNA。催化该反应过程的是肽基转移酶，有研究指出其可能就是 50S 大亚基中的 23S rRNA。转肽反应见图 15.9。经过转肽反应后，原来结合在 P 位的氨酰- tRNA 成为无负载的 tRNA，而结合在 A 位的则成为二肽酰- tRNA，于是进入移位阶段。

15.2.4.3 移位

在移位时发生了 3 个移动，即核糖体沿着 mRNA 从 5′→3′的方向移动 3 个核苷酸的距离、无负载的 tRNA 进入 E 位点释出、肽酰- tRNA 从 A 位移到 P 位，其结果是下一个密码子进入核糖体 A 位以便为另一个进入的氨酰- tRNA 所阅读。移位过程需要延伸因子 EF - G（也称为移位酶）的推动。在移位过程中结合在 EF - G 上的 GTP 水解为 GDP 和 Pi，此时 EF - G 从核糖体上解离

下来参与下一次的移位。移位后 A 位被空出，可以再结合一个氨酰- tRNA，并重复以上过程，使肽链从氨基端（N 端）向着羧基端（C 端）不断延伸。肽链的移位过程见图 15.10。

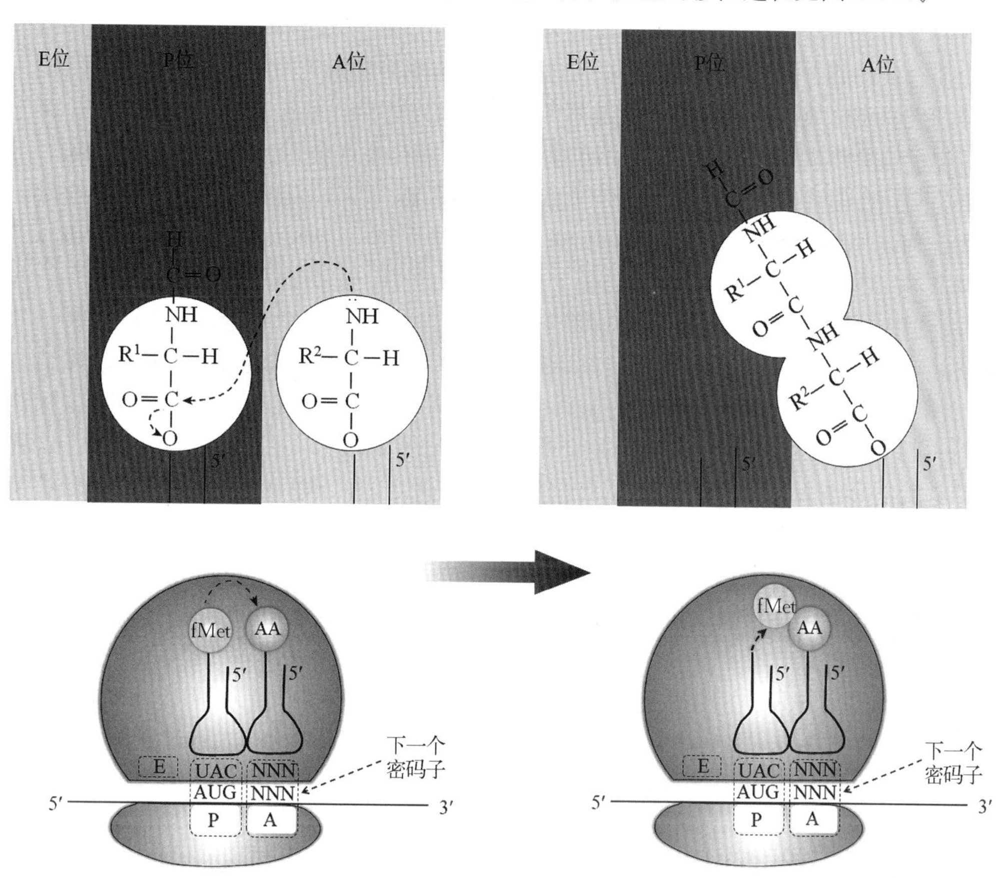

图 15.9　肽键的形成

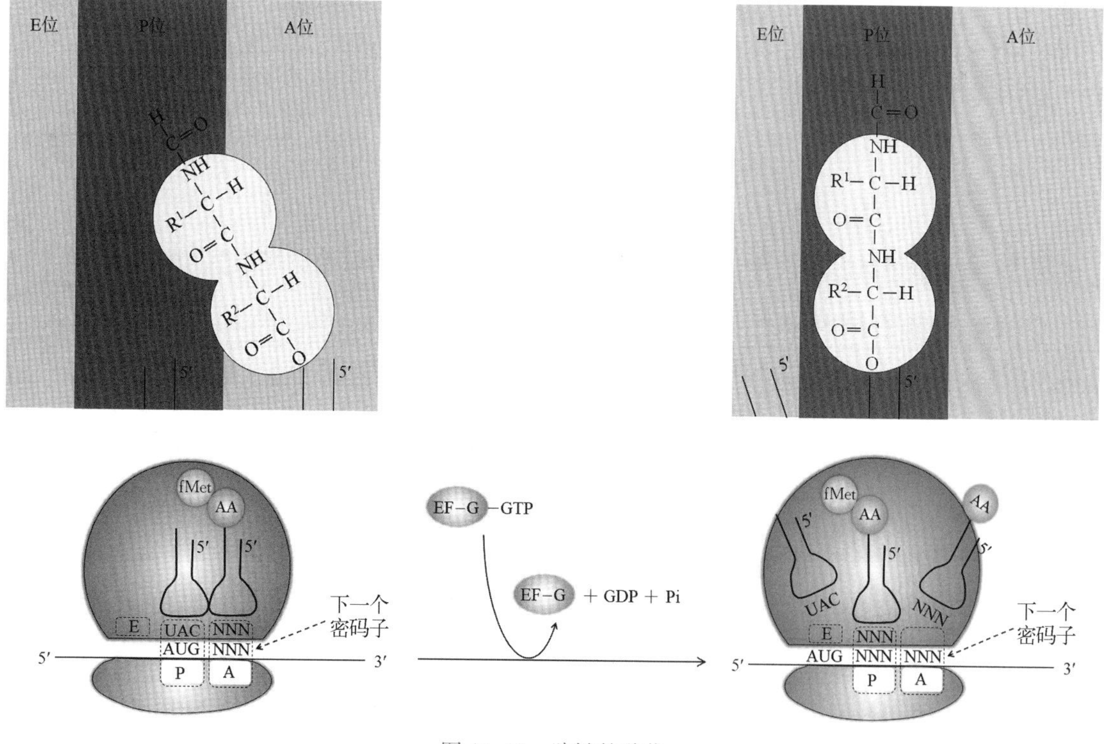

图 15.10　肽链的移位

15.2.5 合成的终止

蛋白质合成的终止需要两个条件：①存在能特异地使多肽链延伸停止的信号；②有能阅读链终止信号的蛋白质释放因子。由于多肽链延伸至足够长度之后，其羧基端仍结合于 tRNA 上，因此终止应包括切除终端的 tRNA。当 tRNA 切除之后，新生肽链便迅速从核糖体上脱离。

当 mRNA 的任何一个终止密码子（UAA、UAG 或 UGA）进入核糖体的 A 位时，由于它们不为任何氨基酸编码，也不为任何氨酰- tRNA 所识别，因而没有氨酰- tRNA 可以进入 A 位，但释放因子能够识别这些终止密码子。在大肠杆菌中，释放因子有 3 种：RF - 1、RF - 2 和 RF - 3。其中，RF - 1 可识别 UAA 和 UAG，RF - 2 可识别 UAA 和 UGA，而 RF - 3 本身无识别终止密码子的功能，但却可以提高 RF - 1 和 RF - 2 的识别活性。已知核糖体结合与释放 RF - 1 和 RF - 2 都要受到 RF - 3 的刺激作用，后者与 GTP 和 GDP 有相互作用。每种释放因子先与 GTP 形成活性复合物，这个复合物再结合到核糖体 A 位的终止密码子上。这种结合使肽基转移酶的构象发生改变，将肽基转移酶的活性转变为水解酶的活性，即肽基转移酶不再催化肽键的形成，而是催化 P 位上的 tRNA 与肽链之间的酯键水解，于是肽链从核糖体上释放出来。已知 RF 具有依赖核糖体的 GTP 酶活性，其可催化 GTP 水解使 RF 与核糖体解离。

肽链合成终止后，在核糖体释放因子（ribosome releasing factor，RRF）的作用下，70S 核糖体解离为 30S 小亚基和 50S 大亚基，并与 mRNA 分离。同时，最后一个脱去氨酰基的 tRNA 及 RF 也与核糖体分离。RRF 在发挥上述作用时，还必须有 GTP 和肽链延伸因子 EF - G 的存在。自由的核糖体大小亚基又可参与新的多肽链的翻译。蛋白质合成终止的大致过程见图 15.11。

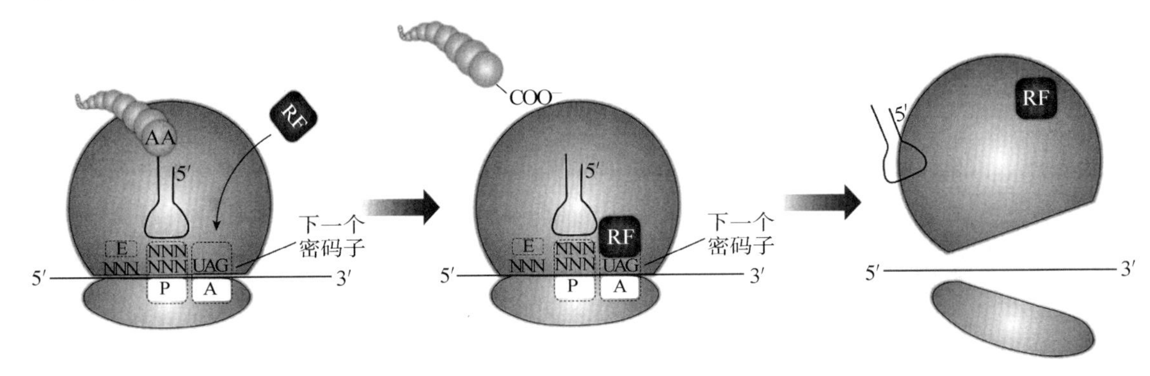

图 15.11 蛋白质合成的终止

表 15.4 归纳了大肠杆菌中蛋白质生物合成的各阶段涉及的蛋白因子及其功能。

表 15.4 大肠杆菌的起始因子、延伸因子和终止因子的特性和功能

因子	相对分子质量	特性和功能
起始因子：		
IF - 1	9 000	促进核糖体的解离和提高 IF - 2 活性
IF - 2	100 000	使 fMet - $tRNA_f$ 结合于核糖体的 P 位，需要 GTP
IF - 3	22 000	将 mRNA 结合于核糖体的小亚基，促进非翻译的前导序列（SD 序列）与 16S rRNA 的 3′端碱基配对
延伸因子：		
EF - Tu	43 000	将氨酰- tRNA 结合于核糖体 A 位点
EF - Ts	30 000	重新生成 EF - Tu - GTP
EF - G	77 000	使肽酰- tRNA 密码子从 A 位点移至 P 位点，此过程依赖 GTP

（续）

因子	相对分子质量	特性和功能
终止（释放）因子：		
RF-1	36 000	水解肽酰-tRNA，要求UAA或UAG密码子
RF-2	38 000	水解肽酰-tRNA，要求UAA或UGA密码子
RF-3	46 000	提高RF-1、RF-2活性

15.3 真核生物蛋白质合成的特点

与原核生物相比，真核生物的蛋白质合成过程及其调控更复杂。真核生物的蛋白质合成过程与mRNA的转录不偶联，合成的起始因子有10种之多，起始反应过程也比细菌更复杂，并可以被不同的抑制剂所抑制。但二者亦有相似之处：如遗传密码相同，合成所需要的各种组分相似，有核糖体、tRNA及多种蛋白质因子参与；且总的合成途径也相似，包括多肽链合成的起始、延伸及终止。

15.3.1 真核生物蛋白质合成的起始

与原核生物不同，真核生物翻译起始时使用一种特殊的tRNA直接携带甲硫氨酸，称为$tRNA_i^{Met}$，并且需要数十种真核起始因子（eukaryotic initiation factor，eIF）的参与。首先，在起始因子eIF-3的作用下，80S核糖体解聚为40S和60S亚基，并防止它们再结合。起始因子eIF-2与GTP形成稳定复合物，然后与Met-$tRNA_i^{Met}$形成三元复合物，接着与40S亚基结合形成43S前起始复合物。在起始因子eIF-4A、eIF-4B、eIF-4E和ATP的参与下，43S前起始复合物与mRNA的5′端或其附近结合，然后沿着mRNA滑动直至遇上第一个AUG密码子，这个过程需要消耗ATP。eIF-4A有使mRNA的5′端二级结构解螺旋的作用，使它呈线状穿过40S亚基颈部的通道。而eIF-4B则有结合mRNA并识别起始密码子AUG的作用（图15.12）。

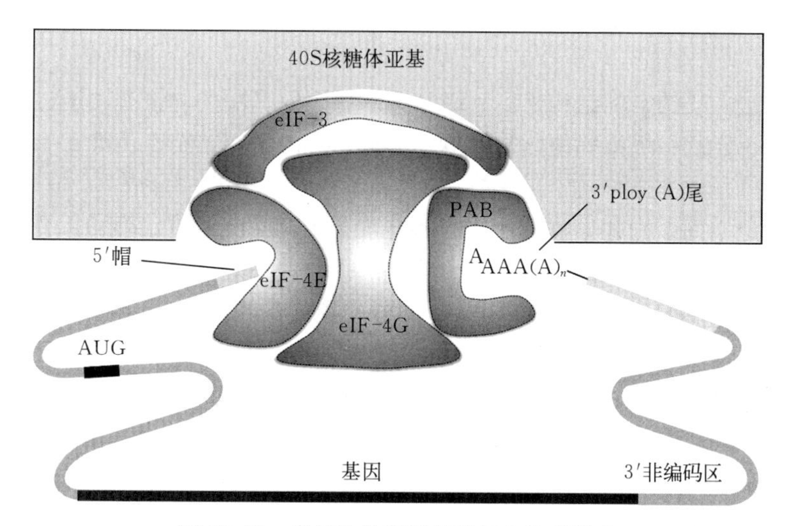

图15.12 真核生物翻译起始复合物的形成

43S前起始复合物在mRNA 5′端帽子结构下游50～100个核苷酸范围内与之结合。据Kozak等的研究发现，大多数起始密码子的上游均为CCACCAUGG。在43S前起始复合物沿

mRNA 向 3′端方向移动时，遇到该序列即停止移动。起始氨酰- tRNA 通过其反密码子与起始密码子 AUG 相识别，eIF - 2 也参与这个识别的作用，其结果是形成 48S 前起始复合物。

在形成 48S 前起始复合物之后，再与核糖体的 60S 大亚基结合，最后便形成 80S 起始复合物。此时，各种起始因子逐一释放出来，释放出的起始因子可以再用于下一轮的起始复合物的形成而被循环利用。在 80S 起始复合物中，Met - $tRNA_i^{Met}$ 位于核糖体的 P 位点，然后其中的甲硫氨酸与下一个氨酰- tRNA 形成二肽酰- tRNA。

前已提及，真核细胞 mRNA 的 5′末端的“帽”（m^{7}GpppN）结构和 3′末端的（polyA）“尾”结构对其自身的稳定性以及翻译效率还具有调节作用。

15.3.2 肽链的延伸和终止

15.3.2.1 肽链的延伸

真核生物的肽链延伸与原核生物相似，只是延伸因子 EF - Tu 和 EF - Ts 被 cEF - 1 取代，而 EF - G 则被 eEF - 2 取代。在真菌中，还要求第三种因子即 eEF - 3 的参与，其在翻译的校正阅读方面起重要作用。

15.3.2.2 肽链的终止

真核生物肽链合成的终止需 eRF 因子。eRF 相对分子质量约为 115 000，其可识别 UAA、UAG、UGA 3 种终止密码子。eRF 活化肽酰基转移酶，释放出新生的肽链后即从核糖体上解离，其解离要求 GTP 的水解，因而终止肽链合成是耗能的。

15.4 多肽链翻译后的加工

以 mRNA 为模板，在核糖体上翻译得到的蛋白质多肽链多数是没有生物活性的初始产物，只有经过翻译后加工才能转变成有功能的终产物。概括地讲，多肽链翻译后加工包括折叠和加工修饰两部分。

15.4.1 多肽链的折叠

一般认为，蛋白质的空间结构是由一级结构中各个氨基酸的侧链基团通过非共价键作用共同决定的，有了一定的一级结构便能自然折叠形成一定的空间结构。例如，牛胰岛素是我国首次（1965 年）人工合成的第一个蛋白质。当牛胰岛素的一级结构合成后，多肽链便自行折叠盘曲形成具有一定空间结构和生物学活性的胰岛素分子。肽链通过正确的折叠形成特定的空间结构是其发挥生物学功能的关键。事实上，肽链的折叠并不是在合成完成之后才进行的，而是边合成边折叠的。细胞内至少有两类蛋白质参与多肽链在体内的折叠过程，称为助折叠蛋白（folding helper）。

第一类是酶，如蛋白质二硫键异构酶（protein disulfide isomerase，PDI）和肽酰脯氨酰顺反异构酶（peptidyl prolylcis/trans isomerase，PPI）。前者能加速蛋白质二硫键的正确形成，后者则可催化肽-脯氨酰基之间肽键的旋转反应。这些反应与新生肽链的正确折叠密切相关，且能加速蛋白质折叠过程。

第二类是分子伴侣。这是一类广泛存在于无论是原核生物还是真核生物细胞中能够帮助新生肽链正确折叠和组装的蛋白因子，然而其本身却不是最终功能蛋白质分子的组成成分。分子伴侣可促进一个反应的进行，而本身却不出现于最终产物，故而具有类似于酶的特征，但它与

酶又有很大差异。分子伴侣对靶蛋白的专一性不强，同一个分子伴侣可以促进多种氨基酸序列完全不同的多肽链折叠成为空间结构、性质和功能都不同的蛋白质。分子伴侣的“催化”效率不如酶，有时它们的作用只是阻止肽链的错误折叠，而不是促进其正确折叠。目前已鉴定出很多分子伴侣蛋白，其中研究得最多的有两个蛋白质家族，即胁迫 70 家族和伴侣素（chaperonin）家族。胁迫 70 家族中的重要成员有热休克蛋白 70（heat shock protein 70，Hsp70）。分子伴侣除参与蛋白质的折叠外，在蛋白质的组装、跨膜、分泌和降解等过程中也发挥重要作用。

15.4.2 蛋白质的加工修饰

由核糖体合成的多肽链除需要折叠成正确的空间结构外，还必须进行加工修饰，才能成为具有功能的蛋白质。这些修饰可以在肽链折叠之前或折叠期间或折叠之后进行，也可以在肽链延伸期间或在终止之后进行。有些修饰不仅对多肽链的正确折叠是重要的，而且也与蛋白质在细胞内的转移或分泌有关。

15.4.2.1 末端氨基的脱甲酰化和 N 端甲硫氨酸的切除

大肠杆菌等细菌多肽链合成的起始氨基酸是甲酰甲硫氨酸，在翻译后这个甲酰基被肽去甲酰酶（peptide deformylase）除去，甲硫氨酸通常也被氨肽酶切除。在大肠杆菌中，70%蛋白质的甲硫氨酸被切掉，真核生物中的甲硫氨酸则全部被切除。

15.4.2.2 多肽链的水解断裂

新生多肽链常发生水解断裂生成较短的肽链。例如，胰岛素的合成是先生成较大的前体，即前胰岛素原（preproinsulin），然后从 N 端水解切去一段 24 个氨基酸组成的信号序列（称为前肽，pre-peptide），并形成二硫键，生成胰岛素原（proinsulin）。然后，胰岛素原再由肽链内切酶在两处切去两对碱性氨基酸，并由肽链外切酶再切去一段连接的肽链（C 肽），最后生成的胰岛素是两条由二硫键连接的 A 链和 B 链。一些酶也是先形成无活性的酶原，再经切去一段肽链后才变为有活性的酶。

15.4.2.3 氨基酸侧链的修饰

多肽链中的半胱氨酸巯基可在蛋白质二硫键异构酶的作用下形成二硫键，这个反应可在翻译过程中或在翻译后进行。在多肽链合成过程中或在合成之后常以共价键与单糖或寡糖侧链连接而生成糖蛋白，而糖基化反应是在一系列糖基转移酶催化下进行的。酶、受体等蛋白质的磷酸化修饰是普遍存在的蛋白质修饰作用，其对细胞生长和代谢调节有重要意义。磷酸化修饰发生在翻译后，由各种蛋白激酶催化，将磷酸基团连接于丝氨酸、苏氨酸和酪氨酸的羟基上，而在磷酸酯酶的作用下则可发生脱磷酸作用。一些结构蛋白（如胶原蛋白和弹性蛋白）以及与血液凝固有关的血液纤维蛋白单体中存在氨基酸之间的共价交联。此外，蛋白质的化学修饰还有乙酰化、甲基化、ADP 核糖基化以及与脂类的共价结合等。

15.5 蛋白质的转位

由核糖体合成的许多蛋白质要从它们合成的地方转运至细胞的其他部位或分泌到细胞外发挥生物学作用。蛋白质的转位有两个主要途径。

（1）共翻译（cotranslation）转位：由与内质网（粗面内质网）结合的核糖体合成的蛋白

质前体，在其N端含有一个信号序列（信号肽），它使新生肽链在合成过程中（即共翻译）插入内质网膜上的特殊通道，然后转移入其内腔。在切去信号肽后，蛋白质可以停留在内质网腔内，或进一步通过高尔基体转移至溶酶体或分泌小泡，然后分泌出去。蛋白质停留在某一给定位置是受分子上的信号肽控制的，它防止蛋白质进一步的运送。

（2）翻译后转位：由游离核糖体合成的蛋白质前体在多肽链合成之后，将蛋白质从细胞质转移到线粒体与叶绿体等细胞器中去。

本章中主要介绍前一种途径，它涉及分泌蛋白的共翻译转位。

15.5.1　共翻译转位

15.5.1.1　新生肽进入内质网

分泌型蛋白质前体的N端均含有信号肽（signal peptide）。通过对上百种信号肽序列分析发现，信号肽含13～36个氨基酸残基，在靠近其N端有一至多个带正电荷的氨基酸，中部为由10～15个氨基酸（大部分或全部是疏水性的）组成的疏水核，而C端靠近断裂位点处有一段序列含侧链较短的和较具极性的氨基酸（如丙氨酸）。疏水核有助于新合成的肽链附着于内质网的膜上。

一旦新生肽链从核糖体出现并延伸，信号肽即被信号识别颗粒（signal recognition particle，SRP）所识别，SRP与携带新生多肽链的核糖体相互作用使翻译暂时终止。SRP的功能就是将暂停翻译的新生肽链与内质网膜靠近。随后，SRP-核糖体与内质网上一个SRP受体（又称为停泊蛋白，docking protein，DP）结合，通过一个GTP依赖过程打开一个通道，促使新生多肽链进入转位通道，再逐渐转入内质网的内腔后又开始延长合成，而SRP可以释放入细胞质再用于新的肽链信号肽的识别和转运。信号肽在多肽链合成完成之前，即由位于内质网内的信号肽酶切除掉。分泌型蛋白的共翻译转位过程见图15.13。

在转位时会发生多肽链的修饰，如天冬酰胺残基的N糖基化作用或对膜蛋白的脂肪酸酰基化作用。

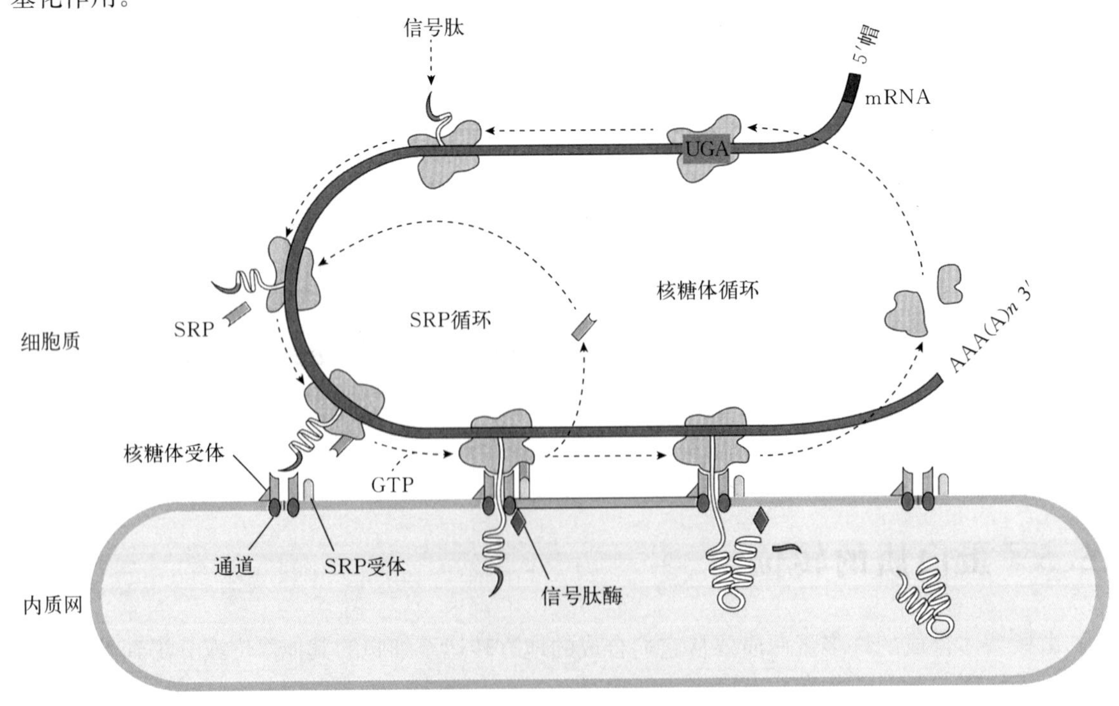

图15.13　蛋白质的共翻译转位

15.5.1.2 蛋白质的定位和分泌

进入内质网腔的蛋白质一部分滞留在内质网，但大多数蛋白质则在内质网腔被加工，主要包括折叠和糖基化修饰。然后转入高尔基体，最终转送到细胞其他位置，或是通过胞泌作用被排出。某些不具有正确空间构象的分泌蛋白不能通过内质网，而是被降解掉。

蛋白质进入高尔基体后，便被分别运送至不同的目的地，如溶酶体、质膜或分泌出细胞外。蛋白质是通过膜小泡（vesicle）的作用在其中运送的。

15.5.2 翻译后转位

由游离核糖体合成的蛋白质前体在其多肽链合成之后，将从细胞质转移到线粒体、溶酶体和过氧化物酶体等细胞器中去，现在知道这样的转位通常需要特殊的信号肽引导，还需要分子伴侣的协助来实现。

案 例

嘌呤霉素等抗生素对原核生物蛋白质合成的抑制 原核生物的蛋白质生物合成可被多种抗生素所抑制，如嘌呤霉素、链霉素、四环素等。嘌呤霉素的结构与氨酰-tRNA很类似，因此能与后者相竞争，从而阻断蛋白质的生物合成。当生长着的肽链（或甲酰甲硫氨酸）被转移到嘌呤霉素的氨基上时，新生的肽基-嘌呤霉素会从核糖体上脱落下来，从而终止翻译而导致肽链合成过早终止。链霉素能与30S小亚基结合，形成一种效率很低且不稳定的起始复合物，很容易解离而提早终止翻译。其次能使A位扭曲变形，造成密码子错误，合成无功能的蛋白质。四环素能阻断氨酰-tRNA进入A位点，从而抑制肽链的延伸。氯霉素能抑制核糖体中50S大亚基的肽基转移酶的活性，抑制肽链的延伸。红霉素与50S大亚基结合抑制肽基转移酶，妨碍移位，因而将肽酰-tRNA“冻结”在A位上。

二维码 15-1 第 15 章习题

二维码 15-2 第 15 章习题参考答案

第16章

基因表达的调节

【本章知识要点】

☆ 基因是位于染色体上具有特定生物遗传信息的DNA序列，按其功能可分为结构基因和调节基因，结构基因中除编码序列外还有非编码的间隔序列。

☆ 原核生物基因组结构简单，基因连续排列没有间隔序列，但含有重叠基因。真核生物基因组结构复杂，基因不连续排列，含有间隔序列和重复序列。

☆ 基因的表达可在不同水平受到调节。原核生物基因表达主要以操纵子模型为调节单位在转录水平进行调节。乳糖操纵子受葡萄糖的阻遏而关闭及乳糖的诱导而开放，并被cAMP及其受体复合物所活化。

☆ 真核生物基因表达受到多级调控系统的精确控制。转录前主要是染色质由紧密的压缩状态转变为疏松的开放状态的基因活化过程的调节，转录水平主要是反式作用因子与顺式调节元件的相互作用的调控。

☆ 顺式调节元件包括启动子、增强子及其应答元件等，反式作用因子主要是基因调节蛋白，它们以螺旋-转角-螺旋、螺旋-环-螺旋、锌指结构和亮氨酸拉链等蛋白模体与DNA结合。

☆ 真核生物基因转录后加工涉及RNA末端修饰、内含子切除与外显子拼接，mRNA 5′端和3′端非编码区序列的结构对mRNA的稳定性和翻译效率起重要控制作用。

☆ 动植物基因组都可编码约22 bp大小的miRNA（microRNA），其能与靶mRNA互补序列配对，通过抑制mRNA转录或使其降解的方式在转录后调控基因的表达。

☆ 翻译水平的调节主要是对mRNA的稳定性及参与蛋白质翻译的各种因子活性的调节。

基因表达是指基因转录成mRNA，然后进一步翻译成蛋白质的过程。在蛋白质生物合成的研究时发现基因表达受到调节。最早是法国科学家J. Jacob和F. Monod于1960年在研究大肠杆菌乳糖代谢时发现参与乳糖分解的基因能被另一些因子调节，于是提出了操纵子学说(theory of operon)，使人们从分子水平认识到基因表达的调节。

每一种生物都含有大量的基因，这些基因在生命活动过程中并非同时表达，而是有些基因表达，另一些基因被关闭或低表达，或只在生长发育阶段的特定时间或空间进行表达，其余时间或空间则被关闭或低表达。

基因表达可在转录、转录后及翻译的任何阶段进行调节。原核生物的基因组和染色体结构比较简单，转录和翻译可在同一时间和位置上发生，其基因表达的调节主要在转录水平上进

行。真核生物由于存在细胞核结构的分化，转录和翻译过程在时间和空间上彼此分开，且在转录和翻译后还有复杂的加工过程，因此基因表达的调节在不同水平上都能进行，但是转录水平上的调节仍然是主要的方式。

16.1 基因与基因组

16.1.1 DNA与基因

DNA是遗传的物质基础，主要存在于染色体中，由不同的核苷酸按一定的顺序排列连接而成，遗传信息存在于核苷酸序列中。基因（gene）是遗传的基本单位，广义地指DNA中含有特定遗传信息的核苷酸序列。一条染色体上有多个基因，它们在染色体上线形排列组成连锁群。也有些生物（如RNA病毒）的基因为RNA。基因按其功能可分为结构基因和调节基因。结构基因（structural gene）是指可被转录为mRNA，并被翻译成蛋白质多肽链的DNA序列；调节基因（regulatory gene）是指可调控结构基因表达的DNA序列。真核生物的基因更加复杂，其转录调控区、间隔序列、3′端剪切信号和多聚腺苷酸以及与初始RNA转录剪接有关的非编码序列都包括在调节基因中。

除染色体DNA外，细菌的质粒以及真核生物的叶绿体、线粒体等细胞器都含有DNA，因此也含有基因。这些染色体外的DNA称为染色体外遗传物质。除编码蛋白质的基因外，还有终产物是RNA的基因，如编码tRNA和rRNA的基因，这些基因的产物与蛋白质的生物合成有关。

结构基因在原核生物中占整个DNA分子的大部分，在真核生物中只占小部分。真核生物结构基因含有一些没有编码功能的间隔区（spacer region），其中包括一些与复制、转录和翻译过程有关的控制区（control region），即可被调节分子识别的序列。一个基因是否表达受与调节区DNA序列结合的调节分子的控制。真核生物的结构基因包括3个区域：①编码区，包括外显子和内含子；②前导区，位于编码区上游，相当于mRNA 5′端非编码区；③调节区，包括调节结构基因的侧翼序列，如启动子、增强子等（图16.1）。

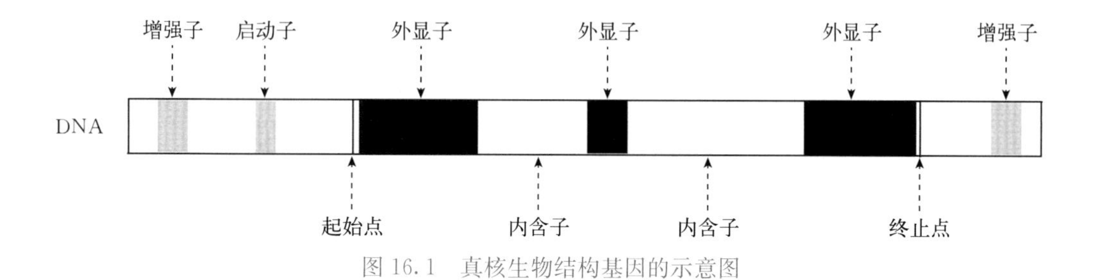

图16.1 真核生物结构基因的示意图

真核生物的基因是断裂基因（split gene），结构基因的编码序列被不编码的序列间隔开，由一系列交替存在的外显子和内含子构成。

16.1.2 基因大小与特点

由于断裂基因的存在，真核生物基因比实际用于编码蛋白质的序列要大得多。与整个基因相比，编码蛋白质的外显子序列较小，大多数外显子编码的氨基酸数少于100；而内含子通常比外显子大得多，其大小从200个到上万个碱基对。基因的大小主要取决于其所包含内含子的长度和数目，与外显子的数量和大小关系不大，许多长基因并非其编码序列长，而是含有较长、较多的内含子。故此，酵母与高等真核生物基因的大小不同，大多数酵母的基因小于2 kb，很少超过5 kb，而高等真核生物基因的长度在5～100 kb。在哺乳动物、昆虫、鸟类中，基因的平均长度是其mRNA长度的近5倍。

一般情况下，基因与其所编码的蛋白质一一对应，但在一些情况，同一段DNA序列可编码多种不同的蛋白质。在一些病毒基因中，两个基因可发生部分重叠，并以不同的阅读框被阅读，表达不同的蛋白质，这种基因称之为重叠基因（overlapping gene）。基因重叠的距离较短，大部分序列仍具有独特的编码功能。基因重叠可以是部分重叠，也可以是一个基因完全被包含在另一个基因内部，部分重叠基因使用不同的阅读框，基因内基因使用相同的阅读框，不管以哪种方式重叠，他们都编码不同的蛋白质。重叠基因的存在反映了原核生物利用有限遗传资源表达更多生物功能的需求。真核生物可通过选择性剪接使外显子以不同方式连接产生不同的mRNA产物，因而一段DNA序列可产生有部分重叠序列的多种蛋白质。

16.1.3 基因组

基因组（genome）是细胞或生物体的全套遗传物质。原核生物的基因组是指单个染色体上所含的全部基因，真核生物的基因组是指维持配子或配子体正常功能的最基本的一套染色体及其所携带的全部基因。不同生物及同种生物的不同个体之间基因组的大小和数目不是固定不变化的。部分生物基因组的大小及基因数目见表16.1。

表16.1 不同生物的基因组及基因数目

种类	基因组大小/bp	基因数目/个
T_4噬菌体	1.6×10^5	200
支原体	1.0×10^4	570
大肠杆菌	4.2×10^6	2 350
酵母	1.3×10^7	6 100
果蝇	1.4×10^8	8 750
人	3.2×10^9	50 000～100 000

真核生物的基因组通常有一些重复序列，根据其重复次数可分为3类。

（1）高度重复序列：重复频率高，从几十万到几百万次，重复序列较短，常在5～300 bp，多数为5～15 bp。在高度重复序列中有一种由简单重复单位组成的重复序列，一般由2～10 bp组成，成串排列，其碱基组成不同于其他部分，可用密度梯度离心法将其与主体DNA分开，因而称其为卫星DNA（satellite DNA）。根据重复频率和重复序列长度不同，卫星DNA又可分为小卫星DNA（minisatellite DNA）和微卫星DNA（microsatellite DNA）。高度重复序列具有种属特异性，可能参与DNA复制及基因表达的调节。小卫星DNA和微卫星DNA是一种较好的分子遗传标记。

（2）中度重复序列：重复频率和重复序列长度差异较大，平均长度为6.0×10^5 bp，平均重复约350次。中度重复序列有些是编码蛋白质的结构基因，有些不编码蛋白质。

（3）低度重复序列：又称单拷贝序列，序列不重复或只重复几次、十几次，长度大于1 000 bp。它们编码各种功能不同的蛋白质，有些是基因的间隔序列。

16.2 原核生物基因表达的调节

16.2.1 操纵子模型

操纵子模型（operon structural model）是原核生物基因表达调节的重要方式。操纵子（operon）是指原核生物基因表达的转录单位或功能单位，包括在功能上彼此相关的结构基因及位于结构基因前面的调控部位。调控部位由调节基因（regulatory gene）、启动子（promoter，P）和操纵基因（operator，O）组成，其中调节基因可远离结构基因并通过表达相应蛋白对调控部位的其他基因进行调控。也有人认为调节基因不应该包括在操纵子内，它们是存在于某些操纵子上游的能够对操纵子调控部位进行调控的序列。操纵子学说是在研究细菌代谢时被发现并被提出的。通常细菌在代谢过程中不合成与特定环境代谢无关的酶，一些分解代谢酶类只在有关底物或底物类似物存在时才被诱导合成；而一些合成代谢酶类在产物或产物类似物存在足够量时则被抑制。研究表明，酶的阻遏和诱导通过特定的阻遏蛋白（repressor）或激活物作用于操纵子的调控部位实现，而底物、产物及它们的类似物往往可发挥抑制剂或激活剂的作用。

16.2.1.1 乳糖操纵子

大肠杆菌乳糖操纵子（*lac* operon）是第一个被发现的操纵子。

（1）乳糖操纵子的结构：乳糖操纵子由依次排列的调节基因（i）、cAMP受体蛋白（cAMP receptor protein，CRP）结合位点、启动子（P）、操纵基因（O）和3个相连结构基因组成。3个相连的结构基因分别是编码乳糖的β-半乳糖苷酶的 *lac* Z 基因、编码β-半乳糖苷透性酶的 *lac* Y 基因和编码β-半乳糖苷乙酰基转移酶的 *lac* A 基因。3个结构基因组成的转录单位是一个多顺反子，转录出一条 mRNA 而指导3种酶的合成。乳糖操纵子的结构如图16.2所示。

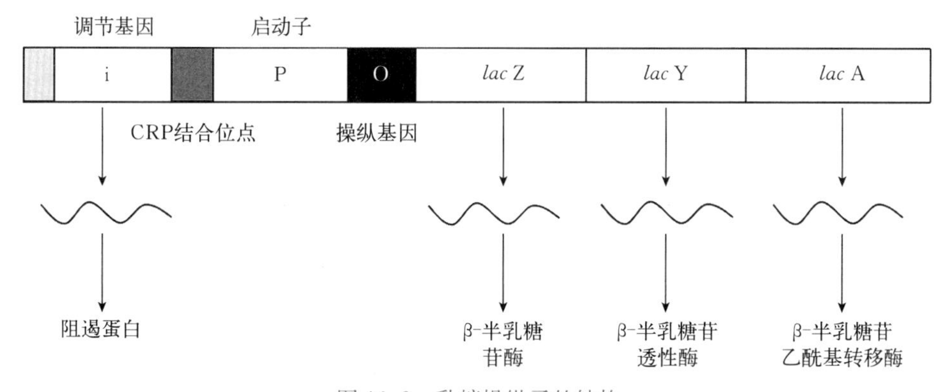

图16.2 乳糖操纵子的结构

乳糖操纵子的操纵基因（O）位于结构基因之前启动子（P）之后，不编码任何蛋白质。调节基因（i）位于启动子之前，其编码的产物在乳糖操纵子中是一个阻遏蛋白，与操纵基因结合。该阻遏蛋白由4个相对分子质量为37 000的亚基聚合而成，每个亚基与DNA结合的位点均含有螺旋-转角-螺旋结构。螺旋-转角-螺旋结构在DNA与蛋白结合中十分常见，一个螺旋能识别操纵基因的特定序列并与之结合，进而阻滞结构基因的转录。

乳糖、半乳糖及半乳糖苷化合物如异丙基硫代-β-D-半乳糖苷（isopropylthio-β-D-galactoside，IPTG）都可作为乳糖操纵子的诱导物。IPTG是常用的一种诱导剂，它不是乳糖的代谢产物。

(2) 乳糖操纵子的调节：研究发现，当大肠杆菌在只有葡萄糖的培养基中生长时，由于缺少所必需的酶而不能代谢乳糖。当生长在没有葡萄糖而只有乳糖的培养基中时，乳糖诱导大肠杆菌产生相应的酶来代谢乳糖。如果培养基中既有乳糖又有葡萄糖，当葡萄糖足以维持大肠杆菌生长时，大肠杆菌优先利用葡萄糖而停止分解乳糖，只有当葡萄糖不足以为大肠杆菌的生长提供能量或消耗殆尽时才又利用乳糖。显然，葡萄糖的存在阻遏了乳糖的代谢。在乳糖的利用调控中乳糖操纵子发挥了重要的作用，乳糖操纵子调控中存在正负两种调节方式。

① 乳糖操纵子的负调节：负调节（negative control）是指乳糖操纵子结构基因的表达被阻遏蛋白抑制的调控方式。当大肠杆菌培养基中只有葡萄糖而没有乳糖时，阻遏蛋白可与操纵基因结合，由于操纵基因与启动子相邻并位于其下游，阻遏蛋白的存在阻止了 RNA 聚合酶的移动并通过操纵基因到达结构基因，因而操纵子被关闭或抑制，基因转录被阻断。由于不能产生乳糖代谢所需要的酶，大肠杆菌不能代谢乳糖（图 16.3A）。乳糖是乳糖操纵子的诱导物，阻遏蛋白上有诱导物的结合位点。当有诱导物存在时，阻遏蛋白可与诱导物结合，引起阻遏蛋白构象改变，使其与操纵基因的亲和力降低，不能与操纵基因结合或从操纵基因上解离，于是乳糖操纵子开放，RNA 聚合酶结合于启动子，并顺利移动通过操纵基因，到达结构基因进行转录，产生分解乳糖的酶，以乳糖为能源进行代谢（图 16.3B）。

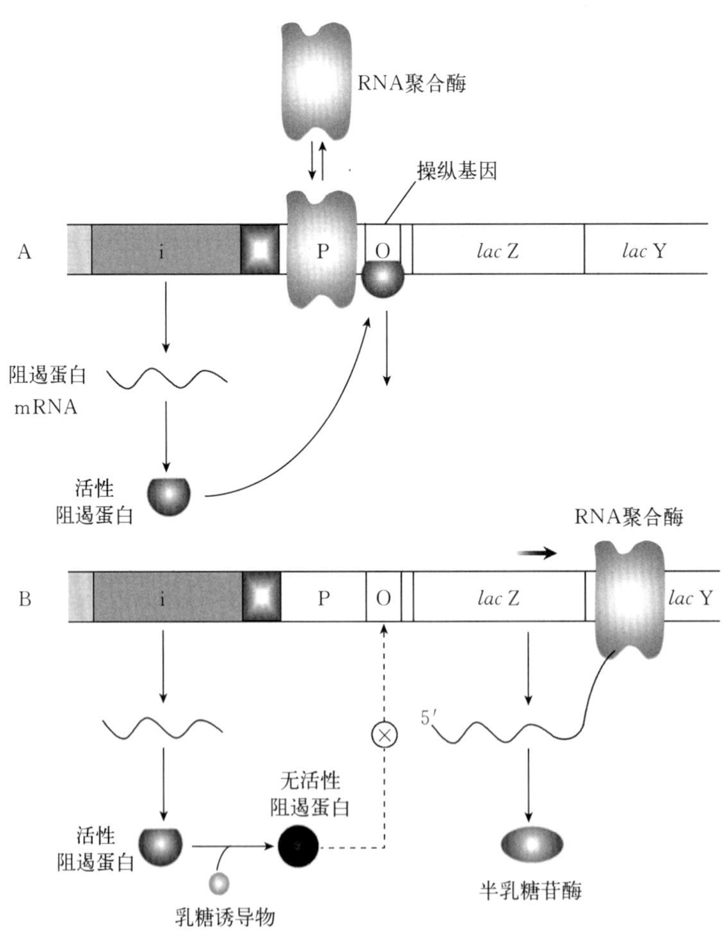

图 16.3 乳糖操纵子的负调控机制

② 乳糖操纵子的正调节：正调节（positive control）指关闭或处于基础转录水平的乳糖操纵子被正调节因子激活的调控方式。大肠杆菌乳糖操纵子选择正调节作用，是因为负调节只能对乳糖的存在做出应答。当培养基中既有葡萄糖又有乳糖时，大肠杆菌优先利用葡萄糖然后利

用乳糖作为能源物质，葡萄糖存在时激活乳糖操纵子是一种浪费，此时乳糖操纵子处于非活化状态，利于葡萄糖代谢。当大肠杆菌利用完葡萄糖后再激活乳糖操纵子，利用乳糖继续生长。这种现象称葡萄糖阻遏（glucose repression）或分解代谢产物阻遏（catabolite repression）。

乳糖操纵子正调节因子能够感受葡萄糖的缺乏并对激活乳糖操纵子的启动子做出应答，从而使 RNA 聚合酶能够结合启动子并转录结构基因。cAMP 能够对培养基中葡萄糖的浓度做出应答，当葡萄糖浓度下降时，cAMP 浓度升高，cAMP 与 CRP 结合，使 CRP 构象改变，增强了其与启动子结合的能力，从而激活乳糖操纵子，促进结构基因的转录，使大肠杆菌能够利用乳糖。向含有乳糖的培养基中加入葡萄糖，由于葡萄糖浓度升高，cAMP 水平降低，CRP 与启动子的亲和力降低，乳糖操纵子被抑制，即使有乳糖存在，大肠杆菌也不能利用乳糖（图 16.4）。尽管 cAMP 能够恢复乳糖操纵子的分解代谢产物阻遏作用，但 cAMP 并非乳糖操纵子的正调节因子，乳糖操纵子的正调节因子是 cAMP 与 CRP 形成的复合物。CRP 能与乳糖操纵子的启动子特异结合，促进 RNA 聚合酶与启动子结合，从而促进转录。但游离的 CRP 不能与启动子结合，必须与 cAMP 结合形成复合物才能与启动子结合。

因此，大肠杆菌乳糖操纵子受到两方面的调节，一是对操纵基因的负调节，二是对 RNA 聚合酶与启动子结合的正调节，两种调节作用使大肠杆菌能够灵敏地应答环境中营养的变化，利于其生长。

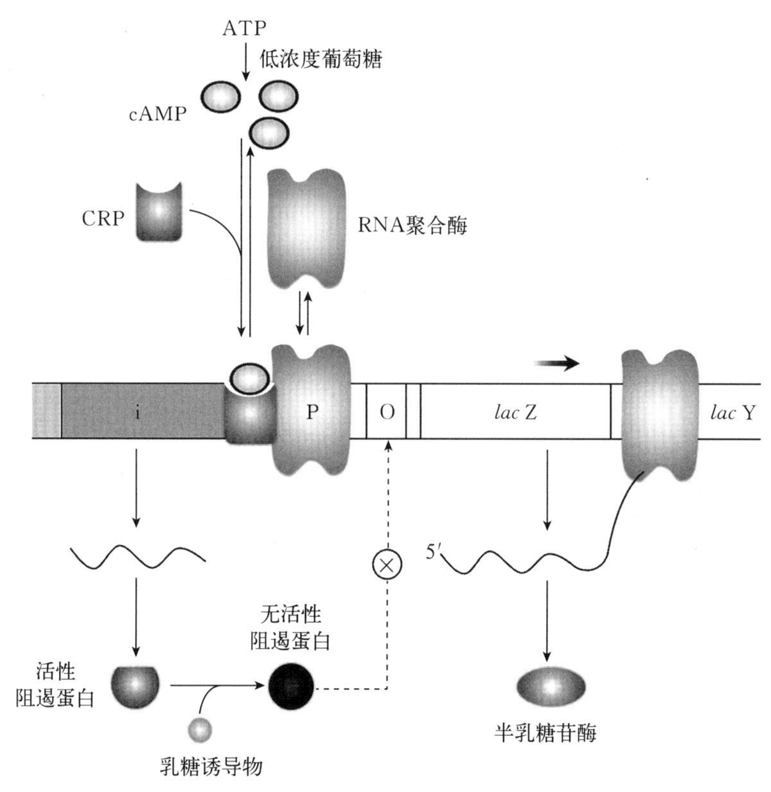

图 16.4　乳糖操纵子的正调控机制

16.2.1.2　色氨酸操纵子

色氨酸操纵子（*trp* operon）是含有大肠杆菌合成色氨酸所需酶的结构基因。与乳糖操纵子一样，色氨酸操纵子也倾向于由阻遏蛋白产生的负调节，但两种操纵子的负调节有着本质的区别。乳糖操纵子编码分解某一物质（如乳糖）的酶，当该物质出现时操纵子被开放。色氨酸操纵子编码合成某一物质（如色氨酸）的酶，当色氨酸浓度升高，不再需要色氨酸操纵子的编码产物，操纵子通常被该物质所关闭。同时，色氨酸操纵子还存在一种弱化作用（attenuation）的调节机制，这在乳糖操纵子中是没有的。

（1）**色氨酸操纵子的结构**：色氨酸操纵子由调节基因（*trp* R）、启动子（P）、操纵基因（O）和5个相连的结构基因组成，结构基因负责色氨酸的生物合成。前两个结构基因 *trp* E 和 *trp* D 编码催化第一步反应的酶，第三个基因 *trp* C 编码催化第二步反应的酶，后两个基因 *trp* B 和 *trp* A 编码催化第三步和最后反应的酶。调节基因 *trp* R 距结构基因较远，编码一个相对分子质量为58 000的阻遏蛋白。启动子和操纵基因位于结构基因的前面，操纵基因完全位于启动子之内。在操纵基因与结构基因 *trp* E 之间有一段由162个核苷酸组成的前导序列（*trp* L），前导序列内有一段弱化子（attenuator）序列。色氨酸操纵子的结构见图16.5。

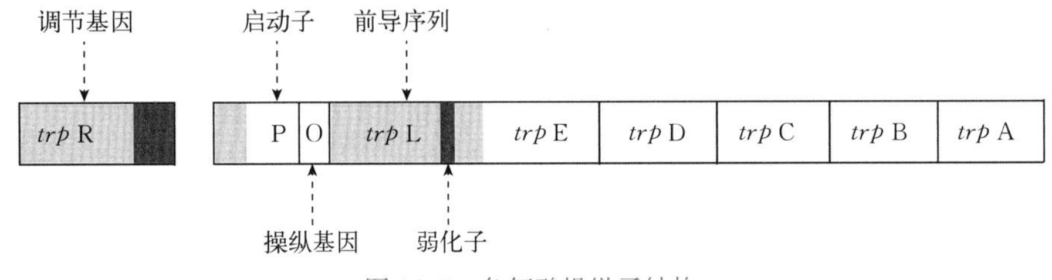

图16.5　色氨酸操纵子结构

（2）**色氨酸操纵子的负调节**：色氨酸是一种辅阻遏物，色氨酸可帮助色氨酸阻遏蛋白（*trp* repressor）与操纵基因结合，高浓度的色氨酸是关闭色氨酸操纵子的信号。当无色氨酸存在时，色氨酸操纵子不产生有活性的色氨酸阻遏蛋白，调节基因的产物以无活性的脱辅阻遏蛋白（aporepressor）形式存在。当有色氨酸存在时，色氨酸与脱辅阻遏蛋白结合，使其构象发生改变，变成与操纵基因具有高亲和力的色氨酸阻遏蛋白。当细胞内色氨酸浓度升高时，色氨酸与脱辅阻遏蛋白结合形成有活性的色氨酸阻遏蛋白，色氨酸阻遏蛋白与操纵基因结合，色氨酸操纵子被抑制。当细胞内色氨酸浓度降低时，色氨酸与阻遏蛋白分离，阻遏蛋白从操纵基因上解离，色氨酸操纵子解除抑制。色氨酸操纵子的调节机制见图16.6。

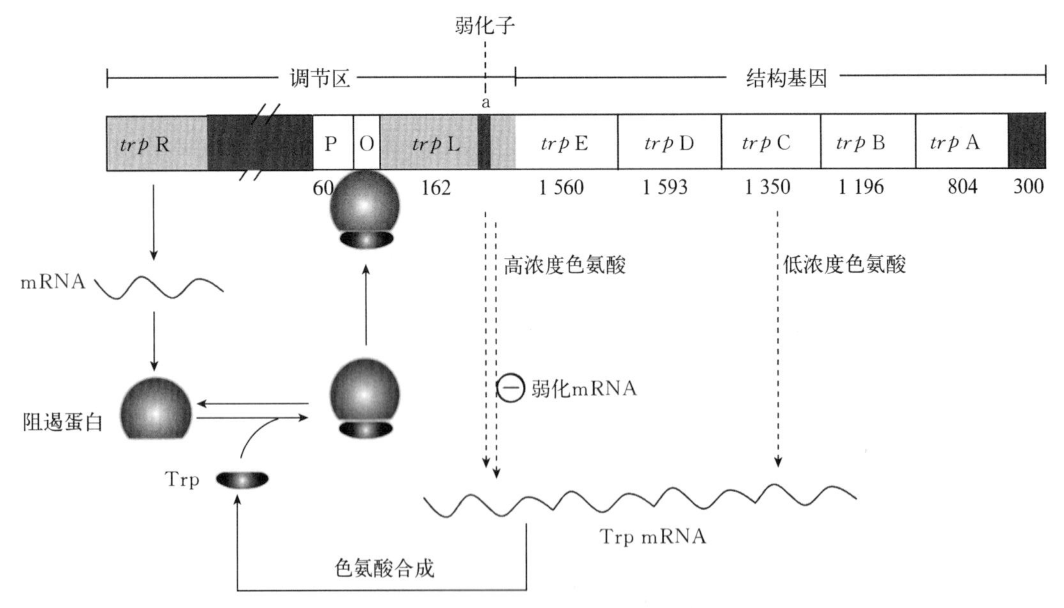

图16.6　色氨酸操纵子的调控机制

（3）**色氨酸操纵子的弱化作用调节**：色氨酸操纵子还有另外一种调节机制称为弱化作用。为什么色氨酸操纵子还需要这种弱化作用的调节呢？这是因为色氨酸操纵子的抑制作用较弱，

即便在阻遏蛋白存在的情况下仍可进行一定水平的转录。弱化作用是指通过操纵子前导区内弱化子实现辅助阻遏作用的一种精细调控。弱化子的作用就是在色氨酸相对较多时减弱操纵子的转录，通过提前终止转录而发挥调节作用。转录的提前终止是由于在弱化子序列内含有一个转录终止信号——终止子。完整的色氨酸操纵子前导区序列可分为 1、2、3 和 4 区域，常形成 1 区与 2 区配对和 3 区与 4 区配对的茎环结构，3 区和 4 区后紧接着 8 个 U 序列（图 16.7A）。此外，在 1 区中有可翻译出 14 个氨基酸肽链（前导肽）的密码子，其中有两个是色氨酸的密码子（UGG）。原核生物在进行转录和翻译的过程中，当色氨酸含量低时，不能形成足够的色氨酰-tRNA，翻译进行至前导序列的两个色氨酸密码子时，核糖体停止在 1 区，虽然 2 区和 3 区形成了茎环结构，但 1 区和 2 区、3 区和 4 区均不能形成茎环结构，没有形成有效的转录终止子结构，RNA 聚合酶可通过弱化子序列继续转录，结构基因得以表达（图 16.7B）。当色氨酸含量高时，核糖体不停止移动，3 区和 4 区形成茎环结构进而形成有效的转录终止子，RNA 聚合酶不能通过，转录终止，结构基因不能表达（图 16.7C）。

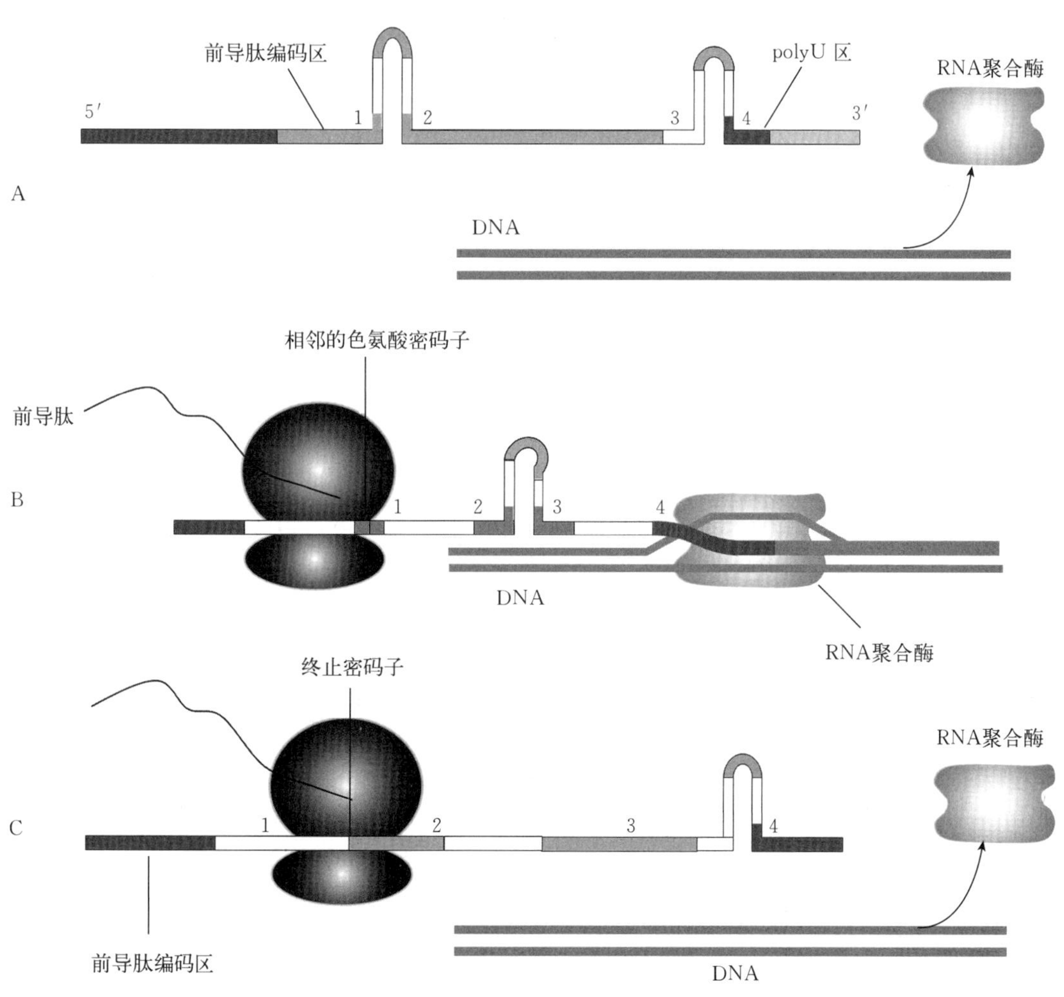

图 16.7 色氨酸操纵子弱化作用机制

A. 前导区 mRNA 最稳定的结构 B. 色氨酸含量低时，前导区 mRNA 结构

C. 色氨酸含量高时，前导区 mRNA 结构

色氨酸操纵子的负调节和弱化作用调节在细胞内色氨酸水平变化时发挥不同的作用：当色氨酸浓度低时，以阻遏蛋白作用的负调节为主；而在色氨酸浓度高时，以弱化作用调节为主。

16.2.2 反义 RNA 的调节

反义 RNA（antisense RNA）是指能与 mRNA 互补结合从而阻断 mRNA 翻译的 RNA 分子，在翻译水平调节基因的表达。

反义 RNA 的调节方式是 20 世纪 80 年代初由 T. Mizuno 等人发现的。在研究大肠杆菌主要外膜蛋白基因表达时发现，外膜蛋白 omp F 和 omp C 的数量由培养液的渗透压决定。在渗透压升高时，omp F 合成下降，而 omp C 合成上升，从而保持 omp F 和 omp C 的总量不变。这种差异由 *omp* B 位点调节，此位点包括 *omp* R 和 *env* Z 两个基因。其中 *env* Z 基因编码跨膜蛋白，能接受环境渗透压变化的信号，并将信号传给 *omp* R，*omp* R 再调节 *omp* F 和 *omp* C。当渗透压升高时，*omp* R 促进 *omp* C 基因的转录，一方面转录出 *omp* C 的 mRNA，另一方面转录 *omp* C 上游紧邻的一个独立转录单位，产生一个 174 nt 的小分子 RNA。这种小分子 RNA 称之为 micRNA，即干扰 mRNA 的互补 RNA（mRNA - interfering complementary RNA），能与 *omp* F 的 mRNA 互补，抑制 *omp* F mRNA 的翻译（图 16.8）。产生 micRNA 的基因称为反义基因，存在于细菌的 DNA 结构中。

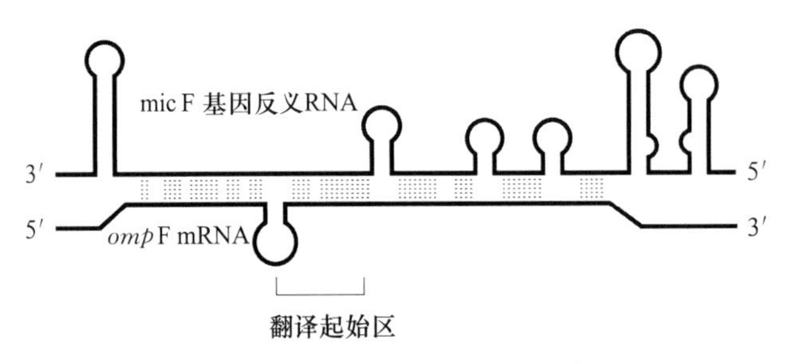

图 16.8 反义 RNA 的调节机制

（omp F 蛋白质是大肠杆菌外膜蛋白的主要成分，micF RNA 从 *omp* C 基因附近的 DNA 序列转录而来，与 *omp* F RNA 的 5′端有 70%的序列互补。因此 micF RNA 可以抑制 *omp* F mRNA 的翻译）

原核生物普遍存在反义 RNA 的调节系统。真核生物是否也有反义 RNA，目前尚无直接证据。但从反义 RNA 的定义看，真核细胞中不少 RNA 表现出反义 RNA 的功能。根据分子间的相互作用与识别，有人提出在生物体内存在反义 RNA 网络的假说。认为"反义"仅仅是对靶序列而言，体内 RNA 似乎都可以看成反义 RNA，即产生 mRNA 和反义 RNA 的 DNA 是同一区段的互补链，从整体上构成一种反义 RNA 的网络，发挥着不同的功能。虽然这仅是一种假说，但可以促进人们对 RNA 功能的认识。

反义 RNA 调节的特点是高度的特异性，即一种反义 RNA 抑制一种 mRNA。根据这种原理人工设计反义 RNA，抑制靶基因表达，达到治疗疾病的目的，即基因治疗。例如用反义 RNA 抑制单链 RNA 病毒（如乙肝病毒、口蹄疫病毒、脊髓灰质炎病毒和艾滋病病毒等）在体内的复制，达到治疗病毒性疾病的目的；用反义 RNA 抑制癌基因的表达，达到治疗癌症的目的。

16.3 真核生物基因表达的调节

真核生物基因表达的调节是当前分子生物学中最活跃的研究领域之一，对其调节机制的认识将使人们能更有效地控制真核生物的生长发育。

真核生物与原核生物存在很大差异：原核生物基因结构简单，表达效率高；真核生物基因结构复杂，功能分化完全，调节精细。真核生物细胞内 DNA 含量远大于原核生物，其中大部

分用于储存调节信息；核内 DNA 和蛋白质构成以核小体为基本单位的染色质；转录和翻译分别在细胞核和细胞质中进行，在转录和翻译后均存在复杂的信息加工过程。真核生物基因一般不组成操纵子，即使某些基因连在一起受共同调节基因产物的调节也不形成多顺反子 mRNA。

真核生物细胞在复杂的分化发育过程中，除那些维持细胞基本生命活动所必需的基因发生改变外，不同组织细胞中的其他基因也在时空变化中受到调节。真核生物基因的表达可随细胞内外环境的改变和时序的变化在不同水平上进行精确调节，主要包括转录水平（基因转录前、转录起始和过程的调节）、转录后水平（RNA 加工、修饰和运输的调节）、翻译和翻译后水平（蛋白质加工、修饰、转运和降解的调节）等多个层次，其中转录水平的调控是最主要的调节方式。

16.3.1 转录前水平的调节

在真核细胞增殖分化过程中，细胞分裂间期的核染色质可分为密集的异染色质（转录非活性）和松散的常染色质，其中常染色质中 10%为处于开放疏松状态的转录活性染色质。转录前染色质结构发生一系列重要变化的过程称为染色质重构（chromosome remodeling）或基因活化，是基因转录的前提。转录前活化的基因位于伸展状态的活性染色质中。在转录非活性的染色质中，核小体核心组蛋白处于封闭状态，转录时核小体转变为伸展状态，使核心组蛋白开放，成为转录活化染色质，易于转录因子和 RNA 聚合酶等在启动子组装。转录终止后，这些因子或活化基因又重新分布到非活化压缩状态的染色质中。

开放或伸展状态染色质结构的形成，一方面是由于起阻遏作用的组蛋白与 DNA 的亲和力降低，而其他特异的调节蛋白与 DNA 以高亲和力结合，将核小体组蛋白部分置换，改变了核小体的空间构象；另一方面是组蛋白的修饰或突变以及 DNA 构象的改变导致两者间结合力降低。组蛋白的修饰对伸展染色质结构的形成起着重要作用，组蛋白的磷酸化能降低其与 DNA 的亲和力，乙酰化修饰可减弱其与 DNA 间的静电引力，降低相邻核小体间的聚集，导致组蛋白选择性降解。

真核细胞中基因转录的模板是染色质 DNA，因此染色质是否处于活化状态是决定 RNA 聚合酶能否有效转录的关键。从基因转录的活性来看，转录前染色质处于非活化基态、去阻遏状态和活化状态的动态变化中。非活化基态是指染色质纤维处于压缩状态，以及组蛋白和非组蛋白与 DNA 结合对染色质的阻遏；去阻遏状态是指染色质形成伸展结构，组蛋白与 DNA 亲和力降低，转录调节因子可与 DNA 模板结合；活化状态是指活化转录因子如启动子、增强子结合蛋白等可与通用转录因子在 DNA 模板上相互作用。因此，基因转录前的调节主要包括两个环节：①解除阻遏，染色质由非活化的基态转变为去阻遏状态；②转录活化，染色质由去阻遏状态转变为活化状态。

此外，真核基因组 DNA 的甲基化也是转录前基因表达调节的控制环节。DNA 甲基化能引起染色质结构、DNA 构象、DNA 稳定性以及 DNA 与蛋白质作用方式的改变，从而调节基因的表达。DNA 甲基化能关闭某些基因的活性，而去甲基化能诱导基因的重新活化。

16.3.2 转录水平的调节

16.3.2.1 基因转录的顺式调节元件

真核生物基因转录活性的调节主要通过反式作用因子与顺式作用元件的相互作用而实现。顺式作用元件（*cis*－acting element）是指基因调节区中能与特异性转录因子结合而影响转录的 DNA 序列，多位于基因旁侧或内含子中，通常不编码蛋白质。真核基因转录的顺式调节元件按照功能可分为启动子、增强子（enhancer）、沉默子（silencer）和转座子（transposable element）等。在真核细胞内存在一些特异的蛋白质可与顺式调节元件作用，从而影响转录，这种影响可以远距离和无方向性地传递给相对最近的启动子，促使启动子与RNA聚合酶或转录因子复合物结合。

（1）启动子：真核生物基因的启动子由一些分散的保守序列组成。根据序列中是否含有TATA盒可分为两种：含TATA盒的典型启动子和不含TATA盒的非典型启动子。含TATA盒的典型启动子是上游启动子和增强子产生诱导效应所必需的。有时一个基因上串联着两个TATA盒，它们可分别或有侧重地对不同的诱导物做出应答，在某些情况下也参与组织特异性的选择。少数基因没有典型的TATA盒启动子序列，其中有些有GC框，有些则没有GC框。无TATA盒而有GC框的基因转录的起始是不规则的，只有基础水平的表达。既无TATA盒又无GC框的基因转录是在转录起始位点的附近形成起始子（initiator），控制着基因的准确转录，若在起始子上游加入TATA盒或上游启动子（如GC框等）均可明显提高起始子的转录效率。

（2）增强子：增强子是真核细胞中通过调节启动子来增强转录的一种远端遗传性控制元件，由多个独立的、具有特征性的核苷酸序列组成，在真核细胞中跨度为100～200 bp，核心序列由8～12 bp组成，可位于基因的5′端、3′端或基因的内含子区。一般2～3个增强子序列同时存在就能有效地促进基因的转录活性。增强子在DNA双链中没有5′与3′固定的方向，可远离转录起始点起作用。增强子分为细胞特异性增强子和诱导性增强子。

（3）沉默子：沉默子是一种基因表达的负调节元件，可不受距离和方向的限制，调节异源基因的表达，在真核细胞中对成簇基因的选择性表达起重要作用。

（4）转座子：也称跳跃基因，是基因组中一类特异的具有转位特性的DNA序列。转座子在真核生物基因组中占10%，许多基因的自发突变是转座子插入突变基因附近引起的。转座子的长度一般为2～12 kb，其在基因组内的位置不断改变，可从一个基因组移到另一个基因组上。转座子的基因调节作用可能是转座子的插入导致外显子的移动，产生新的序列与特异性DNA结合蛋白结合，调节基因转录。由于真核细胞基因组中编码蛋白质的基因相对很小，因此转座子的移动很少引起外显子的改变。

16.3.2.2 基因转录的反式作用因子

反式作用因子（*trans*-acting factor）是指能与顺式作用元件结合，调节基因转录效率的蛋白调节因子。编码反式作用因子的基因与被反式作用因子调控的靶序列（基因）不在同一染色体上。反式作用因子有3类：通用或基本转录因子、上游因子（upstream factor）和可诱导因子（inducible factor）。基本转录因子结合在TATA盒和转录起始点，与RNA聚合酶一起形成转录起始复合物。上游因子结合在启动子和增强子的上游控制位点。可诱导因子与应答元件相互作用。有些因子只在特殊类型的细胞中合成，因而有组织特异性；有些因子的活性受化学修饰控制，可经磷酸化而激活；有些因子的活性受配体调节，与配体结合后进入核内，与DNA结合。

反式作用因子一般都有与DNA结合的特定模体或基序，并有一些共同的结构特征。

（1）螺旋-转折-螺旋（helix-turn-helix）：两段α螺旋被一个β转角分开，识别螺旋能直接与暴露在DNA大沟中的碱基对结合，识别和结合的作用力包括氢键、离子键和范德华力。这种基序结构主要以二聚体形式与DNA结合。在具有同源结构域的反式作用因子中，主要依靠单体形式通过螺旋-转折-螺旋与DNA进行多位点结合，而且还需多种特异蛋白质参与，以保证识别的特异性。

（2）锌指结构（zinc finger）：一种DNA结合蛋白中的结构元件，一个或数个Zn^{2+}与肽链

中 4 个 Cys 或 2 个 Cys 与 2 个 His 靠配位键结合形成四面体结构，其余肽段形成类似手指状结构（图 16.9）。锌指的 C 端部分形成 α 螺旋与 DNA 结合，N 端形成 β 折叠。锌指蛋白有两类，一类为传统的锌指蛋白，如通用转录因子 Sp1 的 DNA 结合域，为 Cys_2/His_2 锌指；另一类为类固醇受体的 DNA 结合域，为 Cys_2/Cys_2 锌指。Cys_2/Cys_2 锌指通常不重复，DNA 结合位点较短且呈回文结构。

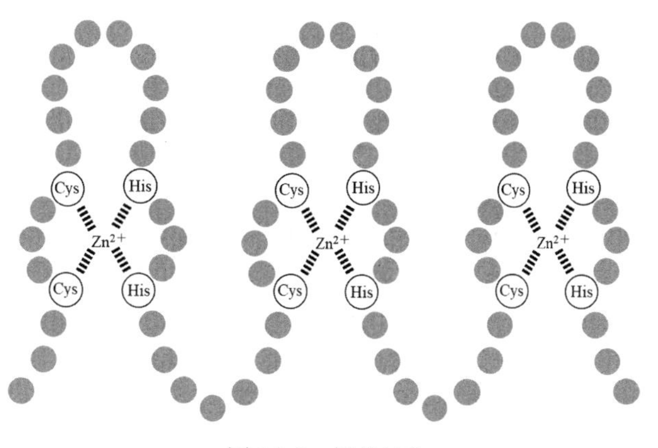

图 16.9 锌指结构

（3）亮氨酸拉链（leucine zipper）：是蛋白质 α 螺旋中一段有规律出现的富含亮氨酸残基的片段，由约 35 个氨基酸残基形成。亮氨酸拉链的一侧以带正电荷的氨基酸残基为主，具有亲水性；另一侧是排列成行的亮氨酸，具有疏水性。含有亮氨酸拉链的蛋白质都以二聚体形式与 DNA 结合，每个拉链中与重复亮氨酸肽段相连的碱性区含有 DNA 结合位点，与 DNA 结合（图 16.10）。

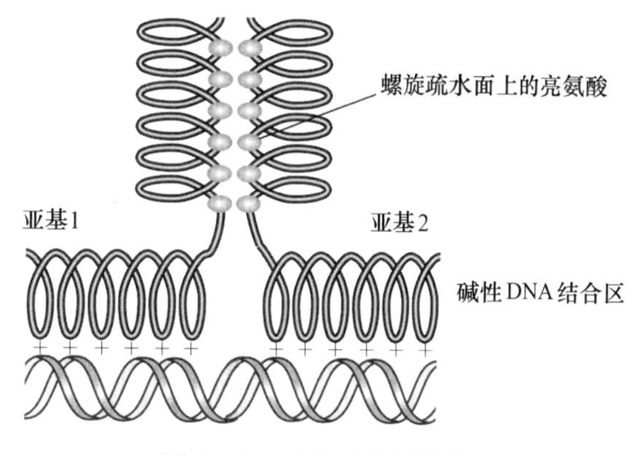

图 16.10 亮氨酸拉链结构

（4）螺旋-环-螺旋（helix - loop - helix）：蛋白质中两个 α 螺旋通过一段非螺旋的环连接，含 40～50 个氨基酸残基。α 螺旋 N 端附近含有碱性区，其与 DNA 结合的方式与亮氨酸拉链相似，易形成异源二聚体和同源二聚体。碱性区对结合 DNA 是必需的，螺旋区对形成二聚体是必需的。

结合 DNA 的反式作用因子除含有特异结合 DNA 的结构域外，通常还含有一个或多个结构域，用于转录的活化或与其他调节蛋白相互作用。常见的转录活化结构域有三类：酸性活化结构域、富含谷氨酰胺结构域和富含脯氨酸结构域。

16.3.3 转录后水平的调节

真核生物基因转录后的加工涉及 RNA 末端的修饰、内含子的切除和外显子的拼接等。mRNA 5′端的加“帽”作用及 3′端的加“尾”作用有利于 mRNA 分子的稳定，mRNA 寿命的延长增加了细胞内 mRNA 的有效浓度，提高了蛋白质合成的速率。细胞内 mRNA 通常与一些蛋白质结合成核蛋白颗粒，保护 mRNA 免受核酸酶的降解，并控制 mRNA 的翻译功能。mRNA 5′端和 3′端非编码区序列的结构对 mRNA 的稳定性和翻译效率起重要调控作用。

有研究发现，动植物基因组都能编码约 22 bp 大小的 RNA，称为 miRNA（microRNA）。miRNA 在动植物不同发育阶段有不同的表达，能与靶 mRNA 互补序列配对，通过抑制 mRNA转录或使 mRNA 降解的方式调控基因的表达。例如线虫中调节幼虫发育的 *Lin*14 基因受到 *Lin*4 基因调控，而 *Lin*4 基因转录产物经 RNase Ⅲ核酸酶（Dicer 酶）切割后产生 miRNA，该 miRNA 可以和靶基因 *Lin*14 的 3′非翻译区重复序列互补配对，导致 *Lin*14 mRNA 降解，不能翻译。miRNA在真核生物有广泛的同源性和保守性。

与miRNA的作用类似，短小的双股链RNA（dsRNA）也能引起RNA干扰与基因沉默。长链dsRNA从3′端开始依次被依赖ATP的Dicer内切酶作用产生21～23 nt的短小双股链RNA，也称为短干扰性RNA（siRNA）。siRNA可提供模板以指导核酸酶降解靶mRNA。siRNA首先和靶mRNA互补结合，再与RNase以及蛋白质结合，形成RNA诱导的沉默复合体（RISC），靶mRNA会在siRNA与RISC结合处发生降解，进而引起mRNA翻译抑制。例如dsRNA可通过激活真核蛋白激酶R，借助磷酸化作用灭活eIF-2α，从而抑制翻译起始；也可通过激活2′,5′寡腺苷酸合成酶，激活其产物RNaseL以降解mRNA。较长的dsRNA在非脊椎动物降解mRNA和阻遏蛋白质翻译的效应很广泛，较小的dsRNA在哺乳动物中对靶RNA更有特异性。

单链有义和反义RNA都有与dsRNA类似的作用，但短小的dsRNA比单链反义RNA对靶RNA的作用效率更高。

小RNA的转录后调节作用与人类和动物的生长发育以及干细胞分化、血细胞生成、心肌和骨骼肌发育、神经发生、胰岛素分泌、胆固醇的新陈代谢和免疫应答有密切关系，利用其干扰和沉默基因表达的效应，有可能为某些疾病的治疗提供新的方法。

16.3.4 翻译水平的调节

翻译水平的调节是真核基因表达多级调节的重要环节之一。mRNA的稳定性和参与蛋白质翻译的因子的改变是调节蛋白质翻译的主要因素。

蛋白质合成因子的磷酸化修饰与蛋白质合成的激活或抑制密切相关。例如eIF-4F的磷酸化可促进蛋白质的合成，而eIF-2α的磷酸化会抑制蛋白质的合成。eIF-4F是翻译起始调节的关键因子，由α、β和γ 3个亚基组成，其对蛋白质翻译的调控主要是通过亚基的可逆磷酸化作用实现的。胰岛素处理静止期的细胞可促进eIF-4F的α亚基和γ亚基的磷酸化，加快蛋白质的合成。而当细胞处于生长周期的有丝分裂相时，eIF-4F的α亚基去磷酸化，蛋白质合成受到抑制。eIF-2也由α、β和γ 3个亚基组成，在蛋白质合成的起始阶段，eIF-2在GTP的参与下与Met-tRNAi特异结合，参与起始复合物的形成，起始复合物形成后开始肽链的合成与延伸，同时释放eIF-2和GDP，而eIF-2和GTP再进入eIF-2·GTP·Met-tRNAi复合物形成的循环中，继续进行翻译起始过程。然而，磷酸化的eIF-2对GDP有很强的亲和力，会抑制eIF-2的再循环，导致eIF-2·GTP·Met-tRNAi复合物形成受阻，抑制蛋白质合成。

案 例

1. 牛白细胞黏附缺陷症 白细胞黏附缺陷症（BLAD）是牛的一种造血系统遗传性疾病，以严重的重复性感染、脓液形成、损伤愈合延迟和白细胞增多为特征，实质是白细胞黏附及相关功能包括吞噬和趋化作用缺陷。其致病机理是白细胞表面的一种称为整合素的糖蛋白表达缺陷，属于常染色体单基因隐性遗传疾病。整合素基因编码区第383位的腺嘌呤（A）突变为鸟嘌呤（G），第128位的天门冬氨酸（D）被甘氨酸（G）取代，致使白细胞表面的β_2整合素表达明显减少或缺乏而引起临床发病。目前，已建立了PCR-RFLP检测技术用于检测或诊断BLAD。

2. 骨骼肌发育及其关键调控基因　骨骼肌是动物体主要肌肉组织，在运动、产热、维持机体形态和保护器官等方面具有重要作用。骨骼肌生成是一个持续的发育过程，受一系列转录因子和表观遗传调节因子的调控。其中，成肌调节因子（MRFs）是一类能够决定骨骼肌细胞增殖和分化的关键因子，成肌调节因子Myo D和Myf 5在骨骼肌发育前期能促进肌源性祖细胞增殖和分化，促进成肌细胞形成；肌细胞增强因子（MEFs）是一种在肌管核中发现的转录调节因子，能与MRFs蛋白中的碱性螺旋-环-螺旋基序结合，激活肌源性基因的表达；而Pax家族是成肌分化的另一类重要调节因子，Pax3和Pax7可结合MRFs基因的远端增强子元件和近端启动子来调节和诱导Myo D和Myf 5表达，进而调节骨骼肌的发育。Myo D和Myf 5表达量缺乏的动物，其肌肉发育会受到显著的抑制，肌肉组织基本不能生成或再生。

3. 肝再生重塑的基因调控　肝是机体内最重要的器官之一，其稳态破坏后会因代谢功能紊乱和解毒功能受损而影响机体健康。Hippo信号通路在肝稳态维持和组织器官大小调节方面具有重要作用。在肝的发育过程中，Hippo信号通路会抑制卵圆细胞的活化，维持肝细胞处于静止状态。当Hippo信号通路上游蛋白表达异常时，效应基因会过度激活，使肝细胞和胆管细胞等大量增殖，肝发育出现异常。在部分肝切除的个体中，Hippo信号通路上游蛋白活性会被抑制，其对效应基因的抑制作用也被解除，效应基因入核并促进肝细胞增殖。当再生肝恢复到原有大小时，Hippo信号通路上游蛋白的活性也恢复到正常肝的水平，效应基因的活性受到抑制，肝细胞又处于静止状态。

二维码16-1　第16章习题

二维码16-2　第16章习题参考答案

第 17 章

核 酸 技 术

【本章知识要点】

☆ 以 DNA 和 RNA 的体外操作为核心的核酸技术已成为当今生物化学和分子生物学技术的主体。

☆ Southern 印迹、Northern 印迹、Dot 印迹和菌落原位杂交等核酸杂交技术可在不同组织、不同水平上快速检测特异的核酸分子。

☆ DNA 核苷酸序列分析技术的建立，可以快捷地从分子水平上研究基因的结构与功能的关系。

☆ PCR 技术为基因的体外扩增提供了快捷简便的方法，并在临床医疗诊断等诸多领域有着重要的用途。

☆ DNA 重组技术是将外源 DNA 和载体 DNA 重新组合连接，形成重组 DNA，然后将重组 DNA 转入宿主细胞，使外源基因在宿主细胞中随宿主细胞的繁殖而增殖，并在宿主细胞中得到表达，最终获得基因表达产物或改变生物原有的遗传性状。

☆ 以 DNA 重组为核心的核酸技术已广泛应用于生命科学研究、动物疾病诊断、动物遗传育种、生物制药和农业生产中。

核酸技术是在发现 DNA 和 RNA 具有遗传功能后，以 DNA 和 RNA 的体外操作为核心逐步建立起来的一系列对核酸进行鉴定和功能分析的实验技术，已成为当今分子生物学技术的主体，包括 DNA 和 RNA 的分离制备、核苷酸序列分析、分子杂交等。其中最突出的是 20 世纪 70 年代 DNA 重组技术的创立，其不仅有利于人们进一步揭示生命现象的本质，且已成为人们主动改变生物遗传性状的重要工具，极大地促进了生命科学理论的发展。随着生物化学和分子生物学技术的不断发展，核酸技术已渗透到生命学科的各个领域，并发挥着越来越重要的作用。

17.1 核酸的分离制备

17.1.1 DNA 的分离和纯化

DNA 是除 RNA 病毒外的生物体的基本组成物质和遗传物质。真核生物 DNA 主要存在于细胞核中（线粒体中也含有环状双链 DNA），并且一般都和蛋白质结合在一起，以核蛋白的形式存在。在对基因组 DNA 的结构和功能进行探究时，无论是基因组文库构建、基因组基因或其调

控序列的克隆，还是全基因组序列测定（基因组计划）等，都需要从生物材料中提取出DNA。

制备DNA时应首先将组织细胞核膜打破，但应尽可能用温和的方法，以免DNA被机械性破坏。另外，要有EDTA存在以螯合镁离子，因为镁离子是DNA酶降解DNA所必需的；有时还用RNA酶除去RNA。细胞中的DNA和RNA一般与蛋白质相结合，分别形成脱氧核糖核蛋白及核糖核蛋白。在细胞破碎后，这两种核蛋白将混杂在一起。因此，要制备DNA首先要将这两种核蛋白分开。已知这两种核蛋白在不同浓度的盐溶液中具有不同的溶解度，如在0.15 mol/L NaCl的稀盐溶液中核糖核蛋白的溶解度最大，脱氧核糖核蛋白的溶解度则最小（仅约为在纯水中的1%）；而在1 mol/L NaCl的浓盐溶液中，脱氧核糖核蛋白的溶解度增大，至少是在纯水中的2倍，核糖核蛋白的溶解度则明显降低。根据这种特性，调整盐浓度即可把这两种核蛋白分开。因此，在细胞破碎后，用低盐溶液反复清洗，所得沉淀即为脱氧核糖核蛋白成分。

分离得到的脱氧核糖核蛋白，用十二烷基硫酸钠（SDS）使蛋白质成分变性，使DNA游离出来，再用氯仿等有机溶剂抽提以除去变性蛋白质（变性蛋白质在有机相和水相的界面处），最后根据核酸只溶于水而不溶于有机溶剂的特点，加入无水乙醇即可使DNA从溶液中沉淀出来，并可用琼脂糖凝胶电泳检测其质量。

DNA的含量及纯度可用紫外分光光度计进行测定。DNA具有吸收紫外光的性质，其吸收峰在260 nm波长处。在该波段对DNA样品进行扫描，得到的吸收值用OD_{260}表示。浓度为50 μg/mL的双链DNA（dsDNA）或浓度40 μg/mL的单链DNA（ssDNA），其$OD_{260}=1$。但是DNA样品中通常多少含有一些蛋白质，而蛋白质的紫外线吸收峰在280 nm波长处，研究表明，如果OD_{260}/OD_{280}的比值达到1.8左右表示所测的DNA有较高的纯度，所含蛋白质极少。

17.1.2 RNA的分离和纯化

无论是cDNA的获得、cDNA文库的构建，还是基因表达调控、转录组等研究，都需要首先获得高质量的RNA。

RNA的提取方法与上述DNA的提取相似，但其分子相对短小，不容易受剪切力的损伤，破碎细胞可以稍微剧烈一些以使全部RNA释放出来（此时RNA极易被RNA酶降解，所以控制RNA酶的活性是关键），再利用有机溶剂变性和破坏蛋白质，将RNA和蛋白质分开，最后使用无水乙醇将RNA沉淀出来。

现在多采用Trizol一步法提取动物组织中的总RNA。Trizol是一种从细胞和组织中分离RNA的方便现成的试剂，其是一种酚（石炭酸）和异硫氰酸胍的单相溶液。在破碎和消化细胞组分时，Trizol试剂保持了细胞RNA的完整性，加入氯仿离心后使此溶液分为水相和有机相，RNA完全留在水相中，DNA和蛋白质则留在有机相和水相的界面中。沉淀水相中的RNA即可得到总RNA。高质量的总RNA经琼脂糖凝胶电泳后可以看到3条清晰的带，由大到小依次为28S、18S和5.8S及5S rRNA（5.8S及5S rRNA为1条带）。用紫外分光光度计测定总RNA的浓度，浓度40 μg/mL的单链RNA，其$A_{260}=1$。

17.1.3 质粒DNA的提取和纯化

质粒（plasmid）是染色体外能自我复制的双链闭环DNA分子，是分子克隆中使用最广泛的载体。质粒DNA的提取、纯化方法有很多，这里仅介绍碱裂解法的基本原理，用凝胶过滤层析法纯化质粒DNA以及用琼脂糖凝胶电泳进行质粒DNA鉴定。

（1）碱裂解法：碱裂解法提取质粒DNA依据的是共价闭合环状质粒DNA和线性染色体DNA在拓扑学上的差异。在pH 12.0～12.5这个狭窄的范围内，线性DNA双螺旋结构解开被变性。此时，共价闭环质粒 DNA 中的氢键虽然断裂，但两股互补链仍然相互盘绕紧密地结合在一起。当加入 pH 4.8 的乙酸钾高盐缓冲液恢复 pH 至中性时，共价闭合环状质粒 DNA 的两股互补链可以迅速并准确地复性，而线性染色体 DNA 的两股互补链彼此已经完全分开，复性就不那么容易，它们缠绕形成网状结构，并与不稳定的 RNA、蛋白质- SDS 复合物等一起沉淀下来而被除去。

（2）纯化：可使用多孔性的不带电荷的葡聚糖凝胶颗粒进行质粒纯化，当含有多种组分的样品溶液通过凝胶颗粒时，分子质量大的物质不能通过凝胶颗粒的网孔，而是很快地通过凝胶颗粒的间隙被洗脱出来，而分子质量小的物质则进入凝胶颗粒网孔"绕道"通过，后被洗脱出来，这就是所谓的分子筛原理，即大分子和小分子所经过的路径长短不同，先后流出凝胶柱，从而达到分离目的。质粒 DNA 与 RNA 等杂质分子的大小不同，因此可以用该方法进行纯化。

（3）鉴定：采用琼脂糖凝胶电泳鉴定质粒 DNA 时，可看到三条带：超螺旋结构（Ⅰ型）、环状结构（Ⅱ型）和线状结构（Ⅲ型）等，这三条带的电泳迁移率由大到小的排序，分别是Ⅰ型＞Ⅱ型＞Ⅲ型（图 17.1）。如果提取过程中振荡过度，会有第四条带出现，迁移率更小，这是大肠杆菌基因组 DNA 的片段。

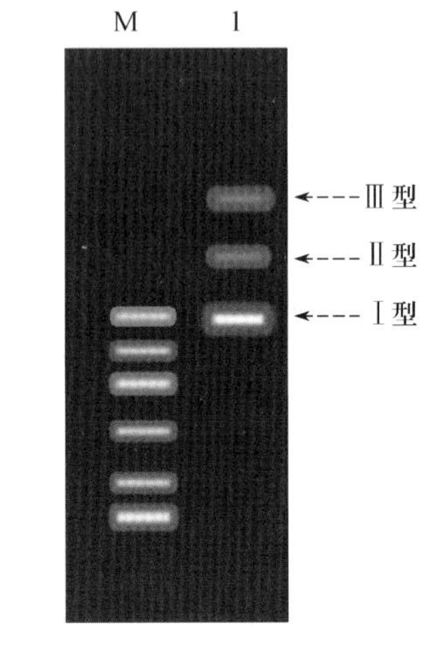

图 17.1　质粒 DNA 的琼脂糖凝胶电泳
M. DNA Marker DL2000
1. 质粒 DNA

17.2　基因操作的主要技术

17.2.1　核酸印记杂交技术

带有互补的特定核苷酸序列的单链 DNA 或 RNA，当它们混合在一起时，其相应的同源区段（具有互补或部分互补的碱基对）将会退火形成双链结构。如果彼此退火的核苷酸来自不同的生物有机体，那么如此形成的双链分子就是杂种核酸分子，能够杂交形成杂种分子的不同来源的 DNA 分子，其亲缘关系较为密切。反之，其亲缘关系则比较疏远。因此，DNA/DNA 的杂交作用，可以用来检测特定生物有机体之间是否存在着亲缘关系。而形成 DNA/DNA 或 DNA/RNA 杂种分子的这种能力，可以用来揭示核酸片段中某一特定基因的位置。

在大多数核酸杂交反应中，经过凝胶电泳分离的 DNA 或 RNA 分子，在杂交之前通过毛细管作用或电导作用被转移到固相支持物上，而且是按其在凝胶中的位置原封不动地"吸印"上去。其过程是首先将核酸样品转移到固相支持物上，这个过程称为核酸印迹（nucleic acid blotting）转移，主要有核酸印迹法、斑点和狭缝印迹法、原位杂交法等。然后，将具有核酸印迹的滤膜同带有放射性标记或其他标记的 DNA 或 RNA 探针进行杂交。常用的固相支持物有尼龙滤膜、硝酸纤维素滤膜等。

（1）Southern 印迹（Southern blotting）：是将在电泳凝胶中分离的 DNA 片段转移并结合在适当的固相支持物（如硝酸纤维素滤膜）上，通过与标记的单链 DNA 或 RNA 探针的杂交作用，检测这些被转移的 DNA 片段的杂交技术。其主要步骤包括将 DNA 电泳分离的琼脂糖凝胶，经碱变性等预处理之后平铺在已用电泳缓冲液饱和过的滤纸上，在凝胶上部覆盖一张硝酸纤维素滤膜，接着加一叠干滤纸，再压盖重物，借助毛细管作用，凝胶中的单链 DNA 随电泳缓冲液一起转移，并与硝酸纤维素滤膜牢固结合，而且保持了它们在凝胶中的谱带模式。经加热烘烤，DNA 片段被稳定地固定在硝酸纤维素滤膜上。然后，将此滤膜移放在加有放射性

同位素标记探针的溶液中进行核酸杂交，漂洗掉游离的探针分子，用 X 线底片曝光进行放射自显影，与溴化乙锭（ethidium bromide，EtBr）染色的凝胶谱带作对照比较，便可鉴定出究竟哪一条 DNA 片段是与探针的核苷酸序列同源的（图 17.2）。Southern 印迹方法十分灵敏，在理想的条件下，采用放射性同位素标记的特异性探针和放射自显影技术，即便每条电泳带仅含 2 ng DNA 也能被清晰地检测出来，已被广泛用于 DNA 分子的酶切图谱和遗传图谱的构建。

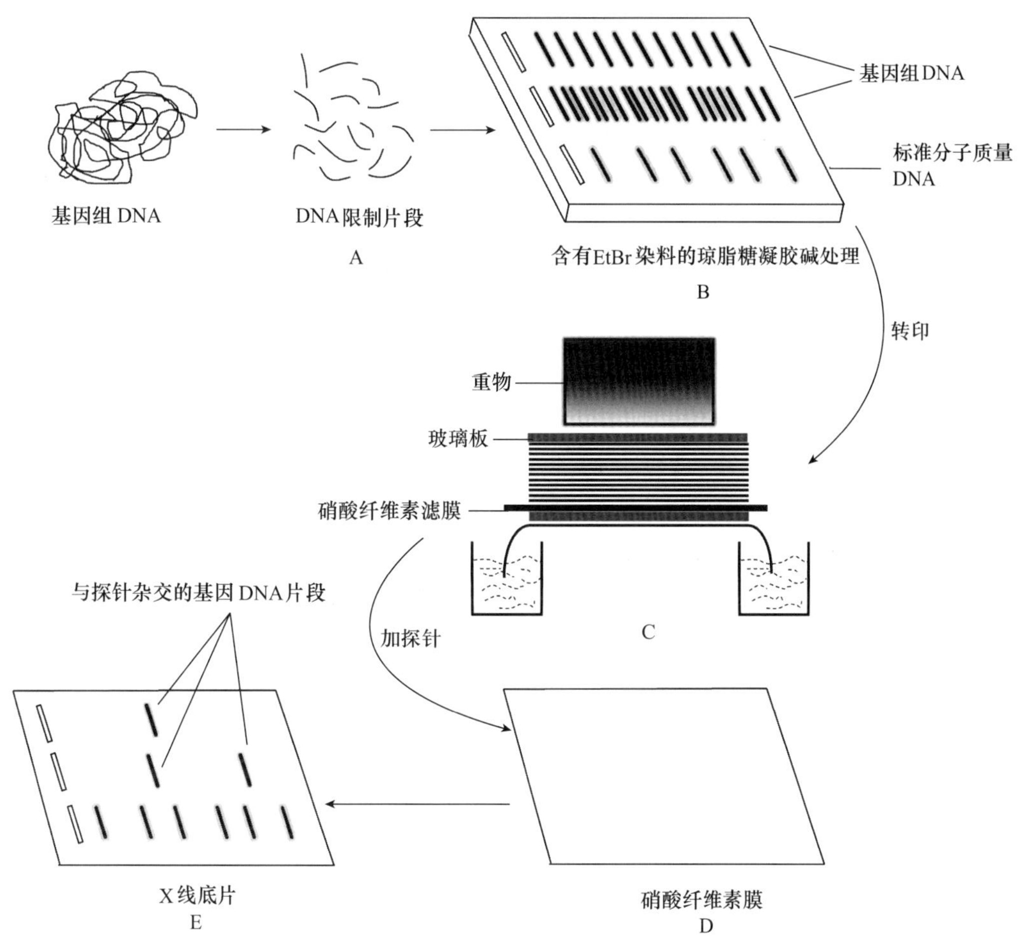

图 17.2 Southern 印迹杂交原理示意图

A. 限制酶消化的基因组 DNA B. 琼脂糖凝胶电泳分离 DNA 片段并碱处理变性
C. 凝胶中的 DNA 谱带转印到硝酸纤维素滤膜上 D. 滤膜与同位素标记的 DNA 分子探针杂交
E. 放射自显影显示杂交的 DNA 谱带

（2）Northern 印迹（Northern blotting）：是将电泳分离的 RNA 转移到适当的固相支持物上，通过与单链的标记 DNA 探针杂交，以检测被转移的 RNA 的技术。这种方法同 Southern 印迹技术十分类似，只是 RNA 是单链分子，无须进行碱变性预处理。后来，有人将蛋白质电泳后，从凝胶中通过印迹转移并结合到硝酸纤维素滤膜上，然后使标记的特定抗体与其反应，用以鉴定目的蛋白，此技术被称为 Western 印迹（Western blotting）。

（3）斑点印迹杂交（dot blotting）和狭缝印迹杂交（slot blotting）：是在 Southern 印迹杂交基础上发展起来的两种类似的快速检测特异核酸分子（DNA 或 RNA）的核酸杂交技术。它们的基本原理和操作步骤都是通过抽真空，将加在多孔过滤进样器上的核酸样品直接转移到适当的杂交滤膜上，然后再按与 Southern 印迹或 Northern 印迹同样的方式与核酸探针分子进行杂交。由于在加样中使用了特殊设计的加样装置，使众多待测的核酸样品能一次同步转移到杂交滤膜上，并有规律地排列成点阵或线阵，因此，将这两种方法称为斑点印迹杂交和狭缝印迹杂交。这两种方法适用于核酸样品的定量检测。

(4) 原位杂交（*in situ* hybridization）：是将菌落或噬菌斑转移到硝酸纤维素滤膜上，使溶菌变性的DNA与滤膜原位结合，再与标记的DNA或RNA探针杂交，从而显示与探针序列具有同源性的DNA印迹位置。与原来的平板对照，便可以从中挑选出含有插入序列的菌落或噬菌斑。该技术也称为菌落和噬菌斑杂交（colony and plaque blotting）。

17.2.2 DNA核苷酸序列分析

DNA核苷酸序列分析是在核酸酶学和生物化学的基础上建立并发展起来的一种重要的核酸技术。这里主要对F. Sanger等人于1977年建立的双脱氧链终止法测定DNA核苷酸序列的原理做简要介绍。

双脱氧链终止法利用了DNA聚合酶所具有的两种催化反应特性：第一，DNA聚合酶能以单链DNA为模板，准确合成出其互补链；第二，DNA聚合酶如同对待其天然底物dNTP一样，也能以2′,3′-双脱氧核苷三磷酸（ddNTP）为底物，使之掺入正在合成的子链的3′-羟基末端，但结果是子链的继续延伸被终止。例如，当DNA模板（序列待测定）上出现A时，2′,3′-双脱氧胸腺嘧啶核苷三磷酸（ddTTP）可以取代脱氧胸腺嘧啶核苷三磷酸（dTTP）掺入到延长的寡核苷酸链末端并与A互补，但由于ddTTP缺乏3′-羟基，子链不能继续延长，于是在本该由dTTP掺入的位置上，发生了特异的链终止效应。如果在同一个反应试管中，同时加入一种DNA合成的末端标记引物和序列待测定的模板DNA、DNA聚合酶Ⅰ、所有4种脱氧核苷三磷酸（dATP、dGTP、dCTP、dTTP）原料以及ddTTP，那么经过适当的温育之后，便会产生不同长度的DNA片段混合物，其都具有同样的5′-末端，并在3′-末端的ddTTP处终止。将这种混合物加到变性凝胶上进行电泳分离，就可以获得一系列全部以dTTP为3′-末端的DNA片段的电泳谱带模式。同样，使用其他相应的ddATP、ddGTP和ddCTP，并分别在不同反应试管中温育，然后连同第一个ddTTP反应，平行加到同一变性凝胶上进行电泳分离。最后再通过放射自显影，从X线底片上显示单链DNA片段的放射性谱带，从凝胶的底部向顶部判读谱带，由所读出的核苷酸序列可以推知所测定的模板DNA的序列，因为两者是互补的。双脱氧链终止法DNA测序原理见图17.3。在此基础上发展起来的DNA大规模测序技术已经实现了自动化，并成为了当今基因组结构和功能研究中应用最广泛的关键技术之一。

17.2.3 基因定点诱变

通过诱变处理，从突变的群体中筛选期望的突变体，在体外特异性地进行取代、插入或缺失DNA序列中任何一个特定碱基的技术，称为定点诱变（site - directed mutagenesis）。由于其具有简单易行、重复性好等优点，现已发展为基因操作的一种基本技术，这种技术的重要性除了能用于研究基因的结构与功能的关系外，还能通过使特异的氨基酸发生改变来获得突变体蛋白质，即所谓的蛋白质工程。目前已发展的定点诱变方法主要有盒式诱变、寡核苷酸引物诱变及PCR诱变等。

17.2.4 聚合酶链反应

聚合酶链反应（polymerase chain reaction，PCR）即PCR技术，是一种在体外快速扩增特定基因或DNA序列的方法，又称为基因的体外扩增（gene amplification *in vitro*）。本法可

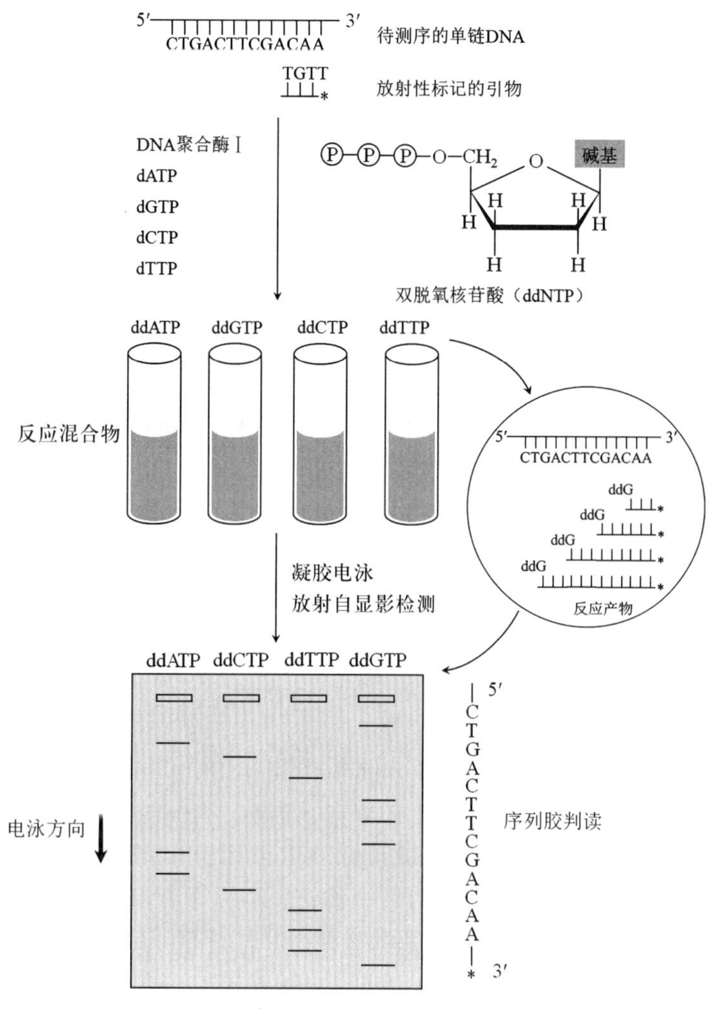

图 17.3 Sanger 双脱氧链终止法 DNA 测序原理

以在试管中建立反应，经数小时之后，就能将极微量的目的基因或某一特定的 DNA 片段扩增数十万倍，乃至千百万倍，便可获得足够数量的精确 DNA 拷贝。PCR 技术不仅可用来扩增与分离目的基因，而且在临床外源病原菌感染的诊断、癌症治疗的监控、基因突变与检测、分子进化研究以及法医学等诸多领域都有着重要的用途。

PCR 技术的原理与细胞内发生的 DNA 复制过程十分类似。首先是双链 DNA 分子在临近沸点的温度下加热时分离成两股单链的 DNA 分子，然后耐热的 DNA 聚合酶以单链 DNA 为模板并利用反应混合物中的 4 种脱氧核苷三磷酸（dNTPs）合成新生的 DNA 互补链。此外，DNA 聚合酶同样需要有一小段双链 DNA 来启动（“引导”）新链的合成。因此，新合成 DNA 链的起点，事实上是由加入在反应混合物中的一对寡核苷酸引物分别与模板 DNA 链两端（3′端）的退火位点所决定。

在为每一股链均提供一段寡核苷酸引物的情况下，两股单链 DNA 都可作为合成新生互补链的模板。由于在 PCR 反应中所选用的一对引物，是按照与扩增区段两端序列彼此互补的原则设计的，因此每一股新生链的合成都是从引物的退火结合位点开始并沿着相反链延伸。这样，在每一股新合成的 DNA 链上都具有新的引物结合位点。然后，反应混合物经再次加热，使新旧两股链分开并分别进入下一轮反应循环，即引物杂交、DNA 合成和双链的变性分离。经过几次循环之后，反应混合物中所含有的双链 DNA 分子数，即两条引物结合位点之间的 DNA 区段的拷贝数，理论上的最高值应是 2^n。PCR 原理见图 17.4。

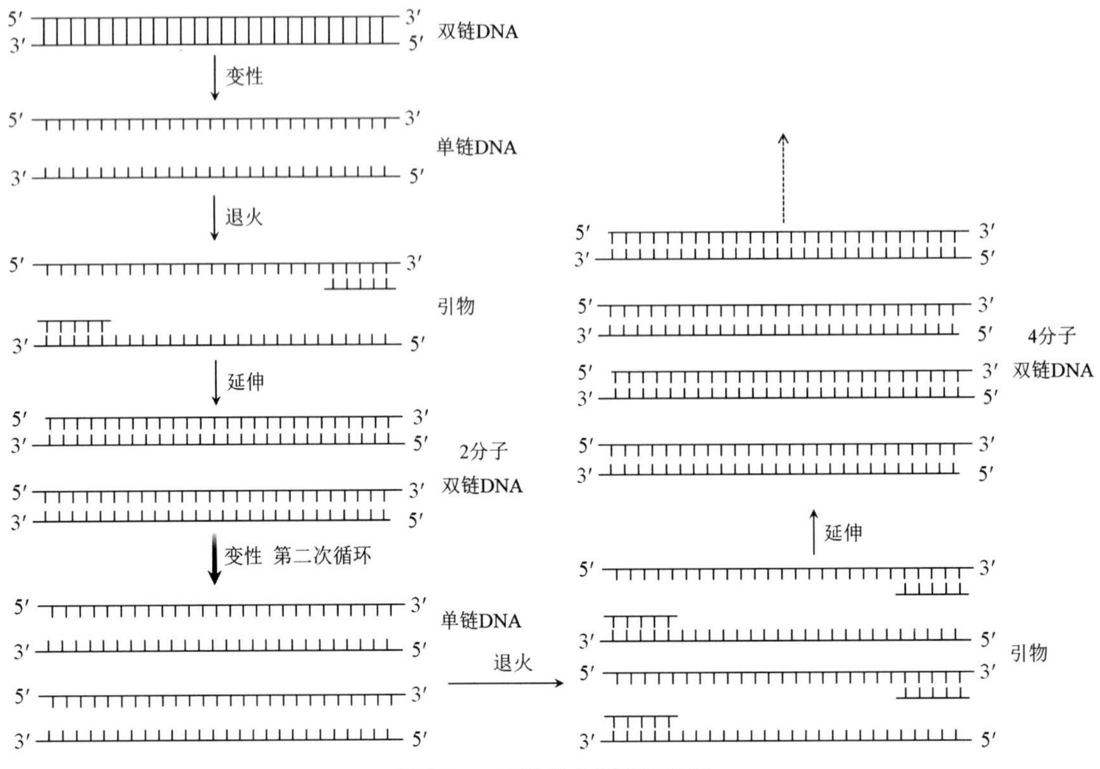

图 17.4　PCR 技术原理示意图

PCR 反应涉及多次重复进行的温度循环周期，而每一个温度循环周期均是由高温变性、低温退火及适温延伸等 3 个步骤组成。鉴于目前 PCR 技术已经得到了极其广泛的应用，测试的 DNA 样品来源多种多样，所用的寡核苷酸引物长短不一等诸多因素，因此要给出一个“标准”的温度循环参数十分困难，需要根据实验材料和研究目的，通过具体操作才能获得符合要求的、比较理想的温度循环参数。

17.3　DNA 重组技术

DNA 重组技术是利用多种限制性核酸内切酶、DNA 连接酶等工具酶，以 DNA 为操作对象，在细胞外将一种外源 DNA（或称为目的基因）（来自原核或真核生物）和载体 DNA 连接，即进行 DNA 的重组，形成重组载体，然后将重组载体转入宿主细胞（如大肠杆菌等），使外源基因 DNA 在宿主细胞中随细胞的繁殖而增殖和表达，最终获得基因表达产物或改变生物原有的遗传性状。DNA 重组的产物是重组体。由于重组体转入宿主细胞后能复制、繁殖和表达，属于一种无性繁殖体系，因此借用园艺学扦插枝条进行植物无性繁殖的术语，将重组体也称为克隆（clone）。有时把对 DNA 重组的操作过程也称为“克隆”或“分子克隆”（molecular cloning）。

17.3.1　工具酶

DNA 重组过程中所使用的酶类统称为工具酶，如限制性核酸内切酶、DNA 连接酶、DNA 聚合酶Ⅰ、碱性磷酸酶、S1 核酸酶、反转录酶、末端转移酶等。

17.3.1.1　限制性核酸内切酶

限制性核酸内切酶（restriction endonuclease）又称为限制性内切酶、限制酶，是一类能

识别双链 DNA 分子中某种特定核酸序列，并在特定位点切割 DNA 双链结构的核酸内切酶，此类酶主要是从原核生物中分离纯化得到的。限制酶的发现和应用，使 DNA 分子能很容易地在体外被切割和连接，因此被称为 DNA 重组技术中一把神奇的“手术刀”。

限制性内切酶的命名和分类以微生物属名的第一个字母（大写）与种名的第一、二个字母（小写）组成酶的基本名，若有株系之分，则在其后再加一个字母（小写）表示；同时，若同一株系中有不同的限制酶，则以发现和分离的先后次序用罗马数字表示，如 *Hae* Ⅱ 表示从埃及嗜血杆菌（*Haemophilus aegyptius*）中分离的，并且是从中发现的第 2 个酶；若微生物有不同的变种和品系，则在其 3 个字母之后再加一个大写字母表示（用正体），如 *Eco*R Ⅰ 和 *Bam*H Ⅰ 等。

根据限制性内切酶的结构、所需辅助因子及裂解 DNA 方式的不同将其分为Ⅰ、Ⅱ和Ⅲ型，其中Ⅱ型限制性内切酶是最主要、应用最多的一类酶。

限制性内切酶的识别序列大部分具有纵轴对称结构，或称为回文序列。识别序列的长度多为 4 对或 6 对核苷酸。四核苷酸序列在 DNA 链中出现频率高，酶在 DNA 链上切点多，六核苷酸序列在 DNA 链中出现频率低，酶在 DNA 链上切点少。限制性内切酶有特异的识别序列和特别的切割位点，切割 DNA 分子时能形成两种形式的末端，即平齐或钝性末端（blunt end）和黏性末端（cohesive end）。平齐末端是限制酶在识别序列的对称轴上切断，黏性末端是限制酶在识别序列对称轴左右的对称点上交错切割，产生的末端存在短的互补序列。黏性末端凸出的单链因部位不同可分为 5′黏性末端和 3′黏性末端两种。限制酶的切割作用见图 17.5。被同一种限制酶切割的不同来源的 DNA，由于其切口处具有互补的核苷酸序列，因此很容易互相黏合在一起，这个性质为不同来源的基因重组提供了极大的便利。

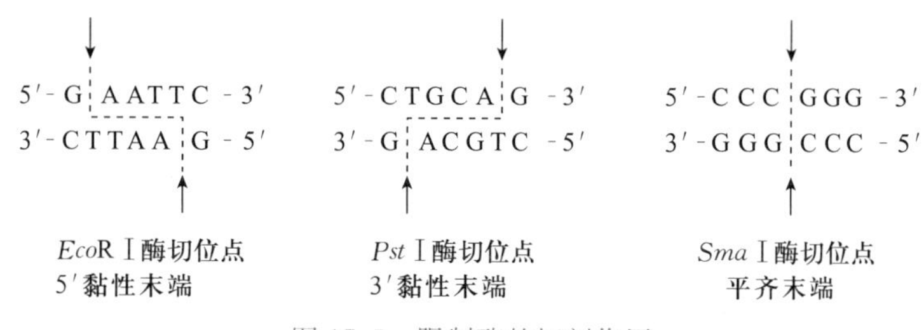

图 17.5 限制酶的切割作用

17.3.1.2 DNA 连接酶

DNA 连接酶能在天然双链 DNA 中催化相邻的 5′-磷酸基和 3′-羟基间形成磷酸二酯键，使 DNA 单链缺口闭合。目前使用的 DNA 连接酶有两种，一种是大肠杆菌 DNA 连接酶，另一种是 T_4 DNA 连接酶。前者以 NAD^+ 为辅助因子，能实现黏接；后者以 ATP 为辅助因子，既能实现黏接，又能实现平接。

17.3.1.3 碱性磷酸酶

碱性磷酸酶能催化 DNA 和 RNA 的 5′-磷酸基水解，产生 5′-羟基末端。在 DNA 重组中，碱性磷酸酶用于切除载体 5′端的磷酸基，减少载体的自身环化，提高重组 DNA 菌落在总转化菌落中的比例，以提高重组 DNA 的检出率。

17.3.1.4 Klenow 片段

Klenow 片段是 DNA 聚合酶Ⅰ羧基端大片段，因此又称为 Klenow 聚合酶，具有 5′→3′的 DNA 聚合酶活性和 3′→5′的外切酶活性，没有 5′→3′的外切酶活性。在 DNA 重组中用于修补经限制性内切酶消化所形成的 3′隐蔽末端和第二链 cDNA 的合成。

17.3.2　载体和宿主系统

17.3.2.1　载体

载体（vector）是携带外源 DNA 片段进入宿主细胞进行扩增和表达的工具，其本身是 DNA。常用的载体有质粒、噬菌体和病毒等。

（1）分类：根据其功能，载体可分为以下三类。

① 克隆载体（cloning vector）：以繁殖外源 DNA 片段为目的的载体称为克隆载体，具有自我复制、克隆位点、筛选标记、分子质量小、拷贝数多等特点。

② 表达载体（expression vector）：是用来将克隆的外源基因在宿主细胞内增殖并表达蛋白质的载体。这类载体有很强的启动子和终止子，产生较稳定的 mRNA，包括有融合蛋白表达载体和非融合蛋白表达载体。依其宿主细胞又可分为原核基因表达载体和真核基因表达载体，依其产生的蛋白是否具有分泌性可分为分泌性载体和非分泌性载体。

③ 穿梭载体（shuttle vector）：又称为双宿主载体，即可在两种不同的宿主中复制，多用于原核和真核细胞间遗传物质的转移。例如酵母质粒表达载体和动物表达载体多属于穿梭载体。

（2）特征：

① 质粒：常用的质粒多是来自大肠杆菌并经过改造的，如 pBR322、pUC 系列、pSP 系列和 pGEM 系列等。质粒分子大小为 1～200 kb，克隆外源 DNA 的片段较小，两种不同的质粒不能稳定地共存于同一宿主细胞。用于 DNA 重组的质粒应具备一定的条件，如能有效地独立自主复制，有可供筛选的标志，在外源基因插入部位同一种限制酶只有一个切点，分子质量尽可能小且拷贝数多等。

②λ 噬菌体与 M13 噬菌体：λ 噬菌体是感染细菌的病毒，其基因组是双链线形 DNA，长约 48 kb，两端各有一个 12 bp 的单链互补黏性末端，称为 cos 位点（cohesive - endsite），进入宿主细胞后黏性末端互补结合，形成环状 DNA 分子。对 λ 噬菌体进行改造构建了两类载体，一类是插入型载体，只保留单一酶切位点，如 λgt 系列；另一类是替换型载体，只保留两个酶切位点，如 charon 系列（EMBL3、EMBL4 等）。改建的 λ 噬菌体酶切位点减少，更适宜于作为克隆载体，常用于构建 cDNA 文库和基因组文库。

M13 噬菌体是一种丝状单链噬菌体，基因组长约 6.4 kb，在大肠杆菌中以双链复制型存在。它可以包装长于病毒单位长度的外源 DNA，并且感染细菌后，复制环状单链 DNA，再经包装形成噬菌体颗粒，分泌到细胞外而不导致溶菌。改建的 M13 mp 系列是常用的噬菌体载体，M13 基因 4 与基因 2 之间的间隔区可供外源 DNA 插入，有大肠杆菌乳糖操纵子调控元件及 β-半乳糖苷酶基因（*Lac* Z）选择标志，在 *Lac* Z 基因氨基末端有一个供克隆用的多位点接头。

③ 动物病毒载体：病毒载体应满足真核生物基因表达的需要。常用的病毒载体有猿猴病毒 40 和昆虫杆状病毒载体。猿猴病毒 40（simian virus 40，SV40）寄生于猴肾细胞中，基因组是双链环状 DNA，长约 5.2 kb。改建的载体有 pMSG、pMT 和 pSV 系列等。载体中含有 pBR322 质粒的复制起始位点、经修饰的 SV40 早期转录单位复制起始点、剪接信号序列及筛选标志。外源基因插入后，既可在原核细胞中表达，也可在真核细胞中表达，是一种穿梭载体。

昆虫杆状病毒载体基因组很大，长约 130 kb，适宜克隆大片段外源基因。在病毒生活周期中，可产生两种类型的子代病毒，即芽殖病毒体和多角体源性病毒体。外源基因插入多角体蛋

白基因后，重组体病毒表现出与非重组体病毒不同的空斑形态，可用于筛选重组子。目前已构建的杆状病毒表达载体有 pVL 和 pAC 系列，前者表达非融合蛋白，后者表达融合蛋白。

17.3.2.2 宿主细胞

载体的宿主细胞应满足以下要求：①易于接受外源 DNA；②必须无限制酶；③易于生长和筛选；④符合安全标准，在自然界不能独立生存（缺陷型）。常用的宿主细胞有大肠杆菌细胞、酵母细胞、哺乳动物细胞、昆虫细胞、植物细胞等。

17.3.3 DNA 重组的基本过程

DNA 重组的基本过程包括目的基因的制备、DNA 重组、DNA 重组体的转化、重组体的筛选和鉴定、外源基因的表达等步骤（图 17.6）。

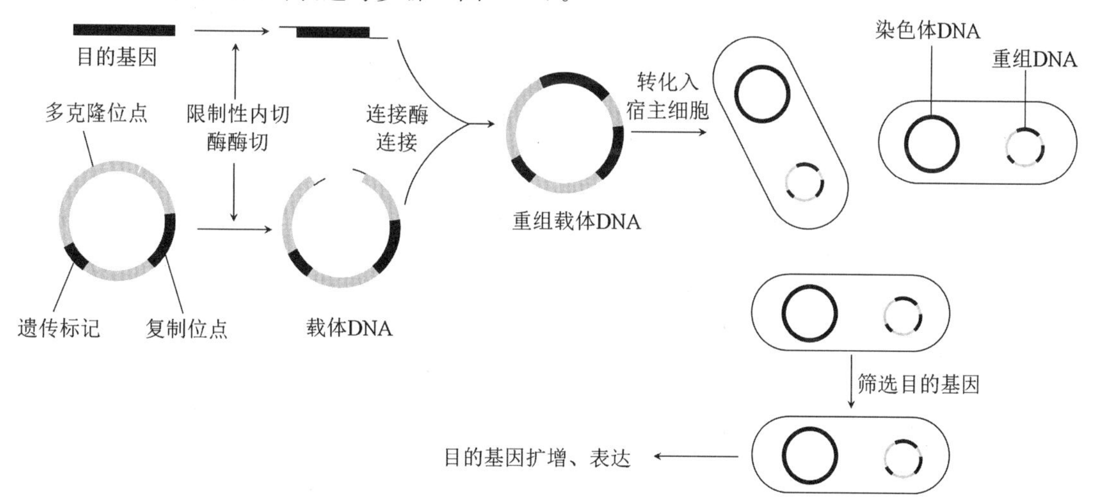

图 17.6 DNA 重组基本过程

17.3.3.1 目的基因的获得方法

目的基因是指要研究的特定基因，获得目的基因的方法主要有以下 3 种。

（1）构建基因文库：基因文库（genomic library）是含有某种生物体全部基因随机片段的重组 DNA 克隆群体。构建基因文库的方法是先分离细胞基因组 DNA，然后用限制酶降解使 DNA 成为随机大片段，再将所得的 DNA 片段与载体连接进行克隆。一般先建立大片段的基因文库，然后将已克隆的一个大片段剪切为小片段，再用质粒或噬菌体进行亚克隆，最后根据实验目的可以从基因文库中钓取目的基因。

（2）人工合成：对一个大的编码蛋白质的基因，一般要先逐个合成其特定的核酸序列片段，再通过 DNA 连接酶依次连接起来。

（3）反转录合成 cDNA：从 mRNA 通过反转录酶合成 cDNA。但是对未知基因可先通过反转录方法建立 cDNA 文库（cDNA library），再筛选目的基因。建立 cDNA 文库的主要步骤包括从组织细胞中提取总 RNA，分离 mRNA 并分级富集、反转录合成第一链 cDNA，再用 DNA 聚合酶Ⅰ的 Klenow 片段催化合成第二链，得到双链 DNA，将其连接于质粒或噬菌体载体中并转化得到 cDNA 文库，目的基因也可以从中筛选获得。

17.3.3.2 DNA 的重组

外源 DNA 片段与载体 DNA 连接即获得重组体。连接的原则：①实验步骤需简单易行；

②连接点能被限制酶重新切割，且插入的片段便于回收；③有利于重组，需避免载体自身环化；④对复制表达过程不产生干扰。连接的方式主要有黏性末端连接、平端连接、定向克隆、人工接头连接和多聚核苷酸连接等。

17.3.3.3 DNA 重组体的转化

将 DNA 重组体导入宿主细菌细胞的过程称为转化（transformation），将以噬菌体、病毒为载体构建的重组体导入宿主细胞的过程称为转染（transfection），以噬菌体为媒介将外源 DNA 导入细菌的过程称为转导（transduction）。

（1）**质粒重组体导入原核细胞**：重组质粒 DNA 转化大肠杆菌主要用 $CaCl_2$ 处理制备感受态细胞或用电穿孔导入。转化大肠杆菌产生的细胞称为转化子（transformant）。$CaCl_2$ 转化法具有转化效率高、快速、稳定、重复性好、受体菌广泛、便于保存等优点，是目前应用最广的方法。电穿孔（electroporation）法是借助电穿孔仪用脉冲高压瞬间击穿细胞膜脂质双层，使外源 DNA 高效导入细胞。

（2）**噬菌体重组体导入原核细胞**：λ 噬菌体颗粒对细菌具有感染性，能将其 DNA 自动注入大肠杆菌宿主细胞，而与颗粒内所含 DNA 的来源无关。重组的 λ 噬菌体载体 DNA 只要大小合适，都能和 λ 噬菌体外壳蛋白和协助包装的蛋白一起在体外包装成噬菌体颗粒。将重组 DNA 包装成噬菌体颗粒大大提高了导入宿主细胞的效率。

（3）**外源基因导入真核细胞**：常用的真核细胞包括酵母细胞、动物细胞和植物细胞。酵母菌由于生长条件简单，已成为真核生物基因重组优先选择的宿主细胞。酵母细胞进行外源 DNA 的转化时，常先将酵母细胞壁消化掉，制成原生质体，然后在氯化钙和聚乙二醇的存在下，重组 DNA 被细胞吸收，再将转化的原生质体悬浮在营养琼脂中，生长出新的细胞壁。外源基因导入动物细胞常用磷酸钙共沉淀法、DEAE-葡聚糖法、脂质转染法（lipofectin）和电穿孔法等。

17.3.3.4 DNA 重组体的筛选和鉴定

从转化的细胞中筛选出含重组体的细胞并鉴定重组体的正确性是 DNA 重组的最后一步。不同载体和宿主系统及其重组体的筛选鉴定方法不尽相同，主要有遗传检测法、物理检测法、免疫化学检测法和核酸杂交法等。

（1）**DNA 重组体的筛选**：主要根据重组体的表型进行筛选，重组体表型特征来自载体和插入的外源 DNA 两个方面。载体的表型主要指载体携带的遗传标志，包括抗药性标志、营养标志、报告基因等。抗生素抗性是生物对某种抗生素的耐受性，利用基因插入使抗性基因失活是常用的筛选方法。大多数质粒载体至少携带一个宿主细胞的抗生素抗性基因（antibiotic resistance gene），如 amp^R、ter^R 等，这样重组分子转化的细菌被赋予了某些抗性，所以只有那些转化子才能在含有相应抗生素的培养基中生存，利用这种方法可对转化子进行阳性筛选。有时克隆位点就在某些抗性基因的内部，外源 DNA 的插入会破坏原有抗性基因的完整性，从而使转化子丧失对某种抗生素的抗性，从而在相应的培养基上不能生存，利用这种方法可对转化子进行阴性筛选。

β-半乳糖苷酶显色反应是又一类常用的筛选方法。一些载体带有 β-半乳糖苷酶（*lac*Z）N 端 α 片段的编码区，该编码区中含有多克隆位点。这种载体适用于仅编码 β-半乳糖苷酶 C 端 ω 片段的突变宿主细胞。宿主和质粒编码的片段虽都没有半乳糖苷酶活性，但它们同时存在时，α 片段与 ω 片段可通过 α 互补形成具有酶活性的 β-半乳糖苷酶。由 α 互补而产生的 $LacZ^+$ 细菌在诱导剂异丙基硫代半乳糖苷（IPTG）的作用下，在生色底物 X-gal（5-溴-4-氯-3-吲哚-β-D-半乳糖苷）存在时产生蓝色菌落。而当外源 DNA 插入质粒的多克隆位点

后，几乎不可避免地破坏 α 片段的编码，使得带有重组质粒的 *LacZ*⁻ 细菌形成白色菌落，这种重组子的筛选也称为蓝白斑筛选。

（2）目的基因或相应基因产物的鉴定：鉴定目的基因或相应基因产物的方法主要有核酸杂交、免疫学筛选、翻译筛选和物理筛选等。核酸杂交可分为 DNA/DNA 杂交和 DNA/RNA 杂交，检测 DNA 用 Southern 印迹，检测 RNA 用 Northern 印迹，此外还有斑点杂交和原位杂交等。免疫学筛选是利用抗原-抗体反应的特异性来鉴定目的基因的产物，主要方法有免疫沉淀、酶联免疫吸附、固相放射免疫、免疫荧光抗体、Western 印迹技术等。翻译筛选是通过影响特定 mRNA 在体外翻译体系中的翻译来进行筛选，分为阻断翻译杂交法和释放翻译杂交法。物理筛选包括重组 DNA 与载体 DNA 的电泳比较、限制性内切酶酶切图谱分析等。在实际应用中，可根据实验目的选择一种或几种方法对目的基因进行鉴定。

17.3.4　克隆基因的表达

17.3.4.1　克隆基因在原核细胞中的表达

克隆基因表达系统有原核表达系统和真核表达系统。目前广泛采用的是原核表达系统。由于原核与真核生物基因结构不同，表达方式不同，因此真核生物基因在原核细胞中表达存在一些问题，如原核 RNA 聚合酶不能识别真核基因启动子，原核生物基因表达以操纵子为单位，表达产物易被蛋白酶水解，不同于原核生物基因，真核生物基因含有内含子、外显子等。所以真核生物基因在原核细胞中表达要构建一个合适的表达载体；编码基因要完整，没有插入序列；以融合蛋白形式表达，避免产物被细菌蛋白酶水解；保留信号肽序列以利于表达产物自细菌分泌到培养基中，便于产物的分离纯化。在实际操作中，应根据表达目的不同，选择相应的表达策略。一般来说，外源基因都可在原核细胞中得到表达。

17.3.4.2　克隆基因在真核细胞中的表达

（1）在酵母细胞中表达：酵母是单细胞真核生物，因其基因组小（1.3×10^7 bp）、世代间隔短、遗传背景清楚等特点常作为真核生物细胞结构和基因表达调节研究的对象，真核生物基因表达也以此为首选。酵母表达系统具有安全无毒、载体 DNA 容易导入、培养条件简单且适合高密度发酵培养、有良好的蛋白质分泌能力和类似高等真核生物蛋白质翻译后的加工修饰功能等特点，现已被广泛用来表达各种外源基因。目前使用最多的是毕赤巴斯德酵母（*Pichia pastoris*）表达系统，此系统表达外源基因具有表达量高、糖基化修饰功能更接近高等真核生物等优点。

（2）在哺乳动物细胞中表达：基因的体外重组和表达体系始于大肠杆菌，迄今大量真核生物基因已在大肠杆菌中成功进行表达。但是，在原核细胞中真核生物基因不能进行内含子的自我剪接，表达的蛋白质不能进行翻译后加工，也不能进行正确折叠或折叠效率低下，使表达产物生物活性较低。哺乳动物细胞不仅可以克服上述缺点，而且还能使表达产物分泌到培养基中，易于分离纯化，因此目前倾向于用哺乳动物细胞表达系统表达大部分真核生物基因。用哺乳动物细胞表达外源基因应选择合适的载体-宿主表达系统及合适的细胞系，并根据外源基因是来自 cDNA 克隆或基因组，对其序列进行适当的改造，以去掉来自 cDNA 文库的额外序列，或增加基因组 DNA 所缺少的调控序列。

17.4　核酸技术的应用和发展前景

从 20 世纪 70 年代至今，无论在基础理论研究，还是生产实际应用方面，以重组 DNA 或基因重组为核心的核酸技术，都已经取得巨大进展。20世纪末启动并在进入21世纪不久完成的人类基因组计划更是带领生命科学进入了后基因组学（post genomics）时代，即全面阐明生命机体基因组及基因的功能，深入解读全部基因的表达式和蛋白质图式的时代已到来，随着对经济动物、植物基因组结构和功能认识的加深，揭示了更多与经济性状以及疾病发生有关的基因及其发育规律，对经济动物、植物的遗传育种和防病治病有重大指导意义。

在动物疾病诊断中，核酸技术主要应用于基因诊断。如对传染病和非传染病的诊断，也包括对动物内源基因及功能的分析。常用的方法主要是基因探针和PCR技术，可以根据已经克隆和序列分析得到的各种病原微生物的主要致病基因制备探针，从而对疫病进行快速、灵敏的诊断，而且可以准确地区分致病菌与非致病菌，并对传染性疾病进行分子流行病学调查。

在兽药生产方面，基因工程技术显示了广阔的前景。过去在疾病诊断、治疗、预防中很有价值的蛋白或活性多肽，由于材料来源或技术方法的制约无法得到应用，如今可以将这些目的基因克隆出来，转移到大肠杆菌等生物细胞内进行有效的表达，并大规模生产。如利用大肠杆菌生产胰岛素、干扰素，利用山羊的乳腺作为“生物反应器”合成人乳铁蛋白等已经十分成功。从理论上讲，将来还有可能通过转基因植物生产更多的药用蛋白质。在生物制药方面，典型的例子是基因工程疫苗的诞生，它几乎摒弃了现行疫苗的缺点而保留了它们所有的优点，具有安全、有效、制备简单、储存运输方便、成本低等多方面优势，正成为基因工程技术在兽医领域应用的新起点。

在动物育种方面，限制酶切片段长度多态性（restricted fragment length polymorphism，RFLP）、随机扩增多态性DNA（randomly amplified polymorphic DNA，RAPD）、线粒体DNA多态性、重复序列可变数（variable number of tandem repeat，VNTR）等分子遗传标记技术已经在基因定位、群体遗传关系分析、个体识别与血缘关系鉴定、种群遗传纯度和遗传距离分析，以及制作动物基因图谱、遗传标记及标记辅助选择中得到广泛应用。现在通过转基因技术输入外源基因，培育特定性状的新品种，以适应市场对动物新品种或品系的需求和选择的研究正在深入开展。

同样，为解决人类共同面临的粮食短缺和安全保障问题，利用基因工程技术，培育高产、优质、抗逆的禾谷类农作物是重要的途径之一。尤其是最近十几年里，不断有外源基因在转基因植株中获得成功表达的报道，应用重组DNA技术培育具有改良性状的粮食作物已初见成效。对转基因动植物产品的安全性还存在争议，但转基因技术的应用前景是光明的。

案　例

1. DNA分子标记在动物遗传育种中的应用　DNA分子标记是一个DNA片段，这个片段能够反映生物间基因组存在的差异，故又称为DNA指纹图谱。目前，DNA分子标记技术有多种，比如RAPD（随机引物扩增多态性）技术的原理是通过利用人工合成的10 bp随机寡核苷酸作为引物，以所研究的基因组DNA作为模板进行PCR扩增，将得到的PCR产物进行分离并检验扩增产物DNA片段的多态性。运用DNA分子标记技术可以从生物基因组中找到多态位点，从而明确生物个体或种群的遗传多样性。利用DNA多态性研究可对不同品种间存在的相关性以及聚类数量进行遗传学分析，从而获得种群出现遗传变异的程度、生存稳定性等相关信息，同时也可以对不同品种间的遗传距离进行测定，确定不同品种间亲缘关系的远近。因此，利用这种技术便可以在分析品系亲缘关系的过程中推测出生物进化的趋势，并应用于杂交组合的筛选和优势品种的预测。

2. 脂质体作为基因转移载体 脂质体是由磷脂组成的具有水相核的微囊，与生物膜有较大的相似性和组织相容性。其中，阳离子脂质体作为一种新型的基因转移载体，其机制为阳离子脂质体表面所带的正电荷与核酸的磷酸根通过静电作用，将DNA分子包裹入内形成脂质体-DNA复合体。该复合体可通过直接与细胞质膜融合、细胞内吞作用进入细胞或通过细胞质膜上形成的小孔进入细胞，进入细胞的脂质体-DNA复合体在细胞内形成包涵体，在二油酰磷脂酰乙醇胺作用下，细胞膜上的阴离子脂质因膜的去稳定作用而失去原有的平衡扩散进入复合体，与阳离子脂质体的阳离子形成中性离子对，使原来与脂质体结合的DNA游离出来，进入细胞质。然后细胞通过微管网状结构或肌动蛋白微丝等主动转运系统将含DNA的微粒系统转移至核周围，通过核孔进入细胞核，最终进行转录并表达。因脂质体生产简便、毒性低、无感染危险等优点，在畜禽转基因研究中发挥着保护外源基因和提高转染效率的重要作用。

二维码17-1 第17章习题

二维码17-2 第17章习题参考答案

Part Ⅳ

第四部分

动物组织机能的生物化学

Functional Biochemistry of Animal Tissues

第18章

水、无机盐代谢与酸碱平衡

【本章知识要点】

☆ 水和无机盐在动物生命活动中起着非常重要的作用，它们参与机体物质的摄取、转运、排泄及代谢反应等过程，同时维持着机体体液的平衡。

☆ 体液在体内可划分为细胞内液和细胞外液。细胞外液中含量最多的阳离子是 Na^+，阴离子以 Cl^- 和 HCO_3^- 为主；细胞内液以蛋白质为主要阴离子，阳离子主要是 K^+，其次是 Mg^{2+}，而 Na^+ 很少。两者之间在阳离子方面突出的差异是 Na^+、K^+ 浓度悬殊，且已知这种差异是许多生理现象所必需的。

☆ 水是机体含量最多的成分，动物生命活动过程中许多特殊生理功能都有赖于水的存在。

☆ 钠、钾、氯是体液内主要的电解质，机体通过对它们的摄入与排泄，以维持机体内环境的稳定和平衡。Na^+、K^+、Cl^- 等在维持体液渗透压、酸碱平衡等过程中都起着非常重要的作用。

☆ 体液的酸碱平衡是指体液能经常保持 pH 的相对恒定，这种平衡是通过体液的缓冲体系、由肺呼出二氧化碳和由肾排出酸性或碱性物质来调节的。

☆ 体内无机盐以钙、磷含量最多，占机体总灰分的70%以上，主要以羟磷灰石的形式构成骨盐而分布在骨骼和牙齿中。

☆ 体液中钙、磷的含量只占其总量的极少部分，但参与机体多方面的生理活动和生物化学过程，起着非常重要的调节作用。

☆ 动物体内已知的微量元素多达50多种，其中有14种已确定为必需的微量元素。

☆ 微量元素在畜禽体内有的以离子形式存在，有的与蛋白质紧密结合，有的则形成有机化合物等，其存在形式一般与它们的生理功能、运输或储存有关。大多微量元素的生理功能与维持酶的活性有关或者是某些生物活性物质的组分。

无机物质在动物生命活动中具有非常重要的作用，参与机体物质的摄取、转运、排泄及代谢反应等过程，并维持体内体液的平衡。

动物体内的无机盐含量很少，占动物干重的3%～4%。然而，现已知一切生命现象都与水和无机盐的存在及其作用密切相关。动物体内无机盐以多种形式存在：一部分较大量的无机盐主要沉积于骨骼和牙齿等组织中，如钙和磷；一部分含量甚微的无机盐与某些蛋白质（或酶）结合，成为这些蛋白质（或酶）活性部位的组分；另外有多种无机盐是分布于体液中的电解质，为体液的重要组成成分。以各种形式存在于体内不同部位的无机盐经常进行着交换，并形成一定的动态平衡。

18.1 体液

体液（body fluid）是指存在于动物体内的水和溶解于水中的各种物质，包括无机盐和有机物所组成的液体。溶解于水中的无机盐解离成带电粒子，称为电解质。水和无机盐是机体维持体液平衡的重要物质。机体需通过一定的调节机制来维持体液的容量、电解质浓度和酸碱度的相对恒定，以保证正常的物质代谢和生命活动。外界环境条件的改变以及疾病的发生，常会引起水和无机盐代谢的紊乱，使机体体液平衡和酸碱平衡遭到破坏，出现脱水、缺盐以及酸碱中毒等一系列变化，影响机体的正常生理机能，严重时可危及生命。体液中的各种成分因不同的动物品种、同一品种的不同个体，以及同一个体的不同部位，甚至测定的时间不同都会有所差异。

18.1.1 体液的容量和分布

体液中，作为特殊溶剂的水，在体内含量最大。正常成年动物体内所含的水量是相对恒定的，但因品种、性别、年龄和个体营养状况的不同而有所差异。一般来说，成年动物体内总含水量相当于体重的55%～65%，早期发育的胎儿含水量可高达90%以上，初生幼畜在80%左右。肥胖的动物由于脂肪含量较多，相对于较瘦的动物而言含水量较少。例如，瘦牛的含水量约占体重的70%，但很肥的牛其含水量仅占体重的40%左右。动物机体的含水量一般随年龄和体重的增加而减少。

体液在体内可划分为两部分，即细胞内液（intracellular fluid）和细胞外液（extracellular fluid），它们是以细胞膜隔开的。细胞内液是指存在于细胞内的液体，它约占体重的50%；细胞外液是指存在于细胞外的液体，约占体重的20%。细胞外液又可分为两个主要部分，即存在于血管内的血浆和血管外的组织间液，它们是由血管壁分开的。血浆约占体重的5%，组织间液约为体重的15%（图18.1）。细胞外液是沟通组织细胞之间和机体与外界环境之间的重要介质，称为机体的内环境。消化道、尿道等器官中的液体也可视为细胞外液，但由于这些液体量少而且很不恒定，性质与血浆和组织液也很不相同，因而在讨论细胞外液时，一般不把它们考虑在内。

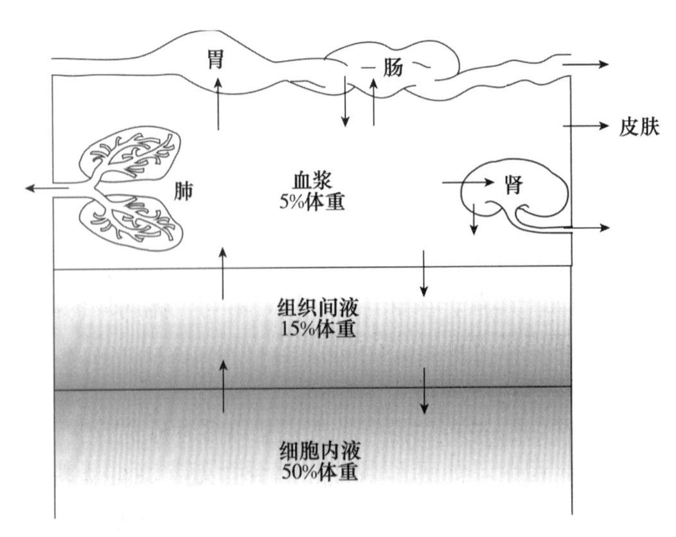

图18.1　体液分区

18.1.2　体液的电解质组成

体液中除了作为重要溶剂的水之外，还有多种电解质和葡萄糖、尿素等非电解质。细胞内液和细胞外液电解质的组成差异极大，存在着典型的不平衡。但在细胞外液的两大部分（血浆与组织液）之间，电解质组成只有很小的差别。体液组成的定量分析对细胞外液较易进行，因为采取一定量的血液或组织液不太困难，一般以血清作样品就可以分析细胞外液的组成。而对活体各组织的细胞内液进行测定就相当困难。

18.1.2.1　细胞外液的组成

细胞外液主要是指血浆和组织液，后者包括了淋巴液和脑脊液。它们的无机盐含量基本相同，其主要差异是血浆中的蛋白质含量比组织液中高很多，这说明蛋白质不易透过毛细血管壁，而其他电解质和较小的非电解质都可自由透过。在细胞外液中含量最多的阳离子是 Na^+，阴离子则以 Cl^- 和 HCO_3^- 为主，且阳离子和阴离子总量相等，其为电中性。

正常动物细胞外液的化学组成和物理化学性状是相对恒定的，这是动物健康生存的必要条件。尽管动物赖以生存的外环境以及细胞代谢总在不断地变化，影响着机体内环境的稳定。但在正常情况下，动物可通过自身的调节机能来保持其内环境恒定。只有这种变化太大，超出了动物机体的调节能力，或是调节机能失常时，内环境才会发生改变，从而引起各种病变的发生。研究水与无机盐代谢的重要内容之一，就是研究机体如何调控其细胞外液的各种化学成分以及物理化学性状保持恒定和失常的原因。当机体内环境失常时，需要设法纠正。

18.1.2.2　细胞内液的组成

当前对细胞内液组成的了解，远不如对细胞外液那样清楚和完整。其主要原因：①不同动物细胞内液的组成很可能不同，因而用实验动物所测的结果不一定符合所有动物的情况；②具有不同结构和功能的组织细胞其细胞内液的化学组成很可能不相同；③同一细胞内不同部位的电解质浓度也是不相同的。这些差异是由“生物泵”、激素、神经肌肉活动等生物学现象决定的。因而，把细胞内液视为一个笼统的概念也应重新考虑。

细胞内液和细胞外液的化学成分存在很大差异。首先是细胞内的蛋白质含量很高，它是细胞内液中的主要阴离子之一。在无机盐方面，细胞内液的主要阳离子是 K^+，其次是 Mg^{2+}，而 Na^+ 则很少。由此可见，细胞内液和细胞外液之间在阳离子方面的突出差异是 Na^+、K^+ 浓度的悬殊。并已知这种差异是许多生理现象所必需的，因而必须维持。细胞内液的主要阴离子是蛋白质和磷酸根。Cl^- 虽然是细胞外液中的主要阴离子，但在细胞内液中几乎不存在。细胞内液和细胞外液中成分的这些差异表明，细胞膜是不允许绝大多数物质自由通过的。

18.1.3　体液的渗透压

体液的渗透压（osmotic pressure）在体液平衡中具有重要的作用。体液渗透压的大小是由体液内所含溶质有效粒子数目的多少决定的，而与溶质粒子（分子、离子）的大小和价数等性质无关，渗透压的单位用 Pa 或 kPa 表示。1 mol 的任何溶质含 6.022×10^{23} 个微粒，溶于 1 L 水中，可产生约 2 267 007 Pa 的渗透压。溶液中能产生渗透效应的溶质粒子称为渗量（osmole，Osm）或毫渗量（milliosmole，mOsm）。对在溶液中的非电解质溶质来说，1 mOsm就等于 1 mmol，而与分子的大小、质量等无关。对溶液中的电解质，则 1 mOsm 即等于 1 mmol 离子，与离子的荷电性质或荷电量无关。例如，1 mmol 的 NaCl 溶液中因能电离成各 1 mmol 的 Na^+ 和 Cl^-，因此它相当于 2 mOsm；1 mmol 的 $CaCl_2$，因能电离成 1 mmol Ca^{2+} 和 2 mmol Cl^-，故相当于 3 mOsm。所以在相同容积的溶液中，1 个 Na^+、1 个 Ca^{2+}、1 个葡萄糖分子或 1 个蛋白质分子，尽管它们的大小、质量和电荷的性质或数目各不相同，但却产生相同的渗透压。

渗量（或毫渗量）是溶液的一种依数性质，是以溶解于溶液中颗粒的数量为基础的。渗透浓度有渗透质量摩尔浓度（osmolality）和渗透体积摩尔浓度（osmolarity）两种表示方法。渗透质量摩尔浓度即每千克溶液中所含溶质的物质的量，单位是 mol/kg；渗透体积摩尔浓度是每升溶液中所含溶质的数，单位是 mol/L。

渗透压的本质是压强，而渗透浓度的本质是浓度。溶液的渗透压不仅和溶液的渗透浓度相关，还和溶液的温度有关。在一定温度下，渗透压和渗透浓度呈正比，用渗透浓度来表示渗透压有很强的直观性和实用性，如在补液时等渗溶液、高渗溶液的使用。但是按照国家标准规定，体液的渗透压只能用“Pa”或“kPa”为单位，而不能用 mol/kg、mol/L 为单位。如血浆的总渗透压约为 770 kPa。

体液中小分子晶体物质产生的渗透压称为晶体渗透压，其晶体物质多为电解质，电离后其质点数较多，故渗透压作用也大。由蛋白质等大分子胶态物质产生的渗透压称为胶体渗透压，在体液中蛋白质的浓度虽然高，但分子大，其质点数较少，故渗透压作用也相对小。由此可见，在正常情况下体液中起渗透功能的溶质主要是电解质。细胞外液中的主要电解质为 Na^+ 和 Cl^-，其 Na^+ 的量占细胞外液阳离子总量的 90%以上，所以其浓度是左右细胞外液渗透压的主要因素。临床上常根据血浆 Na^+ 的含量简便地推算细胞外液的渗透浓度：血浆渗透浓度（mmol/L）=[血浆 Na^+ 的渗透体积浓度（mmol/L）+10]×2，式中 10 代表 Na^+ 以外的阳离子含量的概值，乘 2 的含意是加上等量的阴离子数。正常生理状态下，血浆的渗透浓度一般维持在 280～320 mmol/L。通常把与血浆渗透压相等的溶液称为等渗溶液，否则为高渗溶液或低渗溶液。

18.1.4 体液间的交流

在动物的生命过程中，各种营养物质不断地经过血浆到组织液，再进入细胞。细胞代谢的产物以及多余的物质也不断地进入组织液，再经过血液进入其他细胞或排出体外。这说明为了维持生命活动，体液各分区的成分必须不断地穿过毛细血管壁和细胞膜进行交流。

18.1.4.1 血浆和组织液的交流

物质在血浆和组织液之间的交流需要穿过毛细血管壁。毛细血管壁虽然不允许蛋白质自由穿过（不是绝对的），但水和其他溶质则可自由通过。因此水和其他溶质在这两个部分间的交流主要靠自由扩散，即各种溶质由高浓度方向低浓度方扩散，水则由低渗方向高渗方扩散，直至平衡。正是因为这样，使得血浆中各种物质的浓度与组织液基本相同，只是血浆中蛋白质的浓度高于组织液。由于血浆中的蛋白质浓度所产生的胶体渗透压是有效的，而其他溶质都能自由透过毛细血管壁，不产生有效的渗透压，所以血浆的渗透压大于组织液，成为组织液流向血管内的力量。与之相反的力量是血管内的静水压，它使血管内的液体流向血管外。在毛细血管的动脉端，静水压大于血浆的胶体渗透压，使体液向血管外流动；在毛细血管的静脉端，则静水压小于血浆的胶体渗透压，于是体液向血管内流动，这是血浆和组织液交流的另一个方式。此外，淋巴循环也有一定作用。

18.1.4.2 组织液和细胞内液的交流

物质在组织液和细胞内液的交流需要通过细胞膜。细胞膜只允许水、气体和某些不带电荷

的小分子自由通过。而蛋白质则只能少量通过，有时甚至完全不能通过。无机离子，尤其是阳离子一般不能自由通过，这是造成细胞内液和细胞外液中成分差异很大的原因。然而，生命活动需要各种物质不断地在这两个分区之间进行交流，当细胞内外液的渗透压出现压差时，主要依靠水的被动转移来维持细胞内外的渗透平衡。此外，细胞膜有主动转运物质的机能，它能使一些物质由低浓度向高浓度方向转运。例如，细胞膜上的 Na^+ - K^+ 泵（又称 Na^+ - K^+ - ATP 酶）就是在消耗能量的基础上把 K^+ 转入细胞内，把 Na^+ 排出细胞外，以保持细胞内外 Na^+、K^+ 浓度的巨大差异。许多营养物质也靠主动转运摄入细胞。在细胞膜上还有转运各种离子的穿膜孔道，这些孔道随着生理条件的不同而时开时闭。例如，当神经冲动传来时，神经和肌肉细胞膜上的 Na^+ 过膜孔道和 K^+ 过膜孔道开放，于是 Na^+ 通过其孔道进入细胞，K^+ 则通过其孔道由细胞逸出。水的转移主要取决于细胞内外的渗透压，即细胞内外 K^+、Na^+ 的浓度。例如，当饮水后，水首先进入细胞外液，使细胞外液 Na^+ 的浓度降低，从而降低了细胞外液的渗透压，于是水进入细胞，以至细胞内外的渗透压相等。反之，当细胞外液的水减少或 Na^+ 增多时，则细胞外液的渗透压升高，于是水由细胞内转向细胞外。总之，各种物质进出细胞的机制比较复杂，它受到细胞代谢和多种生理功能的调控，许多机制目前还不清楚。进一步研究这些机制，将有助于人们深入理解许多生理和病理现象。

18.2　水的代谢

18.2.1　水的生理作用

水是机体含量最多的成分，也是维持机体正常生理活动的必需物质，动物生命活动过程中许多特殊生理功能都有赖于水的存在。

水是机体代谢反应的介质，机体要求水的含量适当，才能促进和加速化学反应的进行。水自身也参与许多代谢反应，如水解和加水（水合）等反应过程。营养物质进入细胞以及细胞代谢产物运至其他组织或排出体外，都需要有足够的水才能进行。水的比热值大，流动性也大，所以水能起到调节体温的作用。此外，水还具有润滑作用。

18.2.2　水平衡

正常生理状况下，动物体内的含水总量经常保持相对恒定，这种恒定依赖于体内水分的来源和去路之间的动态平衡。

18.2.2.1　水的摄入

动物体内水的来源有 3 条途径，即饮水、饲料中的水和代谢水。

饮水和饲料中的水是体内水的主要来源，其次是营养物质在体内氧化所产生的水（即代谢水）。在一般情况下，动物从饲料摄入的水和代谢产生的水可不受体内水含量多少的影响。但是饮水的摄入量则与前两种水不同，一方面饮水量比其他水的来源大，更重要的是饮水量的多少是受丘脑下部渴中枢的调节。因此，饮水在动物体内水的来源中占有极重要的地位。

18.2.2.2　水的排出

（1）从体表蒸发及流失：该途径排出的水包括皮肤蒸发及随呼气排出的水，如马每天经此途径排出的水可达 8.5 L。在天气炎热、重役或体温升高等情况下，动物可通过汗液流失大量的水分。由该途径排出的水很少受体内水含量的影响，但这是调节体温所必需的。

（2）随粪排出：动物种类不同，由该途径排出的水量是不同的。如猫、犬、绵羊等动物由粪中排出的水量很少，而牛、马由粪中排出的水量则是很大的。泌乳期乳牛每天由粪中排出的水约 19 L，马约为 14 L。在正常情况下，任何动物由粪中的排水量不受体内水含量的影响。

（3）随尿排出：肾是排出体内水分的重要器官，它的排尿量是受垂体后叶分泌的抗利尿激素控制的，而抗利尿激素的分泌又被血浆渗透压所控制。动物通过肾随尿排出的水量，可因动物的种类、水的摄入量、废物的产量以及动物浓缩尿能力等的不同而有很大的变化。虽然动物的排尿量没有高限，但都有一个最低排尿量。这是为使代谢废物（主要是尿素）呈溶解状态排出体外所必需的。

（4）泌乳动物由乳中排出水：泌乳动物经乳腺可排出大量水分。在泌乳期间，体内水分平均 3%～6%经由乳汁排出。这时，肾重吸收水分的活动常明显增强。

不管体内水含量的情况如何，动物总是通过粪便和不感觉蒸发丢失一定量的水，这个数量再加上最低排尿量就是临床上所说的“生理需水量”。正常成年动物每天摄入的水量和排出的水量相等，保持动态平衡，称为水平衡。水平衡的维持主要是通过控制饮水量和尿量而实现的。乳牛在一般情况下的每日水平衡情况见表 18.1。

表 18.1 乳牛的每日水平衡

平衡		不泌乳的/L	泌乳的/L
摄入	饮水	26	51
	饲料水	1	2
	代谢水	2	3
	总计	**29**	**56**
排出	粪	12	19
	尿	7	11
	不感觉失水	10	14
	乳	0	12
	总计	**29**	**56**

18.3 钠、钾、氯的代谢

钠、钾、氯是体液内主要的电解质，机体通过对它们的摄入与排泄，使其在机体内环境中达到平衡。它们在进入血液后，又通过体液各部分间的交换，使它们在体液中的组成和分布达到一定的动态平衡。在其本身的平衡过程中，Na^+、K^+、Cl^- 等离子在维持体液渗透平衡和 H^+ 平衡等过程中也起着重要作用。

18.3.1 钠的代谢

18.3.1.1 分布与生理功能

体内的钠一半左右在细胞外液中，其余大部分存在于骨骼中，因此可以认为骨钠是钠的储存形式。当体内缺钠时，一部分骨钠可被动员出来以维持细胞外液中钠含量的恒定。由于细胞外液中的 Na^+ 占阳离子总量的 90%左右，Cl^- 的含量与 Na^+ 有平行关系，所以 Na^+ 和 Cl^- 所引起的渗透压作用占细胞外液总渗透压的 90%左右。这说明 Na^+ 是维持细胞外液渗透压及其容量的决定因素。此外，Na^+ 的正常浓度对维持神经肌肉正常兴奋性也有重要作用。

18.3.1.2 摄入与排出

体内的钠主要从饲料中摄入，并易于吸收。因植物中含钠很少，因此在饲养家畜时，一般要在饲料中添加食盐（NaCl）。Na^+的需要量是受体内排出量控制的，钠的排出主要通过肾随尿排出。肾的排钠是受肾上腺皮质分泌的醛固酮严格控制的，并使之在血浆中维持在正常范围内（110～130 mmol/L）。所以肾对钠的排出具有高效的调节功能。在正常情况下，尿中钠的排泄与其摄入量大致相等。当血浆中的钠浓度低于正常范围下限时，则尿中不再排钠。钠也可由汗液排出一部分。排粪量很大、粪中含水量较多的草食动物，如马、牛等也可由粪中排出相当数量的钠。

18.3.2 钾的代谢

18.3.2.1 分布与生理功能

钾的分布与钠相反，主要存在于细胞内液，约占体钾总量的 98%，而细胞外液则很少。K^+是细胞内的主要阳离子，故 K^+的浓度对维持细胞内液的渗透压及细胞容积十分重要。体内 K^+的动向和水、Na^+及 H^+的转移密切相关，故与维持体内酸碱平衡也有关。细胞内外一定浓度的钾是维持神经肌肉正常兴奋性的必要条件。血浆 K^+浓度与心肌的收缩运动也有密切的关系，血浆 K^+浓度高时对心肌收缩有抑制作用，当血浆 K^+浓度高到一定程度时，可使心脏在舒张期停搏。相反，当血浆 K^+浓度过低时，可使心脏在收缩期停搏。此外，K^+在维持细胞的正常代谢与功能中也起重要作用。例如，糖原合成和蛋白质代谢需要 K^+参与。

18.3.2.2 摄入与排出

体内的钾主要来自饲料，和钠一样也是易被动物吸收的。正常饲料中的钾含量很丰富，因此只要正常喂饲，任何动物都很少缺钾。肾是排钾和调节钾平衡的主要器官。肾的排钾能力很强，但保钾却比保钠能力弱得多。如机体完全停止钠的摄入时，肾排钠接近于零。但当钾摄入量很低时，尿中仍有一定量的钾排出，甚至在钾的摄入断绝而体内缺钾时，钾的排出还要持续几天才停止。在一般情况下，尿钾排出的规律是多吃多排、少吃少排、不吃也排。此外，汗液和消化液也能排出一些钾，牛、马等动物不定期可由粪中排出显著量的钾。

18.3.3 氯的代谢

18.3.3.1 分布与生理功能

动物体内氯的总量与钠的总量大致相等。氯在体内主要以离子状态存在。绝大部分氯分布在细胞外液，占细胞外液总负离子浓度的 67%左右。因此，Cl^-对水的分布、渗透压及酸碱平衡的维持等同样起着重要作用。Cl^-在各种组织细胞内的分布极不均匀。例如，Cl^-在红细胞中的浓度为 45～54 mmol/L，而在其他组织细胞内的浓度则仅为 1 mmol/L。Cl^-在红细胞内外的转移与二氧化碳运输过程中的离子平衡有密切联系。Cl^-在胃、小肠和大肠的分泌液中也是最主要的负离子。

18.3.3.2 摄入与排出

氯一般以氯化钠的形式与钠共同摄入，摄入体内的氯在肠道内几乎全部被吸收。氯的排出主要是通过肾，正常时，它的排出量与摄入量大致相等。肾排出 Cl^-的过程与 Na^+密切联系，血浆 Cl^-在通过肾时，首先经肾小球滤出，然后在肾小管随 Na^+一起被上皮细胞重吸收。在髓袢的升支，Cl^-还可经过 Cl^-泵主动吸收。

18.3.4 水和钠、钾、氯代谢的调节

水和 Na^+、K^+、Cl^- 的代谢过程与体液组分及容量密切相关，机体通过各种途径对水和 Na^+、K^+、Cl^- 等在各部分体液中的分布进行调节，在维持水和这些电解质在体内动态平衡的同时，又保持了体液的等渗性和等容性，即保持细胞各部分体液的渗透浓度和容量处于正常范围内。

水和 Na^+、K^+、Cl^- 等电解质动态平衡的调节是在中枢神经系统的控制下，通过神经-内分泌调节途径实现的。神经-内分泌系统对水和 Na^+、K^+、Cl^- 的调节中，主要的调节因素有抗利尿激素、盐皮质激素、心钠素和其他多种利尿因子。各种内分泌调节因素作用的主要靶器官为肾。肾在维持机体水和电解质平衡，保持机体内环境的相对恒定中占极重要地位。肾主要是通过肾小球的滤过作用、肾小管的重吸收作用及远曲小管的离子交换作用等来实现其对水和电解质平衡的调节。

18.3.4.1 抗利尿激素的调节作用

抗利尿激素（antidiuretic hormone，ADH）又称加压素（vasopresin），是下丘脑视上核和室旁核分泌的一种肽类激素，此激素被分泌后即沿下丘脑—神经束进入神经垂体储存。ADH 由神经垂体释放入血液，随血液循环至靶器官——肾起调节作用。当细胞外液因失水（如腹泻、呕吐或大出汗等）而导致渗透压升高时，下丘脑视上核前区的渗透压感受器受到刺激，作用垂体后叶而加速抗利尿激素释放，从而加强肾远曲小管和集合管对水的重吸收，尿量减少，使细胞外液的渗透压恢复正常。反之，当饮水过多或盐类丢失过多，使细胞外液的渗透压降低时，就会减少对渗透压感受器的刺激，抗利尿激素的释放随之减少，肾排出的水分就会增加，从而使细胞外液的渗透压趋向正常。

ADH 对肾的作用是促进肾小管等细胞中 cAMP 水平升高，经蛋白激酶系统使膜蛋白磷酸化，从而提高肾远曲小管和集合管管壁对水的通透性，促使水从管腔中透至渗透压较高的管外组织间隙，增加肾对水的重吸收，降低排尿量。当细胞外液的渗透压高于细胞内液时，ADH 的分泌、释放增多，肾小管对水的重吸收也增加。反之，当细胞外液的渗透压低于细胞内液时，ADH 的分泌和释放受到抑制，肾小管对水的重吸收减少，尿量排出就会增多。机体通过 ADH 的调节作用，维持体液的等渗性。抗利尿激素的作用机制见图 18.2。

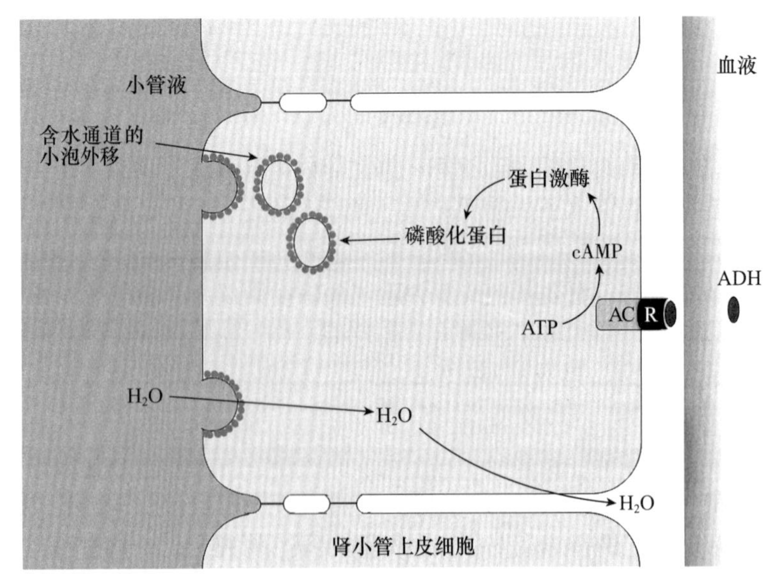

图 18.2 抗利尿激素的作用机制示意图

ADH. 抗利尿激素 R. ADH 受体 AC. 腺苷酸环化酶

18.3.4.2　肾素-血管紧张素-醛固酮系统的调节作用

肾上腺皮质分泌的多种类固醇激素与水和无机盐代谢的调节有关，其中以醛固酮的作用最强，其次为 11-脱氧皮质酮（11-deoxycorticosterone）。通常将调节水和无机盐平衡作用较强的皮质激素合称为盐皮质激素（mineral corticoids）。由于醛固酮的分泌释放主要受肾素-血管紧张素系统的调节，故将这一调节途径称为肾素-血管紧张素-醛固酮系统。又由于醛固酮的作用主要通过肾对钠的重吸收来调节细胞外液的容量，所以通常将此种调节称为细胞外液等容量的调节。

当肾血液供应不足或血浆中 Na^+ 浓度不足时，由肾的近球细胞合成和分泌的一种酸性蛋白水解酶——肾素（renin），经肾静脉进入血液循环，催化血浆中血管紧张素原（angiotensinogen）转变为血管紧张素Ⅰ（angiotensin Ⅰ）。血管紧张素Ⅰ的缩血管作用很弱，其在血浆特别是在肺部转换酶（convertase）作用下可转变为血管紧张素Ⅱ。血管紧张素Ⅱ具有很强的促进醛固酮分泌及引起小动脉收缩的作用。醛固酮的作用是促进肾远曲小管和集合管上皮细胞分泌 H^+ 及重吸收 Na^+（即 H^+-Na^+ 交换），同时也增加 Cl^- 和水的重吸收，使体内保持一定量的水分。醛固酮也促进肾远曲小管上皮细胞排 K^+ 及重吸收 Na^+（即 K^+-Na^+ 交换），减少尿 Na^+ 的排出量，其总结果是排 H^+、K^+ 而保留 Na^+。醛固酮的作用机制可能是通过促进 Na^+-K^+-ATP 酶的合成而加强肾小管上皮细胞基膜面的钠钾泵活性，以利于排出 H^+、K^+ 而保留 Na^+。也不排除是增加肾小管上皮细胞膜对离子的通透性的可能性。醛固酮属于类固醇激素，其调节肾远曲小管和集合管上皮细胞对离子的通透性是通过与其胞内受体结合后，进入核内，影响特定基因的表达实现的（图 18.3）。

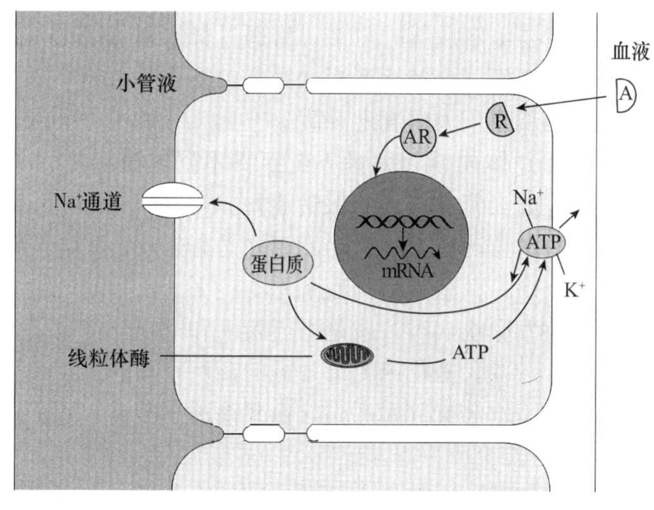

图 18.3　醛固酮的作用机制示意图

A. 醛固酮　R. 醛固酮受体

18.3.4.3　心钠素对水和钠、钾、氯等代谢的调节

心钠素（cardionatrin）是一种由心房分泌的具有强利尿、利钠、扩张血管和降血压等作用的肽类激素，又称为心房钠尿肽（atrial natriuretic peptide，ANP）。心钠素的主要作用是在不增加肾血流量的基础上增加肾小球的滤过率，从而增加尿的排出量，并在肾小管减少醛固酮介导的 Na^+ 重吸收，在利 Na^+、利尿的同时，K^+ 和 Cl^- 的排出量也增加。心钠素还能抑制血管紧张素Ⅱ造成的血管收缩及肾血管、大动脉等的收缩。心钠素与 ADH 从相反的方向参与对体液容量和电解质浓度的调节。

18.3.5 水和钠、钾代谢的紊乱

18.3.5.1 水、钠代谢的紊乱

当体内水过多或过少时，称为水的代谢紊乱或平衡失常。钠过多或过少时，称为钠的代谢紊乱或平衡失常。但在兽医临床上常见的体液平衡失常一般是混合型的。即水、钠、钾以及其他电解质的平衡失常，结果引起体液容积、渗透压、pH 以及重要电解质的浓度和分布发生改变。虽然从原则上讲，体内水、钠、钾等的含量失常，只是一个摄入和排出不平衡的问题，但实际情况常因机体的调节作用而变得复杂。因此在遇到实际问题时，必须根据情况详加分析。

（1）脱水：当机体丢失的水量超过其摄入量而引起体内水量缺乏时，称为脱水（dehydration）。根据水和电解质丢失的比例不同，脱水可分为低渗性（缺盐性）、高渗性（缺水性）和等渗性（混合性）3 种类型。低渗性脱水以丢失电解质为主，水的丢失相对较少，其结果是体液总量减少，细胞外液的渗透压低于正常，发生血液浓缩，黏度增加。这种脱水常发生于剧烈呕吐、腹泻、大量出汗等情况，必须在补充水分的同时补充适量的盐类才能治疗。高渗性脱水以丢失水分为主，电解质丢失较少，因而在体液总量减少的同时，使细胞外液的渗透压高于正常，这时水从细胞内转移到细胞外，可导致细胞内液容量减少。高渗性脱水常发生于高热、昏迷不能饮水的病畜，在补充水分后可得到治疗。等渗性脱水是丢失的水与电解质基本平衡，它的特点是体液总量减少，但渗透压仍保持正常。

以上脱水是在疾病状态下的病理过程。如果是健康动物由于缺乏饮水而引起的简单脱水过程，一般在脱水初期，由于丢失的水分不多，细胞外液的渗透压变化也不会大。当丢失的水分达到体重的 1%～2%时，细胞外液的渗透压会升高，由此引起饮水行为和尿量减少。如果脱水持续发展，细胞外液中的主要电解质 Na^+ 和 Cl^- 将通过肾的调节活动，大致按水分丢失的比例随尿排出，使细胞外液的渗透压不会持续不断地升高，甚至脱水的严重程度发展到危及动物生命时，细胞外液的渗透压也不至于大幅度地升高。

（2）缺钠：最常见的原因是体内钠的大量丢失而得不到充分补充。单纯由于钠的摄入不足，一般很少引起缺钠，这是因为肾有很强的保钠能力。

缺钠常在消化液大量损失的情况下发生。在家畜，尤其是马、牛分泌消化液的量很大，除胃液的钠离子浓度略低于血浆外，其余的都与血浆基本持平。正常时，消化液在消化道后段都基本上被重吸收。但在消化道发生疾病时，或是引起腹泻和呕吐，或是使消化液积存于消化道中，便造成消化液的大量丢失。在兽医临床上最常见的病例有马的肠炎、肠道阻塞、胃扩张和牛瘤胃积液性扩张等，此时由于水和钠同时丢失，血浆渗透压不高，因而动物没有渴感，如不及时抢救，动物可因此很快死亡。

大量出汗也可引起体内钠的缺乏，但汗中钠的浓度比血浆低，所以单纯由于出汗造成的脱水是高渗性的，此时动物发生渴感。如果动物自动摄入或在治疗上投入大量无钠水时，则会出现血钠浓度降低及其症状。

肾小管损伤时，可使钠的重吸收机能减弱，由肾丢失的钠量会大大增加。肾上腺皮质功能不全时，由于醛固酮缺乏，也可导致尿中排钠增多。此外，在糖尿病或投给某些利尿剂时也可加快钠由尿丢失。在以上情况下，如果得不到补充，都可造成体内缺钠。

皮肤烧伤或开放伤口的渗出，外科手术时血液或其他体液的丢失，都可造成体内缺钠和缺水。

由以上各种原因引起体内缺钠时，如果钠的丢失相对多于水的丢失时，则出现低钠血症。如果钠与水按比例丢失，则血钠浓度正常，但可因摄入无钠水而造成低钠血症。当出现低钠血症而细胞外液渗透压降低时，按理水将移入细胞，但因低渗可立即引起抗利尿激素释放的减少或完全停止，使肾的排水量增加，细胞外液的渗透压可恢复正常，因而进入细胞的水甚少。因

此在缺钠初期，血钠浓度一般正常，对细胞内液的影响也很小，但细胞外液的容积会缩小。同时由于脱水使血浆的胶体渗透压有所增加，而静脉的静水压又有所降低，因此使组织液进入血液循环，此时以组织液的丢失为主，而血浆的丢失较少。由于血浆容量对生命更为重要，所以上述组织液进入血浆是机体的一种保护作用。当体液继续丢失，血容量进一步减少时，机体才通过肾保留较多的水，以尽量维持细胞外液，开始出现血钠浓度降低，水也开始进入细胞，结果使细胞体积膨大，血容量继续下降，引起血压下降、血液循环量不足、肾血流量不足、肾小球滤过率降低。此外，由于含氮代谢产物在体内潴留而出现氮质血症，此时尿中无钠，尿量减少，甚至尿闭，引起的代谢紊乱甚多，但动物一般死于循环衰竭。

（3）水和钠过多：兽医临床上水过多在体液平衡紊乱中并不多见，但当以很快的速度从静脉输入过多的液体时易于发生。钠过多的病例也是少见的，但当食盐的摄入过多（如猪的食盐中毒），而水的摄入受到限制时，则发生钠过多，此时发生高钠血症。

18.3.5.2　钾代谢的紊乱

当动物体内钾的含量过多或过少而引起细胞内液或细胞外液中钾的含量不正常时，即为钾代谢的紊乱。为了判断钾的代谢是否正常，目前在临床上还只能是分析血浆中钾的浓度，而血浆中钾的浓度是不能反映体内钾含量的。因为钾和钠一样，它们在血浆中的浓度不仅取决于它们在血浆中的含量，而且还取决于水的含量。因此测定血浆中钠、钾浓度的高低，不能反映它们在血浆中绝对含量的多少，更不能反映它们在体内含量的多少，对钾尤其是如此。除了上述原因外，更重要的是由于体内的钾大部分存在于细胞内，而且细胞内钾的含量和细胞外液中钾的浓度之间并没有恒定的关系。例如当机体缺钾时，K^+可由细胞内转入细胞外，使血浆中K^+的浓度恢复正常；当肌肉坏死时，细胞内的K^+大量转入细胞外液，可使血钾浓度升高，但这并不意味着体内钾的含量多余；酸中毒使血钾浓度升高，碱中毒使血钾浓度降低，都是由于K^+的转移，并不反映体内钾的实际含量。由此可见，决不能够用血钾浓度的高低来判断细胞内钾含量的多少。

钾代谢的紊乱，尤其是钾缺乏是较为常见的，已引起广泛的关注。已知当机体缺钾时，发生细胞内K^+的外溢和Na^+进入细胞，使细胞内钾和钠的含量都发生显著改变。这种改变显然会影响细胞的代谢而引起各种病变。但细胞内钾含量变化的问题正在研究之中，目前尚提不出明确的概念，因此现在只讨论有关血钾浓度低和血钾浓度高的问题。

（1）血钾浓度低：血清钾的浓度低于正常时称为低钾血症（hypokalemia），它可因钾的摄入减少而造成。由于在钾的摄入停止时，钾的排出不能立即停止，因而引起体内缺钾。体内缺钾时，细胞内的K^+可释放一部分至细胞外，故血钾浓度不一定明显降低。但当不吃饲料的动物连续饮水，或注射给无钾液体数天后，可见到明显的低钾血症。病畜呕吐或腹泻而丢失大量体液时可使机体缺钾。此时，如用无钾液体补充体液的丢失，则易于出现低钾血症。

肾上腺皮质机能亢进或长期使用肾上腺皮质激素可使钾由尿中丢失过多而出现低钾血症。在碱中毒时可引起明显的低钾血症。低钾血症可出现神经症状、肌肉无力和心率失常等。

（2）血钾浓度高：最常见的高钾血症（hyperkalemia）是由酸中毒引起的。因为酸中毒可引起细胞内K^+转移至细胞外。肾功能不全时也可发生高钾血症，最常见的是发生在急性肾功能不全，或肾功能不全同时又继续大量摄入钾，或同时发生严重的细胞坏死、严重的酸中毒等。高钾血症的主要危险是心脏突然停止跳动而死亡。

18.4　体液的酸碱平衡

体液的酸碱平衡（acid－base balance）是指体液（特别是血液）能经常保持 pH 的相对恒定。动物的正常生理活动，除需要适当的温度和渗透压等因素外，还必须保持体液的适当酸碱度。动物细胞外液（以血浆为代表）的 pH，一般在 7.24～7.54，如果高于 7.8 或低于 6.8 时，动物就会死亡。动物在正常的生命活动中，不断地通过肠道吸收和物质代谢产生一些酸性和碱性物质。这些物质进入血液后，使体液的酸碱度发生改变。但在正常生理条件下，动物并不发生酸或碱中毒现象，这表明在机体内具有完备而有效的调节体液酸碱平衡的机构。机体通过一系列的调节作用，最后排出多余的酸性和碱性物质，使体液的 pH 维持在一个很窄的范围。

18.4.1 体液酸碱平衡的调节

机体通过体液的缓冲体系、肺、肾及组织细胞共同维持体内的酸碱平衡。

18.4.1.1 血液的缓冲体系

动物体液中的缓冲体系是由弱酸及其盐构成的。血液中主要的缓冲体系有以下几种。

（1）碳酸氢盐缓冲体系：是由碳酸（弱酸）和碳酸氢盐（钠盐或钾盐）组成。二氧化碳几乎是所有的有机化合物在动物体内代谢的最终产物，而二氧化碳溶于水生成碳酸。碳酸是弱酸，可解离为 HCO_3^- 和 H^+，HCO_3^- 主要与血浆中的钠离子结合成 $NaHCO_3$，或在红细胞中与钾离子结合成 $KHCO_3$，分别构成 $NaHCO_3/H_2CO_3$ 和 $KHCO_3/H_2CO_3$ 缓冲体系。

（2）磷酸盐缓冲体系：在血浆中它主要由磷酸二氢钠（NaH_2PO_4）和磷酸氢二钠（Na_2HPO_4）组成，而红细胞内则主要是磷酸二氢钾（KH_2PO_4）和磷酸氢二钾（K_2HPO_4）组成。磷酸盐缓冲体系在细胞内比细胞外更重要。

（3）血浆蛋白体系及血红蛋白体系：

① 血浆蛋白体系：血浆中含有数种弱酸性蛋白质，其也可以生成相应的盐，从而构成 Na-蛋白质/H-蛋白质缓冲体系。血浆蛋白缓冲体系的缓冲能力较弱，只有碳酸氢盐缓冲体系的 1/10 左右。

② 血红蛋白体系：此体系仅存在于红细胞中。血红蛋白也是一种弱酸，血红蛋白与氧结合后生成的氧合血红蛋白也是一种弱酸，在红细胞内均可以钾盐形成存在，分别构成血红蛋白缓冲体系 KHb/HHb 和氧合血红蛋白缓冲体系 $KHbO_2/HHbO_2$。

综上所述，血浆中的缓冲体系有 $NaHCO_3/H_2CO_3$、Na_2HPO_4/NaH_2PO_4 和 Na-蛋白质/H-蛋白质缓冲体系；红细胞中的缓冲体系有 $KHCO_3/H_2CO_3$、K_2HPO_4/KH_2PO_4、$KHbO_2/HHbO_2$ 和 KHb/HHb。血液中各种缓冲体系的缓冲能力是不同的（表 18.2）。

表 18.2 血液中各种缓冲体系的缓冲能力

缓冲体系	*pK*	缓冲能力*
$\frac{BHCO_3}{H_2CO_3}$	6.10	18.0
$\frac{KHbO_2}{HHbO_2}$	7.16	8.0
$\frac{KHb}{HHb}$	7.30	8.0
$\frac{\text{Na-蛋白质}}{\text{H-蛋白质}}$	—	1.7
$\frac{B_2HPO_4}{BH_2PO_4}$	6.80	0.3

注：B 代表 Na、K；* 各种缓冲体系的缓冲能力是指使每升血浆的 pH 从 7.4 降至 7.0 时所能中和的 0.1 mol/L 盐酸的量（mL）。

由表 18.2 可见，在血液的各种缓冲体系中，以碳酸-碳酸氢盐的缓冲能力最强。而且肺和肾调节酸碱平衡的作用又主要是调节血浆中碳酸和碳酸氢盐的浓度。再者，测定这种缓冲剂浓

度的方法也比较简便，因此在研究体液的酸碱平衡时，血浆中碳酸-碳酸氢盐缓冲体系是最重要的缓冲体系，它的变化可反映出体内酸碱平衡的全貌。虽然磷酸盐缓冲体系也是一种很有效的缓冲剂，但是它在血浆中的浓度很低，实际效应较小。血浆中血浆蛋白缓冲体系所起的缓冲作用比磷酸盐缓冲体系大，但比红细胞内的血红蛋白体系要小。当酸或碱侵入血液引起血浆 pH 发生改变时，血浆中所有的缓冲体系都会发生相应的变化。

缓冲体系防止 pH 发生较大改变的作用是迅速而立即的，但也是有局限性的，pH 还是会有所改变。由于动物在正常代谢过程中产生的酸（其中包括蛋白质分解代谢产生的硫酸和磷酸）比较多，体液受到酸的影响比较大。血浆缓冲酸的能力下降到一定程度时，血浆就会失去缓冲能力。因此，机体为了维持体液 pH 的正常恒定，必须有随时调整血浆中 $[HCO_3^-]/[H_2CO_3]$ 的值以及维持二者的绝对浓度的机制，即必须经常保持一定量的 HCO_3^- 以便随时中和进入的酸。血浆中所含 HCO_3^- 的量称为碱储（alkali reserve），即中和酸的碱储备，单位为 mmol/L。但必须注意，当酸进入血液时，并非只是 HCO_3^- 去中和它，而是所有的缓冲体系都起作用，特别是血红蛋白起着相当重要的作用，它们的含量也都会有相应的改变。但由于 HCO_3^- 是血浆中缓冲能力最强的，并且易于测定，故通常以它的含量代表碱储。

体内代谢产生最多的酸性物质是碳酸或未水合的二氧化碳，它们不能被碳酸氢盐缓冲，而主要是靠血红蛋白来缓冲，很小一部分是被血清蛋白和磷酸盐缓冲。

18.4.1.2 肺呼吸对血浆中碳酸浓度的调节

当酸或碱进入血液时会使血浆中 H_2CO_3 和 HCO_3^- 的浓度改变，这种趋向单靠缓冲作用是不能解决的，必须靠肺和肾的调节机能来调节。肺对血浆 pH 的调节机能在于加强或减弱二氧化碳的呼出，从而调节血浆和体液中 H_2CO_3 的浓度，使血浆中 $[HCO_3^-]/[H_2CO_3]$ 的值趋于正常，从而使血浆的 pH 趋于正常。

例如，当酸进入血浆时，因中和作用使血浆中 $[HCO_3^-]$ 下降，因而 $[HCO_3^-]/[H_2CO_3]$ 的值下降，血液偏酸。于是刺激呼吸中枢兴奋，肺呼吸加强，呼出的二氧化碳增加，使血浆中 H_2CO_3 的浓度下降，因而使 $[HCO_3^-]/[H_2CO_3]$ 的值和 pH 均趋于正常。反之，当碱进入血液而血浆偏碱时，则肺的呼吸减弱，呼出二氧化碳减少，使血浆中 $[HCO_3^-]/[H_2CO_3]$ 的值和 pH 也趋于正常。由此可见，肺调节酸碱平衡的作用是快速的。肺的作用在于调节血浆中 $[HCO_3^-]/[H_2CO_3]$ 的值，但不能调节血浆中 H_2CO_3 和 HCO_3^- 的绝对含量。

18.4.1.3 肾的调节作用

肾通过肾小管的重吸收作用和分泌作用排出酸性或碱性物质，以维持血浆的碱储和 pH 的恒定。

（1）肾对血浆中碳酸氢钠浓度的调节：肾是维持机体内环境恒定的最重要器官。其可通过多排出或少排出 HCO_3^-，以维持血浆中 HCO_3^- 浓度恒定，并在肺机能的配合下，使血浆中 HCO_3^- 和 H_2CO_3 的浓度保持恒定，从而使其 pH 趋于正常恒定。已知血浆中的碳酸氢盐几乎全部从肾小球滤出，而肾的近曲小管细胞腔膜对碳酸氢盐是完全没有通透性的，碳酸氢盐的重吸收需要在 H^+ 和碳酸酐酶（carbonic anhydrase）存在下进行。H^+ 可由近曲小管主动排泄到肾小管管腔中（肾远曲小管也可排 H^+），并与滤出液中的 Na^+ 进行交换。碳酸氢盐重吸收的化学反应如下：

$$HCO_3^- + H^+ \longleftrightarrow H_2CO_3 \xleftrightarrow{\text{碳酸酐酶}} CO_2 + H_2O$$

即由肾小管排出的 H^+ 与管腔中的 HCO_3^- 结合成 H_2CO_3，H_2CO_3 被碳酸酐酶分解为 CO_2 和 H_2O，CO_2 顺浓度梯度自由扩散进入细胞，使上述反应朝右进行。当 CO_2 扩散进入肾小管细胞后，在碳酸酐酶催化下，它再与 H_2O 化合形成 H_2CO_3，H_2CO_3 再解离为 H^+ 和 HCO_3^-，

H^+被主动转移到管腔中进行H^+、Na^+交换，而HCO_3^-被保留在细胞内，和Na^+结合成$NaHCO_3$。该HCO_3^-可以自由通过肾小管细胞的基底膜，顺浓度梯度向细胞外扩散而进入血液，可见这种重吸收的HCO_3^-并非直接来自肾小球滤液中的HCO_3^-。上述机制表明，HCO_3^-的重吸收作用主要取决于体液中的pH（即H^+浓度）。当体液pH低时，肾小管排H^+增加，HCO_3^-的重吸收作用增强。而当pH高时，肾小管排H^+减少，HCO_3^-的重吸收作用也就减弱。

（2）**肾小管的泌氨作用**：肾调节酸碱平衡的另一种方式是肾远曲小管的泌氨作用。肾小管管腔内尿液流经远曲小管时，尿中氨的含量逐渐增加，排出的NH_3与H^+结合生成NH_4^+，使尿的pH升高，这种泌氨作用有助于体内强酸的排出。肾小管的泌氨作用与尿液的[H^+]有关，尿越呈酸性，氨的分泌越快；尿越呈碱性，氨的分泌就越慢。

肾小管分泌的氨大部分来自谷氨酰胺，少部分来自氨基酸的氧化脱氨基作用。肾上皮细胞中含有丰富的谷氨酰胺酶、谷氨酸脱氢酶和氨基酸氧化酶，它们分别是使谷氨酰胺、谷氨酸或其他氨基酸脱氨，脱下的氨由肾上皮细胞分泌到管腔中和H^+结合生成NH_4^+。

综上所述，动物体液酸碱平衡的调节是由体液的缓冲体系、肺和肾共同配合进行的。缓冲体系和肺调节酸碱平衡的作用是迅速的，它保证了当酸或碱突然进入体液时，体液的pH不发生或发生较小的改变。但不能把进入的酸（固定酸）或碱由体内清除出去，而这种清除要靠肾的作用。但肾的作用较缓慢，因此单靠肾不能应付酸或碱的突然进入。为了维持体液pH的正常恒定，这三方面的作用是缺一不可的。

在正常情况下，不同动物尿液的pH是不同的。犬和猫一般排酸性尿，草食动物（如牛、马）则排碱性尿，猪则随饲料的不同而排酸性尿或碱性尿。犬、猫的饲料中蛋白含量较多，蛋白质分解时产酸（如硫酸、磷酸），在体内产酸较多的情况下，肾排出的H^+超过其从肾小管液中重吸收的HCO_3^-的量，因此尿液偏酸，尿中基本上无HCO_3^-。而草食动物的饲料中含有较多的有机酸的钾盐或钠盐，这些物质在体内分解后产生较多的$KHCO_3$或$NaHCO_3$，在肾小球滤液中HCO_3^-的含量也就较多，在肾小管排出的H^+不能把滤过的HCO_3^-全部重吸收的情况下，尿液中含有较多的HCO_3^-，使尿液偏碱。简而言之，动物在代谢过程中产酸较多时，肾排酸较多，尿呈酸性；产碱较多时，肾排碱较多，尿呈碱性，这是肾调节体液酸碱平衡的结果。

18.4.2 体液酸碱平衡的紊乱

在正常情况下，动物通过其调节机制保持着体液pH的正常和恒定，即pH为7.24～7.54。当由于某种原因使体液的pH超出正常范围时，机体就显现出代谢紊乱。pH低于7.24时称为酸中毒，高于7.54时称为碱中毒。引起体液pH改变的原因大体上可分为两类：一类是肺功能紊乱使体内二氧化碳的排出异常；另一类则是肺功能紊乱以外的某种原因引起的体液酸碱平衡失常。因此可将酸碱平衡紊乱分为4种，即呼吸性酸中毒、呼吸性碱中毒、代谢性酸中毒和代谢性碱中毒。无论是在酸中毒还是碱中毒时，机体均可以通过肺或肾进行调节，使体液的pH趋于正常，机体的这种调节作用称为代偿作用（compensation）。

18.4.2.1 呼吸性酸中毒

呼吸性酸中毒（respiratory acidosis）是肺的通气或肺循环障碍，二氧化碳不能畅通地排出而引起。发生呼吸性酸中毒时，血液中P_{CO_2}升高，[$NaHCO_3$]/[H_2CO_3]值下降，pH降低。在这种情况下代偿功能主要是肾的排H^+增加，HCO_3^-的重吸收增强。因而血浆中$NaHCO_3$的浓度也升高。如代偿完全，血液pH接近正常或稍偏低。呼吸性酸中毒主要见于使

用挥发性麻醉剂和采用密闭系统麻醉机麻醉时、广泛性肺部疾患（如肺水肿、严重的肺气肿、胸膜炎）以及气胸、胸部外伤、药物或感染等引起的呼吸中枢抑制等情况。

18.4.2.2 呼吸性碱中毒

呼吸性碱中毒（respiratory alkalosis）是由于通气过度，肺排出二氧化碳过多而引进。发生呼吸性碱中毒时，血液中 P_{CO_2} 降低，[$NaHCO_3$]/[H_2CO_3] 值升高。肾的代偿作用与呼吸性酸中毒相反，肾小管排 H^+ 减少，HCO_3^- 重吸收减少，$NaHCO_3$ 的排出增加，于是血浆中 [$NaHCO_3$] 降低。主要见于疼痛或生理应激时引起呼吸增加，例如犬在高温环境中引起的过度换气，其他动物较少见。

18.4.2.3 代谢性酸中毒

代谢性酸中毒（metabolic acidosis）是临床上最常见和最重要的一种酸碱平衡紊乱。产生的原因主要是体内产酸过多或丢碱过多，两种情况都可引起血浆中 $NaHCO_3$ 减少，[$NaHCO_3$]/[H_2CO_3] 值下降，使血液 pH 下降。发生代谢性酸中毒时，其代偿功能主要是肺增加换气率（呼吸加深加快），增加 CO_2 的排出，降低血液中 P_{CO_2}，使 [$NaHCO_3$]/[H_2CO_3] 值趋于正常。肾小管功能正常时，肾小管增加 H^+ 的排出，同时增加碳酸氢盐的重吸收，使 [$NaHCO_3$]/[H_2CO_3] 值趋于正常。

由于产酸过多引起的常见病：①牛的酮病和羊的妊娠毒血症，产生大量酮体在血蓄积引起酸中毒；②反刍动物饲喂不当，使瘤胃发生异常发酵，产生大量乳酸，乳酸从瘤胃吸收进入血液，可引起代谢性酸中毒；③休克病畜由于微循环障碍，组织细胞缺氧，糖的无氧分解增强，产生大量乳酸和丙酮酸，此时又常继发肾的代偿功能不全或完全失去代偿功能，最后导致严重的酸中毒。

由于丢失碱过多引起代谢性酸中毒主要见于肠道疾病，如仔猪肠炎、马骡急性结肠炎和沙门菌肠炎等。由于持续大量腹泻，造成大量消化液的丢失，而消化液中含有较多的 $NaHCO_3$，因而使机体丢失 $NaHCO_3$ 过多，血浆中 $NaHCO_3$ 浓度下降引起酸中毒。此外，在正常情况下肠道前段分泌的消化液在肠道后段基本上可重吸收回来，但当由于任何原因引起肠道后段重吸收障碍时，就会造成碱丢失过多而引起酸中毒。例如，有的肠炎病例并不发生腹泻，而是大肠麻痹，不能重吸收消化液，致使大量消化液潴留在消化道中引起酸中毒；某些结症、肠扭转时也发生类似情况。食草家畜的肠道容积很大，因而常见此病。代谢性酸中毒时排出酸性尿。

18.4.2.4 代谢性碱中毒

代谢性碱中毒（metabolic alkalosis）主要表现细胞外液中 $NaHCO_3$ 浓度升高，导致 [$NaHCO_3$]/[H_2CO_3] 值升高，血液 pH 升高。机体进行代偿，首先是呼吸中枢受抑制，肺呼吸变浅变慢，换气减少，血中二氧化碳保留较多，使 [$NaHCO_3$]/[H_2CO_3] 值和血液 pH 趋向正常。常见的动物病例中，除犬连续呕吐易发生代谢性碱中毒外，最常见的是牛的皱胃变位和十二指肠的阻塞（嵌塞）式弛缓，导致牛的代谢性碱中毒。两者的机制是基本相似的，都是由于皱胃分泌的大量盐酸不能进入肠道被重吸收，而使大量酸性胃液潴留在胃中，造成盐酸不断丢失。严重呕吐也会造成胃酸的大量丢失，这就是失酸过多引发的碱中毒。代谢性碱中毒的另一种原因是偶然的得碱过多。例如，在临床上错误地给动物灌服大量的小苏打，会使血液中的 $NaHCO_3$ 突然升高而引起碱中毒。如肾功能良好，可以通过代偿作用将过量的 $NaHCO_3$ 从尿中排出，使酸碱平衡得到恢复。如此时肾功能不全，预后将很严重。

18.4.2.5 酸碱平衡与血钾浓度

发生酸碱平衡紊乱时，除了［$NaHCO_3$］/［H_2CO_3］值改变外，同时还伴有其他电解质的蓄积或丢失。特别是K^+与酸碱平衡的关系最密切。血钾浓度低可引起碱中毒，其机制尚未完全清楚。一般认为细胞外液的K^+减少时，细胞内的一部分K^+就转移到细胞外液，以补充细胞外液中K^+的不足。每从细胞内转移出3个K^+，就有2个Na^+和1个H^+由细胞外液进入细胞内，结果是细胞外液中H^+减少，引起碱中毒。细胞内的H^+增加，发生细胞内的酸中毒。同时血钾浓度低还使肾小管细胞泌H^+的作用增强，HCO_3^-的重吸收作用增强，这是缺钾引起碱中毒的又一个原因。由上述可见，发生这种缺钾性碱中毒时，其尿液是偏酸的，这是与其他碱中毒的不同之处。

在发生失碱性酸中毒时，钾也随消化液与$NaHCO_3$一起丢失。但由于细胞外液中H^+浓度增加，H^+和细胞内K^+交换以及与此同时肾排H^+增多，排K^+减少，其结果可使细胞外液中的钾含量不致明显下降。而在酸中毒被纠正以后，K^+会重新转移至细胞内，此时如不注意钾的补充，将会产生低钾血症。另外，血钾浓度高可引起酸中毒，这是K^+进入细胞并从细胞内换出H^+的结果。

总之，在红细胞和一般体细胞内的反应影响离子的转移，导致血浆浓度的变化，但机体总量不变，而在肾小管上皮细胞的变化，则调节机体离子和酸碱的含量。临床上经常容易采取缺什么补什么，多什么去什么的治疗策略，结果反而导致复合型紊乱的出现，电解质离子紊乱不会是单一的，因此临床上应该重视离子之间的必然联系。

18.5 钙、磷、镁的代谢

18.5.1 钙、磷在体内的分布和生理功能

体内无机盐以钙、磷含量最多，它们约占机体总灰分的70%以上。体内99%以上的钙及80%～85%的磷以羟磷灰石［$3Ca_3(PO_4)_2 \cdot Ca(OH)_2$］的形式构成骨盐，分布在骨骼和牙齿中。其余的钙主要分布在细胞外液（血浆和组织液）中，细胞内钙的含量很少。而磷则在细胞外和细胞内均有分布。

体液中钙、磷的含量虽然只占其总量的极少部分，但在机体内多方面的生理活动和生物化学过程中起着非常重要的调节作用：①Ca^{2+}参与调节神经、肌肉的兴奋性，并介导和调节肌肉以及细胞内微丝、微管等的收缩；②影响毛细血管壁通透性，并参与调节生物膜的完整性和质膜的通透性及其转运过程；③参与血液凝固过程和某些腺体的分泌；④是许多酶的激活剂（如脂肪酶、ATP酶等）；⑤更重要的作用是作为细胞内第二信使，介导激素的调节作用，该作用是通过一种复杂的钙信使系统来完成的（详见第12章）。骨骼外的磷则主要以磷酸根的形式参与糖、脂类、蛋白质等物质的代谢过程及氧化磷酸化作用；磷又是DNA、RNA、磷脂的重要组成成分；磷还参与酶的组成和酶活性的调节作用。此外，磷酸盐在调节体液平衡方面也具有重要的作用。

18.5.2 钙、磷的吸收和排泄

18.5.2.1 钙的吸收和排泄

体内的钙主要从饲料中摄入，不必经过消化就能在小肠前段靠主动转运吸收。但影响钙吸收的因素很多，其中最主要的是维生素D及机体对钙的需要量。在维生素D供应充分时，通

常不致发生钙的缺乏。当机体对钙需要量增加时（如妊娠、泌乳等），则增加钙的吸收。饲料成分也能影响钙的吸收，如饲料中的草酸和植酸等在单胃动物肠道中能与 Ca^{2+} 结合生成不溶性化合物，从而影响对 Ca^{2+} 吸收。而在反刍动物瘤胃中的微生物能分解草酸和植酸，所以在草酸含量不高时，不致影响其对 Ca^{2+} 的吸收。此外，饲料中的钙、磷比值对 Ca^{2+} 的吸收也有一定的影响。实验证明，饲料中的钙、磷比值以（1.5～2）∶1 为宜。

体内的钙主要通过粪和尿排出。由粪中排出的钙大部分是饲料中未被吸收的钙，称为外源性粪钙，小部分是随消化液分泌出来而未被吸收的钙，称为内源性粪钙。由尿排出钙的多少决定于血钙的浓度，钙排出的肾阈值为每 100 mL 血浆 6.5～8.0 mg。血钙浓度低时，肾小管和集合管可将 Ca^{2+} 全部重吸收，高时重吸收减少而从尿中排出。泌乳动物和产蛋母鸡也可由乳及蛋中排出显著量的钙。

18.5.2.2 磷的吸收和排泄

动物体内的磷主要从饲料摄入，比钙易于吸收。无机磷不需经过消化，其大部分在小肠前段被吸收；有机磷则需要经过消化成无机磷后，才能在小肠后段吸收。凡能影响钙吸收的因素都可能影响磷的吸收。维生素 D 对磷的吸收有一定的作用，饲料中的 Ca^{2+}、Mg^{2+}、Fe^{2+}、Zn^{2+}、Al^{3+} 等过多也会影响磷的吸收。磷大部分由尿排出，小部分由粪中排出。磷由尿排出是受到调控的，肾小管对磷有重吸收作用，尿中排出磷的量也受血浆浓度的影响。泌乳的动物可由乳中排出显著量的磷，产蛋母鸡由蛋中也可排出一定量的磷。

18.5.3 血钙和血磷

18.5.3.1 血钙

血液中的钙称为血钙，血钙主要以离子钙（ionic calcium）和结合钙（binding calcium）两种形式存在。动物血浆钙浓度平均约为 10 mg/100 mL。结合钙绝大部分与血浆蛋白质（主要是白蛋白）结合，少部分与柠檬酸、HPO_4^{2-} 结合。蛋白质结合钙不易透过毛细血管壁，又可称为非扩散性钙（non-diffusible calcium）；离子钙和柠檬酸钙均可透过毛细血管壁，也称为扩散性钙（diffusible calcium）。血浆中扩散性钙与非扩散性钙的含量各占一半（图 18.4）。

血浆钙（10 mg/100 mL 或 2.5 mmol/L）
- 离子钙（4.5 mg/100 mL 或 1.125 mmol/L）｝扩散性钙
- 结合钙
  - 柠檬酸钙（0.5 mg/100 mL 或 0.125 mmol/L）｝扩散性钙
  - 蛋白质结合钙（5.0 mg/100 mL 或 1.25 mmol/L）非扩散性钙

图 18.4　血钙的组成

血浆蛋白质结合钙与离子钙的浓度呈动态平衡，此平衡受血液 pH 的影响，可用下式表示：

$$\text{血浆蛋白质结合钙} \xrightleftharpoons[HCO_3^-]{H^+} \text{血浆蛋白质} + Ca^{2+}$$

由上式可见，当血液中 HCO_3^- 浓度增加时，可促进 Ca^{2+} 与蛋白质结合，虽然总钙量未变，但游离的 Ca^{2+} 减少。因此，当发生碱中毒时，血浆 Ca^{2+} 浓度下降，易发生痉挛。相反，当 H^+ 浓度增加（酸中毒）时，可促进结合钙的解离，游离 Ca^{2+} 浓度增加。

18.5.3.2 血磷

血浆中的无机磷称为血磷。血液中的磷主要以无机磷酸盐、有机磷酸酯和磷脂三种形式存在，其中无机磷酸盐主要存在于血浆中，后两种形式的磷主要存在于红细胞内。成年动物的血磷含量为每 100 mL 血浆 4～7 mg，幼年动物血磷含量较高，而且变化较大（每 100 mL 血浆 5～9 mg）。在正常情况下，血浆中的钙与磷含量有一定比例，其比值为 (2.5～3.0)∶1。

18.5.4　钙、磷在骨中的沉积和动员

骨虽然是一种坚硬的固体组织，但它仍然与其他组织保持着活跃的物质交换。当骨溶解时则钙、磷由骨中动员出来，使血中钙和磷的浓度升高。相反，在骨生成时则钙、磷在骨中沉积，引起血中钙和磷的含量降低。由于骨的这种代谢，不仅保证了骨的生成与改造，也维持了血浆中钙和磷浓度的正常恒定及满足机体其他需要。

骨的代谢不是一种单纯的化学过程，必须依赖于骨组织中的三种细胞，即成骨细胞 (osteoblast)（负责骨的生成）、骨细胞（osteocyte）和破骨细胞（osteoclast）（负责骨的降解）。成骨细胞在完成成骨作用后，由活跃的状态转变为静止的成骨细胞，进而转变为骨细胞。甲状旁腺素、降钙素和 1,25-二羟维生素 D 参与骨的代谢调节，影响骨钙和血钙的平衡。

18.5.4.1　钙、磷在骨中沉积——骨的生成

骨的生成有两种基本方式，一种称为软骨成骨（如四肢骨的生成），另一种称为膜性成骨 (如颅顶骨的生成)。无论何种方式，成骨作用的原理基本相同。骨的生成包括两个基本过程，即有机骨母组织的生成和骨盐在其中的沉积。

有机骨母组织的主要成分是胶原和基质物质。胶原是一种纤维状蛋白质，它是在成骨细胞的粗面内质网中合成的。该蛋白质合成后释放到细胞外的骨基质中，并在基质中聚合成胶原纤维，排列成平行的纤维束。基质物质主要是由黏蛋白和黏多糖组成，它们都是由成骨细胞合成后分泌到细胞外面的。黏多糖基本上是硫酸软骨素，它包埋在黏蛋白周围，而胶原纤维又包埋在这种基质中。这样成骨细胞就在其周围形成骨母组织，而后骨盐便在其中沉积，从而形成骨。

骨盐（bony salt）即骨中的无机盐，以钙盐和磷酸盐为主，并以羟磷灰石及无定形的磷酸氢钙 $Ca_9H(PO_4)_6OH$ 或 $Ca_8H_2(PO_4)_6 \cdot 5H_2O$ 形式存在。羟磷灰石为微细的结晶体，结构比较稳定，不易溶解于周围体液中。但是它可与无定形形式吸附在其表面体液中的其他离子（如 Ca^{2+}、Mg^{2+}、Na^{+}、Cl^{-}、HCO_3^{-}、F^{-} 及少量柠檬酸根离子）进行交换，以更新其组成。因此，骨盐也是处于沉积与溶解的动态平衡之中的。

骨盐的沉积（也称骨的钙化）依赖于两种因素，即局部因素和体液因素。局部因素是指需要成骨细胞的代谢活动形成可供钙化的骨母组织；体液因素是指需要由体液供给充分的矿物质离子，其中主要是 Ca^{2+} 和 PO_4^{3-}。以前曾认为只要体液中的 Ca^{2+} 和 PO_4^{3-} 浓度乘积超过其溶解度积，即可沉淀为羟磷灰石结晶。现在一般认为，即使是两者浓度乘积大于其溶解度积也不一定发生沉淀，这是由于在细胞外液中存在某些起稳定作用的物质。因此，羟磷灰石结晶的形成需要有诱发物质和破坏起稳定作用的物质。胶原是诱发物，它可能以特有的立体构型及某些化学基团（如赖氨酸、羟脯氨酸的末端）与磷酸根结合成晶核，从而诱发磷酸钙的结晶，在钙化过程中起促进作用。细胞外液中的焦磷酸盐和多磷酸盐是起稳定作用的物质，即它们对骨盐结晶的形成有抑制作用。而成骨细胞能产生焦磷酸酶（一种碱性磷酸酶），维生素 D 对其有激活作用，可将焦磷酸水解，使磷的浓度升高，故也有利于骨盐的沉积。

18.5.4.2 钙、磷在骨中的动员——骨的吸收

骨溶解而消失的过程称为骨的吸收。骨的吸收包括骨母组织的破坏和骨盐的溶解。现在认为骨细胞和破骨细胞参与骨的吸收。骨吸收时，骨细胞和破骨细胞在甲状旁腺素作用下，能产生组织蛋白酶、胶原酶和糖苷酶等，使胶原和黏多糖降解，从而使骨母组织消失。同时，由于甲状旁腺素的作用改变了骨组织的代谢，使其释放柠檬酸和乳酸，一方面使吸收部位的 pH 降低，另一方面柠檬酸可以与 Ca^{2+} 结合形成可溶解而不解离的化合物。这两种作用都有利于局部骨盐的溶解，于是骨组织被溶解吸收。

18.5.5 血浆中钙、磷浓度恒定的调节

在钙、磷代谢调节机制中，以血浆中恒定的调节机制最为重要。机体调节血浆 Ca^{2+} 浓度恒定的机制是通过调控钙磷的吸收、在骨中的沉积和动员以及肾的排泄等方式来维持的。在上述机制中起主要作用的是通过体液中的钙与骨中钙的交换。该交换有两种机制：一种是依赖于血浆中钙和骨中易交换钙之间的物理化学平衡，使血钙浓度维持在 7 mg/100 mL 左右；另一种机制是在甲状旁腺素的作用下，把骨盐晶体中的钙（不易交换钙）动员出来，使血钙浓度达到正常水平。

18.5.5.1 甲状旁腺素

甲状旁腺素（parathyroid hormone，PTH）是甲状旁腺主细胞分泌的一种蛋白质激素，它的主要作用有以下几方面：①直接作用于骨组织，促使间质细胞转变为破骨细胞，抑制破骨细胞转变为成骨细胞，使破骨细胞的活性增强并使柠檬酸含量增多，从而发生溶骨作用而血钙浓度升高；②能促进肾小管对钙的重吸收和对磷酸盐的排泄，血磷浓度的降低有利于血钙浓度的升高；③促进肾对维生素 D 的活化，使 25 - OH -维生素 D 转为 1,25 -$(OH)_2$ -维生素 D，后者可促进钙在肠中的吸收，间接促进血钙浓度的升高。

PTH 的分泌受血钙浓度的调节，血钙浓度降低，分泌增加，血钙浓度升高，分泌减少。PTH 总的作用结果是使血钙浓度升高。

18.5.5.2 降钙素

降钙素（calcitonin，CT）是甲状腺的滤泡旁细胞（parafollicular cell）（又称为 C 细胞）合成、分泌的一种多肽激素，它在维持血钙浓度恒定中起着重要作用。CT 的主要作用有以下几方面：①促进成骨细胞的活动，抑制破骨细胞的活性，从而抑制骨吸收，促进钙在骨中的沉积，使血钙浓度降低；②可直接作用于肾近曲小管，抑制对钙和磷的重吸收，使尿钙和尿磷增加。

CT 的分泌受血钙浓度的调节，当血钙浓度升高时，分泌增多，反之则分泌减少。CT 总的作用结果是使血钙浓度降低。

18.5.5.3 维生素 D

维生素 D 能使血钙浓度维持在正常水平。由于维生素 D_2 或 D_3 都是无活性形式，因此必须经过代谢转变（主要是在肝、肾中进行羟化作用）生成 1,25 -$(OH)_2$ -维生素 D_2 或 1,25 -$(OH)_2$ -维生素 D_3 之后才能促进肠黏膜对钙的吸收、骨盐的溶解以及肾小管对钙、磷的重吸收。甲状旁腺素、降钙素和维生素 D 在维持正常血钙浓度中的作用见图 18.5。

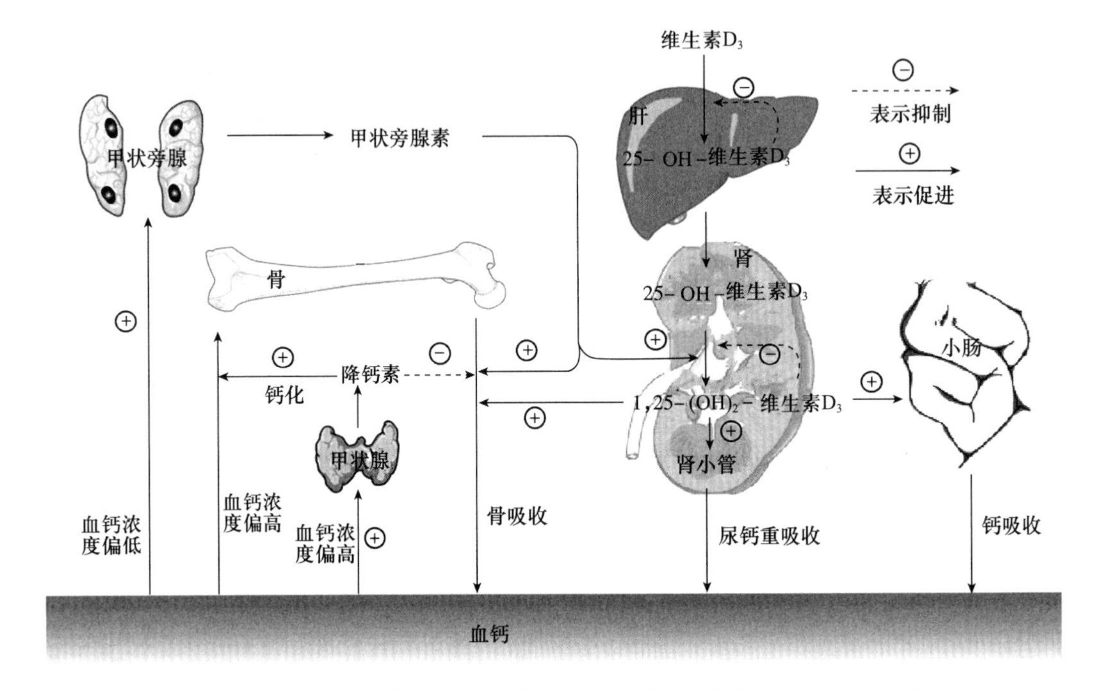

图 18.5 甲状旁腺素、降钙素和维生素 D 在维持正常血钙浓度中的作用

18.5.6 镁的代谢

动物机体所有的组织中都含镁。体内总镁量的 70%左右在骨中，其余的在细胞外液和细胞内，并且在细胞内的浓度远高于细胞外液的浓度。各种动物血浆中的正常镁含量有所不同，一般在 2～5 mg/100 mL。

镁离子影响组织的兴奋性。大量注射镁盐可抑制中枢神经活动，有麻醉和镇痉作用。这些作用可完全被钙所颉颃，而颉颃的原理尚不明了。体液中镁的浓度低时，则神经、肌肉的兴奋性亢进，发生痉挛和抽搐以致死亡。Mg^{2+} 还是许多酶的必需辅助因子，体内有 300 多种酶以 Mg^{2+} 作为其辅助因子。

饲料中镁含量多时肠道的吸收量也增多，但吸收率却不高。维生素 D 对镁的吸收也有一定的促进作用，但比其对钙的作用小很多。体内镁随粪、尿排出，泌乳动物也随乳汁排出。

关于血浆中镁含量的调控机制迄今知道的很少。骨中的镁无疑是体内镁的储存库，当血浆中镁浓度低时，可动员骨中的镁进行补充。但动员的速度缓慢，而且至今未发现有如血钙浓度和甲状旁腺素那样的反馈调控机制。现在认为肾排出镁是重要的调节因素，并已知肾排镁是有阈值的，据测定牛的阈值是每 100 mL 血浆 1.80～1.90 mg。当血浆中镁浓度低于正常值时，尿中实际无镁。因此在兽医临床上可用测定尿镁的方法判断动物是否已发生低镁血症。一般说来，当肾功能正常时，尿中有镁可说明动物未发生低镁血症。

迄今研究最多、最常见的镁代谢紊乱是反刍动物的低镁血症。该病是由于长期以牛乳饲喂犊牛而发生的，因为牛乳中镁的含量低，不能满足犊牛的需要。其特点是血镁浓度降低和骨中镁的含量也降低。低镁血症引起抽搐，不治疗可导致死亡。另一种常见的放牧乳牛的低镁血症，有急性型和慢性型之分。二者都以血镁浓度过低而抽搐以致死亡为特点，但急性型的骨镁含量不见减少，而慢性型的骨镁含量也减少。其发病原因尚不明了，但肯定是与牧草类型和放牧条件有关。这方面的研究材料很多，但迄今尚未有肯定的结论。绵羊也有类似疾病。

18.6　铁和微量元素的代谢

动物体内的微量元素是指占体重 0.01%以下的各种元素，这是因为占体重 0.01%以下的元素只能用微量分析的方法测定。而含量占体重 0.01%以上的各种元素，则可用常量分析的方法进行测定，故称为常量元素。显然这种用化学分析来划分体内元素的方法是不甚合理的，因为它不反映各种元素在体内的代谢情况或生理作用。

动物体内的微量元素一般分为两大类：一类是必需微量元素，因为已经查明它们都各自具有特殊的生理功能，而且当动物体内缺乏它们时，会患有特殊的疾病；另一类是非必需微量元素，这类元素到目前为止还未发现它们有任何特殊生理功能，也未发现当畜禽体内缺乏它们时会患有疾病。目前已知动物体内的微量元素多达 50 多种，其中有 14 种已肯定为必需的微量元素，即铁、锌、铜、碘、锰、钼、钴、硒、铬、镍、锡、硅、氟和钒，其余则是非必需的微量元素。

在非必需的微量元素中又可分为毒性元素和惰性元素两类。汞、镉、砷、碲、铅、铍、锑、钡、铊、钇等已被证明是毒性元素，它们在体内微量存在时就能引起毒性反应，而溴、硼、铝等元素在体内微量存在时，并不引起有害反应，故称为惰性元素。当然，毒性元素和非毒性元素的划分不是绝对的。实际上任何元素，包括必需的元素在内，在体内过量存在时都会引起毒性反应。例如，铜、钴、锰、硒和氟等已被证明为必需的微量元素，但如果摄入过量，常会引起中毒。而且其中有些元素，如氟和硒等，过去很长时期曾被认为是毒性元素，只是后来才发现它们是必需的元素。反过来，即使是毒性很强的元素如汞、铍、铅、砷等，如果在体内的含量极微，一般仍可无害。

关于必需的和非必需的微量元素的划分，也只是根据目前的认识来定的。随着对微量元素研究的加深，肯定会对上述的划分有所修正，因为很可能有些元素实际上是必需的，而现在还没有认识到，因而列在非必需的之中。而有些元素，如锡、铬、钒等，虽然用实验动物已经证明是必需的，因而列在必需的微量元素之中，但它们在各种动物体内的作用究竟如何，现在还并不十分了解。

18.6.1　铁的代谢

18.6.1.1　铁的分布和功能

动物体内铁的含量虽然很少，但非常重要，它是血红蛋白、肌红蛋白、细胞色素以及其他呼吸酶类（细胞色素氧化酶、过氧化氢酶、过氧化物酶）的必需组成成分，其主要的功能是把氧转运到组织中（血红蛋白）和在细胞氧化过程中转运电子（细胞色素体系）。

机体 60%～70%的铁以血红蛋白的形式存在于红细胞中，而血浆中铁的含量极少。在血浆中铁主要以转铁蛋白的形式进行运输，游离的铁极微。约 3%的铁以肌红蛋白的形式存在于所有肌细胞中。但有些动物，例如马和犬的肌红蛋白含量比其他动物的明显高。据估计犬肌红蛋白中的铁约占全身铁量的 7%。所有含铁酶中的铁约占全身铁的 1%，其余的铁以铁蛋白或含铁血黄素形式储存，储存的部位主要是在肝、脾、肠黏膜以及骨髓的细胞中。

18.6.1.2　铁的吸收和排出

与其他电解质不同，体内铁的含量不是用排出调节，而是通过吸收进行调节。机体能把体内的铁很有效地保存起来，各种含铁物质在降解时，其中的铁几乎能全部被机体再利用，因而排出的铁量极少。家畜粪中的铁绝大部分是饲料中未被吸收的铁，极少量是随胆汁以及肠黏膜细胞脱落而由体内排出的。尿中的排铁量更少。此外，通过出汗、毛发脱落以及皮肤脱落也丢失少量的铁，母畜泌乳也排出少量的铁。动物主要是在失血时丢失较多的铁。

铁主要以 Fe^{2+} 在十二指肠中被吸收。饲料中的有机铁可在胃酸的作用下释放出来，而 Fe^{3+} 则被肠道中的还原剂还原成 Fe^{2+} 被吸收。这种还原剂有维生素 C、谷胱甘肽以及蛋白质中的硫氢基等。Fe^{2+} 可与维生素 C、某些糖和氨基酸形成螯合物，这些化合物在较高的 pH 中也能溶解，故有利于吸收。消化道疾病和饲料中较多的磷酸以及其他降低 Fe^{2+} 溶解度的物质，都影响铁的吸收。铜缺乏也影响铁的吸收。

铁的吸收量取决于机体的需要，需要多少吸收多少，多余的则拒绝吸收。目前认为机体调节铁吸收的机制与肠黏膜细胞内铁蛋白含量有关。实验证实，给饥饿的动物饲以铁时，其肠黏膜上皮细胞可新合成较多的脱铁铁蛋白（apoferritin），并与铁结合成铁蛋白（ferritin），使后者的含量较饥饿时增加 20～50 倍。当肠黏膜细胞内的铁蛋白含量高时，即可阻断铁的吸收。铁离子从肠黏膜细胞进入血液的速度受细胞内氧化还原水平的调节。当有大量的 Fe^{3+} 被还原成 Fe^{2+} 时，Fe^{2+} 则从铁蛋白中解离出而扩散入血。贫血时由于氧供应不足，有利于上述还原反应，肠黏膜细胞的 Fe^{2+} 可迅速扩散入血，进而促进铁的吸收。肠黏膜细胞中的铁一般不被动员利用，主要随细胞的更新而脱落，因此对调节铁储存量和吸收率有一定意义。当体内造血速度加快时，体内储铁量减少，新生肠黏膜细胞的含铁量也少，可通过上述机制加速铁的吸收。体内造血速度减缓时，结果则相反，使铁的吸收量降低。

18.6.1.3 铁的转运、利用和储存

铁在血浆中是与转铁蛋白（transferrin，Tf）结合而运输。Tf 是一种 β 球蛋白，含糖量约 6%，主要在肝细胞中合成。Tf 是铁的特异载体，它与铁的亲和力大于其他血浆蛋白，与 Tf 结合的铁为 Fe^{3+}。Tf 含两个亚基，每个亚基有一个 Fe^{3+} 结合位点，故每分子 Tf 可结合两个 Fe^{3+}。Tf 与 Fe^{3+} 的结合需要有 HCO_3^- 的参与，每个 Fe^{3+} 与 Tf 的结合需要一个 HCO_3^-，这种与 Fe^{3+} 结合的 Tf 呈红色。转铁蛋白结合铁的能力较强，正常含铁量仅约为其结合能力的 33%。不同病变时此数值有变化，故可作为诊断指标。在铁掺和到血红蛋白中去时，似乎是转铁蛋白进入发育着的网织红细胞，并在其中把铁释放出来以进行掺和。

现在认为网状内皮系统不仅储存铁，而且也释放其中的铁为组织利用，即在维持血浆的铁含量中起部分作用。当网状内皮细胞向细胞外液中释放铁时，其铁蛋白中的 Fe^{3+} 必须还原为 Fe^{2+} 才能进入血浆，而到达血浆后又需再氧化为 Fe^{3+} 与转铁蛋白结合起来转运，血浆铜蓝蛋白参与此过程，至少是参与此氧化作用。

当组织需要时，血浆中的铁从转铁蛋白中释放出来，并穿过毛细血管进入细胞，在其中储存或利用。由转铁蛋白把铁转运至储存部位需要维生素 C 和 ATP 的作用，可能还需要其他阴离子。

肝、脾和肠黏膜是储存铁的主要部位，但其他器官（如胰腺、肾上腺）以及所有网状内皮细胞都起储存铁的作用。储存的形式是铁蛋白和含铁血黄素。正常时铁蛋白占 60%，在铁沉积过多的疾病中，则含铁血黄素异常多。经普鲁士蓝组织化学染色可鉴别，铁蛋白不染色，含铁血黄素则染色。

铁主要用于合成血红蛋白、肌红蛋白和某些呼吸酶类。呼吸酶是在所有的细胞中都合成的，肌红蛋白在肌肉细胞中合成，血红蛋白则在造血组织，主要是在骨髓中发育的红细胞中生成。当血红蛋白降解时，其中的铁是易于被再利用的，肌红蛋白和呼吸酶中的铁则不易被再利用。在储存铁中，铁蛋白中的铁比含铁血黄素中的铁易于被利用。

机体每天动用的铁远远超过其外源供应的量。例如人每天由红细胞降解获得的铁为 20～25 mg，其中大部分立即用于再合成血红蛋白，少量则通过血液运送至其他组织，掺和在储存

铁、肌红蛋白或含铁的酶类中。而每天由食物吸收的铁则不到 1 mg。铁的代谢如图 18.6 所示。

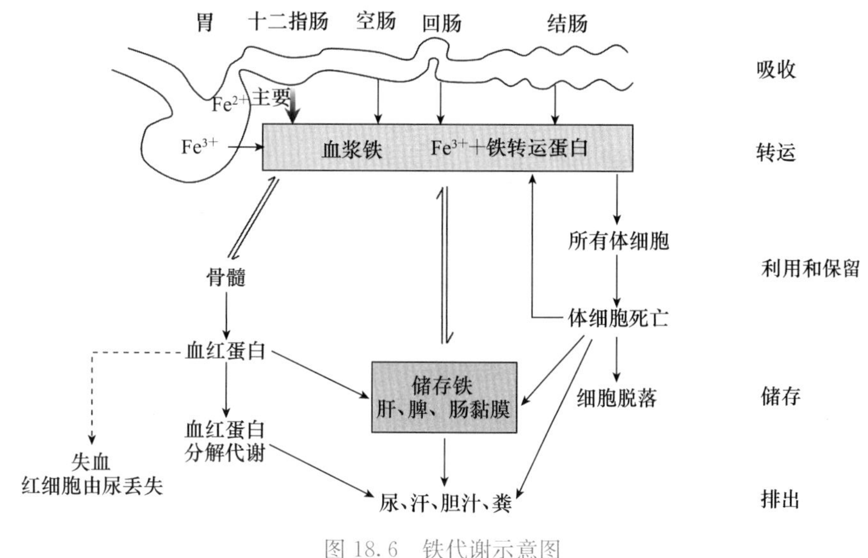

图 18.6 铁代谢示意图

18.6.2 其他微量元素的代谢

18.6.2.1 吸收和排泄

大多数微量元素是随饲料和饮水经消化道吸收进入体内的。但某些元素，例如碘，还可以随大气通过呼吸道或皮肤等途径进入体内。对大多数微量元素来说，胃、肠的吸收机制是不清楚的，对影响吸收的因素了解也很少。已知天然饲料和饮水中各种微量元素的含量与动物对它们的需要量和吸收量之间有高度的一致性，这大概是生物在长期进化过程中对其环境进行适应的结果。

微量元素的排出途径有随粪、尿排出以及由汗腺、皮肤、被毛等排出。不同元素的排出途径差异很大。钴、钼、氟、碘、硒等主要由尿排出，铜、锌、铬、锰等则主要随粪排出，锌、溴、铅、铜、铝、镉、钡、硼、锰、锑、砷、硒、氟等有一部分能进入被毛而排出。

18.6.2.2 在体内的分布和存在方式

微量元素在体内的分布极不均匀，许多元素都有其特异的集中存在的部位。例如，氟、锶、铅、钡的 90%以上集中在骨骼；锌、溴、锂、汞有 50%以上集中在肌肉；碘有 85%以上集中在甲状腺；钒有 90%以上集中在脂肪组织；铜大部分集中在肝等。这些集中部位，有的是与它们的特殊生理功能有关（如碘在甲状腺内等），有的则是储存部位。

微量元素在动物体内的存在方式是多种多样的，有的以离子形式存在；有的与蛋白质紧密结合；有的则形成有机化合物等，而且同一元素可以多种形式存在。这种存在方式，往往与它们的生理功能、运输或储存有关。例如，碘以甲状腺素的形式存在，钴以维生素 B_{12} 的形式存在，都与它们的生理功能有关。铜、锌是在血浆中与蛋白质结合起来进行运输的，并以与蛋白质结合的方式储存起来。

18.6.2.3 必需微量元素的生理功能

已知的必需微量元素的生理功能是多种多样的，并发现动物体内缺乏某种必需微量元素时，会发生特异的症状。然而，由于对它们功能的了解还不够深入，还不能很好地阐明缺乏时所发生特异症状的原因。除铁作为血红蛋白、肌红蛋白和细胞色素体系的必需组成成分参与机体的物质代谢及能量代谢外，铜也作为体内多种酶和蛋白质的组分参与代谢过程，并参与铁的代谢；锌与体内许多酶的活性有关，主要参与核酸、蛋白质的合成，对生长发育有重要影响，并与免疫、防御功能有密切关系；钴主要以维生素 B_{12} 的形式发挥作用，参与造血，并对蛋白质、脂类的代谢有影响。

关于必需微量元素的生理功能可归纳为以下几个方面。①许多微量元素与酶的活性有关，这是已知的微量元素最为广泛的作用。例如，铜是酪氨酸酶、细胞色素氧化酶的必需成分；钼是黄嘌呤氧化酶和醛氧化酶的必需成分；锌是碳酸酐酶、碱性磷酸酶、胰羧基肽酶的必需因子；锰是精氨酸酶、碱性磷酸酶、异柠檬酸脱氢酶、葡糖磷酸变位酶、肠肽酶的激活剂和琥珀酸脱氢酶的必需因子；硒是谷胱甘肽过氧化物酶的必需因子。很明显这些微量元素是通过酶来发挥它们的生理作用的。②某些微量元素是构成一些生物活性物质的成分。例如，碘是甲状腺素的成分；钴是维生素 B_{12} 的成分；铁是血红素的成分等。③有些微量元素，如氟可被吸附在牙齿珐琅质的羟磷灰石晶体表面，形成一层抗酸的氟磷灰石，因而对牙齿有保护作用。

此外，已知许多微量元素还有许多其他生理作用，但由于对其机制还不明了，因而尚不清楚它们是通过何种途径发挥作用的。

案　例

1. 牛瘤胃酸中毒　动物的正常生理活动，除需要适当的温度和渗透压外，还必须保持体液适当的酸碱度。动物细胞外液的pH一般在7.24～7.54，如果高于7.8或低于6.8时，动物就会死亡。瘤胃酸中毒是反刍动物因采食大量的易发酵的富含糖类的饲料，在瘤胃内形成过多乳酸所引起的一种急性中毒病。例如，在母牛分娩前后，粗料和精料搭配失衡，富含糖类的饲料在瘤胃内蓄积，产生大量乳酸，造成体内pH下降，进而发生酸中毒。临床上，以前胃消化障碍、瘤胃积液、脱水和酸中毒为主要特征。此病发展急促、病程短、病死率较高，对反刍类动物危害很大。临床上应遵循“制止瘤胃乳酸继续产生”“纠正瘤胃酸中毒”“输液强心改善血液循环”“改善瘤胃环境增进消化机能”的原则进行治疗。

2. 佝偻病　佝偻病（rickets）是常见于犊牛、羔羊、仔猪、幼犬和雏鸡的一种营养不良性疾病，维生素D、钙或磷缺乏及钙、磷比例失衡是导致该病发生的主要因素。维生素D具有维生素 D_2 和维生素 D_3 两种活性型，前者主要来源于干草，而后者则通过皮肤接受日光照射获得。当维生素D缺乏时，肠道对钙、磷吸收减少，血钙、血磷水平下降。低血钙可引起甲状旁腺素（PTH）分泌增加，而PTH有促进破骨细胞溶解骨盐的作用，使骨质脱钙进入血液以维持血钙的正常水平，从而调节维生素D缺乏所致的血钙过低。同时，PTH又可抑制肾小管对磷的重吸收，使尿磷增加、血磷减少。这样，维生素D缺乏时，血钙在正常或偏低水平，而血磷含量降低，其结果是导致钙磷浓度下降，钙磷沉积不能进行，骨样组织不能骨化而大量堆积于骨骺软骨处，骨端膨大，长骨因负重而弯曲，雏鸡喙变软和弯曲变形。

3. 骨软症　骨软症是发生在软骨内骨化作用已经完成的成年动物的一种骨营养不良性疾病，主要发生于乳牛、黄牛、绵羊、家禽、犬和猫。无论是成年动物软骨内骨化作用已完成的骨骼还是幼畜正在发育的骨骼，骨盐均与血液中的钙、磷保持不断交换，

即不断地进行着矿物质沉着的成骨过程和矿物质溶出的破骨过程，两者之间保持着动态平衡。当饲料中钙、磷含量不足，或钙磷比例不当，或存在干扰钙、磷吸收和利用等因素，造成钙、磷肠道吸收减少，或因妊娠、泌乳的需要钙、磷消耗增大时，血液钙、磷的有效浓度下降，骨质内矿物质沉着减少，而矿物质溶出增加骨中羟磷灰石含量不足，骨钙库亏损，引起骨骼进行性脱钙，未钙化骨质过度形成，结果导致骨质柔软、疏松，骨骼变脆弱，常变形，易发生骨折，以及局灶性增大和腱剥脱。

二维码 18-1　第 18 章习题

二维码 18-2　第 18 章习题参考答案

第 19 章

血 液 化 学

【本章知识要点】

☆ 血液是机体的重要组成部分，除了含有白细胞、红细胞和血小板等有形成分以外，还含有种类繁多、具有重要生理功能的蛋白质，以及体内几乎所有物质的代谢产物。

☆ 血液中的蛋白质具有运输、催化、免疫和调节等多种功能。血浆蛋白主要有清蛋白、球蛋白等，清蛋白和球蛋白含量最多，且清蛋白/球蛋白数量值是相对固定的。

☆ 纤维蛋白原转化为纤维蛋白的过程就是血液凝固的过程，血液中的许多酶都参与血液成分的代谢和转变反应。

☆ 糖代谢是红细胞中最重要的代谢之一。哺乳动物成熟的红细胞没有核、线粒体、内质网及高尔基体，能量绝大部分依赖于葡萄糖酵解，小部分通过磷酸戊糖途径、糖醛酸循环及2,3-二磷酸甘油酸支路代谢。禽类的红细胞是有核的结构，主要通过糖的有氧分解获取能量。

☆ 血红蛋白是红细胞中的主要蛋白质成分，一旦其 Fe^{2+} 被氧化成 Fe^{3+}，转变为高铁血红蛋白就失去了运输氧的能力。正常红细胞能通过酶促反应及非酶促反应把高铁血红蛋白还原为血红蛋白。

☆ 胆素的代谢是血液中另一个重要的代谢。红细胞破裂后，血红蛋白的辅基——血红素被氧化分解为铁及胆绿素。由胆绿素，再经过胆红素、胆素原等代谢转变，最终生成粪便或尿中的胆素排出体外。

☆ 血液是联系和沟通机体各个组织器官的媒介，因此血液化学成分的分析对疾病的诊断具有重要的意义。

血液是机体内环境的重要组成部分，也是机体与外环境联系的媒介。其可以沟通体内各组织间的联系，运输养分和代谢废物，能维持组织细胞正常生命活动所需的最适温度、pH、渗透压及各种离子浓度的最适比例，并具有防御机能。血液各成分可反映机体生理和代谢的状况。当动物患病时，生理和代谢状况发生变化，引起血液成分的变化。因此，临床上常以血液成分指标的变化作为诊断和治疗疾病的依据和参考。

19.1 血液的化学成分

血液（或称全血）(whole blood) 的成分比较复杂，含有水、小分子（如 O_2）、生物大分子（如蛋白质）以及有形成分（各种细胞）等几百种成分物质，其中含水量达 81%～86%。

血液中的有形成分包括红细胞、白细胞和血小板。红细胞的化学成分与一般的细胞有很大不同，其中最主要的成分是血红蛋白。白细胞的化学成分与一般的细胞大致相同，其中颗粒白细胞含有较丰富的溶酶体，借助溶酶体中的酶消化被白细胞吞噬的细菌。血小板内则富含具有收缩性能的蛋白质，它与血小板的血块回缩功能有密切关系。

血液中除有形成分外，其他部分即为血浆（plasma），用离心等方法可获得。血浆含水量达90%～93%，其余的主要成分是清蛋白（albumin）和球蛋白（globulin）。免疫球蛋白（immunoglobulin）属于γ球蛋白，血浆纤维蛋白原（profibrin）属于β球蛋白，脂蛋白属于α或β球蛋白，它们具有维持渗透压、防御和运输物质等多种生理功能。此外，血浆中还含有多种酶、营养物质（如葡萄糖、脂肪酸等）以及含氮小分子（如氨基酸、核苷酸、尿素、尿囊素、肌酐酸、马尿酸、游离氨、嘌呤碱、嘧啶碱和尿酸等，统称为非蛋白含氮物），其中有些成分的变化可以作为诊断疾病的指标。

血液凝固后经收缩渗出的淡黄色、透明、黏稠的液体称为血清（serum），血清中包含了血液的其他可溶性成分。

19.2 血浆蛋白质

19.2.1 血浆蛋白质的种类及含量

血浆中的清蛋白和球蛋白可依据其理化特性，用盐析、电泳等方法将其分离。血清中蛋白质成分，除不含纤维蛋白原外，其余成分与血浆相同。用醋酸纤维素薄膜分离血清蛋白质可得到清蛋白（A）、α球蛋白、β球蛋白和γ球蛋白几部分（图19.1）。用免疫电泳法或聚丙烯酰胺凝胶电泳法，可以分离出更多的蛋白质成分。一些家畜血清蛋白质的含量见表19.1。

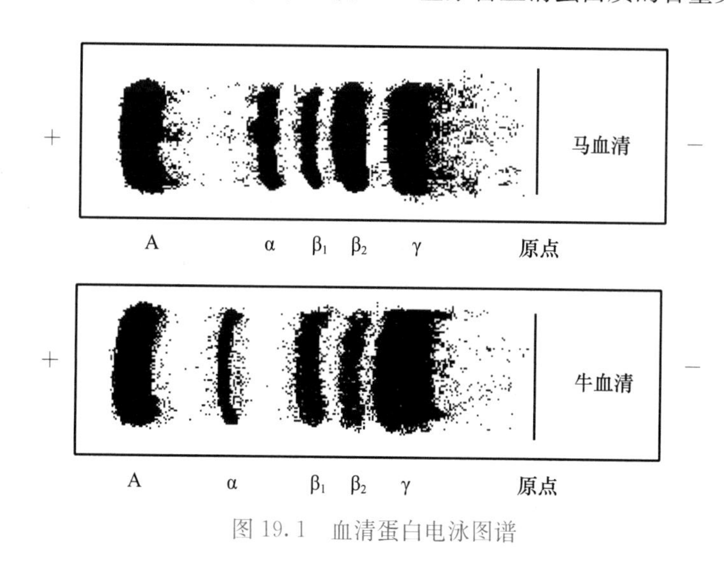

图19.1 血清蛋白电泳图谱

表19.1 主要家畜血清蛋白质含量（g/100 mL）

动物	总蛋白	清蛋白	球蛋白	清球比（A/G）
哺乳仔猪	7.06	3.46	3.60	0.96
后备小猪	7.18	3.09	4.09	0.76
乳牛	9.14	4.05	5.19	0.78
马	8.03	2.64	5.39	0.49

（续）

动物	总蛋白	清蛋白	球蛋白	清球比（A/G）
骡	8.65	3.11	5.52	0.56
空怀母驴	7.96	4.23	3.66	1.16
妊娠母驴	7.22	5.22	2.72	1.92
绵羊	5.38	3.07	2.31	1.33
山羊	6.67	3.96	2.71	1.46

19.2.1.1 清蛋白和球蛋白

血浆中含量最多的蛋白质是清蛋白和球蛋白。清蛋白是由肝合成的，球蛋白中的α球蛋白也是由肝合成，而β球蛋白和γ球蛋白则是由浆细胞合成的。

血清中清蛋白与球蛋白的比值是一定的，这个比值（清/球或A/G）称为血清蛋白系数（serum protein coefficient）。人的这一比值大于1，多数畜禽小于1。

清蛋白和球蛋白的主要生理功能如下。

(1) 维持正常血浆胶体渗透压（简称胶渗压）：在正常情况下，血浆蛋白质浓度高于组织液，因此血浆的胶体渗透压高于组织液，能使组织液进入血浆，进行正常代谢。如果由于某些病理原因，血浆蛋白质含量减少，胶体渗透压下降，组织液的水分不能进入血浆，就可以引起水肿。由于清蛋白分子质量小于球蛋白，相同质量的清蛋白对胶渗压的影响大于球蛋白，因此，有时虽然球蛋白含量稍高，但只要清蛋白含量减少，也会引起水肿。

(2) 运输功能：许多物质通过血液进行运输时，都是同血浆蛋白质结合成为某种复合体进行的。例如，清蛋白与非酯化脂肪酸、胆红素及一些药物结合成为复合体，β球蛋白和γ球蛋白中的一些蛋白质结合脂肪、磷脂、胆固醇及胡萝卜素，β球蛋白中的金属结合蛋白结合铁、铜、锌等。

(3) 免疫功能：人和动物体内的抗体大部分是γ球蛋白，也有少部分是β球蛋白。抗体同外源蛋白质或其他抗原特异地结合引发抗原-抗体反应，从而使外源蛋白质失活，起到保护机体的作用。在免疫学等课程中，对免疫球蛋白有详尽的介绍。

(4) 修补组织：在人和动物体内，血浆蛋白质参与组织蛋白质的代谢，并同组织蛋白质保持平衡。如用不含蛋白质的饲料喂养动物，同时以同种动物的血浆蛋白质进行静脉注射，动物可以长期保持氮平衡。可见，血浆蛋白质具有修补组织的功能。

(5) 缓冲作用：血浆蛋白质与其相应的盐组成缓冲对，具有维持血浆pH恒定的作用。

19.2.1.2 纤维蛋白原

血浆中的纤维蛋白原是在肝中合成的具有凝血功能的蛋白质，含量虽然只占血浆总蛋白的4%～6%，但具有很重要的生理功能。当血液因血管受到物理损伤而渗出时，在一系列凝血因子（clotting factor）和凝血酶的作用下，血浆中原本处于溶解状态的纤维蛋白原转变为不溶性的纤维蛋白，再与血浆中的有形成分（如血细胞等）一起沉淀，从而使受损伤处局部产生凝血，防止大量出血，起到保护机体的作用。

纤维蛋白原是一种细长的纤维状蛋白质，相对分子质量约为3.4×10^5，由6条肽链组成，即有A_α链、B_β链和γ链各2条，彼此以二硫键相连（图19.2）。

纤维蛋白原经凝血酶的作用，解离掉A_α链的A部分和B_β链的B部分，转变为纤维蛋白单体。许多纤维蛋白单体自发地以头尾相接的形式连接聚合成直线形纤维蛋白多聚体。这种纤维蛋白多聚体中各个纤维蛋白单体之间以非共价键连接，溶于稀酸和6 mol/L的尿素，称为不

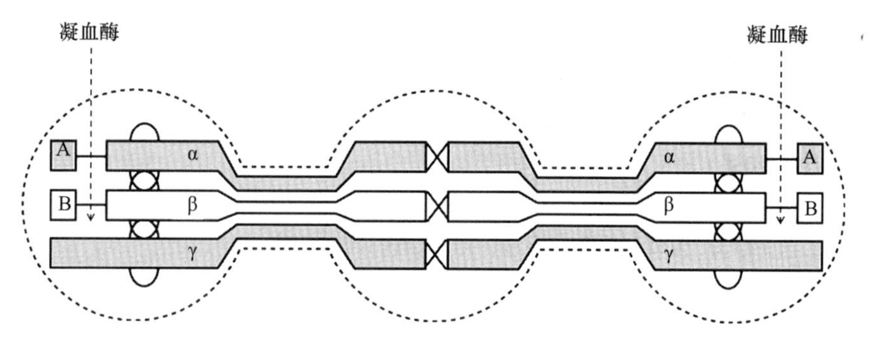

图 19.2 纤维蛋白原的分子模型

稳定的可溶性纤维蛋白多聚体。它再进一步经纤维蛋白转谷氨酰胺酶（即凝血因子ⅩⅢa）的催化，互相交联为稳定的不溶性纤维蛋白。这种交联作用是由可溶性纤维蛋白多聚体分子中的谷氨酰胺侧链与赖氨酸侧链间发生反应而成。

Gln 残基：

$$\text{HC(CO)(NH)}-(CH_2)_2-\overset{O}{\overset{\|}{C}}-NH_2$$

+

Lys 残基：

$$H_3N^+-(CH_2)_4-\text{CH(CO)(NH)}$$

$$\xrightarrow[\text{转谷氨酰胺酶}]{Ca^{2+}} \text{HC(CO)(NH)}-(CH_2)_2-\overset{O}{\overset{\|}{C}}-\underset{H}{\underset{|}{N}}-(CH_2)_4-\text{CH(CO)(NH)} + NH_4^+$$

纤维蛋白原转变为纤维蛋白多聚体的过程如下。

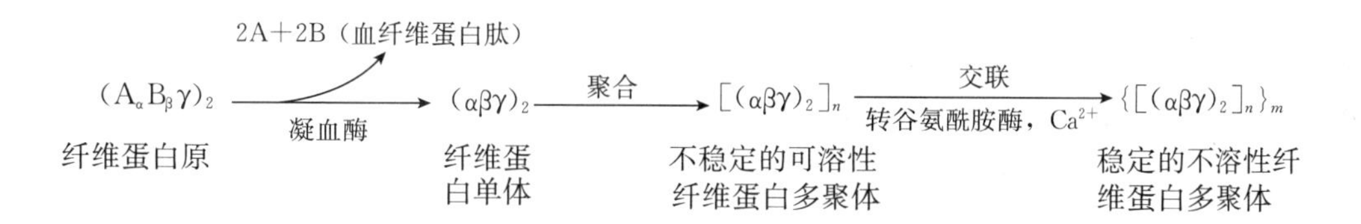

19.2.1.3 酶

血浆中相当一部分蛋白质是酶。根据其来源不同，可将血浆中的酶分为以下三类。

（1）功能性酶：此类酶在血浆中发挥重要的催化功能，如凝血酶原等多种凝血因子，纤维酶原（procellulase）、血浆铜蓝蛋白（ceruloplasmin）、脂蛋白脂酶（lipoprotein lipase，LPL）等。这类酶大多数由肝合成后分泌进入血液。当肝功能下降时，这些酶在血浆中的含量降低。

（2）外分泌酶：此类酶来自外分泌腺，只有极少量的酶逸入血中。如淀粉酶（amylase，来自唾液腺及胰腺）、脂肪酶（lipase，来自胰腺）、蛋白酶原（proproteinase，来自胃和胰腺）等。这些外分泌腺酶在血浆中很少发挥催化作用。当腺体酶合成增加时，进入血液的酶也相应增加。

（3）细胞酶：此类酶本来在各组织细胞内，当细胞更新、破坏或在一定条件下，可有少量的酶进入血液，如碱性磷酸酶（alkaline phosphatase）、氨基转移酶、乳酸脱氢酶（lactate dehydrogenase）和磷酸化酶（phosphorylase）等。它们在血浆中也很少发挥催化作用。当某些组织细胞破坏、细胞膜通透性增加或细胞内酶含量增加时，则相应的酶在血液中的含量增加、活性增强。

正常情况下，各种来源的酶进入血浆后，逐渐地被肝或肾清除，或在血管内失活或分解。因此，这些酶的含量在动物血浆内可在一定范围内发生变动。当有关脏器发生病变，或清除酶的功能发生障碍时，血浆中这些酶的含量就会超出正常范围，因此，酶含量的变化指标可以作为疾病诊断的参考依据。

19.2.2 血浆蛋白质的代谢及其与疾病的关系

19.2.2.1 血浆蛋白质代谢

血浆蛋白质同其他蛋白质一样，也要不断地进行新陈代谢，以保证其足够的含量。血浆蛋白质的合成主要是在肝和浆细胞中进行的。血浆蛋白质的去路目前尚不完全清楚，根据已有的研究结果，主要有下列几条途径。

(1) 进入消化道：消化液中都或多或少地含有一些血浆蛋白质，这些蛋白质可在消化道降解成氨基酸，进入氨基酸代谢库。据分析，清蛋白中有70%是进入消化道进行分解的。

(2) 在肾中分解和排出：在正常情况下，相对分子质量大于90 000的血浆蛋白质较难通过肾小球，而某些能够通过肾小球进入小球滤液的蛋白质中，约有95%可被近曲小管重吸收。因此，尿液中来自血浆的蛋白质甚微。被肾小管重吸收的血浆蛋白质可在小管细胞中降解成氨基酸而再次进入血液被利用。

(3) 在肝和单核巨噬细胞系统中分解：体内很多细胞都可通过吞噬或胞饮作用摄取血浆蛋白质，并经溶酶体将其分解，其中以肝和单核巨噬细胞系统为主。

(4) 随排泄性分泌液排出：有很少一部分血浆蛋白质可随排泄性分泌液而排出，如支气管和鼻黏膜分泌液、精液、阴道分泌液、乳汁、泪液和汗液等。

在正常情况下，蛋白质进入血浆和离开血浆的速度大致上是平衡的，因此一般血浆蛋白质的含量都可稳定在一定范围。

在血浆蛋白质中，纤维蛋白原的再生速度最快，球蛋白次之，清蛋白最慢。有报道，将家兔放血，再注入没有纤维蛋白原的血液，直到血浆中大多数纤维蛋白原被除去，随后在5～6 h内血浆纤维蛋白原的含量就可恢复到正常水平。先将犬的血浆蛋白质除去一半，再饲喂丰富的蛋白质饲料，在第一个24 h内的再生作用相当快，大约能恢复损失量的1/3，此后再生速度变慢，到7～14 d，全部蛋白质即可恢复正常。

19.2.2.2 血浆蛋白质与疾病的关系

某些病理状态下，血浆蛋白质的含量，特别是A/G值会发生相应的变化，临床上可作为疾病诊断的参考依据。

一般疾病状态下，清蛋白的浓度不会有明显改变，除了脱水引起血浆清蛋白浓缩以外，其含量一般不会增加。但下列原因可能会造成血浆清蛋白含量的降低。

(1) 清蛋白合成速度下降：肝是合成清蛋白的主要器官。当肝在某些病理状态或磷、氯仿中毒情况下，肝合成清蛋白的能力受影响，合成速度下降。

(2) 蛋白质长期大量流失：某些肾疾病会引起肾小球通透性增加，造成蛋白质随尿液大量流失，导致血浆蛋白质的含量下降。

(3) 血浆球蛋白的增加引起清蛋白减少：在机体受细菌或病毒感染的情况下，由于机体的免疫作用，血浆球蛋白含量增加。机体为了保持血浆渗透压的恒定，下调血浆清蛋白的含量。所以，在病理情况下，往往在清蛋白含量下降的同时，球蛋白含量上升，所以清蛋白/球蛋白值（A/G）明显下降。

(4) 长期营养不足：糖类和蛋白质长期摄入不足，会导致动物机体氮的负平衡，使清蛋白

合成受阻。

在球蛋白中，α球蛋白在一般疾病中其含量不会降低，而在感冒和创伤等情况下会升高。β球蛋白的改变往往与脂蛋白代谢异常有关。在感染时γ球蛋白含量会升高，特别是细菌、原虫和肠道寄生虫感染时，这是体内免疫球蛋白合成增多的结果。在大多数疾病状态下，清蛋白含量的变化都很小，以至于没有变化。此时虽然血清中可能具有较高的抗体滴度，但血清蛋白质各组分的含量并没有明显的变化。

19.3 红细胞

19.3.1 红细胞的化学组成

红细胞的含水量较其他细胞少，为60%～65%。其固形物中绝大多数是血红蛋白，约占32%，其余的则为其他蛋白质、脂类、葡萄糖、代谢中间产物、无机盐和酶等。

其中，蛋白质包括糖蛋白、脂蛋白、血红蛋白等。脂类主要是胆固醇、卵磷脂和脑磷脂。红细胞膜的脂类与蛋白质之比为1∶(1.6～1.8)。乙醚、氯仿等脂溶性溶剂以及胆盐、洗涤剂等表面活性剂均能造成红细胞膜的破裂而发生溶血。某些生物毒素，如蛇毒及溶血性链球菌中含有的磷脂酶A，能从卵磷脂分子上水解一个不饱和脂肪酸，生成溶血卵磷脂，引起溶血；还有一些毒素能溶解脂类或与脂类结合引起溶血。此外，物理因素（如紫外线照射、交替冻融）也可改变细胞膜的结构，引起溶血。

红细胞中的酶有碳酸酐酶、过氧化氢酶、肽酶（peptidase）、胆碱乙酰转移酶（choline acetyltransferase）、胆碱酯酶（cholinesterase）、糖酵解酶系以及与谷胱甘肽合成有关的酶系等。碳酸酐酶对血液运输二氧化碳起着很重要的作用；糖酵解酶系所催化的葡萄糖酵解作用是哺乳类动物红细胞取得能量的主要方式；胆碱乙酰转移酶和胆碱酯酶使红细胞保持一定量的乙酰胆碱，它与红细胞的通透性有关。如果胆碱乙酰转移酶被抑制，红细胞膜会失去其选择通透性而引起溶血。

19.3.2 红细胞的代谢

19.3.2.1 代谢概况

哺乳动物的成熟红细胞没有核、线粒体、内质网及高尔基体，不能进行核酸、蛋白质及脂类的合成。它缺乏完整的三羧酸循环酶系，也没有细胞色素电子传递系统。正常情况下耗氧量很低，其所需的能量几乎完全依靠葡萄糖酵解而取得。酵解产生的ATP主要用于维持细胞膜上的Na^+-K^+-ATP酶的运行。如ATP缺乏，则膜内外离子平衡失调，Na^+进入红细胞多于K^+排出，结果使红细胞膨大成球状，甚至破裂。此外，ATP还用于膜脂与血浆脂的交换以更新膜脂。还有少量ATP用于合成脱氢酶的辅酶。而禽类的红细胞有核的结构，它与一般细胞相似，主要通过糖的有氧分解取得能量。

19.3.2.2 糖代谢

哺乳动物的成熟红细胞不储存糖原。红细胞膜上含有运载葡萄糖的载体，使葡萄糖很容易通过细胞膜，故葡萄糖的浓度在红细胞内与血浆中几乎相同。葡萄糖的代谢绝大部分是通过酵解途径，此外还有小部分代谢通过磷酸戊糖途径、糖醛酸循环及2,3-二磷酸甘油酸支路。糖酵解途径已经在第8章中介绍过，下面只补充介绍其他途径。

（1）磷酸戊糖途径：在成熟的红细胞内经磷酸戊糖途径产生的还原辅酶$NADPH+H^+$，

不像其他细胞那样主要用于脂肪酸和胆固醇等的合成，而是用于保护细胞及血红蛋白不受各种氧化剂的氧化，其作用主要是使 GSSG 还原为 GSH。GSH 在细胞内能通过谷胱甘肽过氧化物酶还原体内生成的 H_2O_2，以消除 H_2O_2 对血红蛋白、含—SH 酶及膜上不饱和脂肪酸的氧化。它也能直接还原高铁血红蛋白，因而其能保护红细胞中酶、细胞膜及血红蛋白免受有害氧化剂的损伤，从而维持红细胞的正常功能（图 19.3）。在生理条件下，通过磷酸戊糖途径代谢的葡萄糖占 3%～11%。当红细胞内代谢不正常时，氧化型谷胱甘肽（GSSG）与还原型谷胱甘肽（GSH）的比值（GSSG/GSH）增大，或过氧化氢酶失活（Fe^{2+} 被氧化成 Fe^{3+}）致使过氧化氢在红细胞内堆积，促进磷酸戊糖途径产生更多的 $NADPH+H^+$。

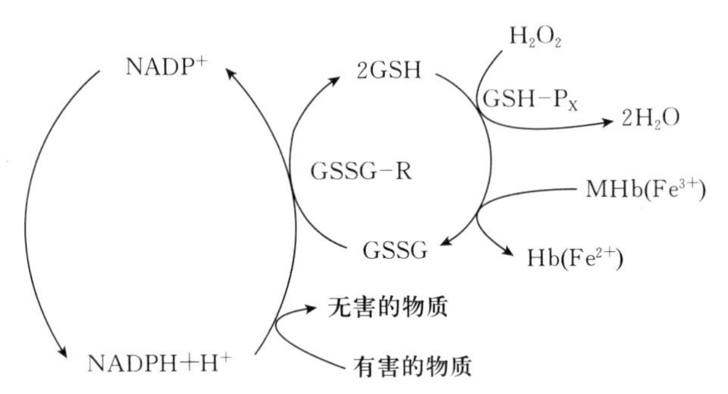

图 19.3　红细胞中磷酸戊糖途径与氧化还原系统的关系

GSSG-R. 氧化型谷胱甘肽还原酶　GSH-Px. 谷胱甘肽过氧化物酶　MHb. 高铁血红蛋白

（2）糖醛酸循环：糖醛酸循环（glucuronic acid cycle）又称 Touster 通路，其过程见图 19.4。此通路的特点是涉及 NAD^+ 及 $NADP^+$ 的反应很多。1 mol 葡萄糖转变为 1 mol 木酮糖-5-磷酸能使 4 mol NAD^+ 变为 $NADH+H^+$，同时又使 2 mol $NADPH+H^+$ 变为 $NADP^+$，即通过此途径可间接使 $NADPH+H^+$ 的氢转给 NAD^+ 生成 $NADH+H^+$，其对维持红细胞中血红蛋白的还原状态有重要意义。

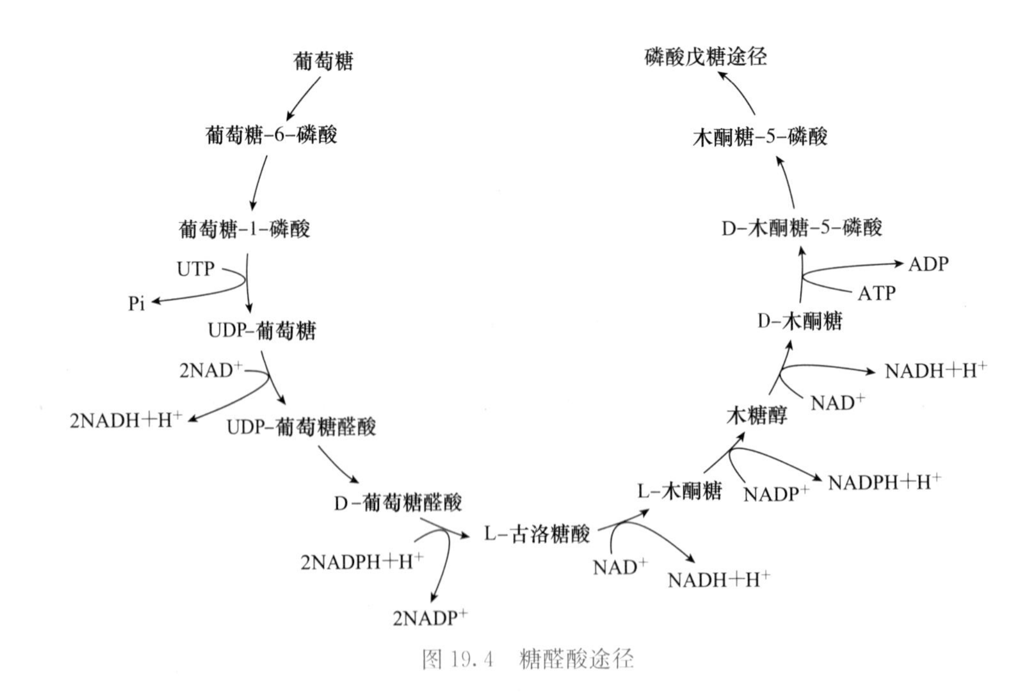

图 19.4　糖醛酸途径

（3）2,3-二磷酸甘油酸支路：在糖酵解过程中，15%～50%的 1,3-二磷酸甘油酸在 2,3-二磷酸甘油酸变位酶的催化下转变成 2,3-二磷酸甘油酸（2,3-bisphosphoglycerate，2,3-

BPG），后者再经 2,3-二磷酸甘油酸磷酸酶催化生成 3-磷酸甘油酸。

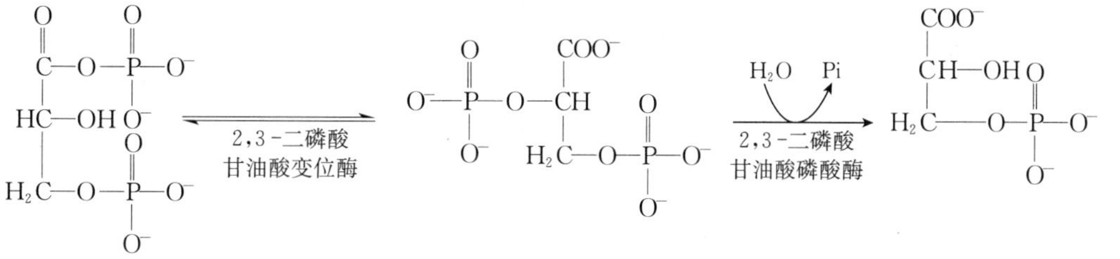

2,3-二磷酸甘油酸变位酶

H_2O → Pi

2,3-二磷酸甘油酸磷酸酶

1,3-二磷酸甘油酸　　　　2,3-二磷酸甘油酸　　　　3-磷酸甘油酸

由于 2,3-二磷酸甘油酸变位酶的活性比 2,3-二磷酸甘油酸磷酸酶的活性强，因此 2,3-二磷酸甘油酸的生成比分解快，于是 2,3-二磷酸甘油酸在细胞中蓄积。但由于 2,3-二磷酸甘油酸对磷酸甘油酸变位酶有很强的反馈抑制作用，因此在其达到一定储量后，该支路就被抑制，糖代谢仍主要按糖酵解进行。2,3-二磷酸甘油酸最重要的生理功能是与血红蛋白运输氧的功能有密切关系，它作为变构剂调节血红蛋白与氧的结合能力。

19.3.3　血红蛋白的代谢

19.3.3.1　血红蛋白的氧化及其恢复

血红蛋白可被铁氰化钾、亚硝酸盐、盐酸盐、大剂量的甲烯蓝及过氧化氢等氧化剂氧化为高铁血红蛋白（MHb）。在高铁血红蛋白中，Fe^{2+} 被氧化为 Fe^{3+}，使其失去运输氧的能力。

正常的红细胞中也有少量氧化剂能把血红蛋白氧化为高铁血红蛋白，但红细胞有使高铁血红蛋白缓慢地还原为亚铁血红蛋白的能力，所以正常血中只有少量的高铁血红蛋白。但如摄入较多的氧化剂，使产生高铁血红蛋白的速度超过红细胞本身还原它的速度，则可出现高铁血红蛋白血症。据报道，高铁血红蛋白占总血红蛋白 10%～20%时可引起中度发绀，无其他症状；占 20%～60%时将出现一系列轻重不同的症状；占 60%以上时可引起死亡。萝卜、白菜等的叶子中含有较多的硝酸盐，如果保存不当或加工不善，由于微生物的作用，可将硝酸盐还原为亚硝酸盐。如给动物饲喂大量这种饲料，则可引起中毒，在猪生产中偶见到这样的事件发生。

正常红细胞把高铁血红蛋白还原为血红蛋白的方式有酶促反应及非酶促反应两种。维生素 C（抗坏血酸，ascorbic acid）及还原型谷胱甘肽还原高铁血红蛋白是非酶促反应。具体反应如下。

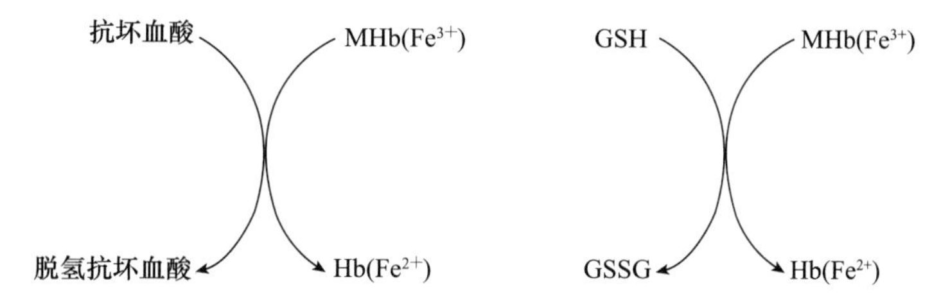

在酶促反应中有两类高铁血红蛋白还原酶，一类需 NADH，称为 NADH-MHb 还原酶；另一类需 NADPH，称为 NADPH-MHb 还原酶。它们催化的反应如下。

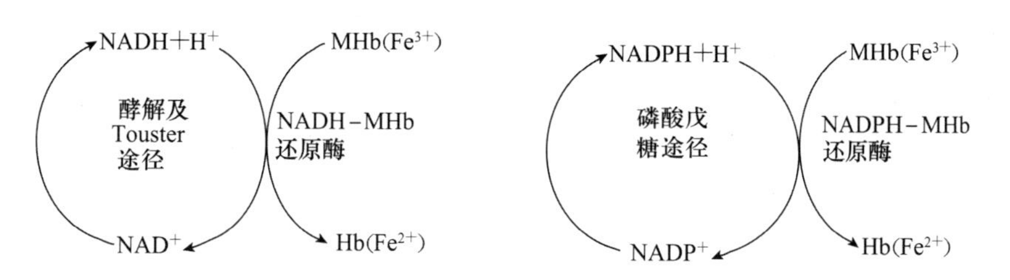

据计算，在正常情况下红细胞内高铁血红蛋白的还原，NADH－MHb还原酶催化的部分占61%，抗坏血酸占16%，GSH占12%，NADPH－MHb还原酶占5%，所以说高铁血红蛋白主要是靠NADH供电子还原。NADH来自酵解及糖醛酸循环，其中在后者通路中，还必须有2 mol NADPH＋H^+变为$NADP^+$，而NADPH＋H^+又需来自磷酸戊糖途径。因此磷酸戊糖途径也有间接把高铁血红蛋白还原为血红蛋白的作用，即由它提供的NADPH可通过糖醛酸循环转变为NADH。

在正常情况下，NADPH－MHb还原酶对高铁血红蛋白的还原作用很弱，而适量的甲烯蓝则有类似该酶的作用，通过甲烯蓝-甲烯白的中间转换可大大加速对高铁血红蛋白的还原作用。因此，在家畜亚硝酸盐中毒的临床治疗中，可静脉注射葡萄糖及小剂量的甲烯蓝，此外也可再注射抗坏血酸。抗坏血酸可还原高铁血红蛋白，葡萄糖可作为产生NADPH＋H^+及NADH＋H^+的供氢体。小剂量甲烯蓝的作用则是如上所述，能使红细胞内产生甲烯蓝-甲烯白的互相转变，加速了磷酸戊糖途径对高铁血红蛋白的还原作用。其实际上是起传递电子的作用，因此只需小剂量即可。

19.3.3.2 血红蛋白与一氧化碳的结合

血红蛋白与一氧化碳作用能生成碳氧血红蛋白（HbCO），一氧化碳与Fe^{2+}也是配位键结合。

同一铁卟啉分子上不能同时结合氧和一氧化碳。血红蛋白与一氧化碳结合的能力比与氧结合的能力强200～300倍，如空气中有1份一氧化碳和250份氧，则血液中的氧合血红蛋白（oxyhemoglobin）与碳氧血红蛋白（carboxyhemoglobin）数量大致相等，亦即血红蛋白运氧的能力降低50%，因此氧的运输就受到障碍，这就是一氧化碳中毒作用的实质。

19.3.3.3 血红蛋白与二氧化碳的作用

血红蛋白与二氧化碳作用时，其蛋白质部分的游离氨基与二氧化碳结合成为碳酸血红蛋白（$HbCO_2$）。如以—NH_2表示为血红蛋白的游离氨基，则反应如下。

$$Hb—NH_2 + CO_2 \rightleftharpoons Hb—NH—COOH$$

体内新陈代谢产生的二氧化碳，约18%是通过碳酸血红蛋白的形式运至肺部排出体外的，约74%以碳酸氢盐形式运输。

19.3.4 血红素的代谢

19.3.4.1 胆红素的生成

红细胞的平均寿命各家畜有所不同，马为140～150 d，绵羊为64～118 d，山羊约125 d，猪约62 d。动物体内每天有0.6%～3.0%的红细胞被破坏（衰老的红细胞主要在脾、肝、骨髓的单核巨噬细胞系统中被清除）。红细胞破裂后，血红蛋白的辅基——血红素被氧化分解为铁及胆绿素（biliverdin）。脱下的铁几乎都变为铁蛋白储存，可重新被利用。胆绿素则被还原成胆红素（bilirubin）。胆红素有毒性，特别对神经系统的毒性较大，且在水中溶解度很小，进入血液后，即与血浆清蛋白或α_1球蛋白（以清蛋白为主）结合成溶解度较大的复合体而运输。与蛋白质结合后，可限制胆红素自由地通过各种生物膜，减少游离胆红素进入组织细胞产生毒性作用。这种与蛋白质结合的胆红素在临床上称为间接胆红素（indirect bilirubin）。由于蛋白质分子大，所以间接胆红素不能通过肾从尿排出。某些有机阴离子，如磺胺类、脂肪酸、胆汁酸、水杨酸类等可与胆红素竞争结合清蛋白，从而减少胆红素同清蛋白结合的机会，增加其透入细胞的可能性。

19.3.4.2 胆红素在肝、肠中的转变

间接胆红素随血液转运到肝时，胆红素即与清蛋白分离而进入肝细胞，主要与 UDP-葡萄糖醛酸反应生成葡萄糖醛酸胆红素（glucuronate bilirubin），此为肝解毒作用的一种方式。葡萄糖醛酸胆红素在临床上称为直接胆红素（direct bilirubin），也称为结合胆红素。直接胆红素的溶解度较大，血液中的直接胆红素可通过肾从尿中排出，使尿中出现胆红素（正常尿中没有）。肝细胞产生的葡萄糖醛酸胆红素从肝细胞排入毛细胆管随胆汁排出。由于毛细胆管内胆红素浓度很高，所以肝细胞排胆红素是一个复杂的耗能过程。

随胆汁进入小肠的葡萄糖醛酸胆红素在回肠末端及大肠内经肠道细菌的作用，先脱去葡萄糖醛酸，再经过逐步的还原过程转变为无色的尿胆素原（urobilinogen）及粪胆素原（stercobilinogen），它们结构相似又常同时存在，习惯上总称为胆素原（bilinogen）。胆素原在大肠下部及排出体外时，均可被氧化成胆素，包括尿胆素（urobilin）及粪胆素（stercobilin），此即粪便颜色的一种重要来源。

在肠内，一部分胆素原可被吸收进入血液，经门静脉而进入肝。这种被吸收的胆素原大部分可被肝细胞吸收，再随胆汁排入小肠，此即胆素原的肠肝循环。从门静脉进入肝的胆素原还有一小部分未被肝细胞吸取而从肝静脉流出，随血液循环至肾而排出，此即尿中少量胆素原的来源。尿中少量的胆素原在空气中可被氧化而变成胆素使尿色变深。以上各种色素总称为胆色素（bile pigment）。胆红素的形成和尿胆素原的肠肝循环见图 19.5。

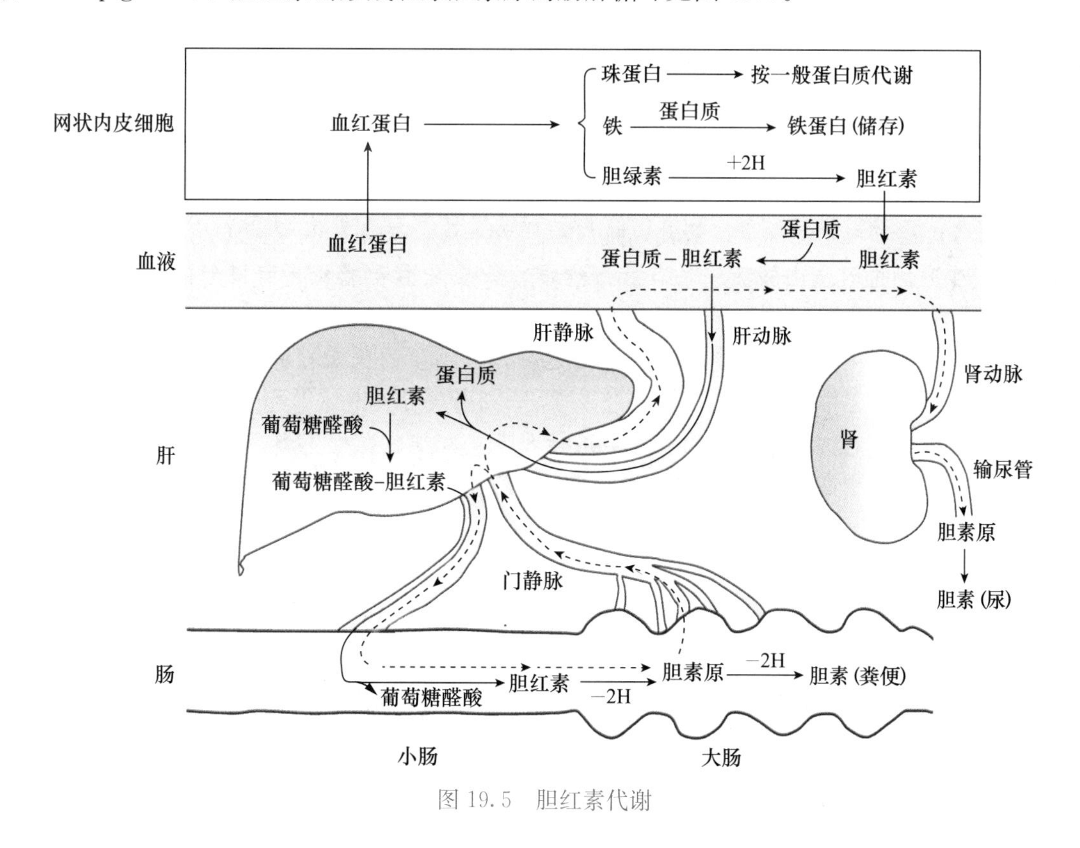

图 19.5 胆红素代谢

19.3.4.3 黄疸

黄疸（icterus）是血液中胆红素含量过多而使可视黏膜被染黄的现象。正常血液中胆红素含量很少。直接胆红素一般进入血液后很快被肝处理而排入肠道，因此血液中含量很低，如血清中胆红素含量的正常范围为马 0.5～4.5 mg/100 mL，牛 0～1.4 mg/100 mL，绵羊 0～

0.5 mg/100 mL，猪 0～0.8 mg/100 mL。在异常情况下，胆红素来源增多，如红细胞大量破坏引起的溶血性黄疸（hemolytic jaundice），血液中间接胆红素含量升高；胆红素去路不畅，胆道阻塞导致的阻塞性黄疸（obstructive jaundice），血液中直接胆红素含量升高；肝转化胆红素能力降低发生的实质性黄疸（parenchymatous jaundice），导致血液中两种胆红素含量都升高。上述三种情况都可引起血液中的胆红素含量升高而使可视黏膜黄染。

案　例

1. 高脂血症　高脂血症是常见病、多发病，目前在全球范围内高脂血症的患病率与发病率节节攀升。血脂增高的外因主要是不良饮食习惯，如饮食中脂肪过多是常见的引起高脂血症的非病理因素。外因还包括肥胖、嗜酒、偏食、饮食不规律、长期服用某种药物如避孕药、激素类药物，也继发于多种疾病如糖尿病、甲状腺功能减退、肾病综合征、肾移植、胆道阻塞等。内因主要是遗传因素，如脂代谢有关酶基因发生突变，脂蛋白结构或受体缺陷以及增加脂蛋白的合成等，导致脂蛋白降解酶活性减弱，脂蛋白在体内清除减少或分解代谢减慢以及影响饮食中脂肪的吸收等，引起各类的原发性高脂血症。

2. 贫血症　贫血症是外周血红细胞数量和血红蛋白含量低于正常数值的一种疾病。血红蛋白是红细胞内的一种富含铁的携氧蛋白，帮助红细胞将氧气从肺部运送到身体的其他部位。按发病机理可分为造血不良性、失血性和溶血性三大类。其病因有缺铁、维生素 B_{12} 和叶酸，长期（慢性）疾病如慢性肾疾病、癌症、溃疡性结肠炎或类风湿性关节炎，遗传性疾病如地中海贫血或镰刀型贫血症，骨髓疾病如淋巴瘤、白血病、骨髓增生异常、多发性骨髓瘤或再生障碍性贫血等。在所有动物中，猪的贫血症易发，如仔猪缺铁性贫血症可引起新陈代谢紊乱，抗应激能力下降，易继发各种疾病。

3. 牛产后血红蛋白尿症　牛产后血红蛋白尿症是由于磷缺乏而引起的一种营养代谢病，临床上以低磷酸盐血症、急性溶血性贫血和血红蛋白尿为特征。无机磷是红细胞无氧糖酵解过程中的一个必要因子，磷缺乏时，红细胞的无氧糖酵解则不能正常进行，作为无氧糖酵解正常产物的三磷酸腺苷及 2,3-二磷酸甘油酸（2,3-BPG）都减少，而三磷酸腺苷减少时，会造成红细胞膜通透性改变，红细胞发生变形、溶解。饲料中磷缺乏以及母牛产乳量高导致磷排出量增加等因素造成血磷过低，是诱发该病的主要因素之一。

二维码 19-1　第 19 章习题

二维码 19-2　第 19 章习题参考答案

第 20 章

一些器官和组织的生物化学

【本章知识要点】

☆ 肝、肌肉、神经、脂肪和结缔组织等在动物体内有重要的代谢功能。

☆ 肝不仅是体内所有营养物质进行代谢的重要器官，也是许多非营养物质通过结合、氧化、还原、水解等方式实现生物转化的主要部位，其中结合和氧化是非营养物质生物转化的最主要方式。

☆ 肌肉是动物体内占体重百分比最大的组织，其收缩的分子基础是肌球蛋白、肌动蛋白和ATP之间的相互作用。肌肉中ATP来源于糖无氧分解和氧化磷酸化过程。

☆ 脂肪组织既是被动的能量储存库，又能够协调肝、肠道、肌肉、心等其他器官或组织的代谢活性，从而调节全身代谢。棕色脂肪能够以热的形式消耗能量，为治疗肥胖及其相关疾病提供了新的途径。

☆ 大脑与神经组织是动物体内高级指挥系统，支配着动物机体全部的生理活动。大脑组织代谢率很高，耗能量极大，正常生理状态下能量几乎完全来自血糖的氧化分解，饥饿时则主要利用酮体供能。脑具有特异的氨基酸代谢库，且具有特殊的氨基酸稳态调节机制。

☆ 结缔组织广泛散布于细胞之间，形成器官及组织的间隔，其基本成分是细胞、纤维、无定形基质。基质中的糖胺聚糖具有较强的黏滞性，对维持组织形态，阻止细菌、病毒侵入细胞有一定作用，对关节有润滑和保护作用。

肝、肌肉、脂肪和结缔组织等在动物体内有重要的代谢功能。肝几乎参与了体内所有的代谢过程，被称为“机体的化工厂”。肌肉是动物体内占体重百分比最大的组织，也是一种效率非常高的能量转换器。脂肪组织以其相对较大的组织量，且具有高脂肪和低水分含量的特性，成为一种高效的能量储存部位，其不仅是能够将机体内多余能量以脂肪形式储存的一种组织，同时发现其脂肪沉积和动员的代谢途径具有相对较高的活性，可影响机体糖脂代谢、胰岛素敏感性等，是机体一个重要的内分泌器官。大脑与神经组织是动物体内的高级指挥系统，支配着动物机体全部的生理活动。结缔组织广泛散布于细胞之间，形成器官及组织的间隔，起着机械支持和保护器官的作用。

20.1 肝生化

20.1.1 肝的结构特点

肝是动物体内最大的实质性器官。肝在代谢中占有特别重要的地位，这与它的特殊结构分不开。肝在解剖方面的最大特点是具有肝动脉和门静脉的双重血液供应，因此既可以通过肝动脉从体循环中获得充分的氧和各种代谢物质，与全身各组织进行物质交换，又能通过门静脉获得由消化道吸收进入体内的各种营养物质，加以储存、转变或利用。

双重血液供应共同汇入肝窦。肝具有丰富的血窦，血窦血流缓慢，与肝细胞接触面积大、时间长，有利于物质交换。另外，肝在组织结构上由无数肝小叶构成，这种结构对肝细胞与血液之间的物质交换提供了极为有利的条件。

肝有两条输出途径：一条是经由肝静脉流进后腔静脉的血液循环通路；另一条是经由胆道系统通向肠道的排出通路。因此，肝中的代谢产物除了进入血液外，部分产物可以随胆汁的分泌而进入肠道，并随粪便排出。

20.1.2 肝在物质代谢中的作用

20.1.2.1 在糖代谢中的作用

肝在糖代谢中的主要作用是维持血糖浓度恒定，其次保障全身各组织（大脑和红细胞）的能量供应。肝不仅有非常活跃的糖的有氧及无氧分解代谢，而且也是进行糖异生、维持血糖稳定的主要器官。饱食状态下，肝很少将所摄取的葡萄糖氧化为 CO_2 和水，大量的葡萄糖被合成为糖原储存起来。肝中的糖原含量常随营养状况的不同而发生大幅度的变化，喂给动物富含糖类的饲料时，糖原含量甚至可超过肝总质量的 10%。在空腹状态下，肝糖原分解释放出血糖。饥饿时，肝糖原几乎被耗竭，糖原含量急剧下降到 1%以下，供中枢神经系统和红细胞等利用，此时，糖异生便成为肝供应血糖的主要途径。正常饲养后肝糖原含量又恢复正常，而且恢复得相当迅速。

20.1.2.2 在脂类代谢中的作用

肝是脂肪酸β氧化的主要场所。不完全β氧化产生的酮体，可以为肝外组织提供容易利用的能源。对禽类，肝是合成脂肪的主要场所。虽然家畜主要在脂肪组织内合成脂肪，但肝内也能合成一定数量，并且肝在体内脂类的转运中起重要的作用。如果脂肪的运入过多或运出障碍，则可能发生脂肪肝。肝也是改造脂肪的主要器官，能调整外源性脂肪酸的碳链长短及饱和程度。血浆中的磷脂主要是由肝合成的，并且也主要回到肝进行进一步的代谢变化。肝也是胆固醇代谢转变的重要场所，肝内大部分的胆固醇转变为胆汁酸盐进入小肠，促进脂类的消化吸收，一部分则随胆汁排出，这也是粪便中胆固醇的主要来源。

20.1.2.3 在蛋白质合成中的作用

肝是蛋白质代谢最活跃的器官之一，其蛋白质的更新速度也最快。它不但合成本身的蛋白质，还合成大量血浆蛋白，血浆中的全部清蛋白、部分的球蛋白和包括纤维蛋白原在内的多种凝血因子也都在肝中合成。所以肝功能不正常时，血浆清蛋白下降会使清蛋白/球蛋白的值下降，凝血因子的合成也减少，就会使血液凝固时间延长。蛋白质代谢的许多重要反应在肝中进行得非常活跃，例如氨基酸的合成与分解，而尿素的合成几乎都在肝中进行。

肝也是快速清除血浆蛋白质（清蛋白除外）的重要器官。含有糖基的血浆蛋白质在肝细胞膜唾液酸酶催化下脱去其糖基末端的唾液酸，并被肝细胞膜上特异的受体——肝糖结合蛋白所识别，经胞吞作用进入肝细胞后被降解。

肝的蛋白质中含有较多的铁蛋白。铁蛋白含铁达 17%～23%，是体内储存铁的特殊形式，因此肝是机体内储存铁最多的器官。

20.1.2.4　在维生素代谢中的作用

肝在维生素的吸收、储存、运输及代谢方面起着重要作用。肝是多种维生素（维生素 A、维生素 D、维生素 E、维生素 K、维生素 B_{12}）的储存场所，是人体内含维生素 A、维生素 K、维生素 B_1、维生素 B_2、维生素 B_6、维生素 B_{12}、泛酸和叶酸最多的器官。胡萝卜素可在肝内（部分在肠上皮细胞）转变为维生素 A。肝合成的胆汁酸经胆道进入消化道，参与多种脂溶性维生素的吸收。

肝几乎不储存维生素 D，但维生素 D_3 在肝经羟化反应转变为 25-羟胆钙化醇。维生素 K 是肝合成凝血因子Ⅴ、Ⅶ、Ⅸ、Ⅹ不可缺少的物质。除此，有多种维生素在肝中合成辅酶，例如将维生素 PP 转变成 NAD^+ 及 $NADP^+$ 的组成成分，将泛酸转变成辅酶 A 的组成成分，将硫胺素合成硫胺素焦磷酸酯等。

20.1.2.5　在激素代谢中的作用

多种激素在发挥其调节作用后，主要在肝中转化、降解或失去活性，这一过程称为激素的灭活。某些激素（如儿茶酚胺类、胰岛素、氢化可的松、醛固酮、抗利尿激素、雌激素、雄激素等）在肝不断被灭活，使这些激素在血中维持在一定的浓度范围。一些类固醇激素可在肝内与葡萄糖醛酸或活性硫酸等结合后灭活。

20.1.3　肝的生物转化作用及排泄功能

20.1.3.1　肝的生物转化作用

在动物与人类，常有色素、生物碱、农药和毒物等化学性杂质随饲料、食物和饮水进入体内，机体还可以吸收治疗疾病的药物、肠道微生物产生的腐败产物等。此外，机体内部也能产生不能再被利用的代谢废物。这些物质绝大部分既不能被转化为构成组织细胞的原料，也不能被彻底氧化以供给能量，而必须由机体把它们排出体外。在排出以前，这些物质需要经过一定的代谢转变，使它们增强极性或水溶性，转变成比较容易排出的形式，然后再随尿或胆汁排出。这些物质排出前在体内所经历的这种代谢转变过程，称为生物转化作用（biotransformation）。肝是生物转化的主要器官，生物转化的对象包括内源性非营养物质如激素、胺类、肠道腐败物等和外源性非营养物质，如药物、毒物等。

肝中生物转化作用有氧化、结合、还原、水解等方式，其中以氧化及结合的方式最为重要。

（1）氧化反应（oxidation reaction）：肠内腐败产生的有毒胺类（如腐胺、尸胺等）被吸收后，进入肝，大部分在肝中经胺氧化酶的催化，先被氧化成醛及氨，醛再氧化成酸，酸最后氧化成二氧化碳和水，氨则大部分在肝合成尿素。

（2）结合反应（binding reaction）：肝细胞内含有许多催化结合反应的酶类。凡含有羟基、羧基或氨基的药物、毒物或激素均可与葡萄糖醛酸、硫酸、谷胱甘肽、甘氨酸等发生结合反应，或进行酰基化和甲基化等反应。结合反应是肝内最重要的解毒方式，主要在肝的微粒体、胞质或线粒体中进行。

① 葡萄糖醛酸结合反应：是最为普遍的结合反应。葡萄糖醛酸是由葡萄糖氧化产生的。肝细胞微粒体中含有非常活跃的UDP-葡萄糖醛酸基转移酶（UDP-glucuronyl transferases，UGT），它以尿苷二磷酸葡萄糖醛酸（uridine diphosphate glucuronic acid，UDPGA）为供体，催化葡萄糖醛酸基转移到多种含极性基团的化合物分子上。凡含有羟基、羧基或在体内氧化后成为含有羟基、羧基的毒物，其中大部分是与葡萄糖醛酸结合而灭活的。例如大肠内腐败产生的或由其他途径进入体内的酚类可与葡萄糖醛酸结合。

苯酚 + UDP-葡萄糖醛酸 $\xrightarrow{\text{UDP-葡萄糖醛酸基转移酶}}$ 葡萄糖醛酸苷 + UDP

苯酚　　UDP-葡萄糖醛酸　　葡萄糖醛酸苷

许多药物（如乙酰水杨酸、吗啡、樟脑）和体内许多正常代谢产物（如胆红素、雌激素等）大部分都是通过与葡萄糖醛酸结合后排出体外。

② 硫酸结合反应：也是较为常见的结合反应。3′-磷酸腺苷-5′-磷酰硫酸（活性硫酸）是硫酸供体，在肝细胞液硫酸基转移酶的催化下，将硫酸基转移到多种醇、酚或芳香族胺类分子上，生成硫酸酯化合物。大肠内腐败产生的或由其他途径进入体内的酚类也可与硫酸结合而解毒。

苯酚 + 腺嘌呤—核糖(Ⓟ)—Ⓟ—O—SO_2—OH ⟶ 酚硫酸(OSO_3H) + 腺嘌呤—核糖(Ⓟ)—Ⓟ

苯酚　　3′-磷酸腺苷-5′-磷酰硫酸　　酚硫酸　　3′-磷酸腺苷-5′-磷酸

③ 酰基化反应：在肝细胞液中含有乙酰化酶（acetylase），催化乙酰基从乙酰CoA转移到芳香族胺类化合物（如苯胺、磺胺等）使其乙酰化而解毒。磺胺类药物的灭活多属此类方式。但应注意，磺胺类药物经乙酰化后，其溶解度反而降低，在酸性尿中容易析出，故在服用磺胺类药物时应服用适量的小苏打，以提高其溶解度。

④ 甘氨酸结合反应：大肠细菌对饲料残渣的作用可产生苯甲酸，苯甲酸可与甘氨酸结合生成马尿酸（hippuric acid），然后经肾由尿排出。因此，草食动物尿中含有较多的马尿酸。甘氨酸与胆酸结合成的甘氨胆酸，是胆汁的重要成分，可促进脂类消化吸收。

⑤ 谷胱甘肽结合反应：谷胱甘肽（GSH）在肝细胞液谷胱甘肽S-转移酶（glutathione S-transferase，GST）催化下，可与许多卤代化合物和环氧化合物结合，生成含GSH的结合产物。此酶在肝中含量非常丰富，占肝细胞可溶性蛋白质的3%。生成的谷胱甘肽结合物主要随胆汁排出体外，不能直接从肾排出。此外，一些重金属离子可与谷胱甘肽结合而排出。

除上述主要的反应方式外，体内一些药物和胺类的生物活性可在肝细胞液和微粒体中甲基转移酶的催化下，通过甲基化灭活；微量的极毒的氢氰酸或氰化物可在体内变为毒性很弱的硫氰酸及其盐而消除毒性；有些药物或毒物经过还原、水解等方式解毒；有些药物是通过上述多种方式联合作用来达到解毒的目的。

20.1.3.2 肝的排泄功能

肝有一定的排泄（excrete）功能，如胆色素、胆固醇、碱性磷酸酶、钙、铁等正常成分，

可随胆汁排出体外。肝生物转化的产物，大部分随血液运至肾从尿排出，也有一小部分从胆汁排出。汞、砷等毒物进入体内后，一般先被保留在肝内，以防止向全身扩散，然后缓慢地随胆汁排出。

20.2　肌肉生化

肌肉是动物体内占体重百分比最大的组织，是一种效率非常高的能量转换器。肌肉收缩（muscle contraction）所需的能量来源于 ATP 的分解。肌肉组织结构与功能的关系、肌肉收缩与松弛的分子机理现已基本清楚。

20.2.1　肌纤维和肌原纤维

骨骼肌的每条肌纤维呈圆柱形，直径在 10～100 μm，但长度为几毫米到几百毫米。每条肌纤维被可因电刺激而兴奋的膜包围起来，此膜称为肌纤维膜。紧靠在膜下面有多个细胞核。肌纤维大部分空间充满了许多纵向排列的肌原纤维（myofibril），其直径约为 1 μm，这是肌肉收缩的装置。肌原纤维浸浴在肌浆（sarcoplasm）中。肌浆中含有糖原、ATP、肌酸磷酸以及糖酵解的酶类。每条肌原纤维都被肌浆网所包围。肌浆网是极细的管道形的网状物，其中储存着 Ca^{2+}。肌浆网与横向微管系统（T 系统）紧靠在一起。不同类型的肌肉有不同数目的线粒体。

每条肌原纤维由一系列的重复单位——肌小节（sarcomere）所组成。肌小节与肌小节之间由 Z 线结构分开。肌小节是肌原纤维的基本收缩单位，其结构如图 20.1 所示。每个肌小节由许多粗丝和细丝重叠排列组成。粗丝位于肌小节中段，与肌原纤维的纵轴平行排列，形成所谓 A 带。许多粗丝整齐排列成六角形，粗丝的中央由称为 M 线的纤维把它们固定起来。细丝的排列方式与粗丝相同，但细丝连于 Z 线，从肌小节的两端伸向中央，并插入粗丝中与之部分重叠。但从肌小节两端伸向中央的细丝彼此不相联结。A 带两端与 Z 线之间的部位称为 I 带。在粗丝和细丝的重叠区域，有横桥由粗丝伸向细丝。肌肉收缩时，粗丝和细丝本身都不缩短，而是彼此之间做相对滑动，使粗丝和细丝之间的重叠部分增多，因而肌小节缩短，引起了收缩。肌肉舒张时的滑动方向相反，是被动滑动过程。而收缩则是在分解 ATP 的同时，引起横桥发生构象改变的消耗能量的过程。

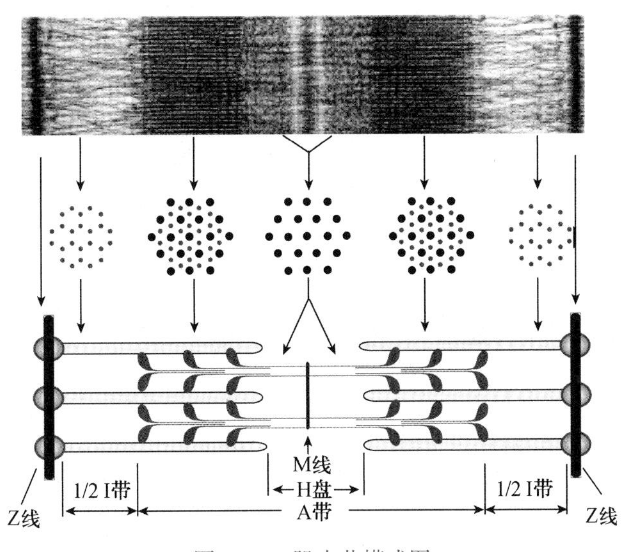

图 20.1　肌小节模式图

20.2.2 肌球蛋白和粗丝

粗丝（thick filament）的主要成分是肌球蛋白(myosin)。肌球蛋白是一个很大的分子（相对分子质量为 5×10^5），由 2 条相同的重链和 4 条轻链所组成。电子显微镜观察表明，它具有一个很长的尾部，尾部的一端连有两个球形的头（图 20.2）。其尾部由两条重链的一部分组成，每条链各自形成 α 螺旋，两条链又共同形成螺旋。两条重链的其余部分则各自形成球形的头，轻链则形成两个头的一部分。

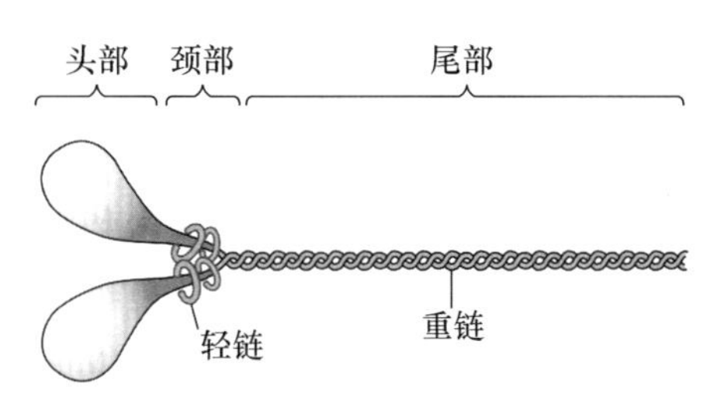

图 20.2 肌球蛋白分子示意图

肌球蛋白有 3 个重要的性质：①肌球蛋白分子能自动聚合形成丝；②有 ATP 酶活性；③能与细丝联结。在肌球蛋白分子聚合形成粗丝时，它们的尾部聚合起来形成粗丝的主轴，而头部则凸出形成伸向细丝的横桥。而且在聚合时，所有肌球蛋白分子的尾部都伸向粗丝的中央，头部向两侧。这样使粗丝的中央有一小段是无横桥的，而两侧则互为镜像的有许多伸出的横桥（头部），这些横桥呈螺旋形排列在主轴上（图 20.3）。粗丝的这种结构很重要，因为只有这样才能靠头部的活动，把细丝由两侧拉向中央，使肌小节缩短，肌肉收缩。

用蛋白酶部分水解肌球蛋白分子证明，其 ATP 酶活性在头部，其与细丝联结的位点也在头部。

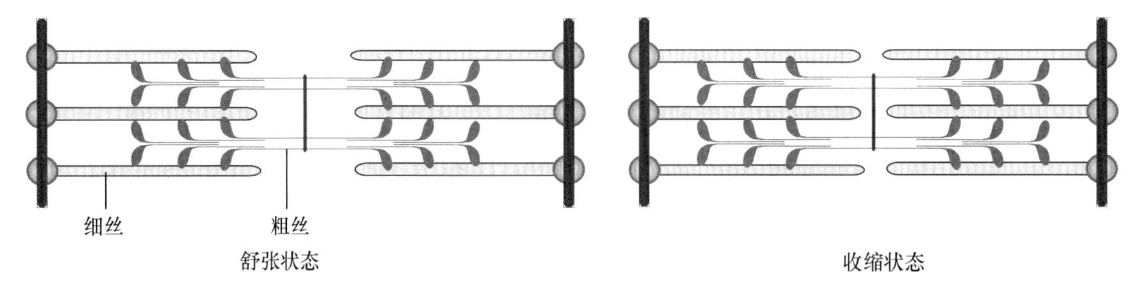

图 20.3 肌肉收缩时粗丝和细丝间的相互作用

20.2.3 肌动蛋白和细丝

细丝（filament）的主要成分是肌动蛋白（actin）。单个肌动蛋白的相对分子质量为 42 000，呈球形，故称 G-肌动蛋白。许多肌动蛋白分子聚合起来形成纤维状，故称 F-肌动蛋白，即细丝的基本结构。在细丝中，有两条肌动蛋白单体聚合形成的丝互相盘绕形成螺旋形（图 20.4）。

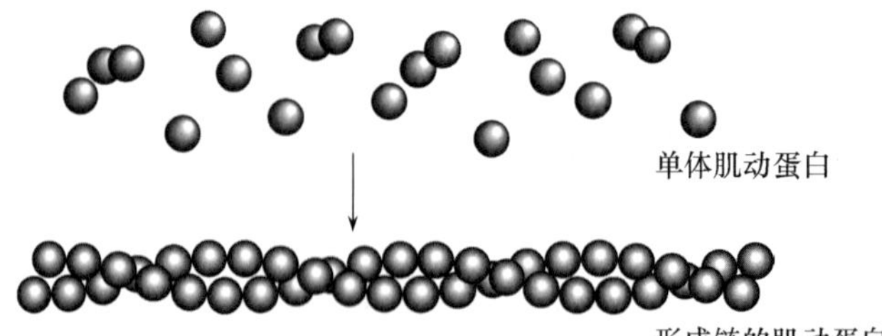

图 20.4 单体肌动蛋白形成细丝

在肌球蛋白的溶液中加入肌动蛋白则形成二者的复合体，称为肌动球蛋白。复合体的形成使溶液的黏度大大升高，但在加入 ATP 时其黏度又降低，说明 ATP 可使之解离。当把肌动球蛋白制成丝状，并放入含有 ATP、K^+ 和 Mg^{2+} 的溶液中时，此时发生收缩。而单独用肌动

蛋白或肌球蛋白制成的丝则不收缩。这说明肌肉收缩的力量来自肌球蛋白、肌动蛋白和 ATP 之间的相互作用。

20.2.4　粗丝和细丝间发生相对位移的机制

F-肌动蛋白大大增强了肌球蛋白的 ATP 酶活性（约 200 倍）。实验证明，单独肌球蛋白水解 ATP 的速度是很快的，但释放其产物 ADP 和 Pi 则很慢。当肌动蛋白与肌球蛋白-ADP-Pi 复合体结合时，可加快 ADP 和 Pi 的释放。然后肌动球蛋白再与 ATP 结合，此结合使之解离为肌动蛋白和 ATP-肌球蛋白，后者又转变成 ADP-Pi-肌球蛋白复合体（图 20.5）。这是肌动蛋白提高肌球蛋白 ATP 酶活性的原因，这些反应需要 Mg^{2+}。

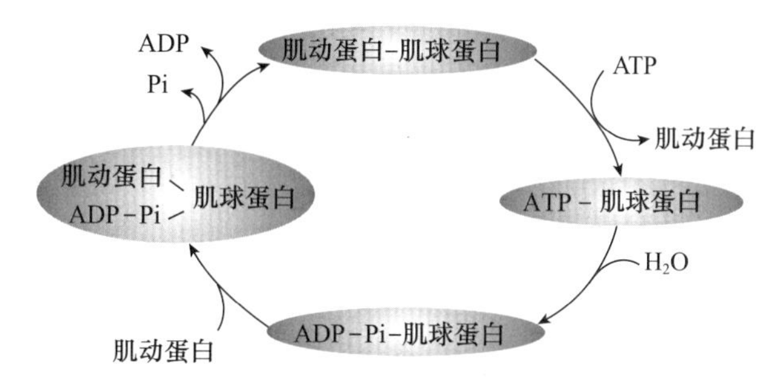

图 20.5　ATP 水解推动肌动蛋白和肌球蛋白的结合和解离循环

上述肌动球蛋白水解 ATP 的循环，正是粗丝和细丝间发生一次位移的循环，即肌肉收缩的基本过程。其机制如图 20.6 所示。

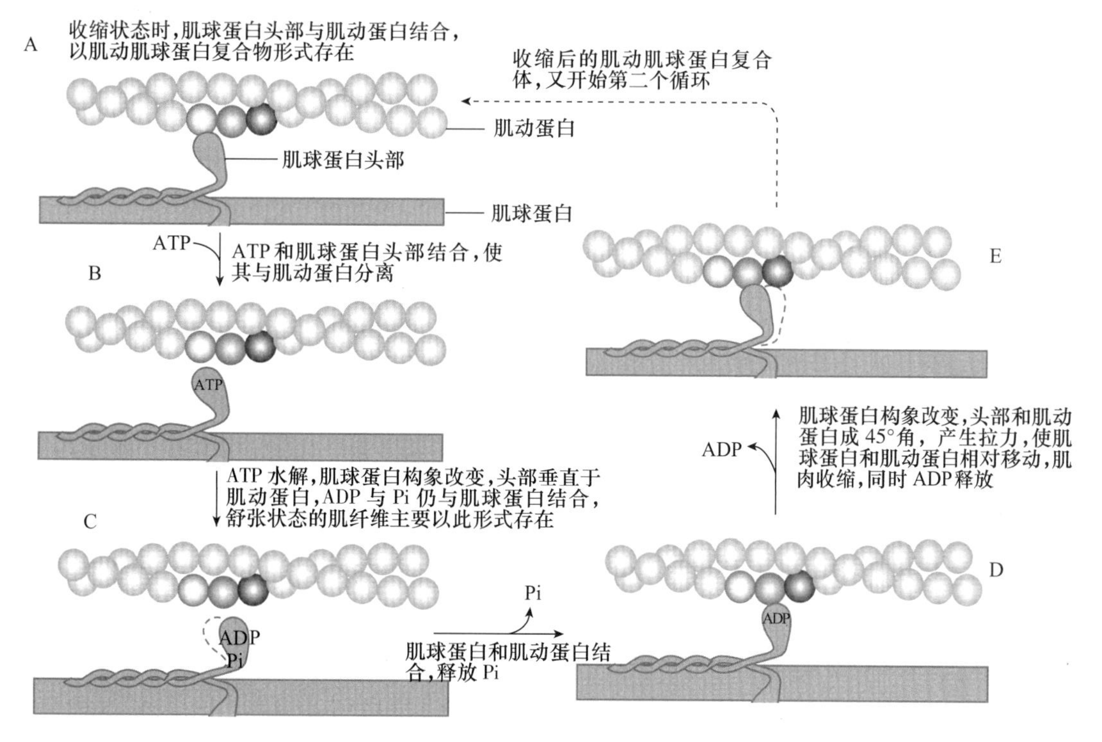

图 20.6　肌肉收缩的机制

肌肉收缩受 Ca^{2+} 的调控。在没有 Ca^{2+} 时，肌动蛋白和肌球蛋白的相互作用被肌钙蛋白和原肌球蛋白所抑制，这是由于原肌球蛋白阻碍了肌球蛋白的头部与肌动蛋白接触。神经兴奋触发肌浆网释放 Ca^{2+}。释放的 Ca^{2+} 与肌钙蛋白 TnC 成分结合，并引起肌钙蛋白的构象发生改变，从而使原肌球蛋白移入细丝的螺旋形槽中，肌球蛋白的头部得以和细丝的肌动蛋白接触，于是发生 ATP 的水解和肌肉收缩。当 Ca^{2+} 移动后，则原肌球蛋白又封阻了肌球蛋白的头部与细丝的接触，于是肌肉停止收缩。

那么，神经兴奋是怎样引起肌肉收缩的？已知在肌浆网上具有钙“泵”。当肌肉休止时，钙“泵”把肌浆中的 Ca^{2+} 泵入肌浆网内，使肌浆中 Ca^{2+} 的浓度低于 10^{-6} mol/L，此浓度不能引起肌肉收缩，而肌浆网内 Ca^{2+} 的浓度则超过 10^{-3} mol/L。当神经冲动到达终板（神经和肌肉的联结处）时，引起肌纤维膜的去极化，此去极化再由 T-系统传至肌纤维内部，引起肌浆网对 Ca^{2+} 的通透性增高，Ca^{2+} 顺浓度梯度由肌浆网进入肌浆，因而引起肌肉收缩。神经冲动过后，肌浆网膜对 Ca^{2+} 的通透性又降至休止时的水平。而钙“泵”又将肌浆中的钙泵入肌浆网内，因而肌肉停止收缩。

20.2.5 肌肉收缩时 ATP 的供应

肌肉收缩时必须有 ATP 的充分供应。肌肉中 ATP 的根本来源是酵解作用、三羧酸循环和氧化磷酸化过程。由于肌肉对能量的需求是不可预知的，有时会发生突然的大量的需求，因而必须有一个能即刻利用的能量储备，以缓冲即刻的供应紧张。在哺乳动物肌肉中，这种能量储备物质是高能磷酸化合物——肌酸磷酸。当肌肉收缩时，在肌酸磷酸激酶的催化下，肌酸磷酸能把其磷酸基转给 ADP，产生 ATP，这是一个可逆反应。在肌肉休止时，ATP 可将其磷酸基转给肌酸，生成肌酸磷酸储备起来。

20.3 大脑生化

20.3.1 能量代谢

动物的大脑组织可接受心排血量的 15%左右，占休止时全身耗氧量的 20%左右，是体内最大的耗能器官。大脑代谢非常活跃，以糖氧化进行呼吸，主要利用血液中葡萄糖，脑每天消耗的葡萄糖约为 100 g。由于脑几乎无糖原储备，因此脑消耗的葡萄糖主要来自血糖。脑组织中的己糖激酶活性高于其他组织，因此即使在血糖水平较低时也能利用葡萄糖。大脑对血糖浓度的降低也最敏感。

在成年动物的大脑中具有足够分解酮体的酶活性，因此通过这些酶的作用可由酮体提供其三羧酸循环所需的全部乙酰 CoA。在正常情况下，血中酮体的浓度太低，不能在大脑的能量供应中起明显的作用。但较长时期的饥饿时，血中酮体含量上升，血糖含量降低，则大脑氧化酮体的耗氧量可达其总量的 60%左右，而葡萄糖则仅占 30%左右。

在哺乳期的幼龄动物，大脑中把酮体转变为乙酰 CoA 的酶的活性比成年动物高，因而在大脑的氧化底物中酮体占相当显著的部分。在出生时，血糖和血中酮体含量都暂时降低。但开始哺乳后，由于乳是高脂肪食物，幼仔血中酮体的浓度显著上升，以致酮体可以作为其大脑的能源之一。动物在患糖尿病或摄入葡萄糖少时，大脑也利用酮体。在饥饿时，大脑消耗的氧化原料发生改变，但大脑整体的大小和组成却保持不变，其蛋白质和 DNA 的含量不受饥饿的影响。

20.3.2 氨和谷氨酸的代谢

在神经组织中含有的多种脱氨酶（如腺苷酸脱氨酶）能催化产生大量的氨。但氨是有毒性的，其在大脑内的恒态浓度必须维持在 0.3 mmol/L 左右，多余的氨则以谷氨酰胺的形式运出

脑。但是形成谷氨酰胺又使大脑发生谷氨酸的净丢失，这种丢失的 63%左右由血液中的谷氨酸补充，其余的则靠葡萄糖的分解，从三羧酸循环中得以补充（图 20.7）。

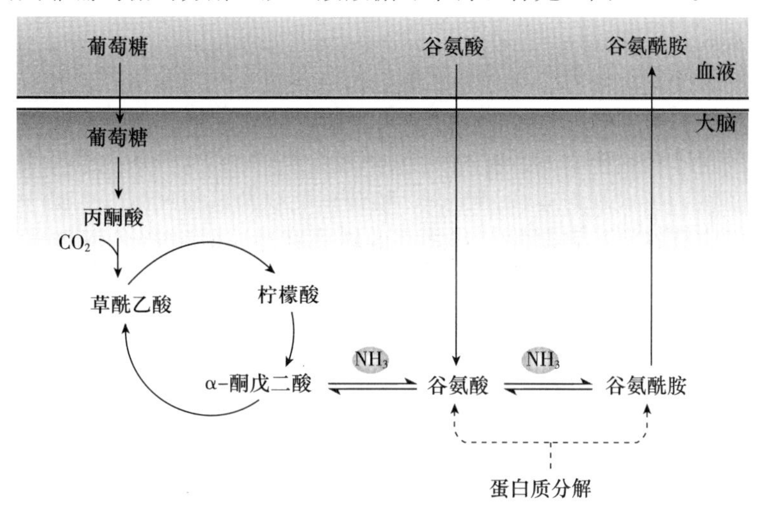

图 20.7　大脑中与游离氨清除有关的反应

大脑中还有一个涉及谷氨酸代谢的反应是三羧酸循环的一个旁路——γ-氨基丁酸循环（γ-aminobutyric acid cycle）。三羧酸循环中的 α-酮戊二酸经转氨反应产生谷氨酸，谷氨酸脱羧基产生 γ-氨基丁酸（图 20.8）。它是脑组织中一种重要的，也是含量最高的抑制性中枢神经递质。大脑中葡萄糖总转换量的 10%左右可能是被这个旁路所代谢的，循环需要磷酸吡哆醛作为辅酶。

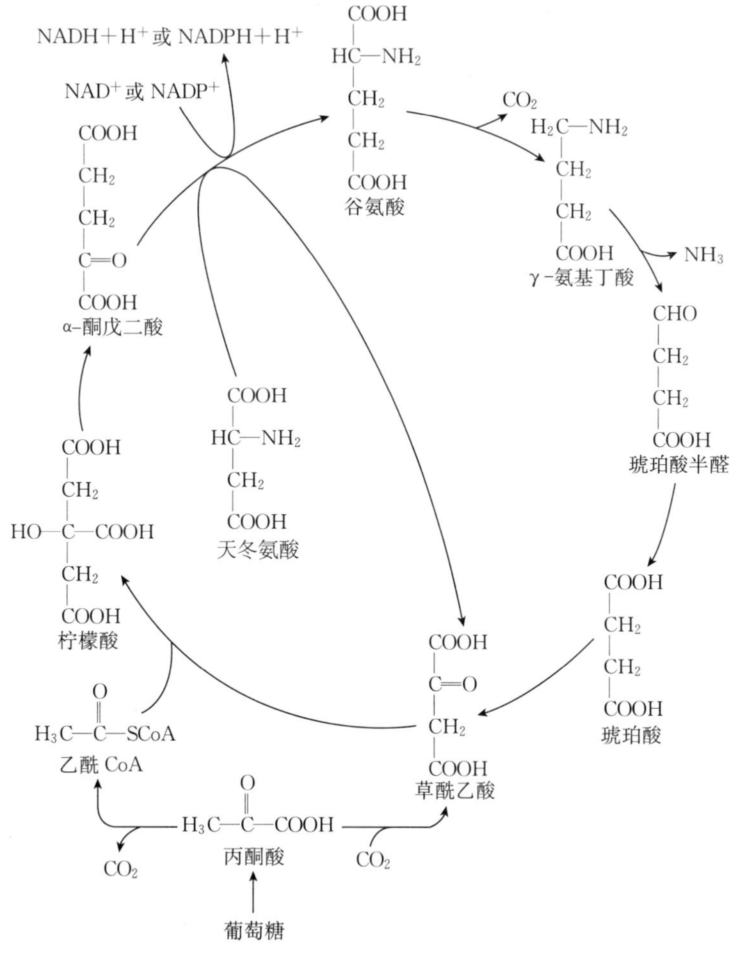

图 20.8　γ-氨基丁酸循环及有关反应

20.3.3 维生素在大脑代谢中的作用

饲料中缺乏维生素时，可引起神经机能紊乱。这是因为大脑的代谢速率特别快，而大多数维生素与分解代谢的辅酶辅基有关，缺少维生素可使能量供应受阻而致大脑机能受到损伤。

例如当硫胺素缺乏时，由于硫胺素焦磷酸酯合成减少，三羧酸循环被抑制，丙酮酸和乳酸聚存，出现神经症状，其表现为周围神经炎、精神错乱以及其他症状。大脑中需要磷酸吡哆醛作为辅酶的重要反应有谷氨酸和草酰乙酸之间的转氨基反应、5-羟色氨酸转变为5-羟色胺、多巴转变为多巴胺的脱羧反应以及谷氨酸转变为γ-氨基丁酸的反应等。缺乏磷酸吡哆醛的动物会发生惊厥，这可能是大脑合成γ-氨基丁酸的能力减弱的缘故，因为γ-氨基丁酸对神经活动有抑制作用。

此外，大脑在化学组成上的另一个特点是脂类含量高，占白质干重的56%和灰质的32%左右，而且主要是类脂，并以胆固醇的含量最高。脑中大多数脂类在代谢上是不活泼的，它们主要起维持组织结构的作用。

20.4 脂肪组织生化

脂肪组织以其相对较大的组织量，再加上具有高脂肪和低水分含量的特性，使其成为一种高效的能量储存组织，存在于所有哺乳动物和大多数非哺乳动物体内，也是机体内唯一在动物成年后还可发生显著质量改变的一种组织器官。适量的脂肪组织对机体而言是必需的，但是过多或过少的脂肪组织都会引起代谢性疾病，如肥胖、糖尿病等。

20.4.1 脂肪组织的类型

脂肪组织量不稳定，随环境、年龄等变化而改变，其主要由大量群集的脂肪细胞和疏松结缔组织构成，群集的脂肪细胞被疏松结缔组织分隔成小叶。脂肪在机体内主要以白色脂肪（white adipose tissue，WAT）和棕色脂肪（brown adipose tissue，BAT）2种形式存在。

20.4.1.1 白色脂肪

白色脂肪是机体中最主要的脂肪组织，约占正常健康成人体重的10%。其组成特点：约1/3的组织由脂肪细胞构成，其余部分由细胞外基质、血管和神经组织、成纤维细胞、内皮细胞和各种血细胞（巨噬细胞和T细胞等）以及干细胞、脂肪细胞前体等其他细胞组成。其中的巨噬细胞与脂肪组织炎症、代谢异常密切相关。

白色脂肪组织主要分布于3个区域：皮下（包括腹股沟、背侧皮肤，又名腋窝和肩胛骨内脂肪库）、皮肤（相对连续的脂质鞘）以及腹膜内（包括肠系膜、网膜、肾、腹膜、附睾和子宫内膜）。白色脂肪是体内能量储存的形式，摄入的能量越多白色脂肪的体积和数量越多。

20.4.1.2 棕色脂肪

棕色脂肪是指人和啮齿动物体内表观呈棕色的脂肪组织，由于含大量血红蛋白和血红素卟啉，外观呈棕色而得名。其组成上组织致密，除了棕色脂肪细胞外，其细胞间结缔组织中含有丰富的毛细血管和神经纤维，且神经纤维可直接达到棕色脂肪细胞膜上。与白色脂肪不同，棕色脂肪细胞中富含大量的线粒体，通过线粒体的氧化磷酸化作用将脂质颗粒中的游离脂肪酸氧化，并以热量的形式散发，消耗能量。

20.4.2 脂肪组织的脂代谢

脂肪组织中脂代谢与在肝及其他组织中相似，区别在于脂肪组织的甘油激酶活性较低，不能利用游离甘油与脂肪酸进行再酯化，只能利用糖酵解作用产生的甘油-3-磷酸再脱氢生成磷酸二羟丙酮后循糖代谢途径分解或经糖异生途径转化成葡萄糖，而酯解产生的甘油将全部释放进入血液。此外，白色脂肪和棕色脂肪的代谢组学研究显示，棕色脂肪中去饱和酶的含量较低，且 $n6$ 和 $n3$ 系列不饱和脂肪酸比例较低，显示棕色脂肪在脂肪细胞分化方面的潜能较弱。

20.4.2.1 酯解作用

酯解是指储存在细胞脂滴中的三酰甘油的分解代谢过程。在能量不足，如禁食、运动和冷刺激等的情况下，白色脂肪组织中的三酰甘油被水解释放出游离脂肪酸和甘油。一般需要三个步骤：①脂肪三酰甘油脂肪酶（adipose triacylglyceride lipase，ATGL）启动脂肪分解并将三酰甘油水解为二酰甘油；②激素敏感脂肪酶将二酰甘油水解为单酰甘油；③单酰甘油脂肪酶将单酰甘油最终水解为脂肪酸和甘油。

在产热的脂肪细胞内释放的脂肪酸，或激活 UCP1 生热，或被长链脂酰辅酶 A 合成酶 1（ACSL1）转化为脂酰辅酶 A，然后通过肉碱棕榈酰转移酶Ⅰ（CPT-Ⅰ）等作用进入线粒体，在脂肪酸 β 氧化酶系催化下脱氢、加水、再脱氢和硫解，从而在线粒体内膜产生质子梯度，激活解偶联蛋白-1（uncoupling protein 1，UCP1），由 UCP1 将质子运回基质中。

脂肪分解释放的甘油则被甘油激酶磷酸化成甘油-3-磷酸，以促进脂肪酸的再酯化。脂肪分解释放的脂肪酸和甘油也可能通过脂肪酸转运蛋白 1（FATP1）和水通道蛋白 3/7/9（AQP3/7/9）进入细胞，然后可再次进入脂肪组织合成，这也是脂肪酸循环途径的一部分。

20.4.2.2 酯化作用

脂肪细胞通过两条途径进行脂质合成。

第一条途径是脂肪细胞通过脂蛋白脂酶（lipoprotein lipase，LPL）作用，以游离脂肪酸的形式摄取膳食脂肪。脂肪细胞分泌 LPL 后被输送到邻近的毛细管腔，以催化来自循环中含三酰甘油的脂蛋白，如来自小肠的乳糜微粒（CM）和由肝合成的极低密度脂蛋白（VLDL）的游离脂肪酸（FFA）的水解。循环中游离脂肪酸可以再酯化，最后由二酰甘油酰基转移酶（DGAT）催化合成三酰甘油。此外，脂肪细胞还吸收葡萄糖，葡萄糖被转化为甘油是三酰甘油形成的主要原料。

第二条途径是脂肪细胞自身的脂肪生成。首先由乙酰辅酶 A 在脂肪酸合成酶系（主要是乙酰辅酶 A 羧化酶和脂肪酸合成酶）的作用下将乙酰辅酶 A 转化为棕榈酸酯，然后棕榈酸酯通过延长或脱饱和的方式形成其他脂肪酸种类。脂肪酸酯化与甘油骨架结合，最后合成三酰甘油。

需要注意的是，脂肪组织中同时进行的酯解和酯化过程并不是简单的可逆过程，葡萄糖的供应可以一定程度上调控脂肪的代谢，脂肪组织的葡萄糖代谢和脂肪代谢密不可分。如在糖类大量摄入情况下，过量的葡萄糖氧化会引起乙酰辅酶 A 水平升高，而乙酰辅酶 A 会成为产生脂肪酸的底物，导致脂肪合成。

20.4.3 脂肪酸在脂肪产热中的作用

作为脂肪产热底物的脂肪酸有两个来源，一是来自细胞内三酰甘油的酯解和脂肪酸的从头合成；二是来自循环的非酯化脂肪酸，这部分脂肪酸的利用率相对较低。

首先，在棕色脂肪产热脂肪细胞中，脂滴分解释放的脂肪酸不仅是作为生物氧化的燃料，还可通过变构作用激活 UCP1。此外，脂解衍生的脂肪酸还通过激活转录因子如过氧化物酶体增殖物激活受体（peroxisome proliferators - activated receptors，PPARs），提高 UCP1 和其他促进氧化磷酸化产热基因的表达，从而对细胞的产热能力产生长期影响。

白色脂肪酯解产生的脂肪酸除了直接运送至白色脂肪组织供能外，还可转运至肝生成极低密度脂蛋白（VLDL），由脂蛋白运输脂肪酸至棕色脂肪组织产热。冷刺激情况下，白色脂肪提供的长链脂肪酸可通过调控肝中酰基肉碱的合成，调节血浆酰基肉碱水平，为棕色脂肪产热提供外周燃料。具体来说，寒冷刺激下白色脂肪细胞释放的游离脂肪酸会激活肝核受体 HNF - 4α，该因子是肝产生酰基肉碱所必需的，肝产生的酰基肉碱一进入循环，大部分酰基肉碱被转运到棕色脂肪组织，与长链脂肪酸氧化的限速酶 CPT - Ⅰ结合，转运脂肪酸进入线粒体进行 β 氧化，进而在 UCP1 作用下产热。

20.5 结缔组织生化

结缔组织分布广泛，组成各器官包膜及组织间隔，散布于细胞之间，它既有联结和营养的功能，又有支持和保护器官的作用，能使细胞吸收养分和排出废物顺利地进行，还可防御某些病原体的感染。

结缔组织种类很多，但只有 3 种基本成分，即细胞、纤维及无定形的基质。在不同的结缔组织中，细胞组成种类各有不同，纤维和基质的性质及它们之间的比例相差甚大。纤维和基质是结缔组织中数量最多的成分。

20.5.1 纤维

20.5.1.1 纤维的种类及其化学组成

纤维是结缔组织的重要部分，如肌腱、韧带等致密结缔组织中，含纤维较多。而皮下疏松结缔组织，不仅含纤维少，而且纤维的性质也有所不同。纤维是一种线状结构，由原纤维组成，按其性质可分为 3 类。

（1）胶原纤维（collagen fiber）：也称白色纤维，具有韧性，直径 1 mm 的胶原纤维能耐受 10～40 kg 的张力。如肌腱主要由此种纤维构成，骨、软骨以及家畜的皮也含有很丰富的胶原纤维。胶原纤维由胶原蛋白组成。

（2）弹性纤维（elastic fiber）：也称黄色纤维，具有弹性。如血管、韧带等富含弹性纤维。弹性纤维主要由弹性蛋白组成。

（3）网状纤维（reticular fiber）：内脏的结缔组织中往往以此种纤维为主，其主要化学成分为胶原蛋白。

20.5.1.2 组成纤维的主要蛋白质

（1）胶原蛋白：胶原蛋白（collagen protein）是结缔组织中主要的蛋白质，约占体内总蛋白的 1/3，体内的胶原蛋白主要以胶原纤维的形式存在。胶原蛋白很有规律地聚合并共价交联成胶原微纤维，胶原微纤维再进一步共价交联成胶原纤维。

胶原蛋白含有大量甘氨酸、脯氨酸、羟脯氨酸及少量羟赖氨酸。羟脯氨酸及羟赖氨酸为胶原蛋白所特有，体内其他蛋白质不含或含量甚微。胶原蛋白中含硫氨基酸及酪氨酸的含量甚少。

胶原蛋白分子是由 3 条 α 肽链互作螺旋缠绕而成，具有绳索状结构，相对分子质量为300 000，直径约 1.5 nm，长约 300 nm。胶原蛋白分子每隔 64～70 nm 的距离有易于染色的极性部分存在。

在胶原蛋白分子聚合及交联成胶原微纤维时，很有规律地依次头尾直线聚合。大量这种直线聚合物又呈阶梯式规律地定向平行排列（图 20.9），因此染色的胶原微纤维可观察到规则的横纹。

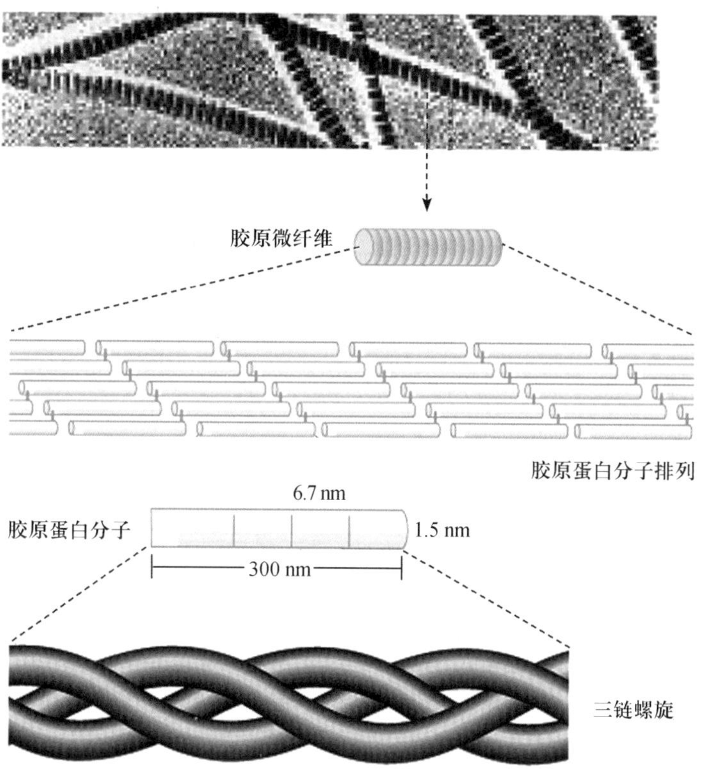

图 20.9 胶原纤维及胶原蛋白结构示意图

胶原蛋白分子的每一条 α 链约由 1 050 个氨基酸残基组成。按其一级结构的不同可分为两类，即 α_1 链和 α_2 链。α_1 链又分为几种不同的亚类，即 α_1（Ⅰ）、α_1（Ⅱ）、α_1（Ⅲ）、α_1（Ⅳ）。根据这些链组合情况的不同，可将胶原蛋白分子分成多种类型（表 20.1）。

表 20.1 胶原蛋白分子的类型

分型	肽链组成	体内主要分布部位
Ⅰ	$[\alpha_1(\text{Ⅰ})]_2\alpha_2$	真皮、肌腱、骨、齿等
Ⅱ	$[\alpha_1(\text{Ⅱ})]_3$	软骨
Ⅲ	$[\alpha_1(\text{Ⅲ})]_3$	胚胎皮肤、血管、胃肠道、富含网状纤维的器官（网状纤维即由Ⅲ型胶原蛋白组成）
Ⅳ	$[\alpha_1(\text{IV})]_3$	基底膜、晶状体

胶原蛋白属硬蛋白类，性质稳定，具有较强的延伸力，不溶于水及稀盐溶液，在酸或碱中可膨胀。胶原蛋白在水中煮沸较长时间可变为白明胶。变为白明胶的过程并未发现水解现象，而是发生变性，氢键断开，胶原蛋白的三股螺旋被解开。白明胶易被酶水解，易消化。

胶原蛋白不仅由成纤维细胞合成，其他如成软骨细胞、成骨细胞、某些上皮细胞、平滑肌细胞、神经组织的雪旺细胞等也能合成。胶原蛋白的合成是先在细胞内合成前胶原（procollagen），然后分泌到细胞外，经酶的作用转变为胶原蛋白分子，胶原蛋白分子再进一步有规律地聚合成胶原微纤维。

胶原蛋白分子 α 肽链的合成是在细胞内先按一般蛋白质合成的过程合成前 α 肽链，它比 α 肽链长 30%～40%，在氨基端及羧基端都有附加肽段。前 α 肽链边合成边进入粗面内质网的囊腔。胶原蛋白含许多羟脯氨酸及羟赖氨酸，但 mRNA 上并无它们的密码，所以它们是由肽链上的脯氨酸及赖氨酸的残基羟化而成。在合成过程中，前α肽链边延伸边羟化。此羟化过程除需脯氨酰羟化酶及赖氨酰羟化酶外，还需要维生素C、Fe^{2+}、α-酮戊二酸及氧气的存在。赖氨酸残基羟化后，一部分残基的羟基上再结合半乳糖及葡萄糖被糖基化。然后，前α肽链在内质网腔内进行三链结合（需要分子伴侣Hsp47协助），形成规则的前胶原三联螺旋。最后进入高尔基体并呈侧面联合，再分泌到细胞外。在细胞外由羧基端内切肽酶和氨基端内切肽酶分别切去两端附加的肽段（也称前肽）成为胶原蛋白分子。胶原蛋白分子及胶原微纤维的合成见图20.10。

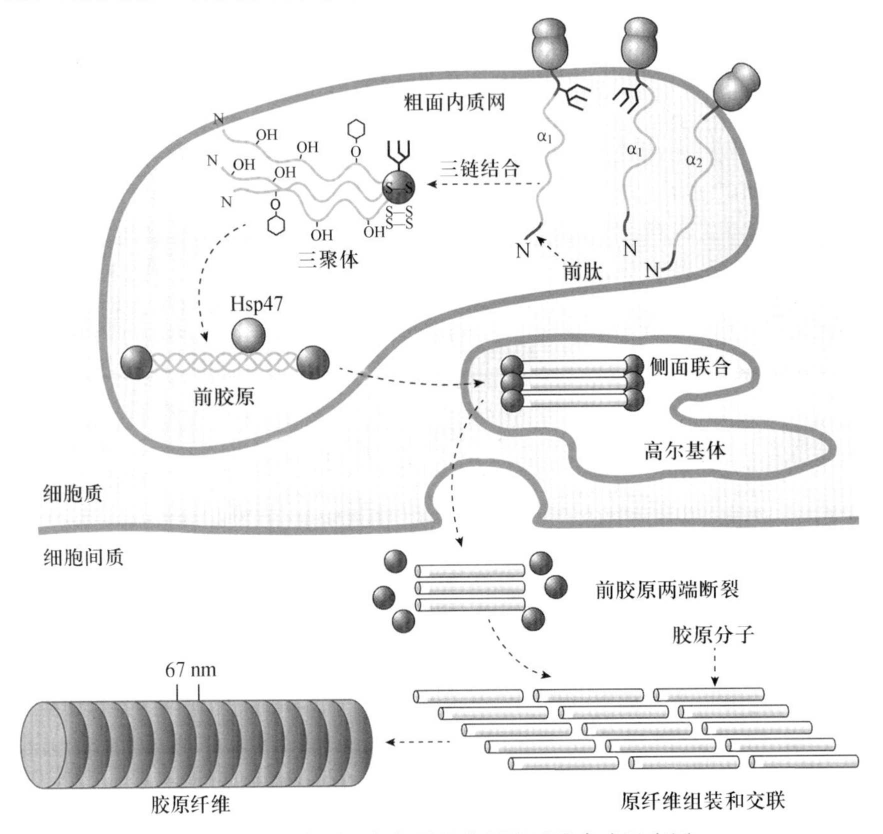

图20.10 胶原蛋白分子及胶原微纤维合成示意图

胶原蛋白分子在细胞外液中能自行聚合成原微纤维，但不稳定，韧性也差。在经过分子内3条α肽链间及各平行分子间的共价交联后，才形成韧性强、能耐受更大张力的胶原微纤维。共价交联的方式有多种，主要是α肽链中的赖氨酰或羟赖氨酰残基经赖氨酰氧化酶的催化，使其游离氨基氧化为醛基，然后醛基与相邻的游离氨基或另一醛基缩合。反应如下。

$$R{-}CH_2{-}NH_3^+ \xrightarrow[\text{赖氨酰氧化酶}]{[O]} R{-}CHO + NH_4^+$$

赖氨酰残基　　　　醛赖氨酰残基

$$R{-}CHO + {}^+H_3N{-}CH_2{-}R \xrightarrow[\text{醛胺缩合}]{-H_2O} R{-}CH{=}N{-}CH_2{-}R$$

$$R{-}CHO + \underset{}{\overset{CHO}{\overset{|}{CH_2}}}{-}R \xrightarrow[\text{醇醛缩合}]{-H_2O} R{-}\underset{OH}{\underset{|}{CH}}{-}\overset{CHO}{\overset{|}{CH}}{-}R \xrightarrow{-H_2O} R{-}CH{=}\overset{CHO}{\overset{|}{C}}{-}R$$

R代表肽链中赖氨酰或羟赖氨酰的其余部分。

胶原微纤维的稳定性及韧性决定于共价交联度，它受赖氨酰氧化酶活性的影响。该酶含Cu^{2+}，如体内缺Cu^{2+}，则会降低该酶活性，而影响胶原微纤维的共价交联，导致结缔组织中

纤维的韧性减弱。

胶原纤维结构稳定，不易直接被一般蛋白酶水解。但胶原酶能将胶原分子由离氨基端 3/4 处断裂成两段。断裂后的碎片可自动变性，三联螺旋解开，然后由其他蛋白酶及肽酶水解。断裂碎片也可被细胞吞噬，然后在溶酶体内分解。分娩后的子宫、不断重建的骨组织以及正在愈合的创口等处都含有丰富的胶原酶，故胶原蛋白的分解较快。其他组织胶原酶少，胶原蛋白的更新也较慢。胶原酶对温度特别敏感，36 ℃时酶的活性比 30 ℃时强 10 倍，39 ℃比 37 ℃强 2.9 倍。炎症组织局部温度升高，可能因此而加速胶原的分解。

(2) 弹性蛋白：弹性蛋白（elastin）是组成弹性纤维的主要成分。它含有 95%的非极性氨基酸，如甘氨酸、脯氨酸、缬氨酸、亮氨酸、异亮氨酸、丙氨酸等，其结构与代谢研究得不如胶原蛋白清楚。弹性蛋白是极难溶解的硬蛋白，在水中长时间煮沸也不变为白明胶。它对弱酸、弱碱的抵抗力较强。弹性蛋白可被存在于胰液中的弹性蛋白酶水解。

20.5.2　基质

20.5.2.1　基质的组成

基质（stroma）是无定形的胶态物质，充满在结缔组织的细胞和纤维之间。基质是略带胶黏性的液质。纤维和基质又合称“间质”。基质的化学成分有水、非胶原蛋白、糖胺聚糖（或称黏多糖）及无机盐等。非胶原蛋白与胶原蛋白不同，属于球蛋白，并含有较多的含硫氨基酸。而胶原蛋白则为纤维状硬蛋白，含硫氨基酸的含量甚少。非胶原蛋白通过分子中丝氨酸或苏氨酸残基上的羟基与糖胺聚糖以糖苷键结合成蛋白聚糖。

20.5.2.2　糖胺聚糖

(1) 糖胺聚糖的结构与分布：糖胺聚糖（glycosaminoglycan）是由氨基己糖、己糖醛酸等己糖衍生物与乙酸、硫酸等缩合而成的一种高分子化合物，在体内分布很广，是结缔组织基质中的主要成分。由于它含有许多糖醛酸及硫酸基团，具有酸性，因此有时称为酸性黏多糖。常见的糖胺聚糖有透明质酸、肝素、硫酸软骨素、硫酸角质素、硫酸皮肤素等。

(2) 糖胺聚糖的生理作用：糖胺聚糖是基质的主要成分，结合水的能力很强，使皮肤及其他组织保持足够的水分，以维持丰满状态。糖胺聚糖分子中的酸性基团对细胞外液中的 Ca^{2+}、Mg^{2+}、Na^{+}、K^{+} 等离子有较强的亲和力，因此也能调节这些阳离子在组织中的分布。在皮肤创伤后形成肉芽组织的过程中，通常都先有糖胺聚糖增生的现象。此种增生能进一步促进基质中纤维的增生，故糖胺聚糖有促进创伤愈合的作用。它又具有较强的黏滞性，在关节液中，它们（主要是透明质酸）附着于关节面上，能减少关节面的摩擦，具有润滑、保护作用。糖胺聚糖可以形成凝胶，对维持组织形态，阻止细菌或病毒侵入细胞有一定的作用。

(3) 糖胺聚糖的合成：合成糖胺聚糖的基本原料是葡萄糖，氨基部分来自谷氨酰胺，乙酰基部分来自乙酰 CoA，硫酸部分来自“活性硫酸”。合成的简要过程见图 20.11。

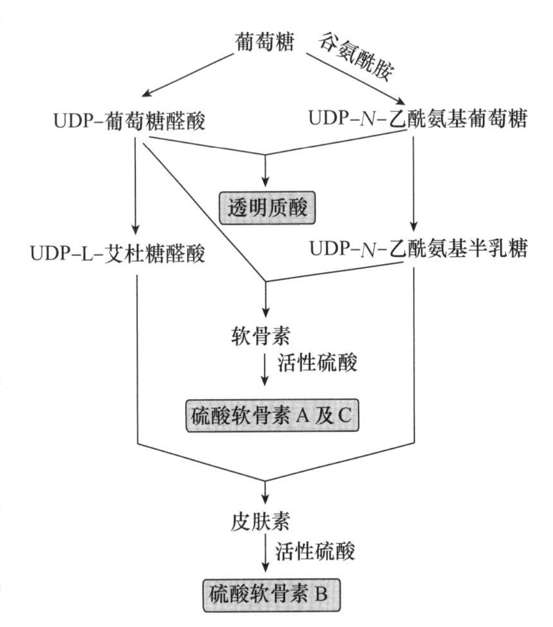

图 20.11　主要糖胺聚糖合成的简要过程

糖胺聚糖的合成是在细胞的内质网中逐步完成的。粗面内质网上新合成的蛋白质肽链边合成边进入内质网腔，在内质网膜上的各种糖基转移酶的催化下，先在其丝氨酸或苏氨酸残基的羟基上接上糖，然后糖基逐个继续加上，使寡糖链不断延长。从粗面内质网腔经滑面内质网腔到高尔基体逐步完成了糖链的延长及硫酸化过程，最后分泌到细胞外。

（4）糖胺聚糖的分解代谢：基质中的蛋白聚糖主要由细胞释放出来的组织蛋白酶D将部分肽链水解，所产生的带有糖胺聚糖的片段可被细胞内吞，然后在溶酶体内进一步彻底分解。

案　例

1. 肝昏迷或肝性脑病与氨基酸代谢　肝损伤时，尿素合成酶活性降低，尿素合成减少，血氨升高（高血氨症）。小分子氨可以通过血-脑屏障（亲脂）进入脑组织，脑细胞内通过生成Gln解毒，就需要大量消耗ATP和α-酮戊二酸，脑细胞能量代谢受阻，引起肝性脑病。

2. 尿中的尿蓝母检测在临床上的应用　色氨酸在大肠内腐败生成吲哚，被吸收入肝后，先被氧化成吲哚酚，再与“活性硫酸”或UDP-葡萄糖醛酸作用而解毒。吲哚酚与“活性硫酸”作用生成吲哚硫酸，其钾盐——吲哚硫酸钾，又名尿蓝母，从尿中排出。家畜在疝痛、便秘、消化不良等情况下，大肠内腐败加强，尿中的尿蓝母含量就显著增加，故检查尿中的尿蓝母有助于了解大肠内腐败的情况。

3. 牛羊的裂皮病　牛羊的裂皮病（dermatosparaxis）是胶原合成不正常引起的一种疾病。这类病畜的氨基端内切肽酶的活性只有正常者的10%～20%。由于前胶原氨基端的附加肽段不能切除，导致无法正常地聚合成胶原微纤维，因此皮肤弹力减弱、发脆、易撕裂。另外，切下的N末端附加肽段对前胶原的合成有反馈抑制作用，因病畜切下的游离N末端附加肽段变少，故失去了对前胶原的合成反馈抑制，致使前胶原大量合成并分泌到细胞外，因保留有N端附加肽段而妨碍它聚合成稳固的胶原微纤维，结果使胶原微纤维的结构变得更不稳固。

4. 脂肪变性　临床诊疗中，缺氧（如贫血）、中毒（如砷、乙醇、四氯化碳、真菌毒素等中毒）、感染、饥饿和缺乏必需的营养物质（如胆碱、蛋氨酸等）等因素均可引起动物肝细胞发生脂肪变性，其机制主要是细胞内三酰甘油转化成脂蛋白的过程受阻，以至三酰甘油在肝细胞内积聚。如肉鸡饲料中胆碱、蛋氨酸等物质缺乏均可影响磷脂或脂蛋白的合成而造成肝发生弥漫性脂肪变性，常发生肝破裂而死亡。此外，由于缺氧、化学毒物或其他毒素通过破坏内质网或抑制某些酶的活性而使脂蛋白及组成脂蛋白的磷脂、蛋白质等的合成障碍，也可导致肝脂蛋白合成受阻而不能及时将三酰甘油转运，进而使三酰甘油蓄积于肝细胞内而诱发脂肪变性。

二维码20-1　第20章习题

二维码20-2　第20章习题参考答案

第 21 章

乳和蛋的化学组成及形成

【本章知识要点】

☆ 乳是乳腺上皮细胞的分泌产物，其含有水、脂肪、蛋白质、糖类、无机盐和维生素等成分。

☆ 乳蛋白主要包括酪蛋白和乳清蛋白两大部分。酪蛋白是乳腺自身合成的酸性蛋白，是乳中的主要营养性蛋白；乳清蛋白除了乳腺自身合成的蛋白外，还存在一定量的来自血液的血浆清蛋白和免疫球蛋白。

☆ 在不同种别动物的乳中还存在乳铁蛋白、过氧化物酶等具有抑菌作用的非特异性保护蛋白和酸性磷酸酶等数十种酶。

☆ 在动物初乳中常有较高浓度的免疫球蛋白。此外，许多激素和生长因子，如催乳素、生长激素等均在初乳中具有较高的浓度。

☆ 乳脂的主要成分是以脂肪球形式存在的三酰甘油，是乳中主要的能量物质。乳脂中的脂肪酸与动物体脂中的脂肪酸有很大差异，且具有明显的种别差异。

☆ 乳糖是由乳糖合成酶以葡萄糖为原料催化合成，是乳腺特有的产物。乳糖是乳中的主要能量成分之一，也具有维持乳渗透压的作用。

☆ 禽蛋由蛋壳、蛋清和蛋黄三部分组成。

☆ 蛋壳包括角质层、蛋壳和蛋壳膜三部分，其主要成分是碳酸钙，并在壳腺分泌形成。

☆ 蛋壳膜之内是蛋清，其至少包含数十种功能各异的蛋白质，它们主要在输卵管的漏斗部和膨大部合成、分泌。

☆ 被蛋清包围的为蛋黄，蛋黄包括蛋黄膜、蛋黄内容物和胚胎三部分。蛋黄的生化成分复杂，一半是蛋白质和脂类，脂类主要以脂蛋白的形式存在，蛋黄中的蛋白质在肝合成后再转运到发育的卵中。

对哺乳动物和禽类而言，泌乳和产蛋分别处于繁殖周期中的特定阶段，是繁衍和培育后代必不可少的环节。乳和蛋又是人类获取动物源性蛋白质的主要来源，因此作为重要的畜产品，其与国民经济建设和人民生活密切相关。此外，利用转基因技术可以使哺乳动物的乳腺和禽类的产卵器官作为“生物反应器”生产大量药物蛋白，创造巨大的经济价值。因此，认识和研究乳、蛋的生物化学性质、生成和分泌的过程，对合理利用和开发这些优质蛋白质、提高和挖掘乳用动物和蛋禽的生产性能有重要的意义。

21.1 乳的成分和形成

21.1.1 乳的组成

乳是乳腺上皮细胞的分泌产物，含有哺乳动物幼仔生长发育所需的几乎一切营养成分，因此是动物出生后早期最适宜的食物来源。新生动物与胎儿相比，其生活环境发生了巨大变化，一方面从胎盘营养转变为肠道营养，另一方面又要面对环境中各种病原的威胁，而母乳除了为新生幼仔提供营养以外，还传递被动免疫力和代谢调节的信号。由此可见，乳对哺乳动物幼仔的生存和生长发育具有重要的生物学意义。乳中除了大部分是水以外，还含有脂肪、蛋白质、糖类、无机盐、维生素以及酶类、激素等生物活性物质。乳的组成和分泌量因动物种别、年龄、泌乳周期、饲料、饲养管理以及气候的影响而发生改变。另外，动物饲料及其在体内代谢产生的某些有害成分、疾病治疗中使用的抗生素等都可能被分泌进入乳，这些属于乳的异常成分，是畜产品安全生产中需要严格检测和限制的。表 21.1 所列的是几种动物乳和人乳中主要成分的含量。

表 21.1　几种动物乳和人乳中主要成分的含量

类别	脂肪/(g/L)	蛋白质/(g/L)	乳糖/(mmol/L)	钙/(mmol/L)
乳牛	37	33	133	30
山羊	45	29	114	22
猪	68	48	153	104
大鼠	103	84	90	80
人	38	10	192	7

21.1.1.1 乳脂

乳中的脂类称为乳脂（milk fat），通常呈淡黄色，是乳的主要能量物质。乳脂的主要成分是三酰甘油，约占 99%，呈小球状存在，也称为乳脂肪球（milk fat globule），平均直径为 3～4 μm。其表面包裹着由磷脂和蛋白质构成的膜，它与乳腺上皮细胞的质膜成分相同，起着使乳脂肪球稳定悬浮在乳中以及防止其被乳脂肪酶水解的作用。乳脂中的脂肪酸组成与动物体脂中的脂肪酸有很大差别，并有种别差异。表 21.2 列出了牛、人和大鼠乳中三酰甘油的脂肪酸组成。从表中可以看到，牛乳三酰甘油中含有较多的短链脂肪酸，如丁酸（4：0），这与反刍动物乳腺的代谢和瘤胃吸收大量挥发性脂肪酸相适应。而其长链脂肪酸显然比饲料中的长链脂肪酸更加饱和，这是因为瘤胃微生物能使饲料中绝大多数不饱和脂肪酸加氢饱和。此外，与牛乳不同，人乳中含有较多的油酸（18：1），而大鼠乳中中等长度的饱和脂肪酸（10～16 碳）含量相对较高。

表 21.2　乳中三酰甘油的脂肪酸组成

脂肪酸	牛	大鼠	人
4：0	3.3		
6：0	1.6		
8：0	1.3	1.1	
10：0	3.0	7.0	1.3

（续）

脂肪酸	牛	大鼠	人
12：0	3.1	7.5	3.1
14：0	9.5	8.2	5.1
15：0	0.6		0.4
16：0	26.3	22.6	20.2
16：0	2.3	1.9	5.7
17：0	0.5	0.3	
18：0	14.6	6.5	5.9
18：1	29.8	26.7	46.4
18：2	2.4	16.3	13.0
18：3	0.8	0.8	1.4

21.1.1.2 乳蛋白质

乳中所含的氮约95%是以蛋白质的形式存在的，其余的5%是非蛋白的含氮化合物，如氨基酸、肌酸、肌酐、尿酸和尿素等。乳中的蛋白质统称为乳蛋白（milk protein），可以分为酪蛋白（casein）和乳清蛋白（milk whey protein）两大部分。乳经离心除去上层的乳脂可得到脱脂乳（skim milk），脱脂乳经酸化（对牛乳可以将 pH 调至 4.6）或凝乳酶凝聚，再经过离心得到酪蛋白沉淀，其上清液部分即为乳清（milk whey），其中含有乳清蛋白。乳清中的蛋白质种类至少有几十种，乳脂肪球膜中也含有蛋白质，但所含数量很少。乳蛋白的种类和含量存在物种间的差异。

酪蛋白是乳腺自身合成的含磷的酸性蛋白，其在乳中与钙离子结合并形成微团结构，是乳中的主要营养性蛋白，也是乳中丰富钙、磷的来源。酪蛋白有α、β、κ和γ等类型，并且都有相应的遗传变异体。从表21.3可见，牛乳中α酪蛋白是最主要的酪蛋白，其次是β酪蛋白，γ酪蛋白最少，它是β酪蛋白的酶解产物。κ酪蛋白是酪蛋白中唯一含糖的成分，主要分布在酪蛋白微团的表面，发挥稳定微团的作用，但κ酪蛋白很容易受凝乳酶作用。牛犊真胃的凝乳酶一旦接触牛乳中的酪蛋白微团即发生乳蛋白凝聚，并析出乳清，微团结构的破坏有利于酪蛋白被酶消化。

表21.3 牛乳和人乳中蛋白质的种类和含量（g/L）(%)

蛋白质	牛乳	人乳
总蛋白	33.0	10.0
酪蛋白	26.0	3.2
α酪蛋白	12.6	0.32
β酪蛋白	9.3	1.92
κ酪蛋白	3.3	0.96
γ酪蛋白	0.8	
乳清蛋白	7.0	6.8
β乳球蛋白	3.2	0.0
α乳清蛋白	1.2	2.8
血浆清蛋白	0.4	0.6

（续）

蛋白质	牛乳	人乳
免疫球蛋白	0.7	1.0
乳铁蛋白	微量	1.5
溶菌酶	微量	0.4
其他蛋白质	1.5	0.5

最主要的乳清蛋白见表 21.3。α乳清蛋白（α-lactalbumin）存在于所有动物的乳中，虽然它在乳中的浓度通常比较低，但功能很重要。α乳清蛋白是乳腺特有的乳糖合成酶二聚体中的一个调节成分。β乳球蛋白（β-lactoglobulin）存在于许多动物的乳中，人乳中缺乏这种蛋白，至于其功能目前仍不清楚。

乳清中还有一定量来自血液的血浆清蛋白和免疫球蛋白。在动物初乳（colostrum）中常有高浓度的免疫球蛋白。一些动物，如猪、牛、马等由于胎盘的特殊结构，母体血液中的免疫球蛋白不能直接传给胎儿，而是通过初乳向新生幼畜转移免疫球蛋白使新生幼畜获得被动免疫力。

此外，在不同种别动物的乳中，还有乳铁蛋白、乳过氧化物酶、溶菌酶、黄嘌呤氧化酶等具有抑菌作用的非特异保护蛋白，在维持乳腺和幼仔胃肠道健康中发挥作用。在乳中还发现酸性磷酸酶、碱性磷酸酶、脂肪酶、蛋白水解酶等数十种酶，它们的来源和功能尚不完全清楚。许多激素（包括类固醇激素）和生长因子，例如催乳素、生长激素、胰岛素和促甲状腺激素释放激素、胰岛素样生长因子、上皮生长因子和转移生长因子等在乳中的浓度都高于血浆，并且在初乳中浓度最高。初乳和乳中这些数量众多、功能各异的成分，不仅对维持母畜乳腺的健康和功能有关，而且对新生幼仔消化道发育、代谢和免疫至关重要，但其机制尚需深入研究。

21.1.1.3 乳糖

大多数哺乳动物乳中的主要糖类是乳糖，它溶解在乳清中。乳糖是由一分子半乳糖和一分子葡萄糖脱水缩合形成的二糖，是乳腺特有的产物，在动物的其他器官中没有游离的乳糖。乳糖在所有动物乳中的含量都很高，并且在泌乳期中含量变化较小，是乳中主要的能量成分之一，也是维持乳渗透压的重要成分。

虽然乳中主要的糖是乳糖，但还发现多种其他单糖和寡糖。乳中的单糖主要是葡萄糖和半乳糖，它们与乳糖的合成关系最密切。另一些单糖，如 *N*-乙酰半乳糖胺、甘露糖和岩藻糖则是乳中低聚糖和糖蛋白的结构成分。在乳和初乳中含有多种溶解的低聚糖，从人乳中已分离出近 20 种，并发现它们具有抗原活性和促进肠道有益菌群生长的功能。

21.1.1.4 盐类和维生素

乳中无机盐约占 0.75%，不同品种动物的乳中无机盐的含量会有明显变化。乳中的无机盐包括钾、钠、钙、镁的磷酸盐，氯化物和柠檬酸盐，还有微量的重碳酸盐。乳与血液相比，有较多的钙、磷、钾、镁、碘，但钠、氯和重碳酸盐则较少。铁、铜、锌、镁等微量元素通常与乳蛋白结合。牛乳中大多数的铜与酪蛋白和β乳球蛋白结合。乳铁蛋白、铁转运蛋白、黄嘌呤氧化酶等是铁的主要载体。镁主要结合在乳脂肪球膜上，而锌则结合在酪蛋白上。乳中的微量元素水平随泌乳期和饲料的改变而变动。乳中的铜、铁常常不能满足幼畜的需要，而需要在饲料中予以适当补充。表 21.4 中所列的是乳中一些物质的平均含量。

表 21.4　乳中若干物质的平均含量

名称	牛乳	人乳
钠/(mg/L)	500	150
钾/(mg/L)	1 500	600
钙/(mg/L)	1 200	350
磷/(mg/L)	950	145
铁/(μg/L)	500	760
锌/(μg/L)	3 500	2 950
铜/(μg/L)	200	390
碘/(μg/L)	75	80
硒/(μg/L)	25	20

乳中还含有丰富的维生素，但其含量和化学形式也因泌乳期、饲料和季节等而有所变化。表 21.5 为乳中一些主要维生素的含量。

表 21.5　人乳和几种动物乳中维生素的含量

种类	牛乳	羊乳	人乳	大鼠乳	兔乳
维生素 A/(μg/L)	410	700	750	1 440	2 080
维生素 B_1/(μg/L)	430	400	140	1 490	1 650
维生素 B_2/(mg/L)	1 450	1 840	400	1 120	4 750
维生素 PP/(mg/L)	820	1 900	1 600	18 100	4 950
泛酸/(μg/L)	3 400	3 400	2 460	57	9 300
生物素/(μg/L)	28	39	6	85	375
叶酸/(μg/L)	50	6	50	179	275
维生素 B_6/(μg/L)	640	70	100	790	3 400
维生素 B_{12}/(μg/L)	6	1	1	28	65
维生素 K/(μg/L)	60		15		
维生素 C/(mg/L)	21		15	50	8
维生素 E/(mg/L)	1		<1	3	3
维生素 D/(IU/L)	25		23	50	5

21.1.2　乳的形成

乳中的主要成分是由乳腺腺泡和细小乳导管的分泌型上皮细胞利用简单的前体分子合成的，这些前体包括葡萄糖、氨基酸、乙酸、β-羟丁酸和脂肪酸等，它们直接或间接来自血液。将乳和血液相比发现尽管两者等渗，但其组成差别很大。乳中糖、脂肪、钙、钾和磷的含量分别比血中的浓度高出 90、19、13 和 7 倍，但蛋白质、钠、氯的含量却较低，并且乳中含有特殊的蛋白质种类。因此，乳的生成必定包含着一系列新的物质合成和对血液中前体分子的选择性摄取。

21.1.2.1　乳脂的合成

乳中的三酰甘油主要是经由 α-甘油磷酸途径合成的。α-甘油磷酸可以由葡萄糖代谢产物二羟丙酮磷酸还原得到，或者由乳糜微粒和极低密度脂蛋白转运到乳腺组织中的三酰甘油的水解来提供，但用于三酰甘油合成的脂肪酸可有多种来源，且存在种别差异。

乳腺组织具有从头合成脂肪酸的能力。但在碳源的利用方面，反刍动物与非反刍动物之间有明显的不同。非反刍动物主要利用葡萄糖作为原料，葡萄糖氧化分解的代谢中间体乙酰CoA经过柠檬酸/丙酮酸循环从线粒体转运到胞液中用作脂肪酸合成的原料。非反刍动物乳腺细胞胞液中有很高的柠檬酸裂解酶活性和活泼的苹果酸转氢作用，这是乳腺把葡萄糖作为前体合成脂肪酸的关键。而反刍动物缺乏上述特点，于是把瘤胃发酵产生的乙酸和β-羟丁酸作为乳腺合成脂肪酸的主要碳源。牛乳中几乎所有十四碳以下的脂肪酸和半数的十六碳脂肪酸是由乙酸合成的，还有少量由β-羟丁酸合成。

乳糜微粒和极低密度脂蛋白经血液把三酰甘油转运到乳腺组织中，在微血管内皮细胞内表面，三酰甘油受脂蛋白脂肪酶水解释出脂肪酸，这是乳腺用以合成三酰甘油的又一个脂肪酸来源。乳腺摄入血浆中的游离脂肪酸非常有限。反刍动物乳脂中近一半的软脂酸和碳链更长的脂肪酸估计都来源于血液而不是乳腺细胞自己合成的。由于反刍动物瘤胃微生物的加氢作用，运输外源三酰甘油的乳糜微粒中的脂肪酸有较高的饱和度。但许多动物乳腺细胞微粒体具有脂肪酸去饱和酶系，如山羊、乳牛和猪的乳腺能使相当大部分硬脂酸转变为油酸，山羊乳腺由血中摄取的硬脂酸多于油酸，而乳中油酸的浓度为硬脂酸的3～4倍。乳中三酰甘油的来源可概括在图21.1中。

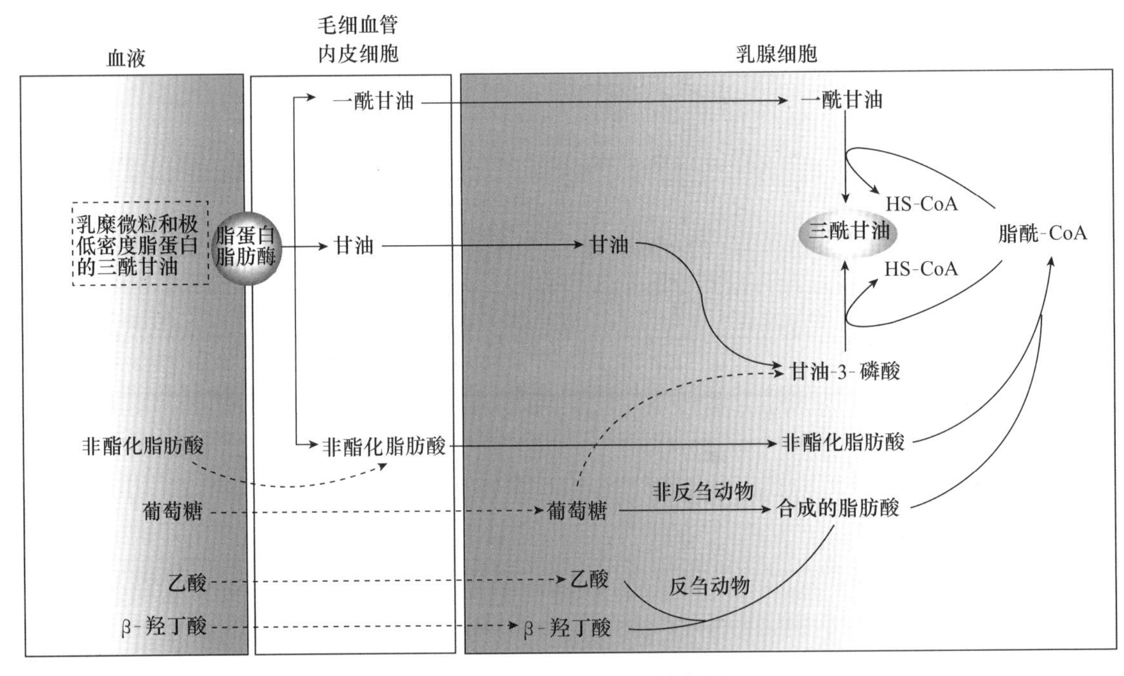

图21.1 乳中三酰甘油的来源

脂肪酸的酯化作用主要发生在滑面内质网。在这个位置上合成的脂类聚集成乳脂小滴，并游离在胞质中，其体积由小变大，并逐渐向上皮细胞的顶部迁移，并向腔面凸出，凸出腔面的脂滴由细胞质膜包裹，最后从顶膜上断裂以脂肪球的形式排入腺泡腔，其外面仍然包裹着脱离了细胞的质膜，并含有少量细胞液成分（图21.2）。乳脂的这种分泌方式称为顶浆分泌。

21.1.2.2 乳蛋白质的合成

乳中的蛋白质有两个来源：一是由乳腺从头合成的，如酪蛋白、α乳清蛋白和β乳球蛋白等，它们是乳腺所特有的；二是来自血液中的蛋白质，主要有免疫球蛋白和血浆清蛋白等。

（1）绝大多数乳蛋白在乳腺中由氨基酸从头合成：乳腺是一个合成蛋白质十分活跃的场所，乳蛋白的合成过程与其他组织相同。乳腺细胞合成的大部分蛋白质最终要分泌出去，主要乳蛋白的合成是在粗面内质网的核糖体上开始，然后由信号肽引导进入内质网腔，并在内质网

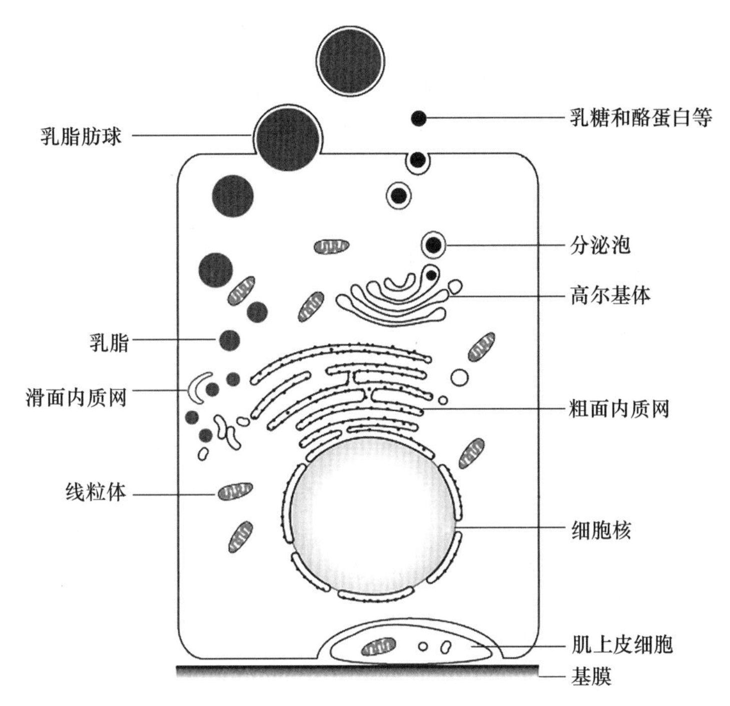

图 21.2 泌乳期乳腺分泌细胞的结构

和高尔基体内进行磷酸化、糖基化等化学修饰过程，再由分泌泡转送到上皮细胞顶膜，通过胞吐的方式释放到腺泡腔中。酪蛋白等乳蛋白与乳糖的分泌利用的是共同的通路。

(2) 少量乳蛋白来源于血液：其中之一是血浆清蛋白，它在牛初乳中的浓度高于常乳；另一种是免疫球蛋白，初乳中的免疫球蛋白有很高的浓度，如乳牛和母羊初乳中的免疫球蛋白可高达 100 g/L 以上。常乳中的免疫球蛋白水平远低于初乳，且不同种别动物乳中的免疫球蛋白种类不同。牛乳中主要是 IgG（又分为 IgG_1 和 IgG_2），其次是 IgM 和 IgA。在接近分娩时，血液中大量 IgG 向乳腺组织转移，并汇集在腺泡周围，随着泌乳启动而被乳腺上皮细胞摄入，随其他乳蛋白一同分泌进入腺泡腔。免疫球蛋白从血液转入到乳腺上皮细胞中的过程与上皮细胞基底膜上的 IgG 受体介导的内吞作用有关。另外，在动物妊娠期间进行免疫处理，能显著提高初乳中相应抗体的水平，为新生仔畜建立特异性的被动免疫保护，这种方法在猪生产上很常用。

乳中还有一些其他的蛋白质和激素，尚难以明确界定它们到底是由乳腺自身合成的还是血液来源的，很可能两种情况兼而有之。

21.1.2.3 乳糖的合成与乳的分泌

乳糖是绝大多数哺乳动物乳中特有的，通常也是主要的糖。乳中乳糖的含量对乳的形成和分泌过程中渗透压的维持和分泌有重要作用。乳糖的合成以葡萄糖为前体，发生在乳腺上皮细胞的高尔基体腔中。催化乳糖合成的一系列酶促反应如下。

$$\text{葡萄糖} + \text{ATP} \xrightarrow{\text{己糖激酶}} \text{葡萄糖-6-磷酸} + \text{ADP} \quad ①$$

$$\text{葡萄糖-6-磷酸} \xrightarrow{\text{葡萄糖磷酸变位酶}} \text{葡萄糖-1-磷酸} \quad ②$$

$$\text{葡萄糖-1-磷酸} + \text{UTP} \xrightarrow{\text{UDP-葡萄糖焦磷酸化酶}} \text{UDP-葡萄糖} + \text{PPi} \quad ③$$

$$\text{UDP-葡萄糖} \xrightarrow{\text{UDP-半乳糖-4-差向异构酶}} \text{UDP-半乳糖} \quad ④$$

$$\text{UDP-半乳糖} + \text{葡萄糖} \xrightarrow{\text{乳糖合成酶}} \text{乳糖} + \text{UDP} \quad ⑤$$

其中，乳糖合成酶是乳糖合成与分泌过程的主要限速酶。这个酶是由 A、B 两个亚基构成的二聚体，A蛋白是在动物组织中普遍存在的β-半乳糖基转移酶，它通常催化半乳糖基从UDP-半乳糖上转移给*N*-乙酰氨基葡萄糖，而B蛋白即是存在于乳中的α乳清蛋白。B蛋白与A蛋白的结合改变了A蛋白（β-半乳糖基转移酶）的专一性，使UDP-半乳糖可以直接把半乳糖基转移给葡萄糖生成乳糖，这一过程中B蛋白实际上起了修饰亚基的作用。乳糖在高尔基体腔内合成，经由分泌泡向上皮细胞顶膜转移，在此过程中水分借助于乳糖的渗透作用进入含有乳糖的分泌泡中。因此，乳糖的合成直接影响乳的分泌量。乳糖与分泌泡中的乳蛋白最终一起分泌到乳腺腺泡腔中，可见乳蛋白与乳糖分泌利用的是共同的通路。

21.2 蛋的结构、成分和形成

21.2.1 蛋的结构和成分

由外向内，蛋由蛋壳、蛋清和蛋黄三部分所组成。因家禽的种类、品种、年龄、产蛋季节和饲养状况不同，各部分在蛋中所占的比例也不同。表21.6列出了主要禽蛋各个部分的比例。

表21.6 主要禽蛋中蛋壳、蛋清和蛋黄的比例（%）

蛋别	蛋壳	蛋清	蛋黄
鸡蛋	10～12	45～60	26～33
鸭蛋	11～13	45～58	28～35
鹅蛋	11～13	45～58	32～35

21.2.1.1 蛋壳的结构与组成

（1）蛋壳的结构：蛋壳（egg shell）由角质层、蛋壳和蛋壳膜三部分构成。角质层又称为外蛋壳膜，这是一层覆盖在鲜蛋外表面上的由可溶性胶原黏液干燥而形成的透明薄膜，其透水、透气并覆盖在蛋壳上的小孔上，有抑制微生物侵入蛋内的作用。向里是蛋壳，是包裹在蛋内容物外的碳酸钙硬壳，其可使蛋具有形状并保护内部的蛋清和蛋黄。鸡蛋的蛋壳重约5 g，厚度为300～400 μm。蛋壳的主体是海绵层有机基质部分，为糖蛋白，包含一个有机的核心。无机盐类沉积在它周围，其中98%是碳酸钙，少量为蛋白质。蛋壳上分布有许多微小气孔，大的直径22～29 μm，小的9～10 μm，作为鲜蛋本身进行气体代谢的内外通道。再向内层是蛋壳膜，其又分内外两层，两者紧贴在一起，它们都是由角蛋白纤维形成的网状结构。蛋壳膜的外膜稍厚，为44～60 μm，纤维较粗。内膜又称为蛋白膜，较薄，厚度为13～17 μm，纤维致密，有更强的保护作用。在蛋的钝端，内外两层蛋壳膜分离形成气室。

（2）蛋壳的成分：碳酸钙是蛋壳无机物的主要成分，约占蛋壳重的93%，有机物占3%～6%，其次是碳酸镁、磷酸钙和磷酸镁等。有机物中主要是蛋白质，还有糖类。在蛋壳结构中的不同部分其化学成分差别也很大。角质层是一层极薄的被膜有机物，从其氨基酸组成看，其不同于通常的角蛋白，其中还含有半乳糖、葡萄糖、甘露糖、果糖等以及微量的脂质。蛋壳中除了绝大部分的钙盐以外，其有机基质是由硫酸软骨素、脂类和蛋白质构成的复合物。蛋壳还呈现白色、淡褐或淡红色、蓝灰色等颜色，这与蛋壳中的原卟啉含量有关。这种色素近似于血液中的血红素，在紫外线照射下能发出不同的荧光。蛋壳膜中含水约20%，其组成中大部分是蛋白质，类似胶原蛋白，此外，还有一些多糖，但糖的含量比角质层和蛋壳中的少。

21.2.1.2 蛋清的组成

蛋白膜（即蛋壳内层膜）之内就是蛋清（egg whey），即蛋白，为颜色微黄的胶体，约占

蛋总重的60%。蛋白由外向内可分为四层，依次为外层稀薄蛋白，占总体积的23.2%；中层浓厚蛋白，占57.3%；内层稀薄蛋白，占16.8%；系带膜状层，占2.7%，也是浓厚蛋白。此外，在蛋清中，位于蛋黄两端还有一白色带状结构，称为系带。浓厚蛋白占全部蛋清蛋白的一半以上。新鲜禽蛋中的浓厚蛋白含量高，因此蛋清黏稠。随着储存时间的延长，由于蛋白酶的分解作用，蛋清中溶菌酶活性下降和细菌的逐渐入侵，浓厚蛋白含量也随之减少。因此，浓厚蛋白的含量是衡量禽蛋新鲜度的重要标志。蛋清中的水分含量为85%～89%，且各层之间不同。外层稀薄蛋白含水89%，中层浓厚蛋白为84%，内层稀薄蛋白为86%，系带膜状层为82%，蛋白质含量为总量的11%～13%。已知蛋清中至少含有40多种蛋白质，其中理化性质比较清楚且含量较多的有12种主要类型的蛋白质（表21.7）。

表21.7 蛋清中蛋白质的种类和性质

蛋白质类型	组成/%	p*I*	相对分子质量	糖类/%	生物学性质
卵清蛋白	54.0	4.5～4.8	46 000	3	
伴清蛋白	12.0～13.0	6.05～6.6	76 600～86 000	2	与Fe、Cu、Zn结合，抑制细菌
卵类黏蛋白	11.0	3.9～4.3	28 000	22	抑制胰蛋白酶
卵抑制剂	0.1～1.5	5.1～5.2	44 000～49 000	6	抑制胰蛋白酶和胰凝乳蛋白酶
无花果蛋白酶抑制剂	0.05	5.1	12 700	0	抑制木瓜蛋白酶和无花果蛋白酶
卵黏蛋白	1.5～2.9	4.5～5.1	620 000	19	抗病毒作用
溶菌酶	3.0～4.0	10.5～11.0	14 300～17 000	0	抑菌作用
卵糖蛋白	0.5～1.0	3.9	24 400	16	
黄素蛋白	0.8	3.9～4.1	32 000～36 000	14	结合核黄素
卵巨球蛋白	0.05	4.5～4.7	760 000～900 000	9	具有强免疫性
抗生物素蛋白	0.05	9.5～10.0	68 300	8	结合生物素，抑菌作用
卵球蛋白G_2	4.0	5.5	36 000～45 000	?	
卵球蛋白G_3	4.0	5.8			

卵清蛋白在蛋清中的含量最多，占总蛋清蛋白的54%，是含磷酸基的糖蛋白，并可进一步分离为至少三种类型（A_1、A_2、A_3）。

伴清蛋白约占蛋清总蛋白的12%～13%，是糖蛋白，其与许多金属特别是与铁牢固结合，和血清转铁蛋白组成相似。伴清蛋白能与细菌的酶系统竞争金属离子，因此具有抑菌功能。

溶菌酶是存在于蛋清中的一个抗菌蛋白，其对细菌的细胞壁有溶解作用，可使细菌细胞壁的D-葡萄糖胺、胞壁酸等游离出来，因此有广泛用途。溶菌酶占蛋清总蛋白的3.0%～4.0%，在溶液中相当稳定，在微酸性或中性溶液中可保存6年，并且有一定耐热性，但微量的铜可使此酶变得很不稳定。

抗生物素蛋白（avidin）虽然是蛋清中含量最少的成分，只占0.05%，但它可结合生物素成为一个极稳定的复合体，从而抑制细菌对生物素的摄取，起到抗菌剂的作用。

卵类黏蛋白约占蛋清总蛋白的11%，含糖约22%，对蛋白酶类有抑制作用。但是不同种别禽类的卵类黏蛋白对蛋白酶的抑制不同，如鸡、鹅等的卵类黏蛋白只抑制胰蛋白酶，而火鸡、鸭等的则抑制胰蛋白酶和胰凝乳蛋白酶。在蛋清中具有蛋白酶抑制剂活性的蛋白还有卵抑制剂（占蛋清总蛋白量的0.1%～1.5%）以及无花果蛋白酶抑制剂等。

卵球蛋白G_2和G_3能抑制病毒的血凝集作用，并且有不同的变异体，在遗传学上可能有一定的重要性。

卵黏蛋白占蛋清总蛋白的1.5%～2.9%，其溶解性差，呈纤维状，为含糖较高的酸性蛋白质，是浓厚蛋白的主要成分。

卵巨球蛋白约占蛋清总蛋白的0.05%，是蛋清中分子质量最大的蛋白质（相对分子质量在8×10^6左右），也是蛋清中唯一具有广谱免疫交叉反应的成分，具有很强的免疫原性。

21.2.1.3 蛋黄的组成

蛋黄（egg yolk）是蛋清包围的球状体，它由许多直径在25～150 μm的球状颗粒组成。它们分散在一个连续相中，并且有一些更小的颗粒（直径约为2 μm）分布在球状颗粒和连续相之间。

蛋黄由蛋黄膜、蛋黄内容物和胚胎组成。蛋黄膜是包围在蛋黄外面的透明薄膜，厚度在16 μm左右，可分为三层，内、外两层为黏蛋白，中间为角蛋白，它比蛋白膜更为微细和紧密，可以防止蛋清与蛋黄相混合。蛋黄的内容物是黄色乳状液，是蛋中营养最为丰富的部分。其中心为白色蛋黄层，外面被深浅交替的蛋黄层所包围。有时在蛋黄表面可以看到一个直径为2～3 mm的微白色圆点，就是胚胎。

蛋黄的组成很复杂，50%是蛋白质和脂类，二者比例为1∶2，脂类主要以脂蛋白的形式存在。此外，蛋黄还含有糖类、酶类、矿物质、维生素和色素等。当离心分离蛋黄时，能沉降出颗粒，颗粒约占蛋黄固形物的23%，含有卵黄高磷蛋白和卵黄脂磷蛋白（又称为高密度脂蛋白），它们分别占蛋黄固形物的4%和16%左右，另外含有少量低密度脂蛋白。而蛋黄离心上清液中含有较多的低密度脂蛋白，占蛋黄固形物的65%，此外还含有水溶性的卵黄蛋白，不到蛋黄固形物的10%。蛋黄中还含有核黄素结合蛋白，约占总蛋白质的0.4%。

低密度脂蛋白所含脂类占蛋黄总脂类的95%，其组成：蛋白质11%，中性脂类66%（其中胆固醇占4%），磷脂23%。磷脂中卵磷脂为19%，还有少量的神经磷脂及溶血卵磷脂。蛋白质中约含0.1%的磷。蛋黄中绝大部分的铁和钙存在于卵黄脂磷蛋白（高密度脂蛋白）中，后者的组成为蛋白质78%、脂类20%（其中磷脂约占脂类的60%，胆固醇约占4%，其余为三酰甘油），此外还含有少量的糖类。

卵黄高磷蛋白是蛋黄中主要的磷蛋白，其所含的磷至少占卵黄所有蛋白质中磷的80%，而所含的蛋白质则仅占卵黄所有蛋白质的10%。卵黄蛋白是蛋黄中的水溶性蛋白质，用电泳或超速离心至少可分出三种形式（α、β、γ）。此外，还有以1∶1与核黄素结合的黄素蛋白复合体，在pH 3.8～8.5范围内是稳定的，pH低于3.0时，核黄素发生解离。

蛋黄中的脂类十分丰富，占30%～33%，其中三酰甘油约占20%，磷脂类为10%左右，胆固醇少量。此外，蛋黄中还含有叶黄素、玉米黄素和胡萝卜素等一些脂溶性色素物质，因此蛋黄呈黄色或橙色。饲料的组成能影响蛋黄的颜色。

21.2.2 蛋的形成

21.2.2.1 蛋黄的形成

卵子就是原始的卵黄，它在禽类卵巢中形成。成熟的卵子脱离卵巢进入输卵管（称为排卵），然后到达输卵管的漏斗部。蛋黄的主要成分是蛋白质，一般认为，它的合成是在雌激素作用下由肝完成的，然后将合成的卵黄蛋白质经血液转运到卵巢，再进入发育的卵中。用产蛋鸡和雌激素化的公鸡进行的相关研究证明，卵黄高磷蛋白的合成场所是肝，而且从产蛋鸡的血浆中分离出在氨基酸组成上近似于蛋黄中的卵黄高磷蛋白。另外，当产蛋鸡接近性成熟时，肝质量及其脂肪含量、血脂含量都增加。产蛋鸡肝增加的三酰甘油是用来合成卵黄脂磷蛋白的。

21.2.2.2 蛋清的形成

蛋清形成的主要阶段见图21.3。禽在排卵后，当卵在漏斗部的尾端和膨大部前端时，分

泌的蛋白质首先沉积于卵上形成第一个蛋清层，组成蛋清的内层。这一层蛋白质是浓厚的，由黏蛋白纤维形成黏蛋白纤维网，网的周围充满稀蛋白。

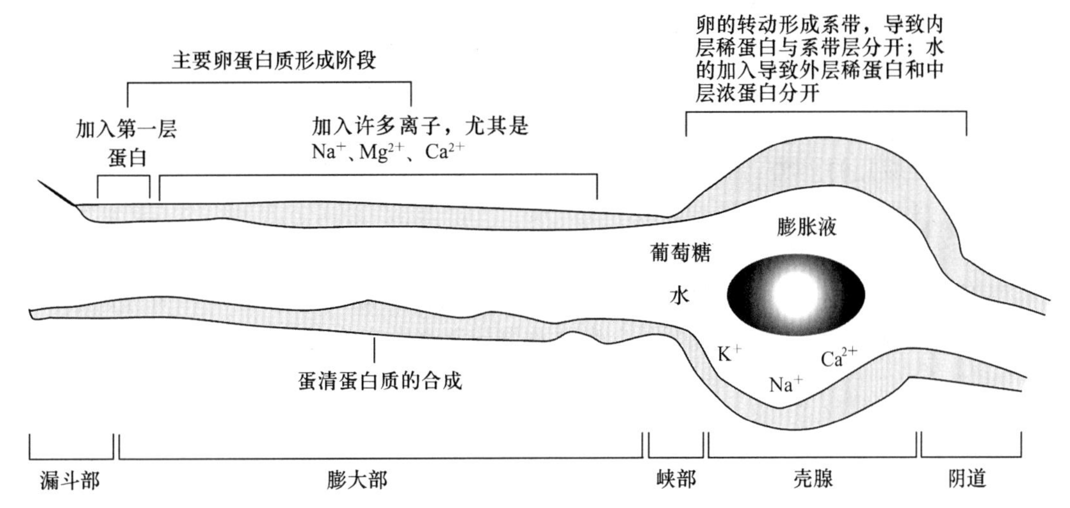

图21.3 蛋清形成的主要步骤

当卵在膨大部下降的约3 h的过程中，膨大部能分泌更多的浓的胶状蛋白质沉积在卵上形成环状层，组成蛋清的中层浓厚蛋白。然而，当卵进入峡部时，其外观主要是一层蛋清，没有分层的现象，此时其蛋清蛋白质的浓度约为卵最后浓度的2倍，但蛋清的总量则为最后量的1/2。卵在峡部约1 h后，峡部产生一些液体加入卵中，蛋清被稀释很多，于是产出的蛋白容量差不多是最初分泌出来的2倍。

卵在壳腺中停留约20 h，此时可看到蛋清的分层。系带是一对白色、弯曲的附着于蛋黄相对的两端并与卵长轴平行的纽带。现在一般认为，系带是卵在输卵管中的机械扭力和旋转作用下，由内层蛋白的新蛋白纤维形成的。虽然它的构成物质是在膨大部前端分泌的黏蛋白纤维，但最初分泌出来时并没有系带存在，直到卵进入壳腺后才看得清楚。在系带形成的同时被挤出来的稀蛋白形成内层稀蛋白。据研究，某些酶也参与系带的形成。

当卵在壳腺中停留的时候，壳腺膨胀液可把15～16 g水（占蛋清水总量的50%左右）添加于蛋清中，从而增加了蛋清的总容量，这个过程需要持续6～8 h。其结果是形成明显的中层浓厚蛋白和外层稀蛋白。现在认为蛋清蛋白质主要是在输卵管中形成的。可能的例外是伴清蛋白，其是一种转铁蛋白，与血清中的转铁蛋白很相似，因而有可能是由血清中转运至输卵管后进入蛋清的。蛋清蛋白质在输卵管细胞中的生物合成与其他组织细胞相同。

葡萄糖是由峡部提供并在壳腺里进入蛋清的，每100 mL蛋清中可加入约350 mg葡萄糖。此外，组成蛋清成分的无机离子对将来胚胎的发育非常重要。已知 Na^+、Ca^{2+}、Mg^{2+} 主要在膨大部进入卵中，而 K^+ 是在壳腺中进入的。离子透过输卵管壁的机制尚不清楚。

21.2.2.3 蛋壳的形成

卵由峡部运动至壳腺后，壳腺分泌立即开始。在起初的3～5 h中，钙的沉积速度较慢，此后加快，并以恒定的速度沉积15～16 h，直到产蛋。蛋壳是在壳腺中形成的，大部分蛋壳中的钙是在蛋壳形成较快的阶段沉积下来的。

蛋壳形成中，钙主要来源于饲料和骨骼。已知壳腺本身只含微量的钙。当蛋壳形成时，血液中的钙不断进入壳腺上皮细胞，再由壳腺上皮细胞不断地将钙排至壳腺腔。当钙沉积于蛋壳时，有些鸡血浆中的钙量可下降多达5 mmol/L。但在这方面有个体上的差异，而且品种和品系间均存在差异。产蛋鸡正常血浆中的钙含量为10～15 mmol/L，非产蛋鸡为5～6 mmol/L，所以产蛋鸡的血钙含量约为非产蛋鸡的2倍。由于产蛋鸡对钙的需要量很大，所以建立了一种调动钙的特殊机制。在产蛋期间，很多骨的髓腔被新的次级骨系统所侵占，这种骨称为髓骨。当钙在肠道的吸收率小于壳腺的排出率时，则欠缺的钙必须由骨钙来补充，髓骨减少。当钙的吸收率大于壳腺的钙排出率时，血中的钙就移入骨骼，髓骨增加，呈钙的正平衡。由此可见，禽类的骨骼，特别是髓骨可看作一个缓冲器。髓骨通常不存在于雄禽，而且只有血液供应良好的骨才形成髓骨。例如在股骨可以形成，而在上膊骨和跗骨则不存在。

形成蛋壳碳酸盐的CO_3^{2-}可能来自血液，因为壳腺中有丰富的碳酸酐酶，也可能直接由壳腺代谢分泌产生。

蛋壳的厚度和结构是蛋禽钙代谢效能的指标，但受蛋禽的品种、年龄、营养状况、疾病、环境和温度等因素的影响。如蛋壳随母鸡年龄增大而变薄；鸡新城疫和传染性支气管炎除影响蛋的品质外，也使蛋壳变薄；饲料中钙、维生素D缺乏也影响蛋壳的形成，甚至使产蛋终止。

案　例

1. 动物乳腺生物反应器　一些乳蛋白基因的表达具有明显的组织特异性和阶段特异性，即它们的合成仅在乳腺上皮细胞中进行，不仅表达量大，并能在哺乳母体即将分娩之前和分娩之后的泌乳期维持相当长时间，而且乳腺自身合成的蛋白质很少进入动物的循环系统。因此，利用动物转基因技术，以乳腺作为“生物反应器”可大量生产用于人和动物的珍贵活性多肽和蛋白质。例如，以乳蛋白基因表达元件作为载体，使泌乳期小鼠乳腺成功表达出了有生物活性的人组织纤溶酶原激活物（tPA）。此后，人尿激酶原、人白细胞介素-2、人C蛋白、人抗凝血因子Ⅳ等一系列在人类医学临床有重要价值的蛋白基因在不同种别动物乳腺中也得到了表达，展现出了令人鼓舞的应用前景。

2. 笼养蛋鸡疲劳综合征　笼养蛋鸡疲劳综合征是集约化蛋鸡生产中常见的一种营养代谢性疾病，尤其是产蛋高峰期多发，病鸡主要表现为运动困难、骨骼变形、关节肿大、产薄壳蛋和软壳蛋的数量增加。与人和哺乳动物不同的是，成年蛋鸡的骨骼主要以结构性骨和髓质骨两种形式存在。结构性骨包括皮质骨和网质骨，皮质骨对机体起支撑作用；髓质骨主要存在于腿骨，在蛋鸡性成熟前发育而成，为禽类所特有结构，与产蛋密切相关。髓质骨为机体的主要钙库，为蛋壳钙的主要来源。髓质骨与皮质骨的形成与吸收呈动态平衡过程。日粮中的钙被吸收后，一部分钙沉积于蛋质骨和网质骨，一部分通过皮质骨、网质骨转化形成髓质骨而被储存。蛋鸡性成熟后，雌激素水平显著升高，抑制了结构性骨的形成，促进了髓质骨的形成。髓质骨的大量形成导致结构性骨的大量丢失，皮质骨厚度减少、骨强度下降。此时，如饲料中钙缺乏，钙、磷比例不当，维生素D缺乏以及缺乏运动等因素导致血钙水平下降，结构性骨形成进一步下降，骨吸收增加，进而引起该病的发生。

二维码21-1　第21章习题　　　二维码21-2　第21章习题参考答案

参考文献

贾弘禔，冯作化，屈伸，2010. 生物化学与分子生物学［M］. 2版. 北京：人民卫生出版社.

汪玉松，邹思湘，张玉静，2005. 现代动物生物化学［M］. 3版. 北京：高等教育出版社.

王镜岩，朱圣庚，徐长法，2007. 生物化学［M］. 3版. 北京：高等教育出版社.

郑集，陈钧辉，2007. 普通生物化学［M］. 4版. 北京：高等教育出版社.

Alberts B，Johnson A，Lewis J，et al. 2008. Molecular Biology of the Cell［M］. 5th edition. New York：Garland Science.

Jeremy M B，John L T，Gregory J G，et al. 2015. Biochemistry［M］. 8th edition. New York：Freeman and Company.

Krebs J E，Goldstein E S，Kilpatrick S T，2009. Lewin's GENES Ⅹ［M］. Boston：Jones and Bartlett Publisher.

Nelson D L，Cox M M，2017. Lehninger Principles of Biochemistry［M］. 7th edition. New York：Freeman and Company.

Trudy M，James R M，2016. Biochemistry——The Molecular Basis of Life［M］. 6th edition. Oxford：Oxford University Press.

Wilson K，Walker J，2010. Principles and Techniques of Biochemistry and Molecular Biology［M］. 7th edition. Cambridge：Cambridge University Press.

动物生物化学专业名词中英文对照及索引

第1章 绪　论

第2章　生命的化学特征

第3章　蛋白质

第4章　核　酸

第5章 糖 类

第6章 生物膜与物质运输

第7章 生物催化剂——酶

第8章　糖代谢

第9章 生物氧化

第10章 脂代谢

第11章　含氮小分子的代谢

第12章 物质代谢的联系与调节

第13章 DNA的生物合成——复制

第14章 RNA的生物合成——转录

第 15 章　蛋白质的生物合成——翻译

第16章 基因表达的调节

第17章 核酸技术

第18章　水、无机盐代谢与酸碱平衡

第19章　血液化学

第 20 章　一些器官和组织的生物化学

第 21 章　乳和蛋的化学组成及形成